Wolfgang Kawollek | Marco Kawollek

Alles über Pflanzenvermehrung

Wolfgang Kawollek | Marco Kawollek

ALLES ÜBER PFLANZEN-VERMEHRUNG

Vegetative Vermehrung und Samenanzucht

3. Auflage

871 Farbfotos
32 Zeichnungen

ulmer

Teil 1 Grundlagen der Pflanzenvermehrung 6

Samenbau 8

Grundlagen der Samen- und Fruchtbildung 8

Samen ernten, aufbereiten und lagern 13

Samenkauf 21

Aussaatvermehrung 26

Keimung 27

Anzuchtverfahren 28

Aussaatmethoden 31

Vorbereiten der Aussaatgefäße 33

Pflege der Aussaaten 33

Pflanzenschutz 34

Pikieren 37

Vegetative Vermehrung 39

Vegetative Vermehrungsmethoden 39

Substrate, Einrichtungen & Werkzeuge 48

Substrate und Erden 48

Gefäße für Vermehrung und Weiterkultur 49

Werkzeuge und Geräte 52

Vermehrungseinrichtungen 55

Teil 2 Praxis der Pflanzenvermehrung 62

Bäume und Sträucher 64

Aussaatvermehrung 64

Vegetative Vermehrung 71

Laubgehölze von A bis Z 86

Nadelgehölze von A bis Z 123

Kletterpflanzen von A bis Z 131

Obst von Apfel bis Weinrebe 137

Stauden 144

Aussaat 144

Vegetative Vermehrung 147

Stauden von A bis Z 151

Ziergräser von A bis Z 195

Bambus 201

Freilandfarne von A bis Z 203

Zwiebel- und Knollenpflanzen von A bis Z 207

Sumpf- und Wasserpflanzen von A bis Z 218

Sommerblumen 226

Was sind Sommerblumen? 226

Direktsaat 227

Aussaat und Vorkultur unter Glas 228

Sommerblumen von A bis Z 230

Zimmerpflanzen sowie Balkon- und Kübelpflanzen 240

Aussaat 240

Vegetative Vermehrung 242

Zimmerpflanzen von A bis Z 248

Zimmerfarne von A bis Z 275

Kakteen und Sukkulenten von A bis Z 280

Palmen von A bis Z 293

Orchideen von A bis Z 295

Bromelien von A bis Z 298

Balkonpflanzen von A bis Z 302

Kübelpflanzen von A bis Z 309

Gemüse und Küchenkräuter 320

Direktsaat 320

Vorkultur unter Glas 324

Gemüse und Küchenkräuter von A bis Z 326

Service 344

Weiterführende Literatur 344

Sachwortregister 345

Verzeichnis der deutschen Pflanzennamen 346

Verzeichnis der botanischen Pflanzennamen 352

Teil 1
Grundlagen der Pflanzenvermehrung

Samenbau

Bei vielen Pflanzenarten lohnt sich die eigene Samenernte.

Der Kauf von Samen steht sicherlich an erster Stelle, wenn es um die Beschaffung von Saatgut für die Aussaatvermehrung geht. Möchte man bestimmte Kulturformen vermehren, ist man meist auch auf das Saatgut des Züchters angewiesen. Möchte man bei Gehölzen und Stauden die ursprüngliche Art vermehren und nicht eine der vielen Kulturformen, spricht ein wesentlicher Punkt für die eigene Samenernte: Die Samen stammen dann von Pflanzen, die unseren Klimaverhältnissen angepasst sind. Denn Pflanzenarten mit sehr verbreiteten Vorkommen unter den unterschiedlichsten Klimaverhältnissen haben sogenannte Standortrassen entwickelt. Dies kann bedeuten, dass beispielsweise ein Ginkgobaum, der aus einheimischem Samen gezogen wurde, frosthärter ist als ein Ginkgo, dessen Samen in Japan geerntet wurde. Darüber hinaus ist es aufgrund der Variabilität der Sämlinge hochinteressant, eigenen Samenbau zu betreiben oder gar selbst ein wenig zu züchten.

Grundlagen der Samen- und Fruchtbildung

Die Gesamtentwicklung der Blütenpflanzen ist in eine vegetative und eine generative Phase unterteilt. In der vegetativen Phase entwickeln sich die Wachstumsorgane, die Stoffproduktion steht im Vordergrund. Die Pflanze erreicht eine gewisse Größe,

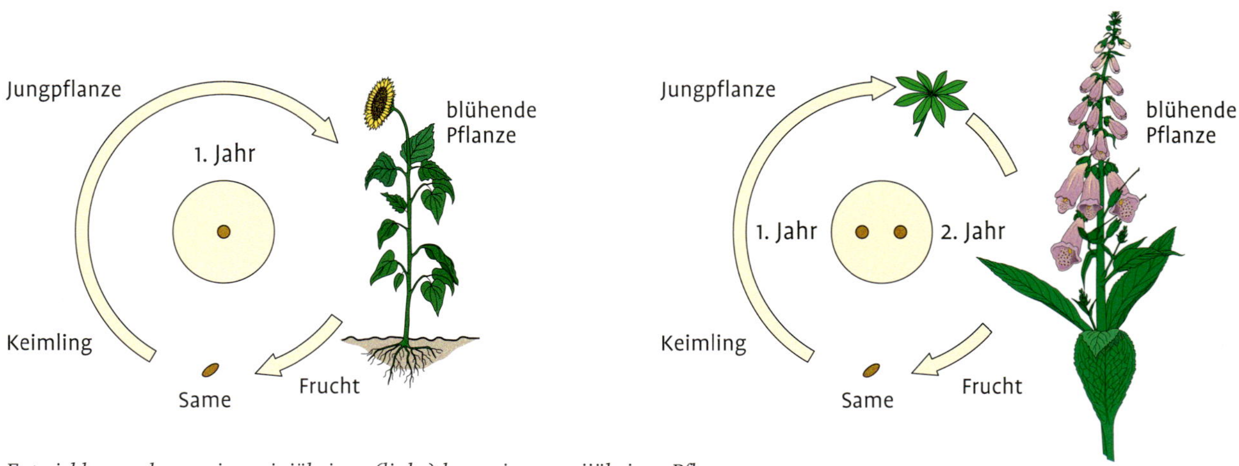

Entwicklungsschema einer einjährigen (links) bzw. einer zweijährigen Pflanze

Oben: Einjährige Pflanzen wie die Gewöhnliche Sonnenblume (Helianthus annuus) kommen noch im Jahr der Aussaat zur Blüte.
Rechts: Zweijährige Pflanzen wie der Rote Fingerhut (Digitalis purpurea) wachsen im ersten Jahr nur vegetativ. Nach dem Winter bilden sie im zweiten Jahr Blüten und Früchte.

bevor sie in die generative Phase eintritt und die Blühreife erlangt. Das Jugendstadium einer Pflanze, d. h. der Entwicklungszeitraum bis zur Blühreife, beträgt bei den einjährigen Pflanzen, z. B. *Callistephus*, oft nur wenige Wochen. Mehrjährige Pflanzen, z. B. Stauden und Gehölze, blühen frühestens in der zweiten oder dritten Vegetationsperiode nach der Aussaat, später allerdings jedes Jahr. Pflanzen, die nur einmal blühen und nach der Samenreife absterben, bezeichnet man als hapaxanth (einmalfruchtend).

Vollzieht sich die Entwicklung einer Pflanze innerhalb eines Jahres (keimen – wachsen – blühen – fruchten), so spricht man von einjährigen, annuellen oder monocyclisch-hapaxanthen Pflanzen.

Man unterscheidet dabei zwischen sommer- und winterannuellen Arten. Bei den Winterannuellen erfolgt die Keimung der Samen bereits im Herbst. Die Sämlinge überdauern dann den Winter und entwickeln während der folgenden Vegetationsperiode Blüten und Samen. Bei ihnen vollzieht sich die Entwicklung also über die winterliche Vegetationsruhe, dauert aber weniger als ein Jahr (Herbst und Frühjahr). Zu ihnen gehören u. a. *Viola* und *Erysimum*. Die Sommerannuellen keimen, blühen und fruchten in der gleichen Vegetationsperiode. Hierzu gehören u. a. Salat, Tomate und alle sogenannten Sommerblumen. Bei den zweijährigen oder biennen Pflanzen entstehen die Blüten und Samen erst im zweiten Jahr, nachdem

Samenbeschaffung

Am Anfang der Aussaatvermehrung steht die Beschaffung von keimfähigem Saatgut. Dazu gibt es verschiedene Möglichkeiten:

- → Der Kauf von Saatgut im einschlägigen Samenhandel.
- → Der Tausch von Saatgut mit anderen Gartenfreunden (verschiedene Pflanzenliebhabergesellschaften bieten in Tauschbörsen Samen an).
- → Bei tropischen und subtropischen Arten hat man die Möglichkeit, bei Urlaubsreisen Samen an natürlichen Pflanzenstandorten zu sammeln. Dabei sind allerdings artenschutzrechtliche und zollrechtliche Bestimmungen zu beachten.
- → Von bei uns heimischen Pflanzenarten kann man Samen in der freien Natur sammeln, wobei selbstverständlich die Naturschutzgesetze zu beachten sind. Oder man bittet in Parks und sonstigen öffentlichen Anlagen um eine Erlaubnis zum Samenernten.
- → Und nicht zuletzt kann man auch eigenen Samenbau betreiben.

Verschiedene Pflanzenarten, z. B. die Bromelien (hier Vriesea × poelmanii), erreichen die Blühreife und damit die Möglichkeit, Samen auszubilden, erst nach mehreren Jahren. Sie sterben nach der Samenbildung ab.

während der ersten Vegetationsperiode ausschließlich vegetative Organe, oft in Gestalt von Rosetten und Rüben, ausgebildet wurden. Hierzu gehören z. B. Rote Rüben und *Digitalis*.
Die mehrjährigen oder pluriennen Pflanzen sind seltener. Sie erreichen die physiologische Blühreife oft erst nach Jahren oder Jahrzehnten, blühen einmal und sterben ab. Zu ihnen gehören z. B. Bromelien und Agaven. Viele Pflanzen dieser Gruppe tragen aber durch „Kindelbildung" (siehe Seite 242–243) auf vegetativem Wege zum Fortbestehen der Art bei.
Pflanzen, die ihr individuelles Leben nicht mit der ersten Blüten- und Fruchtbildung abschließen, sondern nach Erreichen ihres blühfähigen Alters Jahr für Jahr blühen, werden als pollakanthe (häufig blühende) oder perennierende Pflanzen bezeichnet. Zu ihnen zählen Stauden, Halbsträucher, Sträucher und Bäume.

Diese Ausführungen zur Samen- und Fruchtbildung machen deutlich, dass derjenige, der von einem Teil seiner Pflanzen Samen gewinnen will, mit weit längeren Kulturzeiten rechnen muss als derjenige, der nur an der vegetativen Phase einer Pflanze, z. B. den Blättern des Spinats oder des Feldsalats, dem Salatkopf, dem Kohlrabi, der Möhre oder den Blüten des Alpenveilchens interessiert ist.
Gerade Gemüsesamenkulturen dauern oftmals zwei Jahre. Gelingt es u. a. bei Radieschen, Rettich, Salat, Gurken, Tomaten, Bohnen und Erbsen, in einer Vegetationsperiode einen Samenansatz zu erzielen, so ziehen sich Samenkulturen von Sellerie, Petersilie, Möhren und den verschiedenen Kohlarten über den Winter hin, da sie zu den zweijährigen Pflanze gehören.
Auch bei den sogenannten Beetpflanzen und einigen Sommerblumen dauert die Samenkultur oft erheblich länger als die „Normalkultur". Werden Stiefmütterchen üblicherweise im Mai abgeräumt, damit Platz für die Sommerpflanzung ist, so müssen sie bis zum Herbst stehen bleiben, wenn man Samen ernten möchte.

Ausdauernde Pflanzen wie diese Küchenschelle (Pulsatilla vulgaris) entwickeln jedes Jahr neue Sprosse, Blätter und Blüten.

Gehölze wie die Gewöhnliche Rosskastanie (Aesculus hippocastanum) erreichen erst nach vielen Jahren die Blühreife, blühen und fruchten dann aber in der Regel jedes Jahr.

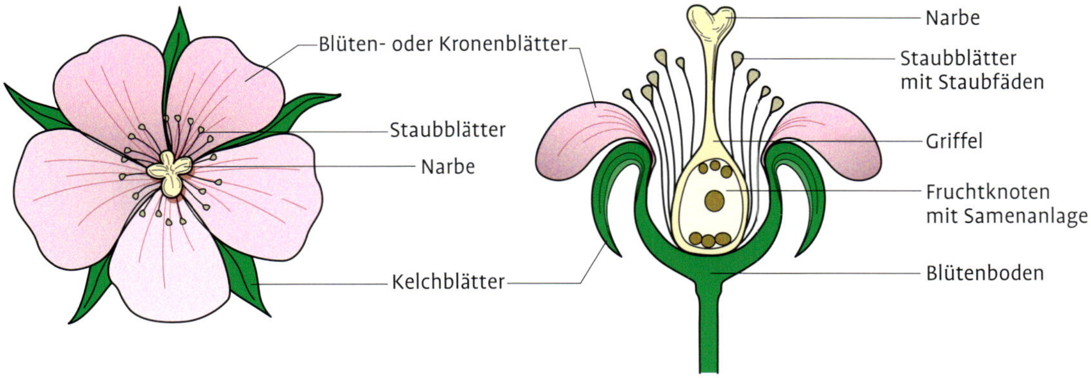

Schema des Baus einer zwittrigen Blüte (Normalform)

Die Blüten – Geschlechtsorgane der Pflanze

Die Fortpflanzungsorgane der Samenpflanzen sind die Blüten. Wie verschieden Blüten sein können, weiß der Gartenfreund selbst am besten. In groben Zügen haben dennoch alle den gleichen Aufbau.

Den untersten Blattkreis bilden die Kelchblätter. Sie sind meist laubartig grün gefärbt und können einzeln stehen oder kelchartig miteinander verwachsen sein. Den nächsthöher gelegenen Blattkreis bilden die Kron-, Blüten- oder Blumenblätter. Sie sind meist auffallend gefärbt, können aber auch klein und unscheinbar sein oder sogar ganz fehlen (nacktblütig).

Bei einigen Blütenpflanzen, z. B. bei der Tulpe, sind bei voll entfalteten Blüten neben den Blütenblättern keine Kelchblätter mehr zu erkennen, da sie Form und Farbe der Blütenblätter angenommen haben. Diese doppelte Blütenhülle, bei der die Kelchblätter wie Blütenblätter ausgebildet sind, bezeichnet man als Perigon. Eine vollständige Blütenhülle, wie sie oben beschrieben wurde, wird Perianth genannt.

Die auf die Blütenhülle folgenden Staubblätter sind die männlichen Geschlechtsorgane der Blüten. Sie setzen sich aus dem Staubfaden (Filament) und den aufsitzenden Staubbeuteln (Antheren) zusammen. Jeder Staubbeutel hat zwei Teile (Theken), die oftmals miteinander verwachsen sind. In den Theken entwickelt sich der Pollen (Blütenstaub), der als männlicher Teil der Blüte an der generativen Fortpflanzung beteiligt ist.

Im Innern der Blüte befindet sich der Stempel. Er setzt sich aus dem Fruchtknoten, dem Griffel (er kann auch fehlen) und der Narbe zusammen. Der Fruchtknoten wird aus einem oder mehreren Fruchtblättern gebildet, die die Samenanlagen enthalten. Bei einer Reihe von Arten, z. B. *Papaver*, ist die Frucht aus mehreren Fruchtblättern zusammengesetzt, die jeweils viele Samenanlagen enthalten. Die Narbe ist der obere Teil des Stempels. Sie scheidet eine klebrige, zähe Flüssigkeit aus, die den Pollen festkleben lässt. Dieser klebrige Stoff enthält Substanzen, die den auf ihm haftenden Pollen zum Keimen brin-

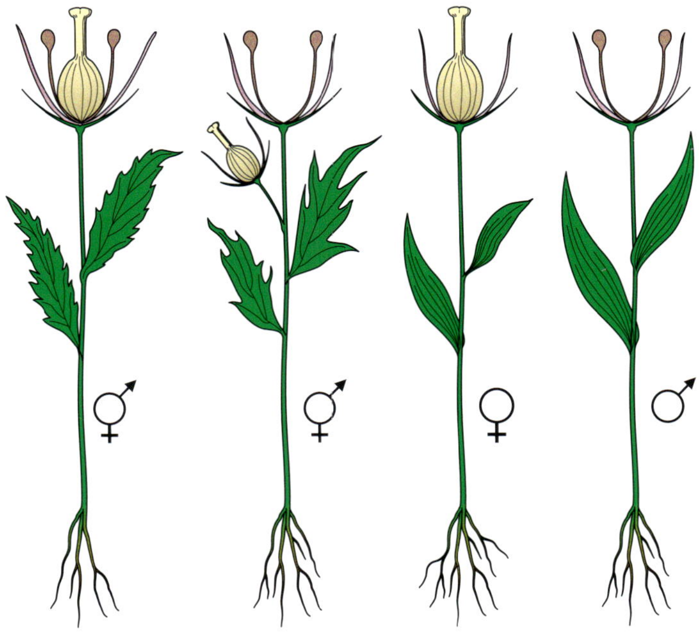

Blütentypen (von links nach rechts): einhäusige Pflanze mit zwittriger Blüte (Staubblatt-Fruchtblatt-Blüte), einhäusige Pflanze mit getrennt-geschlechtigen Blüten (Staubblatt- und Stempelblüte), Pflanze mit eingeschlechtiger weiblicher Blüte (Stempelblüte), Pflanze mit eingeschlechtiger männlicher Blüte (Staubblattblüte)

gen, damit er zu den Samenanlagen wachsen kann. Die Zusammensetzung dieser Narbenflüssigkeit kann bewirken, dass Pollen einer anderen Art nicht zur Keimung kommt oder nur so langsam keimt, dass er dem Pollen der eigenen Art unterlegen ist. Von der Normalform des Blütenaufbau, wie sie die Abbildung auf Seite 11 oben zeigt, gibt es viele Abweichungen: Einzelne Kreise können wegfallen, vermehrt auftreten oder miteinander verwachsen sein.
Sind in einer Blüte Staubblätter und Fruchtblätter gleichzeitig vorhanden, wie es meist der Fall ist, spricht man von zwittrigen oder Staubblatt-Fruchtblatt-Blüten. Findet man die Geschlechtsorgane getrennt in verschiedenen Blüten, nennt man die Blüten eingeschlechtig. Staubblüten enthalten nur die männlichen Staubblätter, Stempelblüten nur die weiblichen Organe. Bildet eine Pflanze sowohl männliche als auch weibliche Blüten aus, nennt man diese Pflanzen einhäusig oder monözisch. Die Trennung kann jedoch noch weitergehen. Bei zweihäusigen oder diözischen Pflanzen trägt die eine Pflanze ausschließlich männliche Blüten und eine andere Pflanze ausschließlich weibliche Blüten. Will man von solchen Pflanzen Samen ernten, ist es notwendig, neben weiblichen Pflanzen mindestens eine männliche Pflanze zu besitzen. Daneben gibt es auch eine Mischung von Zwitter- und eingeschlechtigen Blüten.

Männliche und weibliche Blüten bei Begonia peltata

Befruchtungsverhältnisse

Wer gezielten Samenanbau oder gar gezielt Züchtung betreiben will, muss die Befruchtungsverhältnisse der Pflanzen berücksichtigen, denn Voraussetzung für die Befruchtung ist, dass zunächst eine Bestäubung, d. h. eine Übertragung der Pollenkörner auf die Narbe des Fruchtknotens, erfolgt. Man unterscheidet dabei Selbst- und Fremdbefruchter.

Selbstbefruchter

Von Selbstbefruchtern spricht man dann, wenn sich bei einer Pflanzenart oder -sorte die Befruchtung innerhalb derselben Blüte oder derselben Pflanze vollzieht. Letzteres wird auch als Nachbarbestäubung bezeichnet. Die Folge permanenter Selbstbefruchtung ist, dass solche Sorten und Arten in ihrem Aussehen sehr einheitlich sind. Will der Züchter im Erbgefüge von selbstbefruchtenden Pflanzen etwas verändern, muss er eine Selbstbefruchtung (Selbstung) verhindern. Die Blüte, gegebenenfalls die Blütenknospen, müssen rechtzeitig kastriert werden. Nur so kommt die gewünschte Kreuzung mit Fremdpollen zustande. In der Regel werden die Blütenblätter dazu etwa acht Tage vor dem Aufblühen vorsichtig aufgedreht und die Staubgefäße mit Hilfe einer Pinzette, einem Messer oder einer Schere entfernt. Wichtig ist, dass die Narbe noch nicht reif ist.

Fremdbefruchter

Sind dagegen verschiedene Pflanzen der gleichen Art am Bestäubungsvorgang beteiligt, spricht man von Fremdbestäubung bzw. Fremdbefruchtern. Der Pollen stammt in diesem Fall von einer anderen Pflanze. Beispiele sind *Papaver*, *Eschscholzia*, *Petunia* und *Clarkia*.
Eine Selbstbestäubung wird bei vielen Arten mit zwittrigen Blüten durch eine genetisch verankerte Selbststerilität verhindert. Der Pollen einer Pflanze keimt dann nicht auf den Blütennarben derselben Pflanze. Das bekannteste Beispiel für derartige Selbststerilität sind verschiedene Obstarten, u. a. Apfel, Birne, Süß-Kirsche, Sauer-Kirsche und Mandel, während Quitte, Aprikose und Pfirsich im Allgemeinen selbstfruchtbar sind. Bei selbststerilen Arten oder Sorten müssen in einer Obstplantage daher immer die in der Blütezeit passenden Bestäubersorten mitgepflanzt werden. Sonst bleibt der Fruchtansatz aus.
In diesem Zusammenhang ist es wichtig zu wissen, dass viele Pflanzen einer Art oder Sorte, die wir in unseren Gärten kultivieren, vegetativ aus einem „Individuum“ vermehrt wurden, d. h., dass eine sortenreine Pflanzung zumindest im genetischen Sinne ein einziges Individuum darstellt, in der die Pollen der einen Pflanze mit ihren Selbststerilitätsgenen nicht die Blüten einer anderen Pflanze derselben Sorte, d. h. mit denselben Selbststerilitätsgenen, befruchten können. Nun sind auch die verschiedenen Sorten einer Art naturgemäß sehr nahe miteinander verwandt, d. h., es können ohne weiteres zwei verschiedene Sorten dieselben Selbststerilitätsgene besitzen, so dass eine gegenseitige Befruchtung ausgeschlossen ist.
Bei der Orientierung über die Blüten- und Fortpflanzungsbiologie, insbesondere der Gemüsearten, ist jedoch zu bedenken, dass bezüglich dieser Merkmale wohl

Jungfernfrüchtigkeit (Parthenokarpie)
In der Regel muss die Eizelle der Samenanlage vom generativen Kern des Pollenkorns befruchtet werden, damit es zu einem Fruchtansatz kommt. Dazu ist zunächst die Übertragung des Pollens auf die Narbe (Bestäubung) nötig. Wie in so vielen Fällen gibt es aber auch hier Ausnahmen von der Regel. So sind eine ganze Reihe von Pflanzen bekannt, die auch ohne vorherige Befruchtung Früchte ausbilden, d. h. parthenocarp sind. Jungfernfrüchtigkeit, also samenfreie Früchte, findet man u. a. bei Ananas, Banane, Apfelsine, Tafeltrauben, Weintraube sowie verschiedenen Gurken-, Apfel-, Birnen- und Stachelbeersorten.

Viele Nutzpflanzen, hier Citrus limon, bilden zwar Früchte, aber keine Samen mehr aus. Man nennt dies Jungfernfrüchtigkeit oder Parthenokarpie.

bei jeder Art eine mehr oder weniger große genetische Variabilität vorhanden ist. So sind beim Kohl neben Sorten mit einer stark ausgeprägten Selbststerilität auch solche mit einer starken Neigung zur Selbstfertilität bekannt. Auch bei der Küchen-Zwiebel kommt keine völlige Selbststerilität vor.
Selbstbestäubung ist bei Zwitterblüten auch dann ausgeschlossen, wenn die Blütenorgane nicht zur gleichen Zeit reif sind. Man bezeichnet dies als Dichogamie. Blüten, bei denen der Blütenstaub vor der Narbe reif ist, nennt man vormännige oder vorstäubende Blüten. Beispiel hierfür ist *Campanula*. Zuerst entwickeln sich die Staubgefäße und erst dann, wenn aller Pollen ausgestreut ist, reift die Narbe. Blüten, bei denen zuerst die Narbe reif wird, bezeichnet man als vorweibige oder nachstäubende Blüten. Beispiele hierfür sind Araceae (Aronstabgewächse) wie *Zantedeschia* und *Anthurium* oder auch *Plantago*.
Bei *Primula* tritt die sogenannte Verschiedengriffeligkeit (Heterostylie) auf. Dabei werden zwei Typen von Zwitterblüten gebildet, einmal mit langem Griffel und tief in der Blütenröhre sitzenden Staubgefäßen, zum anderen mit kurzem Griffel und oben angeordneten Staubgefäßen. Der Pollen einer langgriffeligen Primel keimt nur auf der Narbe einer kurzgriffeligen Primel und umgekehrt. Dies muss man beachten, wenn die Pflanzen künstlich bestäubt werden sollen.
Zu den Fremdbefruchtern gehört auch *Iris*. Zwar reifen Blütenstaub und Narbe einer Blüte zur selben Zeit, doch sind die Geschlechtsorgane räumlich so angeordnet, dass eine Selbstbestäubung ausgeschlossen ist.
Zwischen reinen Selbstbefruchtern und reinen Fremdbefruchtern gibt es viele Übergänge. So können z. B. *Viola* oder *Cyclamen* sowohl selbst- als auch fremdbefruchtet werden.

Samen ernten, aufbereiten und lagern

Die Gewinnung von Samen und Früchten, die als Saatgut verwendet werden sollen, setzt besondere Sorgfalt bei der Ernte der Samenbestände sowie bei Reinigung des Erntegutes voraus. Bei der Ernte sollte man grundsätzlich versuchen, die Frucht mit den Samen so lange wie möglich an der stehenden Pflanze ausreifen oder an der geschnittenen Pflanze nachreifen und trocknen zu lassen. Die Wanderung von Nährstoffen aus Wurzel, Spross und Frucht in das Samenkorn hält so lange an, bis seine Verbindung mit der Mutterpflanze unterbrochen wird, d. h. das Stadium der physiologischen Reife erreicht ist. Wird das Samenkorn vor diesem Zeitpunkt geerntet, erreicht es selten seine bestmögliche Ausbildung. Spricht man von Samenernte, dann ist damit an sich die Ernte von Früchten gemeint. Die Frucht stellt das Gehäuse dar, das die Samen bis zur Reife oder auch ständig umschließt.

Fruchtarten

Die Bildung der Frucht erfolgt zeitgleich mit der Ausbildung der Samenanlage zu Samen. Zum Aufbau der Frucht können mit Ausnahme der Staubblätter alle Blütenorgane sowie verschiedene benachbarte Teile beitragen. So können z. B. die Blütenachse, die Blütenhülle oder auch Vor- und Hochblätter an der Ausbildung des Fruchtgehäuses beteiligt sein. Als Früchte werden daher alle besonders umgewandelten Organe der Pflanze bezeichnet, die die Samen bis zur Reife umschließen, dann ausstreuen oder mit ihnen von der Pflanze abgetrennt werden.
Früchte zeichnen sich durch eine ungemein große Mannigfaltigkeit in ihrer Form und Größe sowie der Art und Weise aus, in der die Samen verbreitet werden. Neben Einzelfrüchten treten als Sonderformen Sammelfrüchte und Fruchtstände (Fruchtverbände)

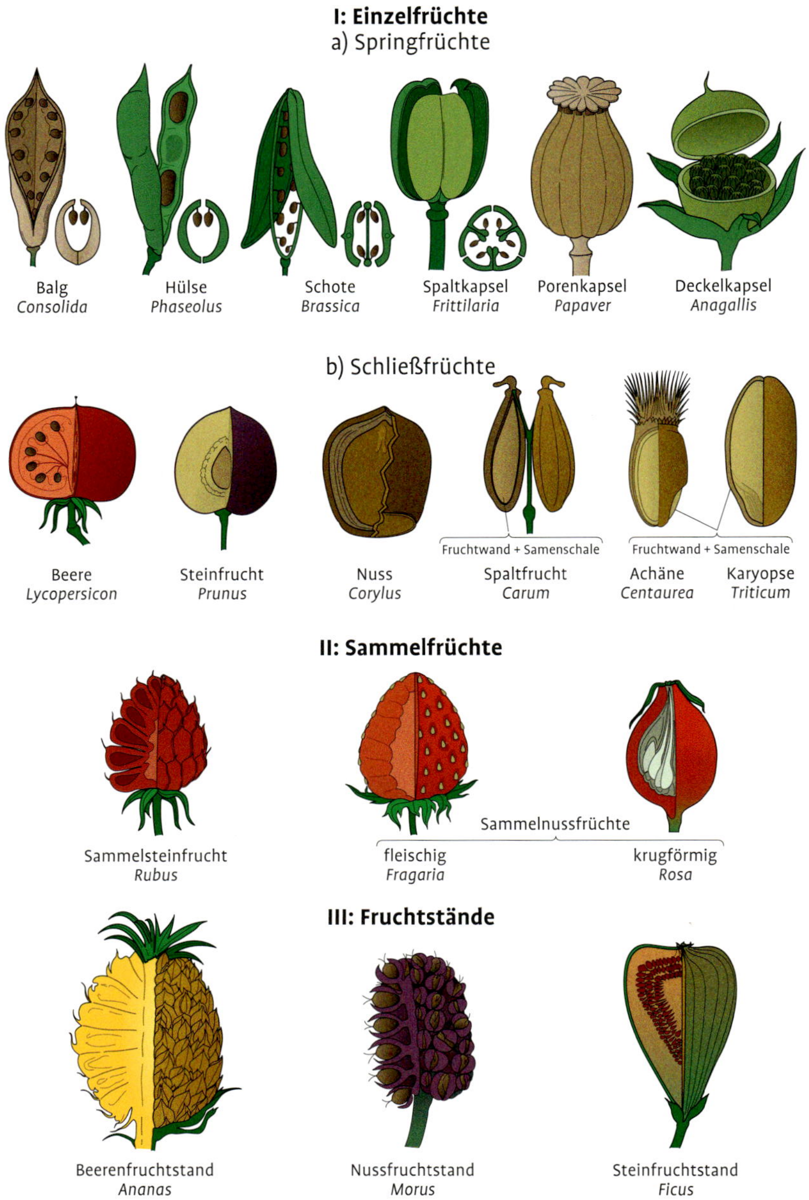

Fruchtformen

auf. Die wichtigsten Fruchtformen sind oben dargestellt.

Apomixis

Normalerweise geht der Ausbildung einer Frucht eine Befruchtung voraus. In den Samenanlagen können jedoch auch auf ungeschlechtlichem Wege Embryonen entstehen, deren Weiterentwicklung ebenfalls eine Fruchtbildung anregt. Ein solches Verhalten nennt man Apomixis.

Reifemerkmale

Bei der Samengewinnung von Gemüsearten, Zierpflanzen, Stauden und Gehölzen liegen durchweg andere Verhältnisse vor als bei der Mehrzahl der landwirtschaftlichen Kulturpflanzen. Überall dort, wo die Körnernutzung Hauptanbauzweck ist, wurde durch ungewollte bzw. bewusste Auslese eine weitgehende Einheitlichkeit der Samenträger erreicht, die zu einer gleichmäßigen Ausreife der Samen geführt hat. Wildpflanzen sowie gärtnerische Kulturpflanzen weisen aber vielfach eine ungleichmäßige Ausreife von Samen und Früchten auf, so dass für die Ernte besondere Maßnahmen erforderlich sind.

Die Färbung der Früchte und Kapseln sowie der Fruchtstängel sind wichtige Merkmale bei der Bestimmung des Erntezeitpunkts. Die Farbe geht erst ins Grünlich-Gelbe, später ins Gelbe oder Braune über. Bei vielen Asteraceae (Korbblütlern) zeigt das Vertrocknen der Hüllblätter die Reife des Samens an. Aber Vorsicht! Es gibt Pflanzenarten, bei denen die Ernte von einem Tag auf den anderen wegspringen kann, wie z. B. bei staudigen *Euphorbia*-Arten. Hier kann man den Verlust der Samen verhindern, indem man die reifenden Früchte mit Watte abdeckt, in der sich die Samen verfangen können.

Die ungleichmäßige Ausreife kann die Vorernte von Einzelpflanzen, aber auch von Einzelfrüchten erforderlich machen. Als Beispiel sei die Samengewinnung von *Viola* genannt. Hier ist die Pflückreife erreicht, wenn sich der Blütenstiel streckt, die bräunlich angefärbten Kapseln kurz vor dem Aufspringen sind und sich die Kelchblätter fahl oder gelblich färben. Grüne, von der Pflanze getrennte Kapseln mit hellen Körnern reifen sehr schlecht nach und verderben die Keim- und Lagerfähigkeit der Samen. Nach Erreichen der Pflückreife springen die Kapseln – insbesondere bei heißem Wetter – sehr schnell auf und verstreuen die Samen. Da pflückreife Kapseln neben vollständig grünen, frisch angesetzten Fruchtknoten, offenen Blüten und Blütenknospen gleichzeitig an ein und derselben Pflanze auftreten, ist es notwendig, die reifen Kapseln wiederholt herauszupflücken.

Noch unreifer Samen von Acanthus hungaricus

Im Gegensatz dazu reifer Samen von Acanthus hungaricus

Erntezeitpunkt
Grundsätzlich sollten die Früchte bzw. Samen bei der Ernte äußerlich trocken sein. Daher erntet man nie in den frühen Morgenstunden, wenn noch Tau auf den Fruchtständen liegt.

Die Fruchtstände von *Allium cepa* werden bei Schwarzfärbung der Samen abgeschnitten und möglichst im Schatten zur langsamen Nachtrocknung auf Siebrahmen ausgelegt.
Bei der Ernte von Erbsensamen ist es sinnvoll, die gesamte Pflanze aus der Erde zu nehmen und an Drähten verkehrt herum aufgehängt zu trocknen, um die Samen aus den Früchten zu lösen, sobald die ersten Hülsen aufspringen.
Auch bei Zierpflanzen und Stauden sollte man großen Wert auf die volle Ausreife der Samen an der Pflanze legen. Die Kapseln von *Cyclamen* lässt man an der Pflanze aufspringen und erntet sie, bevor die Samen abtrocknen und herausfallen.
Bei Arten mit fleischigen Früchten ist die Erntetechnik eine ganz andere. Grundsätzlich sollten hier die Früchte vor der Samengewinnung voll ausgereift sein, wobei es nicht entscheidend ist, ob diese Vollreife an der Pflanze oder an der bereits geernteten Frucht auftritt. Das gilt u. a. für Gurke, Kürbis, Melone, Paprika und Tomate. Bei diesen Arten reifen die Früchte vollständig nach, wenn die Reifefärbung bei der Ernte schon ein fortgeschrittenes Stadium erreicht hat, d. h., wenn Paprika und Tomate zum Teil rot, Gurke, Kürbis und Melone zum Teil gelb verfärbt waren. Bei Sammelfrüchten wie Erdbeeren muss die Frucht an der Pflanze ausreifen, also vollkommen gerötet sein.
Locker sitzende Samen lassen sich zum Teil sehr gut mit Hilfe eines Autostaubsaugers oder eines Tischstaubsaugers aus den Fruchtständen absaugen. Insbesondere Samen mit fedrigen Anhängseln, z. B. die Samen (Achänen) der Asteraceae (Korbblütler) lassen sich auf diese Art und Weise gut ernten.

Bestimmung des Reifegrades
Es ist nicht immer leicht, den richtigen Reifegrad der Früchte und Samen zu bestimmen. Leider ist es auch nicht möglich, die Reifemerkmale allgemeingültig zu beschreiben. Bei einiger Aufmerksamkeit werden Sie sich aber sehr bald die nötigen Kenntnisse für die richtige Beerntung der Pflanzen angeeignet haben. Sie werden dann erkennen, wie die Frucht gefärbt oder beschaffen ist, wenn die Samen reif sind.

Reifezeiten
Die Reifezeiten der verschiedenen Gehölzarten verteilen sich über das ganze Jahr. Samenreif sind im
Mai: *Populus* und *Ulmus*,
Juni: *Daphne* und *Salix*,
Juli: *Magnolia* und *Sambucus*,
August: *Cotoneaster*, *Crataegus*, *Ilex* und *Prunus*,
September: *Acer*, *Aesculus*, *Betula*, *Cytisus*, *Rosa*,
Oktober: *Fagus*, *Juglans regia*, *Pyrus*, *Quercus*, *Tilia*,
November: *Alnus*.
Im Herbst reifen auch die Nadelhölzer *Abies*, *Larix*, *Picea*, *Tsuga* und *Pseudotsuga*, während für das Einsammeln der Zapfen von *Pinus* die Monate Dezember bis April am günstigsten sind.

Ernte von Gehölzsamen

Bei der Gewinnung von Baumsamen sind besondere Methoden gebräuchlich. Im Allgemeinen wartet man das Abfallen der vollreifen Früchte oder Samen ab, um sie dann an Ort und Stelle aufzusammeln. Manche Gehölzsamen sind vor der sogenannten Vollreife zu ernten, da sonst die Samen nicht oder nur stark verzögert keimen. Zu dieser Gruppe gehören u. a. *Carpinus betulus* oder *Juniperus communis*. Samen in trockenen Früchten, z. B. *Syringa*, kann man in der Regel lange an der Mutterpflanze belassen. Jedoch gibt es auch Ausnahmen. So muss man bei Arten aus der Familie der Hamamelidaceae (Zaubernussgewächse) wie *Hamamelis mollis* wiederum aufpassen: Hier springen die Kapseln bei Vollreife plötzlich auf und schleudern die Samen heraus.
Auch sollte man ein Auge darauf haben, dass die Samen oder Früchte nicht schon vor der Ernte von Tieren gefressen werden.

Unreifer Samen von Hamamelis mollis

Reifer Samen von Hamamelis mollis

Unreifer Samen von Abies koreana

Nach zu langer Wartezeit ist der Zapfen zerfallen.

Besondere Aufmerksamkeit erfordert die Ernte der Samen von Nadelgehölzen. So fallen die Zapfen von *Abies* bei Vollreife auseinander und geben die Samen frei. Ähnlich ist es bei *Picea* und *Pinus*. Bei diesen öffnen sich die Zapfen bei sonnigem Wetter und entlassen die Samen, ohne dass der Zapfen auseinanderfällt. In beiden Fällen muss daher unbedingt vor der Vollreife geerntet werden.

Nachreife

Die Fruchtstände bzw. die Samen müssen nach der Ernte in der Regel noch nachreifen und nachtrocknen. Da sich frisches Erntegut leicht erhitzt, muss es unmittelbar nach der Ernte locker ausgebreitet und in den darauf folgenden Tagen öfter gewendet werden. Ist Erntegut erst einmal „heiß" geworden, ist es verdorben. Verzögert sich der Nachreife- und Trocknungsprozess durch zu hohe oder niedrige Temperaturen bei hoher Luftfeuchtigkeit, wird das Erntegut stockig und Pilze breiten sich aus. Nachreife und Trocknung des Erntegutes erfolgen am besten im Schatten bei Temperaturen um 20–25 °C und leichter Luftbewegung oder mit Hilfe von Ventilatoren (siehe auch Saatguttrocknung und -lagerung Seite 19–21).

Tipp
Damit es später nicht zu Verwechslungen kommt, versteht es sich von selbst, dass von der Ernte an auf eine einwandfreie Etikettierung des Saatgutes geachtet wird.

Samenreinigung

Ein Problem stellt immer das Reinigen von selbstgeernteten Samen dar. Saatzuchtfirmen steht hierzu ein ganzes Arsenal von Maschinen zur Verfügung: Dreschmaschinen, Passiermaschinen, Windfegen mit Druckluftführung, Plan- und Zylindersiebe sowie Geräte, die rundliche Körner und Bruchstücke auslesen. Der Hobbygärtner kann sein Saatgut mit sehr einfachen Hilfsmitteln reinigen, was er auch unbedingt tun sollte, da Reste der fleischigen Frucht oder Kapsel, Stängelteile und Erdreste häufig Träger von unerwünschten Pilzkrankheiten sind.

Fleischige Früchte

Saftreiche und fleischige Früchte wie Kirsche, Pflaume, Beerenfrüchte und andere werden in Gefäßen aus Kunststoff, Porzellan oder Steingut zerrieben bzw. zerstampft und anschließend mit etwas Wasser übergossen. Nun lässt man das Ganze leicht rotten und angären. Das Fruchtfleisch wird dabei mürbe und kann schon bald einfach unter fließendem Wasser über feinmaschigem Siebgewebe ausgewaschen werden.
Die auf dem Sieb zurückbleibende Masse wird in Säckchen gefüllt, mit der Hand ausgedrückt und anschließend auf Papierunterlagen an der Sonne oder künstlich getrocknet.
Beim Gärungsprozess darf es aber nicht zu einer abgeschlossenen Gärung mit hoher Temperaturentwicklung kommen, da hierdurch die Samen geschädigt würden.
Erdbeer-, Himbeer- sowie Brombeersaatgut können Sie auch gut ohne vorherige Gärung nach dem Zerdrücken über einem Sieb mit starkem Wasserstrahl auswaschen.
Auf ähnliche Weise wie Kirschen- oder Pflaumensamen gewinnt man auch Gurken- und Tomatensamen. Die Gurkenfrüchte werden der Länge nach halbiert und die Samen zusammen mit dem schleimigen Einbettungsgewebe herausgeschabt. Die Tomatenfrüchte werden zerdrückt und jeweils in Gefäßen vergoren.

Samenreinigung fleischiger Früchte am Beispiel von *Euonymus latifolius*:

Fruchthülle verletzen

Mit Wasser übergießen

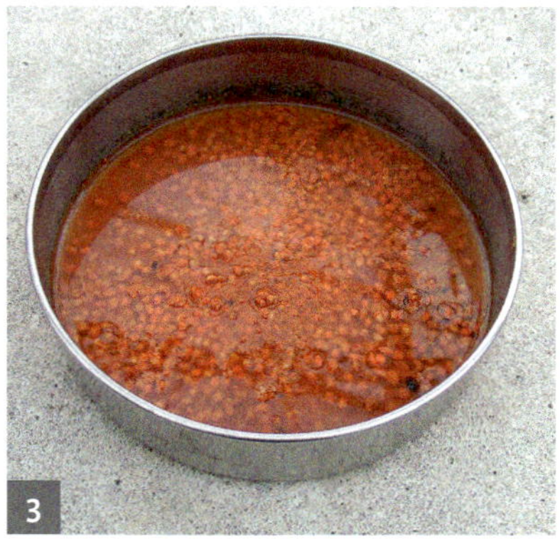

Angären lassen

Über Sieb ausgießen

Auswaschen

Gereinigte Samen

Nach wiederholtem Umrühren der Maische setzen sich die schweren Samen schlussendlich am Boden der Gefäße ab und können nach vorsichtigem Abgießen der schwimmenden Bestandteile leicht gesäubert gewonnen und durch Trocknen lagerfähig gemacht werden. Paprikasamen schneidet man aus den vollreifen Früchten mit dem Mutterkuchen (Plazenta = Teil des Fruchtblattes, an dem die Samenanlagen angeheftet sind) heraus, reibt sie von diesem ab und trocknet sie anschließend. Ebenso wird bei Kernobst, beispielsweise Äpfeln und Birnen, verfahren.

Trockene Früchte

Das Herauslösen der Samen aus trockenen Fruchtständen wie Hülsen, Schoten und Kapseln ist im Allgemeinen nicht schwer. Die Fruchtstände werden über Papier oder Stoff vorsichtig ausgeklopft und die Pflanzenreste zur weiteren Nachreife liegen gelassen. Können die Samen auf diese Weise nicht herausgelöst werden, so legt man die trockenen Früchte auf ein Brett, wo sie mit einem Nudelholz oder einem Gummihammer zerkleinert werden. Die weitergehende Reinigung erfolgt dann mit Hilfe von Sieben, die es in verschiedenen Maschengrößen auf dem Markt gibt. Spezielle Rundloch- und Schlitzlochsiebe aus Drahtgeweben oder gebohrten bzw. gestanzten Metallplatten dienen neben der Reinigung gleichzeitig der Sortierung nach Form und Größe. Sehr feinkörnige Sämereien verlangen besondere Reinigungsmaßnahmen.

Soll das fertige Saatgut einen hohen Reinheitsgrad aufweisen, muss man schon bei der Ernte auf besonders hohe Sauberkeit Wert legen.
Die sorgfältige Ernte lediglich der vollreifen Pflanze, Pflanzenteile oder Fruchtstände ohne Beimischung von samentragenden Unkräutern oder mit Erde behafteter Pflanzenteile liefert ein Erntegut, aus dem sich dann anschließend mit relativ geringem Aufwand ein einwandfreies Saatgut gewinnen lässt.

Trockenfrüchte

Samen aus Trockenfrüchten wie Nuss- und Steinfrüchte mit fest anliegender Fruchtwandung lässt man unverändert, da das Lösen aus der Fruchtschale schwierig oder unnötig ist.

Samenreinigung trockener Früchte am Beispiel von *Punica granatum* 'Nana':

Frucht zerschlagen

Aussieben

Gesiebte Samen

Fruchtreste ausblasen

Feinreinigung mit Hilfe eines Papierblattes

Gereinigte Samen

Erdige Bestandteile lassen sich mitunter durch kurzes Waschen des Erntegutes auflösen. Es genügt, das Erntegut in ein mit Wasser gefülltes Gefäß zu geben. Durch schnelles Umrühren und Abschütten der an der Oberfläche schwimmenden Verunreinigungen werden z. B. Spreuteile und leichte Körner entfernt. Die sich am Boden des Gefäßes absetzenden schweren Körner werden über ein Sieb ausgespült, in Säckchen gefüllt und durch Schleudern schnell vom oberflächlich anhaftenden Wasser befreit. In direktem Anschluss daran sollte die Trocknung bei mäßiger Wärme (25–30 °C) erfolgen (siehe auch Seite 20). Mit Erfolg lässt sich dieses Verfahren bei Salatsaatgut, Zwiebel- und Schnittlauchsamen anwenden.

Bei anderen feinen Sämereien benutzt man neben feinmaschigen Sieben (Teesiebe sind hier gut geeignet) gerne kleine Schwingmulden aus Holz oder runde Gefäße aus rostfreiem Stahl mit glatten Innenwänden. Sie gestatten es, leichtere Fremdkörper, aber auch leichte Samen zu entfernen, indem man die Gefäße leicht schwingt und gleichzeitig alles Unerwünschte ausbläst. Man kann aber auch die zu reinigende Mischung zwischen zwei Finger nehmen, etwa 20 cm über die Schüssel heben und gegen das herabfallende Gemenge blasen. Bei richtig dosierter Luftmenge wird der feine Staub weggeblasen, und der schwere Samen fällt in die Schüssel. Dies wird so oft wiederholt, bis das Saatgut rein genug ist.

Eine weitere Möglichkeit, feinkörnige, runde Sämereien von unrunden Beimischungen zu trennen, besteht darin, das Erntegut einfach über geneigte Tücher, Glas- oder Kunststoffplatten oder einfaches Schreibpapier laufen zu lassen. Der Neigungswinkel muss dabei so gewählt werden, dass die Samenkörner abrollen, die Verunreinigungen aber an der Oberfläche der Tücher, des Papiers oder der Platten haften bleiben.

Klengen

Aus den Zapfen der Nadelgehölze werden die Samen durch Klengen über Darren gewonnen. Unter „Klengen" versteht man das Öffnen der Zapfen durch warme, trockene Luft. Dazu legt man die Zapfen in flache Kisten

Reinigung feiner Samen mit Teesieb, hier Papaver rhoeas

Saatgutreinigung mit Prüfsieb, hier Campanula patula

und stellt sie im Heizungskeller oder in der Nähe eines Heizkörpers auf. Günstig wirkt sich ein allmähliches Steigern der Temperatur aus. Allerdings darf die Temperatur 45 °C nicht übersteigen, da sonst die Samen geschädigt werden können. Schon bald öffnen sich die Zapfen und nach kräftigem Durchschütteln fallen die Samen heraus. Auch verschiedene Laubgehölzsamen werden durch eine solche Trockenwärmebehandlung aus den Fruchtkapseln befreit. Zu ihnen gehören u. a. alle Arten aus der Familie der Hamamelidaceae (Zaubernussgewächse) sowie *Buddleja* und *Sorbaria*.

Reife Zapfen geben die Samen nach Zufuhr von Wärme frei.

Saatguttrocknung

Die wichtigste Voraussetzung für eine gute Haltbarkeit des Saatgutes ist die weitgehende Inaktivierung der Lebensprozesse, die am wirksamsten durch eine Entwässerung des Samens erreicht wird. Gut ausgereifte, frischgeerntete Samen weisen einen Wassergehalt von 20–22 % auf, der aber noch viel zu hoch ist und weiter abgesenkt werden muss, damit sie längere Zeit keimfähig bleiben. So sollten z. B. zu lagernde Kohlsamen einen Wassergehalt von 8–9 %, Kopfsalat von 6–8 % und Gartenbohnen von 12–14 % haben. Für Blumensämereien liegen die Werte zwischen 5 und 10 %. Es gibt aber auch Sämereien, bei denen der Wassergehalt nicht unter 40 % gesenkt werden darf. Dies gilt z. B. für *Aesculus* und *Corylus avellana*. Eine Feuchtlagerung verlangen auch die Samen von *Camellia sinensis*, *Acer saccharum*, *Taxodium* und vieler Sumpf- und Wasserpflanzen. Die Samen vieler Nymphaceae (Seerosengewächse) müssen in Wasser gelagert werden, um keimfähig zu bleiben.
Nicht nur die Keimfähigkeit, sondern auch die dem Samen anhaftenden Bakterien und Pilze sowie die inner- und außerhalb des Samenkornes lebenden Insekten und Milben werden von der Samenfeuchte maßgeblich beeinflusst. So können sich Pilze und Bakterien in Saatgut mit einem Wassergehalt von 12–14 % im Allgemeinen nicht mehr vermehren. Für Samenmilben liegt die Grenze etwa bei einem Wassergehalt von 13 %. Auch die zu den Insekten gehörenden Samenschädlinge verhalten sich entsprechend. In Samen mit einem Wassergehalt unter 8–9 % ist die Vermehrungsfähigkeit dieser Schädlinge begrenzt und die Schäden sind daher entsprechend geringer.
Die einfachste Art der Saatguttrocknung ist die an der Luft im Freien oder auf Dachspeichern. Der Trocknungserfolg ist dabei umso größer, je mehr Luft an das einzelne Samenkorn herangebracht werden kann. Für die Trocknung kleinerer Samenmengen hat sich die Verwendung von Gazebeuteln oder Siebrahmen gut bewährt, deren Böden aus feinmaschigem Drahtgewebe bestehen.
Eine schnelle Trocknungswirkung lässt sich durch Zufuhr von Warmluft erzielen. Dabei ist zu beachten, dass die Trocknungstemperatur umso niedriger blei-

ben muss, je feuchter das Saatgut ist. So wird bei 25–30 °C vorgetrocknet und bei 40–45 °C nachgetrocknet. Diese Temperatur darf in keinem Fall überschritten werden, da sonst das Eiweiß in den Samen koaguliert und somit die Keimfähigkeit verlorengeht. Auch dürfen die genannten Temperaturen jeweils nicht länger als 30–45 min auf das Saatgut einwirken.

Insbesondere großkörnige Samen wie Gartenbohnen dürfen nicht in einem Trocknungsgang auf den gewünschten Wassergehalt gebracht werden. Eine zu schnelle Trocknung kann leicht zum Platzen der Samen führen. Denn bei ihr werden nur die äußeren Teile des Samens entwässert, während die inneren noch gequollen bleiben. Daraus ergeben sich u. a. Gewebespannungen, die zum Zerreißen der Samenschale und oft auch des Embryos führen. Der zweite Trocknungsgang darf also erst erfolgen, wenn sich der Wassergehalt innerhalb des Korns ausgeglichen hat.

Wie die Saat, so die Ernte

Das alte Sprichwort ist auch heute noch gültig: Vollentwickeltes Saatgut bringt kräftigeres Pflanzenwachstum und schönere Pflanzen.

Es sind zwei Merkmale, die im Wesentlichen die Saatgutqualität bestimmen:

Reinheit: Sie bezeichnet den Grad der Verunreinigung des Saatgutes durch Samen von Unkräutern und fremden Kulturpflanzen sowie durch sonstige Fremdkörper (Sand, Steine, Samenschalen u. a.).

Keimfähigkeit: Darunter versteht man den Anteil entwicklungsfähiger Samen.

Saatgutlagerung

Nach der Trocknung kommt es darauf an, den reduzierten Wassergehalt des Saatguts während der gesamten Lagerzeit zu erhalten. Jedoch besteht zwischen der Luftfeuchte und dem Wasser im Samen ein ständiges Ausgleichsbestreben. Feuchtes Saatgut gibt so lange Wasser an trockene Luft ab, bis sich ein Gleichgewicht eingestellt hat. Dieser Ausgleich ist bei der Saatguttrocknung von Bedeutung. Umgekehrt nimmt trockenes Saatgut Wasser auf, wenn es bei hoher Luftfeuchtigkeit aufbewahrt wird. Der angestrebte Ausgleich muss daher unterbunden werden.

Die einzelnen Samenarten verhalten sich in ihrer Wasseraufnahme je nach Dicke der Samenschale oder des Öl- und Fettgehaltes unterschiedlich. Nach Untersuchungen sollte der Luftfeuchtigkeitswert während der Lagerung 30 % nicht übersteigen, wenn das Saatgut offen gelagert wird.

Die Verminderung des Wassergehaltes ist sicherlich der wichtigste Faktor, um die Lagerfähigkeit des Saatgutes zu steigern. Eine entsprechende Wirkung hat aber auch eine Verringerung der Temperatur. Generell führen Temperaturen um 20 °C und darüber zu einem Rückgang der Keimfähigkeit, während Temperaturen um 10 °C und darunter dafür sorgen, dass diese länger erhalten bleibt. Die Lagerfähigkeit der Samen wird generell annähernd verdoppelt, wenn die Temperatur um 5 °C sinkt. Aus diesem Grund lässt sich Saatgut hervorragend im Kühlschrank lagern.

Die Umgebungsatmosphäre mit ihrem Sauerstoffgehalt von 21 % kann die Lebensfähigkeit des Saatgutes ebenfalls verändern. Kontinuierliche Zufuhr von Sauerstoff intensiviert die Atmung und damit den Abbau von Reservestoffen im Nährgewebe oder in den Keimblättern. Ein beschleunigter Stoffwechsel tritt vor allem bei hoher Luftfeuchtigkeit und gleichzeitig ansteigenden Temperaturen ein. Saatgut in kleinen, offenen oder nicht luftdichten (Papier, Naturfasern) Verpackungen verliert seine Keimfähigkeit schneller als solches, das in großen Mengen verpackt wird. Denn die Außenluft umspült wenige Körner stärker als viele, da sie einen leichteren Zutritt hat. Dennoch unterliegen auch die Körner in einer großen, luftdurchlässigen Verpackung (Jute oder Hanf) dem Einfluss der Umgebungsbedingungen, wobei ein Gefälle von außen nach innen auftritt.

Selbstgeerntetes Saatgut sollte, nachdem es getrocknet wurde und bevor es in den Kühlschrank gelegt wird, in dicke PE-Folien verschweißt werden. Zweckmäßigerweise werden die Samen zunächst in Pergaminbeuteln gefüllt, die als Innenbeutel fungieren. Verpackungen aus reinem Kunststoff oder kunststoffbeschichteten Papieren sind nicht für die Aufnahme feinerer Sämereien geeignet, da sie sich elektrostatisch aufladen und die kleinen Samen an ihrer Oberfläche festhalten. Die Samen können dann nur schwierig entnommen werden.

Eine weitere Möglichkeit, Saatgut vor der Umgebungsluft zu schützen, besteht in der Verwendung von Einmachgläsern mit Gummiringen und Stahlklammern. Sowohl loses Saatgut als auch Saatgut in luftdurchlässigen Tüten kann so aufbewahrt werden. Als zusätzliche Sicherheit sollte ein durchsichtiger Salzstreuer mit Blaugel aus der Apotheke in das Glas gestellt werden. Blaugel nimmt als Trocknungsmittel das Wasser der Umge-

Samen in Keimschutzpackungen sind beim Kauf vorzuziehen.

Das Angebot an Gemüse- und Zierpflanzensämereien ist vielfältig.

bungsluft auf und verfärbt sich dabei rosa. Bei Trocknung bei etwa 80 °C im Backofen wird es wieder blau und kann anschließend erneut als Trocknungsmittel verwendet werden.

Samenkauf

Der Samenkauf ist in mehrfacher Hinsicht Vertrauenssache. Dies gilt besonders im Hinblick auf die Keimfähigkeit und die Sortenreinheit. Saatgut ist ein witterungsabhängiges Naturprodukt, bei dem nicht zuletzt auch die Lagerung über seine Qualität entscheidet. Oft hat heute jeder Supermarkt und jedes Kaufhaus Samentüten im Angebot. Ob diese jedoch immer optimal gelagert werden, darf bezweifelt werden. Im Samenfachgeschäft bekommt man hingegen bestimmt einwandfreie Ware. Hier stehen Ihnen bei Fragen auch Fachleute zur Verfügung. Eine weitere Möglichkeit ist die Bestellung bei Versandgeschäften.
Grundsätzlich ist Samen in Keimschutzpackungen der Vorzug zu geben. Bei Samen in einfachen Samentüten, die schon längere Zeit in einem Verkaufsständer stehen, ist Vorsicht geboten.
Auch Samen aus angebrochenen Keimschutzpackungen verlieren sehr rasch ihren Wert, da die keimschützenden, mikroklimatischen Bedingungen nicht mehr gegeben sind. Daher sollte man nicht auf Vorrat kaufen. Vielmehr ist die Menge so zu bemessen, dass sie den Bedarf für den jeweiligen Aussaattermin deckt.
Beim Kauf von Samen für Beet- und Balkonpflanzen sollten bevorzugt F_1-Hybridsorten verwendet werden (siehe Seite 22). Solche F_1-Hybriden zeichnen sich gegenüber den anderen Sorten durch wesentliche Qualitätsverbesserungen aus.
Die Beschaffung von Gehölz- und Staudensaatgut ist nicht immer ganz einfach. Vor Ort in Samengeschäften wird man Gehölz- und Staudensamen kaum finden. Jedoch gibt es eine Reihe von Versandhändlern, die sich auf den Verkauf dieser Pflanzengruppen spezialisiert haben (Anbieter lassen sich über das Internet finden). Leider lässt jedoch bei gekauftem Gehölz- und Staudensaatgut, das von Wildarten stammt und in freier Natur geerntet wurde, häufig die Keimfähigkeit zu wünschen übrig. Das gilt besonders dann, wenn es aus dem Ausland stammt. Denn manchmal kann der richtige Erntetermin bei der Saatguternte, die oft unter großen Schwierigkeiten erfolgt, nicht eingehalten werden. Meist müssen auch ungünstige Transportverhältnisse in Kauf genommen werden oder das Saatgut wird falsch gelagert. Daher kann dem Samenhändler selbst kein Vorwurf gemacht werden, wenn das Keimergebnis – einmal vorausgesetzt, dass bei der Aussaat alles richtig gemacht wurde – nicht den Erwartungen entspricht. Denn er hat in der Regel keinen oder nur wenig Einfluss auf die Samenernte.
Ist zu Hause einmal eine Samentüte liegengeblieben, sollte man sich durch eine Keimprobe von der Qualität des Saatgutes überzeugen und dann erst entscheiden, ob man noch aussät. Allerdings ist dies auch nur dann interessant, wenn genügend Samen zur Verfügung stehen. Dazu wird eine bestimmte Menge Samen in eine Schale auf Filterpapier gestreut, das immer feucht gehalten wird. Nach einer gewissen Zeit, die davon abhängt, ob es sich um schnell oder langsam keimende Arten handelt, zählt

Viele der im Handel angebotenen tropischen Früchte enthalten keimfähige Samen:
1) Grapefruit (Citrus × paradisi)
2) Granatapfel (Punica granatum)
3) Avocado (Persea americana)

man die gekeimten Samen aus und kann so feststellen, ob der Samen überhaupt noch keimfähig ist bzw. zu wie viel Prozent. Auf eines muss noch hingewiesen werden: Die im Handel für den Hobbygärtner erhältlichen Sämereien werden in der Regel nicht nach Stückzahl oder Gramm, sondern in Portionen angeboten. Dies hat den großen Nachteil, dass ein Preisvergleich praktisch unmöglich ist. Eine Portion der einen Firma kann doppelt so viel Samen enthalten wie die einer anderen Firma.

Samen von tropischen Früchten

Wenn es um die Aussaat tropischer Arten geht, sollten Sie das Angebot tropischer Früchte im Handel nicht vergessen. Darunter gibt es eine Reihe von Früchten, die keimfähige Samen enthalten und zu den Zimmerpflanzen im weitesten Sinne gehören, so *Persea americana*, *Punica granatum*, *Citrus maxima* und viele andere. Allerdings muss man sich nicht wundern, wenn die Keimfähigkeit dieser Samen nicht sehr hoch ist. Die Früchte werden nicht selten schon lange vor der Vollreife geerntet und im Lager künstlichen Reifeprozessen unterzogen. Die Samen solcher Früchte haben daher häufig nicht den für die Keimfähigkeit notwendigen Reifegrad erreicht. Dies trifft z. B. auf Kokosnüsse zu, die im Handel zum Verzehr angeboten werden. Dass die Samen von gekochtem Obst oder von Obst aus Dosen nicht mehr keimfähig ist, muss sicher nicht weiter erläutert werden.

F_1-Hybriden

In den letzten Jahren wurden mehr und mehr alte Zierpflanzen- und Gemüsesorten durch Neuzüchtungen ersetzt, die die Bezeichnung F_1-Hybridsorten tragen.
F_1-Hybriden zeichnen sich gegenüber den normalen Sorten durch wesentliche Qualitätsverbesserungen aus. Das können sein: schnellerer Wuchs, Ausgeglichenheit des Bestandes, besondere Widerstandsfähigkeit gegenüber Krankheiten, bessere Wetterfestigkeit, höhere Erträge, bei Zierpflanzen außerdem größere Blüten und besondere Reinheit der Blütenfarbe.
Der Erfolg der F_1-Hybriden beruht auf der Ausnutzung des sogenannten Heterosiseffektes. Dieser entsteht, wenn gezüchtete, weitgehend gleicherbige (homozygote) Eltern mit entsprechender Kombinationseignung gekreuzt werden. Die Pflanzen der ersten Tochtergeneration, der sogenannten F_1-Generation, sind dann genetisch alle gemischterbig (heterozygot), aber im äußeren Erscheinungsbild sehr gleichmäßig, und zeichnen sich u. a. durch besondere Vitalität, Gesundheit und hohe Erträge aus.
Beim Nachbau spaltet sich eine Heterosissorte jedoch auf, da sie heterozygot ist. Die Nachkommen sind daher sehr uneinheitlich und der Leistungsabfall ist beträchtlich. Meist sind sie völlig wertlos, da häufig Wuchsdepressionen und auch sonst ungünstige Eigenschaften zutage treten. Es ist deshalb erforderlich, F_1-Saatgut immer wieder durch eine

Auch beim Gemüse nimmt die Anzahl der F_1-Hybridsorten ständig zu.

erneute Kreuzung der ausgewählten Elternpaare zu erzeugen. Dies ist ein Grund dafür, dass dieses Saatgut wesentlich teurer als normales Saatgut ist. Der Vorteil für den Züchter ist offensichtlich, denn er hat damit ein Mittel an der Hand, seine Sorten auf natürliche Weise vor einem Nachbau zu schützen. Denn sie unterliegen damit praktisch einem genetischen Züchterschutz.

Veredeltes Saatgut

Um die Aussaat zu vereinfachen und damit auch wirtschaftlicher zu machen, wird Gemüse- und Zierpflanzensaatgut immer häufiger in veredelter bzw. speziell aufbereiteter Form angeboten. Dies wird als Saatgutkonfektionierung bezeichnet. Die Saatgutveredlung hat folgende Ziele:

- höhere und/oder gleichmäßigere Keimung,
- höhere Triebkraft, also schnellere Keimung,
- bessere Lagerfähigkeit,
- Schutz vor Umfallkrankheiten der Sämlinge und
- Verbesserung der Säbarkeit mit Aussaatmaschinen und -geräten.

Die einfachste und gängigste Form der Saatgutveredlung stellt die Reinigung des Saatguts dar, wie sie auf den Seiten 16–19 beschrieben wurde. Daneben werden auch die nachfolgend beschriebenen Verfahren durchgeführt.

Abgeriebenes Saatgut

Durch das Entfernen von Flugeinrichtungen, Behaarungen und anderen in der Natur nützlichen Anhängseln wird das Saatgut kompakter und die Gefahr des Pilzbefalls geringer. Diese Art der Saatgutveredlung ist u. a. bei Arten wie *Limonium*, *Gazania*, *Gomphrena*, *Nemesia*, *Gaillardia* und anderen Stauden bzw. Zierpflanzen üblich.

Geschnittenes Saatgut

Mit geschnittenem Saatgut verfolgt man einen ähnlichen Zweck. Durch das Entfernen des langen Pappus, also der zu einem Haarkranz umgebildeten Kelchblätter, wird bei *Tagetes* die maschinelle Aussaat ermöglicht.

Kalibriertes Saatgut

Kalibrieren ist das größenmäßige Sortieren von Saatgut. Es wird durch Absieben aus Normalsaatgut gewonnen und in bestimmten Größenklassen geliefert. Dadurch wird es von mechanischen Sägeräten gleichmäßiger erfasst und verteilt.

Monogermsaatgut

Monogermsaatgut entsteht durch Zertrümmerung von Samenknäueln. Denn Probleme bei der Vereinzelung von Saatgut entstehen bei Arten, deren Samen in Knäuel angeordnet sind, wie bei Rüben der Gattung *Beta* (Zucker-Rübe, Futter-Rübe, Rote Rübe) oder bei *Limonium*. Die meist einsamigen Bruchstücke lassen sich besser aussäen.

Graduiertes Saatgut

Bei graduiertem Saatgut werden Körner mit geringerem spezifischen Gewicht ausgeschieden. Es besitzt gegenüber kalibriertem Saatgut eine höhere Keimfähigkeit und Triebkraft.

Inkrusaat

In einem Inkrustierverfahren (man spricht auch vom Coating) wird das Saatgut mit Fungiziden, Insektiziden, Naturextrakten, Spurenelementen und sonstigen Wirkstoffen sowie einer farbigen Deckschicht hauchdünn und abriebfest überzogen. Diese Schicht verhindert das Zusammenhaften

Das größenmäßige Sortieren von Saatgut erfolgt mit solchen Kalibriersieben.

von Samen und ermöglicht, in farbiger Ausführung, eine bessere Kontrolle der Ablagegenauigkeit. Letzteres ist besonders bei sehr kleinen, dunkel gefärbten Samen (z. B. *Petunia*) hilfreich.

Granuliertes Saatgut

Granuliertes Saatgut wird bei sehr feinen Sämereien, z. B. *Begonia*, *Calceolaria*, Kakteen, *Nicotiana* und feinsamigen Grasarten, hergestellt. Die feinkörnigen Samen werden dabei in eine Granuliermasse eingemischt. Eine Strangpresse drückt die pastöse Masse durch Düsen, wonach sie in Stückchen zerteilt und getrocknet wird. Jedes zylinderförmige Granulatstückchen enthält in statistischer Verteilung einen oder mehrere Samen.

Pilliertes Saatgut

Hierbei wird das Saatgut von einer Hüllmasse umgeben. Unrundes oder kleines Saatgut von hoher Qualität (graduiert) wird damit für mechanische Sägeräte auf einheitliche Größe und passende Form gebracht. Wird die Pillenmasse feucht, zerfließt sie und gibt das pillierte Samenkorn frei, das unter der Erde abgelegt werden muss. Es können wachstumsfördernde und schädlingsabweisende Materialien beigemischt sein. Diese einfache Pillierung ist für den Freilandanbau

Saatplatten werden in verschiedenen Formen und Größen angeboten, hier Saatscheiben mit Dillsamen.

gedacht. Pillensaat gibt es vornehmlich bei Radieschen und Rettich. Für Möhren, Salat und Kohl findet man Pillensaatgut nur gelegentlich im Angebot. Für die Jungpflanzenanzucht von Zierpflanzen oder Gemüse werden Erdtopfpillen (Potpills) verwendet. Diese bestehen überwiegend aus anorganischen Materialien, die eine aufwendige Erdabdeckung der einzelnen eingehüllten Samen überflüssig macht. Feuchtigkeit dringt durch den porösen Pillierungsmantel an die Samen und lässt sie quellen. Unter dem entstehenden Druck platzt die Hüllmasse. Die Keimung setzt unverzüglich ein.

Saatfolien, Saatplatten oder Samenteppiche

Die Aussaat lässt sich auch durch die Verwendung von Saatfolien, Saatplatten oder Samenteppichen vereinfachen. Diese enthalten zwischen wasserlöslichem Zellulosepapier oder Kunststoff Samenkörner in zweckmäßigen Abständen. Es gibt sie für Gemüse, Blumen und Rasen. Man legt sie auf den vorbereiteten Boden oder in Kisten und überdeckt sie dünn mit Erde. Die Samen keimen ohne Behinderung und das Trägermaterial verrottet. Saatbänder aus schmalen, doppellagigen Papier- oder Folienbändern, zwischen denen Körner eingelegt sind, eignen sich besonders zur Reihensaat, so z. B. von Möhren im Freiland. Auch verschiedene Blumensamen sind als Saatbänder im Handel erhältlich.

Saatbänder sind zwar teuer, dafür aber „kinderleicht" in der Anwendung.

Priming

Beim Priming werden die Samen unter exakt kontrollierten Bedingungen angekeimt. Aufgrund der angebotenen Wassermenge, Temperatur, Dauer der Behandlung und eventueller Zusätze keimfördernder Substanzen entwickeln sich die Embryonen bis zum gewünschten Stadium der Keimung. Dann wird die Behandlung abgebrochen und die Samen werden zurückgetrocknet. Die Vorteile des geprimten Saatgutes liegen in der größeren Uniformität, der schnelleren Keimung und der größeren Toleranz gegenüber nicht-optimalen Keimbedingungen. Nachteilig ist hingegen die geringe Lagerfähigkeit von derart vorbehandeltem Saatgut.

Wie lange bleiben Samen keimfähig?

Wenn das Saatgut ein Dauerorgan der Pflanze ist, in dem die Lebensprozesse auf Grund des verminderten Wassergehaltes sehr stark abgebremst, jedoch nicht völlig unterbunden sind, so erhebt sich die Frage, wie lange die Lebensfähigkeit, d. h. die Keimfähigkeit, erhalten bleibt. Auf diese Frage gibt es keine allgemeingültige Antwort, da sich für jede sinnvolle Zeitangabe zumindest ein Beispiel finden lässt. Samen von *Salix*, *Populus* und *Oxalis* bleiben beispielsweise nur wenige Tage keimfähig, da ihr Wassergehalt nicht vermindert, und somit kein biochemisch begründeter Ruhezustand eingeleitet wird. Mit Samen dieser Ar-

ten wird man die meisten Schwierigkeiten haben, wenn man nicht selbst frisches Saatgut ernten kann.
Das entgegengesetzte Extrem findet sich bei *Nelumbo nucifera*. Aus einem trockengelegten See der Mandschurei wurden Samen geborgen, die nachweislich 2000 Jahre alt und noch voll keimfähig waren. Den Rekord halten zurzeit jedoch Samen von *Lupinus arcticus*, die in den 1970er Jahren in Nordwestkanada in einer Erdhöhle unter dem ewigen Eis gefunden wurden. Das Alter dieser Samen konnte auf 10000 bis 14000 Jahre bestimmt werden. Trotzdem keimten die Samen innerhalb von 48 Stunden. Da die Art auch heute noch in Kanada vorkommt, lag es nahe, die Pflanzen miteinander zu vergleichen. Dabei konnten zunächst keine merkbaren Unterschiede festgestellt werden. Die heutige Art kommt jedoch erst nach drei Jahren zur Blüte, die alte bereits nach elf Monaten.
Beim Umbruch von sehr altem Dauergrünland, beim Straßenbau und bei Brunnenbohrungen, aber auch beim Einebnen von alten Erdwällen werden oft Unkrautsamen an die Oberfläche gebracht, die 70, 150 bis 250, vielleicht auch einmal 1000 Jahre in den tieferen Erdschichten ihre Keimfähigkeit behalten haben.
Auch aus wissenschaftlichen Herbarien sind uns Beispiele bekannt, dass bestimmte Samen von *Malva*, Lamiaceae (Lippenblütlern) und Palmen 100 Jahre, die von Hülsenfrüchten über 200 Jahre ihre Keimfähigkeit bewahrt haben.
Aber auch bei diesen Zahlen handelt es sich um Extremwerte.
Bei den Nutzpflanzen bleibt die Keimfähigkeit im Allgemeinen nur über einen relativ kurzen Zeitraum erhalten. Viele Samen haben eine Lebensfähigkeit von längstens einem Jahr. Zu ihnen gehören u. a. *Acer*, *Ulmus*, *Cedrus*, *Alnus* und *Fagus*. Die Samen von *Abies* und *Picea* weisen eine Keimfähigkeit von mindestens zwei bis drei Jahren auf. Die längste Lebensfähigkeit besitzen Samen von Pflanzen aus der Familie der Leguminosae (Hülsenfrüchtler), z. B. *Genista* und *Robinia*. Bei ihnen kann die Keimfähigkeit durch den Schutz der harten Samenschale der Samen bis zu 30 Jahren betragen. Gurkensamen gelten in der Praxis als langlebig, da man dieses Saatgut über etwa sechs bis neun Jahre lagern kann. Unter ungünstigen Lagerbedingungen geht aber auch hier die Keimfähigkeit nach einem Jahr verloren. Ähnliches gilt für die Kohlsaaten. Zwiebelsamen bleiben auch unter optimalen Bedingungen nur ein bis drei Jahre, Kopfsalat, Kresse und Möhre drei bis vier Jahre und Tomate vier bis sechs Jahre keimfähig, Getreide verliert seine Keimfähigkeit nach zwei bis vier Jahren. In der Praxis bleibt also die Keimfähigkeit unserer Nutzpflanzen im Allgemeinen nur über einen kurzen Zeitraum erhalten.

Aussaatvermehrung

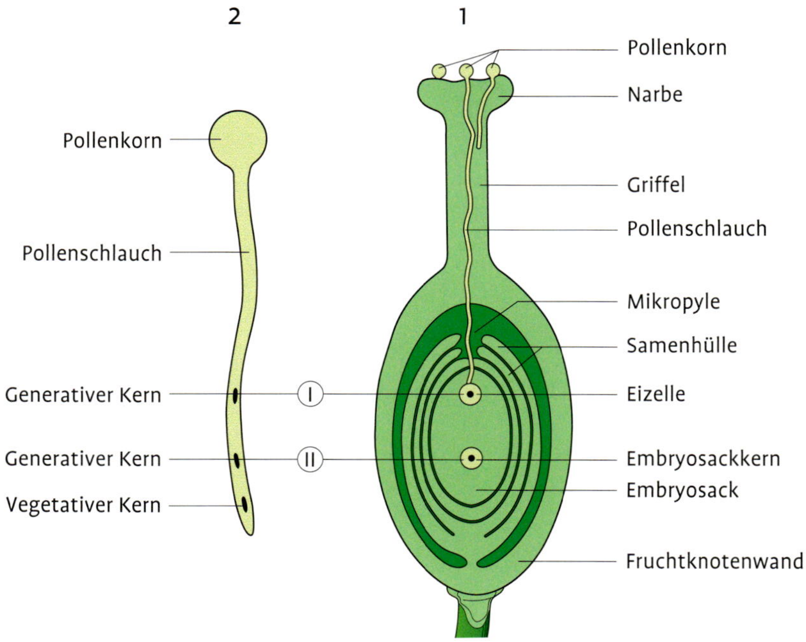

Befruchtung
1 = Keimung des Pollens und Wachstum des Pollenschlauches 2 = Pollenschlauch

Dass sich Pflanzen generativ (sexuell) fortpflanzen, mag eine Selbstverständlichkeit sein. Aber welche Merkmale kennzeichnen die generative Fortpflanzung und wie geht sie vor sich?
Die generative Vermehrung beruht auf der Befruchtung, bei der es in den Samenanlagen der Blüten zur Verschmelzung von männlichen und weiblichen Geschlechtszellen kommt. Als Geschlechtsorgane fungieren dabei die Blüten. Im Blütenstaub (Pollen) befinden sich die männlichen Geschlechtszellen, im Fruchtknoten (Eizelle) die weiblichen. Die reifen Pollenkörper werden von Insekten, anderen Tieren, Wasser oder Wind auf die reife Narbe des Fruchtknotens übertragen. Das einzelne Pollenkorn keimt auf der Narbe, wächst dann zum Pollenschlauch aus und schließlich durch die Narbe in den Fruchtknoten hinein, um mit der Eizelle zu verschmelzen. Aus der befruchteten Eizelle (Zygote) entsteht durch Zellteilung der Keimling (Embryo). Dieser besteht aus der Keimwurzel (Radicula), dem Keimspross (Hypokotyl) mit der Keimsprossknospe (Plumula) und den Keimblättern (Kotyledonen). Neben dem Keimling wird noch ein spezielles Nährgewebe ausgebildet, das sogenannte Endosperm. Dieses Nährgewebe liefert beim Keimprozess die Stoffe, die der Keimling benötigt, um sich über die Erde zu erheben und sich dann schließlich, auf sich allein gestellt, durch die Assimilationstätigkeit der ersten grünen Blätter selbständig ernähren zu können. Aber noch ist es nicht soweit. Sowie der Keimling im reifenden Samen ein gewisses, artspezifisches Entwicklungsstadium erreicht hat, stellt er das Wachstum zunächst ein und wird von einer festen Zellulosehülle, der Samenschale, umgeben.
In diesem Stadium ist zwar das Wachstum der jungen Pflanze unterbrochen, sie ist aber nicht tot. Die Lebensvorgänge sind lediglich auf das Äußerste einge-

Die Aussaat ist die natürlichste Form der Pflanzenvermehrung.

schränkt. Dies ist für das Überleben vieler Arten sehr wichtig, da die Samen in diesem Zustand Hitze und Kälte besser ertragen können.

Die Vermehrung durch Samen ist die natürlichste und in vielen Fällen die zur Erhaltung der Arten allein zulässige (so bei Wildstauden und Wildgehölzen) oder mögliche Vermehrungsmethode (so bei den einjährigen Pflanzenarten).

Keimung

Die Keimung ist ein Ablauf komplizierter biologischer Prozesse. Sie setzt ein, wenn in den ruhenden Samen die innere Bereitschaft zum Keimen vorliegt, d. h., wenn der Samen keimfähig und keimwillig ist. Dieser Zustand wird je nach Art in unterschiedlicher Weise und nach verschieden langer Zeit erreicht. Auch müssen die erforderlichen äußeren Bedingungen – Feuchte, Temperatur, Sauerstoff, Licht – stimmen. Durch die Zufuhr von Wasser wird zunächst die Trockenstarre des Keimlings im Samen beendet. Der Samen beginnt durch Wasseraufnahme zu quellen. Die Reservestoffe im Nährgewebe werden mobilisiert und dem Keimling zugeleitet, worauf er zu wachsen anfängt. Schließlich platzt die Samenschale auf, und der Wasser- und Luft-

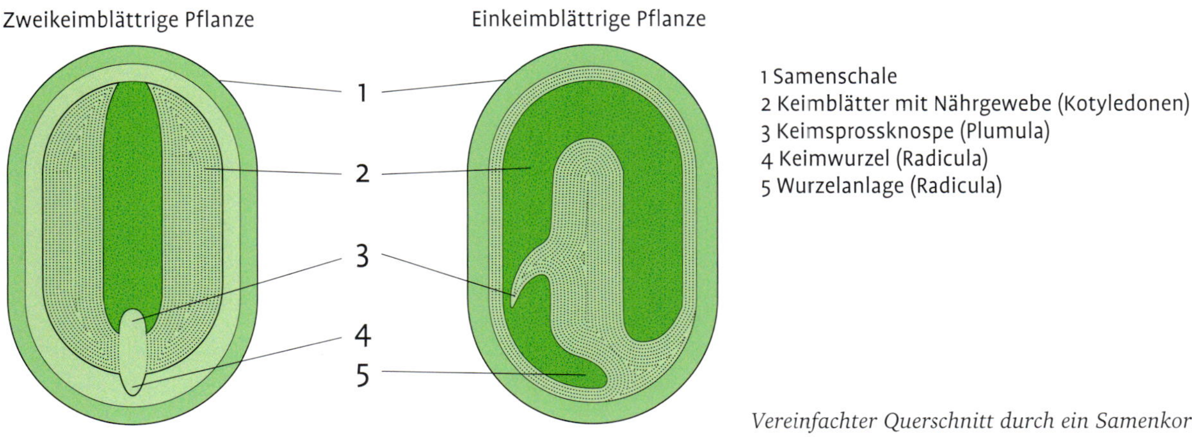

Vereinfachter Querschnitt durch ein Samenkorn

Links hypogäische (unterirdische) Keimung (Feuerbohne), rechts epigäische (oberirdische) Keimung (Buschbohne)

zutritt wird erleichtert. Die Keimwurzel durchbricht die weich gewordene Samenschale und dringt in die Erde ein. Durch die Wurzel ist der Keimling nun zur selbständigen Aufnahme von Wasser und Nährstoffen fähig. Der weitere Verlauf der Keimung hängt davon ab, ob es sich um eine epigäische (oberirdische) oder hypogäische (unterirdische) Keimung handelt.
Bei der epigäischen Keimung wächst der Keimstängel (Hypokotyl) in die Länge, bricht aus der Samenschale und erhebt sich 5–10 cm über den Erdboden. Die Keimblätter werden dadurch aus der Samenschale gezogen und entfalten sich am oberen Ende des Keimstängels über der Erde. Während dieser Entwicklung vergrößern sich die Keimblätter und ergrünen, wodurch sie in die Lage versetzt werden, zu assimilieren und damit dem Sämling wichtige Stoffe zu liefern, die er zum weiteren Aufbau benötigt. Die Keimblätter sind einfach geformt und ähneln den später folgenden Laubblättern in keiner Weise. Schon bald nach der Keimung entwickeln sich die ersten Laubblätter, die sich über den Keimblättern an dem weiterwachsenden Stängel, dem sogenannten Epikotyl, befinden. Epigäisch keimen Samen, welche relativ wenige Reservestoffe im Nährgewebe oder in den Keimblättern speichern.
Samen, die dicke, sehr nährstoffreiche, stets farblos bleibende Keimblätter aufweisen, verlängern ihre Keimstängel nur wenig. Sie keimen deshalb hypogäisch, die Keimblätter verbleiben im Samen, der auf oder knapp unter der Erde liegt. Das Erste, was sich bei einer hypogäischen Keimung über die Erde erhebt, ist das Epikotyl, an dessen oberen Ende die ersten Laubblätter angelegt werden. Erst diese Laubblätter übernehmen die eigene Ernährung der jungen Pflanze. Bis diese Blätter funktionsbereit sind, wächst die Keimpflanze allein mit Hilfe der Nährstoffe, die ihr von der Mutterpflanze mit auf den Weg gegeben wurden und in den Keimblättern lagern.
Mit der Bildung der ersten Laubblätter ist der Keimvorgang beendet. Der Keimling ist zum Sämling geworden. Dieser ernährt sich jetzt selbständig durch die Assimilationstätigkeit der grünen Blätter.

Licht und Keimung

Wie die Temperatur spielt auch das Licht bereits bei der Keimung der Pflanzen eine Rolle. Die Mehrzahl der Pflanzen erweist sich dabei als lichtindifferent, d. h., sie keimen bei Licht und Dunkelheit gleich gut. Es gibt aber auch Arten, z. B. Salat und Tabak, die im Licht zu 90–100 %, im Dunkeln dagegen gar nicht keimen. Umgekehrte Verhältnisse liegen bei Kürbis- und Kümmelsaatgut vor, das in der Dunkelheit zu 90–100 %, aber nicht im Licht keimt. Salat und Tabak gehören daher zu den Lichtkeimern, Kürbis und Kümmel zu den Dunkelkeimern. Die Beeinflussung der Keimung durch Licht ist aber nicht immer so eindeutig ausgeprägt. In vielen Fällen bewirkt Licht nur eine mehr oder weniger starke Förderung oder Hemmung der Keimung. Lichtgehemmte Aussaaten stellt man bis zur Keimung in einen dunklen Kellerraum (Temperaturansprüche beachten) oder deckt sie mit schwarzer Folie ab. Werden die ersten Keimlinge sichtbar, müssen die Aussaaten wieder hell stehen, damit ein Weiterwachsen möglich ist.

Tipp
Bei Anzuchtbeeten im Freien oder in Frühbeeten ist eine gute Humusversorgung für die Bildung guter Wurzelballen sehr wichtig. Verbessern Sie daher gegebenenfalls den Boden mit Kompost, Rindenhumus oder Torf.

Anzuchtverfahren

Abhängig von der Pflanzengruppe bzw. der jeweiligen Art, aber auch den örtlichen Gegebenheiten und nicht zuletzt von den eigenen Anschauungen werden bei der Vermehrung bzw. der Anzucht von Jungpflanzen verschiedene Verfahren praktiziert. Die wichtigsten Anzuchtverfahren sind in der Zeichnung auf Seite 29 näher dargestellt.
Die Aussaat auf Freilandanzuchtbeete ist vor allem bei der Vermehrung von Gehölzen üblich. Andere Pflanzengruppen kommen dafür weniger in Betracht.

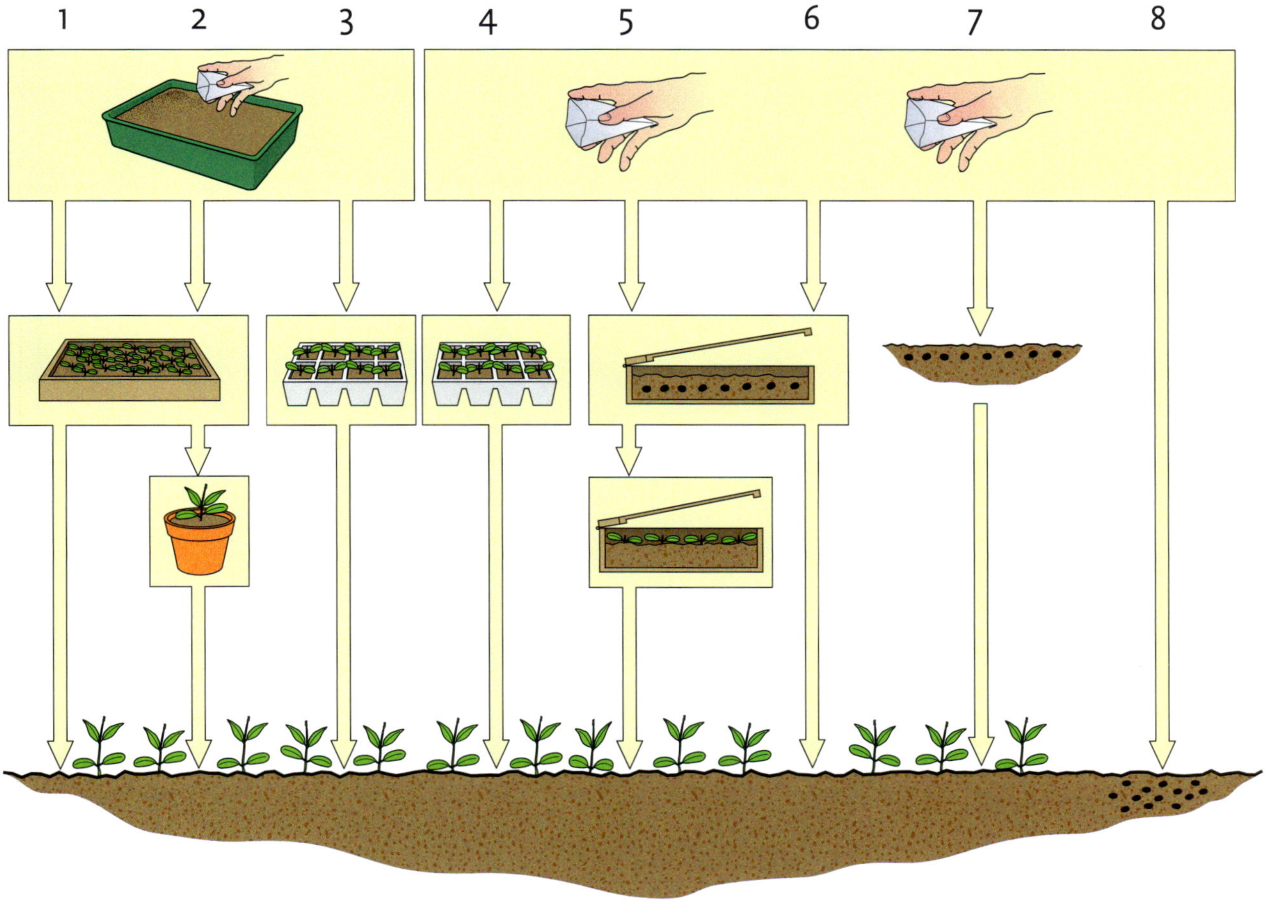

Anzuchtverfahren: Je nach Pflanzenart, Jahreszeit, örtlichen Voraussetzungen und nicht zuletzt eigenen Anschauungen sind verschiedene Verfahren bei der Aussaat möglich.

1 Aussaat in Saatkisten → Pikieren in Pikierkisten → Auspflanzen (Gemüse, Sommerblumen)
2 Aussaat in Saatkisten → Pikieren in Pikierkisten → Topfen in Einzeltöpfe → Auspflanzen (Gemüse, z. B. Tomaten, Auberginen, Paprika; Beet- und Balkonpflanzen; Gehölze)
3 Aussaat in Saatkisten → Pikieren in Pflanzeinheiten → Auspflanzen (Gemüse, Sommerblumen, Stauden, Zweijahresblumen, Beetpflanzen)
4 Direktsaat in Pflanzeinheiten → Auspflanzen (Gemüse, Sommerblumen, Zweijahrsblumen, Beetpflanzen)
5 Aussaat ins Frühbeet → Pikieren ins Frühbeet → Auspflanzen (Gemüse, Sommerblumen, Zweijahresblumen, Beetpflanzen)
6 Aussaat ins Frühbeet → Auspflanzen (Gemüse, Sommerblumen, Zweijahrersblumen, Beetpflanzen)
7 Aussaat auf Anzuchtbeete im Freiland → Auspflanzen (Gemüse, Sommerblumen, Gehölze, Stauden)
8 Aussaat an Ort und Stelle (Gemüse, Sommerblumen)

Eine geringe Rolle spielt diese Methode auch bei Gemüse im Sommer.
Die Aussaat ins Frühbeet ist bei Gehölzen, Stauden, Gemüse und Sommerblumen üblich. Die Aussaat unter Glas, d. h. im Wintergarten oder im Kleingewächshaus, im einfachsten Fall sogar auf dem Fensterbrett, ist für alle wärmeliebenden Pflanzen wie Zimmerpflanzen, Beet- und Balkonpflanzen sowie Kübelpflanzen typisch, aber auch für viele Gemüsearten. Auch empfindliche Stauden und Gehölze werden stets „unter Glas“ ausgesät.

Pflanzen, die auf Anzuchtbeeten ausgesät und von dort direkt an ihren Endstandort ausgepflanzt werden, erleiden einen größeren Pflanzschock als getopfte Jungpflanzen und haben auch ein größeres Anwachsrisiko.

Fensterbrett

Die Aussaat am Fensterbrett stellt eigentlich einen Notbehelf dar, obwohl mit etwas Geschick und Erfahrung auch hier ausgezeichnete Erfolge erzielt werden können. Wegen der besseren Lichtverhältnisse ist ein helles und sonniges Südfenster am besten geeignet. Damit die Sämlinge genügend Licht erhalten, müssen sie so nah wie möglich am Fenster stehen, denn ein zu dunkler Platz führt zu einem unnatürlich langgestreckten Wachstum und damit zu qualitativ minderwertigen Pflanzen. Ein keimungsförderndes Kleinklima lässt sich je nach Art und Umfang der Aussaaten durch verschiedene Hilfsmittel erzielen, z. B. durch das Bedecken der Aussaatgefäße mit Zeitungen, das „Überbauen" mit Folie oder durch den Einsatz von Anzucht- und Zimmergewächshäusern.

Wintergarten und Kleingewächshaus

In Kleingewächshäusern und Wintergärten sind für die Aussaat unter Glas die besten Bedingungen gegeben. Im Handel werden verschiedene Typen von Kleingewächshäusern angeboten, die dem Hobbygärtner die erforderlichen Voraussetzungen bieten. Sie können mit Seitentischen und Hängebrettern ausgerüstet werden. In ihnen lassen sich die verschiedensten Pflanzenarten in Saat- und Pikiergefäßen ausgezeichnet heranziehen. Für frühe Aussaaten ist dafür allerdings eine zusätzliche Heizmöglichkeit erforderlich.

Aussaatort Kleingewächshaus

Frühbeet

Für Sommerblumen, zweijährige Pflanzen, Stauden, Gehölze und Gemüse sind Frühbeete ideale Vermehrungs- und Anzuchteinrichtungen. Der Frühbeetkasten kann als Standort für die Aussaatgefäße dienen oder man kann in ihm mit geeigneten Erdmischungen eine Saatfläche herrichten. Damit die Sämlinge gedrungen wachsen, sollten sie möglichst nah am Glas stehen. Der Abstand zwischen dem Erdreich und der Abdeckung sollte nicht mehr als 30–40 cm betragen. Hochwachsende Arten werden deshalb im hinteren Teil des Frühbeetes, die niedrigwachsenden Vertreter im vorderen Teil ausgesät bzw. dorthin pikiert. Für zeitige Aussaaten im März wird ein sogenannter warmer Kasten benötigt, während für spätere Aussaaten, in der Regel ab Ende März, auch ein kaltes, also ungepacktes Frühbeet geeignet ist. Bei diesem legt man Anfang bis Mitte März Fenster auf, damit die Erde abtrocknet und sich durch das Sonnenlicht erwärmt. Dann lässt es sich normalerweise ab Ende des Monats nutzen. Näheres zum warmen Kasten finden Sie auf den Seiten 60–61.

Direktsaat

Die sogenannte Direktsaat, d. h., Aussaatort und Endstandort sind identisch, kommt nur für wenige Arten in Frage. Zwar kann man theoretisch alle Freilandpflanzen direkt an Ort und Stelle ins Freiland säen, doch wird man dann

Für Gehölze, Stauden und Gemüse sind Frühbeete ideale Aussaatorte.

Bei Direktsaat an Ort und Stelle ist dies gleichzeitig der Endstandort der Pflanzen.

nur in den seltensten Fällen brauchbare Gewächse erhalten. Bei vielen Gemüsearten und einer Reihe von Sommerblumen ist die Direktsaat allerdings die übliche Methode. Dabei handelt es sich um besonders leicht wachsende, unempfindliche Arten, die schon wenige Wochen nach der Aussaat blühen oder geerntet werden.

Aussaatmethoden

Bei der Aussaat in Kästen oder Schalen sowie auf Anzuchtbeeten kommen unterschiedliche Methoden in Frage, und zwar Breit-, Reihen- und Punktsaat.

Breitsaat

Bei der Breitsaat werden die Samen breitwürfig auf der jeweiligen Aussaatfläche verteilt. Dabei besteht die Kunst darin, die Saatfläche gut auszunutzen und den Samen gleichmäßig zu verteilen, damit jeder Sämling genügend Raum zur Entwicklung hat. Normalerweise ist die Aussaat aus der Hand oder der Samentüte üblich. Bei der Aussaat aus der Hand wird die mit Samen gefüllte Hand in schüttelnder Bewegung über die Erdoberfläche geführt. Die Samen gleiten dabei durch die locker gehaltenen Finger zur Erde. Durch die gleichzeitige Fortbewegung der Hand wird eine gleichmäßige Verteilung der Saat auf die ganze Fläche erreicht. Das Bestreben, eine möglichst gleichmäßige Verteilung des auszustreuenden Samens zu erzielen, muss durch die Führung der Hand sowie die enge oder weite Öffnung der Finger unterstützt werden.
Eine andere Möglichkeit ist die Aussaat direkt aus der Samentüte oder mit Hilfe einer gefalteten Postkarte. Samentüte bzw. Postkarte werden mit Daumen und Zeigefinger gehalten und etwas zusammengedrückt, so dass eine kleine Rinne entsteht. Durch leichtes Schräghalten und gleichzeitiges Hin- und Herschütteln bzw. durch leichtes Klopfen mit den Fingern an die Tüte oder Karte beginnen die Samen zu rutschen oder rollen und können so genau an die gewünschte Stelle gebracht werden.
Da sich dunkelfarbiges Saatgut auf dunkelfarbigem Substrat schlecht erkennen lässt, kann man zu einem hilfreichen Trick greifen: Bepudern Sie die Samen einfach mit Kalkpuder oder Schlemmkreide. So wird ihre Lage auf der Aussaatfläche besser sichtbar.
Bei sehr feinem Saatgut ist die Gefahr einer ungleichmäßigen Aussaat besonders groß. Hier sollte man das Saatgut mit der gleichen bzw. doppelten Menge trockenen Sands oder des leichteren Vermiculits mischen. Dadurch lässt sich die gewünschte Aussaatdichte besser einhalten. Auch können Sie durch dieses helle Material besser erkennen, wo die Samen auf der Aussaatfläche liegen.

Feines Saatgut kann man mit Sand „strecken“.

Breitsaat

Tipp
Bei der Aussaat direkt in Töpfe können Einzeltöpfe aus Ton oder Kunststoff, Jiffy-Töpfe, Multitopfplatten oder andere Pflanzeinheiten verwendet werden. Da bei der Aussaat direkt in Töpfe keine Selektion der Sämlinge erfolgt, sind Saatgut mit höchster Keimfähigkeit sowie günstige Keimbedingungen Voraussetzungen für den Erfolg.

Wie tief muss der Samen in der Erde liegen?
Auf diese Frage gibt es keine allgemeingültige Antwort. Sie richtet sich im Allgemeinen nach der Größe der Samen. Eine Faustregel besagt, dass man den Samen so hoch mit Erde bedecken soll, wie er dick ist. Feinere Sämereien werden nicht abgedeckt, hier genügt das Andrücken. Liegt der Samen zu tief, weil zu viel Erde aufgebracht wurde, so stirbt der Keimling ab, bevor er an die Erdoberfläche gelangt. Bei zu flachem Säen trocknet der Samen leicht aus, und der Keimling stirbt ebenfalls ab.

Reihen- und Punktsaat

Bei der Reihensaat werden die Samen durch Schüttelbewegungen aus der Samentüte bzw. gefalteten Postkarte in Rillen befördert oder mit einem passenden Hölzchen in diese geschoben. Das Markieren der Rillen erfolgt am einfachsten dadurch, dass man ein linealähnliches Holz in die gefüllten Aussaatgefäße drückt.
Um die Samen einzeln abzulegen (Punktsaat), verwendet man am besten eine Pinzette. Zum Markieren der Saatstellen können Sie ein Nagelbrett benutzen, das sich leicht herstellen lässt. Die Nagelköpfe drücken dann die Markierungen in das Substrat.
Für runde Samenkörner gibt es verschiedene Sägeräte mit Einzelkornablage auf dem Markt. Für den Hobbygärtner kommen dabei allerdings nur wenige Geräte in Betracht. Vielseitig verwendbar ist das R+S-Einzelkornsägerät, mit dem pilliertes, kalibriertes und normal rundes Saatgut ausgebracht werden kann.

Aussaat direkt in Gefäße

Die Aussaat direkt in Töpfe, Multitopfplatten und sonstige Pflanzeinheiten erspart Ihnen das Pikieren und Umtopfen. Für eine direkte Aussaat ist jedoch nur hoch keimfähiges Saatgut geeignet. Auch müssen Sie für beste Keimbedingungen sorgen, da sich nur so Fehlstellen vermeiden lassen. Eine Aussaat gleich in Gefäße ist bei verschiedenen Gemüsearten, Sommerblumen, Beet- und Gruppenpflanzen sinnvoll und möglich.
Größere Samenkörner legt man mit den Fingern oder einer Pinzette aus. Für Arten, die man in der Regel in Tuffs, also büschelweise heranzieht, z. B. *Lobelia*, *Lobularia*, *Nemesia*, *Phlox* u. a., ist dabei die „Nassfinger"-Methode gut geeignet.
Die Samen werden hierbei auf einer festen Unterlage ausgebreitet und mit dem angefeuchteten Zeigefinger zu durchschnittlich fünf bis zehn Korn aufgenommen. Über der Saatstelle reibt man

Reihensaat

Direktsaat in Pflanzeinheit

Punktsaat mit Pinzette

Für Pflanzen mit kleinen Samen, die büschelweise herangezogen werden, eignet sich die Nassfingermethode.

dann die Körner mit dem trockenen Daumen ab oder streicht sie am Substrat ab.

Vorbereiten der Aussaatgefäße

Gebrauchte Aussaatgefäße müssen vor ihrer Verwendung gründlich gereinigt werden. Dabei muss nicht nur das Innere, sondern auch das Äußere der Gefäße entsprechend behandelt werden.
Welches Substrat für die Vermehrung sowie die Weiterkultur geeignet ist, wird auf den Seiten 48–50 beschrieben. Darüber hinaus sollte auf den Feinheitsgrad der zu verwendenden Erde geachtet werden. Er richtet sich nach der Korngröße des Saatguts. Es sollte so gewählt werden, dass sich die Erde gut um das keimende Samenkorn legt und die Keimung gleichmäßig verläuft. In der Regel verwendet man feinere Erde für feines Saatgut, während grobere für grobere Samen geeignet ist. Dies gilt zumindest für die oberste Bodenschicht. Sollte die Erde sehr grob sein, so muss sie gesiebt werden. Die Siebrückstände können verwendet werden, allerdings füllt man sie nur bis zur halben Höhe der Aussaatgefäße. Darauf siebt man die abgesiebte Aussaaterde, die nach dem Füllen an den Ecken und Rändern angedrückt wird, ehe sie nochmals bis zum Rand nachgefüllt und sauber mit einer Latte abgestrichen wird. Gefäße, die mit einer Scheibe abgedeckt werden sollen, dürfen nur bis zu 1–1,5 cm unter dem Gefäßrand gefüllt werden.
Soweit die Aussaaten in der kalten Jahreszeit erfolgen, müssen Sie bei wärmebedürftigen Arten auf die Temperatur der Aussaaterde achten. Am besten ist es, die Erde frühzeitig hereinzuholen oder die Saatgefäße einige Tage vor der Aussaat zu füllen und an den vorgesehenen Standort zu stellen, damit die Erde Raumtemperatur annimmt.

Pflege der Aussaaten

Nach der Aussaat wird jedes Gefäß umgehend mit dem Namen der Art bzw. Sorte und dem Datum der Aussaat beschriftet, damit eine Verwechslung der verschiedenen Pflanzenarten später ausgeschlossen ist.
Das Angießen muss gründlich, aber vorsichtig erfolgen. Grobe Sämereien kann man mit einer feinen Brause angießen. Bei besonders feinen Sämereien empfiehlt es sich, die Aussaatgefäße in eine Schale mit Wasser zu stellen. So kann sich die Erde mit Wasser vollsaugen, und ein Abschwemmen oder Zusammenschwemmen der Samen wird vermieden.
Die Keimtemperaturen richten sich nach den einzelnen Pflanzengruppen bzw. -arten und werden bei den einzelnen Arten beschrieben. Sie sind als Richtwerte zu verstehen und sollten nicht wesentlich über- bzw. unterschritten werden, um kräftige, kompakte und gegen Krankheiten widerstandsfähige Jungpflanzen zu erzielen.
Gegen starke Sonneneinstrahlung werden frische Aussaaten und junge Sämlinge mittags mit Papier beschattet. In Frühbeeten werden hierfür Schattierleinen benutzt.
Im Übrigen beschränkt sich die Behandlung der Aussaaten auf die richtige Bewässerung. In der ersten Zeit muss die Aussaaterde ausreichend feucht sein, damit der Quellvorgang der Samen ohne Unterbrechung vonstattengehen kann. Sobald sich der Keimling bildet, darf die Erde zwar niemals trocken werden, aber auch nicht zu nass sein. Die Lebensäußerungen, vor allem auch die Atmung, treten nunmehr stärker in Erscheinung und damit auch der Sauerstoffbedarf. Dieser richtet sich nicht nur nach der Temperatur, sondern auch nach dem Feuchtigkeitsgehalt der Luft. Das Bewässern darf niemals nach festen Terminen vorgenommen werden. Durch ständige Beobachtung werden Sie den richtigen Gießzeitpunkt jedoch gut erkennen. Wichtig ist, dass die Erde immer erst leicht abtrocknet, ehe wieder gegossen wird, damit die Luft immer wieder Zutritt hat. Außerdem muss man sich zum Grundsatz machen, dass, wenn schon gegossen wird, die Erde durchdringend gewässert wird. Trübes Wetter und eine feuchte Erdoberfläche führen schnell zum Auftreten von Vermehrungspilzen, was sich auf die Sämlinge verheerend auswirken kann.
Die Temperatur des Gießwassers sollte der des Aussaatortes entsprechen. Bei Aussaaten von Feinsämereien, die mit Scheiben abgedeckt sind, müssen Sie die mit Tropfen behangenen Scheiben anfangs täglich wenden, um einem durch Tropfwasser begünstigten Krankheitsbefall vorzubeugen. Nach dem Keimen werden die Scheiben nach einigen Tagen mit Hilfe kleiner Hölzchen zum Lüften angehoben, ehe sie ganz abgenommen werden, um den erstarkenden Sämlingen eine freie Entwicklung zu gewährleisten.
Bei lichtgehemmten Keimern, die anfangs dunkel stehen dürfen, ist es beim Durchbruch der ersten Sämlinge unbedingt notwendig, ihnen den hellsten Platz einzuräumen. Die ganze Aufmerksamkeit ist darauf zu richten, dass die Jungpflanzen kurz und gedrungen bleiben. Das ist aber nur möglich, wenn

Aussaat in eine Saatkiste:

Kiste mit Erde füllen

Ränder andrücken

Erde mit Holz glatt abstreichen

Gegebenenfalls fein absieben

Breitsaat aus Tüte

Absieben

Andrücken

Angießen

Gegebenenfalls mit Glasplatte abdecken

die Lichtverhältnisse mit den herrschenden Temperaturverhältnissen in Einklang gebracht werden.
Ein Düngen der Sämlinge ist in der Regel in den Aussaatgefäßen nicht nötig, da sie normalerweise schon in neue Erde pikiert werden, sobald sich die Keimblätter gebildet haben. Eine Ausnahme von dieser Regel kann bei Einzel- bzw. Reihensaat auftreten, wo man sich das Pikieren normalerweise spart. Hier ist dann eine Nachdüngung etwa 14 Tage nach dem Auflaufen angebracht. Beschränken Sie sich dabei auf wöchentliche, schwach konzentrierte Düngergaben. Hierfür sind alle voll wasserlöslichen Mehrnährstoffdünger geeignet, die in einer Konzentration von 0,2 % – d. h. 2 g bzw. 2 ml Dünger je l Wasser – angewendet werden sollten.

Pflanzenschutz

Auch bei der Aussaat sind Pflanzenschutzmaßnahmen erforderlich, denn schon mancher Versuch scheiterte an den allgegenwärtigen Schadorganismen.
Ursache für auftretende Krankheiten können sein:

- An Gefäßen haften von früheren Vermehrungen Dauerformen von Pilzen.

- Die Vermehrungssubstrate sind nicht steril.
- Die Vermehrungseinrichtungen oder -geräte sind verunreinigt.
- An den Samen haften Pilzsporen.
- Das Gießwasser stammt aus verunreinigten Sammelbehältern.
- Auch bei der Vermehrung gilt: Vorbeugen ist immer besser als heilen! Deshalb sind Gefäße, Geräte, Stellflächen, Vermehrungseinrichtungen und Substrate vor der Verwendung zu desinfizieren bzw. sterilisieren und das Saatgut gegebenenfalls zu beizen.
- Zu den vorbeugenden Pflanzenschutzmaßnahmen gehört es auch, bei der Sortenwahl die unterschiedliche Widerstandsfähigkeit der einzelnen Sorten soweit wie möglich auszunutzen, damit man möglichst auf den Einsatz chemischer Mittel verzichten kann.

Desinfektion von Vermehrungseinrichtungen und Geräten

Bei gebrauchten Geräten, Anzuchtgefäßen und wiederverwendeten Vermehrungseinrichtungen besteht immer die Gefahr, dass sie mit Krankheitskeimen oder Schädlingen verunreinigt sind. Ebenso wie die Erden (Substrate) sollten daher auch alle Geräte und Gefäße, mit denen die Erden in Berührung kommen, frei von Krankheitserregern und Schädlingen sein. Gebrauchte Gefäße sind daher gründlich zu reinigen. Messer und Scheren lassen sich über einer Kerzenflamme oder durch Eintauchen in eine Alkohollösung desinfizieren.

Sterilisation der Erden und Substrate

Ohne Erden oder Substrate, die frei von Schädlingen oder Krankheitserregern sind, gelingt in der Regel keine Anzucht gesunder Pflanzenbestände. Um eine Entkeimung der Vermehrungserden kommt man nicht herum, wenn man seine Erden aus Kompost oder Gartenerde selbst herstellt. Bei zugekauften Erden ist eine Entseuchung jedoch unnötig.
Die Entseuchung selbsthergestellter Erden kann durch Erhitzung auf physikalischem Wege oder auf chemischem Wege erfolgen. Die physikalische Entseuchung ist allen chemischen Verfahren vorzuziehen, da diese aus rein biologischer Sicht eher als Notbehelf anzusehen sind. Denn sie können zu Rückständen im Erntegut führen und bergen bei wiederholter Anwendung die Gefahr einer Selektion schwer bekämpfbarer Schadorganismen in sich. Im Allgemeinen fehlt den chemischen Mitteln auch die Breitenwirkung der physikalischen Verfahren, d. h., physikalische Verfahren sind bei richtiger Durchführung allen chemischen Bodenentseuchungsverfahren überlegen. Auch sollte man auf die chemischen Mittel wegen ihrer schwierigen Anwendung und ihrer hohen Giftigkeit besser verzichten.
Die physikalische Entseuchung der Erden kann im Heißwasserverfahren oder durch Dampf erfolgen.
Das Heißwasserverfahren ist einfach durchzuführen. Dazu wird die Erde auf einer hitzebeständigen Unterlage flach ausgebreitet (höchstens 10 cm hoch) und mit kochendem Wasser durchdringend übergossen. Dazu sind 10–15 l Wasser je m² Fläche notwendig. Diese Behandlung wird nach zwei bis drei Tagen wiederholt. Ein großer Nachteil dieses Verfahrens ist allerdings die langwierige Trocknung der Erde. Eine andere Möglichkeit ist, einen gewöhnlichen Metalleimer mit Erde zu füllen und für etwa 30 min in einen Kessel mit kochendem Wasser zu stellen.
Beim Dämpfen werden die Erden durch Einleitung von hocherhitztem Wasserdampf entseucht. Für kleinere Erdmengen haben sich elektrisch beheizte Erddämpfer bewährt. Die Füllmengen liegen zwischen 30 und 150 l, größere Gefäße fassen bis 500 l.
Die zur Abtötung der im Boden befindlichen Krankheitserreger und Keime notwendigen Temperaturen sowie die erforderliche Einwirkzeit sind bei den verschiedenen Arten von Schadorganismen unterschiedlich. Im Allgemeinen tritt jedoch eine optimale Dämpfwirkung ein, wenn mindestens 30 min lang eine Temperatur von 90–100 °C gehalten wird.
Entseuchte Erden werden viel schneller wieder von Krankheitskeimen oder Bodenschädlingen besiedelt als unbehandelte, da eindringende Organismen keiner natürlichen Konkurrenz ausgesetzt sind und keine Antagonisten (Gegenspieler) Widerstand bieten. Entseuchte Erden bleiben daher nur dann längere Zeit steril, wenn sie vor Neuverseuchung durch bodengebundene Krankheitserreger und Schädlinge geschützt werden. Gut gelingt dies, wenn man für die entseuchten Erden Kunststoff- oder Speisfässer als Aufbewahrungsbehälter verwendet, die man im Baustoffhandel oder in Heimwerkermärkten erhält. Keinesfalls ist der „gewachsene Boden“ als Schüttfläche geeignet.

Saatgutbeize

Häufig wird vergessen, dass auch am Samenkorn Sporen von Vermehrungskrankheiten haften können und sterilisierte Erden und Gefäße keine sichere Gewähr für einen Nichtbefall der Sämlinge sind. Deshalb ist es sinnvoll und zweckmäßig, die Samen vor der Aussaat zu beizen. Das Beizen hat den Zweck, dem Samen anhaftende Pilzsporen abzutöten oder zumindest in ihrer Entwicklung zu hemmen. Welche Beizmittel zurzeit zugelassen sind und für Hobbygärtner in Frage kommen, erfahren Sie im Fachhandel für Pflanzenschutzmittel, in Gartencentern und Gärtnereien oder beim Pflanzenschutzamt vor Ort.
Der Beizvorgang selbst wird in der Regel im sogenannten Überschussverfahren durchgeführt. Man verwendet dazu einen gut verschließbaren Behälter, etwa eine Büchse oder ein Marmeladenglas mit Schraubverschluss. In dieses füllt man die Samen, gibt die erforderliche Menge Beizmittel hinzu und schüttelt das Ganze 3 min lang kräftig durch. Das überschüssige Beizmittel wird anschließend mit einem Sieb abgesiebt. Dabei sind Teesiebe sehr gut geeignet. Das Samenkorn sollte nur von einem hauchdünnen Belag überzogen sein.
Im biologischen Anbau werden zum Beizen der Samen verschiedene Kräuterextrakte empfohlen. Sie dienen dazu, das „Immunsystem" der Samen bzw. der auflaufenden Keimlinge zu stärken. Verwendet werden beispielsweise Baldrianblütenextrakt, Kamillentee, Schachtelhalmbrühe, Eichenrindenbrühe und Wermuttee.

Schwarzbeinigkeit an Hedera helix

Vermehrungskrankheiten

Von Vermehrungskrankheiten können nahezu alle Pflanzen im Jugendstadium befallen werden. Krankheiten im Vermehrungsbeet werden von einer Vielzahl von Pilzen hervorgerufen. Dies sind im Wesentlichen *Pythium*-, *Rhizoctonia*-, *Thielaviopsis*- und *Phytophthora*-Arten. In der warmen, feuchten Luft der Vermehrungseinrichtung breiten sich diese in der Erde auf organischen Stoffen lebenden Pilze schnell aus und befallen von dort aus die Sämlinge. Befallene Pflanzen fallen um (Umfallkrankheit) und sterben ab. Der Wurzelhals bzw. der untere Stängelteil ist glasig oder braun bis schwarz verfärbt (Schwarzbeinigkeit). Keimlinge werden unter Umständen schon abgetötet, ehe sie die Samenschale verlassen bzw. die Erdoberfläche erreichen. Innerhalb weniger Tage können größere Fehlstellen im Vermehrungsgefäß entstehen, mitunter wird die ganze Saat vernichtet. Die noch gesunden Pflänzchen befallener Bestände lassen sich lediglich durch schnelles Umpikieren retten. Zu hohe oder zu niedrige Temperaturen, übermäßige Feuchtigkeit im Substrat, zu enger Stand und unzureichende Lichtverhältnisse begünstigen das Auftreten von Vermehrungskrankheiten.

Von Grauschimmel (Botrytis) befallene Stecklinge von Pelargonium zonale

Von der Umfallkrankheit befallene Sämlinge

Bei Verwendung steriler Substrate, gut gereinigter oder neuer Anzuchtgefäße und Geräte sowie Beizung des Saatgutes sollte eine Bekämpfung von Vermehrungskrankheiten eigentlich überflüssig sein. Ist eine der angesprochenen vorbeugenden Maßnahmen unterlassen worden, kann man die Samen sofort nach dem Aussäen mit einem Pflanzenschutzmittel zur Bekämpfung von Vermehrungskrankheiten überbrausen. Auf die Nennung von Pflanzenschutzmitteln wird verzichtet, da das Angebot geeigneter Mittel und ihre Zulassung einem ständigen Wandel unterliegen.
Der Fachhandel, der Gärtner und auch die Pflanzenschutzämter vor Ort können jedoch bei der Auswahl helfen.
Ist es trotz aller vorbeugenden Maßnahmen zu einem Auftreten von Vermehrungskrankheiten gekommen, können die gleichen Mittel auch nach dem Auflaufen der Saaten und im Pikierbeet eingesetzt werden.

Pikieren

Junge Sämlinge aus Flächensaaten ohne vorgeformten Ballen müssen in der Regel pikiert (vereinzelt) werden, bevor man sie topft oder auspflanzt. Sie erhalten dadurch mehr Platz, Licht, Luft und Nährstoffe. Außerdem kann man dabei gleich gesunde, kräftige Pflanzen derselben Größe selektieren, die gleichmäßigere Beständen ergeben. Je nach Pflanzenart und eigener Anschauung wird in Pikierkisten,

Pikieren:

1) Erde in den Zellen mit den Fingerspitzen andrücken
2) Kiste aufstoßen, damit sich die Erde setzt
3) Überflüssige Erde abstreichen
4) Saatkiste mit Sämlingen aus Breitsaat
5) Einzelne Sämlinge
6) Hauptwurzelspitze mit Fingernägeln abknipsen
7) So pikieren, dass die Keimblätter der Erde aufliegen
8) Zum Schluss gut angießen

Pflanzeinheiten oder zum Teil auch in Einzeltöpfe pikiert.
Der richtige Zeitpunkt zum Pikieren ist gekommen, sobald sich die Sämlinge gegenseitig mit den Blättern berühren, so dass sie sich im Wachstum behindern. Allerdings können auch andere Gründe maßgebend sein, die das Pikieren schon vor diesem Zeitpunkt erforderlich machen. Nämlich dann, wenn in den Aussaatgefäßen Krankheiten auftreten.
Als Pikiererde wird etwas kräftigere Erde als beim Aussäen verwendet. Das Füllen der Pikierkisten erfolgt bis zum Rand. Überflüssige Erde wird mit Hilfe eines Stabes oder einer dünnen Latte abgestrichen. Vorher wird in den Ecken und an den Rändern ganz leicht angedrückt. Die Erde liegt sonst ungleichmäßig dicht und sackt beim Angießen zusammen.
Die Aussaatgefäße werden am Tage vor dem Pikieren noch einmal gründlich gewässert, auch wenn das normalerweise noch nicht nötig wäre. Dadurch saugen sich die Pflanzen voll Wasser, was vorteilhaft ist, da in den ersten Tagen nach dem Pikieren die Wasseraufnahme behindert ist. Denn beim Herausnehmen werden immer Wurzelspitzen abgerissen, die dann bei der Wasseraufnahme fehlen. Noch wichtiger ist aber, dass die Erde nach dem gründlichen Wässern beim Herausnehmen viel besser an den Wurzeln haftet und so die Störung in erträglichen Grenzen bleibt.
Die zu pikierenden Pflanzen werden unter Schonung des Wurzelwerkes vorsichtig aus den Saatkisten genommen, indem man mit einem runden oder flachen Pikierholz unter die Wurzel fasst und die Pflanzen anhebt. Man legt sie in Extrakisten oder lose griffbereit auf die vorbereitete Pikierfläche. Reißen dabei feine Wurzeln ab, ist das nur günstig für die Bildung eines dichten Wurzelballens, da sich dann jeweils neue Wurzelverzweigungen bilden. Bei großen Sämlingen mit schon langen Wurzeln fördert man die Wurzelverzweigung durch Abknipsen der Wurzeln.
Sie sollten stets nur so viele Pflanzen herausnehmen, wie Sie in einer halben Stunde pikieren können. Vermeiden Sie alles, wodurch die Wurzeln zu lange der Luft ausgesetzt sind und darunter leiden.
Pikiert wird in der Regel einzeln, manchmal auch in Tuffs zu mehreren, in vormarkierten Reihen im Dreiecks- oder Vierecksverband. Die Entfernung beim Pikieren richtet sich nach der Pflanzenart und nach der Stärke der Pflanzen. Grundsätzlich sollten die Pflanzen nur so weit auseinanderstehen, wie es unbedingt erforderlich ist. Sie wachsen immer besser, wenn sie fast in Tuchfühlung stehen.
Das Pikieren wird zweckmäßigerweise mit einem Pikierholz vorgenommen. Man verwendet Hölzer, die einem dicken Bleistift ähneln und ein trichterförmiges Loch erzeugen (siehe Seite 53). Gut geeignet ist auch ein spachtelähnlich zugeschnittener Blumenstab oder ein sonstiges Holz. Das Ende, das zum Pikieren verwendet wird, sollte so flach wie möglich sein. Dieses Holz drückt man an der entsprechenden Stelle senkrecht in die Erde, um es dann, immer senkrecht gehalten, nach einer Seite zu bewegen. Es macht dann keine Schwierigkeiten, die jungen Sämlinge mit den Wurzeln bis zur gewünschten Tiefe hineinzuhalten. Dann wird die Erde mit dem Holz an die Wurzeln herangebracht, indem das Holz zunächst aus der Erde genommen und dann der Hohlraum durch seitliches Herandrücken des Substrates mit dem Holz geschlossen wird. Es dürfen dabei keine Hohlräume im Wurzelbereich bleiben. Vermeiden Sie ein starkes Andrücken und achten Sie darauf, dass die Sämlinge in der richtigen Höhe stehen. Sie haben richtig pikiert, wenn die Keimblätter der Erdoberfläche aufliegen.
Winzige Sämlinge werden mit einer Pinzette angefasst, und das Pflanzloch wird mit einem angespitzten Stäbchen vorgebohrt. Bei größeren Pflanzen geschieht das Anfassen, Lochbohren, Einsetzen und Andrücken mit den Fingern.
Nach dem Pikieren wird mit einer feinen Brause angegossen. Der Aufstellungsort der pikierten Pflanzen hängt von der Pflanzenart und in hohem Maße von der Jahreszeit und den örtlichen Verhältnissen ab. Entsprechende Hinweise werden in den speziellen Kapiteln für die einzelnen Pflanzengruppen gegeben.
Sorgen Sie während der ersten Tage bei empfindlichen Pflanzen für einen Verdunstungsschutz, indem Sie Folie über die Kästen spannen oder die Pflanzen im Vermehrungsbeet aufstellen. Haben sich neue Wurzeln gebildet, entfernen Sie Fenster oder Folie.
Einige Arten werden nach dem Pikieren, andere nach weitläufiger Aussaat auch direkt aus dem Saatbeet in Töpfe gepflanzt. Die Topfgröße und ob man die Jungpflanzen einzeln oder zu mehreren in die Töpfe setzt, ist von der betreffenden Art abhängig.

Abhärten für das Freiland
Nach erfolgter Keimung müssen Sämlinge, die für das Freiland bestimmt sind, gut abgehärtet werden, bevor sie ins Freiland ausgepflanzt werden. Nur so werden sie kräftig und gedrungen wachsen. Mit zunehmendem Wachstum und fortschreitender Jahreszeit wird daher stärker gelüftet, bis die Fenster schließlich zur Anpassung an die Freilandbedingungen ganz abgenommen werden können.

Vegetative Vermehrung

Bei der vegetativen Vermehrung benutzt man entweder Vermehrungsorgane, die von der Pflanze selbst ausgebildet werden, z. B. Brutzwiebeln, Brutknollen, Ausläufer und Rhizome, oder man reißt, bricht oder schneidet Pflanzenteile ab und bringt diese anschließend zum Bewurzeln.
Im Extremfall ist die Pflanze in der Lage, aus einer einzelnen Zelle oder einem Zellverband den gesamten Organismus wieder neu aufzubauen. Viele Pflanzenarten vermehren sich natürlicherweise nicht nur durch Samen, sondern darüber hinaus auch vegetativ, z. B. durch Ausläufer (viele Sträucher und Stauden), durch Brutzwiebeln und -knollen oder wie *Bryophyllum* auch durch Brutpflanzen. Viele Kulturformen unserer Nutzpflanzen, beispielsweise Banane (*Musa*), Apfelsine (*Citrus*), ja selbst Gartenerdbeeren (*Fragaria*) bringen lediglich verkümmerte oder gar keine Samen hervor und können daher nur vegetativ vermehrt werden.
Der Vorteil der vegetativen Vermehrung gegenüber der generativen besteht darin, dass die Nachkommen in allen Merkmalen der Mutterpflanze gleichen, da sie exakt das gleiche Erbgut besitzen. Auch blühen und fruchten vegetativ vermehrte Pflanzen früher als generativ vermehrte, da sich die physiologische Blühreife von der Mutterpflanze auf die Nachkommen überträgt.
Während Gehölzsämlinge z. B. das lange Jugendstadium durchlaufen, kann durch eine vegetative Vermehrungsart wie die Veredlung schon nach kurzer Zeit ein Fruchtansatz erreicht werden. So würden beispielsweise Apfelbäume ohne die allgemein durchgeführte Veredlung erst nach vielen Jahren zur Blüte kommen. Damit man aber möglichst frühzeitig Obst von einem neugepflanzten Baum ernten kann, werden blühfähige Reiser auf entsprechende Unterlagen gesetzt. Dieses Obst blüht und fruchtet dann nicht erst nach sechs bis zwölf Jahren, sondern bereits im ersten oder zweiten Jahr.

Vegetative Vermehrungsmethoden

Es gibt eine Vielzahl verschiedener vegetativer Vermehrungsmethoden, die im Folgenden kurz vorgestellt werden. Weitere Informationen finden sich in den Kapiteln zu den einzelnen Pflanzengruppen.

Viele Züchtungen wie diese Brugmansia-Hybride kann man sortenecht nur vegetativ vermehren.

Soll die Vermehrung zum Erfolg führen, so sind verschiedene Maßnahmen zu ergreifen, um dem Befall durch Krankheiten vorzubeugen. Dazu zählen die Desinfektion der Vermehrungseinrichtungen sowie die Sterilisation der Substrate. Weitere Ausführungen dazu finden sich auf Seite 35.

Zur vegetativen Vermehrung ist man gezwungen:

- → **Wenn** Pflanzen keine Samen ansetzen: Viele Arten setzen keinen Samen an, weil der geeignete Bestäubungspartner fehlt oder die Blüten steril sind.
- → **Wenn** Pflanzen schlecht Samen ansetzen: Viele Arten aus wärmeren Gebieten, aus den Tropen oder Subtropen, die wir als Zimmerpflanzen pflegen bzw. die sich bei uns akklimatisiert haben, setzen in unseren Breiten keinen Samen an. Teilweise ist auch die Vegetationszeit so kurz, dass der Samen nicht ausreifen kann.
- → **Wenn** der Samen nicht „echt“ fällt, d. h., wenn die Sämlinge stark aufspalten: Viele Kulturformen (Gartenformen) bzw. Sorten zeigen bei der generativen Vermehrung nur selten einheitliche Nachkommen. So lassen sich viele buntlaubige Gehölze sowie Hänge-, Zwerg- oder Säulenformen sortenecht nur vegetativ vermehren. Ebenso ist es bei vielen Zierpflanzen. Hier sind es häufig gefüllte oder besonders großblütige Formen. Auch sie lassen sich sortenecht nur auf vegetativem Wege vermehren.
- → **Wenn** gleichmäßige Pflanzenbestände erzielt werden sollen: Dieser Fall ist für den Gärtner von großer Bedeutung, da Samen häufig sehr unterschiedlich keimen und dadurch ungleichmäßige Pflanzenbestände entstehen können.
- → **Wenn** die vegetative Vermehrung schneller zum Erfolg führt: Bei der vegetativen Vermehrung hat das Ausgangsmaterial, z. B. der Steckling oder Ausläufer, schon eine gewisse Größe und ist in der Regel gegenüber einer Pflanze aus Samen zeitlich gesehen im Vorteil.

Teilung

In der Regel werden ältere, mehrtriebig entwickelte Pflanzen in mehr oder weniger große Stücke aufgeteilt. Teilung ist besonders bei Stauden üblich und hier in erster Linie bei Sorten, die bei einer Aussaat nicht echt fallen, also nicht mehr alle gewünschten Sortenmerkmale zeigen. Sie wird meist im Frühjahr beim Verpflanzen, bei frühblühenden Arten gleich nach der Blüte vorgenommen. Sie sollte aber möglichst so rechtzeitig durchgeführt werden, dass die Teilpflanzen in der gleichen Vegetationsperiode zu kräftigen Pflanzen heranwachsen. Auch verschiedene Sträucher oder Zimmerpflanzen lassen sich durch Teilung vermehren.

Ableger

Die Vermehrung durch Ableger ist insbesondere bei Sträuchern von Bedeutung. Dabei werden vorjährige Triebe horizontal in ihrer ganzen Länge in flache Rinnen abgelegt und festgehakt, in der Regel sternförmig von der Mutterpflanze ausgehend. Zunächst lässt man sie offen liegen. Infolge der horizontalen Lage treiben die Augen (Knospen) an den Nodien (ehemalige Blattansätze) aus. Nach dem Austrieb der Augen schiebt man die Rinnen zu und häufelt die Triebe leicht an. Im Herbst bzw. folgenden Frühjahr häufelt man dann wieder ab und schneidet die bewurzelten Triebe auseinander.

Die Vermehrung durch Teilung ist für viele Stauden typisch, im Bild Teilstücke von Rudbeckia.

Ableger von Corylus avellana 'Aurea'

Absenker

Dies ist wie das Ablegen eine vegetative Vermehrungsmethode, vor allem für Gehölze, bei der die Wurzelbildung an der Mutterpflanze erfolgt. Vorjährige Triebe werden im Frühjahr vor dem Austrieb bogenförmig in einen Spalt oder eine Rinne gelegt, mit Erde bedeckt und festgetreten. Die Zweigspitze ragt dabei aus der Erde heraus. Bei sehr lang- und dünntriebigen Gehölzarten (z. B. Kletterpflanzen) kann ein Trieb mehrmals hintereinander in Wellenlinien abgesenkt werden. Die Wurzelbildung erfolgt in der Regel bis zum Herbst, unter Umständen aber auch erst nach zwei bis drei Jahren.

Abrisse (Anhäufeln)

Die Vermehrung durch Anhäufeln ist weitestgehend auf Sträucher beschränkt. Dabei wird die Strauchbasis im Frühjahr von Mai bis Juli drei bis vier Mal so angehäufelt, dass die aus der Erde kommenden Triebe etwa 20–30 cm hoch mit Erde bedeckt sind. Damit die Triebe gut von der Erde umschlossen werden, muss der Boden sehr feinkrümelig sein. Die Wurzelbildung erfolgt meist noch im selben Jahr. Im Herbst wird die Erde vorsichtig entfernt und die bewurzelten Triebe werden von der Mutterpflanze abgerissen bzw. in Bodennähe abgeschnitten.

Ausläufer

Ausläufer sind mehr oder weniger ober- bzw. unterirdisch waagerecht wachsende Seitentriebe. Sie werden z. B. von Erdbeeren, *Saxifraga*-Arten wie *Saxifraga stolonifera* sowie verschiedenen Gräsern und Farnen gebildet und können zur weiteren Verwendung einfach von der Mutterpflanze abgenommen werden.

Abmoosen

Abmoosen oder Markottieren ist eine vegetative Vermehrungsmethode, bei der die Bewurzelung an der Mutterpflanze stattfindet. Sie ähnelt der Vermehrung durch Absenker. Allerdings erfolgt die Bewurzelung nicht im Boden,

Um einzelne Pflanzen zu vermehren, ist das Abmoosen eine interessante Methode, hier Ficus benjamina.

sondern oberhalb der Erdoberfläche. Deshalb spricht man auch von Luftablegern. Die Triebe werden an der Stelle, an der die Wurzelbildung erfolgen soll, mit feuchtigkeitsspeichernden Materialien und einer Hülle aus Kunststoff- oder Aluminiumfolie umgeben. Da hierfür ursprünglich nur Sphagnum (Torfmoos) verwendet wurde, erhielt diese Methode die Bezeichnung „Abmoosen“. Nach ausreichender

Rechts: Absenker von Viburnum plicatum fo. tomentosum

Ganz rechts: Unter den Zimmerpflanzen ist Chlorophytum comosum ein typischer Vertreter für die Vermehrung durch Ausläufer.

Durch Steckholz vermehrt man insbesondere starkwachsende Blütensträucher, hier bewurzelte Steckhölzer von Ribes sanguineum.

Bewurzelung wird der Trieb abgeschnitten und eingepflanzt. Interessant ist das Abmoosen zur Verjüngung älterer, unten verkahlender Stämme verschiedener Grünpflanzen wie *Ficus*, *Monstera* oder *Philodendron*. Darüber hinaus hat man mit dieser Methode die Möglichkeit, bei wertvollen Pflanzen in Erfahrung zu bringen, ob eine vegetative Vermehrung überhaupt möglich ist. Findet keine Bewurzelung statt, so kann man die Umhüllung wieder entfernen, ohne dass die Pflanze größeren Schaden davonträgt.

Steckholz

Ein Steckholz ist ein unbeblättertes, verholztes Triebstück, das zur vegetativen Vermehrung benutzt wird. Der große Vorteil der Steckholzvermehrung gegenüber der Stecklingsvermehrung besteht darin, dass sie einfach auszuführen ist und keine besonderen Vermehrungseinrichtungen nötig sind. Durch Steckholz vermehrt man viele starkwachsende Gehölze und Blütensträucher. Geeignetes Steckholz erhält man von kräftig gewachsenen, nicht mastigen, meist einjährigen Trieben, die nach dem Laubabfall von November bis Januar geschnitten werden und in ihrer ganzen Länge zu Steckholz verarbeitet werden können. Das Steckholz soll mindestens zwei, besser fünf Nodien (Blattknoten) besitzen. Da die Länge der Internodien arttypisch ist, schwankt die Länge der Steckhölzer zwischen 15 und 30 cm.

Blattsteckling

Als Blattstecklinge werden ganze Blätter oder Blattstücke verwendet. Sie unterscheiden sich von Triebstecklingen dadurch, dass Blattstecklinge sowohl Wurzeln als auch Sprosse regenerieren müssen, da sie keine Reserveknospen (schlafende Augen) besitzen. Bei *Begonia rex* werden Quadrate oder keilförmige Stücke (begrenzt von Blattadern) aus dem Blatt herausgeschnitten bzw. das ganze Blatt der Erde aufgelegt und an den Adern eingeschnitten. Blattquerschnitte werden von *Streptocarpus* und *Sansevieria*-Arten genommen. Darüber hinaus werden bei *Streptocarpus* ganze Blatthälften verwendet. Einige Farne, z. B. *Asplenium scolopendrium*, lassen sich durch Blattstielstecklinge vermehren. Dies sind verdickte Blattstielenden vorjähriger oder noch älterer Blätter.

Stammsteckling

Stammstecklinge sind in der Regel blattgrünhaltige, im Gegensatz zu den mehr oder weniger verholzten Steckhölzern mehr oder weniger krautige Stammstücke, die keine Blätter, jedoch mindestens eine ruhende Knospe aufweisen. Sie sind vor allem bei Zimmerpflanzen von Bedeutung.

Augensteckling

Als Augen- oder Knotensteckling verwendet man bei Pflanzen mit wechselständigen Blättern, z. B. *Ficus*-Arten, ein Sprossstück (Stammstück) mit einem Auge

Durch Stammstecklinge lässt sich z. B. Dieffenbachia gut vermehren.

Die Vermehrung durch Wurzelschnittlinge ist für eine Reihe von Stauden typisch, aber auch verschiedene Gehölze, wie hier ein Zier-Apfel, lassen sich auf diese Weise vermehren.

Vermehrung durch Stecklinge bei Rhododendron indicum

und einem Blatt, während bei Arten mit gegenständigen Blättern, z. B. *Aphelandra* und *Hydrangea macrophylla*, ein halbiertes Sprossstück mit einem Auge und einem Blatt zum Einsatz kommt. Augenstecklinge ohne Blatt werden von in Vegetationsruhe befindlichen verholzenden Pflanzen genommen, beispielsweise *Vitis*-Arten.

Wurzelsteckling

Wurzelstecklinge bzw. Wurzelschnittlinge sind Stücke von Wurzeln, die Adventivknospen haben oder bilden, also Knospen, die nicht an regulären Stellen entstehen.
Bedeutung haben Wurzelstecklinge vor allem bei der Vermehrung von Stauden, z. B. *Phlox*, *Anemone hupehensis* var. *japonica* und *Echinops*, und bei einigen Gehölzen, z. B. Obstunterlagen, *Ailanthus* und *Rhus*.

Trieb- und Sprosssteckling

Beim Trieb- oder Sprosssteckling handelt es sich um beblätterte Spross- bzw. Triebstücke, die unter geeigneten Bedingungen zum Bewurzeln gebracht werden. Je nach Pflanzenart werden krautige, leicht verholzte oder verholzte Stecklinge geschnitten. Nimmt man Spitzen wachsender Triebe mit je nach Stecklingsgröße einem bis mehreren beblätterten Knoten (Nodien) sowie einer Endknospe, spricht man von Kopfstecklingen. Teilstecklinge sind hingegen Triebstecklinge, die aus einem bis mehreren beblätterten Nodien ohne Endknospe bestehen.
Durch Sprossstecklinge lassen sich Zierpflanzen, Stauden, Gehölze, aber auch verschiedene Gewürz- und Heilkräuter gut vermehren. Allein bei den Gemüsearten ist die Stecklingsvermehrung nur bei wenigen Arten möglich bzw. üblich.

Schnittzeitpunkt

Der Vermehrungszeitpunkt hängt im Wesentlichen von der Pflanzenart und ihrem Entwicklungsstand ab. Der optimale Vermehrungstermin ist nicht mit dem Kalender bestimmbar. Durch klimatische Einflüsse wird bei Gehölzen und Stauden nicht selten die Vegetationszeit und damit der Wachstumsstand stark beeinflusst. So sind Verschiebungen bis zu vier Wochen ohne weiteres möglich. Der Zeitpunkt des Stecklingsschnitts kann bei Zierpflanzen sehr variieren. Grundsätzlich ist eine Vermehrung ganzjährig möglich. Am besten ist es aber, im Frühling zu schneiden, wenn das Wachstum aufgrund der besseren Lichtverhältnisse stärker wird und die neue Pflanze die ganze warme Jahreszeit zur Entwicklung vor sich hat.

Der Schnitt

Die Pflanzen, von denen die Stecklinge abgenommen werden, die sogenannten Mutterpflanzen, sollten gesund und wüchsig sein. Stecklinge von schlecht ernährten Pflanzen mit gelben Blättern bewurzeln sich nur langsam oder gar nicht, da zu wenig

Ganz links: Der Schnitt des Stecklings erfolgt etwa 3–5 mm unter dem Nodium, hier Pelargonium zonale.

Links: In der Regel werden die unteren Blätter am Steckling entfernt, hier Myrtus communis.

Bei großblättrigen Stecklingen werden die Blätter eingekürzt, um die Verdunstung einzuschränken und besser stecken zu können, hier Phygelius capensis.

Größere Stecklinge kann man gleich in Einzeltöpfe stecken, hier Pelargonium zonale.

Reservestoffe vorhanden sind. Von kranken oder absterbenden Pflanzen nimmt man Stecklinge nur dann, wenn man die Pflanzen erhalten will und weitere Pflanzen der Art nicht zur Verfügung stehen.
Wichtig ist, dass die Stecklinge weder zu weich noch zu hart sind. Zu weiche faulen fast immer, zu harte bilden nur langsam, manchmal gar keine Wurzeln aus. Als Faustregel gilt: Zu hart sind sie dann, wenn sie sich schlecht schneiden lassen; zu weich, wenn das Messer wie durch Vaseline fährt.
Den Steckling nimmt man zunächst etwas länger von der Mutterpflanze ab, als man ihn braucht. Üblich ist eine Stecklingslänge von 5–10 cm mit vier bis fünf Blattansätzen (Knoten oder Nodien). Dem Schnitt des Stecklings ist große Bedeutung beizumessen. Verwenden Sie dafür ein scharfes Messer oder eine scharfe Schere. Bei krautigen Stecklingen sind auch Rasierklingen gut geeignet. Achten Sie darauf, sauber zu schneiden und die Schnittfläche nicht zu quetschen. Der Schnitt erfolgt etwa 3–5 mm unter einem Nodium. Sind an dem Steckling Blüten oder Knospen vorhanden, sollten Sie diese entfernen. Auch empfiehlt es sich, das unterste Blattpaar bzw. Einzelblatt zu entfernen, da diese Blätter später faulen könnten, da sie in die Erde gesteckt werden.
Ein frisch geschnittener Steckling verfügt über keine wasseraufnehmenden Organe, da die Wurzeln erst noch gebildet werden müssen. Die Wasserverdunstung bleibt aber die Gleiche wie bei einer intakten Pflanze mit Wurzeln. Deshalb empfiehlt es sich, bei großblättrigen Stecklingen die Blätter etwas einzukürzen. Auch lassen sie sich dann wesentlich besser stecken.
Die geschnittenen Stecklinge gibt man für eine Weile in ein Gefäß mit Wasser, damit sie frisch bleiben. Anschließend werden sie in eine Kiste abgelegt, bis man einen gewissen Vorrat zusammen hat. Danach wird gesteckt.

Das Stecken

Das Stecklingssubstrat muss die Feuchtigkeit gut halten können, dabei gleichzeitig gut durchlüftet und keimfrei sein. Welche Substrate diesen Anforderungen entsprechen, ist auf den Seiten 48–50 beschrieben.
Je nach Art der Stecklinge werden sie entweder zu vielen zusam-

Bei dünnen und weichen Stecklingen empfiehlt es sich, die Löcher vorzustechen.

Kleinere Stecklinge steckt man in der Regel zu vielen dicht an dicht zusammen in das Stecklingsgefäß, hier Rhododendron indicum.

men in Vermehrungskisten oder in Pflanzeinheiten bzw. in Einzeltöpfe gesteckt.
Bei der ersten Methode benötigt man weniger Platz und kann die Feuchtigkeit leichter regulieren. Nachteilig ist jedoch die Störung der Wurzeln, die beim Eintopfen bzw. der Entnahme aus der Vermehrungskiste unvermeidlich ist und die junge Pflanze empfindlich beeinflussen kann. Dieser Nachteil entfällt, wenn die Vermehrung in Einzeltöpfen oder Pflanzeinheiten erfolgt, in denen die Pflanzen mit einsetzender Wurzelbildung ungehindert weiterwachsen können.
Grundsätzlich sollten Sie so flach wie möglich stecken. Neben der Standfestigkeit – der Steckling muss gerade stehen und darf sich nicht ohne weiteres wieder herausziehen lassen – muss eine ausreichende Sauerstoffzufuhr an der Schnittstelle gewährleistet sein, da die beste Wurzelbildung in der obersten luftnahen Zone erfolgt.
Bei feintriebigen und krautigen Stecklingen werden die Löcher mit Hilfe eines Hölzchens vorgestochen.
Beim Stecken von Teilstecklingen ist darauf zu achten, dass das ursprünglich untere (basale) Ende auch wieder nach unten in das Vermehrungssubstrat kommt.
Denn ein Steckling bildet seine Wurzeln immer basal – unabhängig von der Lage zur Erdbeschleunigung –, während an der Spitze (apikal) Seitenknospen zu neuen Sprossen austreiben.
Die Abstände von Steckling zu Steckling richten sich nach der Blattgröße der Arten. Um die Vermehrungsgefäße maximal zu nutzen, sollte in der Regel so gesteckt werden, dass sich die Blätter der Stecklinge berühren. Ist ein Gefäß voll, wird vorsichtig angegossen bzw. lässt man es sich mit Wasser vollsaugen.
Bei vielen Pflanzen empfiehlt sich die Behandlung der Stecklinge mit Bewurzelungshormonen, die es auch für den Hobbygärtner auf dem Markt gibt.

Vermehrungseinrichtungen

Bei einem Steckling muss für eine Einschränkung der Verdunstung gesorgt werden, da er über die Schnittstelle nur sehr wenig Wasser aufnehmen kann. Er deckt seinen Wasserbedarf daher vorwiegend über die Umgebungsluft. Aus diesem Grund muss die relative Luftfeuchtigkeit in der Umgebung der Stecklinge so hoch wie möglich gehalten werden. Verbraucht ein Steckling mehr Wasser, als er aufnehmen kann, beginnt er zu welken. Die Vermehrungseinrichtungen für Stecklinge müssen deshalb so dicht wie möglich abschließen, damit im Inneren eine möglichst hohe relative Luftfeuchtigkeit erreicht wird. Weitere Informationen zu den Vermehrungseinrichtungen für Stecklinge finden Sie auf Seite 56–57.

Pflege

Stecklinge sollten bis zur Wurzelbildung hell, aber vor praller Sonne geschützt aufgestellt werden. In der Wohnung sind Ost-, West- und Südfenster geeignet. Damit es nicht zu einer übermäßigen, pflanzenschädlichen Erwärmung der Vermehrungseinrichtungen kommt, müssen diese bei direkter Sonnenbestrahlung schattiert werden.
Auf die Bewurzelung hat neben dem Licht auch die Temperatur, insbesondere die Bodentemperatur, einen großen Einfluss. Für eine optimale Bewurzelung sind zur Stecklingsvermehrung Bodentemperaturen von 20–25 °C erforderlich. Eine hohe Bodentemperatur bewirkt an der Schnittfläche des Stecklings eine Steigerung der Atmung. Dies führt zu einer vermehrten Zellteilung und somit zu einer schnelleren Wurzelbildung. Die Lufttemperatur kann dabei niedriger als die Bodentemperatur sein. Sie können für optimale Temperaturen sorgen, wenn Sie Vermehrungseinrichtungen mit einer Bodenheizung verwenden.
Neben der Temperatur hat die Wasserversorgung eine besondere Bedeutung. Alle Pflegemaßnahmen müssen darauf abgestimmt sein, die Verdunstung der Stecklinge herabzusetzen. Die Stecklinge sollten täglich kontrolliert werden, doch ist in der Regel ein Wässern der Stecklinge nur in größeren Abständen notwendig. Sind die Blätter mit einem Feuchtigkeitsfilm überzogen und keine Welkeerscheinungen zu erkennen, sind die

Stecklinge von Forsythia × intermedia in Jiffy 9, vier Wochen nach dem Stecken

Bedingungen für einen Bewurzelungserfolg optimal. Die Stecklinge benötigen dann keine zusätzliche Bewässerung. Wird trotzdem gegossen oder gesprüht, kann es zu einer Vernässung des Substrats kommen. Zu hohe Wassermengen im Vermehrungssubstrat führen zu einer Reduzierung des Sauerstoffs und damit im günstigsten Fall lediglich zu einer verzögerten Wurzelbildung. Meist faulen die Stecklinge aber und gehen ein.
Kleinere Vermehrungseinrichtungen deckt man bei direkter Sonneneinstrahlung einfach mit Zeitungspapier ab, größere mit entsprechendem Schattiermaterial, das im Gartenbaubedarfshandel erhältlich ist.
Mit Beginn der Wurzelbildung wird langsam mit dem Lüften begonnen. Die Wurzelbildung hat eingesetzt, wenn die Spitzen zu wachsen beginnen. Es wird immer stärker gelüftet, bis die Schutzhaube, das Einweckglas oder die Folie ganz entfernt werden kann. Zu beachten ist, dass in diesem Stadium der Wasserbedarf immer größer wird. Die zur Wurzelbildung benötigte Zeit ist von Art zu Art verschieden. Krautige Stecklinge bewurzeln sich oft schon nach drei bis vier Wochen, Gehölzstecklinge, vor allem solche von Nadelgehölzen, benötigen hingegen manchmal mehrere Monate.

Veredlung

Die Veredlung ist ein besonderes Verfahren der vegetativen Vermehrung, bei der zwei Pflanzenteile dauerhaft miteinander verbunden werden. Der eine Partner stellt dabei das Wurzelsystem (Unterlage), der andere hingegen den Sprossteil (Reis oder Edelreis) bereit. Durch die Veredlung werden zwei Partner so zu „einer Pflanze“, zu einer Lebensgemeinschaft. Sie gelingt allerdings nur dann, wenn Kambium und Leitungsbahnen (gleichartiges Gewebe) beider Partner zum Verwachsen gebracht werden. D. h., zwischen Reis bzw. Auge und Unterlage dürfen keine Hohlräume sein, da eine Verwachsung sonst ausgeschlossen wäre.

Die Unterlage liefert über das Wurzelsystem Wasser und Nährstoffe und verankert die Pflanze im Boden. Das Edelreis versorgt die „neue“ Pflanze mit den zum Leben notwendigen Assimilaten und bestimmt ihr Erscheinungsbild. Da von der Unterlage u. a. Wüchsigkeit und Wuchsform der Pflanze abhängen, lassen sich durch die Wahl einer Unterlage mit stark- oder schwachwüchsigem Wurzelsystem unterschiedliche Wuchsstärken erzielen, wie das z. B. von Obstarten bekannt ist. Eine Veredlung ist dann notwendig, wenn lediglich vegetativ vermehrbare Formen keine Wurzeln bilden oder kein ausreichendes Wurzelsystem aufbauen. Darüber hinaus können durch die Wahl der Unterlage ungünstige Klima- und Bodenverhältnisse umgangen oder Anfälligkeiten gegenüber Krankheitserregern vermindert werden. Auch können durch eine entsprechende Unterlagenwahl der Ertragsbe-

Viele Kulturformen der Gehölze, insbesondere aber die Kulturformen der baumförmigen Obstgehölze, lassen sich echt nur durch Veredlung vermehren, hier die Veredlungsstelle einer Süß-Kirsche in Kronenhöhe.

ginn beschleunigt oder gefördert sowie Ausreifung und Fruchtfarbe beeinflusst werden, was im Obstbau von großer Bedeutung ist.
Eine dauerhafte Vereinigung von Unterlage und Edelreis ist in der Regel nur dann möglich, wenn beide in einem bestimmten verwandtschaftlichen Verhältnis zueinander stehen. Das ist am ehesten dann gewährleistet, wenn als Unterlage für Sorten die jeweilige Art verwendet wird. Will man z. B. einen geschlitztblättrigen *Acer palmatum* 'Dissectum' veredeln, wählt man die Art (*Acer palmatum*) als Unterlage. In der Regel ist es aber auch möglich, eine andere Art der Gattung als Unterlage zu verwenden. So lässt sich *Picea pungens* 'Koster' auch auf *Picea abies* veredeln, so dass man nicht unbedingt auf die Art (*Picea pungens*) angewiesen ist. Aber selbst Veredlungen zwischen verschiedenen Gattungen innerhalb einer Familie sind möglich. Beispielsweise kann die Zelkove bzw. Japanische Ulme (*Zelkova*) auf eine unserer einheimischen Ulmen veredelt werden. Die Familienzugehörigkeit ist aber, was man bis heute weiß, die äußerste Grenze, bis zu der eine erfolgreiche Vereinigung zweier Partner möglich ist. Aber nicht immer ist selbst bei nahe verwandten Arten eine Veredlung möglich. Es gibt mindestens ebenso viele Fälle, in denen ein Verwachsen nicht stattfindet, wie eine Vereinigung möglich ist. Kommt es nicht zum Verwachsen, spricht man von Unverträglichkeit.
Es gibt auch Fälle, wo es kurzfristig zum Verwachsen kommt und man erst viel später am Kümmerwuchs oder am Abstoßen der Veredlung feststellt, dass auch hier eine Unverträglichkeit vorliegt.
Sollen gute Erfolge erzielt werden, so dürfen niemals kranke, schlecht gewachsene und zu alte Pflanzen als Unterlage verwendet werden. Als typische Unterlage gilt der Sämling. In Ausnahmefällen werden auch bewurzelte und unbewurzelte Steckhölzer, Stecklinge, Abrisse oder Wurzelstücke verwendet. Beim Aufschulen der Unterlagen ist auf einen geraden Stand zu achten. Dies trifft vor allem auf Unterlagen für eine Kronenveredlung zu.
Die Veredlung kann an verschiedenen Stellen der Pflanzen erfolgen. Je nach Position handelt es sich dann um eine Wurzelveredlung, Wurzelhalsveredlung, Kronen- oder Kopfveredlung sowie Gerüstveredlung. Die wichtigsten Veredelungsmethoden werden detailliert bei den Bäumen und Sträuchern auf den Seiten 78–86 beschrieben.

Die vielen Kulturformen der Nadelgehölze können echt nur durch Veredlung vermehrt werden, hier Kiefernveredlungen.

Substrate, Einrichtungen & Werkzeuge

Geeignete Substrate, Einrichtungen und Werkzeuge bieten beste Voraussetzungen für eine erfolgreiche Vermehrung.

Substrate und Erden

Der Gärtner verwendet die Bezeichnung Erde dann, wenn die jeweilige Erde aus zum Teil betriebseigenen Grundstoffen wie Kompost-, Mistbeet- oder Lauberde hergestellt und durch Kompostierung umgewandelt wurde. Substrate dagegen sind überwiegend aus betriebsfremden Materialien wie Torf, Ton, Nadelstreu, Sand, Kunststoff (z. B. Styropor), hergestellt.

Allgemein muss ein Substrat beste physikalische Eigenschaften besitzen, ein hohes Porenvolumen aufweisen und selbst bei Wassersättigung noch einen ausreichenden Luftaustausch gewährleisten. Es sollte verschlämmungsfest und mikrobiell schwer abbaubar sein. Darüber hinaus muss es Nährstoffe speichern können und zwar so, dass diese für die Pflanze verfügbar bleiben. Neben diesen allgemeine Anforderungen an Substrate gibt es noch spezielle Ansprüche, denen Aussaat- oder Stecklingssubstrate genügen müssen. Diese dienen dem Sämling bzw. Steckling vor allem als Standort und haben weniger die Aufgabe, Nährstoffe zu liefern. Ein solches Substrat muss daher nährstoffarm, jedoch nicht nährstofffrei, und wegen der Anfälligkeit der Keimlinge und Stecklinge für Krankheiten weitgehend keimfrei sein. Je nährstoffreicher ein Vermehrungssubstrat ist, desto schlechter ist die Bewurzelung der Sämlinge oder Stecklinge. Denn eine Pflanze wird in einem nährstoffarmen Substrat auf der Suche nach den wenigen Nährstoffen viele Wurzeln ausbilden. Später ist diese Jungpflanze nach dem Verpflanzen in ein nährstoffreicheres Substrat aufgrund ihres großen Wurzelvolumens dann schneller in der Lage, Nährstoffe aufzuschließen und aufzunehmen. Dies schlägt sich in einem schnelleren Wachstum nieder. Da normale Blumenerden, wie sie im Handel angeboten werden, relativ nährstoffreich sind, sind sie nicht für die Vermehrung geeignet. Spezielle Stecklingssubstrate müssen die Stecklingen ausreichend mit Feuchtigkeit versorgen. Gleichzeitig muss ein hohes Porenvolumen jedoch auch eine ausreichende Sauerstoffversorgung gewährleisten, da die

Das klassische Substrat für die Stecklingsvermehrung ist ein Torf-Sand-Gemisch.

Perlite ist ein poröses, feinkörniges, unverrottbares Aluminiumsilikat in Granulatform.

Grodan-Vermehrungswürfel aus Steinwolle

Der Jiffy 9 ist ein Torfquelltopf, der in Tablettenform geliefert wird und nach Befeuchtung aufquillt.

Stecklinge sonst zu schnell faulen würden.
Natürliche Böden sind als Topfsubstrate zur Weiterkultur nicht geeignet, auch nicht für die Containerkultur der Gehölze, da sie den Pflanzen die benötigten Wasser- und Nährstoffmengen unter sonst optimalen Wachstumsbedingungen nicht ausreichend zur Verfügung stellen können. Dies vermögen jedoch z. B. Gemische aus Ton und Torf.
Substrate aus Torf, Ton, Rinde und Kunststoffen werden heute meist industriell hergestellt und haben die früher üblichen „Praxiserden“ aus Kompost-, Laub- oder Mistbeeterde weitgehend verdrängt. Diese Substratgemische sind für viele Kulturen geeignet und vermindern das Risiko der Übertragung von Krankheiten und Schädlingen. Werden Praxiserden dennoch verwendet, müssen sie vor Gebrauch keimfrei gemacht werden. Dem Hobbygärtner ist die Verwendung industriell hergestellter Substrate zu empfehlen. Allerdings sind nicht alle tütenverpackten Erdgemische, die im Handel angeboten werden, grundsätzlich geeignet. Wenn der Aufdruck auf der Verpackung keinen Hinweis auf die Zusammensetzung, die Wasser- und Luftkapazität, den Nährstoff- und Humusgehalt sowie den pH-Wert gibt, sollte man mit dem Kauf vorsichtig sein. Gleiches gilt, wenn nicht wenigstens ein Qualitätszeichen erkennen lässt, dass dieses Substrat unter ständiger Kontrolle einer amtlichen Stelle steht.
Die Tabelle auf Seite 50 gibt Auskunft über die wichtigsten Substrate und Erden. Informationen zur Sterilisation der Erden und Substrate finden sich auf Seite 35.

Gefäße für Vermehrung und Weiterkultur

Bei den zum Aussäen, Stecken, Pikieren und Topfen verwendeten Gefäßen spielen die hygienischen Eigenschaften eine wichtige Rolle. Die Materialien sollten pilzlichen Krankheiten und anderen Pflanzenschädigern keinen Nährboden liefern. Daher haben heute die modernen Kunststoffe die früher häufig gebräuchlichen Holz- und Tongefäße weitgehend verdrängt.
Um die Kosten so niedrig wie möglich zu halten, kann man aber durchaus auch haushaltsübliche Dinge wie Joghurtbecher oder Diakästen und andere Gefäße zur Vermehrung verwenden – eine gründliche Reinigung vorausgesetzt.

Saatkisten

Speziell für Aussaaten werden im Handel Saatkisten aus Styropor in verschiedenen Größen angeboten. Die gebräuchlichsten Größen sind 20 × 15 × 5 cm und 30 × 20 × 5 cm. Schaumstoffkisten haben eine wärmedämmende Wirkung und verhindern auf Flächen ohne Bodenheizung bis zu einem gewissen Grad den sogenannten

Der Handel bietet Saatkisten in unterschiedlichen Größen und Ausführungen an.

Substrate und Erden für Vermehrung und Weiterkultur

	Weißtorf	Sand	Torf-Sand-Gemisch	Perlite	Vermiculit	Bimskies	Torfkultursubstrat 0	Torfkultursubstrat 1	Torfkultursubstrat 2	Einheitserde Vm	Einheitserde P	Einheitserde T	Einheitserde D	Containererden	Jiffy 7 Jiffy 9	Grodan[1]	Oasis[2]
Gehölze																	
Stratifikation	+	+	+														
Aussaat					○		+	+	○	+							
Stecklinge			+		+		+	○		+	○				+	○	+
Jungpflanzen								+	○		+	○	○	+			
Stauden, Sommerblumen, Gemüse und Kräuter																	
Aussaat					+		+	+		+	+				○	○	○
Stecklinge			+	○	+		+	○		+	○				+	○	○
Jungpflanzen								+	○		+	○		+			
Weiterkultur								+	+		+	+	+	+			
Zimmerpflanzen																	
Aussaat					+		+	○		+	○				○	○	○
Stecklinge			+	○	+		○	○		○	○				+	+	+
Jungpflanzen								+			+				○		
Weiterkultur								+	+		+	+	+				
Farne																	
Aussaat	+		+		○		○	○		○	○						
Jungpflanzen	+						+	+		+	+						
Weiterkultur	○							+	+		+	+	○				
Kakteen (Sukkulenten)																	
Aussaat					○	+	+	○		+	○						
Stecklinge		○	+	○	+	+	○	○		○	○						
Weiterkultur						+		+*			+*						

+ geeignet ○ bedingt geeignet * etwa 1/3 Sand zumischen

[1] Grodan ist ein Produkt aus chemisch behandelter Steinwolle. [2] Oasis ist ein Produkt aus synthetischen Schaumstoffen und wird für die Vermehrung als Würfelverbundplatte geliefert.

„kalten Fuß“. Ebenso finden sich im Handel Saatkisten aus Kunststoff in verschiedenen Abmessungen.

Handkisten

Unter der Bezeichnung Handkiste sind eine Reihe von Gefäßen mit vielseitigem Verwendungszweck auf dem Markt. So zur Aussaat, zum Pikieren, als Stecklingsgefäß und zum Pflanzentransport. Die gebräuchlichsten Maße sind 50 × 32 cm und 60 × 40 cm. Bei der Anschaffung sollte man darauf achten, dass diese aus PVC sind, einem dauerhaften, formstabilen Kunststoff. Diese Kisten sind frost- und lichtbeständig. Außerdem lassen sie sich leicht säubern und sind daher besonders hygienisch. Die ebenfalls im Fachhandel angebotenen Kisten aus Polystyrol weisen dagegen eine begrenztere Haltbarkeit auf.

Multizellenplatten

Als Multizellen- bzw. Multitopfplatten werden Vermehrungsgefäße in Plattenform bezeichnet, die aus gleich großen, zusammengefassten „Einzeltöpfen“, den sogenannten Zellen, bestehen. Jeder Pflanze steht ein abgegrenzter durchwurzelbarer Raum zur Verfügung. So entfällt das Auseinanderreißen der Wurzeln, der Verpflanzschock wird auf ein Minimum reduziert.
Die Abmessung der Platten sowie die Größe und Form der einzelnen Zellen (Plugs) unterscheiden sich von Hersteller zu Hersteller. Bei allen Ausführungen haben die einzelnen Zellen jedoch im Bodenbereich eine kleine Öffnung, durch die die Hauptwurzel wachsen kann, um dann außerhalb der Zelle abzusterben. Dieser Vorgang wird als „air pruning“ bezeichnet, was so viel wie „Stutzen durch die Luft“ bedeutet. Durch dieses natürliche „Stutzen“ wird das Verzweigen des Wurzelsystems in der Zelle gefördert.
Im Hobbygartenbau ist die Helfert-Multitopfplatte mit Topfgrößen zwischen 3,5 und 7 cm Durchmesser weit verbreitet.
All diese Produkte haben sich in vielfältiger Weise als Pikier- und Steckgefäße, aber auch für Direktsaaten bewährt.

Einwegtöpfe

Für diese Gruppe von Anzuchtgefäßen ist kennzeichnend, dass sie allgemein nur einmal verwendet werden und mit der Pflanze in die Erde kommen. Am weitesten sind Torftöpfe verbreitet, die als Pikier-, Steck- und Topfgefäß für Zierpflanzen, Gehölze und Gemüsepflanzen verwendet werden. Unter dem Produktname Jiffy-Pot sind diese Torftöpfe in runder oder quadratischer Form in Größen von 5–11 cm erhältlich. Als doppelreihige, zusammenhängende Topfplatte von sechs bis zwölf Einheiten (Topfgröße 4–8 cm) ist sie als Jiffy-Strip auf dem Markt erhältlich. Da die Wurzeln im Laufe der Zeit wiederholt durch die Topfwand stoßen, verzweigt sich das Wurzelsystem zunehmend, so dass ein gut verzweigter, kompakter

Bei Multitopfplatten steht jeder Pflanze ein abgegrenzter durchwurzelbarer Raum zur Verfügung.

Einwegtöpfe wie Jiffy-Pots werden später mit eingepflanzt.

Das Sortiment an Einzeltöpfen zur Vermehrung und Weiterkultur ist groß.

Wurzelballen entsteht, und zwar ohne Verpflanzung und ohne Umpflanzschock. Unterschiedlich gefärbte Pilzrasen, die auf der Außenseite der Jiffy-Pot-Wände auftreten können, deuten auf die Tätigkeit zellulosezersetzender Pilze hin. Diese schaden den Pflanzen nicht.
Jiffy-Pots sind immer gut feucht zu halten, damit die Wurzeln mühelos durch die Topfwände dringen können. Sobald dies geschehen ist, sind die Pflanzen mit dem Jiffy-Pot – als fester Bestandteil des Ballens – auszupflanzen oder in größere Töpfe umzusetzen.
Beim Umtopfen oder Auspflanzen sollte der Rand des Jiffy-Pots nicht über die Erdoberfläche herausragen, da vom überstehenden Rand ausgehend oft der ganze Torftopf austrocknet. Dem Jiffy-Pot nachempfunden sind die auspflanzbaren oder kompostierbaren Recycling-Töpfe. Diese bestehen aus Altpapier, Kork, Holzspänen, Wellpappe oder Kokosfasern.

Einzeltöpfe

Für die Weiterkultur der Jungpflanzen bis zur „fertigen“ Pflanze sind Einzeltöpfe unerlässlich. Ob man nun Kunststoff- oder Tontöpfe verwendet, ist im Grunde genommen egal, wenn man die besonderen Eigenschaften des jeweiligen Materials berücksichtigt. Der Hauptunterschied ist: Gebrannter Ton ist wasserdurchlässig, Kunststoff nicht. Pflanzen in Kunststofftöpfen brauchen daher weniger Wasser als solche in Tontöpfen.
Eine Verdunstung durch die Tontopfwand ist im Grunde genommen unerwünscht, da dadurch Wasser unproduktiv verbraucht wird und aufgrund der Verdunstung Kälte entsteht. Im feuchtwarmen Gewächshaus und überall dort, wo Tontöpfe tief in feuchtigkeitshaltendes und -ausgleichendes Substrat (z. B. Torf) eingesenkt werden, haben sie Vorzüge aufzuweisen. Sobald sie jedoch frei stehen, bieten sie bis auf die bessere Standfestigkeit nur noch Nachteile. Für Zier- und Gemüsepflanzen werden in der Regel Rundtöpfe verwendet, die mit unterschiedlichem Durchmesser erhältlich sind. Für die Containerkultur von Stauden und Gehölzen sind die platzsparenden Vierecktöpfe zu empfehlen. Es gibt sie in den Abmessungen 7 × 7 × 6,5 cm bis 18 × 18 × 18 cm. Beim Kauf ist darauf zu achten, dass die Töpfe seitliche Abzugslöcher bzw. einen hochgezogenen Topfboden haben. Dies ist beim Aufstellen vorteilhaft, da sich die Abzugslöcher bei flachen Topfböden leicht zusetzen.
Für Kakteen sind auch Vierecktöpfe zu empfehlen. Diese werden vom Handel in den Größen 5 × 5 × 4,5 cm bis 11,5 × 11,5 × 10,5 cm angeboten. Diese Vierecktöpfe sind ebenfalls für die Aussaat kleinerer Samenmengen ideal.

Werkzeuge und Geräte

Für die verschiedenen Vermehrungsarbeiten gibt es ein Vielzahl von Werkzeugen und Geräten, die für die Arbeiten notwendig sind oder diese erleichtern.

Einzelkornsägeräte

Wer bei der Aussaat Schwierigkeiten mit der Verteilung der Samen hat, dem stehen für größere Samen praktische Einzelkornsägeräte zur Verfügung, die in verschiedenen Ausführungen von mehreren Firmen angeboten werden. Für den ambitionierten Hobbygärtner ist das auf Seite 53 abgebildete Handgerät zu empfehlen. Allerdings ist dieses Sägerät nur für rundes Saatgut geeignet. Der Samengröße entsprechend kann die Verteilerscheibe so eingestellt werden, dass immer nur ein Samenkorn oder eine kleine Samenmenge gleichmäßig zur Aussaat gelangt.
Das Gerät arbeitet einfach und ist leicht zu handhaben. Bei Druck auf die Bügelfeder des Griffes fällt die eingestellte Samenmenge aus dem Ausfallrohr. Das Saatgut muss frei von Verunreinigungen (Spelzen) sein, um störungsfreies Arbeiten zu gewährleisten. Sollte trotzdem einmal kein Samen ausfallen, so wird durch kurzes Schütteln des Gerätes oder leichtes Klopfen die Störung in der Regel behoben.

Sähilfe für die Einzelkornaussaat

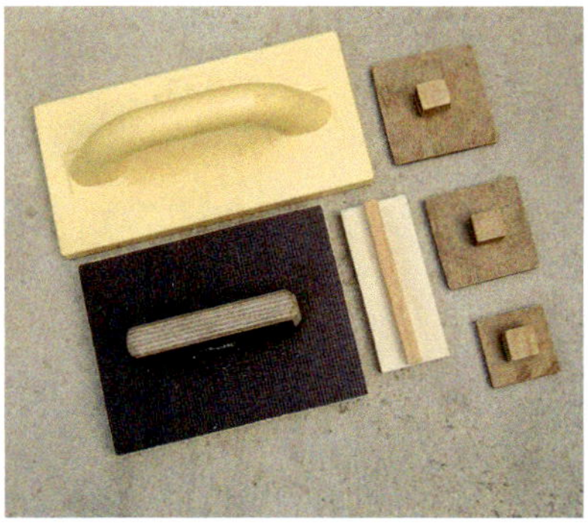

Andrückbrettchen

Setz- oder Pflanzholz

Andrückbrettchen

Dies ist ein Holzbrett mit Griff, das man zum Glätten und Andrücken der Aussaaten benötigt. Wichtig ist, dass die Unterseite des Brettchens glatt ist, damit Samen und Erdkrümel nicht hängenbleiben. So ein Andrückbrettchen kann man leicht selber anfertigen.

Setz- oder Pflanzholz

Das Setzholz ist ein einfaches Gartenwerkzeug. Seine einzige Funktion ist das Bohren von Pflanzlöchern. Setzhölzer eignen sich zum „Legen" von größeren Samen auf Freilandbeeten (z. B. Bohnen, Mais, Eicheln oder Kastanien), zum Pflanzen junger Sämlinge und Stecklinge oder kleiner Blumenzwiebeln. Setzhölzer gibt es in verschiedenen Ausführungen und Stärken auf dem Markt. Handlich sind Setzhölzer mit geschwungenem (pistolenförmigen) oder T-förmigem Griff.

Siebe

Zum Reinigen von Samen und zum Übersieben der Aussaaten benötigt man Siebe. Gut geeignet sind Tee- und Mehlsiebe, wie man sie in der Küche verwendet. Im Gartenbaubedarfs- und Baustoffhandel werden spezielle runde oder quadratische Erd- oder Sandsiebe in verschiedenen Größen und mit unterschiedlichen Maschenweiten angeboten.

Etiketten

Die Erfahrung lehrt, dass es sich immer auszahlt, den Zeitpunkt der Vermehrung, des Pikierens, Eintopfens usw. schriftlich festzuhalten. Hierzu verwendet man Etiketten, die in vielen Formen, Größen und aus unterschiedlichen Materialien auf dem Markt sind. Holzetiketten empfehlen sich nur für den einmaligen Gebrauch, da man mit ihnen Krankheiten übertragen kann. Etiketten aus Kunststoff oder Metall können mehrfach verwendet werden. Die alte Schrift lässt sich mit Schleifpapier oder Aceton (Nagellackentferner) wieder entfernen. Zur Beschriftung kann man spezielle Wachsstifte, Bleistifte oder wasserfeste (permanente) Filzstifte verwenden.

Pikierstab

Einen Pikierstab benötigt man, um für Sämlinge und Stecklinge kleine Löcher vorzustechen, in die sie eingesetzt (pikiert) werden, aber auch, um Sämlinge aus dem Aussaatgefäß herauszunehmen. Im Handel werden runde Pikierstäbe aus Kunststoff ange-

Siebe werden im Rahmen der Vermehrung für unterschiedliche Zwecke benötigt. So z. B. zum Sieben von Erde (sogenannte Erdsiebe oben und unten links) oder zur Samenreinigung (sogenannte Prüfsiebe unten rechts).

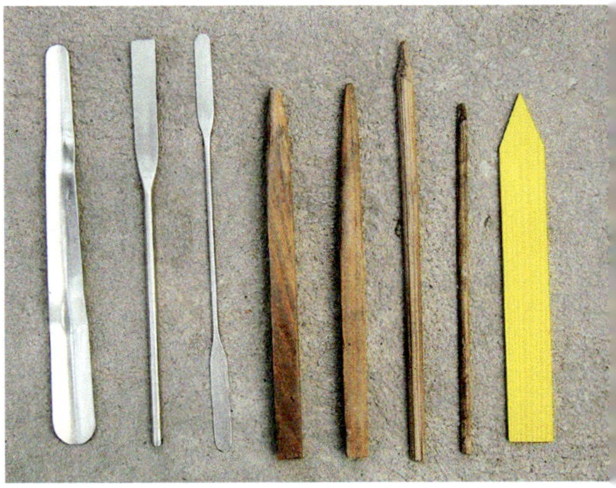

Pikierstäbe gibt es in vielen Ausführungen auf dem Markt.

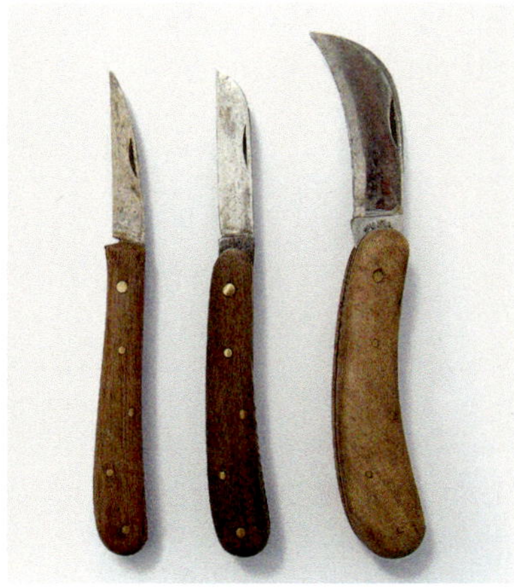

Links: Feinsprüher, Ballbrause und Gießkanne
Rechts: Messer benötigt man insbesondere bei der Stecklingsvermehrung und zur Veredlung. Veredlungs- und Stecklingsmesser (links), Pfropfmesser (Mitte), Baumschulhippe (rechts)

boten, die auf der einen Seite einen größeren Durchmesser aufweisen und für robuste Sämlinge geeignet sind. Flache, spatelförmige Pikierstäbe aus Metall lassen sich ebenfalls gut einsetzen. Daneben werden auch an der Spitze abgerundete Holzetiketten oder ähnliche Hölzchen verwendet. Für feine Sämlinge sind Pinzetten oder kleine Holzgäbelchen zu empfehlen.

Gießkannen

Unentbehrlich zum Gießen der Aussaaten, Stecklinge, Sämlinge und frischgetopften Pflanzen ist eine Gießkanne. Wählen Sie unbedingt ein gut ausbalanciertes Exemplar. Zu empfehlen ist eine ovale Gewächshauskanne (unter diesem Namen im Handel) aus verzinktem oder lackierten Eisenblech mit langer Tülle. Zweckmäßig ist eine Kanne mit 2–5 l Inhalt. Zu den Kannen gibt es aufsteckbare Brausen mit feinen (Haarbrausen) und groblöcherigen (Topfbrausen) Siebeinsätzen. Feine Aussaaten sollten mit einer nach oben gerichteten Haarbrause angegossen werden. Die nach oben gerichtete Brause gibt einen ganz feinen, sanften Sprühstrahl frei, die nach unten gerichtete einen festeren, kräftigeren „Regen".

Feinsprüher

Für extrem feine Sämereien benötigt man zum Befeuchten Feinsprühgeräte, um ein Abschwemmen der Samen zu vermeiden. Sie lassen sich außerdem gut zur Schädlingsbekämpfung und zur Blattdüngung einsetzen. Im Handel werden solche Feinsprühgeräte mit unterschiedlichem Behälterinhalt von 0,5–2 l angeboten.
Handdrucksprüher haben eine Pumpenmechanik. Nach einigen Pumpstößen sprühen sie eine Zeitlang mit immer mehr nachlassendem Druck, bis der Pumphebel erneut bedient werden muss.
Daneben gibt es sogenannte Zweihandgeräte, die aus zwei ineinandergeschobenen Rohren mit Saug- und Druckventil und einem Behälter bestehen. Durch Zusammenschieben und Auseinanderziehen der beiden Rohre wird die Flüssigkeit verspritzt. Je kräftiger man das Gerät bedient, desto höher ist der Druck und umso feiner ist die Tröpfchengröße.

Messer

Zur Veredlung und zur Stecklingsvermehrung benötigt man Messer. Während Sie zur Stecklingsvermehrung jedes beliebige, scharfe Messer verwenden können, kommt man bei der Veredlung in der Regel nicht ohne Spezialmesser aus.
Zum Okulieren benutzt man Messer mit einer kleinen, halbkreisförmigen Erhöhung auf dem Messerrücken, dem sogenannten Rückenlöser, der zum Auseinanderbiegen der beiden Rindenflügel beim T-Schnitt dient. Es gibt aber auch Okuliermesser, die einen separaten, aus Horn oder Messing bestehenden, einklappbaren Löser besitzen.
Zum Kopulieren verwendet man Messer mit einer geraden Klinge, die einen langen, ebenen Schnitt gewährleisten. Stecklingsmesser, die sich von den Kopuliermessern durch eine anders geschliffene Spitze unterscheiden, eignen sich auch zum Kopulieren.
Zur Kopulation stärkerer Unterlagen, vor allem aber zum Geißfußpfropfen, benötigt man stärkere Messer, die sogenannten Hippen, mit gebogenen Klingen. Für dünnere Unterlagen verwendet man leichte Kopulierhippen, zum Um-

veredeln von Obstbäumen die stärkeren Schwunghippen.

Baumscheren

Baumscheren, langläufig als Rosenscheren bezeichnet, sind Scheren mit zwei Schneiden oder einer gegen ein Widerlager arbeitenden Schneide. Man benötigt sie bei der Vermehrung vor allem zum Schneiden von Steckhölzern, zum Herrichten von Unterlagen und Edelreisern bei der Veredlung sowie zum Zerschneiden von Wurzelballen und Wurzeln, um Wurzelschnittlinge zu gewinnen.
Baumscheren gibt es in unterschiedlichen Ausführungen und Qualitäten auf dem Markt. Da für Gartenarbeiten die Schere eines der meistgebrauchten Geräte ist, zahlt sich eine gute Qualität auch bei einem höheren Preis schon bald aus.

Stecklings- oder Blumenscheren

Stecklings-, Blumen- oder Ausputzscheren sind zweischneidige Scheren mit schmalen, langen

Rosen- oder Baumschere (links) und Ambossschere (rechts)

Gummiveredlungsband

Okulationsschnellverschluss

Schneiden, ähnlich den Papierscheren. Im Garten werden sie vor allem zum Abschneiden von verwelkten Blüten und zum Schneiden von Schnittblumen eingesetzt. Im Rahmen der Vermehrung sind sie ideal zum Schneiden von krautigen oder leicht verholzten Stecklingen. Jeder Ungeübte im Stecklingsschnitt kommt mit der Schere besser zurecht als mit dem Messer.

Astsäge

Die Astsäge ist neben dem Messer und der Baumschere ein Werkzeug, das man u. a. bei der Umveredlung älterer Gehölze benötigt. Auch Astsägen gibt es in großer Vielfalt auf dem Markt. Zu empfehlen sind die sogenannten Japansägen, die mit dreikantigen Sägeblättern ausgestattet und aufgrund der Konstruktion selbstreinigend sind.

Verbindematerial für Veredlungen

Als Verbindematerial für Veredlungen wird auch heute noch bevorzugt Naturbast verwendet, der im Handel als „Raffiabast“ angeboten wird. Vor Gebrauch sollte er ein paar Stunden in Wasser gelegt werden, da er sich dann besser verarbeiten lässt. Mit Vorsicht zu genießen ist sogenannter Kunstbast, da dieser nicht dehnbar, zugleich aber vollkommen wetterbeständig ist. Neben Naturbast als traditionellem Verbindematerial werden auch andere Verbindemittel angeboten, z. B. Gummiveredlungsbänder verschiedener Größen und unterschiedlicher Haltbarkeit. Diese Bänder sind dehnbar, wachsen nicht ein, werden nach einiger Zeit porös und lösen sich dann von selbst auf. Für Okulationen werden sogenannte Okulationsschnellverschlüsse in verschiedenen Größen für unterschiedlich starke Unterlagen angeboten. Sie bieten den Vorteil, dass die Unterlage ungehindert in die Breite wachsen kann und dass sie sich nach einiger Zeit von selber auflösen.

Vermehrungseinrichtungen

Manche Pflanzen kann man in der Regel auch ohne besondere Vermehrungseinrichtungen erfolgreich vermehren. So genügt für viele Zimmerpflanzen ein heller Fensterplatz oder für Gehölze ein geschützter Platz im Garten, um sie durch Aussaat zu vermeh-

Oben: Für einzelne Stecklinge genügt ein Einweckglas, um die Verdunstung einzuschränken.
Rechts: Ein selbstgebautes Vermehrungszelt mit größerem Luftraum über den Stecklingen

Minitreibhäuser werden von verschiedenen Herstellern angeboten.

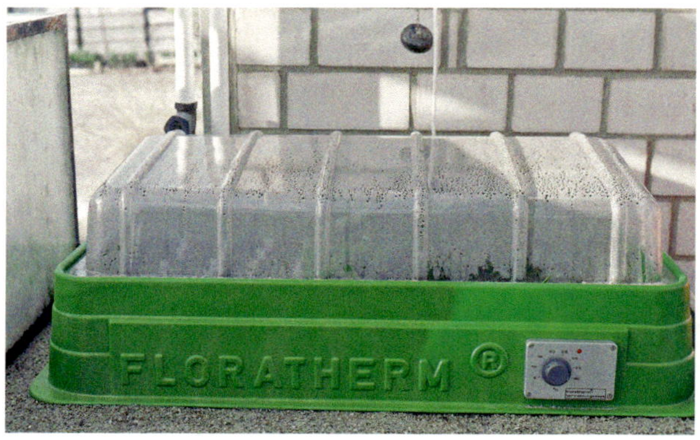

Beheizbares Vermehrungsbeet für die Stecklings- und Aussaatvermehrung

ren. Bei anderen Pflanzen oder auch Vermehrungsmethoden wie der Stecklingsvermehrung kommt man nicht ohne besondere Vermehrungseinrichtungen aus.

Einfache Vermehrungseinrichtungen für Stecklinge

Ein Steckling wird im Augenblick der Abnahme von der Mutterpflanze von der Wasserzufuhr abgeschnitten, die Wasserverdunstung geht aber weiter. Der Steckling muss daher seinen Wasserbedarf vorwiegend aus der Luft decken. Aus diesem Grund muss die relative Luftfeuchtigkeit in der Umgebung der Stecklinge so hoch wie möglich gehalten werden. Verbraucht ein Steckling mehr Wasser, als er aufnehmen kann, beginnt er zu welken. Vermehrungseinrichtungen für Stecklinge müssen deshalb möglichst dicht gegenüber der Außenluft abschließen. Für weniger empfindliche Stecklinge genügt das Abdecken mit einer dünnen PE-Folie von 0,05 mm Stärke. Diese dünne Folie lässt einen Luftaustausch zu, ohne dass die Feuchtigkeit verlorengeht. Sie wird sofort nach dem Angießen aufgelegt und allseitig gut schließend angebracht. Bei etwas empfindlicheren Stecklingen ist es besser, wenn zwischen ihnen und der Abdeckung ein größerer Luftraum vorhanden ist. Hier können Einweckgläser verwendet werden, die man über die Vermehrungsgefäße stülpt, oder Folie, die auf einem Gerüst aus gebogenen Stahl- oder Bambusstäben befestigt wird. Für größere Vermehrungseinheiten ist ein aus Latten und Folie gebauter Vermehrungskasten geeignet, der immer wieder verwendet werden kann.

Anlehngewächshaus

Zimmergewächshäuser

Als Zimmergewächshaus oder Treibkistchen, Anzuchtkästen, Anzuchtgewächshäuser, Mini-Treibhäuser oder Saatzuchtbeete werden von mehreren Herstellern Vermehrungseinrichtungen in den unterschiedlichsten Größen und Ausführungen angeboten. Dabei reichen die Möglichkeiten von einfachen 20 × 16 × 14 cm großen „Keimboxen“, die in der Regel nur aus einem flachen Kunststoffunterteil mit einer durchsichtigen Abdeckhaube bestehen, bis hin zu komfortablen, mit Heizung, Lüftung und Licht ausgestatteten, vollautomatisch gesteuerten Vermehrungsbeeten.

Wer nur hin und wieder Pflanzen vermehrt, dem reichen die einfacheren Ausführungen. Dies gilt insbesondere für Aussaaten. Wer allerdings die Stecklingsvermehrung intensiv betreiben will, sollte auf beheizbare und mit großer lichter Höhe ausgestattete Zimmergewächshäuser zurückgreifen. Sie sind in der Anschaffung nicht ganz billig, doch lohnt sich diese Investition auf Dauer.

Kleingewächshäuser

Der Traum eines jeden Hobbygärtners ist ein Kleingewächshaus mit den entsprechenden technischen Einrichtungen, mit denen die Wachstumsfaktoren Luft, Licht und Wärme optimal geregelt werden können.

Bei dem heutigen großen Angebot an verschiedenen Typen in den unterschiedlichsten Preisklassen ist von einer eigenen Konstruktion abzuraten. Man sollte sich vorgefertigter Bauteile bedienen, die von verschiedenen Gewächshausherstellern mit detaillierten Bauanleitungen angeboten werden.

Wer mit seinen Pflanzen leben, sie vom Wohnraum aus sehen und erreichen möchte, für den ist das Anlehngewächshaus der richtige Typ. Infolge der geringen Glasfläche ist ein Anlehngewächshaus sehr wirtschaftlich zu beheizen, und alle Versorgungsanschlüsse sind meist leicht und kostensparend heranzuführen.
Sie haben mit diesem Gewächshaustyp darüber hinaus die Möglichkeit, Energie zu gewinnen und die Wohnräume damit zusätzlich zu beheizen.
Voraussetzung für den passiven Gewinn von Sonnenenergie, aber auch, um optimale Kulturbedingungen zu schaffen, ist der Anbau des Gewächshauses an die Süd-, Südwest- oder Südostseite des Wohnhauses, damit auch die wenigen Strahlen der Wintersonne optimal genutzt werden. Dass ferner zum Wohnhaus ein möglichst großer Zugang sowie Fenster vorhanden sein sollten, braucht kaum betont zu werden; denn schließlich wird man nicht nur von der gewonnenen Wärme, sondern auch von der angenehmen Atmosphäre der Pflanzen profitieren wollen, wodurch die Wohn- und Lebensqualität wesentlich verbessert werden kann. Dem Anlehngewächshaus gleichzusetzen sind allseits verglaste Veranden und Balkone.
Freistehende Kleingewächshäuser mit Satteldach bieten optimale Kulturmöglichkeiten bei bester Raumausnutzung.
Häufig besteht Unsicherheit darüber, ob ein Satteldachgewächshaus in Nord-Süd- oder West-Ost-Richtung errichtet werden sollte. Bei Nord-Süd-Aufstellung werden die Pflanzen den Tag über gleichmäßig von der Sonne bestrahlt. Bei Ost-West-Aufstellung hat man hingegen eine sonnige Südseite und einen etwas dunkleren Bereich auf der Nordseite. Dies kann von Vorteil sein, wenn man Pflanzen mit unterschiedlichen Lichtansprüchen kultivieren will.
Im Gartenbau wird heute im Allgemeinen die Ost-West-Richtung bevorzugt, denn im Winter steht den Pflanzen bei tiefstehender Sonne etwa 15 % mehr Licht zur Verfügung als bei Nord-Süd-Aufstellung.
Die Größe des Gewächshauses unterliegt den individuellen Wünschen bzw. Vorstellungen. Zwar ist das Ausmaß der überbauten Fläche auch eine Kostenfrage, sowohl in Bezug auf die Baukosten als auch auf die Ausgaben für die Heizung, doch werden Gewächshäuser immer wieder viel zu klein gebaut. Sehr schnell ist der vorhandene Raum vollgestellt und für neue Pflanzen kein Platz mehr. Die Pflanzen stehen zu eng, Schädlinge und Krankheiten breiten sich unbemerkt aus. Auch ist die Beheizung bei einer kleinen Grundfläche unwirtschaftlich, da das Verhältnis von wärmeabstrahlenden Glasflächen zum Nutzraum mit zunehmender Verkleinerung immer ungünstiger wird. Als Mindestgröße sind daher 12 m² Grundfläche anzusehen.
Für den Bau von Kleingewächshäusern werden heutzutage wegen der Wartungsfreiheit überwiegend Profile aus Aluminium und feuerverzinktem Stahl verwendet. Es gibt aber auch schöne Holzkonstruktionen auf dem Markt.
Bei der Wahl des Fundamentes sollte man dem dauerhaften, frostfrei betonierten oder gemauerten Fundament den Vorzug gegenüber sogenannten Fertigfundamenten aus Betondielen, Stahlprofilen oder imprägnierten Balkonrahmen geben. Das gemauerte oder betonierte Fundament bietet die Möglichkeit, Geländeunterschiede auszugleichen. Auch verhindert es in isolierter Ausführung das Eindringen von Kälte und hält Nagetiere fern.
Dass ein Gewächshaus erst durch seine Bedachung zu dem wird, was es sein soll, ist eine Binsenweisheit. Grundsätzlich ist es möglich, ein Gewächshaus mit jedem durchsichtigen Material zu bedachen. Wofür man sich entscheidet, ist oft eine Frage des Geldbeutels. Auch wenn Folien, Kunststoffplatten und Plastikgitterfolien verwendet werden können, so ist nicht nur für Kleingewächshäuser Silikatglas aufgrund seiner vielen Vorzüge immer noch am besten geeignet. Es hat eine hohe Lichtdurchlässigkeit von rund 92 % und lässt sich aufgrund der glatten Oberfläche leicht und schnell reinigen. Silikatglas ist für Gewächshäuser als voll durchsichtiges Gartenblankglas und als genörpeltes Gartenklarglas im Handel. Bei Letzterem setzt sich der Weg des Lichtes nicht geradlinig wie beim Blankglas fort, sondern wird abgelenkt, also gestreut.
Sofern eine Heizung vorhanden ist, sollte man das Gewächshaus aus Gründen der Energieeinsparung mit einer Doppelverglasung (Isolierverglasung) eindecken. Die Energieeinsparung kann dadurch bis zu 40 % der Heizkosten betragen. Die gleichen Werte erreicht man bei Verwendung von Stegdoppelplatten. Die aus Acrylglas oder Makrolon bestehenden Platten haben eine hohe Bruchfestigkeit und eine bei Kunststoffen unübertroffene Alterungs- und Lichtbeständigkeit.
Mit zunehmender Einstrahlung im Frühjahr und Sommer brauchen bestimmte Pflanzen zeitweise Schatten, damit es nicht durch Überhitzung des Laubes zu Verbrennungen kommt.
Um Aussaaten und Stecklinge vor direkter Sonneneinstrahlung zu schützen, benötigt man keine be-

sonderen Einrichtungen. Hier genügt ein Abdecken mit Papier. Für die Schattierung des ganzen Gewächshauses gibt es zahlreiche Mittel und Wege. Die einfachste und billigste Methode ist die Verwendung von speziellen Schattierfarben oder Kalkmilch, die auf das Glas gespritzt oder mit Bürste, Pinsel oder Ähnlichem aufgebracht werden. Diese Verfahren haben aber den Nachteil, dass sie eine Dauerbeschattung bewirken, die man nicht gleichzeitig mit einem Wetterwechsel verändern kann.
Da sind Schattiermatten aus Hostalengewebe oder Schilf besser. Sie werden bei Sonnenschein per Hand auf dem Dach ausgerollt und wieder eingerollt, wenn die Sonne verschwunden ist.
Ideal ist eine automatische Schattierung. Bei dieser werden außen angebrachte Schattiermatten aus Hostalen bzw. ähnlich UV-beständigen Kunststoffen oder Kunststoffröhrchen mittels Elektromotor automatisch auf- und abgerollt. Der Motor wird dabei über eine Photozelle gesteuert.
Obwohl bereits das unbeheizte Gewächshaus von großem Nutzen sein kann, lässt es sich nicht das ganze Jahr hindurch frostfrei halten. Tropische Pflanzenarten, zu denen fast alle unsere Zimmerpflanzen gehören, kann es daher keinen dauerhaften Aufenthalt bieten. Auch der Vermehrung wären enge Grenzen gesetzt.
Welche Heizung man auch wählt, sie sollte thermostatisch geregelt sein. Dadurch lassen sich erhebliche Energiemengen einsparen. Gleichermaßen ist auch die Belüftung über Thermostate zu steuern, so dass die Entstehung schädlicher Stauhitze bei starker Sonneneinstrahlung sowie Unterkühlung durch plötzliche Temperaturstürze vermieden werden.

Kleingewächshäuser gibt es in vielen Ausführungen auf dem Markt.

Inneneinrichtung
Zur Inneneinrichtung eines Kleingewächshauses gehören als Stellfläche sowie zur Aufnahme der Vermehrungseinrichtungen Kulturtische. Als Unterbau eignen sind starke Profile aus feuerverzinktem Stahl oder wartungsfreiem Aluminium. Als Belag haben sich Eternit- oder bruchfeste Kunststoffplatten bewährt. Zum Ausstellen von Topfpflanzen bieten sich offene Tische an, die aus einem Wellgitterbelag bestehen. Zur Ausweitung der Stellfläche kommen Hängekulturtische in Frage, die im Bereich der Traufe befestigt werden.
Als Vermehrungsbeet lassen sich die oben beschriebenen heizbaren Zimmergewächshäuser verwenden. Man kann sich ein solches Vermehrungsbeet auch selbst bauen und auf einem der Kulturtische installieren.
Die einfachste und auch wirtschaftlichste Lösung, sein Kleingewächshaus zu beheizen, ist der Anschluss an die Heizung des Wohnhauses. Eine separate Heizung ist dann erforderlich, wenn dieser Anschluss nicht möglich ist. Zur Beheizung werden in der Regel elektrisch betriebene Bodenheizungen eingesetzt. Besonders bewährt haben sich die von verschiedenen Herstellern angebotenen flexiblen Heizkabel, die mit normaler Netzspannung betrieben werden

Mit Seitentischen und Hängeborden wird dieses Kleingewächshaus für die Vermehrung gut genutzt.

können. In unterschiedlicher Länge und Leistung sind sie für kleinere und größere Vermehrungsbeete, aber auch für Frühbeete geeignet. Beim Kauf der Heizkabel ist darauf zu achten, dass sie das Prüfzeichen des Verbandes Deutscher Elektroingenieure (VDE) tragen. Diese bieten die höchstmögliche Betriebssicherheit. In den einfachen Ausführungen müssen die Heizkabel manuell überwacht werden. D. h., Sie müssen den Stecker aus der Steckdose ziehen, wenn die gewünschte Temperatur erreicht ist, und ihn wieder einstecken, wenn die Temperatur absinkt. Besser und zweckmäßiger sind daher Ausführungen mit Thermostaten, bei denen die gewünschte Temperatur automatisch vom Regler überwacht wird. Diese Bodenheizkabel sind in Länge und Leistung so bemessen, dass bei korrekter Installation keine für die Pflanzen unverträglichen Temperaturen auftreten können.

Frühbeetkästen

Frühbeetkästen leisten z. B. gute Dienste bei der Anzucht von Gemüse, der Gehölzvermehrung, dienen als Einschlagplatz für Reiser, zur Überwinterung empfindlicher Arten und zur Abhärtung von Pflanzen, die im Gewächshaus herangezogen werden, letztlich aber für das Freiland bestimmt sind.
Frühbeetkästen lassen sich in ihrer einfachsten Form selbst bauen. Man benötigt dazu einige stabile Bretter für die Wandungen und Pfosten, die für die Verankerung im Boden sorgen.
Die Breite der Frühbeetkästen ist bei Verwendung genormter Frühbeetfenster vorgegeben. Diese sind 80 × 150 cm oder 100 × 150 cm lang. Die Länge des Frühbeetkastens kann beliebig gewählt werden, da sie sich nach der Anzahl der Fenster richtet. Die meist verwendeten Kästen mit Pultdach werden zur optimalen Ausnutzung der Sonnenenergie in Ost-West-Richtung aufgestellt.
Der einfache Frühbeetkasten wird mit leichter Neigung nach Süden gebaut, um einen guten Wasserabzug bei Regen zu gewährleisten und um die Sonnenstrahlen voll auszunutzen. Wer das Frühbeet nur zur Vermehrung benötigt, dem genügt eine lichte Höhe von 15 cm. Wenn man die Neigung von etwa 10 cm abzieht und davon ausgeht, dass eine etwa 15 cm hohe Erdschicht eingebracht wird, muss die vordere Wandhöhe des Kastens mindestens 25 cm, die hintere Höhe mindestens 40 cm betragen. Wer in seinem Frühbeetkasten auch größere Pflanzen kultivieren will, der benötigt eine größere lichte Höhe. Dabei muss nicht unbedingt die Wandhöhe verändert werden. Sie können auch in die Erde gehen.
Wer ein dauerhaftes Frühbeet wünscht, kann auf Betonfertigteile zurückgreifen, die im Handel für die obengenannten genormten Frühbeetfenster erhältlich sind.
Neben den seit Jahren im Gartenbau bewährten genormten Frühbeetkästen wurden speziell für den Hobbygärtner auch andere Frühbeetkonstruktionen entwickelt. Sie tragen in besonderer Weise beschränkten Platzverhältnissen Rechnung. Sie bestehen aus Aluminium- oder feuerverzinkten Stahlprofilen, in die Eternit- oder Kunststoffplatten geschoben werden.
Zur Eindeckung der Frühbeetfenster werden Gartenblank- und Gartenklarglas, im Hobbygartenbau zunehmend die gewichtmäßig leichteren Kunststoffe wie glasfaserverstärktes Polyester, milchiges oder glasklares Plexiglas sowie Stegdoppelplatten aus Acrylglas verwendet.
Dass ein beheiztes Frühbeet bessere Dienste leistet als ein ungeheiztes, ist verständlich. Als Heizung sind die schon bei der Inneneinrichtung der Kleingewächshäuser beschriebenen fle-

xiblen Heizkabel geeignet. Man kann aber auch auf völlig natürliche Wärmequellen zurückgreifen. Unsere Großväter benutzten zur „Beheizung" der Frühbeetkästen unverrottete organische Materialien wie Pferde-, Schweine- oder Kuhmist sowie Stroh oder Laub. Von den genannten Materialien ist Pferdemist aufgrund der besonders hohen Wärmeentwicklung beim Rotteprozess am besten geeignet. Das entsprechende Material wird bevorzugt im Frühjahr entsprechend der vorderen Wandhöhe waagerecht eingebracht, mit den Füßen angetreten und die Oberfläche mit einer Schaufel geglättet. Ist das Material sehr trocken, wird es leicht angefeuchtet. Verwendet man Laub oder Stroh, kann die Wärmeentwicklung dadurch verbessert werden, dass man pro Quadratmeter 150 g Harnstoff ausstreut. Auf diese Packung kommt eine mindestens 15 cm hohe sterilisierte Erdschicht (Kompost, Torf oder sonstige Materialien). Anschließend legt man die Fenster auf. Schon bald beginnen die Mikroorganismen mit der Umsetzung des organischen Materials und Wärme wird freigesetzt. Nebenprodukte dieser Form der Kulturverfrühung ist eine hochgeschätzte, vielseitig verwertbare Mistbeet- oder Lauberde. Da die Wirkung der Packung nur ein Frühjahr lang anhält, muss der Frühbeetkasten jedes Jahr neu gepackt werden.
Bei Frostgefahr wird der Kasten mit Stroh- oder Schilfrohrmatten abgedeckt. Diese Matten werden zumeist kombiniert hergestellt. Die Kastenwände können zusätzlich innen oder außen mit Styroporplatten umstellt werden.
Im Frühjahr/Sommer müssen Sie bei Bedarf schattieren. Die Schattierung ist nur an sonnigen Tagen während der Mittagszeit aufzulegen und rechtzeitig wieder zu entfernen. Für den Dauereinsatz haben sich gewirkte oder geknüpfte Gewebe aus Acryl besonders bewährt.
Das regelmäßige Lüften und Schattieren des Frühbeetkastens kann zum Problem werden, wenn tagsüber niemand zur Verfügung steht. Dem anspruchsvollen Hobbygärtner seien deshalb zur Lüftung die selbstlüftenden Frühbeetfenster empfohlen, die über ein Ölthermostat die gewünschte Temperatur im Kasten regulieren.

Einfacher Frühbeetkasten

Das sollten Sie bei der Gewächshausauswahl unbedingt beachten
Noch ein guter Rat: Wer sich für ein Kleingewächshaus interessiert, sollte sich vor dem Kauf über die Qualität und Stabilität des verwendeten Konstruktionsmaterials informieren. Schwer erkennbare Mängel in der Festigkeit der Konstruktion und undichte Lüftungsfenster, Türen und Verglasungen können durch ständige und erhöhte Folgekosten für Heizung und Wartung ein beim Kauf billig erscheinendes Kleingewächshaus erheblich verteuern. Entscheidend für einen Preisvergleich sind nicht allein die Grundfläche, sondern der nutzbare Raum darüber, die Firsthöhe, die Stehwandhöhe, die Dachneigung sowie die Breite in Traufenhöhe.

Teil 2
Praxis der Pflanzenvermehrung

Bäume und Sträucher

Es gibt zahlreiche Vermehrungsmethoden, die man bei Gehölzen anwenden kann. Welche im Einzelfall geeignet ist, hängt von der jeweiligen Pflanzenart und der Verfügbarkeit des Vermehrungsmaterials ab. So werden einheimische Gehölze in der Regel generativ vermehrt, während fremdländische Gehölze, die bei uns angepflanzt werden, häufig vegetativ vermehrt werden müssen, da die Beschaffung von keimfähigem Saatgut meist sehr schwierig ist. Alle Varietäten sowie die Kulturformen, die man auch als Gartenformen, Spielarten oder Sorten bezeichnet, lassen sich – von wenigen Ausnahmen abgesehen – nur vegetativ sortenecht vermehren.

Aussaatvermehrung

Die Lebensvorgänge im reifen Samen sind auf ein Mindestmaß reduziert. Dieses Ruhestadium wird erst durch die Zufuhr von Wasser beendet, jedoch erfolgt die Keimung nur, wenn im ruhenden Samen die innere Bereitschaft zum Keimen vorliegt. D. h., selbst wenn die Außenbedingungen günstig sind, also passende Temperatur- und Feuchtigkeitsverhältnisse vorliegen, kommt es nur dann zur Keimung, wenn der Samen zu diesem Zeitpunkt auch keimwillig ist.

Keimwilligkeit und Samenbehandlung

Auch wenn viele Gehölzsamen sofort nach der Reife keimen können, gibt es eine Reihe von Pflanzenarten, bei denen komplizierte Sperrmechanismen dafür sorgen, dass eine Keimung unmittelbar nach der Samenreife unmöglich ist. Sie unterliegen einer Keimhemmung, auch Keimruhe genannt, die verschiedene Ursachen haben kann. Diese sorgt bei vielen Pflanzen der gemäßigten Breiten dafür, dass die im Spätsommer ausgebildeten Samen nicht schon im Herbst keimen, um dann im darauf folgenden Winter zu erfrieren. Zum Teil können Samen auch noch ein oder mehrere Jahre später keimen, ein Phänomen, das als Überliegen bezeichnet wird.

Die richtige Behandlung des Saatgutes lehrt die Natur an sich selbst. Wenn wir das nachahmen, was in der freien Natur in der Zeit zwischen der Samenreife und der Keimung geschieht, machen wir es immer richtig.

Harte Samenschale

Ein Samen enthält lediglich zwischen 10 und 20 % Wasser. Dieser niedrige Wassergehalt bewirkt, dass äußere Reize wie Kälte und Hitze wesentlich besser ertragen werden können. Er bewirkt aber auch, dass eine Keimung nicht möglich ist. Erste Voraussetzung für die Keimung ist daher die Aufnahme von Wasser. Bei vielen Samen wie denen von *Cornus*, *Cotoneaster*, *Juniperus* oder *Tilia* ist die Samenschale hart und so stark entwickelt, dass eine Wasseraufnahme unmöglich ist. Eine Keimung kann nur erfolgen, wenn die Samenschale durch mechanische Einwirkung oder mikrobiellen Abbau porös und wasserdurchlässig wird. Eine Behandlung solcher Samen hat daher das Ziel, die Samenschale porös und wasserdurchlässig zu machen. Für kleinere Samenmengen empfiehlt sich das Anfeilen oder Aufrauen der Samenschale, eine einfache, dabei sichere und schnelle Methode, um die Samenschale durchlässig zu machen.
Große Samen, die sich mit den Fingern anfassen lassen, feilt man einzeln mit einer feinen Metallfeile an. Samenschalen von kleinen, feinen Samen kann man einfach mit Schleifpapier oder Sand bearbeiten. Dabei wird der Boden einer Kiste oder eines anderen Gefäßes mit einem Blatt Schleifpapier ausgelegt, ein zweites Blatt Schleifpapier wird mit Reißnägeln an einem kleinen Brett befestigt. Legen Sie dann die Samen auf das Schleifpapier in die Kiste und rauen Sie die Samenschale unter Druck mit kreisenden Bewegungen des Brettchens auf. Der gleiche Effekt lässt sich erzielen, wenn man den Samen mit scharfem Sand vermischt und zwischen zwei Brettern reibt.
Eine andere Methode ist die sogenannte „Warmstratifikation“, bei der Mikroorganismen die harte Samenschale bearbeiten. Hierbei werden die Samen mit etwas Kompost oder anderem nichtsterilen Boden vermischt und für etwa 8 bis 15 Wochen bei 25–30 °C aufgestellt.
Eine Behandlung mit Säuren, die auch immer wieder empfohlen wird, ist zu gefährlich. Verzichten Sie aus dem gleichen Grund auch auf eine Behandlung mit heißem bzw. kochendem Wasser.

Keimhemmende Stoffe

Wenn Samen zur Keimung Wasser benötigen, dann stellt sich die Frage, warum Samen, die von wasserreichem Fruchtfleisch umgeben sind, nicht schon an der Pflanze keimen. Das liegt daran, dass das Fruchtfleisch bzw. die Samenschale keimhemmende Stoffe enthält.
Samen mit keimhemmenden Stoffen in der Samenschale wer-

Die Fruchthülle von Cornus mas enthält keimhemmende Stoffe, darüber hinaus hat der Samen eine harte Schale.

Bei kleinen Samen mit harter Samenschale raut man die Samenschale zwischen zwei Blatt Sandpapier auf.

den erst dann keimfähig, wenn die Hemmstoffe abgebaut oder zumindest in ihrer Wirkung neutralisiert worden sind. Durch Abfaulen, mechanische Verletzungen oder künstliche Entfernung der Samenschalen lässt sich die Keimfähigkeit früher erreichen. Gleiches gilt für die Fälle, in denen die Früchte keimhemmende Stoffe enthalten, die eine vorzeitige Keimung verhindern, obwohl innerhalb des wasserreichen Fruchtfleisches keimfördernde Temperatur- und Feuchtigkeitsverhältnisse herrschen. In der Natur keimen solche Samen erst, wenn sich das Fruchtfleisch vom Samen gelöst hat. Das geschieht durch Verrotten am Boden oder dadurch, dass Tiere die Früchte fressen und die Samen unverdaut ausscheiden.
Es ist relativ einfach, diese Form der Keimhemmung zu beheben. Dazu muss man nur den Samen vom Fruchtfleisch mit den keimhemmenden Stoffen trennen. Wie Sie das machen können, ist auf Seite 16–17 im Abschnitt über die Reinigung der Samen beschrieben.

Samen mit unvollkommen entwickelten Keimlingen

Bei vielen Gehölzen sind die Keimlinge (Embryonen) in den Samen zur Erntezeit noch sehr klein und unterentwickelt und werden erst nach dem Ablösen von der Mutterpflanze vollständig ausgebildet. Daher ist bei diesen Arten, zu denen eine Reihe von Laubgehölzen wie *Fraxinus*, *Fagus* und *Quercus* gehören, eine sofortige Keimung nach der Ernte trotz günstigster Keimbedingungen nicht möglich.
Alle Samen dieser Gruppe dürfen in der Regel nicht trocken gelagert werden, da sich die Keimanlage nur dann weiterentwickeln kann, wenn den Samen die notwendige Feuchtigkeit zugeführt

Bei Quercus ist die Keimlingsanlage im Samen noch nicht voll entwickelt.

wird. Bei einer trockenen Lagerung ruht die Weiterentwicklung hingegen und die Keimanlage stirbt ab.
Die Samen vieler Vertreter dieser Gruppe müssen bis zur Keimung nicht nur feucht, sondern auch bei niedrigen (wenige auch bei höheren) Temperaturen aufbewahrt werden. Die Überwindung der Keimruhe bei niedrigen Temperaturen und Feuchtigkeit wird bei Gehölzen als Stratifikation (abgeleitet vom französischen Wort „stratifier" wie schichtenförmig lagern) oder Kalt-Nass-Vorbehandlung, bei Stauden als Kühlbehandlung bezeichnet.
Während man das Saatgut früher zum Stratifizieren schichtweise in feuchtigkeitshaltende Materialien wie Sand oder Torf einlegte (eine Schicht Sand, eine Schicht Samen usw.), werden die Samen dem feuchten Substrat heutzutage einfach untergemischt. Neben Torf und gewaschenem Sand der Körnung 00 bis 02 werden gelegentlich auch Sägespäne oder Komposterden verwendet. Bei kurzzeitiger Stratifikation ist feuchter Sand das gebräuchlichste Substrat. Bei längerfristiger Stratifikation sind hingegen ein Sand-Torf-Gemisch oder Komposterde vorteilhafter, da diese Substrate weniger schnell austrocknen und daher nicht so oft kontrolliert werden müssen.
Auch wenn man ganze Früchte stratifizieren kann, so ist es doch sinnvoller, die Samen vorher vom Fruchtfleisch zu befreien (siehe Seite 16–17). Als Lagergefäße eignen sich Tontöpfe, durchlöcherte Kunststofftöpfe oder sonstige Behälter.
Die beste Stratifikationstemperatur liegt zwischen 2 und 8 °C, Temperaturen unter dem Gefrierpunkt sind dagegen wirkungslos. Dies ist wichtig zu wissen, da solche Samen häufig als Frostkeimer bezeichnet werden und nicht nur Hobbygärtner daraus falsche Schlussfolgerungen ziehen.
Die Stratifikation kann im Freiland, in Kühlräumen oder auch im Kühlschrank erfolgen. Dabei hat eine Stratifikation im Kühlschrank oder in Kühlräumen den Vorteil, dass man weitgehend unabhängig von der Jahreszeit ist.
Die Stratifizierbehälter für das Freiland sollten zum Schutz vor Mäusen und Vögeln mit einem dichtmaschigen Drahtgeflecht umgeben und dann in den Gartenboden oder offenen Frühbeetkasten eingegraben werden. Eine mit Torf oder Erde gefüllte Kiste ist ebenso geeignet. Wichtig ist, dass Regen, Schnee, Wärme und Kälte voll auf die Samen einwirken können. Stratifizieren Sie hingegen im Kühlschrank, dann müssen Sie unbedingt darauf achten, dass das Gemisch nicht austrocknet.
Kontrollieren Sie das Saatgut während der Stratifikation ständig. Zeigen sich die ersten Wurzelspitzen, müssen Sie sofort aussäen. Denn wenn man mit der Aussaat zu lange wartet, bekommen die Keimlinge krumme Wurzelhälse und die Jungpflanzen haben Schwierigkeiten, normal

Stratifikation:

1) Am besten den Samen mit Sand vermischen
2) und 3) Mischung in Tontopf füllen
4) Gefäß unter natürlichen Bedingungen und vor Mäusefraß geschützt im Freien aufstellen
5) Alternativ Kühlbehandlung im Kühlschrank durchführen

aufzuwachsen. Es ist sinnvoll, die Samen zusammen mit dem Stratifiziersubstrat auszusäen, da die Samen sonst ausgesiebt werden müssen. Lassen ungünstige Witterungsbedingungen eine sofortige Aussaat nicht zu, dann können Sie die Samen bei −2 bis −4 °C zwischenlagern. Innerhalb dieses Temperaturbereichs wird das Wachstum der Keimlinge praktisch gestoppt. Halten Sie diese Temperaturen unbedingt ein, da die Keimung bei Temperaturen über −2 °C weitergeht, während angekeimte Samen bei Temperaturen unter −6 °C Schaden erleiden. Muss notfalls trotz ungünstiger Bedingungen ausgesät werden, dann kommt nur eine Aussaat unter Glas in Frage.
Die notwendige Stratifikationsdauer ist bei den einzelnen Gehölzarten verschieden. Einige Arten benötigen ein bis zwei Wochen, andere mehrere Monate.
Die Stratifikation muss nicht immer unmittelbar nach der Ernte erfolgen. Bei einigen Arten ist dies sogar nachteilig. Bei *Acer negundo* und *Syringa vulgaris* stellt die Stratifikation eigentlich nur ein Vorquellen dar, um die Auflaufzeit zu verkürzen. Bei diesen und anderen Arten werden die Samen zunächst trocken gelagert und erst kurz vor der Aussaat stratifiziert.
Bei einigen Gehölz- und Staudenarten haben sich Wechseltemperaturen zur Behebung der Keimhemmung bewährt. Man spricht hier auch von einer Warm-Nass-Behandlung oder Warmstratifikation. Bei diesen Samen wird zunächst eine Behandlung bei 20–25 °C durchgeführt und anschließend die normale Kaltstratifikation.
Die Erfahrung zeigt, dass es dem Hobbygärtner immer wieder Schwierigkeiten bereitet, Saatgut, das stratifiziert werden muss, nach erfolgter Stratifikation rechtzeitig auszusäen. Denn sobald der Keimprozess beginnt, muss ausgesät werden. Um diesen Schwierigkeiten aus dem Wege zu gehen, bietet sich folgende, bewährte Methode an:
Das zu stratifizierende Saatgut wird nicht mit einem Substrat vermischt oder schichtweise eingelagert, sondern direkt in Schalen, Töpfe oder Kisten ausgesät. Das Aussaatgefäß wird dann kühl aufgestellt – wenn es die Witterung erlaubt, im Freiland, wenn nicht, im Kühlschrank –, um die Kalt-Nass-Behandlung durchzuführen. Beginnt die Keimung, wird das Aussaatgefäß im Kleingewächshaus, an einem kühlen

Die Keimwurzel durchbricht die Samenschale, bester Zeitpunkt zur Aussaat, hier Tilia platyphyllos.

In der Regel erfolgt die Aussaat der Gehölze auf Beete, hier Fagus sylvatica.

Fensterplatz oder im frostfreien Frühbeetkasten hell aufgestellt.

Aussaatort

Als Aussaatort kommt für die meisten Gehölze nur das Freiland in Frage. Man kann auf Beete im Garten aussäen, aber auch in Schalen oder Töpfen, die im Garten aufgestellt werden. Die Aussaat in Gefäßen hat den Vorteil, dass man weitgehend von Jahreszeit und Witterung unabhängig ist, zumal sich die Aussaat oft nach dem Eintreffen des Saatgutes richten muss.
Empfindliche oder besonders wertvolle und sehr feine Samen werden grundsätzlich unter Glas ausgesät. Ideal ist hier ein Kleingewächshaus, ein heizbares Zimmergewächshaus oder ein heizbarer Frühbeetkasten.

Aussaatzeitpunkt

Hauptaussaatzeit ist das Frühjahr. Bei vielen Arten, die erst nach einer kühleren Periode keimen, ist die Aussaat im Herbst angebracht. Bei trocken gelagertem Saatgut von Laubgehölzen und bei allen Nadelgehölzen wartet man in der Regel bis Anfang April, da die Keimlinge sehr frostempfindlich sind. Frühreifende Samen wie *Salix* und *Populus* sind gleich nach der Reife auszusäen.

Vorkeimen

Bei trocken gelagertem Saatgut empfiehlt es sich, den Samen vorzukeimen. Dadurch kann der Keimvorgang wesentlich beschleunigt werden. Für Gehölzsamen bieten sich zwei Möglichkeiten an: Entweder Sie vermischen die Samen mit feuchtem Sand, stellen sie für 48 Stunden warm bei Zimmertemperatur auf und säen sie anschließend zusammen mit Sand aus.
Oder Sie füllen die Samen in ein Leinensäckchen bzw. einen Strumpf und hängen diesen für 24 Stunden in einen Topf mit Wasser. Nach kurzem Abtrocknen muss sofort ausgesät werden, da mit der Quellung des Samens der Keimvorgang einsetzt und nicht mehr rückgängig gemacht werden kann. Allenfalls kann der Keimvorgang bei kühler Lagerung in einem Kühlschrank für ein bis zwei Wochen unterbrochen bzw. verzögert werden. Nach der Aussaat laufen die Samen dann in wenigen Tagen auf.

In der Regel werden Gehölzsamen in Reihen ausgesät. Die Tiefe, in der die Samen zu liegen kommen, soll der drei- bis vierfachen Samenstärke entsprechen.

Beetaussaat

Eine Aussaat auf Beete kommt in der Regel nur bei größeren Samenmengen in Betracht. Der Boden muss genügend Feuchtigkeit halten können, darf andererseits aber nicht zur Vernässung neigen. Optimal ist ein lehmiger Sand mit hohem Humusgehalt.
Im Allgemeinen kann man davon ausgehen, dass ein Gartenboden, in dem schon jahrelang Pflanzen herangezogen wurden, die Voraussetzung für ein gutes Saatbeet mitbringt. Notfalls kann der Boden mit Sand, Kompost oder Rindenhumus verbessert werden, um die Durchlüftung zu fördern bzw. den Humusgehalt zu erhöhen.
Vor der Aussaat wird der Boden mit entsprechendem Gerät in einen feinkrümeligen Zustand versetzt und glattgezogen. Die Aussaat selbst erfolgt breitwürfig oder in Reihen. Eine Reihenaussaat empfiehlt sich bei größerem, grobkörnigem Saatgut, z. B. bei *Quercus* und *Aesculus*. Sie hat den Vorteil, dass eine bessere Bodenpflege und Unkrautbekämpfung möglich ist. Der Abstand zwischen den einzelnen Reihen sollte je nach Gehölzart 10–20 cm betragen.
Für feinere Samen, z. B. von *Betula*, ist die Breitsaat zu bevorzugen. Dabei ist wichtig, dass die Samen gleichmäßig verteilt werden, damit sich die einzelnen Sämlinge gleichmäßig entwickeln können. Bei wenig Saatgut ist es sinnvoll, die Samen mit Sand oder Vermiculit (siehe Seite 31) zu strecken.

Aussaattiefe

Für Gehölzsamen ist eine Aussaattiefe günstig, die das Drei- bis Vierfache der Samengröße beträgt. Liegen die Samen zu hoch, besteht die Gefahr, dass sie austrocknen. Liegen sie zu tief,

schaffen sie möglicherweise den Weg nicht bis an die Oberfläche. Vor dem Abdecken werden die Samen mit einem Brettchen angedrückt oder bei größeren Flächen mit einer Walze angewalzt. Dies ist wichtig, damit die Samen einen engen Kontakt mit der umgebenden Erde bekommen, um zügig quellen und keimen zu können.
Zum Abdecken der Saatbeete von Laubgehölzen verwendet man feinkrümeligen Gartenboden oder extra hergerichtete, feinkrümelige Erde. Im Gegensatz dazu deckt man Saatbeete von Nadelgehölzen mit gewaschenem Sand ab, der den Keimlingen das Durchstoßen der Abdeckschicht erleichtert.
Das Saatbeet muss bis zum Erscheinen der Keimlinge vor dem Austrocknen geschützt werden. Decken Sie daher die Beete mit Reisig, Stroh, Schilfrohrmatten oder Vlies ab. Eine solche Decke schützt nicht nur vor dem Austrocknen, sondern auch vor Spätfrösten.

Gefäßaussaat

Welche Gefäße zur Aussaat geeignet sind, hängt im Wesentlichen von der Menge ab, die ausgesät werden soll (siehe Seite 49). Ist die Aussaaterde sehr grob, werden das Aussäen und auch die Entnahme der Sämlinge erschwert. Daher sollte sie vorher gesiebt werden. Generell sollte sich der Feinheitsgrad der Erde nach der Größe der Samen richten. Die Siebrückstände füllt man bis zur halben Höhe in die Aussaatgefäße. Auf diese Schicht kommt bis zum Rand die gesiebte Erde, überschüssige Erde wird

Ein Vlies bietet Samen und Sämlingen Schutz vor austrocknenden Winden und Spätfrösten.

anschließend mit Hilfe einer Latte abgestrichen.
Die Aussaat selbst kann breitwürfig oder in Reihen erfolgen. Grobkörniges Saatgut wird man einzeln in Reihen aussäen, während sich feine Samen auch direkt aus der Samentüte gleich-

Gefäßaussaat am Beispiel von *Pinus mugo*:

Das Aussaatsubstrat wird geglättet.

Die Aussaat selbst erfolgt in Breitsaat.

Da die Keimfähigkeit von Kiefern in der Regel nicht sehr hoch ist, wird dicht ausgesät.

Damit die Samen Bodenschluss bekommen, wird die Aussaat nach dem Absieben gut angedrückt.

Anschließend wird gut angegossen.

Die Keimung ist nach etwa 60 Tagen abgeschlossen.

mäßig über die Fläche verteilen lassen. Die Breitsaat hat den Nachteil, dass die Samen selbst bei großem Geschick ungleichmäßig verteilt sind. Dadurch stehen viele Sämlinge nach dem Auflaufen dicht an dicht und müssen frühzeitig pikiert werden. Nach der Verteilung bzw. dem Auslegen der Samen wird die Erde mit einem Brettchen so angedrückt, dass die Samen einen guten Kontakt mit dem Substrat bekommen. Schließlich wird das Saatgut in drei- bis vierfacher Samenkornstärke abgedeckt, lichtgeförderte Keimer jedoch weniger stark. Nun muss die Aussaat noch angefeuchtet werden. Gießen Sie entweder mit einer feinen Brause an oder stellen Sie das Aussaatgefäß in ein Gefäß mit Wasser. Der Aufstellungsort der Aussaatgefäße richtet sich nach der Empfindlichkeit der Samen. Empfindliche Sämereien stellt man unter Glas, weniger empfindliche im Freien auf. Damit das Substrat immer gleichmäßig feucht bleibt, sollten Sie wertvolle Aussaaten mit einer Glasplatte abdecken oder die Gefäße in ein Vermehrungsbeet aufstellen. Bei direkter Sonneneinstrahlung decken Sie die Gefäße dann mit Zeitungspapier ab.

Die Keimfähigkeit von Gehölzsamen ist sehr unterschiedlich. Selbst frisches Saatgut keimt nie zu 100 %. So gehen Samen von *Acer* nur zu rund 30–70 % auf, von *Pinus* zu 70–100 %, von *Abies* und *Picea* häufig nur bis zu 30 %.

Aufschulen:

1) Der Boden muss vor dem Aufschulen der Sämlinge tiefgründig gelockert und in einen feinkrümeligen Zustand versetzt werden, was mit einer Fräse besonders gut gelingt.

2) Mit einem Spaten werden die Sämlinge aus dem Saatbeet genommen, hier Quercus.

3) Dabei dürfen die Wurzelspitzen ruhig abreißen. Bei Gehölzen mit Pfahlwurzelbildung wird die Wurzel kräftig eingekürzt (hier ein Eichensämling), um die Seitenwurzelbildung zu fördern.

4) Auch bei Nadelgehölzen, hier Pinus-Sämlinge, werden die Wurzeln eingekürzt.

5) Die Sämlinge werden kräftig angedrückt und besonders bei trockener Witterung gut angegossen.

Jungpflanzenanzucht im Garten

Wurde auf Gartenbeete ausgesät, dann bleiben Laubgehölzsämlinge ein Jahr, Nadelgehölzsämlinge ein bis zwei Jahre, in Ausnahmefällen auch länger auf dem Saatbeet stehen. Bei einer Gefäßaussaat werden die Sämlinge noch im Aussaatjahr aus den Töpfen genommen und pikiert. Näheres zur Pikiertechnik erfahren Sie auf Seite 37–38. Pikiert wird in Pikierkisten, Multitopfplatten oder einen entsprechend vorbereiteten Frühbeetkasten.

Das Aus- und Umpflanzen der Sämlinge – der Gärtner spricht vom Auf- bzw. Verschulen – erfolgt am besten in Reihen. Vor dem Verschulen wird der Boden tiefgründig gelockert und bei Bedarf mit Kompost oder Rindenhumus verbessert.

Der Pflanzabstand sollte so gewählt werden, dass sich die Jungpflanzen gleichmäßig und formschön aufbauen. An Nadelgehölzen entstehen bei zu dichtem Stand Verkahlungsstellen, die nicht oder nur sehr langsam

Vermehrung durch Ausläufer ist u. a. bei Cornus alba 'Sibirica' möglich.

Zugeschnittener Ausläufer von Cornus alba

wieder verwachsen. Daher sind Pflanzabstände zu wählen, die den Pflanzen bis zum nächsten Verschulen genügend Raum zur Entwicklung lassen.
Dem Auspflanzen geht ein Rückschnitt der Wurzeln voraus. Die Wurzeln sollten so weit eingekürzt werden, dass die Verzweigung möglichst nahe am Wurzelhals einsetzt, andererseits aber ein sicheres Anwachsen garantiert ist.
Beim Pflanzen ist darauf zu achten, dass die Wurzeln senkrecht in den Boden kommen. Pflanzen mit Knickwurzeln bleiben nämlich auf Jahre hinaus gegenüber richtig gepflanzten im Wachstum zurück. Daneben dürfen sie auch nicht zu tief gesetzt werden, ein Fehler, der häufig gemacht wird. Drücken Sie die Erde nach dem Einpflanzen gut an, damit die Wurzeln allseitig Kontakt mit dem Erdreich bekommen und keine größeren Hohlräume entstehen. Anschließend wird kräftig gewässert. Bei empfindlichen bzw. wertvollen Gehölzen ist es ratsam, sie während der Anwachsphase zu schattieren.

Vegetative Vermehrung

Zur vegetativen Vermehrung zählen so unterschiedliche Methoden wie die Teilung, das Anhäufeln, der Schnitt von Stecklingen oder Steckhölzern, aber auch die verschiedenen Veredlungstechniken, die nachfolgend beschrieben werden.

Teilung

Die Teilung ist bei solchen Gehölzen von Bedeutung, die aus dem Wurzelstock laufend neue Triebe bilden. Es ist wohl die einfachste, aber auch eine wenig ergiebige Methode, die ältere Pflanzen voraussetzt. Durch Teilung lassen sich u. a. *Kerria*, *Spiraea* und *Vinca* vermehren. Geteilt wird im Herbst oder Frühjahr, wobei flachwurzelnde Gehölze im Frühjahr geteilt werden sollten.
Zur Teilung werden die Pflanzen ausgegraben und mit Hilfe einer Schere zerschnitten oder mit einem Spaten vorsichtig geteilt. Dabei muss an jedem Teilstück mindestens ein Trieb mit Wurzeln verbleiben. Ist die Wurzelbildung nur schwach, schneidet man die oberen Teile der abgetrennten Pflanze etwas zurück, bevor man sie auspflanzt oder in Töpfe setzt.

Ausläufer

Die Vermehrung durch Ausläufer ist der Teilung ähnlich. Hier sind die aus dem Boden kommenden Triebe jedoch weiter von der Mutterpflanze entfernt. Es ist daher nicht notwendig, die Mutterpflanze auszugraben, um die jungen Pflanzen abzunehmen. Dadurch wird die Mutterpflanze weniger in Mitleidenschaft gezogen als bei der Teilung. Zur Ausläuferbildung neigen u. a. *Hippophae*, *Cornus alba* und *Rhus*.

Anhäufeln

Beim Anhäufeln bzw. der Abrissvermehrung werden die jungen Triebe der Mutterpflanze mit Erde angehäufelt und nach erfolgter Wurzelbildung an der Basis abgeschnitten bzw. bei manchen Arten auch abgerissen.
Die Triebe werden von Mai bis Juli drei- bis viermal so angehäufelt, dass die Triebbasis schließlich etwa 20–30 cm hoch mit Erde bedeckt ist. Damit die Triebe

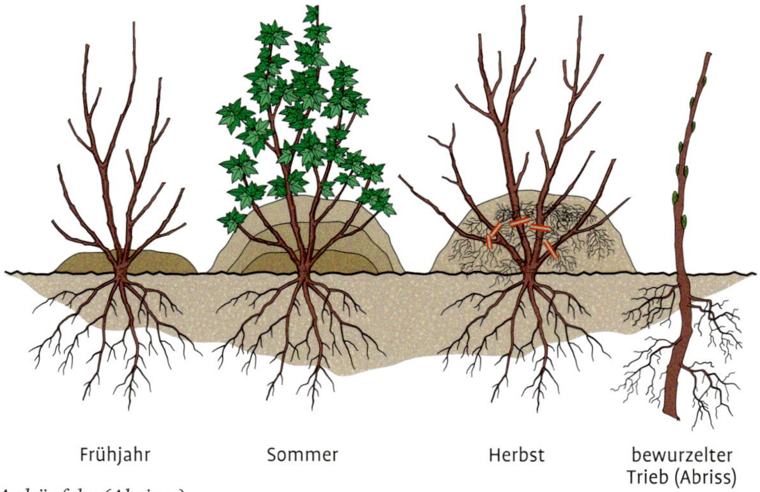

Anhäufeln (Abrisse)

Die Wurzelbildung kann beim Anhäufeln, Ablegen und Absenken dadurch gefördert werden, dass man an den Stellen, an denen die Wurzelbildung erfolgen soll, einen kurzen Rindenstreifen entfernt oder einen flachen Einschnitt vornimmt. Man kann die Triebe dort auch mit Draht umwickeln. Dieser soll die Rinde fest umschließen, aber nicht einschnüren. Durch den Draht kommt es infolge des Dickenwachstums zur Verengung der unter der Rinde verlaufenden Leitungsbahnen. In der Folge stauen sich an dieser Stelle die Assimilate, wodurch es zu einer Wuchsstoffanreicherung kommt, die die Wurzelbildung begünstigt. Diese Maßnahmen sind vor allem bei schwer wurzelnden Gehölzen von Bedeutung.

gut von der Erde umschlossen werden, muss der Boden sehr feinkrümelig sein. Wenn die einzelnen Triebe nach dem Laubfall im Herbst ausreichend Wurzeln gebildet haben, wird abgehäufelt. Die bewurzelten Triebe werden so tief wie möglich abgeschnitten, den Winter über an geschützter Stelle eingeschlagen und erst im Frühjahr aufgeschult bzw. ausgepflanzt.

Absenken und Ablegen

Ablegen und Absenken sind zwei verwandte Methoden. Während beim Absenken der Trieb bogenförmig in die Erde gelegt wird und aus einem Trieb nur eine Jungpflanze entsteht, wird beim Ablegen der Trieb der Länge nach horizontal im Boden befestigt. Hier entstehen, je nach Anzahl der vorhandenen Augen, mehrere Jungpflanzen aus einem Trieb. Voraussetzung für beide Vermehrungsmethoden ist ein krümeliger, humusreicher Boden. Am besten bewurzeln sich einjährige Triebe. Hat man nicht genügend einjährige Triebe zur Verfügung, so schneidet man ein Jahr vorher die Pflanze stark zurück, damit sich nahe dem Boden viele Triebe bilden, die dann als Ableger oder Absenker genutzt werden können. Bei *Rhododendron* nutzt man in der Regel mehrjährige Triebe, da sie nur kurze Jahrestriebe bilden, die für diese Methoden ungeeignet sind.
Das Absenken erfolgt bei den meisten Gehölzen im Frühjahr. In den zuvor gelockerten Boden wird mit dem Spaten ein Spalt gestochen, in den der Trieb dann in einem kurzen Bogen hineingesteckt und bei Bedarf mit einem Haken festgesteckt wird. Damit der Trieb durch das scharfe Knicken nicht abbricht, wird er an der Biegestelle, an der auch die Bewurzelung erfolgt, leicht gedreht. Durch das Aufreißen der Rinde wird die Wurzelbildung gefördert.
Das Ablegen ist besonders für Gehölze geeignet, die lange Triebe ausbilden. In der Regel kommt es innerhalb einer Vegetationsperiode zur Wurzelbildung. Es gibt aber auch Gehölze wie *Magnolia* und *Rhododendron*, bei denen es unter Umständen zwei bis drei Jahre dauern kann.

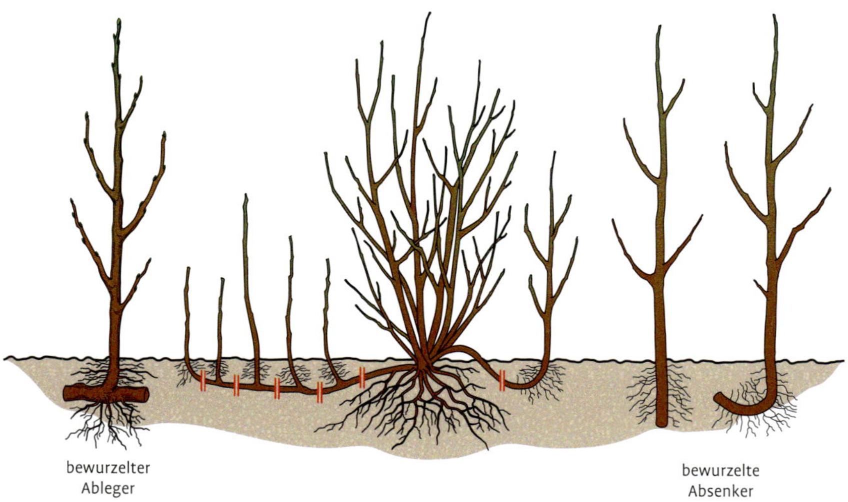

Ablegen (links) und Absenken (rechts)

Abmoosen

Alle Gehölze, die sich auch sonst vegetativ vermehren lassen, können durch Abmoosen vermehrt werden. Dazu verwendet man in der Regel mehrjährige Triebe.
Im Frühjahr wird an der Stelle, an der später die Jungpflanze abgenommen werden soll, auf der Vorder- und Rückseite des Sprosses ein kerbenartiger Einschnitt angebracht. Dadurch wird der in der Rinde abwärtsfließende Assimilatstrom, der die für die Wurzelbildung erforderlichen Wuchsstoffe mitführt, teilweise unterbrochen. Es entsteht ein Assimilatstau, der zu einer Konzentration der Wuchsstoffe führt und so an der gewünschten Stelle die Wurzelbildung fördert. In die Kerben klemmt man ein kleines Hölzchen, ein Steinchen oder ein Kunststoffstäbchen. Dabei ist darauf zu achten, dass der verwendete Gegenstand nicht aus der Schnittstelle herausfällt, da die Schnittstelle sonst wieder verwachsen und eine Wurzelbildung unterbleiben könnte.
Um eine schnelle und sichere Bewurzelung zu erreichen, empfiehlt es sich, die Schnittstelle mit einem Bewurzelungshormon einzupudern. Den Spross umgibt man an der Schnittstelle mit feuchtem Torfmoos (Sphagnum), das mit einer Hülle aus Kunststoff- oder Aluminiumfolie umgeben wird. Diese wird oben und unten zugebunden.
Man kann anstelle des Torfmooses und der Folie auch aufgeschnittene Kunststofftöpfe mit Erde verwenden. Allerdings benötigt man dann ein zusätzliches Gestell zur Befestigung. Der Moosballen bzw. die Erde muss bis zur Abnahme der bewurzelten Jungpflanze ständig feucht gehalten werden, da sonst die Wurzelbildung unterbleibt.
Bis zum Herbst haben sich in der Regel ausreichend Wurzeln gebildet. Es kann aber auch bis zu

Vermehrung durch Abmoosen:
1) *Mutterpflanze*
2) *und 3)*
Kerbenartiger Einschnitt mit dem Messer
4) *Mit Torfmoos umgeben*
5) *Mit Aluminiumfolie umhüllen*

1

2

3

4

5

Stecklingsvermehrung von Laubgehölzen am Beispiel von *Forsythia* x *intermedia*:

1) Der Stecklingsschnitt sommergrüner Laubgehölze erfolgt in der Regel nach dem Austrieb ab Ende Mai.
2) Geschnitten werden die Stecklinge kurz unter dem Blattansatz.
3) Die Stecklinge vier Wochen nach dem Stecken
4) Um eine bessere Verzweigung vom Grund auf zu erzielen, sollten die bewurzelten Stecklinge nach dem Topfen gestutzt werden.
5) Stecklingsjungpflanzen ungestutzt (links) und gestutzt (rechts), zehn Wochen nach Vermehrungsbeginn

drei Jahre dauern, bis der Luftableger abgenommen werden kann. Entfernen Sie dann vorsichtig die Umhüllung und schneiden Sie den Spross unterhalb des durchwurzelten Moosballens ab. Schlagen Sie die Jungpflanze den Winter über an einer geschützten Stelle ein oder topfen Sie sie in einen Container.

Laubgehölzstecklinge

Im Allgemeinen gelingt die Bewurzelung von Kopf- und Triebstecklingen bei Laubgehölzen in einem relativ großen Zeitraum. Laubabwerfende Arten werden in der Regel von Juni bis August vermehrt. Obwohl bei vielen Laubgehölzen krautige Stecklinge verwendet werden können, sollte der Steckling ausgereift und weder zu hart, noch zu weich sein. Als Anhaltspunkt mag dienen, dass die Rinde an der Schnittstelle leicht gebräunt sein sollte, ein Zeichen dafür, dass das Verholzen einsetzt. Der Gärtner fängt mit der Vermehrung laubabwerfender Arten häufig schon im Februar/März an. Dazu benutzt er angetriebene Mutterpflanzen, die er ins Gewächshaus geholt hat.
Die Vermehrung immergrüner Arten erfolgt etwa von August bis Oktober. Ausschlaggebend für den Bewurzelungserfolg ist der richtige Reifegrad. Im Gegensatz zu den laubabwerfenden Arten sollten die Stecklinge der Immergrünen gut ausgereift sein, d. h. mehr oder weniger stark verholzt, und ihr Wachstum abgeschlossen haben. Die Triebspitze darf nicht mehr weich sein.

Der überwiegende Teil der Stecklinge der Immergrünen wird bis zum Einbruch des Winters noch keine Wurzeln gebildet haben. Hat man durch entsprechende Vermehrungseinrichtungen die Möglichkeit, den Stecklingen eine Bodentemperatur von über 10 °C zu bieten, dann erfolgt die Wurzelbildung schon während der Herbst- und Wintermonate.

Stecklingsschnitt

Der Schnitt der Stecklinge erfolgt mit einem scharfen Messer oder einer Schere. Es ist dabei nicht unbedingt notwendig, unmittelbar unter dem Knoten zu schneiden. Denn es gibt eine große Anzahl von Arten, die zwischen den Knoten ebenso gut Wurzeln bilden können.
Die Länge des Stecklings richtet sich nach dem Abstand der Kno-

ten und beträgt je nach Pflanzenart zwischen 5 und 15 cm. Entfernen Sie die unteren Blätter, da sich die Stecklinge so besser stecken lassen und die Gefahr einer Pilzinfektion verringert wird.
Bei vielen Gehölzarten kann man aus einem Trieb mehrere Stecklinge schneiden. Wie oft ein Trieb geteilt werden kann, hängt vor allem vom Grad der Verholzung ab. Kopfstecklinge haben den Vorteil, dass sie sich etwas schneller bewurzeln und eher durchtreiben.
Bei stark verholzten und schwer wurzelnden Stecklingen empfiehlt es sich, den Steckling an der Basis zu verwunden. Je nach Stärke des Stecklings wird dazu ein bis zu 2 cm langer Rindenstreifen durch einen abwärts geführten Schnitt bis auf das Kambium entfernt. Die Schnittfläche wird dadurch vergrößert, was zu einer Kallusbildung und schließlich einer besseren und verstärkten Wurzelbildung führt.
Ein frischgeschnittener Steckling verfügt über keine Wurzeln und damit über keine wasseraufnehmenden Organe. Die Wasserverdunstung reduziert sich aber nicht gegenüber der einer intakten Pflanze mit Wurzel. Man könnte nun die Verdunstungsfläche einschränken, indem die Blätter teilweise entfernt oder einkürzt werden. Dies ist aber falsch. Denn durch das Entfernen der Blätter wird der Steckling um einen Teil seiner Assimilationsfläche und infolgedessen um einen Teil wurzelbildender Stoffe beraubt. Versuche haben eindeutig bewiesen, dass Stecklinge mit intakten Blättern denen mit gestutzten Blättern in der Bewurzelungsschnelligkeit, der Bewurzelungsintensität und auch in der Wuchsleistung nach der Wurzelbildung überlegen sind. Lediglich bei großlaubigen Gehölzen wird man aus Platzgründen nicht auf ein Einkürzen der Blätter verzichten können. Wie genau gesteckt wird und welche Pflegemaßnahmen erforderlich sind, können Sie auf Seite 44–46 nachlesen.
Die zur Wurzelbildung benötigte Zeit ist von Pflanzenart zu Pflanzenart verschieden. Sind die Stecklinge bewurzelt, werden sie entweder einzeln in Töpfe oder zu mehreren in Kisten gepflanzt und zunächst noch am bisherigen Standort belassen. Um schnell starke Pflanzen zu erhalten, muss man sehr darauf achten, dass sie immer im Wachstum bleiben, da ein Wachstumsstillstand gleichbedeutend mit einem Triebabschluss ist. Die Stecklinge werden erst nach und nach an die frische Luft gewöhnt (abgehärtet) und schließlich ins Freie gebracht. Je nach Empfindlichkeit oder Wert lässt man die Pflanzen zunächst in Töpfen stehen, bevor sie im Garten ausgepflanzt oder anderweitig (z. B. zur Bonsaigestaltung) verwendet werden.

Nadelgehölzstecklinge

Die Stecklingsvermehrung hat bei Nadelgehölzen eine besondere Bedeutung, da außer der Veredlung und dem Abmoosen keine anderen vegetativen Methoden möglich bzw. üblich sind. Bis auf wenige Ausnahmen lassen sich alle Nadelgehölze durch Stecklinge vermehren. Allerdings dauert die Bewurzelung bei einigen Gattungen bis zu zwei Jahren. Leicht bewurzeln Arten und Formen der Gattungen *Thuja*, *Chamaecyparis* und *Juniperus*.
Der günstigste Zeitraum für den Stecklingsschnitt dauert von Anfang August bis Ende September. Er ist aber auch früher möglich und kann im Gewächshaus bzw. bei bestimmten Arten den ganzen Winter über durchgeführt werden. Der Hobbygärtner, dem kein Gewächshaus zur Verfügung steht, sollte möglichst früh vermehren, um die natürliche Wärme recht lange auszunutzen.

Stecklingsschnitt

Nadelgehölzstecklinge müssen an der Basis ausreichend verholzt sein, da nicht verholzte restlos wegfaulen. In der Regel verwendet man einen diesjährigen Trieb in seiner ganzen Länge, der einen kleinen Ansatz des alten Holzes aufweist. Dazu werden die Stecklinge vom Trieb abgerissen oder abgeschnitten. Beim Reißen wird der Trieb mit einem kurzen Ruck von der Pflanze abgerissen, die verbleibende Rindenzunge bis auf einen kurzen Rest abgeschnitten. Dies ist wichtig, da sich der Steckling sonst mitunter nicht stecken lässt. Man kann aber auch mit dem Messer kurz unterhalb des Triebansatzes einen Einschnitt vornehmen und dann den Steckling mit kurzem Ruck abreißen. Eine weitere Möglichkeit ist der Schnitt auf Astring, d. h. scharf entlang des alten Holzes. Spitzentriebe sind vor dem Übergang zum vorjährigen Holz zu schneiden.
Je nach Triebstärke der einzelnen Arten ergeben sich recht unterschiedliche Stecklingsgrößen. So schneidet man Stecklinge von Zwergkoniferen auf eine Länge von 2–4 cm, dagegen können Stecklinge von *Chamaecyparis* und *Juniperus* 15–20 cm lang sein. Besonders üppige, starke und sehr saftreiche Triebe sollten nicht verwendet werden, da sie sich nur schlecht oder überhaupt nicht bewurzeln. Zu beachten ist, dass sich die Entnahmestelle auf die spätere Wuchsform auswirkt. So wird man aus Seitenzweigen von baumförmigen *Picea*- und *Abies*-Arten nur selten wieder baumförmige Pflanzen erzielen. Sie wachsen in der Regel wie Sei-

Stecklingsvermehrung von Nadelgehölzen am Beispiel einer Zwergkonifere:

1) und 2) Bei Zwergkoniferen verwendet man als Steckling den diesjährigen Trieb in seiner ganzen Länge, den man mit einem kleinen Ansatz des alten Holzes abreißt oder abschneidet.
3) Die verbleibende Rindenzunge wird bis auf einen kurzen Rest abgeschnitten.
4) Abrisssteckling (links) und Steckling auf Astring geschnitten (rechts)
5) Bei Nadelgehölzen am besten Bewurzelungshormone verwenden.

tenzweige weiter. Daher sind nur Triebspitzen zu verwenden. Bei Zwergformen spielt die Entnahmestelle keine große Rolle.
Das untere Ende des Stecklings muss vor dem Stecken von Nadeln befreit werden, damit ein inniger Kontakt zum Substrat gewährleistet ist. Lediglich bei Zwergkoniferen kann man die Nadeln belassen. Bei schwer wurzelnden Arten empfiehlt es sich, den Steckling am unteren Teil seitlich zu verwunden. Hierzu wird auf einer Seite des Stecklings ein etwa 2–3 cm langer Rindenstreifen bis auf das Kambium entfernt. Bei überlangen Stecklingen von *Thuja, Chamaecyparis* und anderen Arten sollten die krautigen Spitzen entfernt werden.
Das Stecken der Nadelgehölzstecklinge und die erforderlichen Pflegemaßnahmen entsprechen denen, die für die Stecklinge im Allgemeinen auf Seite 44-46 genannt sind. Zur Bewurzelung sind Temperaturen von 18–22 °C ideal.

Größere Nadelgehölzstecklinge, wie hier von Chamaecyparis lawsoniana, kann man gleich in Einzeltöpfe stecken.

Steckholz

Während ein Steckling krautig oder verholzt sein kann, aber immer belaubt ist, ist ein Steckholz immer verholzt und unbelaubt. Ein Steckholz ist im Prinzip nichts anderes als ein Sprosssteckling im laublosen, d. h. im winterlichen Ruhezustand.
Durch Steckhölzer vermehrt man viele starkwachsende Laubgehölze und Blütensträucher, während sich diese Methode bei den Nadelgehölzen lediglich bei der sommergrünen *Metasequoia* mit gutem Erfolg anwenden lässt.

Steckholzschnitt

Die Triebe für die Steckholzgewinnung werden nach dem Laubabfall von November bis

Januar geschnitten. Als Steckholz verwendet man kräftige einjährige, verholzte Triebe. Die obersten, schwachen, kaum ausgereiften oder zu markigen Spitzen der Triebe sind ungeeignet. Die in der ganzen Länge abgeschnittenen Triebe können sofort zu Steckholz verarbeitet werden oder man bündelt sie und schlägt sie an einem kühlen, frostfreien Ort ein. Als Einschlagort eignen sich Keller, Schuppen, Gartenhäuser, Garagen oder ein geschützter Ort im Freien. Als Einschlagsubstrat hat sich Sand bewährt. Die Triebe werden mindestens so tief eingeschlagen, d. h. eingegraben, dass ein Drittel vom Einschlagsubstrat bedeckt ist. Das Schneiden des Steckholzes erfolgt dann im Laufe des Winters.

Die Länge eines Steckholzes richtet sich nach dem Abstand der Nodien. Üblich ist eine Länge von 15–30 cm. In der Regel genügt es, wenn zwei gute Augen bzw. Augenpaare vorhanden sind. Geschnitten wird mit einer Schere. Am unteren Ende sollte der Schnitt etwa 3 mm unterhalb eines Auges (Knoten) verlaufen. Über dem oberen Auge belässt man ein etwa 1–2 cm langes Stück, um ein Austrocknen des Steckholzes von oben her zu verhindern. Ob der Schnitt gerade oder schräg ausgeführt wird, ist für den Bewurzelungserfolg unerheblich. Allerdings empfiehlt es sich, ein Ende schräg zu schneiden, um später beim Stecken zu wissen, wo oben und unten ist. Denn Steckhölzer weisen wie Stecklinge eine festgelegte und nicht umkehrbare Polarität auf. Sie bilden Wurzeln immer basal, d. h. am ursprünglich unteren Ende, unabhängig davon, wie man sie in die Erde bringt.

Fertig geschnittene Steckhölzer von Ribes sanguineum 'King Edward VII': Steckhölzer aus altem (links) und jungem, einjährigem Holz (rechts)

Nach dem Schneiden kommt das geschnittene und gebündelte Steckholz ebenfalls bis zum Stecken im Frühjahr in den Einschlag. Dabei ist darauf zu achten, dass die Bündel ganz von Sand bedeckt sind. Im Einschlag muss es lange kühl bleiben, damit ein vorzeitiges Austreiben der Steckhölzer verhindert wird. Denn Temperaturen über 5 °C könnten zum notwendigen Anreiz führen. Sie können die Steckhölzer auch bei Temperaturen von −1 bis +3 °C in einem Kühlschrank lagern. Packen Sie dann das Steckholz zuvor in Folie, um Verdunstungsverluste zu vermeiden. So machen Sie sich weitgehend von dem durch die Witterung bestimmten Stecktermin unabhängig.

Diese Aufnahme macht deutlich, warum für Steckhölzer in der Regel nur einjähriges, junges Holz verwendet werden sollte. Steckhölzer aus altem (links) und aus jungem Holz (rechts) vor dem Stecken im Frühjahr

Stecken

Das Stecken erfolgt im Allgemeinen etwa ab Ende März, wenn keine starken Fröste mehr zu erwarten sind, auf gut vorbereitetem, humusreichem, tief gelockertem Gartenboden. Man kann jedoch auch in hohe Blumentöpfe oder andere hohe Gefäße stecken. Im Freiland wird in Reihen

Stecken der Steckhölzer:

In den tiefgründig gelockerten Boden wird mit dem Spaten ein Spalt gestochen.

Das Steckholz wird mit den Wurzeln nach unten in den Spalt gehalten.

Anschließend vorsichtig, aber fest antreten.

mit einem Abstand zwischen den Reihen von 15–25 cm und in den Reihen von 5–10 cm gesteckt. Man steckt senkrecht und so tief, dass das oberste Auge oder Augenpaar noch aus dem Boden herausschaut. Anschließend wird die Erde gut angedrückt, damit das Steckholz allseitig mit Erde umgeben ist. Dabei ist zu berücksichtigen, dass sich der Boden in den ersten Tagen nach dem Stecken noch etwas setzt.

Vermehrung durch Wurzelschnittlinge am Beispiel von *Cornus mas*:

1) Wurzeln der Mutterpflanze freilegen.
2) Bleistift- bis fingerstarke Wurzeln abscheiden.
3) Diese in etwa 5 cm lange Stücke schneiden.
4) Stücke in Töpfe stecken (legen) und leicht mit Erde bedecken.
5) Im Frühjahr erfolgt dann der Austrieb.

Wurzelschnittlinge

Eine Vermehrung durch Wurzelschnittlinge kommt nur bei Laubgehölzen in Frage, und zwar bei Arten, die aus Adventivknospen an Wurzeln neue Triebe entwickeln können, z. B. verschiedene Wildrosen, *Rhus* und *Cornus mas*.
Wurzelschnittlinge werden im Spätherbst gewonnen. Dazu legt man die Wurzeln der Mutterpflanze frei und schneidet bleistift- bis fingerstarke Wurzeln ab. Bei kleineren Mutterpflanzen nimmt man die ganze Pflanze heraus und erntet entsprechend starke Wurzeln. Die Wurzeln werden in Kisten mit feuchtem Torf eingeschlagen und bis zur Verarbeitung an einem frostfreien Ort aufbewahrt, an dem sie nicht austrocknen dürfen. Im Laufe des Winters werden die Wurzeln mit einer Schere oder einem Messer in etwa 5 cm lange Stücke geschnitten. Da auch die Wurzeln wie Stecklinge und Steckhölzer eine festgelegte und nicht umkehrbare Polarität aufweisen, d. h. am oberen Ende Sprosse und am unteren Ende Wurzeln bilden, ist es sinnvoll, ein Ende mit einem Schrägschnitt zu kennzeichnen.
Die fertigen Wurzelschnittlinge werden unter Beachtung der Polarität senkrecht oder leicht schräg so in eine Kiste oder einen Blumentopf gesteckt, dass sie 1–2 cm hoch mit Vermehrungssubstrat bedeckt sind. Die Gefäße werden anschließend gründlich gewässert und bis zum beginnenden Durchtrieb im Frühjahr kühl aufgestellt.
Sobald sich der Durchtrieb zeigt, was schon ab Ende Februar der Fall sein kann, werden die Gefäße hell, aber frostfrei aufgestellt. Härten Sie die Pflanzen dann nach und nach ab und schulen Sie sie schließlich bei entsprechender Größe im Garten auf bzw. pflanzen Sie sie in Töpfe. Häufig erfolgt der Durchtrieb sehr ungleichmäßig. In solchen Fällen werden die stärksten Pflanzen herausgenommen, während man die schwachen Pflanzen noch länger im Gefäß belässt.

Veredlung

Eine Veredlung kann an verschiedenen Stellen der Pflanzen erfolgen. Bei einer Veredlung auf Wurzelstücke oder direkt am Wurzelansatz spricht man von einer Wurzelveredlung. Solche Veredlungen sind bei *Wisteria*, *Paeonia* × *suffruticosa* und *Clematis* üblich. Wird dicht über der Erde in Höhe des Wurzelhalses veredelt, so bezeichnet man das als Wurzelhalsveredlung, üblich bei Kulturformen der Rose und Gehölzen, bei denen eine höhere Veredlungsstelle störend wirkt.

Findet die Verbindung von Edelreis und Unterlage in Kronenhöhe statt, so handelt es sich um eine Kronen- oder Kopfveredlung. Hier wird das Edelreis so auf den Stamm auf- oder angesetzt, dass es dessen Verlängerung bildet. Solche Veredlungen sind bei Obstgehölzen üblich sowie bei der Vermehrung von *Betula-*, *Fagus-* und *Salix-*Hängeformen.

Die sogenannte Gerüstveredlung ist eine Form der Kopfveredlung, die bei der Umveredlung älterer Obstbäume eine Rolle spielt. Bei dieser werden auf abgeschnittene Seitenäste größerer Bäume mehrere Edelreiser einer neuen Sorte gesetzt, die eine höhere Krankheitsresistenz aufweist oder als Pollenspender für die alte Sorten dienen kann.

Je nachdem, an welchem Ort die Veredlung durchgeführt wird, unterscheidet man zwischen einer Veredlung im Freiland, einer Handveredlung und einer Hausveredlung. Die Veredlung im Freiland auf fest eingewurzelte Unterlagen ist für den Hobbygärtner häufig die einzige Möglichkeit. Denn hierzu sind keine besonderen Kultureinrichtungen wie Gewächshaus oder Frühbeetkasten erforderlich. Allerdings scheidet bei einer ganzen Reihe von Gehölzen die Freilandveredlung aus, da die Witterungseinflüsse einen großen Einfluss auf das Anwachsergebnis haben. Freilandveredlungen werden im Frühjahr oder Sommer durchgeführt, im Frühjahr in der Regel als Kopulation oder Geißfußveredlung, im Sommer hingegen durch Okulation.

Die Handveredlung wird bei besonders leicht wachsenden Veredlungen angewandt. Sie wird so genannt, da die Unterlage beim Veredeln in die Hand genommen wird und nicht mit dem Boden in Verbindung steht. Handveredlungen werden überwiegend auf bewurzelte Unterlagen vorgenommen, aber auch auf unbewurzeltes Steckholz oder Wurzelstücke. Handveredlungen sind üblich bei *Malus-*, *Prunus-*, *Betula-* und *Laburnum-*Arten.

Die benötigten Unterlagen werden im Herbst ausgegraben und in einen frostfreien Einschlag gebracht. Dies kann ein kühles Gewächshaus, ein Frühbeetkasten, aber auch ein kühler Kellerraum oder Schuppen sein. Es genügt, wenn man die Unterlage in eine mit Torf gefüllte Kiste einschlägt. Zum Veredeln werden die Unterlagen vorübergehend aus dem Einschlag herausgenommen und anschließend bis zum Aufschulen im Frühjahr wieder in den Einschlag gebracht. Sollen die Gehölze weiter im Topf kultiviert werden, so wird gleich in den Topf gepflanzt.

Wird die Handveredlung im weitesten Sinn „in der Hand" durchgeführt, dann spricht man von einer Hausveredlung, wenn die Unterlagen zur Zeit des Veredelns in einem Gewächshaus bzw. Frühbeetkasten ausgepflanzt oder eingetopft in Containern stehen und dort auch ihre Anfangsentwicklung (Verwachsen) durchlaufen. Auf diese Weise werden Gehölze vermehrt, bei denen es bei der Hand- und Freilandveredlung zu Anwachsschwierigkeiten kommen kann. Denn Unterlagen mit festem, intaktem Wurzelballen zeigen einen ganz anderen Austrieb als solche, die im Herbst aus der Erde genommen werden und dann in der Regel nur wenige Wurzeln besitzen.

Eine Hausveredlung erfolgt bei Nadelgehölzen in der Regel im Winter und bei Arten wie *Acer palmatum* im Sommer. Die Unterlagen müssen einen gut durchwurzelten, festen Wurzelballen aufweisen. Sie sollten im vorhergehenden Frühjahr eingetopft, im Garten eingesenkt und den Sommer hindurch sorgfältig gepflegt werden, damit sie bis zum Winter recht kräftig werden. Im Herbst kommen sie balliert oder im Topf ins kühle Gewächshaus oder einen frostfreien Frühbeetkasten. Wann man dann im Winter veredeln kann, hängt von der

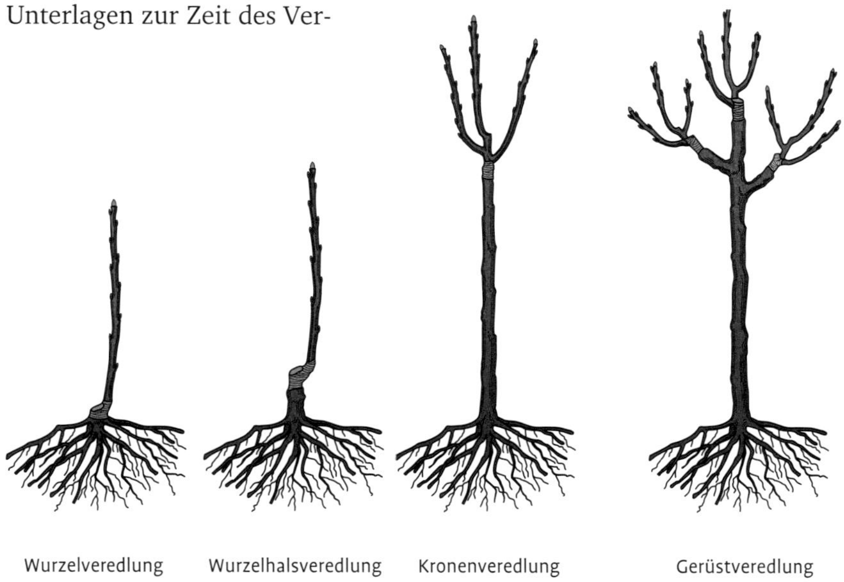

Veredlungsstellen

jeweiligen Pflanzenart ab. In der Regel ist der Nachwinter, also die ersten noch winterlichen Frühjahrstage am besten geeignet, da das Anwachsen um diese Zeit durch die beginnende Vegetationsperiode sehr gefördert wird. Als Veredlungsarten unter Glas kommen für die Hausveredlung die Kopulation, das Geißfußpfropfen, das seitliche Einspitzen sowie das seitliche Anplatten in Frage.
Der Gärtner kennt eine Vielzahl verschiedener Veredlungsmethoden. Jede Veredlungsart erfordert eine gewisse Übung und Geschicklichkeit, die man sich am besten an geeigneten Probeästen und -zweigen aneignet, um nicht Reiser und Unterlagen unnütz zu verschneiden.
Die geeignete Veredlungsmethode hängt vom vorhandenen Reiser- und Unterlagenmaterial ab. So ist eine Kopulation unmöglich, wenn nicht beide Teile die gleiche Stärke haben. Aber auch die Methode allein bedingt noch keinen absoluten Erfolg. Es ist gleichgültig, ob man okuliert, kopuliert oder pfropft, wenn die Zeit ungünstig ist oder Reis und Unterlage eine Unverträglichkeit aufweisen.
Das Einsetzen eines Edelreises hinter einen teilweise vom Holz gelösten Rindenlappen kann erst dann erfolgen, wenn sich bei Vegetationsbeginn die Rinde ohne Schwierigkeiten vom Holz abschälen lässt. Dieser Zeitpunkt ist zu erwarten, sobald von der Wurzel her Saft in die Leitungsbahnen einströmt. Dagegen ist bei Methoden, bei denen ein Ablösen der Rinde nicht erforderlich ist, z. B. bei der Geißfußveredlung oder der Kopulation, die Veredlung unabhängig vom Saftstrom praktisch jederzeit möglich, soweit verholzte, einjährige Reiser zur Verfügung stehen.
Bei allen Veredlungsmethoden muss sehr sorgfältig gearbeitet werden. Unterlage und Reiser können sich nur vereinigen, wenn sich der Saft der Unterlage mit dem Saft des Reises verbindet. Auch ist es wichtig, dass die Arbeiten zügig erfolgen. Die Schnittstellen dürfen nur kurz der Luft ausgesetzt sein.

Edelreiser

Edelreiser dürfen nur von krankheitsfreien, gesunden, wüchsigen Pflanzen geschnitten werden. Die Pflanzen sollten darüber hinaus die Eigenschaften der Art oder Sorte, die man vermehren will, in ausreichend ausgeprägter Weise aufweisen. Bei Reisern von Laubgehölzen, die man im laublosen Zustand schneidet, kennzeichnet man am besten schon vor dem Laubabwurf diejenigen Äste, die die typischen Art- bzw. Sortenmerkmale am deutlichsten zeigen. Denn zur Zeit des Reiserschnitts kann diese Auswahl nicht mehr getroffen werden.
Bei Nadelgehölzen ist die Triebstellung zu berücksichtigen. Von *Abies*, *Picea* und *Pinus* verwendet man am besten aufrecht wachsende Gipfeltriebe. Denn werden Seitentriebe verwendet, die schräg zur Richtung der Schwerkraft (plagiotrop) wachsen, behalten diese auch später ihre Richtung bei. Es bedarf dann mühevoller Arbeit – sie müssen an einen Stab gebunden werden –, bis die Umstellung zur Geradetriebigkeit erfolgt ist.
In den meisten Fällen werden diesjährige oder einjährige Triebe verwendet. Nur bei schwachtriebigen Gehölzen kommen auch zwei- bis mehrjährige Triebe in Frage. Der Schnittzeitpunkt der Reiser richtet sich nach der Veredlungsmethode. Für die Okulation werden die Reiser nach Möglichkeit erst kurze Zeit vor der Verwendung geschnitten. Um Wasserverluste durch Verdunstung zu vermeiden, werden an den geschnittenen Reisern die Blätter so weit entfernt, dass nur noch etwa 1 cm des Blattstiels stehen bleibt. Sie werden in feuchte Tücher, Moos oder Folie eingeschlagen, um sie dann zur Veredlung einzeln aus der Verpackung zu nehmen.
Die Veredlungs- oder Pfropfreiser für die Hausveredlung im Sommer sind ebenfalls erst kurz vor der Verwendung zu schneiden und feucht und kühl aufzubewahren. Die Blätter werden nicht entfernt, allenfalls reduziert man bei großlaubigen Arten die Blattfläche.
Das Schneiden der Reiser für die Winter- und Nachwinterveredlung ist nicht immer kurz vor der Verwendung möglich, da sie vor dem Einbruch starker Fröste geschnitten werden müssen. Im November/Dezember geschnitten, können sie dann in einem kühlen, frostfreien Raum (Keller oder dergleichen) in feuchten Sand eingeschlagen werden. Sie können sie aber auch in einen Folienbeutel packen und bis zur Verwendung in einem Kühlschrank bei 0–4 °C lagern. Der Austrieb muss möglichst lange zurückgehalten werden, da angetriebene Reiser für die Veredlung wertlos sind.
Bei einer Veredlung im März/April schneidet man die Reiser kurz vor Verwendung direkt von der Mutterpflanze.

Okulation

Bei der Okulation wird ein gut ausgebildetes Auge aus dem Edelreis geschnitten und so mit der Unterlage verbunden, dass Unterlage und Auge miteinander verwachsen können. Man unterscheidet zwischen Okulation auf das treibende und auf das schlafende Auge. Erstere wird nur noch selten praktiziert und hier

Okulation am Beispiel des Apfels:

1) *Das Reis, das die Augen liefern soll, ist unmittelbar vor dem Verbrauch zu schneiden und bis auf kurze Blattstielansätze zu entblättern.*
2) *Säubern der Unterlage mit einem Lappen.*
3) *bis 5) Anlegen des T-Schnittes an der Unterlage*
6) *Schnitt des Edelauges, zunächst Blattstiel entfernen.*
7) *und 8) Messer unterhalb des Blattstielansatzes ansetzen und mit ziehendem Schnitt schneiden.*

9) und 10) Dünnen Holzstreifen herauslösen.

11) und 12) Mit Hilfe des Lösers das Auge einführen.

13) Überragendes Stück abschneiden.

14) und 15) Mit Okulationsschnellverschluss Veredlungsstelle verschließen.

nicht weiter erläutert. Letztere findet von Juni bis September statt. Der Unterschied besteht darin, dass bei der Okulation auf das treibende Auge dieses Auge noch im Sommer desselben Jahres durchtreibt, während das schlafende Auge nur anwächst (den Winter über schläft) und erst im kommenden Frühjahr durchtreibt. Für die Okulation sind gut im Saft stehende Unterlagen und Reiser erforderlich, da sich die Rinde sonst nicht löst. Dies kann nach längeren Trockenperioden passieren, wogegen ein rechtzeitiges Wässern der Unterlage hilft. Die Reiser werden unmittelbar vor dem Verbrauch geschnitten, bis auf einen Blattstielansatz entblättert und vor dem Austrocknen geschützt.

Bei der Okulation wird an der Unterlage an der gewünschten Veredlungsstelle ein T-Schnitt angebracht, und zwar zuerst ein Querschnitt, dann der Längsschnitt. Anschließend werden die Rindenlappen mit Hilfe des Okuliermessers gelöst, indem man den Löser zwischen Rinde und Holzkörper einführt. Dann wird das einzusetzende Auge durch einen sehr flach verlaufenden Schnitt – beginnend 1,5 cm unterhalb des Blattstielansatzes, endend 2 cm über dem Auge – vom Edelreis abgetrennt. Dieses Abtrennen des Auges ist wohl das schwierigste an der ganzen Okulation, da das Stück weder zu dick noch zu dünn sein darf. Beim Abtrennen des Auges wird auch ein dünner Holzstreifen mit herausgetrennt. Dieses Holzschildchen sollte behutsam herausgelöst werden. Beim Herauslösen ist darauf zu achten, dass die Schnittfläche nicht mit den Fingern berührt wird.

Das Schildchen mit dem Auge wird, indem man es am Blattstiel fasst, so weit wie möglich unter die Rindenlappen des T-Schnitts geschoben. Mit Hilfe des Lösers führt man es dann so tief in den Spalt, dass das Auge selbst etwa 1 cm unterhalb des Querschnitts zu liegen kommt. Ragt ein Stück des Schildchens über den Querschnitt heraus, wird es sorgfältig abgeschnitten.

Nun muss die Veredlungsstelle noch verbunden werden. Dazu verwendet man Bast oder sogenannte Okulationsschnellverschlüsse (siehe Seite 55). Damit das Auge beim Verbinden nicht wieder herausgedrückt wird, ist der Bastfaden von oben her anzulegen und am Ende mit einer Doppelschlaufe zu versehen. Wichtig ist, dass das Auge nicht mit eingebunden wird. Ein Verstreichen mit Baumwachs ist nicht erforderlich. Bei Verwendung von Okulationsschnellverschlüssen muss zuvor der Blattstiel entfernt werden, da diese Verschlüsse dicht über das Auge gelegt werden.

Nach etwa zwei bis drei Wochen kann man feststellen, ob die Veredlung erfolgreich war oder nicht. Bei einer geglückten Veredlung ist der Blattstiel bereits von selbst abgefallen oder fällt nach Berührung ab. Hat eine Verbindung nicht stattgefunden, ist der Blattstiel vertrocknet, ohne jedoch abzufallen.

Ist das einzusetzende Auge sehr stark wie etwa bei *Aesculus*, dann wird es mitunter schwierig, es in den T-Schnitt einzuführen. In diesem Fall macht man ein Kreuzschnitt. Das Auge kommt dann etwa am Schnittpunkt des Kreuzes zu liegen.

Kopulation

Die Kopulation ist eine der am leichtesten auszuführenden Veredlungsmethoden. Sie wird ab September sowohl bei immergrünen als auch laubabwerfenden Laubgehölzen durchgeführt, wenn das Holz ausgereift ist und die Saftruhe begonnen hat. Bei der Kopulation müssen Reis und Unterlage etwa die gleiche Stärke haben. Sie erhalten aufeinanderpassende, einseitige, gleich lange Schrägschnitte. Diese sollten auch bei den dünnsten Zweigen nicht kürzer als 2 cm sein. Je stärker die Zweige sind, desto länger sollten auch die Schnitte sein, bis zu 10 cm bei besonders starken Kopulationen.

Beide Schnittstellen werden so aufeinandergelegt, dass sich die Kambiumringe möglichst im gesamten Verlauf überdecken. Da Edelreis und Unterlage nur durch Aufeinanderdrücken in ihrer Lage gehalten werden, ist ein gut sitzender Bastverband notwendig. Anschließend wird mit Baumwachs verstrichen. Nach dem Anwachsen, etwa sechs bis acht Wochen später, wird der Bastverband aufgeschnitten, um den Saftstrom nicht zu behindern.

Eine verbesserte Methode ist die Kopulation mit Gegenzunge. Diese wird bei besonders starken Zweigen angewandt, bei denen das einfache Kopulieren keinen genügenden Halt gewährleistet. Durch die Zungen wird eine größere Berührungsfläche zwischen Unterlage und Reis und damit eine innigere Verbindung von größerer mechanischer Festigkeit geschaffen. Allerdings erfordert das Kopulieren mit Gegenzunge etwas mehr Geschicklichkeit sowie ein gutes Augenmaß. Sitzen die Schnitte nämlich nicht genau, so ist der Anwachserfolg geringer als bei der einfachen Kopulation. Zunächst wird wie bei der einfachen Kopulation ein Schrägschnitt gesetzt und dann zusätzlich in der Mitte jeder Schnittstelle ein senkrecht geführter Schnitt, der die Zungen ergibt, die dann ineinandergeschoben werden.

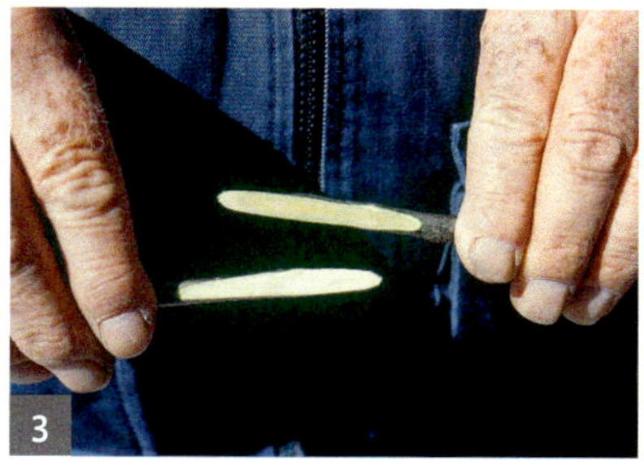

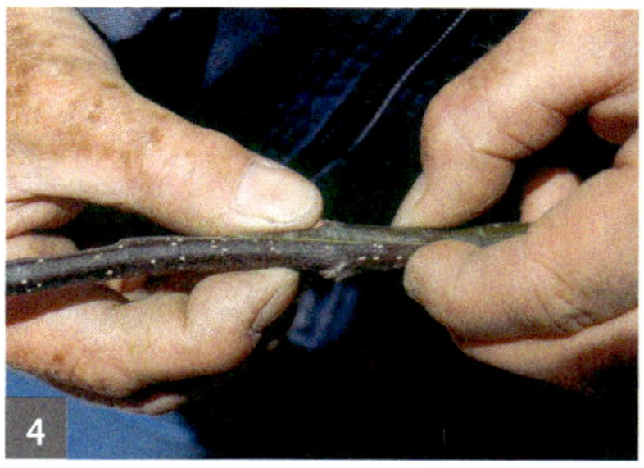

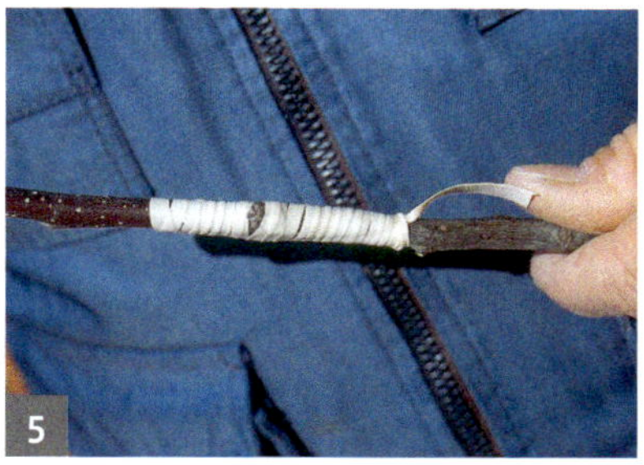

Veredlung durch Kopulation am Beispiel des Apfels:

1) bis 3) Unterlage und Edelreis erhalten aufeinanderpassende, einseitige, gleich lange Schrägschnitte.
4) Diese sollten auch bei den dünnsten Zweigen nicht kürzer als 2 cm sein. Je stärker die Zweige sind, desto länger sollten auch die Schnitte sein. Beide Schnittstellen werden so aufeinandergelegt, dass sich die Kambiumringe möglichst im gesamten Verlauf überdecken.
5) Da Edelreis und Unterlage nur durch Aufeinanderdrücken in ihrer Lage gehalten werden, ist ein gut sitzender Verband notwendig.
6) Die fertige Veredlung

Das Edelreis wird sowohl bei der einfachen als auch bei der Kopulation mit Gegenzunge drei bis vier Augen über der Veredlungsstelle abgeschnitten.

Seitliches Einspitzen und seitliches Anplatten

Diese beiden miteinander verwandten Veredlungsmethoden unterscheiden sich mit Ausnahme des Okulierens dadurch von allen anderen Methoden, dass die Unterlage zunächst nicht zurückgeschnitten, sondern allenfalls etwas eingekürzt wird. Das Edelreis wird angesetzt, die Unterlage erst nach dem Anwachsen bis zur Veredlungsstelle zurückgenommen. Die Veredlung der Immergrünen, insbesondere der Nadelgehölze, ist zum größten Teil nur durch diese Methode möglich, aber auch verschiedene laubabwerfende Arten lassen sich so erfolgreich vermehren. Seitlich eingespitzt wird dann, wenn das Edelreis wesentlich dünner ist als die Unterlage; stärkere Edelreiser werden dagegen angeplattet.
Da zum Verwachsen relativ hohe Temperaturen um 15 °C erforderlich sind, kann das Veredeln nur im Haus, d. h. im Gewächshaus, in einem beheizten Frühbeetkasten oder notfalls auch an einem hellen Fensterplatz durchgeführt werden. Als Zeitpunkt kommen Sommer und Winter in Frage. Als Unterlage verwendet man im Topf fest eingewurzelte Pflanzen. Die für die Winterveredlung vorgesehenen Unterlagen müssen rechtzeitig ins Haus geholt werden.
Beim seitlichen Anplatten wird an der Unterlage an der vorgesehenen Veredlungsstelle mit einem scharfen Messer ein etwa 3–5 cm langer Rindenstreifen entfernt. Zuvor müssen bei Nadelgehölzen die Nadeln entfernt werden. Dabei ist es von Vorteil, wenn am unteren Ende ein kleiner Absatz stehen bleibt, der dem Edelreis als Auflage dient.
Das Edelreis, bei dem bei Nadelgehölzen zuvor an der Basis die Nadeln entfernt wurden, erhält entsprechend dem Ausschnitt an der Unterlage einen flachen Schnitt. Bei Nadelgehölzen wird lediglich die Rinde entfernt, bei Laubgehölzen ist ein Kopulationsschnitt anzulegen; die Spitze am unteren Ende wird mit einem waagerechten Schnitt entfernt.
Nun werden Reis und Unterlage so zusammengefügt, dass die Kambiumschichten zumindest an

Seitliches Anplatten

einer Seite aneinanderliegen. Zum Verbinden verwendet man Zwirn, Wollfäden oder dünne Gummibänder. Ein Verstreichen mit Baumwachs ist bei Nadelgehölzen nicht notwendig, bei Laubgehölzen sinnvoll.
Alternativ kann man den schmalen Rindenstreifen an der Unterlage nicht anschneiden, sondern ihn nach dem Einsetzen des Reises über dieses ziehen und mit einbinden.
Beim seitlichen Einspitzen wird ein etwa 3 cm langer schräger Einschnitt durch die Rinde bis auf das Holz gesetzt. Beim Edelreis führt man zunächst einen Kopulationsschnitt durch und schneidet es dann keilförmig zu. Anschließend schiebt man es so hinter den gelösten Rindenlappen, dass Kambium auf Kambium liegt. Das Verbinden erfolgt wie beim seitlichen Anplatten. Die fertigen Veredlungen senkt man mit den Töpfen schräg in feuchten Torf ein. Die Veredlungsstelle soll dabei dem Licht zugekehrt sein. Die Schräglage sorgt dafür, dass das Edelreis bevorzugt mit Assimilaten versorgt wird.
Da die Luftfeuchtigkeit während des Wachstumsprozesses unbedingt hoch sein soll, werden die veredelten Pflanzen mit Folie abgedeckt bzw. der Kasten mit Folie bespannt.
Während des Verwachsens darf nicht gegossen werden, da der Erfolg in Frage gestellt ist, wenn Wasser in die Veredlungsstelle eindringt. Daher werden die Unterlagen vor der Veredlung kräftig gewässert und zum Einschlagen gut angefeuchteter Torf verwendet. Stellen Sie die Veredlungen bis zum Anwachsen bei Temperaturen um 15 °C, besser etwas höher, auf.
Wenn das Edelreis nach rund vier bis sechs Wochen angewachsen ist, kann die Unterlage zum Teil abgeworfen (abgeschnitten) werden. Zum Ausgang des Frühjahrs, wenn die Pflanzen ins Freie gebracht werden können, wird schließlich der Rest der Unterlage bis zur Veredlungsstelle entfernt.

Geißfußveredlung

Die Geißfußveredlung bzw. Triangulation oder Geißfußpfropfung ist überall dort von Bedeutung, wo die Unterlage stärker als das Edelreis ist, z. B. bei der Veredlung älterer Obstgehölze. Dabei wird die Unterlage an der vorgesehenen Veredlungsstelle mit einem leichten Schrägschnitt glatt abgeschnitten. Am Kopf der Unterlage schneidet man dann mit zwei Schnitten einen etwa

Seitliches Anplatten mit Rindenzunge

Seitliches Einspitzen

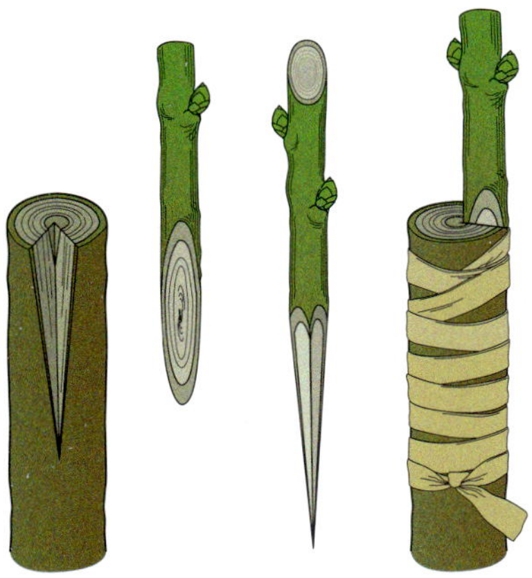

Links: Geißfußveredlung

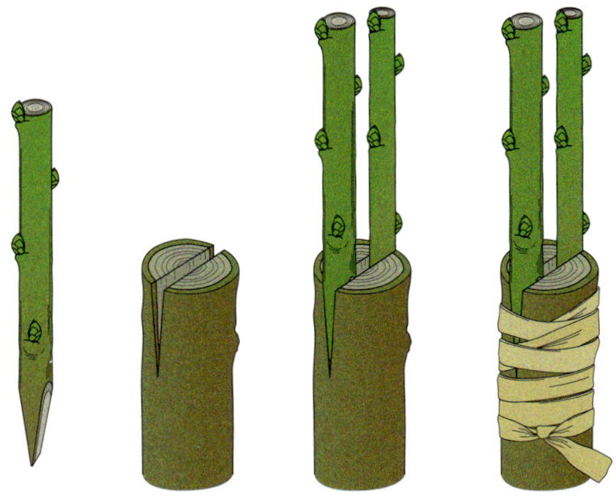

Rechts: Pfropfen in den Spalt

3 cm langen Holzkeil heraus. Das Edelreis erhält einen entsprechend keilförmigen Zuschnitt. Dazu wird zunächst ein Kopulationsschnitt angebracht und, von diesem ausgehend, das Edelreis mit zwei Schnitten keilförmig zugeschnitten. Achten Sie dabei gut auf die Passgenauigkeit, da das keilförmig zugeschnittene Edelreis genau in den Keil der Unterlage passen muss. Sonst kommt es nicht zum Verwachsen.
Wichtig ist, dass das erste Auge des Edelreises nach innen gerichtet ist. Dieses Auge wird zuerst austreiben und durch seine Lage die natürliche, gerade Fortsetzung der Unterlage bilden. Ein auf der entgegengesetzten Seite befindliches Auge würde hingegen nach außen austreiben, so dass dieser Trieb immer schief zur Unterlage stünde. Bei der nach innen gerichteten Augenstellung verwächst die Schnittfläche schneller, und das angewachsene Reis ist besser vor dem Ausbrechen geschützt.
Das Edelreis, das auf eine Länge von vier bis fünf Augen eingekürzt wurde, wird nun so in den keilförmigen Ausschnitt der Unterlage hineingeschoben, dass die Kambien von Unterlage und Reis aufeinanderpassen. Das Ganze wird fest mit Bast verbunden und mit Baumwachs verstrichen. Die Geißfußveredlung kommt nur für laubabwerfende Gehölze in Frage und ist eine Veredlungsmethode, die lediglich dem Geübten empfohlen werden kann.

Pfropfen in den Spalt

Das Spaltpfropfen hat Ähnlichkeit mit der Geißfußveredlung. Während bei dieser das Edelreis höchstens die halbe Stärke der Unterlage besitzen darf, da sonst beim Schnitt mit einem Reißen der Unterlagen zu rechnen ist, wird das Pfropfen in den Spalt bei dünnen Reisern und dünner Unterlage angewandt. Die Unterlage wird wie bei der Geißfußveredlung durch einen leichten Schrägschnitt glatt abgeschnitten oder gesägt und anschließend mit einem Messer einige Zentimeter aufgeschnitten (gespalten).
Das Edelreis wird wie bei der Geißfußveredlung zugeschnitten, nur sehr viel flacher. Dann schiebt man das auf drei bis fünf Augen eingekürzte Reis in den Spalt, den man durch das Drehen eines starken Messers öffnet. Auf

Pfropfen hinter die Rinde:

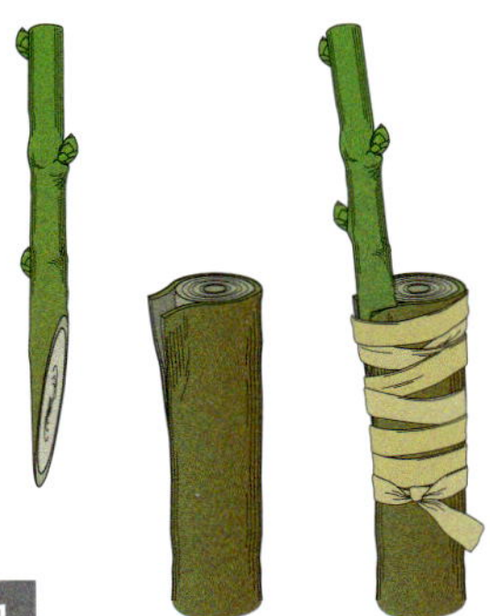

1

2

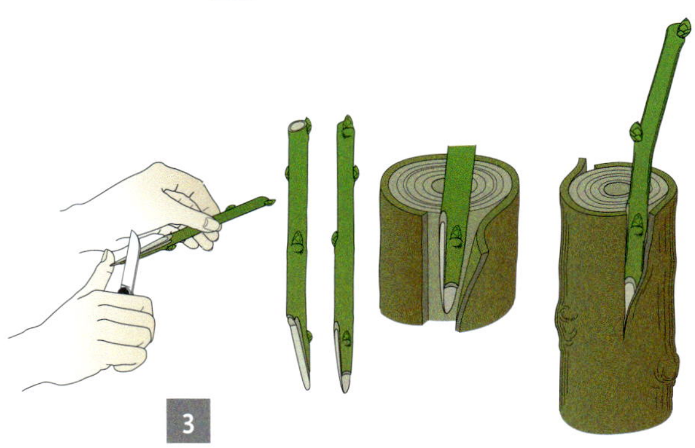

3

1) Das Edelreis erhält einen Kopulationsschnitt.
2) Das Edelreis erhält einen keilförmigen Zuschnitt.
3) Verbessertes Pfropfen hinter die Rinde

diese Weise wird das Reis beim Einschieben nicht verletzt. Auch hier müssen die Kambiumschichten von Unterlage und Reis aufeinander passen. Bei starken Unterlagen kann man zwei oder auch vier Reiser gegenständig einsetzen. Anschließend wird das Ganze mit Bast fest verbunden und mit Baumwachs verstrichen.

Pfropfen hinter die Rinde

Das Pfropfen hinter die Rinde kann als vereinfachte Geißfußveredlung angesehen werden. Die Vorbereitung der Unterlage erfolgt wie beim Geißfußpfropfen, allerdings wird kein Keilschnitt durchgeführt, sondern nur ein 3–4 cm langer, senkrechter Schnitt durch die Rinde bis auf das Holz. Die Rindenlappen des Einschnitts werden im oberen Bereich leicht gelöst, um das Edelreis einführen zu können. Das Edelreis erhält einen etwa 4–5 cm langen Kopulationsschnitt, der an beiden Seiten noch leicht angeschnitten wird, um das Kambium freizulegen. Dann schiebt man das auf drei bis fünf Augen eingekürzte Edelreis hinter die Rinde der Pfropfstelle, aber nur so weit, dass vom Anschnitt des Edelreises noch etwa 3–5 mm sichtbar bleiben. Beim Umveredeln wird an dünneren Ästen nur ein Reis eingesetzt (dann an der Oberseite); an stärkeren Ästen können es zwei bis vier sein. Die frischen Veredlungen werden mit Bast fest verbunden und mit Baumwachs verstrichen.
Dieses Pfropfverfahren lässt sich mannigfaltig variieren. Teils wird nur ein Rindenflügel abgelöst, in anderen Fällen wird das Edelreis noch in verschiedener Weise an den Seiten beschnitten, um die Berührungsflächen der Kambiumschichten zu vergrößern.

Laubgehölze von A bis Z

Dieser spezielle Teil beschreibt die Vermehrung von rund 100 Laubgehölzgattungen bzw. -arten. Neben gebräuchlichen sind auch weniger verbreitete Vermehrungsmethoden aufgeführt. Zusätzlich werden Hinweise zu den günstigsten Vermehrungszeiten gegeben. Da bei der Stecklingsvermehrung die Verwendung von Wuchsstoffen generell zu empfehlen ist, wurden bei den Gattungen bzw. Arten bewusst keine speziellen Angaben gemacht. Wenn nichts anderes erwähnt wird, ist die Stecklingsvermehrung bei gespannter Luft, also hoher Luftfeuchtigkeit durchzuführen.

Von Acer palmatum gibt es eine unüberschaubare Zahl von Sorten auf dem Markt, die in der Mehrzahl durch Veredlung vermehrt werden.

Acer; Ahorn

Die Gattung *Acer* ist mit ihrer unüberschaubaren Zahl an Hybriden und Kulturformen außerordentlich vielgestaltig. Während die Arten sehr gut durch Aussaat vermehrt werden können, ist man bei den Kulturformen und Selektionen zumeist auf vegetative Methoden angewiesen.

Aussaat: Die Samen der meisten Arten reifen im September. Am besten sät man direkt nach der Ernte ins Freiland aus. So erhalten die Samen die notwendige Kältebehandlung auf natürlichem Wege. Trocken gelagertes Saatgut ist vor der Aussaat für 12 bis 16 Wochen kalt zu stratifizieren. Auch verschiedene Sorten von *A. palmatum* und *A. pseudoplatanus* fallen bei einer Aussaat weitgehend echt, so *A. palmatum* 'Atropurpureum' zu 80 % und *A. pseudoplatanus* 'Reitenbachii' zu 40 %.

Absenker: Für den Hobbygärtner ist die Absenkervermehrung zu empfehlen, da die anderen vegetativen Methoden nicht immer zum Erfolg führen. Im Frühjahr abgesenkt, wurzeln die Triebe noch im selben Jahr.

Stecklinge: Durch Stecklinge vermehrt der Baumschuler vor allem Formen von *A. palmatum* und *A. japonicum*. Aber auch *A. campestre*, *A. negundo*, *A. platanoides* sowie *A. saccharum* und andere Arten lassen sich so vermehren. Für Hobbygärtner empfiehlt sich der Schnitt der Stecklinge im Mai bis Juni. Für den Bewurzelungserfolg sind Bodentemperaturen um 20–25 °C von großer Bedeutung.

Veredlung: Veredelt wird in der Regel im Winter unter Glas durch seitliches Einspitzen oder Anplatten auf im Topf fest eingewurzelte Unterlagen, im Freien im Frühjahr durch Kopulation oder im Sommer durch Okulation. Die Okulation ist besonders bei Formen von *A. negundo* und *A. platanoides* zu empfehlen. *A. palmatum* und *A.-japonicum*-Formen werden normalerweise in den Spalt gepfropft. Als Unterlage dient in der Regel die dazugehörige Art.

Der Götterbaum trägt reichlich Samen

Aesculus; Rosskastanie

Die bei uns bedeutsamen Arten wie *A. hippocastanum*, *A.* × *carnea*, *A. flava* und *A. parviflora* werden in der Regel durch Aussaat vermehrt, die Sorten durch Veredlung. *A. parviflora* lässt sich auch durch Absenker, Wurzelschnittlinge und Stecklinge vermehren.

Aussaat: Die Samen der genannten Arten reifen im September bis Oktober. Da die Samen sich nicht lange trocken lagern lassen, ist es am besten, wenn man unmittelbar nach der Ernte aussät. Ist dies nicht möglich, sollten die Samen mit einem Torf-Sand-Gemisch vermischt und bis zur Aussaat im Frühjahr feucht und kühl gelagert werden.

Veredlung: Bei den Kulturformen kommen eine Kopulation im Frühjahr, ein seitliches Einspitzen oder Anplatten im Juli bis August oder eine Okulation auf das schlafende Auge in Frage. Bei der Okulation wird der übliche T-Schnitt durch einen Kreuzschnitt ersetzt, da die Augen sehr groß sind. Als Unterlage dient immer *A. hippocastanum*.

Ailanthus altissima; Götterbaum

Den Götterbaum kann man durch Aussaat, Wurzelschnittlinge, Ausläufer oder auch Veredlung vermehren. Die Aussaat erfolgt am besten gleich nach der Samenernte im Herbst. Län-

Für diese feucht gelagerten Samen von Aesculus hippocastanum wird es höchste Zeit, dass sie in die Erde kommen.

gere Zeit trocken gelagertes Saatgut sollte am besten 36 Stunden lang vorgekeimt werden. Veredelt wird durch Okulation im Sommer.

Alnus; Erle

Die bei uns verbreiteten Erlen *A. cordata*, *A. glutinosa*, *A. incana* und *A. viridis* vermehrt man in der Regel durch Aussaat. Die Samen reifen von September bis Dezember. Ausgesät wird nach trockener und kühler Lagerung im Frühjahr ins Freiland. Die Keimung beginnt meist nach drei bis vier Wochen. Daneben sind auch Stecklinge möglich, die im Juni bis Juli geschnitten leicht wurzeln. *A. viridis* lässt sich darüber hinaus auch gut durch Ableger vermehren. Die Kulturformen gewinnt der Gärtner im Winter durch Geißfußpfropfen oder Kopulation auf getopfte Unterlagen. Als Universalunterlage dient *A. glutinosa*.

Amelanchier; Felsenbirne

Von Bedeutung ist insbesondere *A. lamarckii*, die sich durch Aussaat, Teilung oder Ablegen, Stecklinge und Wurzelschnittlinge vermehren lässt. Kulturformen werden auch veredelt.

Apfelfrüchte von *Amelanchier spicata*

Oben: Der Samen von Aralia elata ist vergleichsweise klein.

Links: Wurzelschnittlinge von Amelanchier lamarckii

Aussaat: Die Früchte reifen im Juni bis Juli. Am besten sät man gleich nach der Ernte aus, nachdem man das Fruchtfleisch entfernt hat. Trocken gelagertes Saatgut ist zunächst für vier Wochen warm bei 20 °C, danach für etwa zwölf Wochen kalt zu stratifizieren, um die eingetretene Keimhemmung aufzuheben. Nicht selten keimen die Samen erst im zweiten Jahr nach der Aussaat.
Stecklinge: Man schneidet im Juni noch krautige bis leicht verholzte Triebe, die man zu Kopf- und Teilstecklingen verarbeitet. Bis zur Bewurzelung können mehrere Wochen vergehen.
Veredlung: Veredelt wird durch Okulation im Sommer oder durch Kopulation und Geißfußpfropfen im Winter. Als Unterlage wird allgemein *A. lamarckii* verwendet.

Aralia elata; Angelikabaum

Der Angelikabaum wird in erster Linie durch Wurzelschnittlinge vermehrt. Dazu werden die Wurzeln im Winter in 5–10 cm lange Teilstücke geschnitten und flach in Kisten ausgelegt. Einfach ist die Vermehrung durch Abtrennen von Ausläufern. Eine Aussaat ist ebenfalls möglich. Bei uns reifen die Samen im Oktober. Nach dem Auswaschen sät man am besten gleich im Freien aus. Die Keimung erfolgt jedoch oft erst im zweiten Jahr nach der Aussaat. Buntlaubige Formen veredelt der Gärtner durch Kopulation oder Geißfußpfropfen im Frühjahr.

Aronia melanocarpa; Apfelbeere

Vermehrung durch Aussaat, Stecklinge im Sommer, Teilung, Ausläufer oder Anhäufeln. Obstsorten werden durch Pfropfen hinter die Rinde oder Okulation auf *Sorbus aucuparia* vermehrt. Ausgesät wird am besten gleich nach der Ernte im Spätsommer. Trocken gelagertes Saatgut unterliegt einer Keimhemmung und muss deshalb vor der Aussaat für 12 bis 16 Wochen kalt stratifiziert werden.

Berberis; Berberitze

Die sommer- und immergrünen Berberitzen werden durch Aussaat, Stecklinge oder auch Veredlung vermehrt. Bei entsprechend wachsenden Arten bzw. Kulturformen ist auch eine Teilung möglich, beispielsweise bei *B. buxifolia* 'Nana'. Einzelexemplare lassen sich sicher durch Absenker vermehren.
Aussaat: Die Früchte der verschiedenen Arten reifen zwischen

Junge Sämlinge von Berberis julianae

Mai und Oktober. Nach der Ernte und dem Auswaschen der Samen sät man am besten sofort unter Glas aus. Trocken gelagerte Samen sind vor der Aussaat für acht Wochen kalt zu stratifizieren. Auch die Kulturform *B. thunbergii* 'Atropurpurea' und andere rotblättrige Sorten lassen sich sortenecht durch Aussaat vermehren. Sie fallen etwa zu 80 % echt.
Stecklinge: Von den sommergrünen Arten schneidet man Stecklinge im Juli. Der Trieb sollte wegen der sonst stark verzögerten Bewurzelung noch nicht verholzt sein. Stecklinge von immergrünen Arten schneidet man erst im September. Die Stecklinge müssen ausgereift, aber noch nicht richtig verholzt sein. Die Temperaturen im Vermehrungsbeet sollten etwa 15 °C betragen. Höhere Temperaturen sind eher nachteilig.
Veredlung: Veredelt werden kann im Herbst oder Frühjahr durch Spaltpfropfen, Kopulation oder Geißfußpfropfen. Als Unterlagen werden insbesondere getopfte *B. thunbergii* 'Atropurpurea' verwendet. Man sollte nach Möglichkeit so tief veredeln, dass die Sorte später eigene Wurzeln bilden kann.

Betula; Birke

Die verschiedenen bei uns gepflanzten Arten vermehrt man durch Aussaat, die Hängeformen durch Veredlung. Darüber hinaus lassen sich die meisten Arten auch durch Stecklinge oder Ableger erfolgreich vermehren.
Aussaat: Die Samen der einzelnen Arten sind zu unterschiedlichen Zeiten reif, bei *B. pendula* im Juni, bei *B. pubescens* im Juli, bei andere Arten erst im September bis Oktober. Zeigen die Zäpfchen eine bräunlich gelbe Färbung, ist es Zeit zu ernten. Ausgesät werden kann direkt nach der Reife oder nach trockener Lagerung im Frühjahr im Freien. Die Keimung erfolgt in der Regel innerhalb von vier Wochen. Zu beachten ist, dass die Keimfähigkeit der Birkensamen grundsätzlich sehr gering ist und nur bei 15–20 % liegt.
Stecklinge: Stecklinge werden im Juni geschnitten. Man verwendet etwa 10–15 cm lange Kopfstecklinge. Bei Temperaturen um 20–25 °C erfolgt die Bewurzelung nach drei bis vier Wochen.
Veredlung: Eine Veredlung ist u. a. bei *B. pendula* 'Tristis' und 'Youngii' üblich, und zwar in der Regel durch Kopulation oder Geißfußpfropfen ab Mitte Mai. Man verwendet zweijährige Reiser mit zwei bis vier schlafenden Augen. Eine Okulation ist von August bis September oder im Mai möglich. Als Universalunterlage dient *B. pendula*.

Birken lassen sich sehr gut durch Stecklinge vermehren, hier bewurzelte Stecklinge von Betula pubescens.

Die jungen Austriebe dieser Buddleja davidii liefern bestes Stecklingsmaterial.

Buxus vermehrt man durch Stecklinge. Für kleinere Mengen reicht als Verdunstungsschutz ein Einweckglas.

Buddleja; Sommerflieder

Die Sommerfliederarten *B. alternifolia*, *B. davidii* und deren Kulturformen werden am besten vegetativ durch Stecklinge vermehrt. Aussaatvermehrung mit selbstgeerntetem Saatgut im März bis April unter Glas. Veredlung ist zwar nicht üblich, aber möglich. In der Regel veredelt man durch Spaltpfropfen auf Wurzeln der Art.
Stecklinge: Die Stecklinge werden bevorzugt von Mai bis August geschnitten. Man verwendet Kopf- und Teilstecklinge mit zwei bis fünf Blättern. Die Bewurzelung erfolgt in der Regel innerhalb von zwei bis drei Wochen.
Steckholz: Dazu verwendet man 20–25 cm lange Hölzer von einjährigen Trieben, die am besten schon im Herbst vor Eintritt stärkerer Fröste geschnitten und bis zum Stecken im Frühjahr kühl aufbewahrt werden.

Buxus sempervirens; Europäischer Buchsbaum

Den Buchsbaum und seine Kulturformen vermehrt man durch Stecklinge vom Frühjahr (vor Triebbeginn) bis in den späten Herbst hinein. Als Stecklinge verwendet man einjährige Triebe oder auch kleinere Zweige mit kurzen Seitentrieben. Bei Temperaturen um 20 °C erfolgt die Bewurzelung nach drei bis sechs Wochen. Einzelne Pflanzen lassen sich sicher durch Absenker bzw. Ableger vermehren. Die Vermehrung durch Aussaat ist zwar nicht üblich, aber gerade für Hobbygärtner interessant. Die Samen reifen im August bis September. Nach trockener Lagerung wird im Frühjahr ausgesät.

Callicarpa bodinieri; Schönfrucht

Üblicherweise erfolgt die Vermehrung durch Stecklinge oder Steckhölzer. Dabei werden die 10–15 cm langen Kopfstecklinge im Juli bis August gesteckt. Vermehrung durch Aussaat erfolgt ohne jegliche Vorbehandlung der Samen direkt nach der Reife im Herbst bzw. erst im Frühjahr.

Callicarpa bodinieri wird bevorzugt durch Stecklinge und Steckholz vermehrt, da man nur so echte, reichfruchtende, der Mutterpflanze entsprechende Nachkommen erzielt.

Calluna vulgaris; Heidekraut, Besenheide

Um sortenechte Nachkommen zu erhalten, vermehrt man üblicherweise über Stecklinge. Zur Gewinnung weniger Pflanzen sind auch Ableger interessant. Wer experimentieren will, um vielleicht seine eigene Sorte auszulesen, kann auch aussäen.
Aussaat: Die Fruchtkapseln der Besenheide reifen von September bis Oktober. Sie werden unter Glas entweder gleich im Herbst oder nach trockener Samenlagerung im Frühjahr ausgesät. Decken Sie das feine Saatgut nicht ab und verwenden Sie ein Substrat mit einem niedrigen pH-Wert nicht über 4,5. Gut geeignet ist reiner Weißtorf mit einem Zusatz von gewaschenem Sand. Am besten stellt man die Gefäße während der Keimung wie Stecklinge in gespannte Luft.
Stecklinge: Als Stecklinge verwendet man etwa 3–5 cm lange, einjährige, ausgereifte Triebe (Federstecklinge), die man im August bis September schneidet. Auch Teilstecklinge aus zweijährigem Holz sind möglich, doch ist die Bewurzelung nicht so gut wie bei Federstecklingen. Entfernen Sie die unteren Blätter und achten Sie darauf, dass möglichst keine Blüten am Steckling verbleiben. Als Vermehrungssubstrat hat sich reiner Weißtorf bewährt.

Calycanthus floridus; Echter Gewürzstrauch

Vermehrung am einfachsten durch Absenker. Die im Juni abgesenkten Triebe sind im Herbst ausreichend bewurzelt. Die Vermehrung durch Aussaat macht auch keine großen Schwierigkeiten. Die Früchte können von Oktober bis November, wenn sie beginnen, sich braun zu verfärben, geerntet werden. Beste Keimergebnisse bei Aussaat direkt nach der Ernte. Bei trocken gelagertem Saatgut ist eine Kaltstratifikation von sechs Wochen zu empfehlen. Die Vermehrung durch Stecklinge ist etwas schwierig. Sie gelingt am besten mit noch wachsenden Trieben im Juni.

Carpinus betulus; Weißbuche, Gewöhnliche Hainbuche

Die Art wird durch Aussaat vermehrt, für Kulturformen kommt eine Stecklingsvermehrung oder Veredlung in Frage. Zur Gewinnung einzelner Pflanzen ist das Absenken zu empfehlen.
Aussaat: Ernte der Samen von Oktober bis Dezember. Aussaat am besten noch im Herbst, da sonst eine starke Keimhemmung entsteht. Trocken gelagertes Saatgut unterliegt einer starken Keimhemmung und muss vor der Aussaat zunächst für etwa vier Wochen warm und danach für zwölf Wochen kalt stratifiziert werden. Trotzdem kann es sein, dass die Samen bis zu zwei Jahren überliegen. Um besser aussäen zu können und eine gute Verteilung zu erreichen, sollten Sie die Flügel an den Samen unbedingt entfernen.
Stecklinge: Kopf- und Teilstecklinge werden von Juni bis Juli oder auch noch im August geschnitten. Eine seitliche Verwundung der Basis fördert die Bewurzelung, die grundsätzlich sehr langsam erfolgt.
Veredlung: Geschlitztblättrige Formen und Säulenformen werden im Winter durch Kopulation und Geißfußpfropfen bzw. von August bis September durch seitliches Einspitzen vermehrt.

Caryopteris × *clandonensis*; Clandon-Bartblume

Vermehrung nach dem Austrieb im Frühjahr während der gesamten Vegetationsperiode durch leicht wurzelnde Stecklinge. Der Gärtner schneidet diese häufig schon im zeitigen Frühjahr von angetriebenen Mutterpflanzen. In der Regel verwendet man Kopfstecklinge. Für einzelne Pflanzen kann auch das Absenken empfohlen werden. Eine Aussaat kommt im Rahmen der Züchtung in Frage. Die Samen reifen im Spätsommer. Nach trockener Lagerung sät man im Frühjahr unter Glas aus.

Castanea sativa; Edel-Kastanie

Üblich ist die Vermehrung durch Aussaat und Veredlung. Für die Gewinnung einzelner Pflanzen ist auch das Abmoosen geeignet.
Aussaat: Die Früchte reifen von Oktober bis November und müssen geerntet werden, sobald die äußere Fruchtschale aufplatzt. Die Aussaat erfolgt gleich noch im Herbst, da die Samen rasch ihre Keimfähigkeit verlieren. Es kann auf Freilandbeete ausgesät werden, jedoch müssen dann die Sämlinge vor Spätfrösten geschützt werden. Für kleinere Mengen empfiehlt sich die Aussaat in Kisten, die man kühl unter Glas aufstellt.

Junge Sämlinge von Castanea sativa

Catalpa lässt sich leicht durch Stecklinge vermehren.

Veredlung: Sorten durch Kopulation oder Geißfußpfropfen auf eingewurzelte Unterlagen der Art im Winter. Von Mai bis Juni ist auch eine Okulation oder seitliches Anplatten möglich.

Catalpa bignonioides; Gewöhnlicher Trompetenbaum

Der Trompetenbaum wird durch Aussaat, Wurzelschnittlinge und Stecklinge vermehrt. Darüber hinaus sind eine Kopulation oder das Geißfußpfropfen im Frühjahr als Handveredlung möglich. Ernte der Samen von Dezember bis Januar. Nach trockener Lagerung wird im Frühjahr unter Glas ausgesät. Einfach ist auch die Vermehrung durch Stecklinge von Juni bis Juli. Dazu schneidet man Kopfstecklinge mit drei Nodien.

Cercidiphyllum japonicum; Katsurabaum

Der zweihäusige Katsurabaum wird durch Aussaat, Ableger oder Stecklinge vermehrt.
Aussaat: Auch in unseren Breiten setzten ältere Pflanzen Samen an, wenn männliche und weibliche Bäume nebeneinanderstehen, damit eine Befruchtung und somit Samenbildung stattfinden kann. Die Samen reifen von Oktober bis November. Die feinen Samen werden nach trockener Lagerung im Frühjahr unter Glas ausgesät. Für ein gutes Keimergebnis sind Temperaturen zwischen 20–25 °C ideal. Meist keimen nur 20 % der ausgesäten Samen.
Stecklinge: Diese kann man von Ende Mai bis Juli schneiden, und zwar als 10–15 cm lange Kopfstecklinge, die sich an der Basis schon braun verfärbt haben. Auch Steckhölzer lassen sich bewurzeln.

Cercis siliquastrum; Gewöhnlicher Judasbaum

Den Judasbaum vermehrt man durch Aussaat. Auch in unseren Breiten setzen die Bäume Samen an, die man von September bis Oktober erntet. Das noch frische Saatgut muss sofort ausgesät werden, die Gefäße sind frostfrei aufzustellen. Bei gekauftem oder längere Zeit trocken gelagertem Saatgut ist die Samenschale vor der Aussaat aufzurauen. Darüber hinaus ist von Juni bis Juli auch eine Stecklingsvermehrung möglich. Man verwendet gut ausgereifte krautige Kopfstecklinge. Für die Vermehrung einzelner Pflanzen kann man auch Triebe absenken.

Chaenomeles; Zierquitte

Die zahlreichen Sorten der Zierquitte, die von *C. japonica*, *C. speciosa* und *C.* × *superba* abstammen, können nur vegetativ vermehrt werden. In Frage kommen Wurzelschnittlinge, Stecklinge und eine Veredlung. Braucht man nur wenige Pflanzen, bieten sich Absenker an. Außerdem sind auch Abrisse bzw. die Teilung angehäufelter Mutterpflanzen möglich.
Aussaat: Die Früchte reifen von Oktober bis Dezember. Man lässt die Früchte anrotten, wäscht die Samen danach aus und sät dann am besten gleich aus. Trocken gelagertes Saatgut ist vor der Aussaat für acht Wochen warm, anschließend zwölf Wochen kalt zu stratifizieren.

Cercidiphyllum japonicum färbt sich im Herbst phantastisch gelb. Dieses Gehölz kann durch Aussaat oder auch vegetativ vermehrt werden.

Chaenomeles kann durch Wurzelschnittlinge (links), Stecklinge (Mitte), Aussaat (rechts) und auch Veredlung vermehrt werden.

Stecklinge: Die Stecklingsvermehrung gelingt am besten im Juni, ist aber auch noch von Juli bis August möglich. Am besten bewurzeln sich noch im Wachstum befindliche Kopf- oder Teilstecklinge. Die Temperaturen im Vermehrungsbeet sollten dabei 15 °C möglichst nicht übersteigen.
Wurzelschnittlinge: Als Wurzelschnittlinge verwendet man etwa 1 cm starke Wurzelstücke nahe der Sprossachse.
Veredlung: Der Baumschuler vermehrt häufig von Januar bis Februar durch Kopulation, Geißfuß- oder auch Spaltpfropfen als Handveredlung auf starke Wurzeln von *C. japonica* und *C. speciosa*. Auch *Cydonia oblonga* dient als Unterlage.

Chimonanthus praecox; Chinesische Winterblüte

Man vermehrt diesen Strauch durch Aussaat, Stecklinge oder Absenker.
Aussaat: Diese erfolgt direkt nach der Ernte in Kisten unter Glas. Die Früchte reifen sehr früh, und zwar schon von Mai bis Juni. Wird das Saatgut längere Zeit gelagert, entwickelt sich eine harte Samenschale, die vor der Aussaat unbedingt aufgeraut werden muss. Dies gilt auch für gekauftes Saatgut.
Stecklinge: Kopf- oder auch Triebstecklinge schneidet man im Juni, wenn die erste Wachstumsphase abgeschlossen ist.

Chionanthus virginicus; Virginischer Schneeflockenstrauch

Man vermehrt durch Aussaat, Stecklinge oder Veredlung. Die Früchte reifen von September bis Oktober. Die Samen unterliegen einer starken Keimhemmung. Um sie zu durchbrechen, sind die Samen etwa zwölf Wochen warm und danach für acht bis zwölf Wochen kalt zu stratifizieren. Aussaat danach unter Glas. Stecklingsvermehrung im Frühsommer durch leicht verholzte Kopf- oder Teilstecklinge. In der Baumschule wird meist durch Veredlung vermehrt, und zwar durch Okulation im Sommer auf *Fraxinus ornus*. Auch Kopulation ist möglich.

Clerodendrum trichotomum var. *fargesii*; Losbaum

Vermehrung durch Aussaat, krautige Stecklinge von Juli bis August, durch Wurzelschnittlinge oder auch Teilung. Aussaat am besten unter Glas sofort nach der Ernte der Früchte, die erst spät im Jahr reifen. Gekauftes Saatgut ist vor der Aussaat für sechs Wochen kalt zu stratifizieren. *C. bungei* kann man zum Zeitpunkt des Austriebs gut durch Teilung vermehren.

Cornus; Hartriegel

Die verschiedenen Arten lassen sich am einfachsten durch Ableger oder Absenker vermehren. Größere Mengen werden je nach Art

Aussaattopf mit Sämlingen von Clerodendrum trichotomum var. fargesii

durch Wurzelschnittlinge, Steckhölzer, Stecklinge oder Veredlung vermehrt. Bei *C. canadensis* ist auch eine wirtschaftliche Vermehrung durch Teilung möglich. Eine Aussaat kommt für die Arten in Frage.
Aussaat: Trocken gelagertes Saatgut unterliegt einer starken Keimhemmung. Deshalb sollte nach Möglichkeit sofort nach der Samenernte ausgesät werden. Die Früchte der verschiedenen Arten reifen zwischen Juli und Oktober. Handelssaatgut bzw. trocken gelagertes Saatgut ist vor der Aussaat zunächst für etwa zwölf Wochen warm und danach

Junge Sämlinge von Cornus kousa var. chinensis

für zwölf Wochen kalt zu stratifizieren. Auch ein Aufrauen der Samenschale kann helfen, die Keimung zu beschleunigen.
Stecklinge: Stecklinge schneidet man von Juni bis Juli, von Seitentrieben auch noch im August. Verwendet werden Kopfstecklinge oder Teilstecklinge mit zwei bis drei Knospen. Die kurzen Seitentriebe werden am besten an ihrer Ansatzstelle abgerissen. Die Temperaturen im Vermehrungsbeet sollten möglichst niedrig gehalten werden, da hohe Temperaturen die Wurzelbildung verzögern oder verhindern.
Steckholz: Durch Steckholz werden insbesondere *C. alba*, *C. sanguinea* und *C. sericea* sowie ihre Sorten vermehrt. Dazu verwendet man einjährige Triebe, die von Februar bis März geerntet und in Teilstücke mit jeweils zwei bis drei Knospen geschnitten werden.
Wurzelschnittlinge: *C. mas* und *C. sanguinea* lassen sich durch Wurzelschnittlinge im Frühjahr vermehren.
Veredlung: Eine Kopulation oder Geißfußveredlung auf fest eingewurzelte Unterlagen ist von Februar bis März unter Glas möglich. Im August wird im Freien durch Spaltpfropfen veredelt. Es kann auch okuliert werden. Eine Veredlung ist vor allem bei Sorten von *C. florida* und *C. kousa* üblich, die sich nur schwer oder gar nicht durch Stecklinge vermehren lassen.

Corylopsis; Scheinhasel

Die verschiedenen Scheinhaselarten werden am einfachsten durch Ableger bzw. Absenker vermehrt.
Aussaat: Die Ernte der Samen erfolgt im Spätsommer, die dann am besten sofort unter Glas ausgesät werden. Trocken gelagertes Saatgut bzw. Handelssaatgut ist vor der Aussaat für acht Wochen warm und dann für zwölf Wochen kalt zu stratifizieren. Ein Aufrauen der Samenschale kann die Keimung positiv beeinflussen.
Stecklinge: Als Stecklinge verwendet man kurze, etwa 8 cm lange Seitentriebe, die im Juli von den Haupttrieben auf Astring geschnitten werden. Der Gärtner schneidet seine Stecklinge schon im Frühjahr von angetriebenen Mutterpflanzen. Da die Wurzeln sehr empfindlich sind, sollte gleich in Töpfe bzw. entsprechende Pflanzeinheiten gesteckt werden.
Veredlung: Veredelt wird von Januar bis Februar im Haus durch seitliches Anplatten auf im Topf eingewurzelte Unterlagen.

Corylopsis spicata ist ein hübscher Vorfrühlingsblüher.

Corylus; Haselnuss

C. avellana und ihre Sorten, *C. colurna* sowie *C. maxima* und ihre Sorten vermehrt man am einfachsten durch Absenker, Ableger oder auch Anhäufeln.
Aussaat: Die Früchte, die von Juli bis September reifen, sollten vor ihrer Vollreife geerntet werden, solange die Fruchthülle noch grün ist. Sie werden dann von ihrer Fruchthülle befreit und am besten sofort im Freien ausgesät. Trocken gelagerte Samen fallen in eine starke Keimruhe und liegen lange über. Sie sind vor der Aussaat für zwölf Wochen kalt zu stratifizieren.
Stecklinge: Man verwendet in der Regel noch krautige, im Juni geschnittene Kopfstecklinge. Bei *C. avellana* 'Contorta' eignen sich Triebstecklinge, die man bevorzugt von Trieben aus dem Inneren der Pflanze entnimmt.
Veredlung: Der Gärtner vermehrt die Hängeformen sowie *C. avellana* 'Contorta' im Winter im Haus durch Kopulation und Geißfußpfropfung auf Sämlinge der Art.

Cotinus coggygria; Europäischer Perückenstrauch

Wenn es lediglich um einzelne Pflanzen geht, vermehrt man diesen Strauch am sichersten durch Ableger bzw. Absenker.
Aussaat: Die Aussaat erfolgt am besten direkt nach der Ernte der Samen von August bis Oktober unter Glas. Die Früchte sollten zur Ernte noch grün, also nicht vollreif sein. Trocken gelagertes Saatgut unterzieht man vor der

Junge Sämlinge von *Cotinus coggygria*

Zum Stratifizieren mit Sand vermischte Samen von Cotoneaster horizontalis

Aussaat einer zwölfwöchigen Kaltstratifikation.
Stecklinge: Stecklinge werden von Juni bis Juli geschnitten. Man verwendet am besten kleine Seitentriebe, die man auf Astring schneidet oder vom Haupttrieb abreißt. Steckholzvermehrung ist möglich, doch ist auch hier die Bewurzelungsrate nicht hoch.
Wurzelschnittlinge: Wurzelschnittlinge werden im Herbst geschnitten und gleich in Kisten ausgelegt. Sie bilden den Winter über Adventivknospen aus.

Cotoneaster; Zwergmispel

Die zahlreichen *Cotoneaster*-Arten und ihre Kulturformen lassen sich am einfachsten durch Ableger, Absenker und Stecklinge vermehren. Durch Aussaat vermehrte Pflanzen fruchten in der Mehrzahl weniger reich.
Aussaat: Die kleinen Apfelfrüchte reifen je nach Art von August bis Oktober. Man sollte sie ernten, wenn sie noch grün sind, da die starke Keimhemmung der Samen in diesem Zustand noch nicht in vollem Umfang eingesetzt hat. Sät man die Samen der frischgepflückten Früchte nach dem Auswaschen gleich aus, kann man von einer Keimung im Frühjahr ausgehen. Bei Vollreife geerntete Samen oder gekauftes Saatgut ist zwölf Wochen warm und dann zwölf Wochen kalt zu stratifizieren. Trotz Vorbehandlung kommt es aber bei einem Großteil der Samen zum unerwünschten Überliegen.
Stecklinge: Die Stecklingsvermehrung ist praktisch während der gesamten Vegetationsperiode möglich. Bei sommergrünen Arten schneidet man bevorzugt von Juli bis August Kopfstecklinge von Seitentrieben. Immergrüne Arten vermehrt man vor allem von August bis September. Auch hier schneidet man Kopfstecklinge von Seitentrieben.
Steckholz: Ist u. a. bei *C. bullatus, C. horizontalis* und *C. nanshan* möglich.
Veredlung: Um Hochstämmchen zu erzielen und Hängeformen zu vermehren, veredelt man von Februar bis März durch Geißfußpfropfung oder Kopulation im Gewächshaus bzw. im Sommer durch Okulation im Freien. Für Hochstämmchen wird als Unterlage besonders *C. bullatus* verwendet. Daneben sind auch *Sorbus aucuparia* und *Crataegus monogyna* geeignet.

Crataegus; Weißdorn, Rotdorn

Die Kulturformen von *C. monogyna* und *C. laevigata* werden in den Baumschulen bevorzugt durch Veredlung vermehrt. Daneben sind Stecklinge möglich. Die Wildarten können durch Aussaat vermehrt werden.
Aussaat: Die Früchte reifen zwischen Juli und November. Die Samen unterliegen einer starken Keimhemmung. Erntet man die Früchte vor der Vollreife, d. h., wenn sie noch grün sind, ist diese noch nicht so stark ausgeprägt. Ein frühes Sammeln der Früchte sowie eine sofortige Aus-

Reife Früchte von *Crataegus monogyna*

saat führen zur schnelleren und besseren Keimung. Trocken gelagertes oder gekauftes Saatgut ist vor der Aussaat zunächst für 12 bis 16 Wochen warm und dann für 12 bis 16 Wochen kalt zu stratifizieren.
Stecklinge: Schnitt von Juli bis August. Die Triebe sollten an der Basis schon leicht verholzt sein. Eine seitliche Verwundung der Basis verbessert die Bewurzelung. Für wenige Pflanzen ist das Abmoosen eine gute Alternative.
Veredlung: Veredelt wird in der Regel im Sommer durch Okulation auf Sämlinge der Art. Im Frühjahr sind unter Glas auch eine Kopulation und eine Geißfußpfropfung möglich.

Cytisus; Geißklee, Besenginster

Bei den verschiedenen Besenginsterarten ist eine Stecklingsvermehrung üblich. Eine Veredlung durch Geißfußpfropfen ist möglich, wird aber nur selten durchgeführt. Für Stammformen wird auf *Laburnum anagyroides* veredelt.
Aussaat: Die Samen der verschiedenen Arten reifen ab August. Nach trockener Lagerung sät man dann ab Mai ins Freiland oder besser schon im Februar unter Glas in Kisten aus. Die harte Samenschale ist vor der Aussaat aufzurauen. Schon bald nach der Keimung sollten die Sämlinge aufgenommen und getopft werden, da sie sich nur schwer umpflanzen lassen.
Stecklinge: Die Vermehrung erfolgt von Juli bis August mit mehr oder weniger krautigen Kopfstecklingen. Verholzte Triebstecklinge können aber auch verwendet werden. Bei ihnen sollte man die Basis seitlich verwunden. Der Gärtner vermehrt häufig schon von März bis April. Hierzu verwendet er die Spitzen der vorjährigen Triebe.

Daphne cneorum wird in der Regel vegetativ vermehrt.

Daphne; Seidelbast

Die in unseren Gärten angepflanzten Arten bzw. Kulturformen und Auslesen von *D.* × *burkwoodii*, *D. cneorum* und *D. mezereum* vermehrt man sortenecht in der Regel vegetativ. Am einfachsten sind dabei Ableger von Juni bis Juli und Stecklinge. *D. cneorum* lässt sich auch durch Anhäufeln vermehren.
Aussaat: Die Früchte sollten vor der Vollreife geerntet werden, d. h., sobald sie sich verfärben. Im Allgemeinen ist dies von Juni bis Juli der Fall. Nachdem das Fruchtfleisch entfernt wurde, ist sofort auszusäen. Trocken gelagertes Saatgut wird hartschalig und muss vor der Aussaat für acht Wochen warm und danach zwölf Wochen kalt stratifiziert werden. Die Keimung erfolgt hier meist erst im zweiten Jahr nach der Aussaat.
Stecklinge: Stecklingsvermehrung von Juni bis September nach Triebabschluss. *D. mezereum* lässt sich auch durch Wurzelschnittlinge vermehren.

Davidia involucrata; Taschentuchbaum, Taubenbaum

Am besten lässt sich der Taschentuchbaum durch Absenker oder Abmoosen vermehren. Allerdings vergehen bis zur Bewurzelung zwei bis drei Jahre.
Aussaat: Auch bei uns liefern ältere Bäume keimfähige Samen. Geerntet wird nach dem Blattfall von Oktober bis November vor der Vollreife. Denn bei Vollreife sind die Samen hartschalig und unterliegen einer besonders starken Keimhemmung. Nach dem Entfernen der fleischigen Hülle werden die Samen bis zur Aussaat im Frühjahr kalt stratifiziert. Trocken gelagerte Samen sind vor der Aussaat zwölf Wochen warm und danach noch mal zwölf Wochen kalt zu stratifizieren.
Stecklinge: Stecklingsvermehrung ist im Juli möglich. Man verwendet Kopfstecklinge, die an der Basis gerade zu verholzen beginnen. Kürzen Sie die großen Blätter ein und stecken Sie diese am besten gleich in kleine Töpfe.

Deutzia; Deutzie

Bei den in unseren Gärten angepflanzten Deutzien handelt es sich meist um Kulturformen

Davidia involucrata ist zur Blütezeit eine Augenweide.

bzw. Auslesen, die sortenecht nur vegetativ vermehrt werden können. Alle starkwachsenden Arten wie *D.* × *hybrida, D.* × *magnifica, D. scabra* und *D.* × *rosea,* vermehrt man bevorzugt durch Steckholz, alle schwachwachsenden Arten wie *D. gracilis* und *D.* × *kalmiiflora* durch Stecklinge. Steckhölzer schneidet man auf 10–20 cm Länge, Stecklinge von Juni bis Juli. Verwendet werden sowohl Kopf- als auch Teilstecklinge, die noch nicht verholzt sein sollten. Eine Vermehrung durch Teilung ist möglich. Um neue Formen zu finden, kann auch die Aussaat interessant sein. Die Früchte reifen im Herbst. Nach trockener Lagerung werden die feinen Samen im Frühjahr unter Glas ohne jegliche Vorbehandlung ausgesät.

Steckhölzer von Deutzia scabra

In Container gesteckte Steckhölzer der Deutzien-Sorte 'Mont Rose' im Mai nach dem Austrieb

Elaeagnus; Ölweide

Die verschiedenen Ölweidenarten und ihre Kulturformen vermehrt man üblicherweise durch Stecklinge oder auch Steckholz, buntlaubige Formen auch durch Veredlung. Einzelne Arten wie *E. commutata* bilden auch Ausläufer, die man aufnehmen und aufpflanzen kann. Für wenige Pflanzen ist die Absenkervermehrung zu empfehlen. Eine Aussaat ist bei allen Arten möglich.

Aussaat: Die Früchte der verschiedenen Arten reifen zu unterschiedlichen Zeiten, so bei *E. multiflora* von Juli bis August, bei *E. umbellata* von September bis Oktober. Sofort nach der Ernte sind die Samen auszuwaschen und gleich im Freiland auszusäen. Trocken gelagertes

Links: Früchte von Elaeagnus multiflora

Rechts: Bewurzelte Erica-Stecklinge in Pflanzenzellenplatten

Saatgut muss vor der Aussaat zur Überwindung der Keimhemmung zunächst für zwölf Wochen warm und danach noch für acht bis zwölf Wochen kalt stratifiziert werden.

Stecklinge: Durch Stecklinge werden insbesondere die immergrünen *E.* × *ebbingei* und *E. pungens* vermehrt. Dies geschieht bei Freilandpflanzen von August bis September. Der Gärtner vermehrt unter Glas kultivierte Mutterpflanzen häufig schon ab Mai. Verwendet werden Kopfstecklinge, die man an der Basis seitlich verwunden sollte, um die Wurzelbildung zu fördern.

Steckholz: Durch Steckhölzer werden bevorzugt die sommergrünen *E. angustifolia*, *E. commutata* und *E. multiflora* vermehrt. Man steckt die Hölzer entweder schon im Januar unter Glas oder Ende Februar bis Anfang März auf Freilandbeete.

Erica; Heide

Die Stecklingsvermehrung ist bei den Kulturformen der verschiedenen *Erica*-Arten die einzig mögliche Methode, um die sortentypischen Merkmale wie Blütenfarbe, Wuchs und Laubfärbung zu erhalten. Eine Aussaat ist nur im Rahmen der Züchtung von Bedeutung.

Stecklinge: Der günstigste Vermehrungszeitpunkt ist für *E. carnea* Anfang Juni bis Ende August. Die übrigen Arten, u. a. *E. vagans* oder *E.* × *darleyensis,* werden in der Regel von August bis September vermehrt. Als Stecklinge werden einjährige, ausgereifte Triebe genommen, die man auf 3–4 cm zuschneidet. Geeignet sind auch kurze Triebbüschel, sogenannte Quirlstecklinge, mit einem Ansatz von zweijährigem Holz. Die unteren Blättchen sind vor dem Stecken zu entfernen.

Euonymus; Spindelstrauch, Pfaffenhütchen

Am einfachsten lassen sich die zahlreichen Spindelstraucharten sowie ihre Kulturformen durch Absenker oder Ausläufer vermehren. In der Baumschule steht die Stecklingsvermehrung im Vordergrund. Eine Veredlung auf getopfte einjährige Unterlagen – man verwendet in der Regel *E. europaeus* – ist möglich. Wenig gebräuchlich, aber machbar ist eine Vermehrung durch Wurzelschnittlinge.

Aussaat: Für die reinen Arten ist die Aussaat die wichtigste Vermehrungsmethode. Die Früchte, die im September bis Oktober reifen, sind möglichst vor der Vollreife zu ernten, da die Samen nach Öffnung der Fruchtkapseln schnell ausfallen. Nachdem der Samen von seinem fleischigen Fruchtmantel befreit worden ist, wird am besten sofort ausgesät, da die Samen sonst in eine längere Keimruhe fallen. Trocken gela-

Drei Aussaatkisten mit Samen von Euonymus latifolius. Der Samen stammt von derselben Mutterpflanze und wurde am selben Tag ausgesät. Die linke Kiste wurde warm bei 18–20 °C aufgestellt, die mittlere Kiste zunächst warm, dann kalt und die rechte Kiste kalt bei Temperaturen unter 0 bis maximal +10 °C.

gertes Saatgut muss für acht Wochen warm und dann für zwölf Wochen kalt stratifiziert werden.
Stecklinge: Stecklinge von immergrünen Arten schneidet man bevorzugt von August bis September. Der Schnitt ist aber auch schon früher möglich. Sommergrüne Arten bzw. Kulturformen steckt man von Mai bis Juni.
Steckholz: Durch Steckhölzer lassen sich *E. europaeus* und seine Formen vermehren. Man verwendet dazu etwa 10 cm lange Hölzer, die im Februar bis März unter Glas gesteckt werden.

Fagus sylvatica; Rot-Buche

Die Vermehrung der Rot-Buche erfolgt durch Aussaat, die Varietäten werden veredelt. Reichen die Zweige bis zum Boden, sind auch Ableger möglich. Alternativ kann man abmoosen.
Aussaat: Die Ernte der Samen erfolgt im Oktober. Am besten ist es, gleich nach der Ernte im Herbst auszusäen, da die Lagerung der Samen über den Winter nicht unproblematisch ist. Ist eine Aussaat nicht mehr möglich, sind die Samen in einem mäßig feuchten Torf-Sand-Gemisch bei Temperaturen zwischen 2–4 °C

Sämlinge von Fagus sylvatica am natürlichen Standort

zu lagern. Aussaaten der zur Atropurpurea-Gruppe gehörenden Gartenformen, die wegen ihres roten Laubes umgangssprachlich als Blut-Buchen bezeichnet, bringen etwa 5 % dauerhaft rote Pflanzen hervor, der Rest vergrünt im Laufe der Jahre.
Veredlung: Als Veredlungsmethoden für die Kulturformen kommen eine Frühjahrsveredlung im Freiland durch Spaltpfropfen, eine Sommerveredlung durch Kopulation sowie eine Spätsommerveredlung durch Einspitzen mittels T-Schnitt in die Rinde, in den das Reis eingeschoben wird, in Frage. Die Hängeformen werden in der Regel durch seitliches Einspitzen Ende Mai veredelt.

Forsythia; Forsythie, Goldglöckchen

Forsythien lassen sich am besten durch Steckhölzer oder Stecklinge vermehren. Ableger sind auch problemlos möglich. Die Aussaat ist für Züchtungszwecke von Bedeutung.
Aussaat: Am besten gleich nach der Ernte der Samen im Herbst unter Freilandbedingungen. Gekauftes Saatgut ist vor der Aussaat für zwölf Wochen kalt zu stratifizieren.
Stecklinge: Stecklinge schneidet man von Juli bis August. Die Triebe sollten ausgereift, aber noch nicht verholzt sein. Neben Kopfstecklingen kann man auch Teilstecklinge verwenden.
Steckholz: Als Steckhölzer verwendet man in der Regel einjährige Triebe. Zweijähriges Holz ist auch geeignet, sogenannte Wasserreiser jedoch weniger. Man schneidet die Triebe, die hohl sind, auf etwa 15–20 cm Länge. Um jedoch hohle Enden zu vermeiden, die Eintrittspforten für Pilze darstellen, empfiehlt es sich, oben und unten durch einen Blattknoten zu schneiden.

Forsythien vermehrt man am einfachsten durch Steckhölzer und Stecklinge.

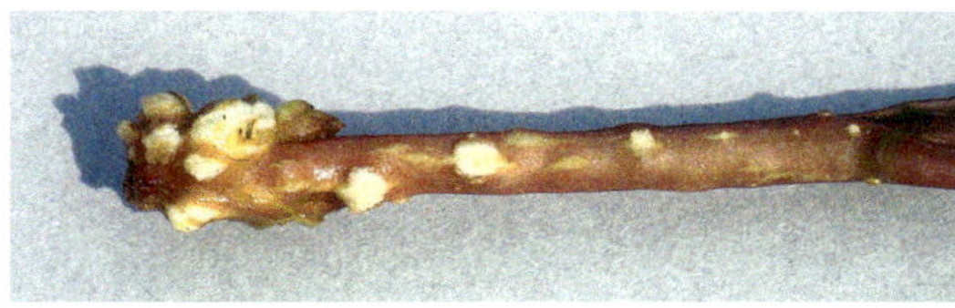

Die Aufnahme eines Forsythienstecklings macht deutlich, dass die Wurzelbildung bevorzugt, aber nicht ausschließlich an den Nodien (Blattknoten) erfolgt.

Fothergilla; Federbuschstrauch

Die Federbuscharten vermehrt man ausschließlich vegetativ. Am besten und sichersten ist die Vermehrung durch Absenker. Eine Aussaat ist auch möglich.
Aussaat: Die Samen reifen im September. Der Reifeverlauf ist sorgfältig zu beobachten, da die Kapseln bei Reife aufspringen und die Samen herausschleudern. Die Samen unterliegen einer starken Keimhemmung, zu deren Behebung die Samen zunächst für etwa 24 Wochen warm und danach für zwölf Wo-

Die schöne Herbstfärbung von Fothergilla major ist kaum zu überbieten.

Gaultheria procumbens

chen kalt stratifiziert werden müssen.
Absenker: Abgesenkt werden ein- oder auch zweijährige Triebe. Bis die Absenker ausreichend bewurzelt sind, dauert es allerdings meist zwei Jahre.
Stecklinge: Diese werden im Juni schon bald nach dem Austrieb geschnitten. Man verwendet sowohl krautige Kopf- als auch schon leicht verholzte Teilstecklinge. Hohe Bodentemperaturen um 20 °C fördern die Wurzelbildung.

Fraxinus; Esche

Eschenarten vermehrt man durch Aussaat, die Formen durch Veredlung. Die Stecklingsvermehrung soll von Mai bis Juni möglich sein.
Aussaat: Die Früchte reifen von September bis November. Die Samen sollten grün am Baum geerntet werden, da vollreife Samen einer besonders starken Keimhemmung unterliegen. Um besser aussäen zu können, sind die Flügel von den Samen zu entfernen. Vollreif geerntetes bzw. gekauftes Saatgut ist für 24 Wochen warm und anschließend noch für etwa 20 Wochen kalt zu stratifizieren.
Veredlung: Veredelt wird durch Okulation im Sommer oder durch Kopulation bzw. Geißfußpfropfen im Frühjahr. Als Unterlage verwendet man Sämlinge der jeweiligen Art. Kugelförmige oder hängende Kulturformen werden in etwa 2,5 m Höhe mittels Geißfußpfropfung veredelt.

Gaultheria; Rebhuhnbeere, Scheinbeere

G. procumbens und *G. shallon* vermehrt man durch Teilung bzw. Ausläufer, Stecklinge oder Aussaat. Darüber hinaus sind Wurzelschnittlinge möglich. Als Stecklinge verwendet man ausgereifte Triebe, die von Juli bis August geschnitten werden. Die Früchte erntet man zur Samengewinnung im Spätherbst, reinigt sie vom Fruchtfleisch und sät anschließend direkt aus. Die Aussaatgefäße sollten unter Glas bei 18 °C stehen.

Genista; Ginster

Die in unseren Gärten angepflanzten Ginsterarten vermehrt man durch Aussaat oder Stecklinge. Zur Gewinnung einzelner Pflanzen sind Absenker zu empfehlen. Die Samen werden von Oktober bis November geerntet. Aussaat nach trockener Lagerung und Aufrauen der Samenschale im Frühjahr unter Glas. Ein Vorkeimen der Samen beschleunigt die Keimung. Die Stecklingsvermehrung erfolgt wie bei *Cytisus* beschrieben.

Gleditsia triacanthos; Amerikanische Gleditschie

Die Vermehrung erfolgt in der Regel durch Aussaat, die der Kulturformen durch Veredlung. Eine Vermehrung durch Stecklinge ist im Sommer möglich, doch sind die Bewurzelungsergebnisse leider nicht immer befriedigend.
Aussaat: Die Fruchthülsen reifen von Oktober bis November. Nach trockener Lagerung wird dann im Frühjahr unter Glas ausgesät. Um die Hartschaligkeit zu beseitigen, muss die Samenschale aufgeraut werden. Die Keimung erfolgt dann sehr schnell nach drei bis vier Wochen.
Veredlung: Veredelt wird durch Okulation im Sommer oder durch Pfropfen hinter die Rinde bzw. Geißfußpfropfen im Frühjahr.

Halesia; Schneeglöckchenbaum

Die beiden bei uns gepflanzten Arten *H. carolina* und *H. monticola* vermehrt man durch Aussaat, Stecklinge oder Ableger. Zum Ablegen verwendet man bevorzugt zweijährige Triebe.
Aussaat: Eigene Samenernte ist möglich, doch scheinen die Samen bei uns nicht richtig auszureifen, da die Samen selten keimfähig sind. Gekauftes (importiertes) Saatgut ist für zwölf Wochen warm und danach für weitere zwölf Wochen kalt zu stratifizieren, um die Keimhemmung zu beheben. Danach Aussaat in Kisten unter Glas.
Stecklinge: Diese schneidet man von Juni bis Juli. Die Basis sollte dabei schon leicht verholzt sein. Temperaturen um 25 °C im Vermehrungsbeet fördern die Wurzelbildung.

Früchte von Gleditsia triacanthos

Hamamelis; Zaubernuss

In der Regel werden Kulturformen der Zaubernuss gepflanzt, die sich sortenecht nur vegetativ vermehren lassen. Dabei kommt normalerweise nur eine Veredlung in Frage. Für die Gewinnung einzelner Pflanze sind Absenker sinnvoll. Allerdings dauert es in der Regel zwei Jahre bis zur Bewurzelung. Eine Vermehrung durch Stecklinge und Steckholz ist möglich, aber schwierig.

Hamamelis-Früchte und Samen

Hamamelis mollis – ein phantastischer Winterblüher

Natürliche Ausläufer von Hippophae rhamnoides, die man zur Vermehrung nutzen kann.

Aussaat: Die Ernte der Samen sollte vor der Vollreife im Herbst erfolgen, da reife Samenkapseln ihre Samen weit hinausschleudern und man ansonsten leer ausgehen könnte. Die Samen unterliegen einer starken Keimhemmung. Am besten wird gleich nach der Ernte ausgesät. Mit einer Keimung ist dann im zweiten Frühjahr zu rechnen. Trocken gelagertes bzw. zugekauftes Saatgut ist vor der Aussaat zunächst für etwa acht Wochen warm und danach für rund zwölf Wochen kalt zu stratifizieren.
Veredlung: Veredelt wird von Februar bis März durch Kopulation, Geißfußpfropfen oder seitliches Anplatten auf im Topf eingewurzelte Unterlagen von *H. japonica* oder *H. virginiana*. Eine Kopulation kann auch im Sommer durchgeführt werden.

Hibiscus syriacus; Echter Roseneibisch

Bei den in unseren Gärten gepflanzten Eibischen handelt es sich um Kulturformen, die sortenecht nur vegetativ vermehrt werden können. Eine Aussaat ist für die Züchtung und die Anzucht von Veredlungsunterlagen interessant.
Aussaat: Hier muss man in der Regel auf gekauftes Saatgut zurückgreifen, da die Früchte in unseren Breiten nur in wirklich warmen Sommern ausreifen. Die Aussaat erfolgt im Frühjahr unter Glas. Für eine gleichmäßige Keimung ist ein Vorquellen der Samen zu empfehlen.
Stecklinge: Diese schneidet man gleich nach dem Austrieb im Frühjahr, bevor sich die Blütenknospen entwickeln. Bei einem späteren Schnitt müssen dann vorhandene Blütenknospen entfernt werden. Großes Blattwerk sollte man einkürzen.
Steckholz: Steckhölzer schneidet man im zeitigen Frühjahr aus einjährigen Trieben, die dann unter Glas bewurzelt werden.
Veredlung: Eine Handveredlung erfolgt in der Regel im Frühjahr durch Kopulation, Geißfuß- oder Spaltpfropfen auf ein- oder zweijährige Sämlinge der Art. Die Veredlungsstelle sollte dabei möglichst nahe am Wurzelhals sein, da sonst zu viele Wildtriebe entstehen.

Hippophae rhamnoides; Sanddorn

Sanddorn ist zweihäusig, weshalb sich zu seiner Vermehrung insbesondere vegetative Verfahren anbieten. Denn in der Regel wird man den weiblichen Pflanzen aufgrund der zierenden Früchte den Vorzug geben. Später im Garten muss zur Befruchtung der weiblichen Blüten immer ein männliches Exemplar in der Nähe stehen. Beide Geschlechter sind frühestens vom dritten Lebensjahr an zu unterscheiden. Eine Vermehrung durch Steckholz ist machbar, aber nicht immer befriedigend. Man verwendet junge, kräftige Triebe mit zwei Knospen. Auch Wurzelschnittlinge sind möglich.
Aussaat: Die Ernte der Samen erfolgt von August bis September. Die Aussaat kann dann noch im Herbst vorgenommen werden. Besser ist es aber, bis zum Frühjahr zu warten, da für die Keimung höhere Temperaturen erforderlich sind. Vor der Aussaat sind die Samen für zwölf Wochen kalt zu stratifizieren.
Ausläufer: Ausläufer nimmt man im Frühjahr ab. Diese einfache Methode eignet sich jedoch nicht für die Vermehrung größerer Mengen.
Stecklinge: Diese schneidet man von Juni bis Juli. Sie sollten an der Basis schon leicht verholzt sein. Man steckt am besten gleich in kleine Einzeltöpfe oder bei größeren Mengen in Multitopfplatten, da die Wurzeln sehr brüchig sind.

Hydrangea; Hortensie

Bei den in unseren Gärten angepflanzten Hortensien handelt es sich ausschließlich um Kulturformen oder Varietäten der verschiedenen Arten, die sich sortenecht nur vegetativ vermehren lassen. Eine Aussaat ist möglich

und im Allgemeinen auch nicht schwierig. Man sät die im Herbst geernteten Samen im Frühjahr nach trockener Lagerung unter Glas aus.
Anhäufeln: Die Vermehrung durch Anhäufeln ist bei allen Kulturformen und Varietäten möglich. Besonders verbreitet ist sie bei den Kulturformen von *H. aspera*. Für wenige Exemplare ist die Ableger- bzw. Absenkervermehrung zu empfehlen.
Stecklinge: Alle Varietäten und Kulturformen lassen sich gut durch Stecklinge vermehren, die man von Frühjahr bis Herbst schneiden kann. Die Kulturformen von *H. macrophylla* werden bevorzugt von August bis September nach der Blüte geschnitten. Man kann auch Teilstecklinge verwenden.
Steckholz: *H. paniculata* und *H. arborescens*, aber auch andere Arten und ihre Formen, lassen sich gut durch Steckholz vermehren. Man verwendet dazu gut ausgereifte Triebe, die im zeitigen Frühjahr unter Glas oder später ins Freiland gesteckt werden.
Wurzelschnittlinge: Durch Wurzelschnittlinge vermehrt man insbesondere *H. quercifolia*. Man verwendet dazu etwa 5 cm lange Wurzelstücke, die man in Kisten auslegt und unter Glas aufstellt.
Veredlung: Gelegentlich werden Hortensien auch veredelt, und zwar durch Kopulation oder Geißfußpfropfung auf Wurzelstücke der jeweiligen Art im Winter (Handveredlung).

Hypericum; Johanniskraut

Üblicherweise werden die holzigen Johanniskrautarten und ihre Kulturformen durch Stecklinge vermehrt. Eine Aussaat zum Experimentieren ist möglich. Für wenige Exemplare kann man auch durch Teilung oder Ableger vermehren.
Aussaat: Die Fruchtkapseln sind vor der Vollreife zu ernten. Wartet man zu lange, geht man leer aus, da die Fruchtkapseln bei Vollreife aufspringen und ihre Samen entlassen. Die Samen unterliegen keiner Keimhemmung. Man bewahrt sie trocken bis zum Frühjahr auf und sät dann, wenn die Tage länger werden, unter Glas aus.
Stecklinge: Stecklingsvermehrung von Juni bis Oktober mit gut ausgereiften Trieben. Man schneidet Kopf- oder Teilstecklinge, in der Regel mit zwei bis drei Nodien (Blattansätzen). Arten bzw. Kulturformen mit langen Trieben, z. B. 'Hidcote', können auch durch Steckholz vermehrt werden.

Bei Hortensien, hier Hydrangea serrata, ist die vegetative Vermehrung üblich.

Ilex; Stechpalme

Die Kulturformen der *Ilex*-Arten werden vegetativ vermehrt, die Arten selbst auch durch Aussaat. Bei den vegetativen Methoden stehen Stecklinge im Vordergrund. Für einzelne Exemplare ist auch das Absenken eine sichere Methode. Allerdings vergehen bis zur Bewurzelung meist zwei Jahre. Die Veredlung durch Kopulation im Winter oder auch durch Okulation im Sommer spielt lediglich am Rande eine Rolle.
Aussaat: Die Früchte der Stechpalmen reifen von November bis Dezember. Durch Verrotten und späteres Auswaschen wird das Fruchtfleisch von den Samen getrennt. Die Samen unterliegen einer starken Keimhemmung, die in einer harten Samenschale und einem unterentwickelten Embryo begründet ist. Nach der Reinigung werden die Samen bis zum Frühjahr warm stratifiziert und im April bis Mai ausgesät. Sie keimen dann erst im darauf folgenden Frühjahr nach der den Winter über erhaltenen Kältebehandlung. Sie können aber auch noch länger überliegen.

Stecklinge: Stecklinge der immergrünen Arten schneidet man von Juli bis Oktober, sommergrüne Arten wie *I. verticillata* auch schon früher. Die Endknospen sollten voll entwickelt sein. Verwendet werden in der Regel Kopfstecklinge mit einer Länge um 10 cm.

Juglans regia; Echte Walnuss

Einzelne Pflanzen vermehrt man sortenecht am besten durch Absenker. Zur sortenechten Vermehrung kommt sonst nur noch die Veredlung in Frage. Allgemein ist aber auch noch eine Aussaat üblich. Näheres siehe Seite 140–141.

Kalmia; Lorbeerrose

Bei den Lorbeerrosenarten ist die Vermehrung durch Absenker oder Aussaat üblich. Schwierig, aber möglich ist auch die Vermehrung durch Stecklinge im Sommer.
Aussaat: Diese erfolgt bevorzugt gleich nach der Ernte der Samen von Oktober bis November. Der pH-Wert des Aussaatsubstrates sollte bei 4,5 liegen, daher ist ein Torf-Sand-Gemisch am besten geeignet. Die Aussaat erfolgt in Kisten, die zunächst ins Freie gestellt werden. Im Februar kommen die Kisten dann unter Glas. Bei Temperaturen um 18 °C erfolgt die Keimung nach drei bis vier Wochen.
Absenker: Hierfür verwendet man zweijährige Triebe, die bevorzugt im Spätsommer abgesenkt werden.

Kerria japonica; Ranunkelstrauch, Kerrie

Man vermehrt den Ranunkelstrauch in der Regel durch Stecklinge, Steckholz, Ausläufer, aber auch durch vorsichtiges Teilen. Aussaat ist möglich, jedoch nicht üblich. Kopf- oder auch Teilstecklinge mit einer Länge von etwa 10 cm werden von Juni bis September geschnitten. Steckhölzer schneidet man von vorjährigen Zweigen, die man etwa 20 cm lang zuschneidet.

Koelreuteria paniculata; Blasenbaum

Beim Blasenbaum ist in der Regel eine Aussaat üblich. Die Samen werden im Herbst geerntet und am besten gleich im Freien ausgesät. Zuvor wird die harte Samenschale aufgeraut. Man kann mit der Aussaat jedoch auch bis zum Frühjahr warten. Wurzelschnittlinge sind im Frühjahr möglich. Der Gärtner vermehrt auch durch Spaltpfropfung im Frühjahr auf Wurzelstücke oder getopfte Sämlinge.

Kolkwitzia amabilis; Kolkwitzie

Eine Aussaat ist lediglich für die Züchtung von Bedeutung. In der Regel wird die Kolkwitzie hingegen durch Stecklinge vermehrt. Für die Gewinnung einzelner Exemplare sind Absenker eher zu empfehlen. Auch Steckholz ist möglich.
Aussaat: Ernte der Samen von September bis Oktober. Nach trockener Lagerung sät man im Frühjahr unter Glas aus. Die vergleichsweise feinen Samen sind nur schwach mit Erde abzudecken.
Stecklinge: Man schneidet die Kopfstecklinge mit drei Knospenpaaren im Juni. Sie sollten ausgereift, aber an der Basis noch nicht verholzt sein. Die weichen Triebspitzen sind gegebenenfalls zu entfernen.

Laburnum; Goldregen

L. anagyroides vermehrt man in der Regel durch Aussaat, *L. × watereri* durch Veredlung oder Steckholz. Eine Stecklingsvermehrung ist von Mai bis Juni möglich.
Aussaat: Die Samen reifen von August bis Oktober. Nach trockener Lagerung wird dann von April bis Mai im Freien ausgesät. Die harte Samenschale ist vorher aufzurauen. Ein Vorkeimen für 24 Stunden bringt eine gleichmäßigere Keimung.

Früchte von Koelreuteria paniculata

Kolkwitzia amabilis ist ein attraktiver Blütenstrauch.

Steckhölzer von Kolkwitzia amabilis

Vorgekeimte Samen von Laburnum anagyroides

Aussaattopf mit Ligustrum-Sämlingen

Steckholz: Als Steckholz verwendet man vorjährige, gut verholzte Zweige, die von Februar bis März auf 15–20 cm Länge zugeschnitten werden. Gesteckt wird am besten unter Glas, ab Mitte März können Sie auch direkt ins Freie stecken.
Veredlung: Hier bietet sich eine Okulation im Sommer oder ein Spaltpfropfen von Februar bis März (Handveredlung) an.

Ligustrum; Liguster, Rainweide

Die verschiedenen Ligusterarten und ihre Kulturformen werden üblicherweise vegetativ vermehrt, insbesondere durch Stecklinge oder Steckhölzer, aber auch durch Veredlung (Geißfußpfropfen oder Kopulation im Frühjahr und Okulation im Sommer).
Aussaat: Die Beeren reifen von September bis Oktober. Nach der Ernte werden die Samen ausgewaschen und am besten gleich im Freien ausgesät. Trocken gelagertes Saatgut ist vor der Aussaat für rund zwölf Wochen kalt zu stratifizieren.
Stecklinge: Man verwendet sowohl Kopf- als auch Teilstecklinge mit mindestens vier Nodien, die während der gesamten Vegetationsperiode geschnitten werden können.
Steckholz: Durch Steckholz werden vor allem *L. vulgare* und *L. ovalifolium* vermehrt. Man verwendet einjährige Triebe, die auf etwa 20–30 cm Länge geschnitten und ab April auf Beete gesteckt werden.

Liquidambar styraciflua; Amerikanischer Amberbaum

Den Amberbaum vermehrt man in der Regel durch Aussaat. Aber auch Absenker und Stecklinge sind möglich. Bei der Aussaat ist man auf importiertes Saatgut angewiesen, das vor der Aussaat für acht bis zwölf Wochen kalt stratifiziert werden muss. Absenker werden im Herbst abgelegt. In der Regel dauert es zwei Jahre, bis die Triebe ausreichend bewurzelt sind. Kopf- oder Teilstecklinge können im Juli geschnitten werden, jedoch ist die Wurzelbildung nicht immer befriedigend. Die Kulturformen werden in der Regel durch Kopulation, Geißfußpfropfen oder seitliches Anplatten im August veredelt.

Liriodendron tulipifera; Amerikanischer Tulpenbaum

Beim Tulpenbaum ist die Aussaat die wichtigste Vermehrungsmethode. Für einzelne Pflanzen empfehlen sich auch Absenker bzw. das Abmoosen, sofern eine Mutterpflanze zur Verfügung

steht. Selektionen bzw. Sorten werden veredelt, und zwar im Frühjahr durch Kopulation oder Geißfußpfropfen auf im Topf eingewurzelte Unterlagen. Eine Stecklingsvermehrung ist von Juni bis Juli möglich.
Aussaat: Auch bei uns setzen die Pflanzen Früchte an, die im Oktober bis November geerntet werden können, doch ist die Keimfähigkeit der Samen in der Regel relativ gering. Daher wird man zumeist auf importiertes Saatgut zurückgreifen müssen. Die Samen sind sofort nach Erhalt für etwa zwölf Wochen kalt zu stratifizieren. Danach wird in Kisten ausgesät, die unter Glas aufgestellt werden. Eine Aussaat auf Freilandbeete ist ebenfalls möglich.

Lonicera; Geißblatt, Heckenkirsche

Von den rund 180 Arten der Gattung geht es hier um die immergrünen und laubabwerfenden Sträucher, wozu u. a. *L. caerulea*, *L. korolkowii*, *L. nitida*, *L. tatarica* und *L. xylosteum* gehören. Die kletternden Arten werden auf Seite 134 behandelt. In der Regel vermehrt man die Kulturformen sowie die Arten durch Stecklinge, starkwachsende Arten und Sorten auch durch Steckholz. Bei der Aussaat kommt es zur starken Aufspaltung. Sie ist nur bei den Wildarten zu empfehlen. Am einfachsten ist die Vermehrung durch Ableger bzw. Absenker.
Aussaat: Nachdem man die Samen durch Anrotten und Auswaschen aus den Früchten befreit hat, wird am besten gleich im Freiland ausgesät. Trocken gelagertes Saatgut ist vor der Aussaat für acht bis zwölf Wochen kalt zu stratifizieren.
Stecklinge: Die Stecklingsvermehrung gelingt von Juni bis August, immergrüne Arten wie *L. nitida* können auch noch im September bis Oktober gesteckt werden. Man verwendet dabei gut ausgereifte Kopf- oder auch Teilstecklinge.

Magnolia; Magnolie

Bei den bei uns angebotenen und gepflanzten Magnolien handelt es sich um Selektionen oder Kulturformen, die sich sortenecht nur vegetativ vermehren lassen. Die Aussaat spielt lediglich im Rahmen der Züchtung oder für die Anzucht von Unterlagen eine Rolle. Trotzdem kann gerade für den Hobbygärtner eine Aussaat interessant sein.
Aussaat: Die Ernte der zapfenartigen Fruchtstände erfolgt, wenn sich die Zapfen zu öffnen beginnen. An einen warmen Ort gebracht, öffnen sich die Zapfen vollständig, und die Samen fallen heraus. Die rote, fetthaltige Samenhülle muss entfernt werden, da sie keimhemmende Stoffe enthält. Dazu wird die Samenhülle oberflächlich verletzt, die Samen werden in warmem Wasser eingeweicht und nach einigen Tagen ausgewaschen. Im Anschluss daran werden die Samen für etwa acht bis zwölf Wochen kalt stratifiziert und anschließend unter Glas ausgesät. Zum Teil liegen die Samen über und keimen erst im zweiten Frühjahr nach der Ernte. Trocken gelagertes Saatgut verliert rasch seine Keimfähigkeit.
Absenker: Die Vermehrung durch Absenker ist eine sichere Methode, doch dauert die Bewurzelung in der Regel zweieinhalb Jahre. Im August werden die Triebe mit einem scharfen Knick abgesenkt und im Boden festgehakt. Die Wurzeln sollten beim Abnehmen und Aufpflanzen der Jungpflanzen nicht zurückgeschnitten werden.
Stecklinge: Die Vermehrung durch Stecklinge erfolgt von Juni bis Juli oder auch noch im August. Man verwendet sowohl Kopfstecklinge als auch Teilstecklinge mit einer, zwei oder drei Knospen. Die Triebe sollten gut ausgereift, an der Basis aber noch grün oder nur leicht bräunlich verfärbt sein. Da die Wurzeln sehr verpflanzempfindlich sind, wird am besten gleich in kleine Töpfe oder Multitopfplatten ge-

Links: Samen von Lonicera caerulea

Rechts: Jungpflanzen von Lonicera caerulea

Magnolia lilliflora

Samen von Magnolia kobus

Mahonia aquifolium

steckt. Hohe Bodentemperaturen fördern die Wurzelbildung.
Veredlung: Zweijährige Reiser werden im Winter auf im Topf eingewurzelte Sämlinge durch Kopulation oder Geißfußpfropfen und im Sommer durch seitliches Anplatten veredelt. Als Universalunterlage dient *M. kobus*.

Mahonia; Mahonie

Mahonienarten und vor allem ihre Kulturformen vermehrt man in der Regel durch Stecklinge, obwohl auch eine Teilung möglich ist. Für einzelne Exemplare ist die Absenkervermehrung zu empfehlen, die allerdings bis zu zwei Jahre dauern kann. Einige Arten bilden auch Ausläufer. Daneben ist eine Veredlung durch Kopulation oder Geißfußpfropfen im Frühjahr auf im Topf eingewurzelte Unterlagen möglich.
Aussaat: Die Früchte werden von Juni bis August geerntet, und zwar am besten vor der Voll-

Sorten, wie hier z. B. Malus 'Evereste', lassen sich echt nur vegetativ vermehren.

Früchte von Mespilus germanica

reife, d. h. bei beginnender Färbung. Man wäscht die Samen aus und sät anschließend gleich unter Glas aus. Vollreife Früchte unterliegen einer starken Keimhemmung und sind zunächst für etwa zwölf Wochen warm und danach für zwölf Wochen kalt zu stratifizieren.
Stecklinge: Die Stecklingsvermehrung erfolgt bevorzugt im September, wenn die Triebe ausgereift sind. Am einfachsten sind Kopfstecklinge zu schneiden. Der Gärtner vermehrt häufig durch Stecklinge mit einem Nodium, sogenannte Augenstecklinge. Gesteckt wird am besten in Einzeltöpfe oder Multitopfplatten, da die Wurzeln sehr brüchig sind.

Malus; Wild- und Zier-Äpfel

Zu den Wild- und Zier-Äpfeln zählen Arten und Sorten, die sich von den Obstsorten durch einen hohen Zierwert von Blüte und Frucht, kleinere Früchte und reichhaltigen Fruchtansatz abgrenzen. In der Mehrzahl werden Selektionen und Sorten angepflanzt, die sortenecht nur vegetativ vermehrt werden können. Für den, der experimentieren will, kann aber auch die Aussaat sehr interessant sein, zumal sich die verschiedenen Arten gegenseitig bestäuben können und dabei interessante Abkömmlinge entstehen können.
Aussaat: Die Früchte werden von September bis Oktober geerntet, anschließend gleich zerquetscht und die Samen nach einiger Zeit unter fließendem Wasser ausgewaschen. Die Aussaat sollte dann noch im Spätherbst auf Freilandbeete erfolgen oder in Kisten, die man im Freien aufstellt. Will man erst im Frühjahr aussäen, sind die Samen vor der Aussaat etwa acht bis zwölf Wochen kalt zu stratifizieren.

Keimling von Malus 'Evereste'

Ableger: Die Vermehrung durch Ableger ist einfach. Dazu verwendet man kräftige einjährige Triebe, die im Frühjahr ablegt oder absenkt werden. Verschiedene Arten und Kulturformen lassen sich darüber hinaus auch durch Ausläufer oder Wurzelschnittlinge vermehren.
Stecklinge: Der Gärtner schneidet im April Stecklinge von vorgetriebenen Mutterpflanzen. Verwendet werden Kopfstecklinge, die an der Basis nur leicht verholzt sein sollten. Im Freien schneidet man Stecklinge im Juni. Auch eine Steckholzvermehrung ist möglich.
Veredlung: Wie die Obstsorten können auch Zier-Äpfel bzw. ihre Kulturformen veredelt werden, und zwar durch Okulation, Geißfußpfropfen oder Kopulation (siehe Seite 137–138).

Mespilus germanica; Echte Mispel

Die Obstsorten werden entweder durch Okulation oder Spaltpfropfen vermehrt. Als Unterlage dienen in der Regel Weißdornsämlinge (*Crataegus*), wobei auch

Quitte und Birne geeignet sind. Sie können Triebe ablegen oder auch Wurzelschnittlinge schneiden, falls Sie wurzelechte Pflanzen haben. Ist man nicht unbedingt an großen Früchten interessiert, kann ausgesät werden. Dazu löst man die Samen aus den reifen Früchten heraus, legt sie für zwei Tage in Wasser und wäscht sie danach aus. Vor der Aussaat sind die Samen dann für rund acht bis zwölf Wochen kalt zu stratifizieren.

Nothofagus antarctica; Scheinbuche

Man vermehrt durch Aussaat, Absenker, Steckholz und Stecklinge, wobei die vegetativen Methoden in unseren Breiten im Vordergrund stehen.
Aussaat: Hier ist man in der Regel auf importiertes Saatgut angewiesen, da bei uns geerntete Samen meist nicht ausreichend keimfähig sind. Ausgesät wird ohne Vorbehandlung im Haus, am besten im Frühjahr.
Absenker: Im Frühjahr abgesenkte Triebe sind meist schon bis zum Herbst bewurzelt.
Stecklinge: Man verwendet ausgereifte Stecklinge im Sommer, und zwar am besten Kopfstecklinge, die an der Basis noch nicht verholzt sind. Teilstecklinge bewurzeln sich weniger gut oder gar nicht.
Steckholz: Steckhölzer werden im Februar bis März geschnitten und unter Glas am besten in Einzeltöpfe gesteckt.

Paeonia × *suffruticosa*; Strauch-Pfingstrose

Die Strauch-Pfingstrose wird allgemein vegetativ durch Veredlung vermehrt, da es sich bei den angebotenen Pflanzen ausschließlich um Kulturformen handelt. Für einzelne Exemplare

Paeonia × suffruticosa

sind Absenker empfehlenswert. Doch dauert es meist zwei Jahre, bis die Triebe ausreichend bewurzelt sind.
Aussaat: Die Aussaat hat nur für die Art selbst Bedeutung. Die Samen unterliegen einer starken Keimhemmung. Deshalb ist das Saatgut nach der Ernte zunächst für etwa zwölf Wochen warm und danach für zwölf Wochen kalt zu stratifizieren. Die Keimung erfolgt in der Regel erst im zweiten Frühjahr nach der Ernte.
Stecklinge: Eine Stecklingsvermehrung ist von Mai bis Juni möglich, jedoch erfolgt die Bewurzelung, wenn überhaupt, nur sehr zögerlich.
Veredlung: Veredelt wird im August bis September auf Wurzelstücke der staudigen *P. lactiflora* durch Geißfußpfropfen. Dabei darf beim Beschneiden des Edelreises das Mark nicht freigelegt werden. Schlagen Sie die fertigen Veredlungen in ein Torf-Sand-Gemisch ein und stellen Sie sie unter Glas auf.

Parrotia persica; Eisenholzbaum, Parrotie

Der Eisenholzbaum lässt sich durch Aussaat, Absenker, Stecklinge und Veredlung vermehren. Bei der Aussaat ist man auf gekauftes Saatgut angewiesen, da die Pflanzen in unseren Breiten in der Regel keine keimfähigen Samen ausbilden. Die Samen müssen zunächst für etwa zwölf Wochen warm und danach die gleiche Zeit kalt stratifiziert werden. Für einzelne Exemplare ist die Absenkervermehrung zu empfehlen. Allerdings vergehen bis zur Bewurzelung zwei bis drei Jahre. Kopfstecklinge schneidet man von Juni bis Juli und verwendet dazu noch nicht verholzte Triebe. Die Bewurzelung ist nicht immer befriedigend. Veredelt wird durch Kopulation, Geißfußpfropfen oder seitliches Anplatten, in der Regel auf *Hamamelis virginiana*.

Paulownia tomentosa; Chinesischer Blauglockenbaum

Vermehrt wird durch Wurzelschnittlinge und Aussaat, da sich auch bei uns in klimatisch günstigen Gebieten keimfähige Samen entwickeln. Die Früchte mit den feinen Samen können von November bis Dezember geerntet werden. Die Aussaat erfolgt dann nach trockener Lagerung im Frühjahr unter Glas. Wurzelschnittlinge schneidet man am besten im Frühjahr kurz vor dem Austrieb der Pflanzen.

Phellodendron amurense; Amur-Korkbaum

Der Amur-Korkbaum wird durch Aussaat oder Wurzelschnittlinge vermehrt. Einfach ist die Vermehrung durch Absenker. Die Früchte mit den Steinsamen reifen im Oktober bis November. Sie werden zerdrückt, die Samen später ausgewaschen und am besten gleich unter Glas ausgesät. Trocken gelagertes Saatgut sollte vor der Aussaat für acht Wochen kalt stratifiziert werden.

Junge Sämlinge von Phellodendron

Philadelphus; Sommerjasmin, Pfeifenstrauch

Die *Philadelphus*-Arten vermehrt man am besten vegetativ durch Steckholz oder Stecklinge, Anhäufeln oder Absenker. Eine Aussaat kommt nur für die Arten selbst in Frage.

Aussaat: Die Kapselfrüchte reifen im August bis September. Sie sind zu ernten, bevor die Kapseln endgültig aufspringen und ihre Samen entlassen. Nach trockener Lagerung der Samen sät man am besten im Frühjahr unter Glas aus.

Stecklinge: Kopf- als auch Teilstecklinge werden im Sommer geschnitten.

Steckholz: Bevorzugt die starkwachsenden Formen bzw. Arten vermehrt man durch Steckholz. Am besten bewurzeln dabei die mittleren Teile gut ausgereifter Zweige. Sie werden auf 15–20 cm Länge geschnitten und auf Freilandbeete oder auch in Einzeltöpfe gesteckt, die man unter Glas aufstellt.

Steckhölzer von Philadelphus coronarius

Im Herbst zeigt Photinia villosa prächtig gefärbtes Laub und kleine, rote Früchte.

Photinia; Glanzmispel

Die verschiedenen *Photinia*-Arten werden üblicherweise durch Aussaat oder Stecklinge vermehrt. Einfach ist die Vermehrung durch Ableger bzw. Absenker. Gelegentlich wird auch veredelt.

Aussaat: Die Früchte werden im September bis Oktober geerntet, anschließend ausgewaschen und am besten gleich ausgesät. Trocken gelagertes Saatgut bzw. gekauftes Saatgut muss vor der Aussaat für acht bis zwölf Wochen kalt stratifiziert werden.

Stecklinge: Kopf- und Teilstecklinge werden bevorzugt im Sommer geschnitten. Von den immergrünen frostempfindlichen Arten wie *P.* × *fraseri* können auch noch im Oktober Stecklinge gewonnen werden.

Pieris japonica; Japanische Lavendelheide

Die Kulturformen der Lavendelheide können sortenecht lediglich vegetativ vermehrt werden. In Frage kommen Absenker oder Stecklinge. Die Arten selbst lassen sich auch durch Aussaat vermehren.

Rechts:
Photinia × fraseri

Ganz rechts:
Pieris japonica 'Variegata'

Aussaat: Ernte der sehr feinen Samen im November bis Dezember. Mit der Aussaat wartet man wegen der schlechten Lichtverhältnisse im Winter am besten bis zum Frühjahr. Das Substrat sollte einen niedrigen pH-Wert von 4 bis 4,5 aufweisen. Die Aussaatgefäße werden unter Glas bei möglichst hoher Luftfeuchtigkeit aufgestellt.
Absenker: Hierfür verwendet man bevorzugt zweijährige Triebe, die meist erst nach zwei bis drei Jahren ausreichend bewurzelt sind.
Stecklinge: Die Vermehrung durch Stecklinge erfolgt bevorzugt im Juli bis August, ist aber auch später noch möglich. Man verwendet ausgereifte Kopf- oder auch Teilstecklinge. Der Gärtner schneidet Stecklinge schon im April von unter Glas angetriebenen Mutterpflanzen.

Platanus × hispanica; Bastard-Platane

Bei der Bastard-Platane ist die Steckholzvermehrung die übliche Methode. Zwar ist auch bei dieser Hybride wie bei ihren Eltern eine Aussaat möglich, doch gehen dabei viele gute Eigenschaften verloren. Eine Handveredlung durch Kopulation auf einjährige Steckhölzer ist möglich.
Aussaat: Man wartet mit der Samenernte bis zum Ausgang des Winters, da sich die Früchte dann leichter zerbrechen und die Samen besser ernten lassen. Bei der Reinigung sollte mit Mundschutz gearbeitet werden, da die langen Fruchthaare die Atemwege reizen. Ausgesät wird am besten gleich nach der Ernte unter Glas. Längere Zeit trocken gelagertes oder zugekauftes Saatgut sollte vor der Aussaat für etwa acht bis zwölf Wochen kalt stratifiziert werden.
Stecklinge: Stecklinge schneidet man im Juni bis Juli. Man verwendet Kopf- oder Teilstecklinge von wachsenden Trieben in einer Länge von etwa 10 cm.
Steckholz: Zur Steckholzvermehrung verwendet man die unteren Zweigenden der einjährigen Triebe, die man allerdings mit einem Ansatz von zweijährigem Holz schneiden sollte. Stecken Sie am besten in Einzeltöpfe, die dann unter Glas bei etwas Bodenwärme aufgestellt werden.

Populus; Pappel

Die verschiedenen Pappelarten werden in der gärtnerischen Praxis im Allgemeinen nicht ausgesät, sondern in der Regel ausschließlich vegetativ vermehrt.

Steckhölzer von Populus nigra subsp. *nigra*

Prunus serrula, die Mahagoni-Kirsche

Aussaat: Diese erfolgt nach der Reife der Samen im Mai bis Juni. Zu beachten ist, dass die Samen schon nach wenigen Tagen ihre Keimkraft verlieren. Entfernen Sie möglichst die den Samen anhaftende Wolle, indem Sie die Früchte auf einem Sieb zerreiben. Nach der Aussaat ist die Aussaatfläche gut feucht zu halten. Schon nach drei bis fünf Tagen beginnt die Keimung.
Ausläufer: *P. tremula* und *P. × canescens* entwickeln Ausläufer (Wurzelbrut), die man im Frühjahr aufnimmt, zerteilt und auf Beete oder in Töpfe pflanzt. Die meisten Arten lassen sich auch durch Wurzelschnittlinge vermehren.
Stecklinge: Stecklinge werden im Juni bis Juli geschnitten. In der Regel verwendet man 10–15 cm lange Kopfstecklinge.
Steckholz: Die Vermehrung durch Steckhölzer ist einfach. Diese sollten geschnitten werden, sobald die Knospen im Februar bis März zu schwellen beginnen. Man verwendet 20 cm lange Hölzer mit vier Knospen.
Veredlung: Kulturformen werden häufig auch durch Veredlung vermehrt, und zwar im Winter als Handveredlung durch Geißfußpfropfen oder Kopulation bzw. im Frühjahr bei beginnendem Austrieb mit denselben Methoden. Als Unterlage werden in der Regel durch Steckholz vermehrte *P. × canadensis* verwendet. Alle Veredlungen sollten später tief gepflanzt werden, damit das Edelreis selbst Wurzeln bilden kann.

Potentilla; Fingerkraut

Bei den in unseren Gärten angepflanzten Fingerkräutern handelt es sich ausschließlich um Kulturformen verschiedener Arten, die sortenecht nur vegetativ vermehrt werden können. Am einfachsten ist hier die Vermehrung durch Absenker oder auch Teilung nach Anhäufeln. Im Allgemeinen wird durch Stecklinge vermehrt. Eine Aussaat ist nur für die Züchtung oder die Wildarten interessant.
Aussaat: Die Samen werden im Herbst geerntet und nach trockener Lagerung im Frühjahr am besten unter Glas ausgesät.
Stecklinge: Als Stecklinge verwendet man krautige Triebe, die von Mai bis August geschnitten werden können. Eine Vermehrung durch Steckholz ist möglich.

Prunus; Zierformen von Pflaume, Kirsche, Pfirsich, Mandel und Aprikose

Die Gattung *Prunus* bietet uns nicht nur eine Fülle von Obstgehölzen (siehe Seite 138–140), sondern auch eine Vielzahl von Ziergehölzen. Die wichtigsten sind *P. cerasifera*, *P. serrulata*, *P. subhirtella* sowie *P. tenella*. Die Arten selbst lassen sich durch Aussaat vermehren. Bei den in unseren Gärten angepflanzten Sträuchern und Bäumen handelt es sich allerdings ausschließlich um Kulturformen, die sich sortenecht nur vegetativ vermehren lassen. Wenn es lediglich um Einzelexemplare geht, sind Absenker zu empfehlen, die bei den meisten Arten mehr oder weniger gut gelingen. Durch Ausläufer lassen sich *P. tenella* und *P. spinosa* vermehren.
Aussaat: Nach der Fruchtreife werden die Samen ausgewaschen und am besten gleich ausgesät. Trocken gelagertes Saatgut muss für 12 bis 20 Wochen kalt stratifiziert werden. Die Aussaat ist vor allem bei *P. spinosa* die übliche Vermehrungsart.
Stecklinge: Eine Vermehrung durch Stecklinge ist möglich, doch meist nicht einfach. Geschnitten werden Kopf- und Teilstecklinge im Juni bis Juli. Die Stecklinge sollten zwei bis drei vollentwickelte Blätter haben und an der Basis schon gut ausgereift, d.h. nicht mehr krautig sein. *P. triloba* und *P. cerasifera* lassen sich leicht durch Stecklinge vermehren.
Steckholz: Ist bei *P. cerasifera*, *P. × cistena*, *P. padus* und *P. triloba* möglich.
Veredlung: Die zahlreichen Zierformen werden durch Kopulation oder Spaltpfropfen im Frühjahr und durch Okulation im Sommer veredelt. Als Unterlage für Blütenkirschen wie *P. × yedoensis*, *P. subhirtella* und *P. serrula* verwendet man *P. avium*.

Prunus laurocerasus; Kirschlorbeer, *P. lusitanica*; Portugiesische Lorbeerkirsche

Die immergrünen Lorbeerkirschen werden im Allgemeinen durch Stecklinge vermehrt. Für Einzelexemplare sind Absenker oder das Anhäufeln zu empfehlen. Stecklinge schneidet man von Juni bis Oktober, und zwar in der Regel Teilstecklinge mit drei Knospen. Die Vermehrung durch Aussaat erfolgt direkt nach der Reife der Samen im Herbst.

Pyracantha; Feuerdorn

Bei den in unseren Gärten angepflanzten Feuerdornsträuchern handelt es sich ausschließlich um Kulturformen, die sich sortenecht nur vegetativ vermehren lassen. Dabei steht die Vermehrung durch Stecklinge im Vordergrund.
Aussaat: Die reifen Früchte werden im Herbst abgenommen, vom Fruchtfleisch befreit und am besten sofort ausgesät, da die Samen einer starken Keimhemmung unterliegen. Die Keimung erfolgt in der Regel erst im zweiten Frühjahr nach der Aussaat.
Stecklinge: Diese werden von Juli bis September geschnitten. Man verwendet gut ausgereifte Kopfstecklinge, die an der Basis noch nicht verholzt sein sollten. Der Gärtner schneidet seine Stecklinge häufig schon im Mai bis Juni von im Gewächshaus angetriebenen Mutterpflanzen.

Pyracantha 'Soleil d'Or'

Quercus; Eiche

Bei den Eichen steht die Aussaat im Vordergrund. Die Kulturformen können sortenecht nur durch Veredlung vermehrt werden. Eine Vermehrung durch Stecklinge ist im Juni bis Juli bei hohen Bodentemperaturen um 30 °C möglich, doch sind die Bewurzelungsergebnisse nicht befriedigend. Absenker oder ein Abmoosen gelingen auch, doch dauert die Wurzelbildung zwei Jahre oder länger.
Aussaat: Die Ernte der Eicheln erfolgt im Oktober bis November. Dabei ist zu beachten, dass die Samen bei einigen Arten erst im zweiten Jahr nach der Befruchtung reifen. Eicheln vertragen keinerlei Feuchtigkeitsentzug, weshalb man am besten sofort nach der Ernte aussät. Die Samen lassen sich aber auch mit feuchtem Sand vermischt bis zur Aussaat im Frühjahr kühl lagern.
Veredlung: Die Kulturformen werden in der Regel im Winter durch Kopulation und Geißfußpfropfen auf im Topf eingewurzelte Unterlagen veredelt. Auch eine Veredlung im Freien ist im Frühjahr kurz vor dem Austrieb möglich. Darüber hinaus kommt auch eine Sommerveredlung durch seitliches Anplatten in Frage. Als Universalunterlage verwendet man Sämlinge von *Q. robur* und *Q. petraea*.

Aussaattöpfe mit Sämlingen von Quercus robur

Rhododendron; Alpenrose, Azalee, Rhododendron

Eine Aussaat kommt nur bei der Vermehrung der Wildarten sowie für die Anzucht von Unterlagen und die Züchtung in Frage. Die vielen Kulturformen können bis auf wenige Ausnahmen sortenecht lediglich vegetativ vermehrt werden.
Aussaat: Die Samen reifen im Herbst. Bei Vollreife öffnen sich die Samenkapseln und entlassen die vergleichsweise feinen Samen. Deshalb sollte man den Reifefortschritt genau beobachten, um nicht leer auszugehen. D. h., die Kapseln sind kurz vor der Vollreife zu ernten. Ausgesät wird im Frühjahr nach trockener, luftiger Samenlagerung unter Glas in Torf. Die optimale Keimtemperatur liegt bei 20–24 °C. Wichtig ist eine gleichmäßige Feuchtigkeit im Saatbeet. Die Oberfläche darf niemals austrocknen. Am besten stellt man die Gefäße zur Wahrung einer hohen Luftfeuchtigkeit in ein geschlossenes Vermehrungsbeet.
Absenken: Für einzelne Pflanzen ist die Absenkervermehrung zu empfehlen. In der Regel sind die-

Früchte von Rhododendron degronianum subsp. *yakushimanum*

Samen von Rhododendron maximum

se nach zwei Jahren ausreichend bewurzelt.

Stecklinge: Der beste Zeitpunkt für die Vermehrung immergrüner Rhododendren durch Stecklinge, insbesondere der großblumigen Hybriden, ist die Zeit von August bis Ende Oktober. Die Stecklinge sollten dem unteren Teil der Pflanze entnommen werden, 8–12 cm lang sein und eine vegetative Endknospe besitzen. Eine seitliche Verwundung der Basis fördert die Wurzelbildung. Wichtig ist, dass sich die Blätter der Stecklinge im Vermehrungsbeet nicht überlagern. Das Stecklingssubstrat, am besten verwendet man das klassische Torf-Sand-Gemisch, sollte einen pH-Wert von 4 bis 4,5 aufweisen. Für den Bewurzelungserfolg ist auch die richtige Bodentemperatur wichtig. Dabei sind Temperaturen um 15 °C günstig. Ebenso wichtig ist eine gleichmäßig hohe Luftfeuchtigkeit. Einmal welk gewordene Stecklinge erholen sich in der Regel nicht mehr.

Für die Stecklingsvermehrung der kleinblumigen Zwergrhododendren wie *R. impeditum* und *R. calostrotum* subsp. *keleticum* ist Ende Juni bis Anfang Juli die beste Zeit. Dies gilt auch für die Kulturformen von *R. forrestii* subsp. *forrestii* und *R. williamsianum*. Als Stecklinge verwendet man dünne Seitentriebe und nicht die dickeren Terminaltriebe.

Die 5–8 cm langen Stecklinge der sommergrünen Arten und Hybriden, z. B. der sogenannten Knap-Hill-Azaleen und Mollis-Hybriden, schneidet man bevorzugt im Juni, wenn die Triebspitzen noch weich sind. Entfernen Sie dabei die unteren Blätter und verwunden Sie die Stiele seitlich.

Veredlung: Die großblättrigen Hybriden werden in der Regel veredelt. Die immergrünen Arten werden durch Kopulation (Handveredlung) von Januar bis Mitte Mai oder von Ende August bis Mitte September durch seitliches Einspitzen oder Anplatten veredelt. In allen Fällen wird die Veredlung im Haus durchgeführt. Als Universalunterlage wird 'Cunningham's White', manchmal auch noch *R. ponticum* verwendet. Die sommergrünen Arten veredelt man im Juli unter Glas durch seitliches Einspitzen auf *R. calendulaceum*. Da zum Verwachsen eine hohe Luftfeuchtigkeit erforderlich ist, werden die frisch veredelten Pflanzen mit Folie abgedeckt oder in entsprechend hohe Vermehrungseinrichtungen gestellt.

Rhus; Essigbaum

Die Essigbaumarten werden in der Regel durch Aussaat und vor allem durch Wurzelschnittlinge vermehrt. Einfach ist auch die Vermehrung durch Ausläufer, die man im Frühjahr ausgräbt und aufpflanzt. Stecklinge können Sie hingegen von Juni bis Juli schneiden.

Aussaat: Die Fruchtkolben mit den reifen Samen werden von November bis Januar geerntet. Nach Reinigung und trockener Lagerung der Samen erfolgt die Aussaat im Frühjahr. Das Aufrauen der Samenschale wirkt sich förderlich auf die Keimschnelligkeit und das Keimergebnis aus.

Wurzelschnittlinge: Die Kulturformen werden allgemein durch Wurzelschnittlinge vermehrt. Man verwendet etwa 1 cm dicke und 1–4 cm lange Wurzelstücke, die man in Kisten legt bzw. in Einzeltöpfe steckt oder im Mai auf Freilandbeete steckt. Vor-

Rhus typhina lässt sich leicht durch Ausläufer vermehren.

In Jiffy 9 bewurzelter Steckling von Ribes sanguineum 'King Edward VII', 25 Tage nach dem Stecken

sicht, der klebrige, ätzende Saft des Essigbaums ist giftig und verursacht auf der Haut Schwellungen und Reizungen. Tragen Sie bei der Verarbeitung der Wurzeln daher unbedingt Handschuhe.

Stecklinge: Geschnitten werden Stecklinge im Juni bis Juli. Man verwendet Kopf- oder auch Teilstecklinge, die an der Basis noch krautig, aber ausgereift sein sollten. Die Bewurzelung erfolgt innerhalb von vier Wochen. Noch im gleichen Jahr sollten die jungen Pflanzen ein- bis zweimal gestutzt werden, um eine reiche Verzweigung zu erzielen.
Steckholz: Diese Methode ist einfach. Man verwendet dazu ausgereifte einjährige Reiser, die in etwa 20 cm lange Stücke geschnitten werden, und steckt diese im März direkt auf Freilandbeete oder auch in Töpfe.
Veredlung: Hochstämmchen werden veredelt, und zwar durch Kopulation im Winter oder durch seitliches Anplatten im Sommer. Als Unterlage dient in der Regel *R. aureum*.

Ribes; Zier-Johannisbeere

Da es sich in der Regel um Selektionen oder Sorten handelt, werden *Ribes* meist vegetativ durch Anhäufeln, Ableger, Steckholz oder Stecklinge vermehrt. Eine Veredlung ist zur Anzucht von Hochstämmen notwendig. Die Wildarten können auch ausgesät werden.
Aussaat: Die Beerenfrüchte reifen in der Regel im Juni bis Juli. Nach Auswaschen der Samen sät man am besten gleich aus. Trocken gelagertes Saatgut muss wegen einer starken Keimhemmung für mindestens zwölf Wochen kalt stratifiziert werden. Grundsätzlich kann es zum Überliegen der Samen kommen, so dass die Keimung erst im zweiten Frühjahr nach der Ernte der Samen erfolgt.

Robinia pseudoacacia; Robinie, Gewöhnliche Scheinakazie

Robinien vermehrt man meist vegetativ durch Ausläufer (Wurzelbrut), Wurzelschnittlinge oder Veredlung. Die Wildform selbst kann auch ausgesät werden. Auch Steckholz- und Stecklingsvermehrung ist möglich, aber schwierig.
Aussaat: Die Samen werden im Spätherbst geerntet und bis zur Aussaat im späten Frühjahr trocken gelagert. Aufgrund einer starken Keimhemmung durch Hartschaligkeit ist die Samenschale vor der Aussaat aufzurauen. Wird ins Freiland ausgesät, sollte dies nicht vor Mai geschehen, da die Sämlinge sehr frostempfindlich sind.
Wurzelschnittlinge: Als Wurzelschnittlinge verwendet man etwa 3 cm dicke und 10 cm lange Wurzelstücke, die man im Frühjahr senkrecht in Kisten steckt und bei normalen Temperaturen unter Glas zur Bewurzelung bringt.

Robinia pseudoacacia 'Frisia'

Veredlung: 'Umbraculifera', die Kugel-Robinie, lässt sich nur durch Veredlung vermehren. Aber auch andere Kulturformen wie 'Frisia' werden veredelt. Man veredelt bei beginnendem Austrieb im Frühjahr durch Kopulation, Geißfußpfropfen und Pfropfen hinter die Rinde. Als Unterlage verwendet man Sämlinge von *R. pseudoacacia*. Während 'Umbraculifera' in Kronenhöhe veredelt wird, geschieht dies bei den anderen Kulturformen in der Regel in Bodennähe.

Rosa; Rose

Bei der Vermehrung der unzähligen Rosensorten steht die Veredlung immer noch an erster Stelle. Allerdings nimmt die Stecklingsvermehrung immer mehr zu. Wildrosen und Unterlagen werden ausgesät. Einige Arten lassen sich auch gut durch Wurzelschnittlinge vermehren, z. B. *R. nitida* und *R. virginiana*. Auch Steckholzvermehrung kommt in Frage, z. B. bei *R. multiflora*.

Aussaat: Die Früchte (Hagebutten) werden bei Vollreife geerntet, die Samen ausgewaschen. Diese unterliegen einer starken Keimhemmung, so dass man am besten gleich nach der Samenernte aussät. Trocken gelagertes Saatgut ist zunächst für zwölf Wochen warm und danach für 12 bis 16 Wochen kalt zu stratifizieren. Trotzdem kann es zum Überliegen der Samen kommen, so dass erst im zweiten Frühjahr nach der Ernte mit einer Keimung gerechnet werden kann.

Stecklinge: Immer mehr Rosensorten, insbesondere bodendeckende, werden heute durch Stecklinge vermehrt. Es ist allerdings umstritten, ob auf eigenen Wurzeln stehende Sorten über die gleiche Langlebigkeit und Winterhärte verfügen wie veredelte Rosen. Stecklinge werden am besten im Juni bis Juli geschnitten. Man nimmt dazu Triebe, bei denen die Blütenknospen gerade Farbe zeigen, und schneidet daraus Teilstecklinge mit einem oder zwei Nodien. Zur Bewurzelung sind Bodentemperaturen von 20–25 °C erforderlich.

Veredlung: Die Okulation auf das schlafende Auge von Ende Juni bis Ende August ist die gebräuchlichste Veredlungsmethode. Als Unterlage verwendet man *R. canina*, *R. multiflora* und *R. laxa*. Veredelt wird am Wurzel-

Das Auge ist ausgetrieben, die Okulation der Rose war erfolgreich.

Steckhölzer von Rosa × pteragonis

hals. Hierzu muss der Wurzelhals vom angehäufelten Boden freigelegt und gesäubert werden. Das Auge wird mit möglichst wenig Holz so dünn geschnitten, dass sich das Holzschildchen auslösen lässt. Nach der Okulation muss sofort wieder angehäufelt werden, um das Austreiben der Augen zu verhindern. Im Herbst wird dann noch mal nachgehäufelt, so dass die Augen einen Winterschutz haben.
Hochstämmchen werden in der entsprechenden Höhe mit drei Augen veredelt. Diese sollten immer 1 cm übereinanderstehen und in verschiedenen Richtungen zeigen. Als Unterlage verwendet man *R. canina* 'Pfänders' oder *R. canina* 'Pollmeriana'.

Aufgeschnittene Hagebutte mit Samen

Salix; Weide

Die meisten Weidenarten und ihre Kulturformen lassen sich leicht durch Steckhölzer oder Stecklinge vermehren. *S. caprea* 'Mas' und *S. caprea* 'Pendula' sowie andere Sorten werden veredelt. Wildformen können auch ausgesät werden.
Aussaat: Die Samen der Weiden, die im Mai bis Juni reifen, haben lediglich nur eine begrenzte Lebensdauer und müssen sofort ausgesät werden.
Stecklinge: Durch Stecklinge, die bevorzugt im Juli bis August geschnitten werden, lassen sich praktisch alle Arten und Formen vermehren. Man verwendet an der Basis leicht verholzte Kopf- oder Teilstecklinge.
Steckholz: Dieses schneidet man im Frühjahr kurz vor Beginn des Austriebs.
Veredlung: Veredelt wird im Winter durch Kopulation auf bewurzeltes Steckholz oder durch Okulation im Sommer. Zur Kronenveredlung von *S. caprea* 'Pendula' verwendet man als Unterlage *S. daphnoides*. Die Veredlung erfolgt durch Geißfußpfropfen oder Spaltpfropfen im zeitigen Frühjahr.

Sambucus; Holunder

Die einheimischen Holunderarten *S. nigra* und *S. racemosa* werden in der Regel durch Aussaat vermehrt, die Kulturformen normalerweise durch Steckholz oder Stecklinge. Einfach gestaltet sich auch die Vermehrung durch Absenker.
Aussaat: Die Früchte von *S. nigra* werden im September geerntet, die von *S. racemosa* schon früher. Das Saatgut wird ausgewaschen, bis zum Frühjahr kalt stratifiziert und dann im März bis April ausgesät. Die Keimung erfolgt meist innerhalb von zwei bis vier Wochen.
Stecklinge: Kopfstecklinge mit drei bis vier Blättern schneidet man von Juni bis Juli.
Steckholz: Zur Steckholzgewinnung verwendet man einjährige Triebe, bei denen man am besten an der Basis und am oberen Ende durch eine Knospe schneidet.

Skimmia japonica; Skimmie

S. japonica ist eine zweihäusige Art, die üblicherweise durch Stecklinge vermehrt wird, da das Aussäen Pflanzen mit unbekannter Geschlechterzugehörigkeit liefert. Um neue Typen zu finden, kann jedoch auch die Aussaat von Interesse sein. Einzelne Exemplare lassen sich recht leicht durch Absenker vermehren.
Aussaat: Die Früchte reifen im September. Man befreit die Samen durch Anrotten und Auswaschen von ihrem Fruchtfleisch

Sambucus nigra

Skimmia japonica

und sät dann nach trockener Lagerung im Frühjahr unter Glas aus.
Stecklinge: Als Stecklinge verwendet man ausgereifte, leicht verholzte Triebe, deren Blattknospen gut entwickelt sein sollen. Sie werden von Juni bis September geschnitten. In der Regel nimmt man Kopfstecklinge, wobei auch Teilstecklinge geeignet sind.

Sorbus; Eberesche

Die verschiedenen *Sorbus*-Arten vermehrt man durch Aussaat, die Formen und Sorten durch Veredlung. Stecklinge sind möglich, doch nicht immer erfolgreich. Teilweise bilden die Pflanzen Ausläufer aus, die man im Frühjahr aufnehmen kann. Reichen die Äste bis zum Boden, kann man auch absenken.
Aussaat: Die Früchte erntet man von September bis Oktober. Man lässt die Früchte anrotten, wäscht die Samen aus und sät am besten gleich ins Freiland aus. Trocken gelagertes, hartschalig gewordenes Saatgut muss vor der Aussaat zunächst für rund 12 Wochen warm und danach 12 bis 16 Wochen kalt stratifiziert werden.
Veredlung: Die Kulturformen und Varietäten werden in der Regel veredelt. Als Unterlage verwendet man *S. aucuparia* und *S. aria*, für *S. domestica* jedoch *Pyrus*-Sämlinge (siehe Seite 138). Veredelt wird durch Okulation im Sommer oder auch durch Kopulation und Geißfußpfropfen im Frühjahr, letztere Methode kommt vor allem bei Kronenveredlungen in Betracht.

Spiraea; Spierstrauch

In der Regel werden Sorten und Selektionen gepflanzt, die sortenecht nur vegetativ vermehrt werden können. Dabei steht die

Steckholz- und die Stecklingsvermehrung im Vordergrund. Einige Arten bilden auch Ausläufer, die man im Frühjahr aufnehmen kann. Will man nur einzelne Pflanze gewinnen, kann man auch teilen, absenken oder anhäufeln. Auch eine Aussaat ist möglich.

Aussaat: Die Früchte der Spiersträucher werden im Herbst geerntet. Nach Reinigung der Samen und trockener Lagerung sät man im Frühjahr in Gefäßen unter Glas aus.

Stecklinge: Die Stecklingsvermehrung erfolgt im Juni. Man verwendet noch krautige Kopfstecklinge, die an der Basis nur leicht verholzt sein sollten.

Steckholz: Die Steckholzvermehrung ist vor allem bei den starkwachsenden Arten wie *S. japonica*, *S. japonica* 'Bumalda' und *S.* × *vanhouttei* üblich. Man verwendet 10–15 cm lange Triebe, die im Frühjahr geschnitten werden.

Spiraea japonica 'Golden Princess'

Staphylea colchica; Kolchische Pimpernuss

S. colchica wird in der Regel ausgesät. Die Fruchtkapseln werden im Oktober bis November geerntet, wenn sich die papierdünnen Fruchtwände braun gefärbt haben. Die Samen sind sehr hartschalig und müssen vor der Aussaat zunächst etwa 16 Wochen lang warm und danach zwölf Wochen lang kalt stratifiziert werden. Wer ein mögliches Überliegen der Samen in Kauf nehmen will, kann es sich auch einfacher machen, und direkt nach der Ernte der Samen im Herbst im Freiland aussäen. Für einzelne Exemplare empfiehlt sich das Absenken zweijähriger Triebe, die in der Regel bis zum Herbst bewurzelt sind.

Stecklinge: Kopf- oder Teilstecklingen sind von Juli bis August möglich.

Styphnolobium japonicum; Japanische Schnurbaum

Der Japanische Schnurbaum wird in der Regel durch Aussaat vermehrt. Allerdings ist man auf importiertes Saatgut angewiesen, da die Samen bei uns nur in günstigsten Gebieten ausreifen. Trocken gelagertes Saatgut wird hartschalig und muss deshalb vor der Aussaat im Frühjahr aufgeraut werden. Die Kulturform 'Pendula' wird im Frühjahr durch Geißfußpfropfen auf Sämlinge der Art veredelt. Eine Vermehrung durch Stecklinge ist im Juli bis August möglich.

Symphoricarpos; Schneebeere

Die verschiedenen *Symphoricarpos*-Arten und ihre Kulturformen werden in der Regel vegetativ durch Steckhölzer und in erster Linie durch Stecklinge vermehrt.

Der Samen von Staphylea pinnata ist von einer blasigen, pergamenthäutigen Kapsel umgeben.

Aussaattopf mit Sämlingen von Staphylea colchica

Früchte von *Symphoricarpos albus*

Gelegentlich wird *Syringa* auch durch Sattelpfropfen vermehrt.

Benötigt man nur wenige Pflanzen, ist das Aufnehmen von Ausläufern im Frühjahr die einfachste Methode. Oder man vermehrt durch Absenker oder anhäufeln.
Aussaat: Die Früchte werden im Spätherbst geerntet, die Samen ausgewaschen und am besten sofort im Freiland ausgesät. Trocken gelagertes Saatgut ist vor der Aussaat für zwölf Wochen warm und danach für 12 bis 16 Wochen kalt zu stratifizieren.
Stecklinge: Noch nicht verholzte Kopf- oder Triebstecklinge können von Juni bis September geschnitten werden.

Syringa; Flieder

Bei den Kulturformen von *S. vulgaris* steht die Vermehrung durch Veredlung im Vordergrund. Andere Arten wie *S.* × *chinensis* oder *S. komarowii* subsp. *reflexa* lassen sich auch recht gut durch Steckholz vermehren. Auch Stecklinge sind von Ende Mai bis Anfang Juni möglich. Zur Gewinnung weniger Pflanzen eignet sich das Ablegen oder Absenken, während zur Anzucht von Unterlagen, für Züchtungszwecke und zur Vermehrung von Wildarten auch ausgesät wird.
Aussaat: Die Früchte reifen im Spätherbst. Man sollte sie möglichst lange an der Pflanze ausreifen lassen und gleich nach der Reinigung im Freiland aussäen. Trocken gelagertes Saatgut ist vor der Aussaat für acht Wochen kalt zu stratifizieren.
Veredlung: Die Sorten und Varietäten werden in der Regel veredelt, vorwiegend durch Okulation im Sommer, seltener durch Spaltpfropfen im Frühjahr. Die Augen sind möglichst tief unten am Wurzelhals einzusetzen. Als Unterlage verwendet man ein- oder zweijährige Sämlinge von *S. vulgaris* oder anderen Arten, gelegentlich auch *Ligustrum ovalifolium*.

Tamarix ramosissima; Kaspische Tamariske

Bei den in unseren Gärten angepflanzten Tamarisken handelt es sich überwiegend um Kulturformen, die sich sortenecht nur vegetativ vermehren lassen, im Allgemeinen durch Steckholz und Stecklinge. Einzelne Pflanzen kann man durch Absenker gewinnen. Als Steckholz verwendet man gut ausgereifte vorjährige Zweige, bevorzugt die unteren und mittleren Abschnitte. Stecklinge schneidet man im Juni bis Juli.

Tilia; Linde

Linden vermehrt man überwiegend durch Aussaat, ihre Kulturformen durch Veredlung. Weniger üblich, aber möglich sind Absenker, Steckholz und Stecklinge, wobei von diesen drei Methoden die Absenkervermehrung den größten Erfolg verspricht, wenn die Bewurzelung auch meist erst im zweiten Jahr zu erwarten ist.
Aussaat: Die Samen reifen von September bis Oktober. Sie sollten möglichst vor der Vollreife geerntet werden, um die dann einsetzende starke Keimhemmung weitestgehend zu verhindern. Ausgesät wird am besten direkt nach der Ernte ins Freiland. Trocken gelagertes Saatgut keimt auch nach einer längeren Warm- und einer folgenden Kaltstratifikation nur sehr schlecht. Grundsätzlich muss mit einem Überliegen der Samen gerechnet werden. Nicht selten kommt es bei einem Teil der Samen erst im dritten Jahr nach der Aussaat zur Keimung.
Veredlung: Kulturformen werden in der Regel veredelt, und zwar durch Okulation im Sommer in Bodennähe, Kronenveredlungen durch Kopulation im Frühjahr. Als Unterlage werden meist *T. tomentosa* und *T. platyphyllos* verwendet.

Ulmus; Rüster, Ulme

Die Verwendung von Ulmen in Gärten und Parkanlagen ist durch das Ulmensterben stark eingeschränkt. Die Arten werden

Oben: Stratifizierte Samen von Tilia tomentosa

Rechts: Junge Sämlinge von Tilia cordata, die Aufnahme entstand am 9. Mai.

ausgesät, die Kulturformen vegetativ vermehrt, und zwar besonders durch Veredlung. Einzelne Pflanzen lassen sich leicht und sicher durch Absenker vermehren.
Aussaat: Die Früchte reifen bei den meisten Arten schon im Mai bis Juni. Am besten ist es, gleich nach der Ernte ins Freiland auszusäen. Die Keimung erfolgt dann noch innerhalb der laufenden Vegetationsperiode. Trocken gelagertes oder gekauftes Saatgut ist vor der Aussaat für etwa zwölf Wochen kalt zu stratifizieren. Die Samen der spätblühenden *U. parvifolia* werden erst im September bis Oktober reif. Man überwintert sie trocken und sät sie frühestens Ende April aus, nachdem sie für etwa acht Wochen kalt stratifiziert wurden.

Stecklinge von Ulmus parvifolia

Stecklinge: Eine Stecklingsvermehrung ist bei vielen Arten und Kulturformen möglich. Insbesondere *U. parvifolia* lässt sich gut auf diese Art und Weise vermehren. Man verwendet Kopfstecklinge, die im Juni bis Juli geschnitten werden.
Wurzelschnittlinge: Man verwendet 5–8 cm lange Wurzelstücke, die nicht dicker als 1,5 cm sein sollten.
Veredlung: Veredelt werden u. a. 'Exoniensis' und 'Wredei', entweder durch Geißfußpfropfen, Kopulation und Spaltpfropfen im Frühjahr oder auch durch Okulation im August. Als Universalunterlage dient *U. glabra*, für Kulturformen von *U. minor* nimmt man die Art als Unterlage.

Viburnum; Schneeball

Soweit es sich um die Wildarten handelt, wird in der Regel durch Aussaat vermehrt, die Kulturformen hingegen je nach Art vegetativ durch Teilung, Absenker, Steckholz, Stecklinge oder Veredlung.
Aussaat: Die Ernte der Früchte erfolgt bei den meisten Arten von September bis Dezember. Um die Ausbildung einer harten Samenschale zu verhindern, sollte vor der Vollreife geerntet werden. Die Früchte lässt man zunächst anrotten, um die Samen später auszuwaschen und anschließend am besten gleich auszusäen. Trocken gelagertes Saatgut unterliegt einer starken Keimhemmung und muss vor der Aussaat zunächst für etwa drei bis sechs Monate warm und danach für etwa zwei bis vier Monate kalt stratifiziert werden. Trotz einer

Früchte von Viburnum lantana

Viburnum rhytidophyllum

Vorbehandlung kann es zum Überliegen der Samen kommen, so dass die Keimung erst im zweiten Frühjahr nach der Aussaat erfolgt.
Absenker: Das Absenken ist für die Gewinnung weniger Pflanzen eine empfehlenswerte Methode. Je nach Art bzw. Kulturform kann es bis zur ausreichenden Wurzelbildung zwei Jahre dauern. Kleinbleibende Arten lassen sich auch durch Teilung oder Anhäufeln vermehren.
Steckholz: Eine Steckholzvermehrung ist vor allem bei *V. opulus* und *V. plicatum* möglich. Schneiden Sie dazu die Triebe am besten in 10–15 cm lange Teilstücke.
Stecklinge: Die Stecklingsvermehrung ist für immergrüne sowie kleinbleibende Arten und Sorten wie *V.* × *burkwoodii*, *V. davidii* und *V. rhytidophyllum* von Bedeutung. Für Immergrüne ist August bis September die beste Zeit, für Sommergrüne Juni bis Juli. Man verwendet 5–10 cm lange Kopfstecklinge ohne Blütenknospen, deren Bewurzelungsfähigkeit je nach Arten und Sorten sehr unterschiedlich ausgeprägt ist.
Veredlung: Viele der Artbastarde wie *V.* × *carlcephalum* oder *V.* × *burkwoodii* lassen sich nur durch eine Veredlung zufriedenstellend vermehren. Veredelt wird durch Kopulation im August oder auch durch seitliches Einspitzen. Als Unterlage dient im Allgemeinen *V. opulus*.

Vinca; Immergrün

V. minor und *V. major* vermehrt man überwiegend durch Teilung, durch das Abschneiden bewurzelter Ausläufer oder bei größeren Stückzahlen durch Stecklinge. Teilstecklinge werden von Juni bis September mit mehreren Blattansätzen geschnitten. Die Aussaatvermehrung hat keine Bedeutung, da kaum Samen angesetzt werden.

Weigela; Weigelie

Bei den in unseren Gärten angepflanzten Weigelien handelt es sich ausschließlich um Kulturformen, die vegetativ durch Steckholz oder Stecklinge vermehrt werden. Leicht und sicher ist die Vermehrung durch Absenker. Zum Experimentieren kann auch ausgesät werden, doch spalten die Pflanzen stark auf. Die im Herbst geernteten Samen werden nach trockener Lagerung im Frühjahr in Kisten unter Glas ausgesät. Sie dürfen nur schwach abgedeckt werden.
Steckholz: Zur Steckholzvermehrung verwendet man einjährige Triebe, die man in 15–20 cm lange Teilstücke schneidet und dann im Frühjahr direkt auf Freilandbeete oder einzeln in Töpfe steckt.
Stecklinge: Diese schneidet man von Juni bis Juli. Man verwendet noch mehr oder weniger krautige Kopfstecklinge mit drei bis fünf Blättern oder Teilstecklinge mit nur einem Nodium.

Höchste Zeit, dass die Steckhölzer von Weigela florida aus dem Einschlag in die Erde kommen.

Nadelgehölze von A bis Z

Dieser spezielle Teil beschreibt die Vermehrung von rund 20 Nadelgehölzgattungen bzw. -arten. Neben gebräuchlichen werden auch weniger verbreitete Vermehrungsmethoden genannt und Hinweise zu den günstigsten Vermehrungszeiten gegeben. Bei der Stecklingsvermehrung ist die Verwendung von Wuchsstoffen generell zu empfehlen. Sie sollte auch, wenn nichts anderes erwähnt wird, bei gespannter Luft, also hoher Luftfeuchtigkeit durchgeführt werden.

Abies; Tanne

Die Arten selbst werden ausschließlich ausgesät. Im Gegensatz dazu können alle Gartenformen, insbesondere die zahlreichen Zwergformen, nur vegetativ vermehrt werden. Dabei spielen Stecklinge die größte Rolle. Eine unübliche, aber mögliche Vermehrungsmethode für Sorten ist das Absenken.

Aussaat: Die Ernte der Zapfen erfolgt bei den meisten Arten im September bis Oktober. Nach dem Klengen der Zapfen werden die Samen bis zur Aussaat im April bis Mai trocken gelagert. Säen Sie am besten in Frühbeetkästen in eine sandig-humose Erde oder in Kisten aus, die geschützt aufgestellt werden. Die Keimung erfolgt in der Regel nach drei bis vier Wochen. Bei manchen Arten kann ein Teil der Samen auch überliegen und erst im zweiten Jahr keimen. Die Keimfähigkeit der Samen ist bei den einzelnen Arten recht unterschiedlich und liegt häufig nur bei 30 %. Deshalb sollte man auch etwas dichter säen als sonst üblich.

Stecklinge: Die Zwergformen werden durch Stecklinge vermehrt, die im Juli bis August, September bis Oktober oder auch im März/April kurz vor dem Schwellen der Knospen geschnitten werden.

Veredlung: Die meisten Kulturformen und Varietäten werden durch seitliches Anplatten oder seitliches Einspitzen auf im Topf fest eingewurzelte Unterlagen der jeweiligen Art veredelt. Als Universalunterlage für alle Arten und Formen können aber auch *A. alba* oder *A. koreana* dienen. Beste Zeit ist August bis September oder März bis April.

Abies koreana

Araucaria araucana; Araukarie

Araukarien werden durch die Aussaat importierter Samen vermehrt. Dabei ist nur frisches Saatgut ausreichend keimfähig. Säen Sie dieses daher sofort nach dem Erhalt bei Temperaturen um 20 °C aus, am besten direkt in kleine Töpfe oder Multitopfplatten. Stecken Sie dabei die ver-

Araucaria araucana

gleichsweise großen Samen mit der Spitze schräg nach unten in die Erde.

Cedrus; Zeder

Kulturformen der bei uns gepflanzten Arten *C. atlantica*, *C. deodara* und *C. libani* vermehrt man in der Regel durch Veredlung. Eine Stecklingsvermehrung ist möglich.

Aussaat: In der Regel ist man auf importierten Samen angewiesen. Zwar blühen und fruchten Zedern auch bei uns, doch ist die Keimfähigkeit meist nicht sehr hoch. Die Zapfen benötigen zur Samenreife drei Jahre. Bei selbstgesammeltem Saatgut empfiehlt es sich, die Samen bis zur Aussaat in den Zapfen zu belassen. Einige Tage vor dem Aussäen werden die Zapfen bis zu 24 Stunden in Wasser eingeweicht, damit sie sich auseinanderbrechen lassen und man die Samen entnehmen kann. Frische Samen müssen nicht weiter vorbehandelt werden. Am besten ist es, unter Glas auszusäen, da die Sämlinge sehr frostempfindlich sind. Eine Freilandaussaat kommt nicht vor Mai in Frage.

Stecklinge: Zur Stecklingsvermehrung, die nicht immer erfolgreich ist, verwendet man diesjährige Triebe, die im Spätherbst geschnitten werden. An der Basis sind sie seitlich zu verwunden.

Veredlung: Veredelt wird in der Regel durch seitliches Einspitzen im Herbst mit diesjährigen Trieben. Als Unterlage dienen *C. deodara* oder die jeweilige Art.

Chamaecyparis; Scheinzypresse

Die Kulturformen können sortenecht nur vegetativ vermehrt werden. Dabei steht die Stecklingsvermehrung im Vordergrund.

Aussaat: Die Zapfen werden im Spätsommer und Herbst vor dem Öffnen gesammelt, die von *C. nootkatensis* (Syn.: *Xanthocyparis nootkatensis*) im März bis April. Ausgesät wird im Frühjahr unter Glas, da die Sämlinge sehr frostempfindlich sind. Die vergleichsweise kleinen Samen werden nur dünn abgedeckt. Bei *C. nootkatensis* empfiehlt es sich, die Samen vor der Aussaat vier Wochen warm und anschließend vier Wochen kalt zu stratifizieren. Grundsätzlich ist die Keimfähigkeit bei Scheinzypressen nicht sehr hoch, nicht selten keimen nur 10 % der Samen.

Stecklinge: Die zahlreichen Kulturformen der Scheinzypresse vermehrt man fast ausschließlich durch Stecklinge. In der Regel schneidet man von Juli bis September 10 cm lange Kopfstecklinge. Aber auch zu anderen Zeiten ist eine Vermehrung möglich. Bei den aufrecht wachsenden Arten sind bevorzugt Spitzentriebe zu verwenden. Temperaturen über 15 °C im Vermehrungsbeet verzögern die Wurzelbildung. Einzelne Pflanzen lassen sich auch recht leicht durch Absenker vermehren.

Veredlung: Veredelt wird durch seitliches Einspitzen oder Anplatten im April bis Mai oder im Sommer auf getopfte Unterlagen. Sämlinge von *C. lawsoniana* dienen als Universalunterlage. *C.-nootkatensis*-Sorten werden auf *Thuja orientalis* veredelt.

Cryptomeria japonica; Japanische Sicheltanne

Die in Japan heimische Sicheltanne wird durch Aussaat vermehrt,

Links: Steckling von Chamaecyparis obtusa 'Nana Gracilis', auf Astring geschnitten

Rechts: Sämlinge von Chamaecyparis lawsoniana 'Golden Wonder', 22 Tage nach der Aussaat

ihre Kulturformen durch Veredlung. Stecklingsvermehrung ist möglich.
Aussaat: Obwohl auch bei uns Samen reifen (Ernte im Oktober bis November), sollte wegen der besseren Keimfähigkeit auf importiertes Saatgut zurückgegriffen werden. Die Aussaat sollte sofort nach dem Erhalt der Samen erfolgen, da nur frisches Saatgut ausreichend keimfähig ist. Ein Vorkeimen für 12 bis 24 Stunden führt zu einer gleichmäßigeren Keimung. Ausgesät wird grundsätzlich unter Glas.
Stecklinge: Bei der Sorte 'Elegans' ist die Vermehrung durch Stecklinge die übliche Methode. Diese werden von August bis September mit einem Stück altem Holz geschnitten.
Veredlung: Veredelt wird im Winter im Haus auf getopfte Unterlagen oder im Sommer im Freien, und zwar durch seitliches Anplatten mit einjährigen Trieben. Als Unterlage dient die Art oder die durch Stecklinge gut vermehrbare Sorte 'Elegans'.

× *Cuprocyparis leylandii*; Bastardzypresse, Leylandzypresse

× *Cuprocyparis* lässt sich nur vegetativ durch Stecklinge vermehren. Man verwendet dazu von Juni bis September etwa 10–15 cm lange Kopfstecklinge, die an der Basis leicht verholzt sein sollten. Die Bodentemperatur im Vermehrungsbeet sollten 18 °C nicht übersteigen.

Ginkgo biloba; Mädchenhaarbaum, Ginkgo

Ginkgo biloba gilt als Relikt prähistorischer Baumarten, die Art wird in der Regel durch Aussaat vermehrt, die Kulturformen durch Veredlung oder Stecklinge.
Aussaat: Zur Aussaat verwendet man in der Regel importiertes Saatgut, da bei uns die Samen meist nicht ausreifen. Bei eigener Samenernte werden die Samen von Oktober bis Dezember geerntet. Am besten liest man sie vom Boden auf. Die Samen sind jedoch nur dann befruchtet und keimfähig, wenn männliche und weibliche Pflanzen in enger Nachbarschaft stehen, da der Ginkgo zweihäusig ist. Waschen Sie die Samen sofort nach der

Früchte von Ginkgo biloba

Vom Fruchtfleisch gereinigter Ginkgo-Samen

Kiste mit Stecklingen von Juniperus horizontalis 'Glauca'

Bei den Früchten der Juniperus-Arten handelt es sich um Beerenzapfen, die ein bis zwölf Samen enthalten.

Ernte aus dem Fruchtfleisch und säen Sie sie gleich in Kisten oder Einzeltöpfe aus. Die Kisten werden vier Wochen warm bei etwa 18 °C und dann vier bis acht Wochen bei Temperaturen um 5 °C aufgestellt. Die Keimung erfolgt so meist nach drei bis vier Wochen. Die Samen können aber auch noch ein ganzes Jahr überliegen.
Stecklinge: Eine Stecklingsvermehrung ist von Ende Juni bis Anfang Juli möglich. Man verwendet ausgereifte, leicht verholzte Triebe, die auf Astring geschnitten werden. Soweit die Äste bis zum Boden reichen, sind auch Absenker möglich.
Veredlung: Veredelt wird im Winter unter Glas auf eingetopfte Sämlingsunterlagen, in der Regel durch Geißfußpfropfen, Kopulation oder Pfropfen in den Spalt.

Juniperus; Wacholder

Bei den in unseren Gärten angepflanzten Wacholdern handelt es sich in der Regel um Selektionen und Sorten von verschiedenen Arten, die sortenecht nur vegetativ vermehrt werden können. Bei den Wildarten ist eine Aussaat sinnvoll, ebenso dann, wenn man nach neuen Typen sucht. Zur Gewinnung einzelner Pflanzen eignen sich auch Ableger. Das Ablegen bietet sich vor allem bei kriechenden Arten und Formen an.
Aussaat: Die Ernte der Früchte (Beeren) erfolgt von Oktober bis November. Während die Früchte von *J. virginiana* im ersten Jahr reifen, reifen die von *J. communis* erst im zweiten Jahr. Nach dem Auswaschen der Samen wird am besten gleich in Kisten oder auf Freilandbeete ausgesät. Gekauftes bzw. längere Zeit trocken gelagertes Saatgut ist für acht bis zwölf Wochen kalt zu stratifizieren. Verwerfen Sie die Aussaaten nicht, wenn im Frühjahr keine Keimung erfolgt. Sie liegen dann über und werden im folgenden Jahr keimen.
Stecklinge: In der Regel werden Wacholder durch Stecklinge vermehrt. Diese können von Juli bis September, aber auch noch später geschnitten werden. Besonders gut bewurzeln ein- bis zweijährige Triebe. Die weichen Spitzen der Stecklinge sollten abgeschnitten werden, da sich die bewurzelten Stecklinge dann gleichmäßiger entwickeln.
Veredlung: Einige Sorten, vor allem von *J. chinensis* und *J. virginiana*, werden bevorzugt veredelt, und zwar im Spätsommer oder Winter durch seitliches Einspitzen auf im Topf eingewurzelte Unterlagen. Als Unterlagen dienen Sämlinge von *J. communis* oder *J. virginiana* bzw. Sorten von diesen, insbesondere *J. communis* 'Hetzii'. Gelbblättrige Kulturformen werden bevorzugt im Mai bis Juni veredelt.

Larix; Lärche

Lärchen werden durch Aussaat vermehrt, ihre Sorten durch Stecklinge und vor allem durch

Larix bildet lange Keimwurzeln aus.

Veredlung. Auch Steckholzvermehrung ist möglich.
Aussaat: Die Samen von *L. decidua* und *L. kaempferi* reifen im Spätherbst. Die Zapfen, die bis zum Frühjahr an den Bäumen haften bleiben und nach und nach die Samen entlassen, müssen ab Oktober bis Dezember gepflückt werden, will man nicht leer ausgehen. Ausgesät wird ab Anfang April am besten auf Freilandbeete. Vorgekeimtes Saatgut läuft gleichmäßiger auf. Gekaufte, trocken gelagerte Samen sind vor der Aussaat für vier Wochen kalt zu stratifizieren.
Stecklinge: Eine Vermehrung durch etwa 10 cm lange Kopfstecklinge ist im Juli bis August möglich, wobei die Bewurzelungsrate im Allgemeinen nicht sehr hoch ist. Je älter die Mutterpflanzen sind, umso geringer ist diese.
Veredlung: Die Vermehrung durch Veredlung ist bei Zwerg- und Hängeformen notwendig. Der Gärtner veredelt in der Regel im Winter oder im Frühjahr, wenn die Knospen schwellen, durch seitliches Einspitzen oder Kopulation mit Gegenzunge. Möglich sind jedoch auch Veredlungen im Frühjahr im Freiland durch Kopulation oder Geißfußpfropfen.

Metasequoia glyptostroboides; Urweltmammutbaum

Vermehrt wird durch Aussaat, Stecklinge oder auch Steckholz.
Aussaat: In der Regel muss Saatgut zugekauft werden. Frisches Saatgut keimt ohne Vorbehandlung. Länger gelagertes Saatgut ist vor der Aussaat vier Wochen lang kalt zu stratifizieren. Die Aussaat erfolgt normalerweise im Frühjahr unter Glas. Meist keimen die Samen schon nach wenigen Tagen.
Stecklinge: Zur Stecklingsvermehrung im Juni bis Juli und

Steckhölzer von Metasequoia glyptostroboides

Februar bis März verwendet man an der Spitze verzweigte Langtriebe, die gerade zu verholzen beginnen. Unverzweigte Kurztriebe sind nicht geeignet. Gipfeltriebe sind zu bevorzugen, um von Anfang an aufrecht wachsende Pflanzen zu erhalten.
Steckholz: Als Steckholz verwendet man etwa 15–20 cm lange, ein- oder zweijährige, bleistiftstarke Triebe, die schon im Januar geschnitten werden. Nach dem Schneiden kommen sie in einen Folienbeutel und werden bis zum Stecken im März kühl (im Kühlschrank) gelagert. Dann steckt man sie in Einzeltöpfe. Da die Steckhölzer vor der Wurzelbildung auszutreiben beginnen, sind die Gefäße in gespannter Luft aufzustellen.

Microbiota decussata; Zwerglebensbaum

Vermehrung in der Regel durch Stecklinge. Man verwendet leicht verholzte Triebspitzen, die meist im Herbst oder zeitigen Frühjahr geschnitten werden. Soweit Saatgut beschafft werden kann, erfolgt die Aussaat der Samen ohne besondere Vorbehandlung im Frühjahr unter Glas.

Picea; Fichte

Aussaat: Durch Aussaat vermehrt man alle Arten. Nur wenige Kulturformen, z. B. *P. abies* 'Virgata', fallen zumindest zum Teil echt und können auch ausgesät werden. Die Samen der einzelnen Arten reifen sehr unterschiedlich. Von *P. abies* werden die Zapfen von November bis Februar, von *P. omorika* von Dezember bis Februar und von *P. glauca* und *P. pungens* im September geerntet. Aussaat in der Regel im April bis Mai auf das Freilandbeet. Die Samen sind 1–2 cm hoch abzudecken. Für eine schnelle und gleichmäßige Keimung empfiehlt sich ein Vorkeimen in feuchtem Sand oder eine kurze Kaltstratifikation von ein bis zwei Wochen.

Picea omorika fällt durch ihre schlanke Gestalt auf.

Junge Veredlung von Picea pungens 'Koster' durch seitliches Anplatten

Sämlinge von Picea jezoensis, 19 Tage nach der Aussaat

Stecklinge: Alle Zwergformen werden durch Stecklinge vermehrt. Diese werden üblicherweise im August, teilweise aber auch schon von Februar bis April vor dem Austrieb oder im Juni kurz nach der Ausbildung der Endknospe geschnitten. Die Stecklinge bewurzeln am besten bei Bodentemperaturen von 15 °C. Die Bewurzelung dauert 12 bis 15 Wochen.
Veredlung: Veredelt werden alle starkwachsenden Kulturformen. Als Universalunterlage dienen Sämlinge von *P. abies*. Veredelt wird Mitte August bis Ende September oder im Februar bis März auf im Topf fest eingewurzelte Unterlagen durch seitliches Anplatten oder seitliches Einspitzen. Bei den hochwachsenden Formen sollte das Reis eine gut ausgebildete Endknospe und mindestens drei bis vier darumsitzende Knospen aufweisen.

Pinus; Kiefer

Die Vermehrung der Arten erfolgt durch Aussaat, die der Kulturformen durch Veredlung. Bei einzelnen Arten ist grundsätzlich auch eine Stecklingsvermehrung möglich, aber wenig üblich.
Aussaat: Die Samen reifen je nach Art erst im zweiten oder dritten Jahr nach der Befruchtung. Die Zapfen werden bei den meisten Arten im September bis Oktober geerntet. Zapfen und Samen sind von Art zu Art sehr verschieden. Die Aussaat erfolgt im März bis April im Freiland oder auch unter Glas. Vor der Aussaat sollten die Samen möglichst vier bis acht Wochen kalt stratifiziert werden, Handelssaatgut grundsätzlich. Bei *P. mugo* ist dies nicht nötig. Bei *P. cembra*, *P. parviflora* und *P. pumila* ist vor der Kaltstratifikation eine etwa achtwöchige Warmstratifikation zu empfehlen. Die Saattiefe hängt im Wesentlichen von der Größe des Saatgutes ab. Samen von *P. strobus* drückt man nur an, *P. mugo* und *P. sylvestris* werden 1 cm und *P. nigra* 1,5 cm hoch abgedeckt.
Veredlung: Veredelt wird in der Regel von Januar bis März auf im Topf eingewurzelte Unterlagen durch seitliches Anplatten oder Einspitzen. Auch Pfropfen in den Spalt ist möglich. Als Unterlage verwendet man die jeweilige Art. Alternativ gilt für alle fünf- und dreinadeligen Kiefern *P. strobus* als Standardunterlage, für alle zweinadeligen Kiefern *P. sylvestris* und *P. nigra*. Die fertigen Veredlungen werden in feuchten Torf eingeschlagen und unter mit Folie bespannte Kästen gestellt. Auf die Veredlungsstellen darf kein Wasser kommen, deshalb wird nicht von oben bewässert. Die Lufttemperaturen sollten möglichst niedrig gehalten werden und 15 °C nicht übersteigen.

Pseudolarix amabilis; Goldlärche

Die Goldlärche wird von März bis April unter Glas ausgesät. Ihre Samen reifen auch bei uns. Da die Zapfen bei der Reife zerfallen, müssen sie kurz vor der Vollreife Ende September bis Anfang Okto-

Geklengte Zapfen von Pinus mugo

Samen von Pinus, rechts entflügelt

Oben: Pinus mugo 'Laurin' muss veredelt werden.

Rechts: Junge Veredlung (seitliches Anplatten) von Pinus strobus 'Nana'

ber geerntet werden. Weil lediglich frisches Saatgut ausreichend keimfähig ist, kann es bei gekauftem Saatgut leider zu Problemen kommen.

Pseudotsuga menziesii; Douglasie

Die Vermehrung der Douglasie erfolgt in der Regel durch Aussaat. Die Zapfen werden im August bis September geerntet, die Samen nach trockener Lagerung im April bis Mai im Freiland oder auch unter Glas ausgesät. Dabei fördert eine Kaltstratifikation von vier bis sechs Wochen eine gleichmäßige Keimung. Die wenigen Kulturformen werden auf Sämlinge durch seitliches Anplatten veredelt, in der Regel auf getopfte Unterlagen im Winter oder auch im August bis September. Eine Stecklingsvermehrung ist im zeitigen Frühjahr möglich, jedoch ist diese nicht einfach.

Sequoiadendron giganteum; Mammutbaum

Eine Vermehrung erfolgt normalerweise durch Aussaat, bei der Sorte 'Pendula' jedoch durch seitliches Einspitzen im Februar oder Spätsommer.

Aussaat: Ernte der Zapfen im Oktober bis November. Aussaat sofort nach der Ernte der Samen unter Glas. Trocken gelagertes Saatgut ist vor der Aussaat für vier bis acht Wochen kalt zu stratifizieren. Im Frühjahr kann die Aussaat auch auf Freilandbeete erfolgen.
Stecklinge: Stecklingsvermehrung im September ist möglich. Verwendet werden Kopfstecklinge von aufwärts strebenden Trieben. Die Stecklinge sollten in Multitopfplatten oder in kleine Einzeltöpfe gesteckt werden, da die Wurzeln sehr empfindlich sind.

Taxodium distichum; Zweizeilige Sumpfzypresse

Vermehrung durch Aussaat, Stecklinge und Steckhölzer ist möglich, doch nicht immer erfolgreich.
Aussaat: In unseren Breiten werden keimfähige Samen ausgebildet. Die Zapfen werden im Oktober bis November geerntet, die Samen im März bis April ausgesät.

Taxus; Eibe

Soweit es sich um die Wildarten handelt, werden Eiben durch Aussaat vermehrt, die Kulturformen hingegen durch Stecklinge oder Veredlung.
Aussaat: Die Früchte werden geerntet, wenn sie sich rot färben. Dies ist im August bis September der Fall. Um das Fruchtfleisch zu entfernen, lässt man die Früchte anrotten und wäscht die Samen später aus. Die Samen unterliegen einer starken Keimruhe, die umso ausgeprägter verläuft, je trockener das Saatgut wird. Da-

Pseudotsuga menziesii mit Zapfen

Samen von Sequoiadendron giganteum

Stratifiziertes Saatgut von Taxus baccata

her sät man am besten sofort nach der Ernte aus und kann dann mit einer Keimung im zweiten Frühjahr nach der Ernte rechnen. Ein Teil der Samen wird aber noch ein weiteres Jahr überliegen. Trocken gewordenes Saatgut ist vor der Aussaat 12 bis 18 Monate kalt zu stratifizieren.
Stecklinge: Zur Stecklingsvermehrung verwendet man gut ausgereifte Triebe, die von Juli bis September geschnitten werden. Stecklinge mit einem Stück altem Holz wurzeln in aller Regel am besten. Der Gärtner vermehrt auch vor dem Austrieb von Februar bis April. Bei aufrecht wachsenden Formen nimmt man nur aufrecht wachsende Triebe.
Veredlung: Veredelt wird im März bis April im Haus durch seitliches Einspitzen oder Anplatten auf im Topf fest eingewurzelte Unterlagen. Diese sollten kurz vor dem Veredeln zurückgeschnitten werden. Als Unterlage werden in der Regel Sämlinge von *T. baccata* verwendet. *T.* × *media* 'Hicksii' ist jedoch ebenfalls geeignet.

Taxus-Sorten werden u. a. durch seitliches Anplatten vermehrt, angewachsenes Edelreis, Unterlage zurückgeschnitten.

Thuja; Lebensbaum

Lebensbäume vermehrt man durch Aussaat oder Stecklinge. Für die zahlreichen Sorten bietet sich auch die Stecklingsvermehrung oder Veredlung an. Veredelt wird durch seitliches Anplatten und ist meist auf Zwergsorten begrenzt.
Aussaat: Die Zapfen von *T. occidentalis* reifen im September bis Oktober, die von *T. plicata* im August bis September. Ausgesät werden kann noch im Herbst oder man wartet besser bis zum Frühjahr (April bis Mai) und sät dann im Freiland aus. Zu beachten ist, dass *Thuja*-Samen rasch ihre Keimfähigkeit verlieren. Vorkeimen ist zwar nicht notwendig, doch keimen die Samen dann gleichmäßiger.
Stecklinge: Die Stecklingsvermehrung ist vergleichsweise leicht. Gesteckt werden kann im September, wenn die Basis der Stecklinge gut verholzt ist, oder auch im Frühjahr vor Austriebsbeginn. Die Kopfstecklinge bewurzeln sich besser, wenn sie am Ende seitlich verwundet werden. Man kann aber auch Seitentriebe verwenden, die von den Haupttrieben abgerissen werden.

Bewurzelter Steckling von Tsuga canadensis 'Nana'

Tsuga canadensis; Kanadische Hemlocktanne

Die Art wird durch Aussaat vermehrt, die Kulturformen am besten durch Stecklinge oder auch Veredlung.
Aussaat: Die Samen reifen im Oktober bis November. Nach Möglichkeit wird noch im Herbst ausgesät. Ist dies nicht machbar, sind die Samen vor der Aussaat im Frühjahr für rund vier bis acht Wochen kalt zu stratifizieren.
Stecklinge: Die Varietäten und Kulturformen können durch Stecklinge von August bis September vermehrt werden. Besonders gut bewurzeln sich dabei Kopfstecklinge von einjährigen Trieben.

Kletterpflanzen von A bis Z

Die Vermehrung der Kletterpflanzen erfolgt gärtnerisch fast ausschließlich vegetativ, die Aussaat spielt nur im Rahmen der Züchtung eine Rolle.

Actinidia; Strahlengriffel, Kiwi

Bei uns werden drei Arten dieser sommergrünen Schlingpflanze kultiviert, und zwar *A. arguta*, *A. deliciosa* und *A. kolomikta*.
Aussaat: Säen Sie im Frühjahr oder auch schon im Herbst in Kisten unter Glas aus. Eine Kaltstratifikation für vier bis acht Wochen vor der Aussaat bringt ein gleichmäßigeres Keimergebnis. Zu beachten ist, dass die Arten zweihäusig sind und man neben den gewünschten weiblichen Pflanzen auch eine große Zahl männlicher Exemplare erhält.
Ableger: Die Vermehrung durch Ableger im Frühjahr ist vor allem für den ambitionierten Hobbygärtner interessant.
Stecklinge: Diese schneidet man im Juni bis Juli. Neben Kopfstecklingen sind auch Triebstecklinge mit zwei Blättern geeignet. Die Triebe sollten noch nicht verholzt sein.
Steckholz: Alle drei Arten lassen sich auch durch 15–20 cm lange Steckhölzer mit zwei bis drei Knospen vermehren. Die Triebe sind vor Eintritt stärkerer Fröste zu schneiden und im Februar bis März zu stecken. Bewurzelung am besten bei hoher Luftfeuchtigkeit im geschlossenen Vermehrungsbeet.
Veredlung: Die Fruchtsorten von *A. deliciosa* werden meist im Februar bis März auf eingetopfte, ein- bis zweijährige Sämlinge durch seitliches Anplatten veredelt. Die Reiser sollten zwei bis drei Augen haben und möglichst so stark wie die Unterlagen sein.

Actinidia kolomikta fällt durch ihre hübsche Blattfärbung auf.

Akebia quinata; Fingerblättrige Akebie

Diese sommergrüne Schlingpflanze vermehrt man durch Aussaat, Ableger, Stecklinge oder Wurzelschnittlinge. Die Aussaat erfolgt am besten sofort nach der Samenreife im Herbst unter Glas. Fruchtfleisch sorgfältig abwaschen. Stecklinge schneidet man im Sommer. Die Triebe sollten nur leicht verholzt sein. Bei der Ablegervermehrung werden einjährige Triebe wie bei *Wisteria* auf Seite 135 beschrieben wellenförmig ausgelegt. Die Vermehrung durch Wurzelschnittlinge kann von November bis Februar erfolgen. Zur Bewurzelung bzw. zum Austrieb sind Temperaturen um 20 °C optimal.

Ampelopsis; Scheinrebe

Die beiden Rankenkletterer *A. aconitifolia* und *A. glandulosa* var. *brevipedunculata* lassen sich leicht durch Aussaat im Frühjahr in Kisten unter Glas vermehren. Üblich ist aber in der Regel die Vermehrung durch Stecklinge im Juli oder durch Steckhölzer im Frühjahr. Veredelt wird im Winter durch Handveredlung auf bewurzelte Steckhölzer oder dicke Wurzelstücke von *Parthenocissus quinquefolia*.

Samen von Aristolochia clematitis

Aristolochia macrophylla; Amerikanische Pfeifenwinde

Diese sommergrüne Schlingpflanze vermehrt man durch Aussaat im Frühjahr, durch Ableger, Stecklinge oder auch Veredlung. Gute Keimergebnisse erzielt man, wenn die Samen vor der Aussaat für acht bis zwölf Wochen kalt stratifiziert werden. Allerdings keimen sie in der Regel nur zu 20–30 %. Zur Vermehrung durch Ableger legt man die langen einjährigen Triebe in Wellenlinien ab. Stecklinge kann man von Frühjahr bis September schneiden. Veredelt wird im Winter durch Kopulation auf Wurzelstücke der Art.

Campsis radicans; Amerikanische Trompetenwinde

In der Baumschule wird diese sommergrüne Schlingpflanze meist durch Veredlung vermehrt, und zwar durch Kopulation als Handveredlung im Januar bis Februar auf Wurzelstücke der Art. Die Reiser sind vor dem Eintritt strenger Fröste zu schneiden. Die Vermehrung durch 5–8 cm lange Wurzelschnittlinge im Frühjahr ist nicht immer befriedigend. Auch Stecklinge, man verwendet im Sommer geschnittene Kopf- und Teilstecklinge mit drei Blättern, bewurzeln sich nur schwer. Eine Vermehrung durch Steckholz soll möglich sein. Am einfachsten ist allerdings die Vermehrung durch Ableger.

Celastrus orbiculatus; Rundblättriger Baumwürger

Üblich ist die Vermehrung durch Wurzelschnittlinge sowie durch Stecklinge.
Aussaat: Diese ist weniger üblich, da die Pflanze zweihäusig ist und die wertvolleren weiblichen Pflanzen im Saatbeet von den männlichen nicht zu unterscheiden sind. Man sät am besten gleich nach der Samenernte im Herbst aus. Der rote Samenmantel enthält keimhemmende Stoffe und muss entfernt werden. Trocken gelagertes Saatgut ist vor der Aussaat für vier bis acht Wochen kalt zu stratifizieren.
Wurzelschnittlinge: Hierfür verwendet man etwa 5 cm lange Stücke, die senkrecht so in das Vermehrungssubstrat gesteckt werden, dass das gerade Ende kurz aus dem Substrat herausschaut.
Stecklinge: Teilstecklinge mit ein bis drei Knospen werden im Juni geschnitten. Die Basis ist seitlich leicht zu verwunden.

Campsis radicans

Clematis-Samen. Bei dem Anhängsel handelt es sich um den trockenen Griffel, der zu einer fädigen, elastischen Granne ausgezogen ist.

Clematis; Waldrebe

Die zahlreichen Arten und Kulturformen werden in der Regel vegetativ durch Veredlung oder Stecklinge vermehrt. Eine Aussaat ist nur für die Arten selbst von Bedeutung und kommt bei großblütigen Hybriden lediglich für die Züchtung in Betracht. Für den Hobbygärtner ist auch das Ablegen oder die Vermehrung durch Steckhölzer interessant.
Aussaat: Je nach Art reifen die Samen von Juni bis September. Ausgesät wird im März bis April am besten unter Glas. Um die Samen von den Flughaaren zu trennen, werden die Samen durch ein Drahtsieb (5–7 mm) gerieben. Das erleichtert die Aussaat und bringt eine gleichmäßigere Keimung.
Stecklinge: Als Stecklinge verwendet man Triebstücke mit einem Blattpaar. Sie können ab März von angetriebenen Mutterpflanzen gewonnen werden oder später auch von Freilandpflanzen. Man schneidet die Stecklinge kurz über dem Augenpaar und 3–4 cm darunter und schneidet dann die Rinde an den unteren 2 cm ein. Das erleichtert die Wurzelbildung. Zur Bewurzelung sind Bodentemperaturen von 15–20 °C erforderlich. Die Stecklinge bewurzeln meist nach fünf bis sechs Wochen.
Veredlung: Veredelt werden vor allem die großblumigen Kulturformen der *Clematis*. Der Baumschuler veredelt im Winter, während für den Hobbygärtner die Veredlung im Sommer zu empfehlen ist. Veredelt wird durch seitliches Anplatten oder durch Spaltpfropfen auf etwa 7 cm lange und mindestens 5 mm starke Wurzeln von *C. vitalba* oder *C. montana*. Als Reiser verwendet man Triebstücke mit einem Blattpaar oder einem Auge. Zum Anwachsen brauchen die Waldreben eine Bodenwärme von 20–22 °C sowie eine hohe Luftfeuchtigkeit.

Seitliches Anplatten bei Clematis

Euonymus fortunei; Kletternder Spindelstrauch

Der Kletternder Spindelstrauch lässt sich praktisch das ganze Jahr über durch Stecklinge vermehren. Die beste Zeit ist der Sommer. Man verwendet Kopf- oder auch Triebstecklinge und steckt am besten gleich drei bis fünf Stecklinge zusammen in kleine Töpfe oder in Multitopfplatten.

Fallopia baldschuanica; Schling-Flügelknöterich

Dieser starkwachsende Flügelknöterich lässt sich leicht durch Stecklinge oder Steckholz vermehren. Stecklinge werden im Juni bis August von schon verholzten Trieben mit mindestens zwei Knospen geschnitten. Als Steckholz verwendet man starke, einjährige Zweige, die man in etwa 20 cm lange Stücke schneidet und gleich zu dritt zusammen in Töpfe steckt.

Hedera; Efeu

Die in unseren Gärten verbreiteten Efeuarten *H. colchica*, *H. helix* und *H. hibernica* sowie ihre unzählige Kulturformen werden in der Regel durch Stecklinge vermehrt. Die Vermehrung ist praktisch ganzjährig möglich. Man verwendet Kopf- und Teilstecklinge mit in der Regel zwei bis drei Blattansätzen. Diese werden am besten gleich zu mehreren in 10–12 cm große Töpfe gesteckt. Großblättrige Formen werden auch durch Kopulation, seitliches Einspitzen oder Spaltpfropfen auf getopfte Unterlagen der Art vermehrt. Efeu lässt sich aber auch sehr gut aussäen. Die gereinigten Samen werden sofort nach der Samenreife im Februar bis März ausgesät.

Hydrangea anomala subsp. petiolaris

Aussaat: Selbstgeerntetes Saatgut der Arten sät man im März bis April im Freiland aus. Die fleischigen Beerenfrüchte reifen im Juli bis August. Die Samen gut vom Fruchtfleisch befreien, da es sonst zu starken Keimverzögerungen kommen kann. Eine Kaltstratifikation von acht bis zwölf Wochen vor der Aussaat fördert die Keimung. Bei selbstgeernteten Samen ist zu beachten, dass die Arten sich untereinander bestäuben bzw. befruchten können. Für die Selektion eigener Sorten nicht uninteressant.

Hydrangea anomala subsp. *petiolaris;* Kletter-Hortensie

Die Kletter-Hortensie wird in der Regel durch Stecklinge vermehrt. Diese werden im Mai bis Juni von Trieben gewonnen, deren Rinde sich noch nicht braun verfärbt hat. Einfach und sicher ist die Vermehrung durch Absenker.

Jasminum nudiflorum; Winter-Jasmin

Vermehrung am besten durch Stecklinge oder Steckholz. Stecklinge schneidet man im Sommer von krautigen Trieben. Verwenden Sie als Steckhölzer zweijährige Triebe, die Sie auf Längen von 15–20 cm zuschneiden. Man gewinnt sie im Oktober bis November und kann sie bei guten Wetterbedingungen auch gleich stecken. Triebspitzen, die den Boden berühren, bewurzeln sich von ganz alleine. Soweit Saatgut beschafft werden kann, erfolgt die Aussaat im Frühjahr unter Glas.

Lonicera; Heckenkirsche

Die kletternden *Lonicera*-Arten vermehrt man in der Regel durch Stecklinge, die im Juni bis Juli geschnitten werden. Dabei sind Teilstecklinge mit ein bis drei Knospen geeignet. Der Gärtner gewinnt seine Stecklinge in der Regel schon im April bis Mai von angetriebenen Pflanzen. Die Ablegervermehrung ist leicht. Spitzen, die den Boden berühren, bewurzeln sich von alleine.

Parthenocissus; Jungfernrebe

Die sommergrünen Selbstklimmer *P. quinquefolia* und *P. tricuspidata* und vor allem ihre Kulturformen vermehrt man in der Regel vegetativ durch Stecklinge, Steckholz oder Veredlung.
Aussaat: Vermehrung durch Aussaat am besten direkt nach der Reife der Früchte im September bis Oktober ins Freiland. Die Samen vorher gut vom Fruchtfleisch reinigen.

Lonicera caprifolium

Veredlungen von Parthenocissus tricuspidata 'Veitchii'

Samen von Parthenocissus inserta

Stecklinge: Diese Methode gelingt von Juni bis August leicht, lediglich *P. tricuspidata* 'Veitchii' macht etwas Schwierigkeiten. Man schneidet dazu Triebstecklinge mit zwei bis drei Augen, bei denen eine seitliche Verwundung der Basis die Wurzelbildung fördert.
Steckholz: Dieses gewinnt man aus kräftigen vorjährigen Trieben, die man in Teilstücke mit drei bis vier Knospen schneidet. Das Steckholz ist so tief zu stecken, dass nur eine Knospe über der Erdoberfläche steht. Gesteckt wird auf Freilandbeete oder in Töpfe, die man im Frühjahr ins Freiland stellt.
Veredlung: Veredelt wird im Winter unter Glas durch Geißfuß- oder Spaltpfropfen, am besten auf bewurzeltes Steckholz von *P. quinquefolia*. Auch bleistiftstarke Wurzelstücke können als Unterlage dienen. Zum Verwachsen sind hohe Temperaturen um 20 °C erforderlich.

Wisteria; Blauregen, Glyzine, Wisterie

Blauregen werden in der Regel durch Ableger, Stecklinge und Veredlung vermehrt. Die Aussaat hat im Zuge der Züchtung und zur Anzucht von Unterlagen Bedeutung.
Aussaat: Samen können auch bei uns geerntet werden. Die Hülsen reifen im Herbst. Nach trockener Lagerung wird im März bis April unter Glas ausgesät. Zuvor sind die Samen 48 Stunden lang in lauwarmem Wasser vorzukeimen. Sie keimen dann sehr schnell und vor allem auch gleichmäßiger.
Ableger: Als Ableger verwendet man einjährige Triebe, die wellig eingelegt werden, so dass immer ein Triebstück über der Bodenoberfläche steht. Sie werden nach der Bewurzelung im Herbst geteilt.
Stecklinge: Eine Stecklingsvermehrung von Freilandpflanzen ist im Juli bis August möglich, aber nicht immer erfolgreich. Der Gärtner vermehrt im Frühjahr von im Gewächshaus stehenden Mutterpflanzen. Verwendet werden leicht verholzte Triebstücke mit einem Auge, längere Triebstücke mit vier bis fünf Nodien oder auch ungekürzte, kurze Seitentriebe. Es empfiehlt sich, die Stecklinge an der Basis seitlich zu verwunden.
Veredlung: Veredelt wird im Winter durch Geißfußpfropfen oder Kopulation auf Sämlinge bzw. 10 cm lange Wurzelstücke der Art.

Um durch Ableger zu vermehren, werden bei Wisteria die Triebe wellenförmig in den Boden gelegt.

Wisteria sinensis

Malus domestica 'Pilot'

Obst von Apfel bis Weinrebe

Nur wenige unsere Obstarten, u. a. einige Pfirsichsorten sowie die Walnuss, lassen sich sortenecht aus Samen vermehren.
Für die Mehrzahl der Obstgehölze kommen lediglich vegetative Vermehrungsmethoden in Frage, die sich bei den meisten Obstbäumen auf die Veredlung beschränken. Allein bei einigen Pflaumensorten kann auf die Veredlung verzichtet werden, da sich diese sortenecht durch Ableger, Ausläufer oder Abrisse vermehren lassen. Ein Obstbaum besteht daher in der Regel aus einer Unterlage, der eine Kultursorte – manchmal noch unter Einschaltung eines Stammbildners – aufveredelt wurde. Grundsätzliches zum Thema Veredlung, zu den Unterlagen und Edelreisern sowie zu den verschiedenen Veredlungsmethoden finden Sie auf den Seiten 78–86.

Apfel; *Malus domestica*

Apfelbäume werden von alters her veredelt, da sie sich nur schwer anders vegetativ vermehren lassen. Als Unterlage verwendet man entweder Sämlinge oder eine der vielen vegetativ vermehrbaren Typunterlagen, also Pflanzen mit besonders ausgeprägten Eigenschaften. Als Sämlingsunterlagen dienen bevorzugt Sämlinge der Sorten 'Bittenfelder' und 'Grahams'.
Von den vielen Typunterlagen kommen u. a. folgende in Betracht:

- Typ M 4 ('Holsteiner Doucin', 'Gelber Doucin'): für Gärten mit mittlerer Bodenqualität, mittelstark wachsend, für kleinere Baumformen, mangelhafte Standfestigkeit
- Typ M 7: für leichte bis mittlere Böden, Wuchskraft etwas schwächer als bei M 4, aber wesentlich standfester
- Typ M 9 ('Gelber Metzer Paradies'): für gute, humose Böden, für relativ kleine Baumformen und Gärten, regelmäßig frühe und sehr hohe Erträge
- Typ M 11 ('Grüner Doucin'): wächst auch noch auf schlechten Böden gut, für große Baumformen und schwachwachsende Sorten
- Typ A 2: für minderwertige Böden, besonders frost- und trockenresistent

In den Obstbaumschulen werden Äpfel in der Regel durch Okulation auf den Wurzelhals von Juli bis Anfang September veredelt. Für den Hobbygärtner ist eine Veredlung im Frühjahr durch eine der Pfropfmethoden, besonders das Pfropfen hinter die Rinde, zu empfehlen. Bei starker Unterlage kommt die Geißfußveredlung, bei gleicher Stärke von Unterlage und Edelreis auch die Kopulation in Frage. Da Edelreis und Unterlage sich bei der Kopulation in völliger Saftruhe befinden sollten, ist diese schon im Februar, spätestens Anfang März als Handveredlung durchzuführen.

Für die Okulation wird die Unterlage im Frühjahr dorthin gepflanzt, wo der Baum später stehen soll. Ab Ende Juni sind alle Seitentriebe bis zur Veredlungshöhe zu entfernen, die sich üblicherweise in 20–40 cm Höhe befindet. Wird zu hoch veredelt, neigt der Baum zur Bildung von Luftwurzeln, die Eingangspforten für Pilze und Schadinsekten sind. Unmittelbar vor der Veredlung reibt man den Stamm in Höhe des einzusetzenden Auges mit einem Lappen ab, um anhaftenden Schmutz zu beseitigen. Dann wird das Edelauge auf der Windseite eingesetzt. Dabei kann man einen dünnen Holzstreifen am Auge belassen. Ein starker Holzanteil führt dagegen zu einer schlechten Verwachsung und sollte entfernt werden. Nach zwei bis drei Wochen kontrolliert man, ob die Veredlung angewachsen ist. Das Anwachsen erkennt man daran, dass der Blattstiel am Auge bei geringster Berührung abfällt. An abgestorbenen Augen dagegen sitzt der Stiel fest.
Häufeln Sie die Veredlung im Spätherbst am besten so hoch an,

Angewachsene Okulation der Sorte 'Elstar' auf Unterlage M 9

Ausgetriebenes Edelreis der Sorte 'Geheimrat Lucius'

dass das Edelauge noch leicht mit Erde bedeckt und dadurch etwas gegen Frost geschützt ist. Wenn der Bastverband einzuschneiden beginnt, ritzt man ihn ein, damit das Dickenwachstum nicht beeinträchtigt wird. Dies geschieht in der Regel im Frühjahr kurz vor dem Austrieb. Unterlagen, bei denen die Veredlung nicht erfolgreich war, werden im Frühjahr mit der gleichen Sorte durch Spaltpfropfen nachveredelt. Ist das Auge jedoch angewachsen, wird die Unterlage im ersten Frühjahr nach dem Veredeln mit einem schrägen Schnitt dicht über dem eingesetzten Auge abgeschnitten (abgeworfen). Der Schnitt ist so auszuführen, dass das Edelauge die Stellung einer Gipfelknospe erhält, also kein Auge der Unterlage mehr oberhalb des Edelauges steht. Die Schnittstelle wird sorgfältig mit Baumwachs verstrichen. Bei dieser zapfenlosen Anzucht bilden die meisten Sorten ohne Nachhilfe gerade Stämme aus.
Eine andere Möglichkeit ist die Anzucht mit Zapfen. Dabei wird die Unterlage 10–15 cm über der Veredlungsstelle abgeschnitten. Sobald der Edeltrieb zwei bis drei Blätter ausgebildet hat, wird er am Zapfen angebunden, damit er senkrecht wächst. Im Herbst schneidet man den Zapfen dann schräg ab und verstreicht die Wunde mit Baumwachs. Dabei ist sehr vorsichtig vorzugehen, um den Edeltrieb nicht zu verletzen. Sorten, die nicht zu aufrechtem Wuchs neigen, müssen während ihrer Jugendentwicklung an einem Stab angebunden werden. Bei der Anzucht von Hoch- oder Halbstämmen lässt man die Veredlung im ersten Jahr ohne jeden Eingriff wachsen und beschränkt sich in dieser Zeit auf das Entfernen des Wildaustriebes. Im folgenden Frühjahr, d.h. zu Ausgang des Winters, wird der einjährige Trieb dann um ein Viertel bis ein Drittel zurückgeschnitten. Dabei wird so geschnitten, dass das oberste Auge, aus dem sich die Stammverlängerung bilden soll, auf der der Veredlungsstelle gegenüberliegenden Seite steht. So kann eine eventuelle Krümmung an der Veredlungsstelle durch die entgegengesetzte Wuchsrichtung wieder ausgeglichen werden. Der Schnitt wird nicht direkt über dem Auge ausgeführt. Besser ist es, einen kurzen Zapfen stehen zu lassen, den man dann im Laufe des Sommers nach dem Durchtrieb des Auges sauber entfernt. Durch den Rückschnitt werden die Seitentriebbildung und das Dickenwachstum des Stammes gefördert. Seitentriebe, die sich in Konkurrenz zum Leittrieb entwickeln könnten, sind rechtzeitig zu entfernen.
Im darauf folgenden Frühjahr, also dem dritten nach der Veredlung, werden etwa 50 % der Seitentriebe bis zum Stamm entfernen. Die restlichen Seitentriebe kürzt man auf Fingerlänge ein. Ist die gewünschte Stammhöhe noch nicht erreicht, so wird der letzte Jahrestrieb wieder um ein Viertel bzw. ein Drittel zurückgenommen. Hat der Stamm schließlich die gewünschte Höhe erreicht, ist die Krone so anzuschneiden, dass über der gewünschten Stammhöhe sechs Augen verbleiben, aus denen dann der Kronenaufbau erfolgt.

Birne; *Pyrus communis*

Birnen werden grundsätzlich durch Veredlung vermehrt. Bei der Unterlage gibt es nur die Wahlmöglichkeit zwischen dem Sämling und der artfremden, vegetativ vermehrbaren Quittenunterlage (*Cydonia*). Als Sämling wird meist die 'Kirchensaller Mostbirne' verwendet, während Sämlinge von *P. communis* und *P. betulifolia* keine große Rolle spielen, da häufig Unverträglichkeiten und sehr starker Wuchs auftreten. Am weitesten ist die vegetativ vermehrbare Quitte 'Quitte aus Angers' als Unterlage verbreitet, die auch als Quitte EM A oder nur als Quitte A (Cydonia A) bezeichnet und so gehandelt wird. Die Anzucht entspricht der des Apfels. Veredelt wird in der Regel durch Okulation.

Quitte; *Cydonia oblonga*

Auch die Quitte wird durch Veredlung vermehrt. Als Unterlage dient in der Regel die Sorte 'Quitte aus Angers' (Quitte EM A). Man kann jedoch auch Sämlinge von *Crataegus monogyna*, *C. laevigata* und *Sorbus aucuparia* verwenden. Veredelt wird durch Okulation oder eine der verschiedenen Pfropfmethoden.

Süß-Kirsche; *Prunus avium*, Sauer-Kirsche; *P. cerasus*

Als Unterlagen für Süß- und Sauer-Kirschen dienen Sämlinge von *P. avium*, der 'Limburger Vogelkirsche' oder der Selektion 'Hütt-

Gut verwachsene Kopulation bei einer Süß-Kirsche

Ausgetriebene Okulation im zweiten Jahr nach der Veredlung bei einer Süß-Kirsche

ner'. Sämlinge von *P. mahaleb* werden nur noch gelegentlich verwendet, da es eine gewisse Unverträglichkeit zu geben scheint. Der Obstbaumschuler verwendet heute häufig den durch Ablegen vermehrbaren *P.-avium*-Klon F 12/1 als Unterlage. Für kleine Wuchsformen kommen vor allem schwachwüchsigen Unterlagen wie 'Colt', 'Gisela' oder Weiroot-Unterlagen in Frage.
Im Gegensatz zu den Äpfeln und Birnen, bei denen überwiegend auf den Wurzelhals veredelt wird, erfolgt die Veredlung der Süß- und Sauer-Kirschen in der Regel in Kronenhöhe, bei Sauer-Kirschen auch in Bodenhöhe. Veredelt wird entweder durch Okulation im Sommer, Kopulation im Februar, Geißfußpfropfen kurz vor der Blüte oder eine beliebige andere Pfropfmethode.

Pflaume; *Prunus* domestica

Einige Pflaumen-, Zwetschen-, Renekloden- und Mirabellensorten lassen sich wurzelecht durch Ableger, Ausläufer oder Abrisse vermehren, u. a. 'Wurzelechte Hauszwetsche', 'Mirabelle', 'Große grüne Reneklode' und 'Ersinger'.
Will man veredeln, dienen u. a. Sämlinge von *P. cerasifera* ('Myrobalane') und *Prunus* 'St. Julien d'Orleans' als Unterlage. Weit verbreitet ist die durch Ableger und Steckholz vermehrbare *P.-domestica*-Form 'Brompton'. Es ist eine besonders standfeste Unterlage mit starkem Wachstum und guter Frosthärte. Ein weiterer Vorteil ist, dass sie auf allen Bodenarten gleichermaßen gut wächst. Mittlerweile stehen mit 'St. Julien A', 'Pixy' und 'INRA GF 655/2' auch schwächerwachsende Unterlagen zur Verfügung.
In Obstbaumschulen wird auch die *P.-domestica*-Form 'Ackermann' verwendet, die sich durch Steckholz und Stecklinge vermehren lässt. Die Veredlung erfolgt durch Okulation.

Vermehrung der 'Hauszwetsche' durch Ausläufer während der Vegetationsperiode:

1) Ausläufer
2) Freigelegte Ausläufer
3) Einzelpflanzen, vom Ausläufertrieb abgetrennt
4) Eingetopfte Ausläuferpflanzen
5) Da die Ausläufer während der Vegetationsperiode ausgegraben wurden, ist ein vorübergehender Verdunstungsschutz erforderlich.

Keimender Pfirsichsamen

Vermehrung der Haselnuss durch Ablegen

Pfirsich; *Prunus persica*, Aprikose; *P. armeniaca*, Mandel; *P. dulcis*

Einige Sorten des Pfirsichs, u. a. 'Kernechter vom Vorgebirge', 'Wasserberger' und 'Glimbsheimer', sowie der Aprikose, u. a. 'Millionär' und 'Hinduka', lassen sich weitgehend sortenecht durch Aussaat vermehren. In der Regel werden aber auch Pfirsich und Aprikose veredelt. Als Unterlage dienen für Pfirsichsorten Sämlinge von *P. persica*, für Aprikosensorten Sämlinge von *P. armeniaca*. Darüber hinaus werden auch die schon bei den Pflaumen erwähnten vegetativ vermehrbaren Pflaumensorten 'Brompton', 'Ackermann' und 'Wurzelechte Hauszwetsche' als Unterlagen verwendet. Die Mandel wird auf Sämlinge von *P. dulcis* var. *amara*, *P. dulcis* var. *dulcis* oder auf die Pflaumensorten 'Hauszwetsche' bzw. 'Brompton' veredelt.
Man veredelt Pfirsich, Aprikose und Mandel in der Regel Ende Juli bis Anfang August durch Okulation, da eine Reisveredlung infolge zu raschen Austrocknens des Edelreises fast nie zum Erfolg führt.

Haselnuss; *Corylus avellana*

Die Anzucht der Haselnüsse ist einfach. Die Kulturformen vermehrt man durch Absenker, Ableger oder auch Anhäufeln. Eine Vermehrung durch Stecklinge ist Anfang Juni möglich. Wilde Haselnüsse lassen sich auch aussäen, sind im Ertrag jedoch so unregelmäßig, dass eine generative Vermehrung nicht sinnvoll ist.

Walnuss; *Juglans regia*

Walnussbäume werden durch Aussaat oder durch Veredlung vermehrt. Einzelne Pflanzen lassen sich auch durch Ableger vermehren. Während Sämlingsbäume erst nach 18 bis 20 Jahren zu tragen beginnen, können bei veredelten Bäumen meist schon nach drei bis vier Jahren Nüsse geerntet werden, deren Qualität auch wesentlich besser ist.
Die Nüsse werden im September bis Oktober geerntet, wenn sich die Fruchtwand schwarz verfärbt. Normalerweise sollte diese Fruchtwand vor der Aussaat entfernt werden. Da dies aber nicht ganz leicht geht, ist es einfacher, die ganzen Früchte auszusäen. Die Aussaat erfolgt gleich nach der Ernte in Kisten unter Glas, oder auch erst im März, nachdem die Samen für zwei bis vier Wochen stratifiziert wurden.

Wird veredelt, dienen Sämlinge von *J. regia* oder *J. nigra* als Unterlagen. Die Veredlung ist nicht einfach und nur im Gewächshaus erfolgversprechend. Veredelt wird in der Regel im zeitigen Frühjahr durch Kopulation mit Gegenzunge. Voraussetzung dafür ist ein Gewächshaus mit Tem-

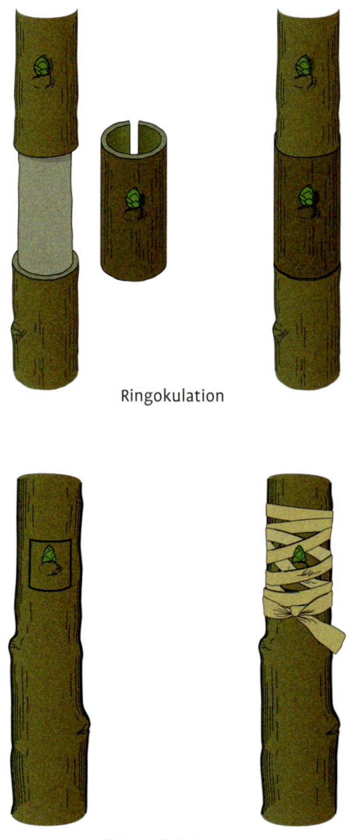

Walnussveredlung

peraturen von 20–25 °C oder am besten sogar ein geschlossenes Vermehrungsbeet. Im Freiland ist nur eine sogenannte Ringokulation im Juli möglich, bei der die Unterlage mindestens drei Jahre alt und fest eingewurzelt sein sollte.
Eine andere Möglichkeit ist die sogenannte Plattenokulation, die speziell für die Walnussveredlung entwickelt wurde. Hier wird im Gegensatz zur Ringokulation nicht ein geschlossener Rindenring herausgeschnitten, sondern nur das Stück eines Rindenringes (siehe Seite 140).

Rote und Weiße Johannisbeere; *R. rubrum*, Schwarze Johannisbeere; *Ribes nigrum*

Die Vermehrung der Johannisbeeren erfolgt in der Regel durch Steckhölzer. Dazu verwendet man gut ausgereifte einjährige Triebe, die mindestens bleistiftstark sein sollten. Aus diesen werden die etwa 20 cm langen Steckhölzer geschnitten.
Bei Roten und Weißen Johannisbeeren ist eine Steckholzgewinnung ab Ende August am günstigsten, sobald die Jahrestriebe genügend ausgereift sind. Sie ist jedoch auch noch im September und Oktober möglich. Schwarze Sorten können sowohl im Herbst als auch im Frühjahr geschnitten werden.
Die Sorte 'Heinemanns Rote Spätlese' lässt sich nicht durch Steckholz vermehren. Sie kann wie alle anderen auch mit gutem Erfolg durch Absenker, Ableger und Anhäufeln vermehrt werden. Leicht ist auch eine Vermehrung durch krautige Stecklinge im Juni bis Juli.
Um die Hochstämmchen heranzuziehen, muss veredelt werden. Als Unterlage dient *R. aureum*, das durch Anhäufeln vermehrt wird. Zur Veredlung kommen mehrere Methoden in Betracht. Üblich ist das seitliche Anplatten oder seitliche Einspitzen mit entblätterten Reisern im August. Eine Okulation ist ebenfalls möglich. Unterlagen, die die Veredlung nicht angenommen haben, können im darauf folgenden Frühjahr durch Kopulation veredelt werden. Als Reiserlänge genügen drei bis fünf Augen.
Im Winter bzw. Frühjahr wird die Unterlage bei den nicht durch Kopulation veredelten Pflanzen oberhalb der Veredlungsstelle bis auf etwa 10 cm zurückgeschnitten. Dieser sogenannte Zapfen muss verbleiben, da sonst mitunter das Edelreis oder Edelauge leicht vertrocknet. Im Verlaufe des Sommers wird der Zapfen dann bis zur Veredlungsstelle entfernt und die Wunde mit Baumwachs verstrichen.
Die Wildaustriebe der Unterlage werden mehrfach entspitzt und im Laufe des Sommers erst nach und nach entfernt. Denn das Stämmchen benötigt sie zunächst noch zur Kräftigung des Dickenwachstums.
Die Jostabeere, eine Kreuzung zwischen der Schwarzen Johannisbeere und der Stachelbeere, lässt sich gut durch Steckholz vermehren.

Stachelbeere; *Ribes uva-crispa*

Bei der Vermehrung der Stachelbeere können mit Ausnahme der Steckholzvermehrung die gleichen Methoden angewendet werden wie bei Johannisbeeren. Die Steckholzvermehrung ist nicht möglich bzw. sehr unbefriedigend. Am häufigsten wird angehäufelt. Zur Anzucht von Stämmchen wird wie bei Johannisbeeren auch *R. aureum* als Unterlage verwendet. Darüber hinaus ist auch *R. uva-crispa* geeignet.

Brombeere; *Rubus fruticosus*

Aufrecht wachsende Sorten vermehrt man wie die Himbeeren durch Ausläufer oder Wurzelschnittlinge. Die Vermehrung der ausläuferlosen rankenden Sorten ist entweder durch Absenker, Wurzelschnittlinge, Triebstecklinge oder auch Augenstecklinge möglich.
Der günstigste Zeitpunkt für das Absenken ist Ende August bis Anfang September, wenn kein Durchtrieb der Endknospe (Terminalknospe) mehr zu erwarten ist.
Bei der Vermehrung durch Wurzelschnittlinge verwendet man

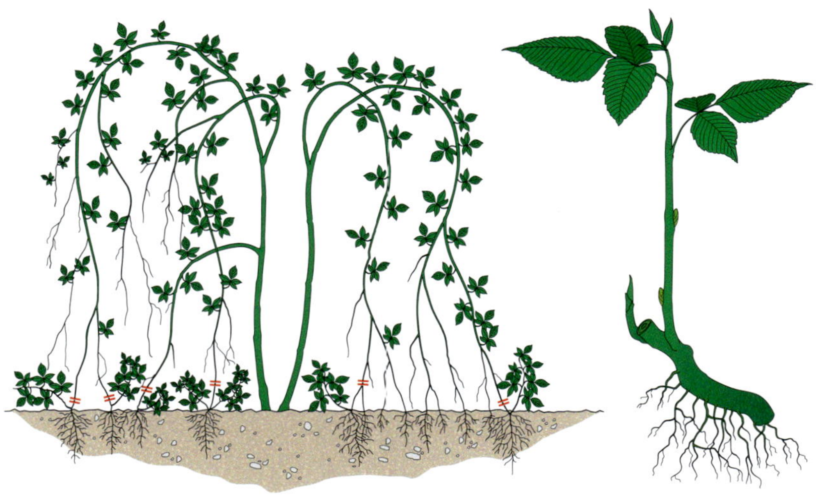

Brombeeren lassen sich u. a. durch Absenker (links) oder Wurzelschnittlinge (rechts) vermehren.

Rubus fruticosus

etwa 5–6 cm lange, kräftige Wurzelstücke, die man schräg in kleine Vermehrungstöpfe (6- bis 8-cm-Töpfe) eintopft und erst nach genügender Bewurzelung und entsprechendem Durchtrieb auspflanzt. Für die stachellose Sorte 'Thornless Evergreen' kommt eine Vermehrung durch Wurzelschnittlinge nicht in Frage, da sich bei dieser Methode die Stacheln regenerieren.
Bei der Vermehrung durch Augenstecklinge dürfen diese nicht zu krautig oder zu stark verholzt sein. Sie werden wie Laubgehölzstecklinge gepflegt.
Kreuzungen zwischen Himbeere und Brombeere, z. B. Boysenbeere und Taybeere, werden durch Stecklinge vermehrt. Ein Absenken oder Ablegen ist jedoch auch möglich.

Himbeere; *Rubus idaeus*

Himbeeren lassen sich durch Ausläufer (Wurzelschosse), Wurzelschnittlinge oder Ableger vermehren. Bei der Vermehrung durch Ausläufer werden die im Laufe des Sommers aus dem Boden kommenden Triebe im Herbst nach dem Laubfall ausgegraben. Dies kann auch noch im zeitigen Frühjahr vor Beginn des Austriebes geschehen. Die so gewonnenen Himbeerruten werden am besten gleich an Ort und Stelle gepflanzt. Wurzelschnittlinge werden während der Vegetationsruhe im Spätherbst geschnitten. Man verwendet bleistiftstarke Wurzeln, die vorsichtig von der Mutterpflanze abgetrennt werden. Diese schneidet man in etwa 5 cm lange Stücke und legt sie in mit feuchtem Sand gefüllte Kisten. Als Standort für die Kisten ist ein heller, luftiger und kühler Ort geeignet (siehe auch Seite 78). Haben sich im Frühjahr aus den Wurzelknospen etwa 10 cm lange Triebe gebildet, werden sie im Garten auf Beete aufgepflanzt. Im Herbst, wenn kräftige Ruten mit guter Bewurzelung herangewachsen sind, pflanzt man sie an ihren endgültigen Ort und schneidet sie nach der Pflanzung auf etwa 30 cm Länge zurück.

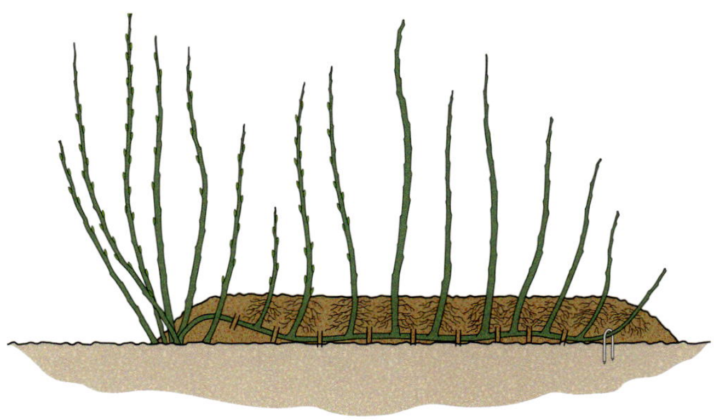

Himbeersorten, die keine Ausläufer bilden, lassen sich leicht durch Ableger vermehren.

Kulturheidelbeere; *Vaccinium corymbosum*

Die Vermehrung der Kulturheidelbeere ist nicht ganz einfach. Eine Aussaat ist möglich, jedoch nicht sinnvoll, da die Sorten sehr stark aufspalten. Wenn, dann erfolgt sie noch im Herbst nach der Ernte der Früchte. Üblich ist die Vermehrung durch Steckholz, Stecklinge, Ableger und Ausläufer.
Die Vermehrung durch krautartige Stecklinge erfolgt Ende Juni oder auch im Juli bis August, wenn die Jahrestriebe zu verhärten beginnen. Zu weiche Stecklinge faulen leicht, bei zu harten findet keine oder nur eine stark verzögerte Wurzelbildung statt. Am besten eignen sich etwa 7–10 cm lange Triebspitzen von Seitentrieben, die zu diesem Zeitpunkt noch keine Blüten ange-

Heidelbeersorte 'Puru'

setzt haben. Neben Kopfstecklingen können auch durch Zerschneiden längerer Triebe gewonnene Triebstecklinge verwendet werden.
Einfacher ist eine Vermehrung durch Ablegen kräftiger Triebe nach der Blüte, die an der Basis zu verholzen beginnen, aber noch nicht beblättert sind. Die bis zum Herbst bewurzelten Triebe werden dann im Herbst aufgenommen und zunächst im Frühbeetkasten in Töpfen weiterkultiviert.
Der günstigste Zeitpunkt für die Steckholzvermehrung ist das Frühjahr, von März bis April. Man verwendet kräftige, gut ausgereifte, bleistiftstarke einjährige Triebe. Üblich ist eine Steckholzlänge von 10–15 cm mit fünf bis sechs Augen. Gesteckt wird in ein warmes Vermehrungsbeet (Kleingewächshaus, heizbarer Frühbeetkasten oder ein Zimmergewächshaus) in ein Torf-Sand-Gemisch. Zur Wurzelbildung sind Temperaturen von 20–25 °C und eine hohe Luftfeuchtigkeit erforderlich. Die Hölzer kommen so weit in das Gemisch, dass nur das oberste Auge bzw. die beiden obersten Knospen sichtbar bleiben. Die Wurzelbildung setzt etwa Ende Juni bis Anfang August ein. Nach ausreichender Bewurzelung sind die Jungpflanzen langsam abzuhärten. Sie werden dann in entsprechende Gefäße eingetopft und noch zwei Jahre im Frühbeetkasten weiterkultiviert, bevor sie an ihren endgültigen Standort kommen.

Weinrebe; *Vitis vinifera*

Tafeltrauben, also Sorten, die zum Frischverzehr angebaut werden, lassen sich gut durch Absenker, Augenstecklinge und Steckholz vermehren. Die Anzucht der eigentlichen Weinrebe erfolgt in der Regel durch Veredlung auf reblausfeste Unterlagen. Dabei ist die Kopulation mit Gegenzunge geeignet, während in Baumschulen auch maschinelle Veredlungsmethoden verwendet werden. Das Absenken erfolgt im Frühjahr. Hierzu biegt man kräftige, bodennahe, einjährige Triebe in steilen Bögen in eine 15–20 cm tiefe Erdspalte und schneidet die über die Oberfläche herausragende Triebspitze bis auf zwei Augen über dem Boden zurück. Die Bewurzelung erfolgt relativ rasch. Ist der Neuaustrieb etwa 1 m lang, wird die Triebspitze entfernt, damit der Trieb kräftig wird. Im Herbst werden die bewurzelten Absenker schließlich abgenommen und aufgeschult.
Bei der Vermehrung durch Augenstecklinge (Knotenstecklinge) schneidet man im Spätherbst, vor Eintritt stärkerer Fröste, gesunde einjährige Triebe und bringt sie wie Veredlungsreiser oder Steckhölzer in den Einschlag. Während der ersten noch winterlichen Frühjahrstage schneidet man die Triebe in 3–4 cm lange Teilstücke, bei denen jeweils in der Mitte ein Auge sitzt. Es sollte so geschnitten werden, dass über und unter dem Auge ein 1,5–2 cm langes Stück Holz stehen bleibt. Anschließend werden diese Triebstücke der Länge nach aufgespalten und das Mark mit einem Hölzchen entfernt. Die zugeschnittenen Augenstecklinge legt man dann so in Kisten oder Töpfe, dass das Auge gerade noch herausschaut. Die so hergerichteten Gefäße werden in einem geschlossenen Vermehrungsbeet bei gespannter Luft und Bodentemperaturen von 20 °C aufgestellt. Nach wenigen Wochen sind die Stecklinge bewurzelt und treiben aus. Man setzt sie zunächst in kleine Töpfe und hält sie bei Temperaturen von 15 °C, bevor sie langsam abgehärtet werden, damit sie schließlich nach draußen gebracht werden können. Nach dem Umpflanzen in größere Töpfe kann dann im kommenden Frühjahr ausgepflanzt werden.

Blaue Weinrebe

Stauden

Dieses Kapitel gliedert sich in einen allgemeinen Teil und einige spezielle Teile, in denen Pflanzengruppen aufgrund ihrer Erscheinung oder ihrer Verwendungsbereiche zusammengefasst wurden. So werden Ziergräser, Bambus, Freilandfarne, Zwiebel- und Knollenpflanzen sowie Sumpf- und Wasserpflanzen getrennt von den restlichen Stauden behandelt. Den speziellen Teilen gemeinsam sind die weiterführenden Hinweise zu den speziellen oder abweichenden Vermehrungsmethoden.
Stauden sind Pflanzen, die über Jahre hinweg ausdauern und nach einer unterschiedlich langen Jugendphase jährlich blühen und fruchten. Die oberirdischen Teile bleiben im Gegensatz zu den holzigen Stämmen und Zweigen der Gehölze weitgehend krautig. Sie überstehen die kalte, lichtarme Jahreszeit, indem sie in diesem Zeitraum einen Teil ihres Pflanzenkörpers aufgeben und mit Hilfe besonderer Dauerorgane (Wurzeln, Rhizome, Knollen, Zwiebeln) den Beginn der nächsten Wachstumszeit abwarten, um dann erneut auszutreiben.
Stauden können je nach Art durch Aussaat oder vegetativ vermehrt werden. Eine Aussaat ist bei allen reinen Arten und Sorten angebracht, die sich so sorten- bzw. artenecht vermehren lassen. Davon gibt es weitaus mehr Sorten, als gemeinhin angenommen wird. Ein Blick in die Samenkataloge macht dies deutlich.
Auch wenn sich viele Sorten und Varietäten nur vegetativ sortenecht vermehren lassen (siehe auch Seite 147), so kann es für den Hobbygärtner trotzdem interessant sein, von diesen Samen zu ernten und auszusäen. Die Nachkommen können zwar sehr uneinheitlich sein, aber unter der bunten Formenvielfalt sind möglicherweise auch Typen, die es verdienen, weiterkultiviert zu werden. Sind doch auf diesem Wege sehr viele Staudensorten entstanden, die dann vegetativ weitervermehrt wurden.
Sämlinge mit auffallenden, verbesserten Eigenschaften werden selektiert (ausgelesen) und beobachtet. Stellt sich die Pflanze als echte Verbesserung heraus, wird sie eine neue Sorte. Da diese verbesserten Eigenschaften aber genetisch nicht gefestigt sind, muss die Pflanze vegetativ vermehrt werden. Eine erneute Aussaat würde in den meisten Fällen zu einer Aufspaltung oder zu einem Rückfall in die Ausgangssituation führen.

Aussaat

Für den Aussaattermin gibt es bei Stauden keine feststehenden Regeln. Sieht man einmal davon ab, dass die Keimung bei einigen Arten an bestimmte Bedingungen, z. B. niedrige Temperaturen, gebunden ist, ist die Aussaat in einem relativ weiten Zeitraum möglich. Besitzer eines Gewächshauses können praktisch während des ganzen Jahres aussäen. Für viele Stauden ist jedoch die Aussaat direkt nach der Samenreife der günstigste Zeitpunkt.

Kaltkeimer

Viele Staudensamen benötigen zunächst niedrige Temperaturen, um dann durch den Wechsel zu höheren Temperaturen zu keimen. Die Bezeichnung Frostkeimer für solches Saatgut ist falsch, zumindest irreführend. Denn die Stimulierung der Keimung wird nicht bei Temperaturen unter dem Gefrierpunkt erreicht. Wirk-

sam sind in der Regel nur Temperaturen zwischen 0 und 8 °C (siehe auch Seite 66).
Handelt es sich um Kaltkeimer, sät man in Töpfe oder Kisten aus und stellt diese für die nächsten ein bis zwei Wochen bei 18–20 °C auf, damit die Samen anquellen. Anschließend werden die Gefäße, soweit man sich in der kälteren Jahreszeit befindet, ins Freie gebracht und der Witterung ausgesetzt. Wichtig ist ein Schutz vor Mäusen und Vögeln. Bringen Sie dazu ein engmaschiges Drahtgeflecht über und gegebenenfalls auch unter den Gefäßen an. Die für die Keimung erforderliche Einwirkungsdauer der niedrigen Temperaturen ist von Art zu Art verschieden. In der Regel reichen sechs bis acht Wochen. Nach dieser Kühlbehandlung werden die Gefäße wieder ins Haus geholt und hell bei 10–15 °C aufgestellt. Die Keimung setzt dann bei den meisten Arten sehr schnell ein. Zu gegebener Zeit wird dann pikiert und bei ausreichendem Luftwechsel und mäßiger Temperatur weiterkultiviert.
Die Kühlbehandlung muss nicht unbedingt im Freiland durchgeführt werden, sondern funktioniert wie auf Seite 66–68 beschrieben auch im Kühlschrank. Hier hat man die Aussaaten besser unter Kontrolle und ist auch nicht an eine bestimmte Jahreszeit gebunden, was besonders bei zugekauftem Saatgut interessant ist.
Die Kühlbehandlung kann auch vor der Aussaat erfolgen, wie man dies in der Regel bei Gehölzen macht und dann Stratifikation nennt (siehe auch Seite 66–68). Man wird diesen Weg besonders dann wählen, wenn die Aussaatgefäße nicht im Kühlschrank unterzubringen sind. Vermischen Sie die Samen in diesem Fall mit feuchten Sand oder Vermiculit, füllen das Ganze in

einen Plastikbeutel (gut geeignet sind Gefrier- bzw. Frischhaltebeutel), Blumentopf oder ein sonstiges Gefäß und unterziehen Sie sie dann der Wärme- und anschließenden Kühlbehandlung. Erst danach erfolgt die eigentliche Aussaat.
In der Literatur findet man häufig widersprüchliche Angaben darüber, ob die Samen eine Kühlbehandlung brauchen oder nicht. Grundsätzlich ist es angebracht, die Samen im Zweifelsfall als Kaltkeimer zu behandeln. Bleibt man im angegebenen Temperaturbereich von 0–8 °C, leiden die Samen keinesfalls darunter. In den meisten Fällen wird auch bei Normalkeimern die Keimung positiv beeinflusst.

Weshalb man immer nur eine Art je Aussaatgefäß aussäen sollte, macht diese Aufnahme deutlich. Die Zeit bis zur Keimung ist bei den einzelnen Staudenarten unterschiedlich lang. Während die Samen verschiedener Arten schon drei Tage nach der Aussaat keimen, dauert es bei anderen mehrere Wochen.

Harte Samenschale

Wie bei den Gehölzen (siehe Seite 65) gibt es auch bei den Stauden eine Reihe von Arten, die hartschalige Samen ausbilden. Diese keimen stark verzögert, da die Samenschale erst durch die Tätigkeit von Mikroorganismen für Wasser durchlässig gemacht werden muss. Diese Zeit lässt sich verkürzen, indem man die Samenschale mit Sandpapier oder bei größeren Samen mit einer Feile aufraut. Durch die entstandenen Risse kann Feuchtigkeit eindringen, die die Samen zum Quellen und somit zur Keimung bringt.

Zu den Stauden, die sich durch Selbstaussaat gut vermehren, gehört z. B. Hepatica nobilis.

Selbstaussaat am Standort

Für Stauden, bei denen die Samenernte schwierig oder die Lagerfähigkeit der Samen begrenzt ist, kann die Selbstaussaat am Standort interessant sein. Der Boden um die Pflanzen herum muss dazu während des Sommers offen und unkrautfrei gehalten werden, damit die Samen ein gutes Keimbett vorfinden. Die Sämlinge erscheinen im folgenden Frühjahr und können dann pikiert, ausgepflanzt oder in Einzeltöpfe gesetzt werden.

Aussaat unter Glas

Als Aussaatgefäße sind für kleinere Mengen Vierecktöpfe zu empfehlen, für größere Mengen Pikierkisten. Auch eine Direktsaat in Multitopfplatten oder Torfanzuchttöpfe ist möglich, wenn eine hohe Keimfähigkeit erwartet werden kann. Sie ist manchmal auch wegen besonderer Empfindlichkeit der Wurzeln dringend zu empfehlen. Wichtig ist, in jedes Gefäß nur eine Art auszusäen. So vermeidet man Verwechslungen und verhindert, dass schnellkeimende und langsamkeimende Samen zusammen in ein Gefäß kommen. Denn die Schnellkeimer müssten schon pikiert werden, bevor die Langsamkeimer überhaupt keimen.
Geeignete Aussaatsubstrate sind auf Seite 48–50, die Technik der Aussaat auf Seite 31–33 beschrieben. Sinngemäß gelten die dort gemachten Aussagen auch für Stauden. Die Aussaaten werden in der Regel in zwei- bis dreifacher Samenkornstärke übersiebt, feine Sämereien gar nicht, sondern nur angedrückt. Die Weiterbehandlung der Aussaaten erfolgt wie im allgemeinen Teil auf Seite 33–34 beschrieben.

Pikieren

Ist in Kisten oder Töpfe ausgesät worden, müssen die Sämlinge pikiert werden, sobald sich die Sämlinge gegenseitig im Wachstum behindern. Achten Sie darauf, rechtzeitig zu pikieren, damit die Sämlinge nicht durch gegenseitige Konkurrenz lang und instabil werden, durch einen dichten Stand schlecht abtrocknen und in der Folge Auflaufkrankheiten auftreten. In der Regel wird pikiert, sobald das erste Blattpaar nach den Keimblättern ausgebildet ist. In den meisten Fällen wird tiefer pikiert, als der Sämling vorher gestanden hat, normalerweise bis zum Ansatz der Keimblätter.
Man pikiert in Pikierkästen, Stauden, die gegen Wurzelverletzungen empfindlich sind, in Multitopfplatten, Torfanzuchttöpfe oder in Einzeltöpfe. Bei sehr kleinen und zarten Sämlingen ist es sinnvoll, gleich zwei bis fünf Sämlinge tuffweise zusammen zu pikieren. Die Pikiertechnik ist auf Seite 37–38 beschrieben, für dieses Stadium geeignete Substrate auf Seite 48–50.

Vegetative Vermehrung

Viele der für unsere Gärten angebotenen Stauden, dies gilt insbesondere für die große Gruppe der Beetstauden, müssen vegetativ vermehrt werden. Es handelt sich häufig um selektierte Auslesen aus den Wildarten oder um gezielte Züchtungen, die aber nicht so weit durchgezüchtet sind, das sie echt aus Samen fallen. Sie spalten in der Nachkommenschaft stark auf, so dass ihre sortentypischen Eigenschaften wie Wuchsform, Blütenfarbe und -größe verlorengehen. Die vegetative Vermehrung wird aber nicht nur zur Wahrung der Sortenechtheit durchgeführt. Sie müssen auch bei Sterilität, Zweihäusigkeit und schwieriger Saatgutbeschaffung sowie bei Schwerkeimern vegetativ vermehren. Allerdings setzt die vegetative Vermehrung Ausgangsmaterial voraus, also entsprechende Mutterpflanzen.
Die Methoden der vegetativen Staudenvermehrung sind weitgehend identisch mit denen anderer Pflanzengruppen, seien es die der Gehölze oder die der Zimmerpflanzen.

Teilung

Die Teilung ist eine einfache, wenn auch nicht die ergiebigste Methode, zu der keine besonderen Vermehrungseinrichtungen notwendig sind, um aus einer Pflanze mehrere zu machen. Der Hobbygärtner teilt seine Stauden aber nicht nur, um sie zu vermehren, sondern auch, um Stauden, die zu sehr in die Breite gehen, sich gegenseitig im Wachstum bedrängen oder schwach und blühfaul werden, einfach zu verjüngen. Die Teilung bietet sich vor allem bei solchen Pflanzen an, die Horste bilden oder sich durch kriechende Rhizome reichlich bestocken. Dazu gehören *Aster*, *Rudbeckia*, *Iris* und viele andere Arten.
Stauden teilt man in der Regel im Frühjahr zu Beginn der Vegetationszeit oder nach Ende der Vegetationszeit im Herbst. Es gibt aber auch Ausnahmen. So lassen sich verschiedene Stauden auch im vollen Wachstum teilen. Der Staudengärtner teilt bevorzugt während der Wachstumsruhe im Winter. Dabei spielen wirtschaftliche Gesichtspunkte eine nicht unerhebliche Rolle; kann doch die arbeitsarme Winterzeit sinnvoll überbrückt werden.
Die Mutterpflanzen werden im Herbst ausgegraben, frostfrei eingeschlagen und im Laufe des Winters geteilt. Die einzelnen Teilstücke werden wiederum ein-

Vermehrung durch Teilung am Beispiel von *Campanula trachelium*:

Ausgraben der Mutterpflanze

Freilegen des Wurzelstocks

Teilung in Teilstücke mit mindestens einem Sprossvegetationspunkt

Eintopfen

Unterirdische Ausläufer

Oberirdische Ausläufer

geschlagen, im Frühjahr aufgepflanzt oder gleich in entsprechende Töpfe gesetzt.
Zur Teilung werden die Pflanzen mit dem Spaten oder einer Grabegabel aus der Erde genommen und soweit durch Schütteln von der anhaftenden Erde befreit, dass die Triebknospen übersichtlich freiliegen. Im einfachsten Fall lassen sich die Horste nach dem Aufnehmen bereits mit der Hand in faustgroße Einzelpflanzen zerlegen. Sonst teilt man mit dem Messer, bei weniger empfindlichen Arten können Sie auch den Spaten zu Hilfe nehmen. Bei großen, alten Horsten sollten nur die äußeren Randbereiche für die Gewinnung von Jungpflanzen genutzt werden.
Um die Verdunstung einzuschränken, werden die Blätter bzw. Triebe der zu teilenden Stauden auf die Hälfte bis ein Drittel ihrer Länge eingekürzt. Auf keinen Fall dürfen die Blätter ganz entfernt werden. Denn ohne Blätter brauchen die Teilstücke sehr lange bis zum Austrieb. Die Wurzeln werden etwa auf Handlänge eingekürzt. Bedingung für ein Anwachsen ist auch, dass die Teilpflanzen nicht in Wind und Sonne herumliegen, sondern gleich wieder an Ort und Stelle aufgepflanzt oder eingetopft und kräftig angegossen werden. In den ersten Tagen müssen sie auch vor zu intensiver Sonnenbestrahlung geschützt werden.

Risslinge

Wenn es darum geht, recht große Pflanzenzahlen zu erzielen, dann können die Teilstücke sehr klein gehalten werden. Dazu werden bodennahe Einzeltriebe, die schon eigene Wurzeln besitzen oder einen Wurzelansatz haben, von der Mutterpflanze abgerissen. Solche kleinen Teilstücke bezeichnet man als Risslinge. Da sie von der Pflanze abgerissen werden, wird für solche mehr oder weniger bewurzelte Einzeltriebe auch der Begriff Abrisssteckling verwendet. Risslinge bilden somit einen Übergang zwischen der Teilung (Teilpflanzen, die aus mehreren Trieben bestehen) und dem Steckling, der stets eintriebig ist und erst noch Wurzeln ausbilden muss.
Risslinge werden in Einzeltöpfe gesetzt oder alternativ in Multitopfplatten kultiviert und bei Temperaturen um 10 °C aufgestellt. Über 15 °C sollten die Temperaturen auf Dauer nicht ansteigen. Denn hohe Temperaturen regen die jungen Pflanzen zwar zum Treiben, aber weniger zur Bewurzelung an.

Ausläufer

Die Vermehrung durch Ausläufer ist der Teilung sehr ähnlich. Ausläufer werden je nach Staudenart oberirdisch oder unterirdisch gebildet. Der Vorteil der Ausläufervermehrung besteht darin, dass die Mutterpflanze weniger in Mitleidenschaft gezogen wird, da die aus dem Boden kommenden oder dem Boden aufliegenden Triebe mit den jungen Pflänzchen in einiger Entfernung von der Mutterpflanze entstehen. So muss diese zur Vermehrung, wenn nur wenige Pflanzen benötigt werden, nicht unbedingt ausgegraben werden. Man nimmt die Ausläufer von der Mutterpflanze ab und schneidet sie in Teilstücke, wobei jedes Teilstück mindestens eine kräftige Knospe oder ein Jungpflänzchen besitzen muss. Durch Ausläufer werden u. a. *Waldsteinia*, *Omphalodes* und *Tiarella* vermehrt.

Wurzelschnittlinge

Durch Wurzelschnittlinge lassen sich all jene Stauden vermehren, die aus ruhenden Knospen an Wurzeln neue Sprosse regenerieren können. Die Vermehrung durch Wurzelschnittlinge wurde schon bei den Gehölzen auf Seite 78 beschrieben, hinsichtlich der Technik und Behandlung der Wurzelschnittlinge können Sie dort nachschauen.
Der Staudengärtner gräbt die Mutterpflanzen in der Ruhezeit

aus oder legt nur die Wurzeln frei und schneidet die zu verwendenden Wurzeln möglichst lang ab. Die abgeernteten Mutterpflanzen werden je nach Witterung sofort wieder ausgepflanzt oder zunächst eingeschlagen und erst im Frühjahr nach draußen gebracht. Der Hobbygärtner sollte mit der „Ernte" der Wurzeln bis zum Frühjahr warten, wobei sich die Pflanzen allerdings noch in Ruhe befinden sollten.
Die geernteten Wurzeln werden je nach Pflanzenart in 3–6 cm lange Stücke geteilt, wobei bei stärkeren Wurzeln, die senkrecht gesteckt werden sollten, auf die Polarität geachtet werden muss (siehe auch Seite 78). Um sicher zu sein, wo oben bzw. unten ist, ist es sinnvoll, das untere (basale) Ende mit einem Schrägschnitt zu kennzeichnen.
Bei Arten mit dickeren Wurzeln werden die Schnittlinge senkrecht in Kisten oder Töpfe gestreckt, dünnere Schnittlinge streut man so flach auf der Erdoberfläche aus, dass sie nicht zu dicht beinanderliegen, und deckt sie etwa 2 cm hoch mit Erde ab. Wurzelschnittlinge müssen gleichzeitig einen Spross und neue Wurzeln ausbilden, worauf Sie bei der Pflege Rücksicht nehmen sollten. Daher müssen sie kühl stehen und langsam treiben. Optimal sind 10–15 °C. Bei zu viel Wärme treiben die Knospen aus und bilden einen kräftigen Trieb, während die Entwicklung des Wurzelwerks zurückbleibt. Bis zum Durchtrieb der Knospen können die Gefäße mit den Wurzelschnittlingen dunkel stehen. Mit beginnendem Durchtrieb werden sie hell aufgestellt und so früh wie möglich in einen Frühbeetkasten oder ins Freie gebracht. Warten Sie damit, bis keine Fröste mehr zu erwarten sind. Sind die Schnittlinge ausreichend bewurzelt, wird in Töpfen weiterkultiviert, bis sie eine Größe erreicht haben, dass sie ausgepflanzt werden können.

Stecklinge

Viele Stauden lassen sich gut durch Sprossstecklinge, einige wenige auch durch Blattstecklinge vermehren. Je nach Art der Entnahme bzw. der Entnahmestelle unterscheidet man bei den Sprossstecklingen zwischen krautigen Stecklingen, grundständigen Stecklingen und Rosettenstecklingen.
Beim krautigen Steckling nutzt man den krautigen Teil eines Triebes. In der Regel schneidet man Kopfstecklinge. Sie können aber auch Teilstecklinge verwenden. Der Schnitt erfolgt 3–5 mm unter einem Nodium. Die Länge des Stecklings richtet sich nach der jeweiligen Pflanzenart und schwankt etwa zwischen 3 und 15 cm. Allenfalls bei großblättrigen Stauden empfiehlt es sich, die Blätter einzukürzen, um sie besser stecken zu können (siehe auch Seite 44).
Grundständige Stecklinge bzw. Basisstecklinge werden aus den neuen Trieben im zeitigen Frühjahr gefertigt. Man beginnt mit dem Stecklingsschnitt, wenn die Triebe etwa handbreit ausgetrieben sind. Man schneidet sie vor allem von Stauden, die später hohle Stängel ausbilden (z. B. *Delphinium* und *Lupinus*) und für die Stecklingsvermehrung dann wertlos sind.
Der Rosettensteckling ist ein kurzer Kopfsteckling von Stauden wie *Androsace, Lewisia und Saxi-*

Vermehrung durch Wurzelschnittlinge am Beispiel von *Centaurea montana*:

1) Ausgraben der Mutterpflanze
2) Freilegen der Wurzeln
3) Abgeschnittene Wurzeln zum Schneiden der Schnittlinge
4) Schnitt der Wurzelschnittlinge
5) Auslegen der Schnittlinge

1

2

3

4

5

Stecklingsarten bei Stauden

fraga, bei denen die Blätter am Spross rosettig angeordnet sind und eine Zwei- oder eventuell auch Dreiteilung des Sprosses, wie beim krautigen Sprosssteckling, nicht möglich ist.
Die Vermehrung durch Blattstecklinge spielt bei Stauden keine große Rolle. Auf diesem Wege lassen sich jedoch *Sedum*, *Haberlea*, *Ramonda* und *Lewisia* vermehren. Man verwendet ganze Blätter, die in der Regel vom Spross abgerissen und ohne Nachschneiden gesteckt werden. Allenfalls der verbliebene „Bart" wird etwas eingekürzt, um besser stecken zu können.
Staudenstecklinge steckt man in Pikierkästen, bevorzugt aber in Einzeltöpfe, Torfanzuchttöpfe oder Multitopfplatten. Im Gegensatz zum Stecken in Pikierkisten haben Einzeltöpfe oder Platten mit Topfstellen den großen Vorteil, dass die Durchwurzelung gleichmäßig durch das ganze Erdreich erfolgt und die Ballen der einzelnen Jungpflanzen nicht miteinander verfilzen können. Dadurch werden Wurzelverletzungen beim Herausnehmen weitgehend vermieden und damit auch Wachstumsstockungen bei der Weiterkultur bzw. nach dem Auspflanzen.
Eine Bewurzelung ist auch bei Staudenstecklingen nur in gespannter Luft und bei Temperaturen von 15–20 °C erfolgreich, daher sind entsprechende Vermehrungseinrichtungen zu verwenden (siehe Seite 56–57). Die erforderlichen Pflegemaßnahmen bis zur Bewurzelung, was je nach Pflanzenart zwischen vier und sechs Wochen dauern kann, sind auf Seite 45–46 beschrieben.
Stecklinge, die mit einem Stück Wurzelansatz (Platte, Rhizomstück) geschnitten werden müssen oder von der Mutterpflanze abgerissen werden, wurzeln relativ schnell und sollten nicht bei zu hoher Luftfeuchtigkeit gehalten werden. Sie stehen am besten in einem Frühbeetkasten.
Achten Sie beim Wässern der Stecklinge darauf, dass das Substrat nicht zu nass wird, da es sonst zu wenig Sauerstoff enthält und die Stecklinge schnell zu faulen beginnen.

Winterstecklinge

Immergrüne Stauden wie *Saxifraga*, stängellose *Gentiana*, *Arenaria* und andere Arten vermehrt man bevorzugt im Spätherbst. Man spricht auch von Winterstecklingen. Diese Stecklinge sollten nicht zu groß geschnitten werden. Üblich ist eine Länge von 3–5 cm. Die Blätter am unteren Stängelteil, der in die Erde kommt, werden entfernt. Die gesteckten Stecklinge können in einem kühlen Kleingewächshaus, an einen hellen, kühlen Fensterplatz (Kellerfenster) oder auch in den Frühbeetkasten gestellt werden. Die Zeit bis zur Bewurzelung hängt stark von der Temperatur und damit verbunden vom Standort der Stecklinge ab. In einem kühlen Kleingewächshaus oder an einem kühlen Fensterplatz bewurzeln die Stecklinge bei Temperaturen von 5–15 °C schon nach vier bis sechs Wochen. Im Frühbeetkasten erfolgt die Bewurzelung in der Regel erst im Frühjahr. Wechseln Perioden mit Temperaturen über mit solchen unter 0 °C ab, so schadet dies den Stecklingen nicht. Auch ein kurzes Einfrieren wirkt sich nicht nachteilig aus. Bei Kahlfrösten müssen die Kästen allerdings zusätzlich abgedeckt werden. Auch gelegentliches Gießen kann erforderlich sein. Temperaturen über 15 °C sollten bei den immergrünen Staudenstecklingen vermieden werden.

Stauden von A bis Z

Dieser spezielle Teil beschreibt die Vermehrung von über 136 winterharten Staudengattungen. Teilweise wurden auch Arten aufgenommen, die eigentlich zu den Halbsträuchern zählen. Neben gebräuchlichen sind auch weniger verbreitete Vermehrungsmethoden aufgeführt. Sie erfahren u. a., wann der günstigste Vermehrungszeitpunkt gekommen ist und ob eine Kühlbehandlung der Samen erforderlich ist. Wird eine Kühlbehandlung der Samen ohne konkrete Angabe der Dauer empfohlen, so sind generell sechs Wochen gemeint.

Acaena; Stachelnüsschen

Arten der Gattung *Acaena,* am bekanntesten ist *A. microphylla* mit ihren verschiedenen Sorten, lassen sich am einfachsten durch Zerschneiden bewurzelter Triebe oder durch Stecklinge vermehren. Soweit es sich um die Art selbst handelt, ist auch eine Aussaat möglich.
Aussaat: Stachelnüsschen sind Kaltkeimer. Die Aussaat erfolgt bevorzugt von Dezember bis März.

Acaena microphylla

Acanthus hungaricus

Stecklinge: Die 2–3 cm langen Kopfstecklinge schneidet man von Mai bis Juli und steckt sie immer zu zweit bis viert in kleine Töpfe oder entsprechende Topfeinheiten.

Acanthus; Bärenklau

Von diesen stattlichen, robusten Stauden, am weitesten verbreitet sind *A. hungaricus und A. mollis*, werden im Handel zumeist Selektionen angeboten, die sortenecht lediglich vegetativ vermehrt werden können. Einfach ist die Vermehrung durch Teilung bzw. Abnahme der Ausläufer im Frühjahr.
Aussaat: Man sät am besten von Januar bis März aus. Frisches Saatgut keimt auch ohne besondere Vorbehandlung ausreichend. Trocken gelagertes Saatgut benötigt eine vierwöchige Kühlbehandlung. *Acanthus*-Sämlinge haben sehr empfindliche Wurzeln.

Samen von Acanthus spinosus

Wurzelschnittlinge: Größere Stückzahlen vermehrt man am besten durch Wurzelschnittlinge. Schneiden Sie dazu 5 cm lange Wurzelstücke, die Sie in kleine Töpfe oder Topfeinheiten legen und etwa 1 cm stark mit Erde abdecken.

Achillea; Schafgarbe

Am einfachsten ist die Vermehrung der verschiedenen Arten durch Teilung bzw. Risslinge, durch die man auch sortenechte Nachkommen erhält, denn bei den meisten angeboten Pflanzen handelt es sich um Sorten oder zumindest um Selektionen. Allerdings gibt es auch einige gezüchtete Sorten, von denen Samen angeboten werden, z. B. 'Parker'. Die Aussaat erfolgt am besten im Frühjahr, von April bis Juni, unter Glas. Sehr einfach ist die Vermehrung durch Stecklinge, die man im Frühjahr von April bis Juni von den Neuaustrieben schneidet.

Aconitum; Eisenhut, Wolfshut

Die Vermehrung des Eisenhuts erfolgt durch Aussaat oder Teilung. Eine Teilung ist bei den meisten Sorten erforderlich, wobei verschiedene Sorten auch bei Aussaat weitgehend echt fallen.
Aussaat: Die Aussaat erfolgt am besten direkt nach der Samenreife im Herbst. Die Aussaatgefäße sind einer vier- bis achtwöchigen Kühlbehandlung zu unterziehen und danach unter Glas bei Temperaturen um 10–15 °C aufzustellen.
Teilung: Bevorzugt im Herbst nach der Blüte. An jeder rübenartig verdickten Mutterknolle bilden sich ein oder zwei Brutknollen mit Sprossansätzen und haarigen Wurzeln, die beim Aufnehmen meist von allein auseinanderfallen. Beim Topfen ist darauf zu achten, dass die Teilstücke etwa 2 cm stark mit Erde bedeckt werden. *A. carmichaelii* wird im Frühjahr geteilt. Alle Pflanzenteile, insbesondere die Wurzeln, sind stark giftig. Arbeiten Sie daher beim Teilen immer nur mit Handschuhen.

Adonis; Adonisröschen

Die in unseren Gärten angepflanzten *A. amurensis*, *A. ramosa*, *A. multiflora*, *A. sibirica* und *A. vernalis* werden durch Aussaat oder Teilung vermehrt.
Aussaat: Sofort nach der Reife im Frühjahr. Eine vierwöchige Kühlbehandlung fördert die Keimung. Die Keimung ist grundsätzlich sehr unregelmäßig. Der Samen kann bis zu zwei Jahren überliegen, schütten Sie die Saatschalen daher nicht zu früh aus. Die Blühreife erlangen Sämlinge erst nach etwa drei bis vier Jahren.
Teilung: Im Sommer nach dem Einziehen der Blätter.

Adonis vernalis

Ajuga; Günsel

A. genevensis und *A. reptans* sowie ihre Hybriden werden durch Abnehmen der Ausläufer, durch Teilung oder auch durch Stecklinge vermehrt. Aussaat unter Glas am besten im Frühjahr.

Alchemilla; Frauenmantel

Die Vermehrung der verschiedenen *Alchemilla*-Arten erfolgt in der Regel durch Aussaat im Frühjahr. Eine ein- bis zweiwöchige Kühlbehandlung fördert die Gleichmäßigkeit der Keimung. Teilung ist entweder nach der Blüte von Mitte August bis Ende September oder im März bis April möglich. Gelegentlich werden auch Stecklinge im Frühjahr nach dem Austrieb geschnitten.

Alyssum montanum; Gewöhnliches Berg-Steinkraut

A. montanum, von dem es auch einige Sorten gibt, wird durch Aussaat, Stecklinge und Risslinge vermehrt. Stecklingsvermehrung mit 5–8 cm langen Kopfstecklingen bevorzugt im Spätsommer. Risslinge erntet man im Frühjahr. Ausgesät wird im Januar bis Februar im Haus oder auch erst von April bis Juni, dann auch auf Beete im Garten. Nach dem Aufgehen der Saat wird immer tuffweise mit drei bis sieben Pflänzchen pikiert.

Alyssum montanum

Anaphalis; Perlkörbchen, Silberimmortelle

Die verschiedenen Perlkörbchenarten und ihre Formen vermehrt man durch Teilung, Aussaat oder Stecklinge im Frühjahr. Die Teilung sollte bevorzugt direkt nach der Blüte im September erfolgen, ist aber auch im April bis Mai möglich. Aussaat am besten im späten Frühjahr unter Glas.

Androsace; Mannsschild

Diese Gattung polster- oder mattenbildender Steingartenstauden wird durch Aussaat, Teilung und Rosettenstecklinge vermehrt.
Aussaat: Am besten direkt nach der Reife noch im Herbst unter Glas. Samen werden in der Regel reichlich ausgebildet, doch ist zu beachten, dass ein Teil der Arten bzw. Sorten selbststeril ist. Es kommt nur zu einem Samenansatz, wenn verschiedene Klone vorhanden sind. Trocken gelagertes Saatgut braucht eine mehrwöchige Kühlbehandlung. Trotzdem kann es zum Überliegen der Samen kommen, so dass die Keimung erst im zweiten Frühjahr nach der Aussaat erfolgt.
Teilung: Geteilt wird nach der Blüte im Frühjahr. Dazu nimmt man Ausläuferrosetten ab.
Stecklinge: Rosettenstecklinge werden im Juni bis Juli geschnitten, in reinen Sand gesteckt und unter gespannter Luft aufgestellt.

Anemone; Anemone, Windröschen

Die meisten Anemonenarten werden durch Aussaat oder Teilung vermehrt. *A. hupehensis*, andere ausläufertreibende Arten sowie vor allem die Sorten werden bevorzugt durch Wurzelschnittlinge vermehrt.
Aussaat: Diese erfolgt am besten sofort nach der Samenreife, die je nach Art zu unterschiedlichen Jahreszeiten eintritt. Bei trocken gelagertem oder zugekauftem Saatgut erhalten die Aussaatgefäße eine vier- bis fünfwöchige Kühlbehandlung (Kühlschrank oder gegebenenfalls im Freiland) und werden danach unter Glas bei Temperaturen um 15–18 °C aufgestellt.
Wurzelschnittlinge: Dazu schneidet man im Frühjahr 3–5 cm lange Wurzelstücke und legt diese waagerecht in Kisten aus. Haben sich die ersten Blätter gebildet, werden die bewurzelten Schnittlinge eingetopft.

Samen von Anemone blanda

Anthemis tinctoria; Färber-Hundskamille

Die Auslesen und die dieser Art zugeordneten Sorten wie 'Wargrave' oder 'Lemon Maid' können nur durch Stecklinge oder Teilung vermehrt werden. Zur Stecklingsvermehrung verwendet man Kopfstecklinge, die man nach dem Austrieb im Frühjahr schneidet oder im Spätsommer von Seitentrieben gewinnt. Eine Aussaat ist zu jeder Zeit möglich, am besten im Frühjahr unter Glas. Die Samen keimen bei 20 °C nach ein bis zwei Wochen.

Anthericum liliago; Astlose Graslilie

Die Graslilie wird durch Teilung im Frühjahr vor dem neuen Austrieb oder durch Aussaat am besten gleich nach der Samenernte

Anemone hupehensis var. japonica

Anthemis tinctoria

Samen von Anthericum liliago

vermehrt. Älteres Saatgut liegt in der Regel über. Hier sollten die Saatkisten einer drei- bis vierwöchigen Kühlbehandlung unterzogen werden.

Aquilegia; Akelei

Aquilegia-Arten, ob *A. caerulea* oder *A. vulgaris*, kann man praktisch nur durch Aussaat vermehren. Eine Teilung nach der Blüte im Juli bis August ist möglich, doch muss man äußerst behutsam vorgehen, da die fleischigen Wurzeln auf Störungen sehr empfindlich reagieren. Im Samenhandel wird eine Reihe von Samensorten angeboten, also Sorten, die sich sortenecht aussäen lassen, darunter auch F_1-Hybriden. Eine Aussaat ist während der ganzen Vegetationsperiode möglich. Am besten sät man jedoch im zeitigen Frühjahr bei 20 °C unter Glas aus. Später können Sie auch auf Freilandbeete aussäen. Die Keimung erfolgt nach fünf bis sechs Wochen. Pikieren Sie die Sämlinge frühzeitig und setzen Sie sie dabei am besten in Töpfe, da Akeleien schlecht Ballen bilden.

Arabis; Gänsekresse

Diese Gattung horstig oder auch kriechend wachsender Frühlingsblüher mit rosettenartigen Grundblättern müssen, da es sich bei den in unseren Gärten angepflanzten Typen in der Regel um Sorten handelt, vegetativ durch Stecklinge oder Teilung vermehrt werden. Nur wenige Sorten fallen echt aus Samen.

Aussaat: Eine Aussaat ist praktisch das ganze Jahr über möglich. In der Regel sät man im Frühjahr unter Glas aus, von Mai bis Juni auch im Frühbeetkasten oder auf Beete. Die Sämlinge werden nach dem Aufgehen tuffweise in Einzeltöpfe oder Multitopfplatten pikiert.

Teilung: Teilen Sie in einzelne oder auch mehrere Rosetten im Herbst oder Frühjahr, die man gleich wieder aufpflanzt oder in Töpfe setzt.

Stecklinge: Im August (Rosettenstecklinge) oder während des Austriebes im Februar bis März.

Armeria; Grasnelke

In der Mehrzahl lassen sich die Sorten, die in unseren Gärten gepflanzt werden, sortenecht nur vegetativ vermehren. Einige wenige Sorten sind echt auch durch Aussaat zu vermehren.

Aussaat: Ausgesät wird am besten im zeitigen Frühjahr unter Glas. Dann haben sich bis zum Herbst schon kräftige Jungpflanzen entwickelt. Die feinen Samen sind nur anzudrücken und nicht abzusieben. Bis zur Keimung, die bei 15–20 °C innerhalb von drei bis vier Wochen erfolgt, ist die Saatfläche gut feucht zu halten. Manchmal verläuft die Keimung etwas ungleichmäßig. Pikiert wird in kleinen Tuffs mit drei bis fünf Pflanzen.

Risslinge: Die Vermehrung durch Risslinge erfolgt am besten im späten Frühjahr nach der Blüte (Mai), ist aber auch im Herbst möglich. Bei Herbstvermehrung muss allerdings frostfrei überwintert werden.

Jungpflanzen von Aquilegia vulgaris, zehn Wochen nach der Aussaat

Armeria maritima 'Alba'

Jungpflanzen von Arnica montana

Samen von Arnica montana

Arnica montana; Berg-Wohlverleih, Echte Arnika

Diese alte Heilpflanze ist sehr kalkempfindlich, was schon bei der Anzucht, die durch Aussaat erfolgt, zu berücksichtigen ist. Verwenden Sie als Aussaatsubstrat am besten reinen Torf, dem man etwas Sand zusetzen kann. Die Aussaat gelingt am besten gleich nach der Samenreife im Spätsommer. Altes Saatgut keimt, wenn überhaupt, nur zu einem geringen Teil.

Asclepias; Seidenpflanze

Die bei uns winterharten Arten sind starkwüchsige Großstauden, die man leicht durch Aussaat vermehren kann. Diese erfolgt am besten gleich nach der Samenreife im Herbst oder auch im Frühjahr unter Glas. Die Samen nur schwach mit Erde absieben. Darüber hinaus kann durch Teilung bzw. Abtrennen von Ausläufern im Frühjahr vor dem Austrieb vermehrt werden.

Asphodeline lutea; Junkerlilie

Dieses attraktive Liliengewächs vermehrt man durch Aussaat oder Teilung. Ausgesät wird am besten im Frühjahr unter Glas. Die Keimung verläuft sehr langsam und unregelmäßig. Die Aussaatschalen sind deshalb nicht zu früh zu verwerfen. Sorten und Auslesen werden im April geteilt.

Pikierte Sämlinge von Asphodeline lutea, fünf Wochen nach der Aussaat

Aster; Aster

Die große Gattung *Aster*, die etwa 250 Arten umfasst, ist in unseren Gärten mit vielen Arten und vor allem Sorten stark vertreten. Hinsichtlich der Blütezeit unterscheidet man allgemein zwischen den Frühlingsastern und den Sommer- und Herbstastern, die jedoch alle gleich vermehrt werden. Soweit es sich um Sorten oder Auslesen handelt, muss in der Regel vegetativ durch Teilung oder Stecklinge vermehrt werden. Es gibt allerdings auch einige Samensorten, die durchgezüchtet sind und sich deshalb sortenecht auch durch Aussaat vermehren lassen.
Aussaat: Im Frühjahr unter Glas. Bei Temperaturen von 18–22 °C keimen die Samen in zwei bis drei Wochen. Soweit selbstgeerntete Samen verwendet werden, ist die Keimung häufig sehr ungleichmäßig. Pikieren Sie, bevor sich die Sämlinge gegenseitig bedrängen und lang werden.

Aster dumosus

Vermehrung von *Aster novi 'Belgii'* durch Risslinge:

Links: Mutterpflanze
Mitte: Abreißen eines Risslings
Rechts: Getopfter Rissling

Kleinere Sämlinge pikiert man tuffweise.
Teilung: Teilung im Frühjahr vor dem Austrieb, die Frühlingsastern auch nach der Blüte im Sommer. Die einzelnen Teilstücke sollten mindestens vier bis fünf Teiltriebe besitzen.
Stecklinge: Stecklingsvermehrung im Frühjahr nach dem Austrieb mit Kopf- oder auch Teilstecklingen. Bei *A. amellus* und *A. novea* 'Angliae' verwendet man bevorzugt 6–10 cm lange Grundstecklinge mit einem kurzen holzigen Ansatz. Bei anderen Arten wurzeln auch krautige Stecklinge ohne holzigen Ansatz willig.

Astilbe; Prachtspiere, Astilbe

Astilben, in unseren Gärten ist vor allem *A.* × *arendsii* mit ihren zahlreichen Sorten verbreitet, vermehrt man in der Regel durch Teilung. Reine Arten und Samensorten auch durch Aussaat.
Aussaat: Da die Keimfähigkeit der Samen begrenzt ist, säen Sie am besten gleich nach der Samenernte im Herbst aus. Bei 20 °C erfolgt die Keimung nach zwei bis drei Wochen.
Teilung: Die Teilung sollte in völliger Wachstumsruhe erfolgen. Dies ist die Zeit von November bis März. Man zerschneidet das mehr oder weniger fleischige Rhizom so, dass an jedem Teilstück mindestens ein bis zwei Augen sitzen. Die Teilstücke topft man ein und überwintert sie frostfrei.

Astilbe × arendsii

Astragalus; Tragant

Astragalus-Arten, von Bedeutung sind bei uns *A. angustifolius* und *A. danicus*, werden in der Regel durch Aussaat vermehrt. Dabei ist zu beachten, dass die Pflanzen Pfahlwurzeln ausbilden und daher äußerst verpflanzempfindlich sind. Deshalb sind die Sämlinge bald nach der Keimung in Töpfe zu setzen, ohne dabei die Keimwurzel zu verletzen. Vermehrung durch Aussaat oder Stecklinge. Aussaatzeit am besten von Januar bis März. Eine Kühlbehandlung kann zur gleichmäßigeren Keimung führen. Rosettenstecklinge sind im Herbst möglich, die Wurzelbildung ist nicht immer befriedigend. Ergiebiger und sicherer ist das Einsanden (Anhäufeln) der Pflanze. Man lässt dazu Sand zwischen die Polster rieseln und nimmt dann im kommenden Frühjahr bis Sommer die bewurzelten Triebe ab. Auch Veredeln ist möglich und zwar durch Spaltpfropfen. Als Unterlage werden Sämlinge von *A. glycyphyllos* verwendet.

Aubrieta; Blaukissen

Bei den im Handel angebotenen Blaukissenarten handelt es sich ausschließlich um Kulturformen. Die Mehrzahl lässt sich sortenecht nur vegetativ vermehren. Allerdings bieten verschiedene Samenfirmen in den letzten Jahren verstärkt auch Samensorten an, darunter auch besonders großblumige F_1-Hybriden.
Aussaat: Ausgesät wird von Januar bis März im Haus oder im Mai bis Juni, dann auch im Frühbeetkasten oder auf Beete im Garten. Optimale Keimtemperatur 15–18 °C. Die Sämlinge werden tuffweise mit drei bis fünf Pflanzen pikiert. Alternativ kann man gleich fünf Samen pro Multitopf aussäen. Nach der Keimung ist die Temperatur auf 10–15 °C abzusenken, damit die Sämlinge nicht umfallen.
Teilung: Geteilt wird am besten im Spätsommer. Die Teilstücke sollten mindestens fünf Rosetten besitzen.
Stecklinge: Durch Stecklinge kann man den ganzen Sommer über bis in den Herbst hinein vermehren. Man verwendet 3–4 cm lange Kopfstecklinge, die zur Bewurzelung kühl bei etwa 15 °C aufgestellt werden. Die Bewurzelung erfolgt innerhalb von sechs bis acht Wochen.

Teilung von Bergenia

Aubrieta deltoidea

Bergenia; Bergenie

Bei den im Handel angebotenen Bergenien handelt es sich ausschließlich um Hybriden. Sie können sortenecht nur vegetativ vermehrt werden. Um neue Typen auszulesen, kann aber auch die Aussaat interessant sein.
Aussaat: Ausgesät wird am besten im Frühjahr unter Glas. Die Samen werden angedrückt, aber nicht übersiebt. Zur Keimung sind 20 °C ideal. Danach werden die Gefäße kühler gestellt. Etwa acht Wochen nach der Keimung kann pikiert werden. Die Sämlinge werden erst nach zwei bis drei Jahren blühen.
Teilung: Es wird entweder nach der Blüte im Juli bis August oder auch im März bis April geteilt. Jedes Teilstück sollte zwei bis drei Triebknospen besitzen.
Stecklinge: Stammstecklinge lassen sich nach dem Abblühen schneiden.

Brunnera macrophylla

Campanula carpatica 'Clips Blau'

Brunnera macrophylla; Großblättriges Kaukasusvergissmeinnicht

Das Kaukasusvergissmeinnicht muss, soweit es sich um Sorten handelt, vegetativ vermehrt werden. In Frage kommen die Teilung nach der Blüte oder Wurzelschnittlinge im Herbst oder Frühjahr, wobei sich buntblättrige Sorten nicht durch Wurzelschnittlinge sortenecht vermehren lassen. Wurzelschnittlinge von buntblättrigen Formen bilden Knospen, die normale grüne Blätter produzieren. Einfach ist die Vermehrung durch Aussaat im Frühjahr unter Glas. Pikieren Sie am besten tuffweise, da Sie so schnell zu kräftigen Pflanzen kommen. Als Wurzelschnittlinge verwendet man Wurzeln ab 3 mm Durchmesser, die man in 3–5 cm lange Stücke schneidet.

Callianthemum kernerianum

Callianthemum; Jägerblume

Callianthemum, eine horstig wachsende Gattung, ist nicht einfach zu vermehren. Teilen des Wurzelstocks ist schwierig und Aussaat nur mit frischem Saatgut erfolgreich. Ausgesät wird direkt nach der Samenreife bzw. dem Erhalt der Samen. Keimung sehr unregelmäßig. Während einige Samen schon nach wenigen Wochen keimen, können andere Samen ein Jahr überliegen. Das Teilen der festen Horste muss sehr vorsichtig geschehen.

Campanula; Glockenblume

Die Gattung *Campanula* umfasst etwa 300 Arten, von denen ein Großteil auch Eingang in unsere Gärten gefunden hat. Viele Arten wurden züchterisch bearbeitet, so dass im Laufe der Zeit eine Vielzahl von Sorten entstanden ist. Hinsichtlich der Vermehrung steht die Aussaat im Vordergrund, auch eine Reihe von Kulturformen, z. B. die von *C. carpatica*, fällt echt aus Samen.

Vermehrung von *Campanula carpatica* durch Aussaat:

1) *Samen von Campanula carpatica*
2) *Aussaatschale mit Campanula carpatica, drei Wochen nach der Aussaat*
3) *Büschelweise pikierte Campanula carpatica, neun Wochen nach Aussaat*

Aussaat: Aussaat am besten im zeitigen Frühjahr unter Glas oder auch den Sommer über. Auch bei uns bilden die verschiedenen Arten reichlich Samen aus. Die Samen sind vergleichsweise klein, deshalb werden sie in der Regel nur angedrückt und nicht zusätzlich abgesiebt. *C. persicifolia*, *C. poscharskyana* und *C. rapunculoides* keimen am besten bei 5–10 °C, *C. trachelium* bei 10 °C, *C. glomerata* und *C. rotundifolia* bei 12 °C, *C. barbata* bei 12–15 °C, *C. cochleariifolia* und *C. latifolia* bei 18–20 °C und *C. carpatica* und *C. garganica* bei 20 °C. Bei den meisten Arten erfolgt die Keimung innerhalb von drei bis vier Wochen.
Stecklinge: Die meisten Arten bzw. ihre Kulturformen lassen sich auch leicht durch grundständige Stecklinge im Frühjahr nach dem Austrieb vermehren, u. a. *C. carpatica, C. lactiflora, C. persicifolia, C. portenschlagiana* und *C. pyramidalis*.
Teilung: Teilung ist u. a. bei *C. carpatica, C. cochleariifolia, C. persicifolia* und *C. poscharskyana* üblich. In der Regel teilt man nach der Blüte. Trennen Sie die einzelnen Triebe zusammen mit einem Ansatz des verholzten Wurzelstockes mit dem Messer ab oder reißen Sie die Triebe nach unten und schneiden noch etwas nach.

Carlina acaulis; Stängellose Silberdistel

Diese Silberdistel wird durch Aussaat oder Wurzelschnittlinge vermehrt. Wurzelschnittlinge sind allerdings gleichbedeutend mit dem Verlust der Mutterpflanze. Deshalb steht das Aussäen im Vordergrund. Einmal am Standort etablierte Pflanzen verbreiten sich recht gut durch Selbstaussaat.
Aussaat: Am besten im zeitigen Frühjahr. Optimale Keimtemperatur ist 12 °C. Eine Kühlbehandlung fördert die Keimung. Säen Sie am besten gleich in Töpfe aus, da die Silberdistel durch Ausbildung einer starken Pfahlwurzel sehr verpflanzempfindlich ist (Tiefwurzler). Sät man in Kisten aus, sind die Sämlinge frühzeitig zu pikieren.

Carlina acaulis

Wurzelschnittlinge: Dazu teilt man die Wurzeln am besten im Spätherbst in 5–6 cm lange Abschnitte.

Centaurea; Flockenblume

Von den mehrjährigen *Centaurea*-Arten sind in unseren Gärten vor allem *C. dealbata*, *C. macrocephala*, *C. montana* und *C. ruthenica* vertreten. Die Wildformen lassen sich alle leicht im Frühjahr durch Aussaat vermehren. Samen werden auch in Kultur reichlich angesetzt. Bei Temperaturen von 18–20 °C erfolgt die Keimung innerhalb von drei Wochen, bei niedrigeren Temperaturen jedoch sehr ungleichmäßig. Die Sorten vermehrt man durch Teilung im Frühjahr oder auch im Sommer.
Stecklinge: Auch eine Stecklingsvermehrung im Frühjahr

Samen von Centaurea dealbata

Links: Auspflanzfähige Jungpflanzen von Centaurea dealbata, sechs Wochen nach der Aussaat

Rechts: Teilstücke von Centaurea montana

nach dem Austrieb ist leicht möglich. *C. montana* und ihre Formen vermehrt man häufig auch durch Wurzel- bzw. Rhizomschnittlinge.

Chelone; Schildblume, Schlangenkopf

Die verschiedenen *Chelone*-Arten sind hübsche Spätsommerblüher, von denen *C. obliqua* in unseren Gärten am häufigsten gepflanzt wird. Man vermehrt durch Aussaat im Frühjahr unter Glas (die Samen keimen sehr unregelmäßig), durch Stecklinge nach dem Austrieb im Frühjahr oder durch Teilung nach der Blüte im Herbst in Teilstücke mit vier bis fünf Triebknospen.

Chrysanthemum; Chrysantheme, Winteraster

Die Vermehrung der zu *C. × grandiflorum* gehörenden winterharten Sorten erfolgt vegetativ. Größere Stückzahlen gewinnt man dabei durch Stecklinge, die praktisch die ganze Vegetationsperiode über, bevorzugt im Frühjahr, geschnitten werden und leicht wurzeln. Benötigt man wenige Pflanzen, teilt man im Frühjahr. Soweit Samen angesetzt werden, ist auch eine Aussaat möglich. Unter den Sämlingen können sich durchaus Typen finden, die eine Weiterkultur lohnen.

Cimicifuga; Silberkerze

Silberkerzen werden ausgesät oder geteilt. Die Kulturformen können echt lediglich durch Teilung vermehrt werden. Die Aussaat sollte am besten gleich nach der Samenernte im Herbst erfolgen. Die Aussaatgefäße werden dabei zunächst für sechs Wochen bei 20–22 °C aufgestellt, anschließend sechs Wochen bei 5 °C. Mit beginnender Keimung hebt man die Temperatur auf 10 °C an, bis die Keimung abgeschlossen ist. Häufig liegt der Samen aber auch dann über. Verwerfen Sie die Aussaat daher nicht zu früh. Von der Aussaat bis zur Blüte vergehen vier bis sechs Jahre. Die Wurzelstöcke kann man im Herbst oder Frühjahr teilen.

Clematis; Waldrebe

Zu den staudigen *Clematis*-Arten, die nicht wirklich klettern, gehören *C. integrifolia* und *C. recta*. Die Arten können ausgesät werden. Die Keimung erfolgt allerdings unregelmäßig und zum Teil stark verzögert. Die Sorten werden durch Stecklinge vermehrt. Einzelne Pflanzen lassen sich auch leicht durch Ableger vermehren. Eine Teilung ist bei *C. integrifolia* möglich.

Commelina tuberosa; Knollige Tagblume

Dieses hübsche, mehr oder weniger aufrecht wachsende Commelinengewächs mit seinen rein-

Samen von Cimicifuga racemosa

Samen von Clematis recta

blauen Blüten vermehrt man durch Aussaat oder Teilung. Die im Herbst geernteten Samen, die sich auch bei uns reichlich bilden, werden im Frühjahr unter Glas ohne eine besondere Vorbehandlung ausgesät. Teilung im Frühjahr vor dem Austrieb.

Convallaria majalis

Convallaria majalis; Gewöhnliches Maiglöckchen

Die Vermehrung erfolgt durch Abtrennen der unterirdischen rhizomähnlichen Organe, die jeweils in einem knospenartigen Gebilde enden. Rhizome und Knospen werden insgesamt als „Keim“ bezeichnet. Geteilt werden darf erst nach völligem Absterben des Laubes. Dies ist im September der Fall. Aussaat am besten nach der Samenreife im Sommer auf Beete. Die Keimung erfolgt in der Regel sehr unregelmäßig. Die Blühreife erlangen die Sämlinge nach drei bis vier Jahren.

Coreopsis; Mädchenauge

Die meisten angebotenen Sorten der beiden wichtigsten Arten *C. grandiflora* und *C. lanceolata* sind durchgezüchtet und lassen sich echt durch Aussaat vermehren. Ausgesät wird im Frühjahr unter Glas. Zur Gewinnung einzelner Pflanzen kann auch geteilt werden. In Staudengärtnereien ist die Vermehrung durch Abrissstecklinge im August verbreitet. Darüber hinaus kann auch durch Stecklinge im Frühjahr nach dem Austrieb vermehrt werden. Man schneidet 3–5 cm lange Kopfstecklinge mit ein bis zwei Blattansätzen.

Samen von Coreopsis grandiflora

Delphinium; Rittersporn

Bei der Mehrzahl der im Handel angebotenen und in unseren Gärten gepflanzten Rittersporne handelt es sich um Hybriden, bei denen eine Vielzahl von Arten beteiligt waren. Die meisten dieser Sorten, man fasst sie unter dem Begriff Garten-Rittersporne zusammen, müssen, wenn man

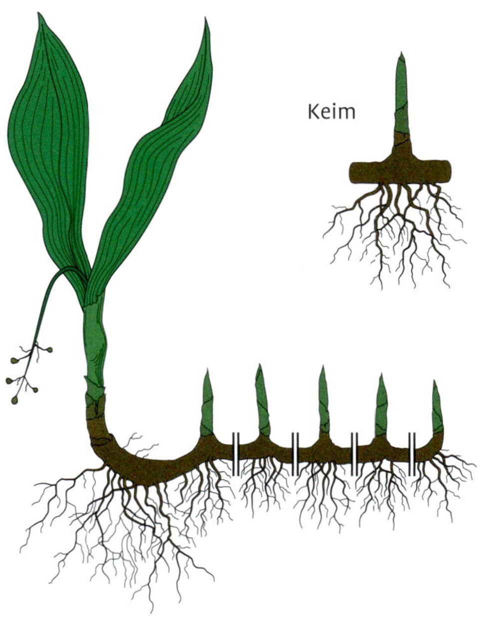

Vermehrung von Convallaria majalis durch Teilung der rhizomähnlichen Organe mit mindestens einer Knospe („Keim“)

Delphinium Pacific-Hybriden lassen sich echt aus Samen vermehren.

echte Pflanzen gewinnen will, vegetativ vermehrt werden. Einige Sorten, z. B. von *D. grandiflorum* sowie die sogenannten Pacific-Hybriden, können wie alle Wildarten durch Aussaat vermehrt werden. Die vegetative Vermehrung erfolgt entweder durch Teilung oder durch grundständige Stecklinge.

Aussaat: Die Aussaat erfolgt bei den Hybriden in der Regel ab Februar/März bis zum Sommer. Man sät breitwürfig in Kisten und stellt sie zur Keimung bei 15–20 °C auf. Bei den Wildarten bringt eine Kühlbehandlung bessere Keimergebnisse und gleichmäßigere Keimung. Sie sät man am besten gleich nach der Samenreife im Herbst aus. Frühe Aussaaten blühen in der Regel noch im Aussaatjahr.

Teilung: Geteilt wird im zeitigen Frühjahr vor Beginn des Austriebs. Waschen Sie die Erde aus den Wurzelstöcken aus, um die Augen gut erkennen zu können. Längere Wurzeln der Teilstücke sind vor dem Topfen einzukürzen. Beim Eintopfen ist darauf zu achten, dass alle Knospen vollständig mit Erde bedeckt sind.

Stecklinge: Grundständige Stecklinge werden im Frühjahr nach Beginn des Austriebs geschnitten. Der Gärtner beginnt mit der Vermehrung schon früher. Er bringt dazu zwei- bis dreijährige Pflanzen im Januar bis Februar ins Gewächshaus und treibt sie bei 5–10 °C an. Beim Abnehmen der Stecklinge, sie sollten möglichst nicht länger als 10 cm sein, ist darauf zu achten, dass ein kleiner Teil des verholzenden Wurzelstockes am Steckling verbleibt (siehe auch Seite 150). Ein unten hohler Steckling bewurzelt nicht oder nur unter großen Schwierigkeiten. Aufgestellt werden die Stecklinge in gespannter Luft bei 15–18 °C. Bis zur Wurzelbildung vergehen drei bis vier Wochen.

Dianthus; Nelke

Viele der etwa 300 *Dianthus*-Arten haben Einzug in unsere Gärten gehalten. Bedeutung haben u. a. *D. arenarius*, *D. carthusianorum*, *D. deltoides*, *D. gratianopolitanus*, *D. seguieri* und *D. superbus*. Alle Wildarten lassen sich leicht aus Samen vermehren. Wichtig ist allerdings, dass die Samen von gut isoliert stehenden Pflanzen geerntet wurden, da sich nahe verwandte Arten leicht miteinander kreuzen. Sorten werden im Allgemeinen durch Teilung oder Stecklinge vermehrt, wobei es bei einzelnen Arten auch eine Reihe von samenechten Sorten gibt.

Aussaat: Säen Sie von Januar bis März im Haus oder auch später aus, dann auch im Frühbeetkasten oder auf Beete. Die Keimung

Dianthus deltoides

erfolgt meist innerhalb von zwei bis drei Wochen. Um schnell ansehnliche Pflanzen zu bekommen, sollte mit drei bis fünf Sämlingen tuffweise pikiert werden.
Teilung: Geteilt wird am besten im zeitigen Frühjahr oder auch nach der Blüte im Sommer oder Herbst. Je nach Art kann in kleinste Teilstücke mit einem Trieb geteilt werden.
Stecklinge: Diese können vom Frühjahr nach dem Austrieb bis zum Herbst gesteckt werden.

Dicentra spectabilis; Tränendes Herz

D. spectabilis und andere Arten der Gattung wie *D. eximia* vermehrt man durch Aussaat, Teilung und Stecklinge.
Aussaat: Aussaat gleich nach der Samenreife im Sommer. Trocken gelagertes Saatgut bzw. gekauftes Saatgut sollte eine Kühlbehandlung erhalten.
Teilung: Der zerbrechliche, fleischige Wurzelstock wird im Frühjahr vor dem Austrieb oder auch nach der Blüte im Juni vorsichtig geteilt. Verwerfen Sie abgebrochene Wurzelstücke nicht, da sie schlafende Augen enthalten könnten. Man legt sie wie Wurzelschnittlinge aus.

D. cucullaria bildet eine Knolle mit zahlreichen Tochterknollen aus, die zur Vermehrung genutzt werden können.
Stecklinge: Man schneidet grundständige Stecklinge mit einem Ansatz des alten Holzes im Frühjahr nach dem Austrieb.

Dictamnus albus; Diptam, Brennender Busch

Der Diptam wird durch Aussaat vermehrt. Auch verschiedene angebotene Formen wie 'Albus' und 'Purpureus' fallen weitgehend echt aus Samen. Aussaat am besten gleich nach der Samenreife im Herbst. Sobald die erste Kapsel aufspringt, ist zu ernten, denn bei Vollreife werden die Samen weit herausgeschleudert, so dass man möglicherweise leer ausgeht. Sie können sich auch dadurch helfen, dass Sie die Fruchtstände vor der Reife in locker gewebten Stoff einbinden. Trocken gelagertes Saatgut ist einer Kühlbehandlung zu unterziehen. Bis zur ersten Blüte vergehen drei bis vier Jahre.

Digitalis; Fingerhut

Fingerhüte, von Bedeutung sind *D. grandiflora*, *D. lutea* und vor allem *D. purpurea* mit einer Anzahl von Sorten, sind kurzlebige Stauden, die durch Aussaat vermehrt werden. Ausgesät wird im zeitigen Frühjahr unter Glas oder auch später im Frühbeetkasten

Dicentra spectabilis

Digitalis purpurea

oder auf Freilandbeete. Auch Selbstaussaat ist zu empfehlen. Die Keimung erfolgt innerhalb von 14 Tagen. Frühe Aussaaten blühen in der Regel noch im selben Jahr. Das feine Saatgut ist nur anzudrücken und nicht abzusieben. Eine vegetative Vermehrung ist durch Abnehmen der neugebildeten Grundrosetten nach dem Entfernen der Blütenstände möglich.

Dodecatheon; Götterblume

Die Arten der Gattung *Dodecatheon* werden im Frühjahr unter Glas ausgesät. Dabei führt eine Kühlbehandlung zu einem gleichmäßigeren Keimergebnis. Eine erste Blüte erfolgt dann im zweiten Kulturjahr. Sie können auch teilen oder Wurzelschnittlinge gewinnen. Dazu entnimmt man die Wurzeln unmittelbar am Ansatzpunkt am Rhizom, da sie dort eine Knospe besitzen.

Doronicum; Gämswurz

Die Gämswurzarten, allen voran *D. orientale*, lassen sich leicht durch Aussaat und Teilung vermehren.

Aussaat: Vermehrung durch Aussaat im April bis Mai im Haus oder Frühbeetkasten. Von *D. orientale* gibt es auch samenvermehrbare Sorten, z. B. 'Finesse', 'Goldcut' und 'Magnificum'.

Teilung: Durch Teilung wird am besten nach der Blüte vermehrt. Bewährt hat sich, die Mutterpflanzen nach der Blüte zunächst zurückzuschneiden und erst nach erfolgtem Austrieb (nach etwa zwei bis drei Wochen) aufzunehmen und zu teilen. Eine Teilung im Frühjahr ist ebenfalls möglich.

Dryas; Silberwurz

Die *Dryas*-Arten werden am besten durch Aussaat gleich nach der Samenreife im Sommer unter Glas vermehrt. Trocken gelagertes Saatgut benötigt eine Kühlbehandlung. Sie können die niederliegenden Triebe auch teilen. Grundständige Stecklinge werden im Juni und Kopfstecklinge im Sommer geschnitten.

Echinacea purpurea; Roter Scheinsonnenhut

Die Art selbst und einige wenige Samensorten wie 'Alba' und 'Leuchtstern' lassen sich leicht durch Aussaat im zeitigen Frühjahr unter Glas vermehren. Die Keimung erfolgt bei einer Temperatur von 20 °C innerhalb von zwei Wochen. Bei den meisten in Staudengärtnereien angebotenen Pflanzen handelt es sich um Aus-

Echinacea purpurea

Samen von Echinacea purpurea

Jungpflanzen von Echinacea purpurea, sieben Wochen nach Aussaat

lesen (Klonsorten), die sich sortenecht lediglich vegetativ vermehren lassen. Für kleine Stückzahlen kommt eine Teilung in Frage. Allgemein ist aber die Vermehrung durch Wurzelschnittlinge im Frühjahr üblich.

Echinops; Kugeldistel

Drei *Echinops*-Arten, *E. bannaticus*, *E. ritro* und *E. sphaerocephalus*, haben als Beetstauden eine gewisse Bedeutung. Die Vermehrung erfolgt am besten durch Teilung und Wurzelschnittlinge, bei den Wildarten auch durch Aussaat. Aussaat am besten im zeitigen Frühjahr unter Glas oder auch später im Freiland oder im Frühbeetkasten. Als Wurzelschnittlinge verwendet man 3–5 cm lange Stücke, die im Frühjahr geschnitten werden. Geteilt wird nach der Blüte im Herbst oder auch im Frühjahr vor dem Austrieb.

Erigeron; Feinstrahl, Berufskraut

Von den etwa 200 Arten der Gattung sind *E. karvinskianus* und vor allem *E. speciosus*, von der es eine Reihe von Sorten gibt, von Bedeutung. Die Arten können ausgesät werden. Üblicherweise wird jedoch durch Teilung oder Stecklinge vermehrt. Dies gilt insbesondere für die Sorten. Von *E. karvinskianus* gibt es allerdings auch Samensorten auf dem Markt, z. B. 'Azurfee', 'Grandiflorus', 'Rosa Juwel'.
Aussaat: Man sät am besten im zeitigen Frühjahr bei 15–20 °C aus. Die Keimung erfolgt innerhalb einer Woche. Nach der Keimung kühler stellen. Bei eigener Samenernte ist die Keimung häufig sehr ungleichmäßig. Man setzt später drei Sämlinge in Einzeltöpfe oder Multitopfplatten.
Teilung: Bevorzugt im April bis Mai oder auch nach der Blüte im Herbst. Man teilt in Stücke mit drei bis vier Knospen.
Stecklinge: Diese schneidet man in der Regel im Frühjahr nach dem Austrieb. Man verwendet kurze, etwa 5–7 cm lange Kopfstecklinge, die an der Basis des Austriebs geschnitten werden, also nicht hohl sein dürfen. Der Gärtner vermehrt häufig schon im Februar bis März. Er treibt dazu die Mutterpflanzen im Gewächshaus kühl an. Auch Herbststecklinge sind möglich. Dazu muss man die Mutterpflanzen im August zurückschneiden. Von dem frischen Austrieb werden dann die Stecklinge geschnitten.

Erodium; Reiherschnabel

Die im Blütenaufbau *Geranium* sehr ähnlichen *Erodium*-Arten müssen, soweit es sich um Sorten handelt, vegetativ durch Teilung, Stecklinge oder auch Wurzelschnittlinge vermehrt werden. Teilung am besten im Herbst. Auch die Stecklingsvermehrung gelingt am besten in dieser Jahreszeit.
Aussaat: Vermehrung durch Aussaat im März bis April unter Glas. Später einzeln in kleine Töpfe oder entsprechende Pflanzeinheiten pikieren.
Wurzelschnittlinge: Die durchwurzelten Topfballen werden in halber Höhe quer durchgeschnitten, den oberen Teil kann man teilen und topfen, der untere Teil wird dicht an dicht in Kisten gelegt, dünn mit Erde abgedeckt und unter Glas zum Austrieb gebracht. Nach dem Austrieb werden die Jungpflänzchen auseinandergenommen und getopft.

Eryngium; Edeldistel, Mannstreu

Von den Edeldistelarten sind vor allem *E. alpinum*, *E. planum* und einige durch Kreuzung entstandene Hybriden für unsere Gärten

Eupatorium fistulosum

Euphorbia epithymoides

von Bedeutung. Vermehrt wird im Allgemeinen durch Aussaat, auch verschiedene Sorten fallen echt aus Samen. Andere Sorten müssen vegetativ durch Wurzelschnittlinge vermehrt werden. Aussaat direkt nach der Ernte bei Temperaturen um 18 °C. Bei älterem, trocken gelagertem Saatgut ist eine Kühlbehandlung sinnvoll. Wurzelschnittlinge werden im zeitigen Frühjahr geschnitten, die dann senkrecht zu stecken sind. Der Austrieb ist im Allgemeinen sehr unregelmäßig.

Eupatorium; Kunigundenkraut, Wasserdost

E. cannabinum, *E. fistulosum* und *E. purpureum*, von dem es eine Reihe von Sorten gibt, sind am weitesten verbreitet. Vermehrung der Arten durch Aussaat im zeitigen Frühjahr im Haus oder Frühbeetkasten. Die Keimung erfolgt innerhalb von vier Wochen. Die Sorten lassen sich gut durch Kopfstecklinge vermehren, die im Frühjahr nach dem Austrieb geschnitten werden. Darüber hinaus ist auch eine Teilung bevorzugt im Herbst nach der Blüte möglich.

Euphorbia; Wolfsmilch

Von den staudigen *Euphorbia*-Arten sind *E. cyparissias*, *E. seguieriana* und *E. amygdaloides*, von denen es auch eine Reihe von Sorten gibt, von besonderer Bedeutung. Die Vermehrung erfolgt je nach Art und Sorte (es gibt auch einige Samensorten) durch Aussaat, Stecklinge oder Teilung.
Aussaat: Aussaat von Januar bis März oder auch noch von April bis Juni bei 18–20 °C. Bei eigener Samenernte ist zu beachten, dass die Früchte bzw. Samen sehr ungleichmäßig reifen und man die Bestände über einen längeren Zeitraum beernten muss. Hinzu kommt erschwerend, dass die Samen bei Vollreife aus den Früchten herausgeschleudert werden. Benötigt man wenige Pflanzen, kann man aus diesem Grund auch auf eine Selbstaussaat zurückgreifen. Die Keimung erfolgt in der Regel innerhalb von drei Wochen, doch laufen die Samen meist sehr ungleichmäßig auf.
Teilung: *E. cyparissias*, *E. amygdaloides* und andere Arten lassen sich auch gut durch Teilung vermehren.
Stecklinge: Die Stecklingsvermehrung ist bei Euphorbien die am häufigsten angewandte Methode. Kopf- und Triebstecklinge, die nicht zu weich sein sollten, werden im Frühjahr nach dem Austrieb geschnitten. Sie enthalten einen giftigen Milchsaft, der auf keinen Fall in die Augen kommen darf. Daher sollte man unbedingt Handschuhe tragen und die Stecklinge nach dem Schnitt in lauwarmes Wasser geben, um den Fluss des Milchsaftes zu stoppen. Denn eingetrockneter Milchsaft behindert darüber hinaus auch noch die Bewurzelung.

Filipendula; Mädesüß

Von den *Filipendula*-Arten sind *F. palmata*, *F. purpurea*, *F. rubra*, *F. ulmaria* und *F. vulgaris*, von denen es auch einige Sorten gibt, von Bedeutung. Bei den im Handel angebotenen Pflanzen handelt es sich ausschließlich um Sorten, die echt nur vegetativ vermehrt werden können. In Frage kommen Teilung und Stecklinge, die man im Frühjahr nach dem Austrieb schneidet. Auch Wurzelschnittlinge sind möglich. Vermehrung durch Aussaat am besten im Frühjahr unter Glas. Die Keimung ist meist sehr unregelmäßig.

Gaillardia; Kokardenblume

Im Handel sind meist Sorten, die auf Kreuzungen mit *G. aristata* zurückzuführen sind. Die meisten dieser Sorten fallen echt aus Samen. Aussaat im Frühjahr unter Glas bei 18–22 °C. Keimung innerhalb von zwei bis drei Wochen. Nach der Keimung ist bald zu pikieren. Am besten gleich in Topfeinheiten, denn Kokardenblumen sind sehr verpflanzempfindlich. Darüber hinaus ist Teilung und Vermehrung durch Wurzelschnittlinge möglich. Die Teilung erfolgt von April bis Juni. Wurzelschnittlinge schneidet man im zeitigen Frühjahr. Sie sind flach auszulegen und bei Temperaturen von 15–20 °C aufzustellen.

Gentiana; Enzian

Die Gattung *Gentiana* ist mit ihren fast 400 Arten sehr vielgestaltig. Je nach Art werden sie bevorzugt durch Aussaat, Teilung und Stecklinge vermehrt.
G. acaulis, deren Sorten, bei denen auch andere Arten beteiligt waren, unter dem Namen Garten-Glockenenziane im Handel sind, vermehrt man durch Teilung nach der Blüte oder durch Stecklinge. Die Art selbst und einige der angebotenen Typen können auch im Frühjahr mit Kühlbehandlung ausgesät werden, was allgemein problemlos gelingt.
G. asclepiadea wird bevorzugt durch Aussaat vermehrt. Pikieren Sie frühzeitig in Töpfe, damit die Pflanzen feste Wurzelballen bilden können. Eine Vermehrung durch Stecklinge und vorsichtiges Teilen ist möglich.
G. clusii wird ebenfalls bevorzugt durch Aussaat oder Stecklinge vermehrt. Vorsichtiges Teilen ist möglich.
G. lutea kann nur ausgesät werden. Auch sie ist sehr verpflanzempfindlich, weshalb die Sämlinge nach der Keimung frühzeitig in Einzeltöpfe oder Multitopfplatten pikiert werden sollten.
G. septemfida var. *septemfida* wird durch Aussaat vermehrt. Bei 25 °C keimen die Samen innerhalb von drei Wochen.
G. sino-ornata, von der es auch eine Reihe von Sorten gibt, lässt sich im Frühjahr leicht durch Teilung oder im Juni bis Juli durch

Gentiana asclepiadea

Samen von Gentiana tibetica

Gaillardia-Sorte

Geranium macrorrhizum

Stecklinge vermehren. Aussaat ist ebenfalls möglich.
G. verna wird durch Aussaat vermehrt. Auch diese Art ist verpflanzempfindlich, deshalb die Sämlinge frühzeitig pikieren.
Aussaat: Am besten gleich nach der Samenernte. Die Samen der einzelnen Arten reifen zu unterschiedlichen Zeiten. Trocken gelagertes oder gekauftes Saatgut sollte einer Kühlbehandlung unterzogen werden. Die Keimung ist häufig sehr unregelmäßig. Manchmal liegt das Saatgut auch über. Deshalb die Aussaatgefäße nicht zu früh entsorgen. Wichtig ist, dass frühzeitig in Einzeltöpfe pikiert wird, damit die Sämlinge gute Ballen bilden können. Enziane sind im Allgemeinen sehr verpflanzempfindlich. Werden Wurzeln abgerissen, ist das Weiterwachsen in Frage gestellt. Bis zur Blütenbildung vergehen je nach Art drei bis acht Jahre.
Teilung: Die meisten Enziane lassen sich auch durch vorsichtiges Teilen im Frühjahr oder nach der Blüte vermehren.
Stecklinge: Winterstecklinge schneidet man im Frühsommer oder auch im Herbst.

Geranium; Storchschnabel

Die Gattung *Geranium* mit ihren rund 300 Arten hat in den letzten Jahren in unseren Gärten und in öffentlichen Anlagen eine immer größere Bedeutung erlangt. Im Laufe der Zeit ist eine fast unüberschaubare Anzahl an Sorten entstanden. Während sich die Arten recht gut aussäen lassen, sind die Sorten und Auslesen mit wenigen Ausnahmen sortenecht nur auf vegetativem Wege zu vermehren.
Aussaat: Eine Aussaat direkt nach der Samenreife bringt beste Keimergebnisse. Die samenliefernden Pflanzen sind laufend zu beobachten, da die Samen bei Vollreife aus den Früchten herausgeschleudert werden. Die optimale Keimtemperatur liegt bei 15–20 °C. Bei manchen Arten erfolgt die Keimung unregelmäßig über einen längeren Zeitraum. Es empfiehlt sich, die Sämlinge bald nach der Keimung aufzunehmen und zu pikieren.
Teilung: Die Teilung ist die einfachste Vermehrungsmöglichkeit, wobei die Bestockung und damit die Ausbeute an Jungpflanzen bei den einzelnen Arten sehr verschieden sein kann. Viele Arten wurzeln an den Knoten der niederliegenden Triebe, die man daher gut zur Vermehrung nutzen kann.
Wurzelschnittlinge: Einige Arten, so *G. macrorrhizum*, vermehrt man durch Wurzel- bzw. Rhizomschnittlinge. Dabei werden die kräftigsten Rhizome in etwa 3–4 cm lange Stücke zerschnitten, die dann senkrecht gesteckt werden.
Stecklinge: Von *G. cinereum* und *G. dalmaticum* schneidet man Stecklinge im April bis Mai vor der Blüte. Bei *G. × magnificum* und *G. pratense* sollten die Stecklinge mit verholzter Basis geschnitten werden. Auch verholzte, 2–3 cm lange Triebstecklinge eignen sich gut. Hierfür verwendet man die endständigen Rosetten.

Geum; Nelkenwurz

Bei den im Handel angebotenen Pflanzen handelt es sich meist um Sorten, an denen häufig mehrere Arten beteiligt waren. Während die Arten sich recht leicht aussäen lassen, müssen die Sorten durch Teilung oder Stecklinge vermehrt werden. Samen-

Samen von Geum rivale

Junge Sämlingspflanzen von Geum rivale, acht Wochen nach der Aussaat

vermehrbar sind u. a. die beliebten Sorten 'Feuerball' und 'Goldball'.

Aussaat: Die Aussaat kann, soweit man selbst Samen erntet, gleich nach der Samenreife im Sommer bis Herbst erfolgen. Bei 20 °C und gleichmäßiger Feuchtigkeit keimen die Samen sehr schnell und gleichmäßig. Trocken gelagerter Samen sollte einer Kühlbehandlung unterzogen werden.

Teilung: Durch Teilung vermehrt man im Frühjahr oder Sommer nach der Blüte. Im Herbst geteilte Pflanzen wachsen schlecht an. Um größere Mengen zu gewinnen, kann man auch Risslinge ernten.

Stecklinge: Als Stecklinge verwendet man Kopfstecklinge, die man nach dem Austrieb im Frühjahr oder auch während des Sommers schneidet.

Globularia; Kugelblume

Die Gattung umfasst einige hübsche Steingartenstauden, von denen *G. cordifolia* am weitesten verbreitet ist. Vermehrung durch Aussaat, Teilung oder Stecklinge. Aussaat im Frühjahr unter Glas. Handels- bzw. trocken gelagertes Saatgut benötigt eine Kühlbehandlung. Teilung im Frühjahr, Stecklingsvermehrung bevorzugt im Herbst.

Gypsophila; Gipskraut, Schleierkraut

Von dieser Gattung, von der es rund 150 Arten gibt, sind die bis 1,2 m hoch werdende *G. paniculata* und die kriechende *G. repens* von besonderer Bedeutung. Die Vermehrung erfolgt im Allgemeinen durch Aussaat und Stecklinge, in den Gartenbaubetrieben auch durch Gewebekultur. Früher war darüber hinaus auch die Veredlung üblich.

Pikierte Jungpflanzen von Globularia cordifolia, zwölf Wochen nach der Aussaat

Aussaat: Im Handel sind auch Sorten, die echt aus Samen fallen, z. B. *G. paniculata* 'Schneeflocke' und *G. repens* 'Rot' und 'Filou'. Aussaat im Frühjahr unter Glas bei Temperaturen von 15–20 °C. Keimung meist innerhalb von zwei Wochen. Bei der kriechenden *G. repens* ist eine Aussaat mit mehreren Samen direkt in kleine Töpfe empfehlenswert. Pikiert werden sollte tuffweise mit mehreren Sämlingen.

Stecklinge: Die meisten Sorten lassen sich sortenecht nur vegetativ über Stecklinge vermehren. Man schneidet am besten im Frühjahr nach dem Austrieb oder auch im Herbst Kopfstecklinge mit drei bis sieben Blattpaaren.

Veredlung: Bei *G. paniculata* ist eine Veredlung der Sorten auf Wurzelstücke der Art durch Spaltpfropfen möglich. Die mindestens bleistiftstarken Wurzeln werden auf Daumenlänge geschnitten und am oberen Ende des Wurzelstücks mit einem scharfen Messer senkrecht eingeschnitten. Als Reis verwendet man kurze Triebstücke mit nur einem Blattpaar, die am Ende zugespitzt werden und so in den Spalt der Unterlage geschoben werden. Danach wird die Veredlung mit einem Bastfaden verbunden. Das gepfropfte Wurzelstück wird dann in einen 12-cm-Topf eingetopft. Dabei muss die Veredlungsstelle fingerbreit über der Erde stehen. Aufgestellt werden die Veredlungen unter Folie bei gespannter Luft. Wichtig ist, dass bis zum Verwachsen beim Gießen kein Wasser zwischen Unterlage und Reis gelangt.

Haberlea ferdinandi-coburgii; Haberlee

Dieses hübsche Gesneriengewächs lässt sich leicht durch Abtrennen bewurzelter Rosetten vermehren. Langwierig aber möglich ist die Vermehrung

Links: Samenstand von Helenium 'Wonadonga', der auseinanderzufallen beginnt – höchste Zeit zur Samenernte.

Rechts: Diese Helenium-Mutterpflanze ist schon weit ausgetrieben – höchste Zeit zum Teilen.

durch Blattstecklinge. Sie können auch selbstgeerntetes oder gekauftes Saatgut bei 15–20 °C unter Glas aussäen. Decken Sie die feinen Samen nicht ab und bewässern Sie die Saatschale am besten von unten, damit die Samen nicht abgeschwemmt bzw. zusammengeschwemmt werden.

Helenium; Sonnenbraut

Bei der Mehrzahl der angebotenen Pflanzen handelt es sich um Züchtungen, die sich nur zum Teil sortenecht durch Samen vermehren lassen. Ein Beispiel dafür ist die 'Helena'-Serie.
Aussaat: Von Januar bis zum Frühsommer unter Glas. Bei 20 °C erfolgt die Keimung nach zwei bis drei Wochen. Man pikiert am besten gleich in Töpfe. Die Anzucht der Jungpflanzen, dies gilt insbesondere in den Winter- und Frühjahrsmonaten, sollte möglichst kühl bei Temperaturen um 10 °C erfolgen.
Teilung: In der Regel wird durch Teilung bzw. Risslinge im März bis April oder Herbst vermehrt.
Wurzelschnittlinge: Möglich, aber nicht immer erfolgreich ist eine Vermehrung durch Wurzelschnittlinge. Häufig treiben weniger als 50 % aus.

Stecklinge: Nach dem Austrieb im Frühjahr können auch krautige Kopfstecklinge geschnitten werden.

Helianthemum; Sonnenröschen

Bei den im Handel angebotenen Sonnenröschen handelt es sich meist um Hybriden, die Kreuzungen von *H. nummularium* mit *H. appenninum* entstammen. Sie lassen sich sortenecht lediglich vegetativ durch Stecklinge vermehren. Soweit der Samenhandel Saatgut von Sorten anbietet, handelt es sich um Farbmischungen.

Samen von Helianthemum nummularium

Helianthemum-Hybride 'Ben Macdhui'

Büschelweise pikierte Jungpflanzen von Helianthemum nummularium, acht Wochen nach dem Pikieren

Samen von Heliopsis helianthoides

Aussaattopf mit Heliopsis helianthoides, zwölf Tage nach der Aussaat

Aussaat: Säen Sie von Januar bis Mai unter Glas aus. Keimung nach zwei bis drei Wochen bei 18–22 °C. Später sind die Sämlinge tuffweise mit drei bis fünf Pflanzen in Töpfe oder Multitopfplatten zu pikieren. Auf diese Weise erhält man schnell kompakte, auspflanzfähige Jungpflanzen.
Stecklinge: Die Stecklinge schneidet man am besten im Sommer oder auch nach dem Austrieb im Frühjahr. Die Bewurzelung erfolgt in gespannter Luft schnell und problemlos.

Helianthus; Sonnenblume

Soweit es sich bei den staudigen Sonnenblumen um die Arten handelt – von Bedeutung sind insbesondere *H. atrorubens*, *H. decapetalus* und *H. × multiflorus* – kann durch Aussaat vermehrt werden. Sorten vermehrt man durch Teilung bzw. durch Abnahme der Ausläufer im April bis Mai. Auch Stecklingsvermehrung im Frühjahr nach dem Austrieb ist möglich.
Aussaat: Ausgesät wird im Frühjahr unter Glas bei Temperaturen um 20 °C. Die Sämlinge sind, sobald die Keimblätter voll entwickelt sind, umgehend zu pikieren. Sonst werden sie lang und fallen leicht um.

Heliopsis helianthoides; Sonnenauge

Das Sonnenauge vermehrt man in der Regel vegetativ durch Teilung oder Stecklinge. Der Samenhandel bietet einige wenige Samensorten an.
Aussaat: Eigene Samenernte ist möglich, doch spalten die Sämlinge stark auf. Aussaat am besten von Februar bis Mai bei 20–25 °C unter Glas. Keimung nach zwei Wochen. Nach dem Pikieren kühler bei 15 °C aufstellen.
Teilung: Geteilt wird im Frühjahr oder auch nach der Blüte im September.
Stecklinge: Diese schneidet man im Frühjahr nach dem Austrieb.

Helleborus; Christrose, Nieswurz

H. niger und andere Arten der Gattung wie *H. foetidus* vermehrt man, wenn es um hohe Stückzahlen geht, am besten durch Aussaat. Benötigt man kleinere Mengen, kann *H. niger* auch geteilt werden. Bei *H. foetidus* ist Teilung wenig sinnvoll.
Aussaat: Am besten direkt nach der Reife im Mai bis Juni. Zum Anquellen Aussaatgefäße für zehn Wochen bei 20 °C aufstellen, im Anschluss daran erfolgt eine zehnwöchige Kühlbehandlung. Danach stellt man die Gefäße bei 12–15 °C auf. Die Keimung erfolgt dann in der Regel im folgenden Frühjahr. Einzelne Samen können unter Umständen jedoch überliegen, deshalb sind die Aussaatgefäße nicht zu früh auszukippen. Bis zur ersten Blüte vergehen drei bis vier Jahre.
Teilung: Teilung entweder im Frühjahr oder besser im September nach der sommerlichen Ruhephase. Im Frühjahr ist die günstigste Zeit, wenn das erste neue Blatt an den Einzelrhizomen voll ausgebildet ist. Die Teilung hat unter größter Schonung des Wurzelwerks zu erfolgen. Trotzdem geknickte Wurzeln sollten

Helleborus niger

Hemerocallis-Hybride

eingekürzt werden. Bei Teilung im Herbst müssen die Jungpflanzen im Gewächshaus oder Frühbeetkasten frostfrei überwintert werden.

Hemerocallis; Taglilie

Bei den Taglilien, von denen es eine unüberschaubare Anzahl an Sorten gibt, ist die Aussaat nur bei den Wildarten und für die Züchtung von Bedeutung. Werden Samen im Handel angeboten, handelt es sich in der Regel um Farbmischungen.
Aussaat: Aussaat gleich nach der Ernte im Freien, im Frühbeetkasten oder im Frühjahr im Haus. Bei 18–22 °C erfolgt die Keimung nach drei bis vier Wochen.

Samen von Hemerocallis

Bei längerer Zeit trocken gelagertem Saatgut ist eine Kühlbehandlung zu empfehlen. Macht die Keimung im Allgemeinen auch keine Probleme, kann sie doch sehr ungleichmäßig verlaufen.
Teilung: Zur Teilung im März bis April oder nach der Blüte gräbt man den gesamten Wurzelstock aus und wäscht ihn anschließend aus, um zu erkennen, wo geteilt werden kann. Beim Teilen ist darauf zu achten, dass die Kronen, also der jeweils oberste Teil des Rhizoms, mit den daran sitzenden Blättern nicht beschädigt werden. Auf diese Weise kann man den Horst in Teilstücke mit einem oder zwei Fächern teilen.
Brutpflanzen: Einige Arten und Sorten bilden in den Blattachseln der Blütenstängel kleine Pflänzchen mit Wurzeln. Diese Pflänzchen können abgenommen und wie Stecklinge weiterbehandelt werden. Man topft sie ein und stellt sie zunächst in den Frühbeetkasten, bis sie ausgepflanzt werden können. Die Bildung solcher Brutpflanzen wird gefördert, wenn man die Samenbildung unterbindet.

Hepatica nobilis; Leberblümchen

Vom Leberblümchen, das sich an Ort und Stelle gut selbst aussät, sind eine Reihe von Auslesen und Sorten im Handel, die sich echt nur vegetativ durch Teilung vermehren lassen.
Aussaat: Ausgesät wird am besten gleich nach der Samenreife auf Beete oder in Kisten, die man im Freien aufstellt. Trocken gelagertes oder gekauftes Saatgut ist einer Kühlbehandlung zu unterziehen. Im ersten Jahr entwickeln sich nur zwei Grundblätter, denen im zweiten und dritten Jahr die eigentlichen Laubblätter folgen. Es empfiehlt sich, die Pflänzchen erst ab dem dritten Jahr aufzunehmen und zu pikieren. Die ersten Blüten erscheinen im vierten oder fünften Jahr nach der Aussaat.
Teilung: Geteilt wird am besten in der Blütezeit, wenn sich die ersten Blätter gerade entwickeln. Alte Wurzeln sind beim Teilen

Heuchera-Sorte

Hepatica nobilis

nicht zurückzuschneiden. Die Bildung neuer Wurzeln findet mit dem Neuaustrieb der Blätter statt.

Heuchera; Purpurglöckchen

Von *Heuchera* werden in unseren Gärten zumeist Sorten angepflanzt, die sich sortenecht lediglich vegetativ durch Teilung oder Stecklinge vermehrt lassen. Es gibt jedoch auch einige schöne Ausnahmen, die ausgesät werden können.

Aussaat: Von Februar bis Juni im Haus oder, wenn keine Fröste mehr zu erwarten sind, auch im Frühbeetkasten. Der feine Samen ist nur hauchdünn abzusieben. Bei Temperaturen um 20 °C und gleichmäßiger Feuchtigkeit erfolgt die Keimung innerhalb von zwei Wochen.

Risslinge: Diese gewinnt man im Frühjahr oder Sommer durch Abreißen der Triebe vom Wurzelstock.

Stecklinge: Grundständige Stecklinge können im Frühjahr mit einem Ansatz alten Holzes geschnitten werden.

Hosta; Funkie

Bei den in unseren Gärten angepflanzten Funkien handelt es sich ausschließlich um Sorten, die durch gezielte Züchtungen oder Auslese entstanden sind. Sie werden nur geteilt. Reine Wildarten vermehrt man auch durch Aussaat und wer Spaß am Züchten hat, kann die von den Sorten gesammelten Samen aussäen.

Aussaat: Am besten gleich nach der Samenreife noch im Herbst ins Freiland oder mit vorheriger Kühlbehandlung im Frühjahr unter Glas. Bei 20 °C erfolgt die Keimung dann sehr zügig.

Teilung: Die Teilung ist praktisch das ganze Jahr über möglich. In der Regel wird aber im März bis April vor dem Austrieb und/oder im August bis September geteilt. Bei der Sommervermehrung ist das Laub entsprechend zurückzuschneiden. Bei stärker wachsenden Arten bzw. Sorten teilt man in Teilstücke mit

Hosta-Sorten

Vermehrung von *Hosta sieboldiana* durch Aussaat:

1) Samen von Hosta sieboldiana
2) Hosta-Sämlinge, sechs Wochen nach der Aussaat
3) Frischgetopfte Hosta-Jungpflanzen, 14 Wochen nach der Aussaat

einer Knospe, sonst auf zwei bis vier Knospen. Da die Teilung nicht besonders ergiebig ist, wird heute in vielen Fällen durch Gewebekultur vermehrt.

Humulus lupulus; Gewöhnlicher Hopfen

Hopfen ist eine zweihäusige Pflanze. Wegen ihres weit bis in den Winter anhaltenden Fruchtschmucks sind nur weibliche Pflanzen von Bedeutung, von denen es eine Reihe von Sorten gibt, die man echt nur vegetativ vermehren kann. Vermehrt wird durch Abtrennen der Ausläufer oder durch Stecklinge im Frühjahr. Die Art kann auch ausgesät werden, und zwar am besten im März bis April unter Glas. Setzen Sie nach der Keimung drei bis fünf Sämlinge zusammen in Einzeltöpfe.

Iberis sempervirens; Immergrüne Schleifenblume

Unter den *Iberis*-Arten ist *I. sempervirens* die verbreitetste und gärtnerisch wertvollste Art. Die Gartenformen können in der Regel sortenecht nur vegetativ vermehrt werden. Allerdings haben verschiede Samenhändler auch echt fallende Sorten im Angebot.
Aussaat: Aussaat von Januar bis März im Haus oder auch später, dann auch im Frühbeetkasten. Direktsaat ebenfalls möglich. Bei 15–18 °C erfolgt die Keimung innerhalb von zwei bis drei Wochen. Nach Aufgang der Saat tuffweise pikieren, um schnell kräftige, auspflanzfähige Pflanzen zu bekommen.
Risslinge: Diese können im Frühjahr oder Herbst gewonnen werden.
Stecklinge: Die 3–4 cm langen Kopfstecklinge schneidet man bevorzugt von Mai bis Juni oder nach der Blüte im Herbst. Später setzt man mehrere bewurzelte Stecklinge in den Endtopf.

Inula; Alant

Die verschiedenen *Inula*-Arten, von denen *I. ensifolia* und *I. orientalis* am weitesten verbreitet sind, stellen dankbare Blütenstauden dar. Man kann sie im Frühjahr bei 20–25 °C aussäen. Die Keimung erfolgt dann innerhalb von fünf Wochen. Darüber hinaus vermehrt man in der Regel durch Stecklinge, die bevorzugt im Frühjahr nach dem Austrieb geschnitten werden. Eine Vermehrung durch Teilung im Frühjahr oder nach der Blüte ist nicht sehr ergiebig.

Iris; Iris, Schwertlilie

Die Gattung *Iris* umfasst etwa 225 Arten, hinzukommen viele Tausende von Gartensorten. Die Vermehrung erfolgt durch Aussaat, Rhizomteilung oder Brutzwiebeln.
Aussaat: Diese kommt für alle Wildarten in Betracht. Ausgesät wird am besten direkt nach der Samenreife auf Freilandbeete oder in Kisten, die man den natürlichen Witterungsbedingungen überlässt. Man kann aber auch im Frühjahr unter Glas mit vorausgegangener Kühlbehandlung aussäen. Die Samen können trotz Vorbehandlung unregelmäßig keimen und überliegen, daher sollte man die Aussaatgefäße nicht gleich verwerfen. Blühreife erlangen die Sämlinge, je nach Art, nach dem zweiten oder aber auch erst nach dem dritten oder vierten Jahr.
Teilung: Bei rhizombildenden Arten und Sorten wie *I.*-Barbata-Hybriden, *I. ensata*, *I. graminea*, *I. pseudacorus* oder *I. sibirica* ist eine Rhizomteilung üblich. Diese sollte bei *I.*-Barbata-Hybriden nach der Blüte im Juli bis September durchgeführt werden, bevor sich die neuen Wurzeln voll gebildet haben. Am wüchsigsten sind die Spitzentriebe der ringartig ausgebreiteten Rhizome. Bei starken Pflanzen wird das Laub auf etwa 8 cm, die Wurzeln auf 3–4 cm zu-

Vermehrung von Bart-Iris durch Teilung der Rhizome:

Ausgraben der Mutterpflanze

Mutterpflanze

Teilung der Rhizome mit dem Messer

Teilung in Einzelstücke durch Auseinanderreißen

Abgetrenntes Teilstück

Einkürzen überlanger und abgeknickter Wurzeln

Rückschnitt der Blätter

Eintopfen

Bei Bart-Iris sollte das Rhizom nur zu zwei Drittel in die Erde kommen.

Vermehrung von Bart-Iris durch blattlose Rhizomstücke:

Zugeschnittenes Rhizomstück

Warm aufgestellt, erfolgt der Austrieb von Sprossen und Wurzeln innerhalb von zwei bis drei Wochen.

Aussaattopf mit Iris pseudacorus in Breitsaat

Sämlinge von Iris pseudacorus, fünf Wochen nach der Aussaat

rückgeschnitten. Schneiden Sie faule Stellen heraus und schneiden oder reißen Sie die Blütenstiele sowie altes trockenes Laub ab.
Es ist sinnvoll, die frischgeschnittenen Rhizomteile für einen Tag an einem luftigen und kühlen Platz aufzubewahren, damit die Schnittstellen abtrocknen können. Wichtig ist, dass die Rhizomstücke flach (waagerecht) ausgebreitet und nicht zu tief gesetzt werden. Die Wurzeln müssen senkrecht ins Gefäß kommen. Bis zum Frosteintritt sollen die Pflanzen neue Wurzeln gebildet haben. Anderenfalls werden die Jungpflanzen frostfrei überwintert. Bei *I. ensata* sitzen die Triebe dicht am Rhizom und nicht wie bei *I.-Barbarta*-Hybriden an Rhizomteilen. Hier muss daher mit dem Messer vorsichtig eine günstige Schnittstelle gefunden werden. *I. sibirica* kann man im Frühjahr, im August nach der Blüte oder auch noch im Herbst teilen. Das Rhizom darf beim Topfen mit Erde bedeckt werden.
Brutzwiebeln: Die verschiedenen Zwiebeliris, allen voran *I. reticulata* und ihre zahlreichen Sorten sowie *I. danfordiae*, lassen sich durch Brutzwiebeln vermehren, die je nach Art und Sorte mehr oder weniger zahlreich gebildet werden. Hier vergehen in der Regel zwei Jahre bis zur Blühreife.
Wurzelschnittlinge: Arten der Untergattung Scorpiris (Juno-Iris) wie *I. planifolia*, *I. graeberiana* und *I. persica* lassen sich auch durch Wurzelschnittlinge vermehren. Diese schneidet man im Juli bis August. Allerdings muss an den Wurzeln immer ein Stück des Zwiebelbodens verbleiben. Hohe Temperaturen um 22 °C fördern den Austrieb und die Wurzelbildung.

Jasione laevis

Jasione laevis; Ausdauerndes Sandglöckchen

Das Sandglöckchen vermehrt man durch Aussaat, Teilung oder Stecklinge. 'Blaulicht' ist eine Sorte, die samenecht ist. Aussaat im Frühjahr bis zum Frühsommer unter Glas bei 18–22 °C. Keimung innerhalb von drei Wochen. Wichtig ist ein sandiges, kalkarmes Substrat. Teilung im zeitigen Frühjahr oder Stecklingsvermehrung im Sommer.

Jovibarba; Donarsbart, Fransenhauswurz

J. heuffelii und *J. globifera* sowie ihre zahlreichen Sorten vermehrt man in der Regel durch Tochterrosetten im Frühjahr bis Som-

Kniphofia-Hybride 'Dwarf King'

mer. Vermehrung durch Aussaat im Frühjahr unter Glas. Den feinen Samen nicht abdecken.

Kirengeshoma palmata; Wachsglocke

Die Wachsglocke kann man durch Aussaat, Teilung oder Stecklinge vermehren. Aussaat am besten gleich nach der Samenreife, wobei bei uns die Samen nur in günstigen Jahren gut ausreifen, oder auch erst im Frühjahr unter Glas bei 20 °C. Teilung im April bis Mai mit dem Austrieb. Kopfstecklinge mit zwei bis drei Blattansätzen schneidet man nach dem Austrieb im Frühjahr.

Kniphofia; Fackellilie

Die Gattung *Kniphofia* umfasst etwa 68 Arten. In der Regel werden heute Gartenformen kultiviert, die aus Kreuzungen zwischen *K. uvaria* und *K. triangularis* entstanden sind. Die Sorten müssen in der Regel vegetativ vermehrt werden. Es gibt aber auch Samensorten im Handel, bei denen es sich allerdings meist um Mischungen verschiedener Farbtöne handelt.
Aussaat: Am besten im Februar bis März bei 20 °C unter Glas. Die Keimung erfolgt in der Regel innerhalb von drei Wochen, kann aber auch länger dauern. Sind die Sämlinge groß genug, werden sie am besten gleich in Töpfe pikiert. Weiterkultur bei etwa 15 °C. Die ersten Blüten erscheinen meist erst nach zwei bis drei Jahren.
Teilung: Teilung normalerweise im Frühjahr oder auch nach der Blüte im Herbst. Das Laub ist auf Handbreite einzukürzen.

Lavandula; Lavendel

Mit *L. angustifolia* und *L. stoechas* haben zwei Arten der bekannten Heilpflanzengattung auch als Zierpflanzen Einzug in unsere Gärten gehalten. Von *L. angustifolia* entstanden im Laufe der Zeit eine Reihe von Sorten, darunter auch solche, die samenecht sind, z. B. 'Echter Lavendel', 'Hidcote Blue' und 'Munstead Varietät'.
Aussaat: Am besten im Frühjahr bei 18–22 °C unter Glas. Die Keimdauer beträgt 14 bis 20 Ta-

Stecklingsvermehrung von *Lavandula angustifolia*:

1) Stecklingsmaterial
2) Geschnittener Steckling
3) Stecken in Multizellenplatten, die Löcher vorstechen
4) Große Multizellenplatte mit Stecklingen
5) Vermehrungsbeet, das für gespannte Luft sorgt
6) Bewurzelter Steckling sieben Wochen nach Vermehrungsbeginn

ge, die Keimung kann allerdings auch sehr unregelmäßig erfolgen. Dies gilt insbesondere für selbstgesammeltes Saatgut. Die Weiterkultur der Jungpflanzen sollte nach dem Pikieren nicht zu warm geschehen, Temperaturen von 12 °C sind optimal.

Stecklinge: Die Vermehrung durch Kopfstecklinge ist leicht. Man schneidet entweder im Frühjahr und verwendet den ersten Austrieb oder nimmt den Austrieb nach der Blüte im Spätsommer. Die im Herbst geschnittenen Stecklinge bewurzeln sich meist erst im Frühjahr.

Leontopodium; Edelweiß

Das Edelweiß vermehrt man durch Aussaat oder Teilung. Aussaat direkt nach der Samenernte auf Freilandbeete oder in Kisten, die

Aussaattopf mit Leontopodium nivale subsp. *alpinum, 15 Tage nach der Aussaat*

Jungpflanzen von Leontopodium nivale subsp. *alpinum, acht Wochen nach der Aussaat*

man im Freien aufstellt. Man kann auch bis zum Frühjahr warten und sät dann unter Glas bei Temperaturen von 15–22 °C aus. Das Edelweiß ist kalkliebend, insbesondere bei der Weiterkultur sollten daher Erden mit einem pH-Wert von 7,0 bis 8,5 verwendet werden. Teilung im zeitigen Frühjahr oder auch nach der Blüte.

Leucanthemum; Margerite

Von den Margeriten hat *L.* × *superbum* mit seinen zahlreichen Sorten die größte Bedeutung. Neben einfach blühenden gibt es auch halbgefüllt und gefüllte Sorten. Einige wenige dieser Sorten lassen sich samenecht vermehren. Dazu gehören z. B. ‘Crazy Daisy’, ‘Polaris’ und ‘Silberprinzess’. Die meisten Sorten müssen allerdings vegetativ durch Stecklinge oder Teilung vermehrt werden.

Aussaat: Bevorzugt im Mai bis Juni. Erste Blüte dann im Juni bis Juli des folgenden Jahres. Optimale Keimtemperatur 15–18 °C. Keimung innerhalb von zwei Wochen.
Teilung: Die Teilung erfolgt im zeitigen Frühjahr vor dem Austrieb oder auch nach der Blüte. Man kann in kleinste Teilstücke (Risslinge) teilen.
Stecklinge: Diese schneidet man in der Regel im Juni bis Juli oder auch schon im zeitigen Frühjahr direkt nach dem Austrieb.

Lewisia; Bitterwurz

Die Vermehrung der Bitterwurz erfolgt durch Aussaat (an günstigen Standorten kommt es zu reichlicher Selbstaussaat), Rosettenstecklinge oder auch Blattstecklinge.
Aussaat: Man sät am besten gleich nach der Samenreife im Herbst auf Freilandbeete oder in Kisten im Freiland. Die Keimung setzt ohne Bodenfrost schon im Winter ein. Bei Aussaat im Frühjahr bzw. bei Handelssaatgut sind die Samen als Kaltkeimer zu behandeln. Als Aussaatsubstrat Einheitserde und Sand im Verhältnis 1:1 verwenden.
Stecklinge: Rosettenstecklinge mit Wurzelansatz werden bevorzugt im April bis Mai geschnitten. Bei der Blattstecklingsvermehrung werden die Blätter von der Basis abgerissen und, ohne nachzuschneiden, in reinen Sand gesteckt, der ausreichend feucht gehalten werden muss.

Liatris; Prachtscharte

Von der Gattung *Liatris* ist in unseren Gärten vor allem *L. spicata* mit ihren Sorten verbreitet. Die Vermehrung der Arten erfolgt durch Aussaat oder Teilung, die der Sorten durch Teilung.

Ligularia przewalskii

Aussaat: Die Aussaat, die im Allgemeinen keine großen Probleme bereitet, sollte direkt nach der Samenreife erfolgen. Man kann aber auch bis zum Frühjahr warten. Die Keimzeit beträgt etwa vier Wochen.
Teilung: Geteilt wird im Frühjahr vor dem Austrieb. Eine besonders ergiebige vegetative Vermehrungsmethode ist das Zerschneiden des knolligen Rhizoms in dicke Scheiben. Diese Scheiben legt man in das Vermehrungssubstrat und bedeckt sie nur leicht mit Erde. Stellen Sie die Gefäße bis zur Wurzel- und Sprossbildung bei 15 °C auf.

Ligularia; Goldkolben, Ligularie

Vom Goldkolben werden in der Regel Hybriden von *L. dentata*, *L. stenocephala* und *L. przewalskii* angepflanzt. Diese Hybriden lassen sich sortenecht nur vegetativ vermehren. Dabei spielt die Teilung die größte Rolle. Sie erfolgt im Frühjahr kurz vor dem Austrieb. Im April können auch Stecklinge geschnitten werden. Bei *L. dentata* und ihren Sorten sind auch Wurzelschnittlinge möglich. Aussaat im Frühjahr unter Glas bei 15–20 °C. Frühzeitig in Einzeltöpfe oder entsprechende Topfeinheiten pikieren.

Limonium; Meerlavendel, Strandflieder

Von den staudigen *Limonium*-Arten sind bei uns *L. latifolium* und *L. vulgare* winterhart. Vermehren kann man durch Aussaat, Teilung und Wurzelschnittlinge. Teilen älterer Pflanzen ist möglich, doch wenig ergiebig. Wurzelschnittlinge treiben oft ungleich aus.

Aussaat: Aussaat am besten im zeitigen Frühjahr unter Glas oder von April bis Juni, dann auch im Frühbeetkasten. Bei 20–22 °C keimen die Samen innerhalb von drei Wochen. Da die Wurzeln sehr empfindlich sind und die Pflanzen sich nur mit festen Wurzelballen pflanzen lassen, ist frühzeitig in Einzeltöpfe zu pikieren. Die Weiterkultur sollte kühl bei 15 °C erfolgen.

Lobelia; Lobelie

Zu den staudigen Arten, die mit entsprechendem Winterschutz bei uns ausreichend winterhart sind, gehören *L. cardinalis* und *L. × speciosa,* von denen zahlreiche Sorten angeboten werden. Vermehrung durch Aussaat, Teilung und Stecklinge.
Aussaat: Aussaat von Januar bis März im Haus oder von April bis Juni, dann auch im Frühbeetkasten. Frühe Aussaaten blühen noch im selben Jahr. Keimung bei 18–22 °C nach zwei bis drei Wochen. Um schnell pflanzfähige Pflanzen zu bekommen, können bis zu drei Sämlinge zusammen pikiert werden.
Teilung: Teilung im Frühjahr unter Glas.
Stecklinge: Kopfstecklinge bevorzugt im Frühjahr nach dem Austrieb.

Lupinus polyphyllus; Vielblättrige Lupine

Diese Lupine ist eine der wenigen Stauden, die züchterisch so bearbeitet wurden, dass ihre Sorten echt aus Samen fallen. Im Samenhandel werden diese Sorten als 'Russell-Hybriden' angeboten. Darüber hinaus ist auch eine Vermehrung durch Stecklinge möglich. Sie können auch teilen, werden damit jedoch nicht immer sehr erfolgreich sein.
Aussaat: Direktsaat von April bis zum Herbst möglich. Aussaaten von Januar bis März unter Glas blühen noch im selben Jahr. Die harte, wasserundurchlässige Samenschale ist vor der Aussaat aufzurauen oder man lässt die Samen für 24 Stunden im warmen Wasser vorquellen. Aussaat am besten gleich in Einzeltöpfe, da die Wurzeln aufgrund der Pfahlwurzelbildung gegen Verletzung sehr empfindlich sind. Bei Temperaturen von 15–20 °C erfolgt die Keimung innerhalb von drei bis vier Wochen.
Stecklinge: Grundständige Stecklinge müssen im Frühjahr nach dem Austrieb mit einem Stück des alten Holzes geschnitten werden.

Lysimachia punctata

Lysimachia; Felberich, Gilbweiderich

Die verschiedenen, meist feuchtere Standorte liebenden Arten, von denen die aufrecht wachsende *L. punctata* und die kriechende *L. nummularia* die bekanntesten sind, vermehrt man in der Regel vegetativ durch Teilung oder Stecklinge.
Aussaat: Am besten im Frühjahr unter Glas bei 15–20 °C, später auch im Freien auf Beete.
Teilung: Im Frühjahr vor dem Austrieb oder auch im August bis September.
Risslinge: Diese Methode ist besonders ergiebig. Hier setzt man gleich zwei bis drei Triebe in den Endtopf.
Stecklinge: Bei *L. punctata* verwendet man Kopf- oder auch Teilstecklinge mit zwei bis drei Nodien, die im Frühjahr nach dem Austrieb oder auch den Sommer hindurch gewonnen werden. Von *L. nummularia,* die man das ganze Jahr über durch Stecklinge vermehren kann, wurzelt jedes Stängelglied sehr schnell. Um rasch auspflanzfähiges Material zu bekommen, setzt man gleich mehrere Stecklinge in den Topf.

Macleaya cordata; Weißer Federmohn

Diese ornamentale Staude vermehrt man am besten durch Teilung der Grundsprosse im Frühjahr oder auch durch Wurzelschnittlinge. Aussaat im Frühjahr unter Glas oder auch gleich nach

Oben: *Monarda didyma*

Links: *Macleaya cordata*

der Samenreife im Herbst, dann am besten auf Freilandbeete. Meist läuft der Samen sehr ungleichmäßig auf.

Meconopsis; Keulenmohn, Scheinmohn

Die in Kultur nicht ganz einfachen *Meconopsis*-Arten vermehrt man durch Aussaat. Teilung im Frühjahr vor dem Austrieb oder nach der Blüte ist möglich. Die Ergebnisse sind aber nicht immer befriedigend.
Aussaat: Diese erfolgt im Februar bis März unter Glas. Verwendet Sie ein sandiges Substrat, z. B. Einheitserde im Verhältnis 1:1 mit Sand vermischt. Samen nicht übersieben. Pikieren Sie frühzeitig in tiefe Töpfe, da Scheinmohn äußerst verpflanzempfindlich ist.

Monarda; Indianernessel

Von der Indianernessel werden in unseren Gärten ausschließlich Hybriden angepflanzt, die meist aus Kreuzungen zwischen *M. didyma* und *M. fistulosa* entstanden sind. Diese Sorten lassen sich echt nur vegetativ vermehren. Soweit Saatgut im Handel angeboten wird, handelt es sich in der Regel um Mischungen mit breiter Farbpalette, z. B. 'Panorama'.
Aussaat: Am besten im Frühjahr bei 20 °C unter Glas. Die Keimung erfolgt in der Regel innerhalb von drei Wochen. Die Weiterkultur der Jungpflanzen sollte kühl bei 12–15 °C erfolgen.
Teilung: Teilung im Frühjahr vor dem Austrieb.
Stecklinge: Kopfstecklinge, die man nach dem Austrieb im Frühjahr schneidet, wachsen leicht an.

Nepeta; Katzenminze

Wichtige Arten sind *N.* × *faassenii*, *N. grandiflora* sowie *N. racemosa*, von der es eine Reihe von Sorten gibt. Vermehrt wird in erster Linie durch Stecklinge, Aussaat oder auch Teilung.
Aussaat: Bevorzugt im April bis Juni unter Glas, auch Direktsaat ist möglich. Bei 18–22 °C keimen die Samen innerhalb von drei Wochen. Später sollte möglichst kühl weiterkultiviert werden, damit die Jungpflanzen nicht lang werden und umfallen.
Teilung: Teilung bevorzugt von April bis Juni.
Stecklinge: Kopfstecklinge, die leicht wurzeln, schneidet man im Frühjahr nach dem Austrieb oder auch im Herbst, wenn die Blüte ausklingt.

Oenothera; Nachtkerze

Von Bedeutung sind *O. fruticosa* und *O. macrocarpa*, von denen in der Regel nur Auslesen bzw. Sorten angepflanzt werden. Diese

Oenothera 'Lemon Drop'

Pachysandra terminalis

Sorten lassen sich sortenecht lediglich vegetativ vermehren. In Frage kommen die Teilung, die nicht sehr ergiebig ist, und Stecklinge. Kopfstecklinge werden im Frühjahr nach dem Austrieb geschnitten.
Aussaat: Von Januar bis Juni unter Glas. Ab Mai auch in Frühbeetkästen oder auf Freilandbeete. Aussaaten im Januar bis Februar blühen noch im selben Jahr. Die optimale Keimtemperatur beträgt 18–22 °C. Nach dem Pikieren kühl bei Temperaturen um 12 °C weiterkultivieren, nur dann ist bei frühen Aussaaten eine Blüte noch im selben Jahr gewährleistet.

Während die letzten Blüten bei Paeonia officinalis aufgehen, reifen schon die ersten Früchte.

Omphalodes; Gedenkemein

Vom Gedenkemein sind meist selektierte Klone von *O. cappadocica* und *O. verna* im Angebot, die man echt durch Teilung im Frühjahr vor dem Austrieb oder auch im Herbst vermehrt. Ebenso ist eine Vermehrung durch Ausläufer möglich. Die Arten selbst lassen sich auch einfach im Frühjahr aussäen. Nach dem Aufgehen der Saat setzt man mehrere Sämlinge tuffweise zusammen.

Pachysandra; Dickmännchen, Ysander

P. procumbens und *P. terminalis* mit einigen Sorten sind wertvolle Schattenstauden zur Bodenbedeckung. Die Vermehrung erfolgt bevorzugt durch etwa 7 cm lange Kopfstecklinge im Mai bis Juni. Spätere Stecklingsvermehrungen sind möglich, doch wurzeln verhärtete Triebe nicht mehr so gut. Möglich ist auch eine Teilung der Rhizome im Herbst.

Paeonia; Päonie, Pfingstrose

Von den vielen staudigen Arten sind vor allem *P. lactiflora* mit ihren unzähligen Sorten und *P. officinalis* von Bedeutung. Die Vermehrung der Sorten erfolgt durch Teilung, bei reinen Arten oder im Rahmen der Züchtung sind auch Aussaaten möglich.
Aussaat: Päonien sollten gleich nach der Samenreife auf Freilandbeete oder in Kisten ausgesät werden, die man im Freien aufstellt. So bekommen die Samen die zur Überwindung der Keimruhe notwendige Kühlbehandlung auf natürlichem Wege. Bei trocken gelagertem Saatgut reicht eine Periode der Kühlbehandlung häufig nicht aus, so dass die Samen erst im zweiten

Oben: *Zur Teilung ausgegrabene Paeonia-Mutterpflanze*

Rechts: *Höchste Zeit, die Paeonia-Samen zu ernten*

Frühjahr nach der Samenreife bzw. Aussaat keimen. Bei Handelssaatgut bzw. trocken gelagertem Samen ist die Samenschale aufzurauen.
Teilung: Geteilt wird von September bis November, wobei das Teilen nicht ganz einfach ist. Am besten wäscht man den ausgegrabenen Wurzelstock mit einem scharfen Wasserstrahl aus, um einen Überblick über das Wurzelwerk und die Lage der Augen zu erhalten. Trennen Sie mit einem scharfen Messer Teilstücke aus dem Wurzelstock heraus, wobei jedes Stück mindestens zwei unbeschädigte Augen haben sollte. Wurzelstücke ohne Augen sind in der Regel wertlos. Dies gilt besonders für *P. lactiflora* und ihre Sorten. Pflanzen Sie die Teilstücke nicht zu tief ein. Die Basis der Augen sollte nur 5 cm mit Erde bedeckt sein. Wird gleich wieder aufgepflanzt, ist zumindest bei später Teilung ein Winterschutz mit Fichtenreisig oder Vlies erforderlich, da die Wurzeln bis zum Frosteinbruch kaum Fuß fassen werden. Gegebenenfalls ist die Teilung besser auf das zeitige Frühjahr zu verschieben, ehe die Knospen zu schwellen anfangen.

Papaver; Mohn

P. nudicaule und *P. orientale* werden durch Aussaat oder Wurzelschnittlinge vermehrt. Nur wenige der Sorten sind allerdings samenecht. Eine Teilung der Pflanzen ist nach dem Einziehen im Spätsommer oder im Frühjahr möglich.
Aussaat: Von Januar bis März oder auch später. Bei 15–20 °C erfolgt die Keimung innerhalb von drei Wochen. Das feine Saatgut wird nicht abgedeckt. Später ist möglichst kühl weiterzukultivieren. In den Frühjahrsmonaten sind Temperaturen um 10 °C optimal. Spätestens vier Wochen nach der Aussaat wird in Einzeltöpfe oder Multitopfplatten pikiert, da die Wurzeln den Ballen schlecht halten und verpflanzempfindlich sind.
Wurzelschnittlinge: Dazu schneidet man die Wurzeln von August bis März in 2–3 cm lange Stücke.

Sämlinge von Papaver orientale, 13 Tage nach der Aussaat

Büschelweise pikierte Jungpflanzen von Papaver orientale, sechs Wochen nach der Aussaat

Papaver orientale

Phlox subulata

Penstemon; Bartfaden

Die rund 250 Arten der Gattung *Penstemon* wachsen aufrecht oder auch mehr oder weniger niederliegend. Bei den im Handel angebotenen Pflanzen handelt es sich ausschließlich um Sorten oder Auslesen, an deren Entstehung meist verschiedene Arten beteiligt waren. Die meisten Sorten können lediglich vegetativ echt vermehrt werden. Es gibt jedoch von *P. barbatus* und *P. hartwegii* auch einige Sorten, die samenecht fallen.

Aussaat: Von Februar bis Mai im Haus. Bei 18–20 °C erfolgt die Keimung innerhalb von drei Wochen. Pikieren Sie möglichst frühzeitig, damit die Sämlinge nicht lang werden und umfallen. Die Weiterkultur bis zu pflanzfähigen Jungpflanzen sollte möglichst kühl bei Temperaturen von 12–15 °C erfolgen.

Stecklinge: Durch Stecklinge kann von Beginn des Frühjahrsaustriebs bis in den Herbst hinein vermehrt werden. Wird spät gesteckt, muss die Überwinterung frostfrei erfolgen.

Phlox; Phlox, Flammenblume

Die Gattung *Phlox* mit ihren rund 70 Arten umfasst niedrige, polsterartig wachsende und höher werdende Stauden. Die Vermehrung der Wildformen kann durch Aussaat erfolgen. Im Vordergrund steht jedoch die vegetative Vermehrung, die vornehmlich über Stecklinge erfolgt. Je nach Art sind aber auch Abrissstecklinge oder Wurzelschnittlinge möglich. All diese Möglichkeiten stehen Ihnen bei der wohl wichtigsten Art *P. paniculata* und ihren vielen Sorten offen.

Aussaat: Eine Aussaat kann auch bei den echt nur vegetativ vermehrbaren Sorten interessant sein, da die Nachkommenschaft sehr vielfältig sein wird. Soweit Saatgut von Sorten angeboten wird, handelt es sich um Farbmischungen, z. B. *P. paniculata* 'Neue Hybriden Mix'. Aussaat mit Kühlbehandlung von Dezember bis Januar. Lassen Sie die Saatkisten zunächst für etwa eine Woche bei 18–25 °C vorquellen. Anschließend müssen sie vier bis sechs Wochen kühl bei 0–5 °C stehen. Setzt der Keimprozess ein, sind die Gefäße hell bei 10–15 °C aufzustellen.

Teilung: Man kann von April bis Mitte Mai vor der Blüte je nach Bedarf in größere oder kleinere Stücke (Risslinge) teilen. *P. subulata* lässt sich auch nach der Blüte teilen.

Wurzelschnittlinge: Die meisten Arten und Sorten lassen sich leicht durch 4–6 cm lange Wurzelschnittlinge im Herbst vermehren. Eine einfache Variante ist dabei das flache Ausgraben oder Abstechen der Mutterpflanze mit allen Sprossen und die Nutzung der dann im Boden verbleibenden, reichlich austreibenden Wurzeln. Nach dem Austrieb nimmt man diese „Wurzelbrut" auf und pflanzt sie in Töpfe.

Stecklinge: Sorten werden meist durch Stecklinge vermehrt, die man von den austreibenden Trieben im Frühjahr schneidet. Sie können sowohl Kopf- als auch Teilstecklinge verwenden, die mit ein bis drei Blattansätzen geschnitten werden. Später lassen sich Seitentriebe nutzen, die in den Blattachseln der blütentragenden Triebe unterhalb der Blütendolden erscheinen.

Physalis alkekengi; Lampionblume, Blasenkirsche

Einfach ist die Vermehrung durch Ausläufer im Frühjahr. Aussaat von Februar bis Mai im Haus, dann Blüte noch im gleichen Jahr, oder von Mai bis Juni, dann auch im Frühbeetkasten. Bei 18–22 °C erfolgt die Keimung innerhalb von drei bis fünf Wochen.

Physostegia virginiana; Gelenkblume

Die Gelenkblume wird durch Teilung am besten vor der Blüte im Frühjahr oder auch nach der Blüte im August vermehrt. Einfach ist auch die Vermehrung durch 5–10 cm lange Kopfstecklinge im Frühjahr nach dem Austrieb. Im Samenhandel finden sich Sorten, die samenecht sind, z. B. 'Rose Queen' und 'Schneekrone'. Aussaat von Januar bis Mai bei 18–20 °C. Die Keimung erfolgt innerhalb von vier bis sechs Wochen.

Phyteuma; Teufelskralle

Die Vermehrung erfolgt in der Regel durch Aussaat. Eine Teilung kurz nach dem Austrieb im Frühjahr ist möglich, doch muss man dabei wegen der rübenförmigen Wurzeln sehr vorsichtig vorgehen.
Aussaat: Die sehr feinen Samen werden von Januar bis März bei 15–20 °C im Haus ausgesät. Die Keimung erfolgt sehr unregelmäßig, teilweise kann der Samen auch überliegen. Pikieren Sie frühzeitig gleich in Einzeltöpfe, da Teufelskrallen wegen ihrer rübenförmigen Wurzeln den Ballen nicht sehr gut halten und deshalb verpflanzempfindlich sind.

Polemonium; Himmelsleiter, Jakobsleiter, Sperrkraut

In unseren Gärten werden verschiedene *Polemonium*-Arten angepflanzt, am häufigsten wohl die sehr variable *P. caeruleum*. Vermehrung durch Aussaat, Teilung und Stecklinge. Aussaat von April bis Juni im Haus, Frühbeetkasten oder auf Beete. Die Keimung erfolgt sehr ungleichmäßig, deshalb die Aussaatgefäße nicht zu früh verwerfen. Teilung im August bis September. Stecklingsvermehrung im Frühjahr mit einem Ansatz des alten Holzes.

Polygonatum; Salomonssiegel, Weißwurz

P. multiflorum, *P. odoratum* und *P. verticillatum* werden durch Teilung im Frühjahr oder Herbst vermehrt. Sie können die Grundachse zu Beginn des Frühjahrs in kleinere Stücke teilen, die willig austreiben. Aussaat direkt nach der Samenreife oder im Frühjahr mit Kühlbehandlung. Werden kleinere Mengen benötigt, ist Selbstaussaat zu empfehlen.

Potentilla; Fingerkraut

Die Gattung *Potentilla* umfasst etwa 500 Arten. Die staudigen Vertreter wachsen aufrecht oder kriechend und neigen zum Teil zu starker Ausläuferbildung. Viele von ihnen überdauern den Winter im immergrünen oder zumindest halbimmergrünen Zustand. Die reinen Arten, ihre Unterarten und Varietäten kann man durch Aussaat vermehren. Beim größten Teil der im Handel angebotenen Pflanzen handelt es sich allerdings um Auslesen oder gezielt gezüchtete Sorten, an denen mehrere Arten beteiligt waren. Sie lassen sich echt nur vegetativ vermehren. Allein von *P. nepalensis* sind Samensorten im Angebot, z. B. 'Miss Willmott'.
Aussaat: Im zeitigen Frühjahr unter Glas bei Temperaturen von 18–20 °C. Später auch im Frühbeetkasten oder auch auf Beete im Garten. Die Keimung erfolgt in der Regel innerhalb von zwei bis drei Wochen. Später sind, um schnell auspflanzfähige Jungpflanzen zu bekommen, zwei bis drei Pflanzen tuffweise zusammenzupikieren.
Teilung: Von April bis Juni.
Stecklinge: Schneiden Sie diese im Frühjahr oder auch im Herbst mit einem Ansatz des alten Holzes bzw. reißen Sie sie mit Wurzelansatz von der Mutterpflanze ab.

Primula; Primel

Primeln stehen unter den Stauden, die im Frühling und Vorsommer unsere Gärten schmücken, mit an der Spitze. Wichtigste Vermehrungsmethode ist die Anzucht aus Samen. Darüber hinaus kommen eine Teilung,

Sämlinge von Primula farinosa

Pikierte Sämlinge von Primula farinosa, acht Wochen nach Aussaat

Stecklinge und bei einige Arten auch Wurzelschnittlinge in Frage.
Aussaat: *P. rosea*, *P. denticulata* und *P. elatior*, von der es eine Vielzahl echt fallender Sorten gibt, sät man von Februar bis April unter Glas aus. Bei 18 °C erfolgt die Keimung innerhalb von drei bis sechs Wochen. Soweit es sich um weniger bekannte Arten handelt, sollte die Aussaat unmittelbar nach der Samenreife in Kisten erfolgen, die man im Freien vor Mäuse- und Vogelfraß geschützt aufstellt. Sobald die Keimung beginnt, kommen die Gefäße bei Temperaturen von 10–15 °C unter Glas. Je nach Art kann der Samen überliegen und erst im zweiten Frühjahr nach der Samenreife bzw. Aussaat keimen. Später wird bis zum Auspflanzen möglichst kühl weiterkultiviert. Optimal sind Temperaturen um 12 °C. Bei dichter Saat unbedingt frühzeitig pikieren, damit keine Fäulnis auftritt und die Rosetten sich gut entwickeln können.
Teilung: Teilung der Rosetten von Mai bis Juli bzw. nach der Blüte, wenn sich über den alten Wurzeln die neuen weißen bilden. Bei kleineren Arten schneidet man auch Rosettenstecklinge.
Wurzelschnittlinge: *P. denticulata* lässt sich gut durch 5 cm lange Wurzelschnittlinge in den Wintermonaten vermehren. Man kann sie flach auslegen und 3 cm hoch mit Substrat abdecken oder auch schräg in das Vermehrungssubstrat stecken.

Prunella; Braunelle

Braunellen, am verbreitetsten ist *P. grandiflora* mit ihren zahlreichen Sorten, vermehrt man durch Aussaat, Teilung oder auch Stecklinge.
Aussaat: Am besten im Frühjahr unter Glas, bei älterem Saatgut ist eine Kühlbehandlung sinnvoll. Soweit Pflanzen vorhanden sind, ist eine Vermehrung durch Selbstaussaat zu empfehlen.
Teilung: Entweder im Frühjahr oder nach der Blüte im Herbst.
Stecklinge: Diese werden bevorzugt im Frühjahr nach dem Austrieb geschnitten.

Pulsatilla vulgaris

Pulsatilla; Kuhschelle, Küchenschelle

Pulsatilla-Arten vermehrt man in der Regel durch Aussaat. Bei *P. vulgaris* und ihre Sorten sind auch Wurzelschnittlinge möglich. Größere Horste lassen sich nach der Blüte gut teilen. Hinsichtlich der eigenen Samenernte ist zu beachten, dass sich die einzelnen Arten untereinander sehr leicht kreuzen.
Aussaat: Man sät gleich nach der Reife oder mit Kühlbehandlung im Frühjahr unter Glas aus. Nach einer Kühlphase von einer Woche bei 5 °C erfolgt die Keimung bei 15–20 °C innerhalb von drei bis fünf Wochen. Vor allem älteres Saatgut keimt sehr unregelmäßig.
Wurzelschnittlinge: Die Vermehrung durch Wurzelschnittlinge lässt sich auf herkömmlichem Wege durchführen, indem man die Pflanzen aufnimmt und die Wurzeln abschneidet. Oder setzen Sie die Pflanzen in größere Container, die am Grund mit zahlreichen zusätzlichen Löchern versehen werden. Diese Container kommen auf eine etwa 5 cm hohe Sandschicht, in die die Pflanzen einwurzeln können. Später trennt man die Wurzeln mit einem scharfen Messer unter dem Container ab. Aus den abgeschnittenen Wurzeln bilden sich schon bald Jungpflänzchen, die man abnimmt und in Töpfe pflanzt.

Ramonda; Felsenteller

Ramonda-Arten vermehrt man durch Aussaat, Abtrennen von Rosetten oder auch durch Blattstecklinge.
Aussaat: Im Frühjahr unter Glas bei Temperaturen um 22 °C. Die Keimung erfolgt innerhalb von drei bis sechs Wochen. Die feinen Samen nicht zu dicht aussäen. Bis zur Keimung sind die Aussaatgefäße mit einer Glasplatte

Noch unreife Samenstände von Pulsatilla vulgaris

abzudecken oder in einem Vermehrungskasten aufzustellen.
Stecklinge: Blattstecklinge werden im Frühjahr geschnitten, wenn das Wachstum beginnt. Die Blätter werden nicht abgeschnitten, sondern von der Stängelbasis mit einem Zug nach unten abgerissen und ohne Nachschneiden gesteckt.

Rodgersia; Bronzeblatt, Schaublatt

Bei den im Handel angebotenen Pflanzen handelt es sich in der Regel um Auslesen oder Sorten, die von verschiedenen Arten stammen und sich sortenecht nur vegetativ durch Teilung vermehren lassen. Eigene Samenernte von diesen Sorten bringt ein Gemisch verschiedenster Typen.
Aussaat: Von Januar bis März unter Glas bei 15–18 °C. Frisches Saatgut keimt zu einem hohen Prozentsatz, älteres, wenn überhaupt, nur stark verzögert.
Teilung: Eine Teilung ist im zeitigen Frühjahr von April bis Mai bzw. im September möglich. Für größere Mengen kann man die Rhizome in 5 cm lange Stücke teilen.

Von nicht zu alten Mutterpflanzen lassen sich bei Rudbeckia auch leicht Risslinge ernten.

Romneya coulteri; Kalifornischer Baummohn

Diese hübsche Papaveraceae wird durch bleistiftstarke Wurzelschnittlinge vermehrt, die man sofort in Töpfe legt und bis zum Austrieb unter Glas bei 20 °C und mäßiger Feuchtigkeit hält. Eine Vermehrung durch Aussaat ist nicht ganz einfach. Soll sie erfolgreich sein, muss die Aussaat unmittelbar nach der Samenreife geschehen, da die Samen nur kurze Zeit keimfähig sind. Nach der Keimung wird frühzeitig gleich in Töpfe oder Multitopfplatten pikiert, da die Wurzeln äußerst verpflanzempfindlich sind und größere Beschädigungen nicht vertragen.

Rudbeckia; Sonnenhut

Rudbeckien sind beliebte, widerstandsfähige Beet- und Schnittstauden, die fast in jedem Garten zu finden sind. Die wichtigsten sind *R. fulgida, R. laciniata* und

Rudbeckia kann vegetativ durch Teilung oder auch Stecklinge vermehrt werden.

Salvia fulgens

R. nitida sowie ihre zahlreichen Sorten. Soweit es sich um Sorten handelt, können sie echt nur vegetativ vermehrt werden. Eine Ausnahme bildet *R. fulgida* 'Goldsturm', die samenecht ist.
Aussaat: Säen Sie im Frühjahr unter Glas, später auch im Frühbeetkasten oder auf Beete aus. Bei 22 °C erfolgt die Keimung innerhalb von zwei bis drei Wochen. Ältere Samen sind als Kaltkeimer zu behandeln.
Stecklinge: Im zeitigen Frühjahr vor dem Austrieb oder im Herbst. Größere Stückzahlen erhält man über Risslinge oder grundständige Stecklinge. Auch Kopfstecklinge nach dem Austrieb können geschnitten werden.

Salvia; Salbei

Die meisten winterharten Salbeiarten sind reine Liebhaberpflanzen, die man nur gelegentlich in unseren Gärten findet. Als dankbare, unermüdlich blühende Beetstaude hat *S. nemorosa,* von der es zahlreiche Sorten gibt, größere Bedeutung. Die Vermehrung durch Aussaat macht keine Probleme, ist aber nur bei den Wildarten von Bedeutung. Die meisten Sorten lassen sich lediglich vegetativ vermehren. Allerdings gibt es seit einigen Jahren auch einige durchgezüchtete Sorten auf dem Markt, die samenecht sind, z. B. die 'Königin'-Serie. *S. officinalis* siehe Seite 342.
Aussaat: Ab Februar unter Glas, später auch im Frühbeetkasten. Die Keimung erfolgt bei 18–22 °C innerhalb von drei Wochen. Manchmal, wahrscheinlich hat es mit der Ausreife der Samen zu tun, ist die Keimung sehr unregelmäßig.
Teilung: Geteilt wird im Frühjahr vor dem Austrieb oder auch im August bis September. Risslinge gewinnt man durch seitliches, nach unten gerichtetes Abreißen der einzelnen Triebe mit einem Stück Wurzelansatz.
Stecklinge: Kopf- oder auch Teilstecklinge mit zwei bis drei Nodien werden im Frühjahr nach dem Austrieb genutzt. Teilstecklinge lassen sich allerdings nur verwenden, wenn sie noch nicht zu hart sind.

Santolina; Heiligenkraut

Santolina vermehrt man durch Aussaat und Stecklinge. Am bekanntesten ist dabei *S. chamaecyparissus*, von der es auch einige Sorten gibt. Aussaat von Januar bis April unter Glas bei 18–20 °C. Keimung innerhalb von zwei Wochen. Stecklinge schneidet man entweder im Frühjahr nach dem Austrieb oder im Herbst.

Saponaria; Seifenkraut

Seifenkräuter, wichtig sind *S. ocymoides*, *S. officinalis* und *S. × olivana,* lassen sich leicht durch Aussaat, aber auch vegetativ vermehren. Die Sorten lassen sich echt nur vegetativ vermehren.
Aussaat: Von Februar bis Juni unter Glas. Die Keimung erfolgt bei 15–20 °C innerhalb von zwei Wochen. Sämlinge nicht zu lang werden lassen, d. h. frühzeitig pikieren, und zwar gleich zu mehreren tuffweise in Einzeltöpfe oder Multitopfplatten.
Teilung: Diese kommt vor allem bei *S. officinalis* in Frage. Geteilt wird im Frühjahr mit Beginn des Wachstums, besser noch nach der Blüte, wenn verstärktes vegetatives Wachstum einsetzt.
Stecklinge: Dichte Polster bildende Arten bzw. Sorten vermehrt man bevorzugt durch Stecklinge nach der Blüte.

Santolina pinnata

Saxifraga burseriana

Saxifraga; Steinbrech

Die meisten *Saxifraga*-Arten lassen sich aufgrund ihrer Polster- und Ausläuferbildung meist gut durch Teilung oder Rosettenstecklinge vermehren. Von *S.* × *arendsii* gibt es auch samenechte Sorten.

Aussaat: Von Januar bis März mit Kühlbehandlung. Der sehr feine Samen sollte mit feinem Sand gestreckt und nicht übersiebt werden. Während des Keimprozesses ist die Saatfläche gut feucht zu halten. Später muss vorsichtig gewässert werden, damit es nicht zur Fäulnis kommt.

Teilung: Teilung der Rosettenbüschel im Frühjahr oder Herbst.

Stecklinge: Rosettenstecklinge schneidet man bevorzugt im Herbst (Winterstecklinge) oder auch im Frühjahr. Als Stecklingssubstrat verwenden Sie am besten reinen Sand. Die Gefäße werden bei 20 °C und gespannter Luft aufgestellt.

Scabiosa; Skabiose

Von den ausdauernden Skabiosen hat *S. caucasica* mit ihren zahlreichen Sorten die größte Bedeutung. Neben Sorten, die sich nur vegetativ vermehren lassen, gibt es auch eine Reihe samenechter Sorten im Samenhandel.

Aussaat: Am besten von März bis Juni unter Glas. Bei 15–20 °C erfolgt die Keimung innerhalb von drei Wochen. Nach der Keimung kühler stellen und später bei niedrigen Temperaturen weiterkultivieren.

Teilung: Geteilt wird sowohl im Frühjahr als auch im Herbst. Ist das Blattwerk im Frühjahr schon sehr stark ausgebildet, werden die Triebe zurückgeschnitten.

Stecklinge: Größere Mengen vermehrt man am besten durch Abrissstecklinge bzw. grundständige Stecklinge im Frühjahr nach dem Austrieb.

Scutellaria; Helmkraut

Scutellaria-Arten, ob niederwüchsig wie *S. alpina* oder *S. baicalensis* bzw. hochwüchsig wie *S. incana* und *S. altissima* werden durch Aussaat, Teilung oder Stecklinge vermehrt. Aussaat von April bis Juni im Haus, Frühbeetkasten oder auf Beete. Teilung im Frühjahr. Stecklingsvermehrung im Spätsommer.

Sedum; Fetthenne, Mauerpfeffer

Die blattsukkulenten *Sedum*-Arten werden durch Stecklinge, Risslinge oder Teilung vermehrt. Auch Blattstecklinge sind mög-

Sedum telephium wurde hier etwas zu dicht ausgesät. Die Keimlinge behindern sich gegenseitig im Wachstum und müssen umgehend pikiert werden.

Pikierte Sämlinge von Sedum telephium, sieben Wochen nach der Aussaat

Sedum sexangulare

Silene chalcedonica

Frischgetopfte Sämlinge von Silene chalcedonica, sechs Wochen nach der Aussaat

lich. Diese sind vor allem dann zu empfehlen, wenn man wenig Vermehrungsmaterial zur Verfügung hat. Aussaat von April bis Juni im Frühbeetkasten oder im Haus, den feinen Samen nicht übersieben. Während der Keimung auf ausreichend Feuchtigkeit achten.

Sempervivum; Dachwurz

Die Arten und Sorten der Gattung *Sempervivum* lassen sich durch das Abnehmen von Tochterrosetten so leicht und schnell vermehren, dass sich eine Anzucht aus Samen im Grunde erübrigt. Da die Arten untereinander hybridisieren, werden die Nachkommen bei eigener Samenernte sehr uneinheitlich sein. Darunter könnten aber auch neue Typen sein, die eine Weiterkultur lohnen. Aussaat der sehr feinen Samen am besten im Frühjahr unter Glas. Bei 20 °C erfolgt die Keimung sehr schnell innerhalb von zwei bis drei Wochen. Durch Tochterrosetten kann praktisch das ganze Jahr hindurch vermehrt werden.

Silene; Leimkraut, Lichtnelke, Pechnelke

Von den rund 700 Arten dieser sehr vielgestaltigen Gattung haben nur wenige der staudigen Arten gärtnerische Bedeutung. Auf der anderen Seite ist beispielsweise *S. dioica* eine sehr alte Gartenpflanze. Sehr schön sind *S. schafta* und *S. uniflora*. Die Vermehrung gelingt leicht durch Aussaat, Stecklinge im Frühjahr nach dem Austrieb bzw. auch von August bis September oder durch Teilung im Frühjahr bzw. Herbst.

Soldanella; Alpenglöckchen, Troddelblume

Alpenglöckchen, am weitesten verbreitet ist *S. alpina*, werden direkt nach der Samenreife im Herbst oder im Frühjahr im Haus mit Kühlbehandlung ausgesät. Die Samen liegen häufig ein Jahr über. Darüber hinaus lassen sich die meisten Arten nach der Blüte gut teilen.

Solidago; Goldrute

Goldruten sind wertvolle Herbststauden, von denen meist nur Auslesen oder gezielte Züchtungen im Handel sind. Sie können echt lediglich vegetativ vermehrt werden.
Aussaat: Im Frühjahr unter Glas, ab Mai auch im Frühbeetkasten oder auf Freilandbeete. Bei 18–22 °C erfolgt die Keimung innerhalb von zwei bis drei Wochen. Der vergleichsweise feine Samen wird nicht abgedeckt.
Teilung: Teilung im Frühjahr, die aufgrund des verholzenden Wurzelstocks nicht ganz einfach ist.
Stecklinge: Als Alternative zur Teilung empfiehlt sich die Vermehrung durch etwa 10 cm lange Kopfstecklinge, die im April bis Mai nach dem Austrieb geschnitten werden. Sobald die Stängel hohl sind, ist eine Stecklingsvermehrung nicht mehr sinnvoll.

Stokesia laevis; Kornblumenaster

Die von Juli bis September blühende Kornblumenaster, von der in der Regel Auslesen bzw. Sorten angeboten werden, darunter auch eine weißblühende, vermehrt man am besten durch Teilung im Frühjahr. Zur Gewinnung größerer Stückzahlen gewinnt man im Winter Wurzelschnittlinge. Aussaat am besten im Frühjahr unter Glas bei 18–22 °C.

Symphytum; Beinwell

Die wichtigste Art ist *S. grandiflorum* mit einer Reihe von Sorten. Soweit es sich um Sorten handelt, vermehrt man durch Teilung oder Wurzelschnittlinge. Geteilt wird im zeitigen Frühjahr

Symphytum azureum

oder nach dem Rückschnitt im Juni. Auch Stecklinge können geschnitten werden. Die Arten lassen sich auch ausäen, und zwar im Februar bis März unter Glas bzw. später, dann auch im Freien.

Tanacetum; Margerite, Mutterkraut

Die früher zu *Chrysanthemum* gehörenden Arten, allen voran *T. coccineum* und *T. parthenium* mit zahlreichen Sorten, sind hübsch blühende Beetstauden, die auch wertvolle Schnittblumen abgeben. Unter den Sorten gibt es eine Reihe von Züchtungen, die samenecht fallen, aber auch vegetativ vermehrt werden können.
Aussaat: Im Februar/März unter Glas, später auch im Frühbeetkasten oder auf Freilandbeete. Bei 18 °C keimen die Samen innerhalb von drei bis fünf Wochen. Man pikiert am besten gleich drei Sämlinge tuffweise in den 8- bis 10-cm-Endtopf.
Teilung: Im Frühjahr oder auch im Herbst.
Stecklinge: Am besten schneidet man entweder im Frühjahr nach dem Austrieb oder im Herbst Kopfstecklinge.

Thymus; Thymian

Die Arten der Gattung *Thymian* sind vor allem wegen ihrer Verwendung als Heil- und Gewürzpflanzen bekannt, weniger als Zierpflanzen. Als solche sind besonders *T.* × *citriodorus*, *T. doerfleri*, *T. praecox* und *T. serpyllum* interessant, von denen es auch einige Sorten gibt. Die Sorten werden vor allem durch Stecklinge oder Teilung im Frühjahr bzw. Sommer vermehrt, die Arten auch durch Aussaat. Aussaat von März bis August unter Glas, im Sommer auch im Frühbeetkasten oder auf Beete. *T. vulgaris* siehe Seite 343.

Tiarella; Schaumblüte

Von *Tiarella* gibt es eine große Fülle von Sorten auf dem Markt,

Vermehrung von *Thymus doerfleri* 'Bressingham Pink' durch Triebstücke (Stecklinge):

1) und 2) Abschneiden der Triebstückpolster an der Mutterpflanze
3) Auflegen der Polster auf die Erde
4) Festklammern der Polster auf der Erde, um guten Kontakt zum Substrat zu bekommen
5) Bewurzeltes Triebstück, 18 Tage nach dem „Stecken" der Triebstücke

die sich keiner Art richtig zuordnen lassen, da die Arten untereinander leicht zu kreuzen sind. Diese Sorten können echt nur vegetativ vermehrt werden, in der Regel durch Ausläufer während der Vegetationszeit oder durch Stecklinge im Frühjahr. Vermehrung durch Aussaat am besten im Sommer auf Beete im Freiland. Bei Aussaaten im Frühjahr sind die Aussaatgefäße für drei bis vier Wochen kalt bei 0–5 °C aufzustellen und danach warm bei 18–22 °C.

Tradescantia × *andersoniana*; Garten-Dreimasterblume

Diese winterharte *Tradescantia*-Art hat eine Fülle von Sorten hervorgebracht, die echt nur vegetativ vermehrt werden können. Dazu teilt man im zeitigen Frühjahr oder schneidet nach dem Austrieb im Frühjahr Stecklinge. Die reine Art lässt sich auch aussäen, was zum Experimentieren interessant sein kann. Da die Keimung keine Probleme macht, erfolgt häufig eine Selbstaussaat am Standort. Die Sämlinge zeigen, da sie nicht von reinerbigen Hybriden stammen, ein reiches Farbenspiel mit vielen Zwischentönen.

Trollius; Trollblume

Trollblumen werden im Allgemeinen vegetativ durch Teilung vermehrt, da die meisten im Handel erhältlichen Pflanzen Kulturformen sind. Bei den Arten ist auch Aussaat möglich.
Aussaat: Am besten gleich nach der Reife im Herbst auf Beete oder in Kisten, die man geschützt im Freien aufstellt. Bei Aussaat im Frühjahr sind die Samen einer drei- bis vierwöchigen Kühlbehandlung zu unterziehen. Erfolgt die Keimung nicht im ersten Jahr, sollten Sie die Aussaaten nicht wegwerfen, da sie dann überliegen und im kommenden Frühjahr aufgehen. Die Sämlinge sind nach der Keimung baldmöglichst zu pikieren, damit die Wurzeln nicht ineinanderwachsen, was, wenn sie abreißen, zu Ausfällen führen kann.
Teilung: Diese erfolgt am besten direkt nach der Blüte. Man kann aber auch kurz vor dem Austrieb teilen. Dazu werden die Mutterpflanzen ausgewaschen, auf einzelne Knospen geteilt und gleich getopft.

Veratrum album; Weißer Germer

Veratrum album und die anderen Arten der Gattung werden am besten durch Teilung im Frühjahr vor dem Austrieb vermehrt. Die Anzucht aus Samen ist sehr langwierig. Bis zur ersten Blüte vergehen sechs bis acht Jahre.
Aussaat: Am besten gleich nach der Samenreife im Herbst im Freiland oder im Frühjahr mit vorhergehender Kühlbehandlung unter Glas.

Verbascum; Königskerze

Die Vermehrung erfolgt durch Aussaat, Teilung, Wurzelschnittlinge oder Stecklinge. Im Handel sind eine Reihe von Hybriden, die in der Mehrzahl vegetativ

Ausgetriebene Wurzelschnittlinge von Verbascum nigrum: Die Aufnahme macht deutlich, dass auch Wurzeln eine Polarität aufweisen, die beim senkrechten Stecken zu berücksichtigen ist.

Teilung von Vernonia mit einer Machete

vermehrt werden. Es werden aber auch samenechte Sorten angeboten, u. a. 'Southern Charm', 'Wega' und 'Spica'.
Aussaat: Diese erfolgt am besten im zeitigen Frühjahr unter Glas, später auch im Frühbeetkasten oder auf Freilandbeete. Man kann auch auf Sämlinge zurückgreifen, die durch Selbstaussaat entstanden sind. Bei 15 °C erfolgt die Keimung innerhalb von zwei bis drei Wochen.
Teilung: Königskerzen werden im Frühjahr vor dem Austrieb oder im Herbst nach der Blüte geteilt.
Wurzelschnittlinge: Diese werden im Frühjahr geschnitten und senkrecht gesteckt.
Stecklinge: Verwendet werden junge Rosetten, die man im Frühjahr schneidet. Bei *V. phoeniceum* schneidet man die Blütentriebe in der Blüte ab und nimmt die dann erscheinenden jungen Grundsprosse zur Stecklingsvermehrung.

Vernonia; Scheinaster

Scheinastern werden durch Aussaat im Frühjahr, die Kulturformen durch Teilung im Frühjahr vor dem Austrieb oder Stecklinge

Rechte Seite: Verbascum olympicum

Veronica austriaca

im Juni vermehrt.

Veronica; Ehrenpreis

Die *Veronica*-Arten werden durch Aussaat, Teilung oder Stecklinge vermehrt. Aussaat im März bis April im Haus oder Frühbeetkasten. Teilung im Frühjahr oder im Spätsommer. Stecklingsvermehrung von Frühjahr bis Herbst. *V. beccabunga* siehe Seite 225.

Fruchtstand von Viola

Veronicastrum virginicum; Arzneiehrenpreis

Von dieser stattlichen Staude sind im Handel in der Regel nur Sorten erhältlich, die echt lediglich vegetativ vermehrt werden können. Dazu teilt man sie im Frühjahr oder schneidet im Frühjahr nach dem Austrieb Stecklinge.

Viola; Veilchen

Vermehrung durch Aussaat, Teilung und durch Stecklinge.
Aussaat: *V. odorata* gleich nach der Samenreife auf Beete, Keimung im folgenden Frühjahr. *V. cornuta* von Mai bis Juli im Haus oder Frühbeetkasten.
Teilung: Alle Arten lassen sich durch Abtrennen von Ausläufertrieben mit Wurzelansätzen vor oder nach der Blüte vermehren.
Stecklinge: Diese sind auch möglich, aber wenig üblich.

Waldsteinia; Golderdbeere, Waldsteinie

Waldsteinien, insbesondere *W. ternata*, sind hübsche, wintergrüne Bodendecker, die vielfältig verwendet werden können. Vermehrung durch Teilung und Stecklinge. Teilung der Ranken bzw. Ausläufer im Frühjahr. Auch Vermehrung durch Kopfstecklinge ist möglich.

Yucca; Palmlilie

Von den etwa 50 *Yucca*-Arten haben sich insbesondere *Y. filamentosa, Y. flaccida* und *Y. glauca* bei uns als ausreichend winterhart erwiesen. Im Handel finden sich zumeist nur Auslesen bzw. Hybriden, die durch Kreuzung der vorgenannten Arten entstanden sind. Diese können echt lediglich vegetativ vermehrt werden, und zwar durch Teilung der knolligen Rhizome oder über abgeschnittene junge Triebspitzen. Dazu werden die Pflanzen im Frühjahr aufgenommen, die Triebspitzen abgeschnitten und die Mutterpflanze wieder ausgepflanzt. Legen Sie die Triebspitzen dann auf Beete oder in Töpfe und decken Sie sie etwa 5 cm hoch mit Erde ab.
Aussaat: Bei der Samenvermehrung der Arten ist man auf importiertes Saatgut angewiesen. Die Samen sind gleich nach Erhalt unter Glas bei 20–22 °C auszusäen. In der Regel keimt der Samen sehr willig. Schlechte Keimergebnisse sind meist auf falsche, in der Regel zu frühe Ernte zurückzuführen.

Ziergräser von A bis Z

Die Vermehrung der mehrjährigen Ziergräser unterscheidet sich im Grunde genommen nicht von der der Stauden. Allerdings werden Staudengräser nur selten ausgesät, da der überwiegende Teil der im Handel angebotenen Arten in Wirklichkeit ausgelesene Formen sind, die nicht echt fallen. Dies betrifft vor allem die panaschierten Formen oder solche mit einer von der Art abweichenden Blattfarbe. Bei Gräsern wie *Miscanthus*, die bei uns nicht fruchten und damit keinen Samen ausbilden, ist man auf vegetative Methoden angewiesen. Da bei der Vermehrung der mehrjährigen Bambusarten einige Besonderheiten zu beachten sind, werden diese gesondert behandelt.

Aussaat

In der Regel sät man breitwürfig in Kisten oder Töpfe aus und pikiert später in Büscheln. Wer sich das Pikieren sparen will, sät direkt in Multitopfplatten oder Einzeltöpfe – je Topf bzw. Topfstelle gleich mehreren Samen. Grundsätzlich kann das ganze Jahr hindurch ausgesät werden, wobei man das Saatgut jedoch in der Regel im Frühjahr ausbringen wird. Die Pflanzen haben sich dann bis zum Sommer so weit entwickelt, dass sie bedenkenlos ausgepflanzt werden können.

Teilung

Die Teilung ist die übliche Vermehrungsmethode bei Staudengräsern. Sie selbst sowie die Weiterkultur machen im Allgemeinen keine Schwierigkeiten, da Gräser willig Wurzeln bilden. Bei wintergrünen Gräsern wie *Luzula*, *Carex*, *Festuca* und anderen Arten kommt es nicht so genau auf den Vermehrungszeitpunkt an. Man kann sowohl im Frühjahr als auch noch im Spätsommer teilen. Für nicht wintergrüne Arten wie *Panicum* und *Chasmanthium* ist das Frühjahr zu Beginn des Austriebs der günstigste Zeitpunkt bzw. auch die Zeit nach dem Verblühen im Sommer (Juni bis Juli). Eine spätere Teilung ist nicht zu empfehlen, da die Teilstücke dann vor dem Winter nicht mehr genügend einwurzeln und Kahlfrösten schutzlos ausgeliefert wären.
Die ausgegrabenen Gräserhorste lassen sich bei den meisten Arten leicht von Hand teilen. Bei rhizombildenden Arten muss man in der Regel ein scharfes Messer oder die Schere zu Hilfe nehmen. Von den so gewonnenen Teilstücken werden dann die Wurzeln und Blätter etwa zur Hälfte zurückgeschnitten. Bei dieser Gelegenheit entfernt man auch abgestorbene Pflanzenteile.
Bei ausläuferbildenden Arten wie *Leymus arenarius* und *Phalaris arundinacea* schneidet man die Ausläufer in 5–10 cm lange Stücke und pflanzt sie zu mehreren in Töpfe.

Alopecurus; Fuchsschwanzgras

A. lanatus und *A. pratensis* 'Aureovariegatus' werden gelegentlich als Ziergräser verwendet. Die Sorte muss durch Teilung vermehrt werden, die Wildformen lassen sich auch aussäen. Dabei kann man auf Selbstaussaat zurückgreifen.

Arrhenatherum elatius var. *bulbosum*; Knolliger Glatt-Hafer

Die Form 'Variegatum' kann nur vegetativ durch Teilung vermehrt werden. Am besten wird im

Vermehrung von Ziergräsern durch Teilung am Beispiel von *Festuca*:

Mutterpflanze

Einzelne Teilstücke

Teilung mit Messer

Getopftes Teilstück

Arundo donax

Frühjahr geteilt, wenn sich der Neuaustrieb zeigt. Eine weitere Möglichkeit zur Teilung bieten die unterirdischen, perlschnurartig knollig verdickten Stängelglieder. Die Art selber lässt sich aussäen oder teilen.

Arundo donax; Pfahlrohr

Im Handel sind meist Auslesen, die man echt nur vegetativ vermehren kann. Dies geschieht entweder durch Teilung im Frühjahr oder durch Ablegen junger Halme im Sommer, die an den Knoten leicht wurzeln. Die Teilung der sehr harten Grundachse ist meist nur mit Spaten, Beil oder Säge möglich. Die einzelnen Teilstücke sollten ein bis zwei Augen haben. Eine weitere Möglichkeit ist die Vermehrung über Halmstücke mit Knoten. Legt man sie in Wasser, bilden sich nach einiger Zeit an den Knoten bewurzelte Austriebe.

Bouteloua gracilis; Moskitogras

Das dekorative, dicht horstig wachsende Gras wird durch Teilung im Frühjahr oder durch Aussaat vermehrt. Optimale Keimtemperatur 20 °C. Das Saatgut keimt recht unregelmäßig.

Briza media; Mittleres Zittergras

Vermehrung durch Teilung oder Aussaat im Frühjahr.

Samen von Calamagrostis

Buchloe dactyloides; Büffelgras

Das Büffelgras vermehrt man durch Aussaat, Teilung oder Stecklinge von Blattbüscheln, die in den Knoten der Ausläufer entstehen.

Calamagrostis; Reitgras

C. × *acutiflora* mit seinen verschiedenen Sorten, z. B. 'Karl Foerster', ist steril und kann nur durch Teilung vermehrt werden. Teilung am besten von April bis Juni. Aussaat der Arten im April bis Mai unter Glas.

Carex; Segge

Bei den in unseren Gärten gepflanzten Seggen handelt es sich meist um Selektionen oder Sorten, die echt nur durch Teilung vermehrt werden können. Die Teilung der Horste ist praktisch

Die buntblättrigen Formen von Carex lassen sich echt nur vegetativ vermehren.

Samen von Carex brunnea

Jungpflanzen von Carex brunnea, 16 Wochen nach der Aussaat

Cortaderia selloana

während der gesamten Wachstumszeit möglich. Die Vermehrung durch Aussaat wird am besten gleich nach der Samenernte durchgeführt. Bis zur Keimung können drei bis vier Monate vergehen. Die Sämlinge werden tuffweise mit drei bis sieben Pflänzchen in entsprechende Pflanzeinheiten oder Einzeltöpfe pikiert. Topfen bzw. pikieren Sie nicht zu tief, da die Pflanzen sonst zu faulen beginnen.

Chasmanthium latifolium; Plattährengras

Bambusähnliches, etwa 80 cm hoch werdende Gras, vermehrt man durch Aussaat oder Teilung.

Cortaderia selloana; Pampasgras

Das Pampasgras ist wohl eine der schönsten Grasarten. Die Pflanzen sind zweihäusig. Gepflanzt werden ausschließlich weibliche

Vermehrung von *Cortaderia selloana* durch Teilung:

Die Teilung älterer Exemplare ist nicht ganz einfach, da der Wurzelstock mehr oder weniger verholzt.

Eintopfen eines Teilstücks von Cortaderia selloana

Pflanzen, die sich sortenecht nur durch Teilung vermehren lassen. Die bewährte relative Winterhärte der in Europa bereits längere Zeit kultivierten Sorten oder Auslesen ist ein weiterer Grund, sie Sämlingen vorzuziehen.
Aussaat: Diese ist möglich, doch ist man in der Regel auf gekauftes Saatgut angewiesen. Später wird man allerdings die weniger schönen männlichen Pflanzen ausscheiden, die man aber erst nach der ersten Blüte erkennt, d. h. etwa zwei bis drei Jahre nach der Aussaat. Die Samen sind im Allgemeinen nur kurze Zeit keimfähig, daher sollten Sie sofort nach dem Erhalt aussäen.
Teilung: Teilen Sie im Freien nicht vor April. Besitzer eines

Kleingewächshauses können auch im Herbst teilen, bevor die Pflanzen durch Kälteeinbrüche in die Ruhephase übergehen. Die Teilstücke werden eingetopft und den Winter über bei Temperaturen von rund 15 °C weiterkultiviert.

Deschampsia; Schmiele

D. cespitosa und *D. flexuosa* werden in unseren Gärten angepflanzt. In der Regel handelt es sich bei den angebotenen Pflanzen um Sorten bzw. Auslesen, die echt nur vegetativ durch Teilung vermehrt werden können. Am besten im April oder August bis September. Aussaat im Frühjahr bei 20 °C.

Festuca; Schwingel

Von der etwa 500 Arten umfassen Gattung *Festuca* sind *F. cinerea* und *F. glauca*, von denen ausnahmslos Sorten angeboten werden, von besonderer Bedeutung. Man vermehrt sie am besten durch Teilung im zeitigen Frühjahr oder im Sommer nach der Blüte. Eine Aussaat kommt nur für die Wildarten oder im Rahmen der Züchtung in Betracht.

Hakonechloa macra; Japangras

Diese endemische, nur in Japan heimische Art wird im Handel in verschiedenen Sorten angeboten. Diese können echt lediglich durch Teilung vermehrt werden. Die beste Zeit dafür ist das Frühjahr während des Austriebs.

Holcus; Honiggras

Die beiden Honiggräser *H. lanatus* und *H. mollis*, von Letzterem ist meist nur die weißbunte Form 'Albovariegatus' in Kultur, vermehrt man durch Teilung.

Koeleria; Schillergras

Vermehrung am besten durch Teilung im Frühjahr. Da sich die Arten untereinander befruchten, ist eine Aussaatvermehrung nicht sinnvoll.

Leymus arenarius; Gewöhnlicher Strandroggen

Dieses Dünengras ist im Handel in der Form 'Glaucus' verbreitet, die man echt nur durch Teilung vermehren kann.

Festuca gautieri

Aussaattopf mit Luzula multiflora, 20 Tage nach der Aussaat

Jungpflanzen von Luzula multiflora, acht Wochen nach der Aussaat

Ährchen und Samen von Melica transsilvanica

Büschelweise dem Aussaattopf entnommene Sämlinge von Melica transsilvanica, zum direkten Eintopfen

Luzula; Hainsimse

In der Mehrzahl werden Sorten bzw. ausgelesene Klone gepflanzt, die sortenecht vegetativ durch Teilung vermehrt werden müssen. Beste Zeit ist März bis April. Aussaat ebenfalls im Frühjahr, am besten unter Glas, büschelweise pikieren.

Melica; Perlgras

Vermehrung durch Aussaat, die Sorten durch Teilung im Frühjahr. Nur frisches Saatgut ist ausreichend keimfähig. Deshalb am besten gleich nach der Samenreife im Herbst aussäen.

Miscanthus; Chinaschilf

Von diesen rhizombildenden Stauden mit Halmen bis 4 m Höhe und mehr ist vor allem *M. sinensis* in unseren Gärten und Parkanlagen mit zahlreichen Sorten vertreten. Vermehrt wird durch Teilung im Frühjahr, am besten unter Glas. Durch den zeitigen Termin bleibt der Pflanze genügend Zeit, ausreichend Rhizome mit Überwinterungsknospen zu bilden. Samen bilden sich in unseren Breiten nur unter Glas. Wer aussäen will, ist in der Regel auf importiertes Saatgut angewiesen, das aufgrund der begrenzten Keimfähigkeit unmittelbar nach Erhalt ausgesät werden sollte.

Molinia; Pfeifengras

M. arundinacea und *M. caerulea*, von beiden gibt es eine Reihe von Sorten, lassen sich in den Gärten vielfältig verwenden. Vermehrung durch Aussaat von Januar bis März im Haus, büschelweise pikieren, oder durch Teilung im Frühjahr mit dem Austrieb.

Miscanthus sinensis 'Zebrinus'

Pennisetum alopecuroides

Panicum virgatum; Ruten-Hirse

Von *P. virgatum*, die bei uns ausreichend winterhart ist, werden ausschließlich Sorten angeboten. Diese vermehrt man durch Teilung im Frühjahr im Haus kurz vor dem Austrieb.

Pennisetum alopecuroides; Japanisches Federborstengras

Die in unseren Gärten in verschiedenen Sorten angepflanzte Art teilt man im Frühjahr, wenn der Neuaustrieb 1–3 cm lang ist. Auch eine Stecklingsvermehrung mit jungen, ausgetriebenen Halmen ist möglich. Die Art selbst lässt sich auch aussäen, z. B. zu Züchtungszwecken.

Phalaris arundinacea; Rohr-Glanzgras

Vermehrung durch Teilung im Frühjahr.

Sesleria; Kopfgras, Blaugras

Vermehrung im Mai bis Juni durch Teilung oder Aussaat.

Stipa; Federgras

Verschiedene Arten der Gattung *Stipa*, insbesondere *S. calamagrostis*, sind hübsche, auffallende Ziergräser. Im Handel finden sich meist nur Klone, die echt lediglich durch Teilung vermehrt werden können. Diese erfolgt von März bis April vor dem Austrieb. Wegen der Wärmebedürftigkeit sind die Teilpflanzen bis zur Durchwurzelung warm unter Glas aufzustellen. Aussaat am besten gleich nach der Samenreife im Herbst. Bei trocken gelagertem, hartschalig gewordenem Saatgut ist die Samenschale aufzurauen. Optimale Keimtemperatur 20 °C. Die Keimung erfolgt meist sehr unregelmäßig.

Samen von Stipa barbata

Bambus

Bambus wird durch Aussaat oder vegetativ durch Teilung der Rhizome vermehrt. Die Teilung steht im Vordergrund, da Saatgut im Handel kaum angeboten wird und nur frisches Saatgut eine ausreichende Keimfähigkeit aufweist.

> Zu den bei uns mehr oder weniger winterharten Arten mit pachymorphen Rhizomen gehören:
> *Fargesia murieliae* (Muriels Schirmbambus)
> *Fargesia nitida* (Fontänen-Schirmbambus)
> *Pseudosasa japonica* (Maketebambus)

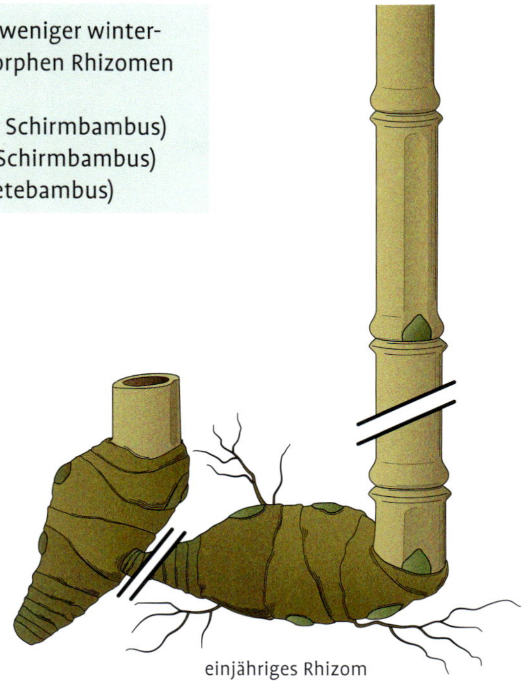

Pachymorphes Rhizom

Aussaat

Soweit Bambusarten bei uns blühen, bekannt ist das von *Fargesia murieliae, Phyllostachys flexuosa* und *Pseudosasa japonica,* setzen sie in der Regel auch hier Samen an, die man ernten und aussäen kann. Kaufen sollten Sie Saatgut hingegen nur bei vertrauenswürdigen Samenhändlern, die eine ausreichende Keimfähigkeit garantieren. Grundsätzlich ist die Keimfähigkeit auch bei frischem Saatgut selten höher als 50 %. Meist dauert es auch mindestens zwei bis drei Jahre, bis die Sämlinge so groß sind, dass man sie im Freiland auspflanzen kann. Bambussamen müssen nicht besonders vorbehandelt werden. Hinsichtlich der Durchführung der Aussaat gelten die auf Seite 240–241 für Zimmerpflanzen gemachten Angaben. Stellen Sie die Saatgefäße nach der Aussaat bei 20–24 °C auf. Die Keimung erfolgt je nach Art innerhalb von zwei bis sechs Wochen. Achten Sie unbedingt darauf, dass die jungen Sämlinge äußerst nässeempfindlich sind.

Vegetative Vermehrung

Bambushalme wachsen aus einem unterirdischen Rhizom. Dabei können zwei verschiedene Wuchsformen unterschieden werden: horstbildende, sympodial wachsende und ausläufertreibende, monopodial wachsende Bambusse. Horstbildende Bambusse haben ein kurzes, gestauchtes (pachymorphes) Rhizom, ausläuferbildende Arten ein langgestrecktes, schlankes (leptomorphes) Rhizom. Das Wissen um die Rhizomformen ist bei der Teilung in kleinste Stücke von Bedeutung.
Pachymorphe Rhizome sind dick und kurz sowie meist halbmondartig nach oben gebogen. Die Spitze des Rhizoms wächst nach oben und bildet einen neuen Halm. Am unteren Ende des Halmes entstehen neue Augen, die austreiben und neue Halme bilden. Da die neuen Rhizome eng bei den Rhizomteilen stehen, aus denen sie ausgetrieben sind, wachsen diese Pflanzen horstig.
Leptomorphe Rhizome sind lang und schlank und wachsen immer horizontal weiter. Die Halme wachsen aus den Augen, die wechselständig, also abwechselnd rechts und links in den Knoten angelegt sind. Dabei ist jeder Halm in der Regel dicker als das Rhizom selbst. Aufgrund ihres Wuchsverhaltens neigen Arten mit leptomorphen Rhizomen zum Wuchern.
Außer den beschriebenen Grundtypen gibt es, wie überall in der Natur, fließende Übergänge und Mischformen, wobei auch die Standortbedingungen einen großen Einfluss haben. Ein unzureichend ernährter Bambus mit leptomorphem Rhizom kann durch sehr kurze Rhizome wie ein Bambus mit pachymorphem Rhizom wachsen.

Teilung in größere Teilstücke

Bei der Teilung eines älteren Bambus in größere Teilstücke spielt die Wuchsform keine große Rolle. Teilen Sie am besten, bevor sich die Neutriebe im Frühjahr an der Bodenoberfläche zeigen. Dann steht die Neubildung von Wurzeln bevor und die Augen stehen kurz vor dem Austrieb. Arten des Zwergbambus *Sasa* sollte man allerdings erst dann teilen, wenn sich die ersten Blätter nach dem Austrieb der Halme entfalten.

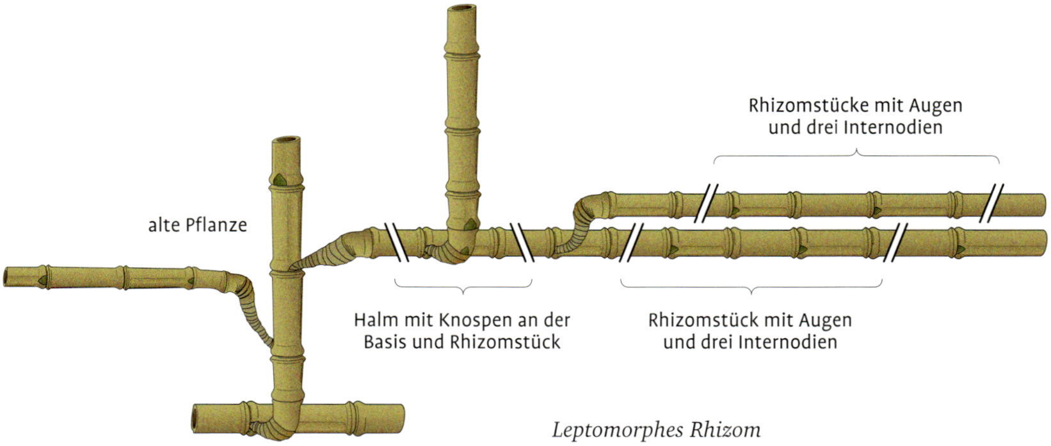

Leptomorphes Rhizom

Zu den bei uns mehr oder weniger winterharten Arten mit leptomorphem Rhizom gehören:
Indocalamus tessellatus
Phyllostachys flexuosa
Phyllostachys nigra (Schwarzrohrbambus)
Pleioblastus auricomus
Pleioblastus argenteostriatus fo. *pumilus*
Sasa palmata (Breitblättriger Zwergbambus)

Das Teilen eines großen Bambus verlangt einige Muskelkraft. Benutzen Sie dazu am besten einen Spaten, bei dem das Spatenblatt scharf angefeilt wurde. Gegebenfalls müssen Sie eine Axt oder Säge zu Hilfe nehmen. Schneiden Sie ältere und unansehnliche Halme aus den Teilstücken heraus und pflanzen Sie die Ballen anschließend gleich wieder auf.

Teilung in kleine Teilstücke

Wollen Sie größere Stückzahlen erhalten, können Sie in Teilstücke mit nur einem oder wenigen Augen teilen. Gehen Sie dabei wie in den Zeichnungen auf Seite 201 und 202 dargestellt vor. Dabei ist zwischen horstig wachsenden Arten mit pachymorphem Rhizom und ausläufertreibenden Arten mit leptomorphem Rhizom zu unterscheiden. Bei Bambusarten mit pachymorphem Rhizom verwendet man Rhizome, die nicht älter als ein Jahr sind. Nur sie können im nächsten Jahr wieder selbst Seitenrhizome bilden, die die Pflanze braucht, um sich weiterentwickeln zu können. Die einjährigen Rhizome erkennt man daran, dass sie junge Wurzeln aufweisen. Schneiden Sie die am Rhizomstück befindlichen Halme bis auf wenige Knoten zurück, um die Verdunstung zu verringern. Zur Vermehrung von Bambusarten mit leptomorphem Rhizom verwendet man etwa 30 cm lange Rhizomstücke mit mehreren Knoten, bevorzugt von zweijährigen Rhizomen. Wählen Sie am besten ein Rhizomstück, an dem sich bereits ein oder zwei Halme sowie auch noch ein Stück vom letztem Jahr befinden. Verwenden Sie ein Rhizomstück mit Knospen, es sollte mindestens drei Nodien mit einem gut sichtbaren Auge aufweisen.
Die Rhizomstücke werden in entsprechend große Töpfe getopft. Als Substrat hat sich Einheitserde P mit einem Zusatz von Sand bewährt. Stellen Sie die Töpfe warm bei Temperaturen um 20–24 °C und hoher Luftfeuchtigkeit auf. In der Regel sind solche Pflanzen nach einem Jahr Kulturzeit unter Glas so weit, dass sie ausgepflanzt werden können.

Freilandfarne von A bis Z

Ein besonderer Vorzug der Farne besteht in ihrer Fähigkeit, dort prächtig zu gedeihen, wo andere Pflanzen nicht einmal überleben. Sie eignen sich hervorragend für schwierige Stellen, die fast in jedem Garten vorhanden sind. Die meisten Arten schätzen Schatten sowie einen sauren, feuchten, aber gut dränierten Boden. Doch sollten Farne nicht als letzter, verzweifelter Ausweg betrachtet werden, der nur dort in Frage kommt, wo alle übrigen Gartenpflanzen versagt haben. Denn die ihnen eigene, etwas wilde Schönheit hat überall ihren Reiz.
Wie Farne vermehrt werden können, ist auf Seite 276–279 bei den Zimmerpflanzen näher beschrieben. Die dortigen Anleitungen zur Vermehrung gelten auch für die hier behandelten, bei uns winterharten Freilandfarne.

Adiantum; Frauenhaarfarn

Nur wenige der etwa 150 *Adiantum*-Arten sind frosthart, so *A. venustum* und *A. pedatum*, von dem es auch einige Sorten gibt.

Fertiler Wedel von *Dryopteris filix-mas*

Asplenium trichomanes

Sie werden durch Sporenaussaat noch im Herbst (Sporenreife im August) oder auch erst im Frühjahr unter Glas vermehrt. In der Regel vermehrt man durch Teilung, und zwar am besten bei Austriebsbeginn.

Asplenium; Streifenfarn

A. trichomanes, von dem es eine Reihe von Sorten gibt, wird durch Sporenaussaat oder auch durch Teilung vermehrt. Die Teilung muss sehr vorsichtig geschehen. Am besten teilt man im Frühjahr zu Beginn der Vegetationsperiode. *A. ceterach* wird am besten durch Aussaat vermehrt. Wenn die Spitzen der lanzett-

Blechnum penna-marina

lichen Wedel von *A. rhizophyllum* den Boden berühren, bilden sich dort Brutpflanzen, die man zur Vermehrung abnehmen kann. *A. scolopendrium* lässt sich durch Blattstielstecklinge vermehren. Dazu verwendet man jeweils die Blattstielbasen. Ziehen Sie alte Wedel vom Mittelpunkt der Pflanze nach außen fort und schneiden Sie von jedem Stiel einen 2–3 cm langen Steckling. Dieser wird so tief gesteckt, dass nur wenig von der oberen Schnittfläche aus dem Substrat herausschaut. Nach zwei bis drei Monaten haben sich an diesen Stielteilen kleine Farnpflänzchen gebildet, die man abnimmt und weiterkultiviert. Manchmal dauert das aber auch bis zu einem Jahr.

Athyrium filix 'Femina' Wald-Frauenfarn

Von dieser Art gibt es eine Vielzahl Sorten und Varietäten mit abweichenden Wedelformen. Die meisten Sorten fallen aus Sporensaat nicht echt und müssen deshalb vegetativ durch Teilung vermehrt werden. Auch eine Vermehrung durch Absenker ist möglich. Zu diesem Zweck heftet man untere Wedel auf der Substratoberfläche fest, bis sie angewurzelt sind.

Blechnum; Rippenfarn

Die meisten Arten der Gattung sind in den Tropen heimisch. *B. penna-marina* und *B. spicant* sind bei uns jedoch winterhart. Die Kulturformen vermehrt man vegetativ durch Teilung, die Arten auch durch Aussaat. Die Teilung sollte im zeitigen Frühjahr erfolgen, da die Teilstücke sich sonst bis zum Winter nicht ausreichend bewurzeln und Gefahr besteht, dass sie auswintern.

Cryptogramma crispa; Krauser Rollfarn

Den Krausen Rollfarn vermehrt man durch Sporenaussaat und Teilung. Die Sporen reifen von Juli bis September.

Cystopteris; Blasenfarn

Die Blasenfarne werden durch Teilung im Frühjahr oder Sporenaussaat vermehrt. Sporenreife in der Regel Juni bis September. *C. bulbifera* bildet im Laufe des Sommers an der Unterseite seiner Wedel zwiebelähnliche Brutknospen, die man zur Vermehrung nutzen kann.

Dennstaedtia punctilobula; Heuduftender Schüsselfarn

Dieser stark wuchernde Waldfarn, der sich mit Hilfe unterirdisch kriechender Rhizome rasch zu dichten Matten ausbreitet, lässt sich sehr leicht durch Teilung vermehren. Auch die Sporenaussaat macht keine Probleme.

Dichter Prothallienrasen von Dryopteris cristata

Pikierte Prothallien von Dryopteris cristata

An den Prothallien von Dryopteris cristata zeigen sich erste junge Wedel.

Dryopteris; Wurmfarn

Wurmfarne werden durch Aussaat oder Teilung vermehrt. Man teilt am besten im Frühjahr, wenn die jungen Triebe erkennbar, die Wedel aber noch nicht entrollt sind. Die Sorten von *D. filix-mas*, die in unseren Breiten bekannteste Art, fallen mit wenigen Ausnahmen echt aus Sporen.

Gymnocarpium dryopteris; Eichenfarn

Der Eichenfarn zählt zu den hübschesten der heimischen Farnen. Die Vermehrung gelingt leicht durch Teilung oder auch Sporenaussaat.

Matteuccia struthiopteris; Europäischer Straußenfarn

Vermehrung durch Sporenaussaat im Frühjahr oder durch Teilung der unterirdischen Ausläufer ebenfalls im Frühjahr.

Matteuccia struthiopteris

Onoclea sensibilis; Perlfarn

Der Perlfarn breitet sich durch unterirdische Ausläufer aus und lässt sich deshalb leicht durch Teilung vermehren. Vermehrung durch Sporenaussaat im Frühjahr. Die fertilen Wedel sind rechtzeitig im Spätwinter zu ernten.

Frischgetopfte Jungpflanze von Osmunda regalis

Osmunda; Königsfarn, Rispenfarn

O. regalis ist einer der größten Farne unserer Gärten. Interessant sind auch *O. cinnamomea* und *O. claytoniana*. Vermehrung durch Sporenaussaat im Frühsommer gleich nach der Sporenreife. Nur frische Sporen keimen. Auch ‘Cristata’ fällt weitgehend echt aus Sporen. Vermehrung durch Teilung der Wurzelstöcke im Frühjahr, bevor sich der Austrieb entrollt.

Phegopteris hexagonoptera; Breiter Buchenfarn

Diese kleine Farnart vermehrt man am besten durch Teilung im Frühjahr.

Einzelnes Prothallium von Matteuccia struthiopteris

Jungpflanze von Matteuccia struthiopteris

Prothallien von Polystichum braunii

Polystichum braunii, Prothallium mit erstem Wedel

Topfen von Farnen am Beispiel von *Polystichum braunii*:

Pikierkiste mit Jungpflanzen

Frisch getopfte Jungpflanze

Polypodium vulgare; Engelsüß, Gewöhnlicher Tüpfelfarn

Dieser Tüpfelfarn lässt sich leicht durch Teilung der Rhizome im Frühjahr vermehren. Die Teilstücke heftet man mit einem Draht auf der Erde fest, bis sich Wurzeln gebildet haben.

Polystichum; Schildfarn

Die weltweit verbreiteten Schildfarne bilden auf einem stammartigen, aufrechten Wurzelstock mit ihren Wedeln hübsche symmetrische Polster. In Gartenanlagen werden vor allem *P. aculeatum* und *P. setiferum* angepflanzt. Von Letzterem gibt es eine große Anzahl von Varietäten und Formen. Vermehrung durch Sporenaussaat oder durch Teilung im Frühjahr. Bei *P. andersonii* und verschiedenen Formen von *P. aculeatum*, z. B. 'Proliferum', bilden sich an den Blattwedeln neben den Fiedern sowie an den Wedelstielen kleine Bulben aus. Im Herbst, wenn diese deutlich zu sehen sind, nimmt man die Wedel ab, legt sie auf einem Vermehrungssubstrat aus und heftet sie fest. Bei gespannter Luft entwickeln sich die kleinen Bulben zu Farnpflänzchen, die dann abgenommen und weiterkultiviert werden.

Selaginella; Moosfarn, Mooskraut

Über 700 Arten umfasst diese Gattung moosartig wirkender Farne mit meist gabelig verzweigten Trieben. Für geschützte Lagen kommen in unseren Breiten *S. douglasii* und *S. helvetica* in Betracht. Beide Arten lassen sich leicht durch Teilung vermehren. Eine Sporenaussaat ist auch möglich.

Woodsia; Wimperfarn

Die zarten Wimperfarne sind hervorragende Steingartenpflanzen. Vermehrung durch Sporenaussaat und Teilung.

Fertiler Wedel von Polypodium vulgare

Woodwardia; Kettenfarn, Grübchenfarn

Die sommergrünen Wedel der Kettenfarne erscheinen in Abständen von mehreren Zentimetern auf kräftigen, verzweigten, unterirdischen Rhizomen, die mehrere Meter lang werden können. Vermehrung durch Sporenaussaat oder Teilung im Frühjahr.

Zwiebel- und Knollenpflanzen von A bis Z

Zwiebel- und Knollenpflanzen lassen sich generativ durch Aussaat vermehren. Zur vegetativen Vermehrung können bei Zwiebelpflanzen Brutzwiebeln und Zwiebelschuppen verwendet werden, bei Knollenpflanzen Brutknollen. Bei Letzteren ist unter Umständen auch eine Teilung der Knollen möglich.

Tulipa kaufmanniana 'Giuseppe Verdi'

Aussaat

Die Aussaatvermehrung der Zwiebel- und Knollenpflanzen ist langwierig. Von der Aussaat bis zur Zwiebel- bzw. Knollenbildung vergehen in der Regel zwei Jahre, bis zur Blühreife dauert es meist nochmals ein bis zwei Jahre. Damit sich die Sämlinge ungestört entwickeln können, ist eine Aussaat auf Beete im Garten oder in ein Frühbeet der Aussaat in Kisten oder andere Gefäße vorzuziehen, denn ein zu frühes Pikieren oder Umsetzen führt meist zu Misserfolgen.

Brutzwiebeln

Brutzwiebeln entspringen dem Zwiebelboden und sind für Zwiebelpflanzen typisch. Sie dienen der Erhaltung derjenigen Arten, die sich nicht nur auf die Vermehrung durch Samen verlassen. Manche Arten bilden reichlich Brutzwiebeln, andere nur wenig. Bei einigen *Lilium*-Arten erscheinen sie in den Blattachseln oder an Stängeln knapp unter der Erdoberfläche. Diese bezeichnet man auch als Achsel- oder Stängelbulben. Bei einigen Zwiebelpflanzen, z. B. *Fritillaria*, lässt sich die Brutzwiebelbildung durch Anschneiden des Zwiebelbodens anregen. Brutzwiebeln

Tulipa-Mutterzwiebeln mit junger Brut

Um Brutzwiebeln zu ernten, werden die Zwiebeln (hier Tulpenzwiebeln) aus der Erde genommen, sobald alle Blätter vertrocknet sind.

erlangen nach etwa zwei Jahren Blühreife.

Zwiebelschuppen

Verschiedene *Lilium*-Arten und andere Zwiebelpflanzen lassen sich auch durch Zwiebelschuppen vermehren. Dabei müssen die Schuppen so von der Zwiebel abgetrennt werden, dass noch ein Stückchen vom Zwiebelboden an den Schuppen bleibt, an dem sich die neuen Zwiebeln bilden. Wie viel man von einer Zwiebel abnehmen kann, richtet sich nach der Größe der Zwiebel. Um die Mutterzwiebel nicht zu schwächen, sollte nicht mehr als die Hälfte der vorhandenen Zwiebelschuppen entfernt werden. Die Schuppen werden in Kisten pikiert und bei etwa 12–15 °C aufgestellt. Dann bilden sich bald Jungzwiebeln, die nach drei bis sechs Monaten pikierfähig sind (siehe auch *Lilium*, Seite 215–216).

Brutknollen

Die meisten Knollenpflanzen vermehren sich nicht nur durch Samen, sondern auch vegetativ

Gladiolus-Mutterknollen mit Ansätzen von Brutknollen

Allium moly

durch Brutknollen, die an verschiedenen Stellen entstehen können. Bei *Crocosmia* treiben aus den Mutterknollen dünne Ausläufer, an deren Ende sich Tochterknollen bilden. Bei *Gladiolus* sitzen sie an sehr kurzen, ungegliederten Ausläufern. Bei *Crocus* hingegen entstehen sie unterirdisch direkt auf der Mutterknolle. Brutknollen erlangen die Blühreife wie Brutzwiebeln nach etwa zwei Jahren.

Allium; Lauch

Die über 600 Arten umfassende Gattung *Allium* enthält eine Reihe von Arten, die wegen ihrer prachtvollen Blütenstände in unsere Gärten gepflanzt werden. Vermehrt wird durch Aussaat oder Brutzwiebeln.

Aussaat: Ausgesät wird im Frühjahr. Eine Kühlbehandlung der Samen fördert die Keimung. Bei kleineren Samenmengen wird man in Kisten unter Glas aussäen. Bei größeren Mengen ist es hingegen sinnvoll, auf Beete im Garten auszusäen. Man sät hier in Reihen, lässt die Sämlinge zunächst ein bis zwei Jahre stehen und nimmt sie erst dann auf, um umzupflanzen oder einzutopfen. Sämlinge erreichen im Allgemeinen nach drei bis vier Jahren die Blühreife.

Allium triquetrum

Brutzwiebeln: Um Brutzwiebeln zu ernten, sollten die Mutterzwiebeln unbedingt kurz nach der Blüte gerodet werden, bevor die Tochterzwiebeln eigene neue Wurzeln bilden.

Alstroemeria; Inkalilie

Zu den bei uns unter einer Mulchdecke winterharten Arten gehören *A. aurea* und *A. ligtu*. Im Handel sind ausschließlich Sorten, die echt nur vegetativ durch Teilung der Rhizome vermehrt werden können. Bester Zeitpunkt hierfür ist der Sommer oder Herbst. Die Teilung muss sehr vorsichtig geschehen, um größere Verletzungen der brüchigen Rhizome zu vermeiden. Vermehrung durch Aussaat direkt nach der Samenreife unter Glas. Die Sämlinge sind in Töpfe bzw. entsprechende Topfeinheiten zu pikieren, bevor die Wurzeln miteinander verfilzen.

Arum; Aronstab

Für unsere Gärten sind vor allem *A. italicum* und *A. maculatum* von Bedeutung. Die Vermehrung erfolgt durch Abnehmen der Nebenknollen oder durch Aussaat direkt nach der Samenreife unter Glas. Entfernen Sie vorher die fleischige Fruchthülle, indem Sie die Samen auswaschen. Eine vierwöchige Kühlbehandlung fördert die Keimung. Trotzdem können die Samen durchaus ein Jahr überliegen.

Calochortus; Mormonentulpe

Diese in Kultur nicht einfache Liliaceae von großer Schönheit ist eine typische Liebhaberpflanze. Sie wird in der Regel durch Brutzwiebeln nach der Blüte vermehrt. Ausgesät wird im Frühjahr unter Glas. Auch bei uns werden die Samen reif. In der Regel muss man aber auf gekauftes Saatgut zurückgreifen. Die Sämlinge erreichen etwa nach drei bis vier Jahren die Blühreife.

Camassia; Prärielilie

Die Vermehrung der Prärielilien, die größte Bedeutung hat *C. leichtlinii*, erfolgt in der Regel durch Brutzwiebeln im Spätsommer. Vermehrung durch Aussaat im Frühjahr unter Glas. Die Samen keimen ohne besondere Vorbehandlung recht gut. Die Jungpflanzen erreichen die Blühreife nach drei bis vier Jahren.

Cardiocrinum; Riesenlilie

Die Vermehrung der Riesenlilien, von Bedeutung sind *C. cathayanum*, *C. cordatum* und *C. giganteum*, erfolgt durch Aussaat oder über Tochterzwiebeln. Die reichlich gebildeten Tochterzwiebeln werden im Oktober nach dem Absterben der Mutterzwiebel aufgenommen. Eine erste Blüte ist nach drei bis fünf Jahren zu erwarten. Aussaat am besten gleich nach der Samenreife in Kisten, die man im Freien aufstellt.

Chionodoxa; Schneestolz

Dieses nahe mit *Scilla* verwandte Zwiebelpflanze lässt sich leicht durch Aussaat im Herbst vermehren. Einfacher ist die Vermehrung durch Brutzwiebeln, die nach dem Einziehen aufgenommen werden. Bis zur Blühreife dauert es etwa zwei bis drei Jahre. Von Bedeutung sind *C. forbesii* und *C. luciliae*.

Colchicum; Zeitlose

Bei den knollenbildenden *Colchicum*-Arten unterscheidet man zwischen frühjahrs- oder herbstblühenden Arten. Vermehrt wird durch Aussaat oder Nebenknollen. Die Aussaat erfolgt am besten gleich nach der Samenreife auf Beete im Garten, wobei die Keimung meist sehr unregelmäßig verläuft. Häufig ist eine Keimung erst im zweiten Jahr nach der Aussaat zu erwarten. Bis zur ersten Blüte vergehen drei bis vier Jahre. Die Vermehrung durch Nebenknollen erfolgt, sobald das Laub braun geworden ist.
Bei den frühjahrsblühenden Arten ist das etwa im Juni der Fall. Bei den herbstblühenden Arten nimmt man die Pflanzen im Frühjahr auf. Dies muss sehr vorsichtig geschehen, damit die Knollen nicht beschädigt werden

Reichfruchtender Bestand von Arum italicum

Colchicum autumnale

Crocosmia × crocosmiiflora

und der Ansatz mit dem Vegetationspunkt nicht abbricht.

Corydalis; Lerchensporn

Die verschiedenen in unseren Gärten verbreiteten *Corydalis*-Arten werden durch Aussaat oder Teilung vermehrt. Die Aussaat erfolgt gleich nach der Samenreife, da die Keimfähigkeit meist nur sehr kurz anhält. Samen von *C. cava* und *C. solida* sind als Kaltkeimer zu behandeln. Bis zur Keimung können bis zu zwölf Monate vergehen. Der Samen der meisten Arten besitzt ein fett- und eiweißreiches Anhängsel. Dieses Anhängsel ist ein Grund für die Verbreitung der Samen durch Ameisen. Die Sorten vermehrt man vegetativ durch Abnehmen von Tochterknollen. Große Knollen kann man auch in Teilstücke zerschneiden, wobei an jedem Teilstück ein Vegetationspunkt verbleiben muss. Vor dem Einpflanzen lässt man die Schnittfläche gut antrocknen.

Crinum × powellii; Hakenlilie, Kaplilie

Dieser Artbastard bzw. die angebotenen Sorten lassen sich nur durch Abtrennung von Nebenzwiebeln vermehren. Bis sie Blütenstärke erreichen, dauert es zwei bis vier Jahre.

Crocosmia; Montbretie

Vermehrung durch Aussaat im April bis Mai unter Glas oder durch das Abnehmen der jungen Zwiebelknollen, die sich an queckenähnlichen Ausläufern entwickeln, im September bis Oktober.

Crocus; Krokus

Von den etwa 80 Arten der Gattung *Crocus* werden zahlreiche in unseren Gärten verwendet. In der Regel handelt es sich dabei um Sorten, die echt nur vegetativ durch Brutknöllchen vermehrt werden können. Diese Brutknöllchen sitzen der Mutterknolle in der Regel auf. Um die Brutknollen abzunehmen, werden die Pflanzen aufgenommen, nachdem das Laub vollständig abgestorben ist. Dies ist bei den frühjahrsblühenden Arten im Sommer der Fall, wenn sich das Laub gelb und die Wurzeln braun verfärben. Bei den herbstblühenden Arten wartet man bis zum Frühjahr. Die Tochterknollen werden durch Drehen von der Mutterknolle getrennt. Die Wildarten kann man auch durch Aussaat vermehren. Ausgesät wird am besten gleich nach der Samenreife auf Beete im Garten. Bis zur Blühreife vergehen zwei bis drei Jahre.

Crocus chrysanthus

Cyclamen; Alpenveilchen

Die verschiedenen winterharten Arten wie *C. coum, C. hederifolium* und *C. purpurascens* werden durch Aussaat am besten gleich nach der Samenreife im Herbst unter Glas vermehrt. Günstigste Keimtemperatur ist 15 °C. Bei höheren Temperaturen wird die Keimung stark verzögert bzw. die Samen liegen über. Pikieren Sie die Sämlinge das erste Mal, wenn sich das erste Laubblatt voll entwickelt hat. Dabei dürfen die Knöllchen nicht zu tief in die Erde kommen, aber auch nicht an der Oberfläche der Luft ausgesetzt sein, da sie sonst verhärten.

Cyclamen purpurascens

Dahlia × *hortensis*; Dahlie

Dahlien werden durch Tochterknollen oder Stecklinge vermehrt. Sie bilden verdickte, auch spindelförmig angeschwollene Knollen, die in Büscheln beieinander stehen. Die Knollen sind in unseren Breiten nicht winterhart und müssen nach dem Einziehen im Herbst aus der Erde genommen und frostfrei überwintert werden. Man nimmt sie nach den ersten leichten Frösten im Laufe des Oktobers aus dem Boden, schneidet Stängel und Blattwerk zurück und lässt die Knollenballen für etwa eine Woche mit den Stängelteilen nach unten an einem geschützten Platz gut abtrocknen. Entfernen Sie nach dem Abtrocknen alles Verwelkte und legen Sie die Knollen dann in sandgefüllte Kästen oder Körbe, die in einem trockenen, kühlen, aber frostfreien Raum eingelagert werden. Teilen Sie die Knollenbüschel im Frühjahr kurz vor dem Auspflanzen. Achten Sie dabei darauf, dass jedes Teilstück einen Stängel mit einem Auge besitzt. Stecklinge schneidet man im Frühjahr nach dem Austrieb oder auch im Sommer. Neben diesen vegetativ zu vermehrenden Dahlien gibt es eine Reihe von Züchtungen, die durch Aussaat vermehrt und zu den Sommerblumen gezählt werden (siehe Seite 232).

Eranthis hyemalis

Crocus-Mutterpflanze mit Tochterknollen

Eranthis hyemalis; Kleiner Winterling

Der Winterling vermehrt sich sehr leicht durch Selbstaussaat. Wer gezielt durch Aussaat vermehren will, sollte dies gleich nach der Samenreife im Mai tun. Die Blühreife erlangen die Sämlinge nach drei bis vier Jahren.

Samenstand von Fritillaria meleagris

Einfach ist die Vermehrung durch Teilung der Horste im Sommer.

Eremurus; Steppenkerze

Die verschiedenen *Eremurus*-Arten und die durch Kreuzung verschiedener Arten entstandenen Sorten sind attraktive Solitärstauden mit prächtigen Blütenständen. Soweit es sich um Sorten handelt, können sie echt nur vegetativ vermehrt werden. Ältere Pflanzen entwickeln an den seesternförmigen Rhizomen Seitenknospen, die man nach der Blüte im September bis Oktober mit etwas Wurzelansatz abtrennt. Diese Rhizomstücke sind am besten in Töpfe zu pflanzen, in einem Frühbeetkasten geschützt zu überwintern und erst im folgenden Herbst auszupflanzen. Die Vermehrung der Arten durch Aussaat ist langwierig. Blühfähige Pflanzen erhält man erst nach vier bis fünf Jahren. Ausgesät wird am besten direkt nach der Ernte im Herbst auf Beete (hier ist Winterschutz erforderlich) oder in einen Frühbeetkasten.

Erythronium; Hundszahn

Von Bedeutung sind *E. dens-canis*, *E. revolutum* und *E. tuolumnense*, von denen es auch eine Reihe von Sorten auf dem Markt gibt. Letztere können sortenecht nur vegetativ durch Brutzwiebeln vermehrt werden. Die Brutzwiebeln, die schon eine gewisse Größe haben sollten, werden während der Ruhezeit abgenommen. Wichtig ist, dass sie sofort wieder gepflanzt oder in feuchtem Torf kühl aufbewahrt werden, da die Zwiebeln fleischige Schalen ohne Schutzhülle haben und auf eine Trockenlagerung sehr empfindlich reagieren. Aussaat am besten gleich nach der Samenreife im Herbst. Bis zur Blühreife dauert es drei bis vier Jahre.

Fritillaria; Kaiserkrone, Schachblume

F. imperialis ist eine alte Bauerngartenpflanze. Weniger bekannt sind die kleiner bleibenden, jedoch nicht minder schön blühenden Arten, von denen *F. meleagris* wohl am weitesten verbreitet ist. Wenn auch die Kulturansprüche der Arten sehr verschieden sein können, gibt es bei der Vermehrung keine Unterschiede. Sie erfolgt durch Aussaat oder Brutzwiebeln.

Aussaat: Am besten sofort nach der Samenreife im Sommer auf Beete im Garten oder im Frühbeetkasten. Die Keimtemperaturen sollten bei 5–12 °C liegen. Da starker Frost die Keimlinge schädigen kann, sollten die Saatbeete bzw. Aussaatgefäße mit Stroh oder einem Frostschutzvlies abgedeckt werden. In der Regel erfolgt die Keimung im folgenden Frühjahr. Es kann aber auch sein, dass die Samen überliegen. Blühreife erreichen die Sämlinge je nach Art und Wachstumsbedingungen nach vier bis acht Jahren.

Brutzwiebeln: Sorten werden durch Brutzwiebeln vermehrt, die im Herbst aufgenommen werden. Die Neigung zur Brutzwiebelbildung ist bei den einzelnen Arten und auch Sorten unterschiedlich ausgeprägt. Bei *F. imperialis* kann die Brutzwiebelbildung durch Anschneiden des Zwiebelbodens angeregt werden. Dazu wird der Boden einer gesunden Mutterzwiebel im August mit drei bis vier Diagonalschnitten über Kreuz angeschnitten. Schneiden Sie dabei so tief, dass die Hauptknospe zerstört wird. Ist der Schnitt zu flach, blüht die Zwiebel, was die Bildung von Brut erschwert. Bei zu tiefen Schnitten trocknet der Zwiebelboden aus, was sich ebenfalls ungünstig auswirkt. An den Wunden im Zwiebelboden entstehen im Laufe der Zeit Brutzwiebeln. Nach dem Anschneiden werden die Zwiebeln für etwa vier Wochen mit dem Zwiebelboden nach oben in Sand oder Torfmull eingefüttert und bei etwa 20 °C aufgestellt. Anschließend werden sie ausgepflanzt. Im folgenden und übernächsten Jahr können die Brutzwiebeln abgenommen und weiterkultiviert werden. Auch eine Vermehrung durch Zwiebelschuppen ist bei allen Arten möglich.

Gagea; Gelbstern

Gelbsterne lassen sich leicht durch Aussaat oder Teilung der Zwiebelhorste vermehren. Durch Selbstaussaat entstehen im Laufe der Zeit größere gelb blühende Teppiche.

Galanthus; Schneeglöckchen

Die Vermehrung der Schneeglöckchen erfolgt durch Aussaat oder Brutzwiebeln. Wer Wert auf Sortenechtheit legt, muss durch Brutzwiebeln vermehren. Aussaat am besten gleich nach der Reife auf

Gagea lutea

Beete im Garten, auch Selbstaussaat. Bis zur Blühreife dauert es drei bis vier Jahre. Die Brutzwiebeln werden unmittelbar nach dem Abblühen aufgenommen, gleich wieder gepflanzt oder in Kisten mit Torf oder Sand eingeschlagen und spätestens bis Mitte September gepflanzt. Wichtig ist, dass die Zwiebelchen nicht austrocknen. Eine noch größere Vermehrungsrate kann man erzielen, wenn man die Zwiebel in einzelne Segmente teilt und in Kisten „aussät“. Nach mehreren Wochen bilden sich an den Segmenten kleine Brutzwiebeln.

Galtonia candicans; Sommerhyazinthe

Die bedingt winterharte Sommerhyazinthe wird durch Brutzwiebeln im Frühjahr oder durch Aussaat vermehrt. Aussaat am besten im Frühjahr an einem geschützten Platz im Freien. Die Jungzwiebeln werden im nächsten Frühling aufgenommen und aufgepflanzt.

Gladiolus; Gladiole

Zu den mehr oder weniger auch bei uns winterharten Gladiolen gehören *G. communis*, *G. illyricus* und *G. palustris*. Vermehrung

Galanthus nivalis

Das Laub von Gladiolus murielae ist abgestorben. Jetzt können die Brutknollen abgenommen werden.

durch Aussaat gleich nach der Ernte (nur bei den Wildformen üblich), Teilung der Knollen und Brutknollen. Letztere ist die ergiebigste und allgemein übliche Art der Vermehrung.

Hyacinthus orientalis; Hyazinthe

In warmen, sonnigen, trockenen Lagen überleben Hyazinthen auch bei uns im Freien. Die Art selbst wird nicht kultiviert. Die zahlreichen Sorten lassen sich echt nur durch Brutzwiebeln vermehren, die sich durch Kreuzschnitt oder Aushöhlung am Wurzelboden sehr zahlreich erzeugen lassen.

Bei Gladiolus ist die Sortenvielfalt unüberschaubar.

Incarvillea delavayi; Stängellose Freilandgloxinie

Die Vermehrung der Freilandgloxinie erfolgt praktisch ausschließlich durch Aussaat. Eine Teilung der rübenartigen Knollen ist zwar möglich, doch nicht immer von Erfolg gekrönt. Aussaat im Februar bis März bei 20–25 °C. Den Samen nur andrücken und nicht übersieben. Frühzeitig in Töpfe pikieren. Weiterkultur bei 10–12 °C. Auch Direktsaat ist möglich.

Iris reticulata; Kleine Netzblatt-Iris, *I. danfordiae*

Zur Vermehrung der zwiebel- und knollenbildenden Arten siehe Seite 176.

Aussaattopf mit Lilium henryi in Breitsaat

Sämlinge von Lilium henryi, sieben Wochen nach der Aussaat

Jungpflanzen von Lilium henryi, zehn Wochen nach der Aussaat

Ixiolirion tataricum; Ixlilie, Blaulilie

Die Ixlilie wird durch Brutzwiebeln und Samen vermehrt. Aussaat am besten gleich nach der Samenreife im Spätsommer auf Beete. Blühreife erlangen die Sämlinge nach zwei bis drei Jahren.

Leucojum; Knotenblume, Märzenbecher

L. aestivum und *L. vernum* werden durch Aussaat und Brutzwiebeln vermehrt. Die Aussaat erfolgt am besten gleich nach der Samenreife an Ort und Stelle. Dazu drückt man ganze Samenkapseln in den Boden, damit Ameisen die Samen nicht verschleppen können. Werden die Samen vor der Aussaat längere Zeit trocken gelagert (Handelssaatgut), liegen die Samen in der Regel ein Jahr über. Die Vermehrung durch Brutzwiebeln (Teilung) sollte in der Phase des Abblühens erfolgen. Die Zwiebeln dürfen nie längere Zeit in trockener Luft lagern.

Lilium; Lilie

Lilien sind Zwiebelpflanzen mit sehr unterschiedlichen Zwiebelformen. Die Vermehrung erfolgt je nach Art durch Aussaat, Zwiebelteilung, Achselbulben, Stängelbulben und Zwiebelschuppen.
Aussaat: Die Vermehrung der reinen Arten, aber auch verschiedener nicht stark aufspaltender Sorten, sogenannter Strains, kann durch Aussaat erfolgen. Als Strain bezeichnet man Sorten, die durch Samen vermehrt worden sind.
Hinsichtlich des Keimverhaltens wird bei den Liliensamen zwischen zwei Gruppen unterschieden. Die Keimung kann entweder über dem Boden (epigäisch) oder unter dem Boden (hypogäisch) stattfinden. Zur ersten Gruppe gehören u. a. *L. candidum*, *L. formosanum*, *L. lancifolium* und *L. davidii*. Zur zweiten Gruppe zählen u. a. *L. auratum*, *L. bulbiferum* und *L. martagon*. Während das Keimblatt bei der ersten Gruppe etwa acht bis zehn Wochen nach der Aussaat sichtbar wird, bilden die Samen der anderen Gruppen nach der Keimung erst eine sogenannte Keimzwiebel aus, aus der Monate später die ersten Blätter hervorgehen.
Obwohl eine Aussaat auch auf Beete möglich ist, ist die Aussaat im Haus oder im Frühbeetkasten vorzuziehen. Die Samen der ersten Gruppe sät man bevorzugt von Februar bis April bei 15–20 °C aus. Ein Vorquellen der Samen ist sinnvoll.
Samen der zweiten Gruppe, sie zählen zu den Langsam- oder Schwerkeimern, sät man direkt nach der Reife aus. Die Aussaatgefäße dieser Gruppe werden für drei bis vier Monate bei 15 °C aufgestellt. Haben sich nach drei bis sechs Monaten kleine Keimzwiebeln entwickelt, folgt eine zweimonatige Kühlbehandlung bei 5–10 °C im Kühlschrank, kühlen Keller oder Frühbeetkasten. Im Anschluss daran, etwa im April, sind die Gefäße hell und warm aufzustellen. Nach etwa zwei bis vier Wochen bildet sich dann das erste Laubblatt und tritt aus dem Boden heraus.
Für den Hobbygärtner ist noch folgende Methode interessant: Nach einer Aussaat im Oktober kommen die vor Mäusen geschützten Saatgefäße den Winter über ins Freie. Ab Februar werden die Saatgefäße dann bei Temperaturen von 18–22 °C zur Keimung aufgestellt.
Ähnlich ist das sogenannte Jarowisationsverfahren, mit dessen Hilfe bei einigen Arten die Aussaatzeit um etwa ein Jahr verkürzt werden kann. Dazu werden die Samen sofort nach der Reife,

noch bevor sie hartschalig und ganz trocken geworden sind, in Kisten oder sonstige Gefäße ausgesät und bis Januar bei 0–6 °C aufgestellt. Anschließend unterzieht man sie einer zwei- bis dreiwöchigen Kältebehandlung bei −5 bis −10 °C. Diese Bedingungen kann man in einem Gefrierfach schaffen. Anschließend sind die Gefäße zur Keimung bei 18–22 °C aufzustellen.
Die Sämlinge beider Gruppen werden das erste Mal in möglichst tiefe Gefäße pikiert, wenn sich mindestens zwei Laubblätter gebildet haben. Sie erreichen in der Regel schon nach zwei Jahren die Blühreife. Als Aussaatsubstrat hat sich ein Gemisch aus Einheitserde P und Sand im Verhältnis 2:1 bewährt.

Zwiebelteilung: Diese Vermehrungsmethode ist einfach und erfolgt durch die Natur selbst. Je nach Art und Sorte bilden große Zwiebeln zwei bis drei kleinere, die sich ihrerseits nach einigen Jahren wieder selbst spalten. So entstehen im Laufe der Jahre mehr oder weniger große Zwiebelnester. Diese Zwiebelnester werden im Frühjahr oder Herbst aufgenommen, die Zwiebeln voneinander getrennt und einzeln wieder gepflanzt. Dabei ist darauf zu achten, dass jede Tochterzwiebel einige Wurzeln besitzt. Einige Arten, u. a. *L. davidii* var. *willmottiae*, treiben Ausläufer, an denen Jungzwiebeln sitzen. Diese kann man im Herbst oder Frühjahr (März) vorsichtig abtrennen und aufpflanzen.

Zwiebelschuppen: Werden größere Mengen benötigt, bedient man sich der Vermehrung durch Zwiebelschuppen. Die Zwiebelschuppen bilden später an der Wundstelle (Basis) Brutzwiebeln aus, die abgetrennt und weiter-

Lilienvermehrung (Schema)

Lilium martagon

Muscari armeniacum

kultiviert werden. Der richtige Zeitpunkt für diese Methode ist gekommen, wenn die Blütenstängel eingetrocknet und die Zwiebeln ausgereift sind, also das Ruhestadium begonnen hat. Bei frühblühenden Arten bzw. Sorten ist dies im September bis Oktober, bei spätblühenden im November der Fall. Die Zwiebeln werden aufgenommen und durch gründliches Waschen von Erdresten befreit. Als Vermehrungsmaterial nimmt man nur die kräftigsten äußeren Schuppen, die sich leicht abtrennen lassen, und pflanzt die Mutterzwiebeln gleich wieder ein. Die Zwiebelschuppen werden schichtweise in eine mit Vermiculit, Perlite oder Sand gefüllte Kiste eingelegt, wobei sie jeweils nur leicht mit dem jeweiligen Substrat zu bedecken sind. Das Ganze wird gut angefeuchtet und die Kiste in Folie eingepackt. Anschließend wird sie für sechs Wochen bei 22–24 °C aufgestellt, danach für vier Wochen bei 17 °C und zum Schluss für zwölf Wochen bei 5 °C. Im Anschluss an diese Kühlbehandlung streuen Sie die Zwiebelschuppen in Kästen (auch ein Frühbeetkasten oder Freilandbeet ist geeignet) aus und decken sie leicht mit Torf ab. Nach Ausbildung der Brutzwiebeln werden diese abgenommen – die Zwiebelschuppen sind in der Regel vertrocknet –, im Frühbeetkasten oder gleich auf Beete aufgepflanzt und weiterkultiviert.

Stängelbulben: Verschiedene Arten, z. B. *L. davidii* var. *willmottiae*, *L. henryi* und *L. longiflorum,* bilden an dem Stängelteil, der in der Erde sitzt, Stängelbulben aus, die im Herbst nach dem Einziehen abgenommen werden können. Die Bildung solcher Stängelbulben kann durch tiefes Pflanzen gefördert werden.

Achselbulben: *L. bulbiferum*, *L. sulphureum*, *L. lancifolium*, *L. speciosum* und andere Arten sowie viele Hybriden bilden in den Blattachseln (Blattansatzstellen) sogenannte Achselbulben aus. Diese Achselbulben, oft haben sie schon kleine Blättchen getrieben, werden im Herbst abgenommen und in Schalen oder Töpfe gelegt und bis zum Frühjahr kühl aufgestellt. Die Achsel- und Stängelbulbenbildung kann durch das Entfernen der Blütenknospen vor der Blüte gefördert werden. Achsel- und Stängelbulben können auch entstehen, wenn man einen Lilienstängel wie einen Teilsteckling behandelt, d. h., ihn in Stücke schneidet, diese Stücke samt den Blättern waagerecht in ein Sand-Torf-Gemisch legt und bei Temperaturen von etwa 20–25 °C aufstellt.

Muscari; Traubenhyazinthe

Traubenhyazinthen, von Bedeutung sind besonders *M. armeniacum*, *M. azureum* und *M. botryoides,* lassen sich am besten durch Selbstaussaat (die Sämlinge lassen sich leicht aufnehmen) und Brutzwiebeln vermehrt. Zur Vermehrung durch Brutzwiebeln werden die Horste im Juli gerodet und bald wieder gepflanzt. Denn eine längere Lagerung überstehen die Zwiebeln nicht sonderlich gut, da die dünnen Häute nur wenig Schutz bieten. Druckstellen werden sehr schnell von Pilzen befallen. Ab etwa 5 cm Umfang sind die Zwiebeln blühfähig.

Narcissus; Narzisse, Osterglocke

Die Gattung umfasst etwa 85 Arten mit vielen Tausend Sorten, die echt nur durch Brutzwiebeln zu vermehren sind.

Narcissus 'Akropolis'

Narcissus mit Tochter- bzw. Brutzwiebeln

Aussaat: Die Wildformen können auch ausgesät werden. Dies geschieht am besten direkt nach der Samenreife auf Beete im Garten. Bis zur Blühreife vergehen drei bis vier Jahre.
Brutzwiebeln: Um die Brutzwiebeln abzunehmen, werden die Zwiebeln im Juni gerodet. Der beste Zeitpunkt hierfür ist nach dem Gelbwerden des Laubes. Wie bei allen Zwiebelpflanzen ist es wichtig, dass das Laub möglichst ungestört auf natürliche Art und Weise einziehen kann, d. h., man darf das Laub nicht abschneiden, wenn es gelb wird. Ist das Laub abgestorben, sind die Zwiebeln sofort aufzunehmen, da sie nach der Ruhezeit schnell neue Wurzeln bilden. Um die Brut nicht zu schwächen, sollte man Narzissen nicht in Samen übergehen lassen. Deshalb sind die Blüten nach dem Abblühen samt ihrem kurzen Stiel herauszubrechen.

Ornithogalum; Milchstern

Ausreichend winterhart sind bei uns *O. narbonense, O. pyramidale* und *O. umbellatum*. Sie breiten sich durch Selbstaussaat oder Brutzwiebeln stark aus. Die Vermehrung erfolgt durch Aussaat direkt auf Beete oder Brutzwiebeln, die nach der Blüte gebildet werden.

Puschkinia scilloides; Kegelblume, Puschkinie

Puschkinien werden durch breitwürfige Aussaat auf Beete direkt nach der Samenreife im Garten oder auch durch Selbstaussaat und Brutzwiebeln vermehrt.

Scilla; Blaustern

Die Gattung *Scilla* umfasst etwa 50 Arten, von denen insbesondere *S. bifolia*, *S. siberica* und *S. litardierei* sowie ihre Sorten Bedeutung für unsere Gärten haben. Vermehrung durch Aussaat und Brutzwiebeln.
Aussaat: Im September auf Beete. Den Samen etwa 1,5 cm hoch abdecken. Die Sämlinge lässt man zwei Jahre auf dem Saatbeet stehen. Wer selbst Samen ernten will, muss die Kapseln pflücken, sobald sie sich zu verfärben beginnen. Versäumt man den richtigen Zeitpunkt, springen sie an warmen Tagen auf und ihr Inhalt ist verloren.
Brutzwiebeln: Der beste Rodetermin für die Brutzwiebelernte ist Juni. Die Bildung neuer Wurzeln sollte noch nicht begonnen haben, da Verletzungen an diesen die Pflanzen schwächen würden. Wichtig ist auch, dass die Schalen nicht verletzt werden.

Sternbergia lutea; Goldkrokus, Gelbe Sternbergie

Der im Herbst blühende Goldkrokus hat narzissenähnliche Zwiebeln, die jedoch kleiner sind und eine dunklere Schale aufweisen. Die Vermehrung erfolgt in der Regel durch Brutzwiebeln, die im Juli gerodet und sofort wieder gepflanzt werden sollten. Eine Anzucht aus Samen ist möglich, doch dauert es mindestens vier Jahre bis zur Blühreife. Ausgesät wird gleich nach der Samenreife auf Beete im Garten.

Keimlinge von Tulipa turkestanica

Tulipa; Tulpe

Die Gattung *Tulipa* mit ihren etwa 100 Arten und der unüberschaubaren Anzahl von Sorten ist wohl die Zwiebelblume schlechthin. Bei den im Handel angebotenen Tulpenzwiebeln handelt es sich fast ausschließlich um Sorten, die echt nur vegetativ durch Brutzwiebeln vermehrt werden können. Es sind aber auch vereinzelt Wildarten auf dem Markt, die sich leicht durch Samen vermehren lassen. Darunter sind einige wie *T. clusiana*, die sich durch Selbstaussaat stark verbreiten.
Aussaat: Diese ist gleich nach der Samenreife im Frühsommer auf Beete im Garten möglich. In den ersten zwei Jahren lässt man

Die vielen im Handel angebotenen Tulipa-Sorten können echt nur durch Brutzwiebeln vermehrt werden.

die Sämlinge auf dem Saatbeet, um sie dann im dritten Jahr aufzunehmen und neu einzupflanzen. Bis zur Blühreife vergehen fünf bis sieben Jahre. Einige Wildformen blühen auch schon nach drei Jahren.
Brutzwiebeln: Bei Tulpen überdauert die Mutterzwiebel nicht, sondern geht im Laufe des Frühlings zugrunde. Dabei werden aber stets neue Zwiebeln gebildet, auch bei solchen Pflanzen, die nicht geblüht haben. Tulpen perennieren also nicht direkt durch mehrjährige Zwiebeln wie *Narcissus*, sondern indirekt, indem ständig Brutzwiebeln angesetzt werden. Eine dieser Brutzwiebeln ist ziemlich groß und sichert in der folgenden Vegetationsperiode die Blüte. Die anderen bleiben zunehmend kleiner. Man unterscheidet dabei Arten bzw. Sorten, die willig und reichlich Brutzwiebeln bilden und andere, bei denen der Ansatz geringer ist.
Das Roden der Tulpenzwiebeln erfolgt ab Anfang Juni. Dabei ist wichtig, dass das Laub abgestorben und braun ist und die Reservestoffen den Tochterzwiebeln voll zugutekommen. Denn je dicker die neuen Tochterzwiebeln ausfallen, umso sicherer werden diese im nächsten Jahr blühen. Am besten ist es, die kleinen Brutzwiebeln gleich wieder auf spezielle Anzuchtbeete zu stecken, während man die großen für die nächstjährige Blüte trocken in luftigen Kisten im Schuppen oder Keller bis zum Legen im Herbst lagert.

Sumpf- und Wasserpflanzen von A bis Z

Der Teich ist ein Standort für Pflanzen des Lebensbereichs Wasser und Wasserrand mit seinem Umfeld. Ohne Pflanzen würde eine Wasserfläche nüchtern und steril wirken. Sumpf- und Wasserpflanzen geben der Tierwelt vielfältige Lebensmöglichkeiten und sorgen darüber hinaus für sauberes, sauerstoffreiches Wasser.
Nachfolgend wird die Vermehrung der wichtigsten Gattungen und Arten beschrieben. Sie können durch Aussaat, Teilung, Rhizomteilung und Ausläufer vermehrt werden.

Aussaat

Die Lebensdauer der Samen von Wasser- und Sumpfpflanzen ist sehr unterschiedlich. Verlässliche Angaben über die Dauer der Keimfähigkeit der einzelnen Arten gibt es nicht. Deshalb sollte die Aussaat recht bald nach der Ernte bzw. dem Eintreffen der Samen vorgenommen werden. Ausgesät wird am besten in Blumentöpfe oder Schalen aus Ton. Kunststoffgefäße sind wegen des Auftriebs nicht so gut geeignet. Als Substrat hat sich eine Mischung aus gut abgelagerter Komposterde, Lehm aus tieferen Bodenschichten und Sand im Verhältnis 1:1:1 bewährt.
Stellen Sie die Aussaatgefäße entweder submers (untergetaucht) oder emers (im Wasser stehend) auf. Bei submerser Aufstellung ist es erforderlich, die Erde mit einer Schicht Sand zu bedecken. Beschwert man die Samen nicht, steigen sie infolge ihres Auftriebes zur Wasseroberfläche empor. In der freien Natur schwimmen sie nämlich, bedingt durch ihr geringes Gewicht, einige Zeit an der Wasseroberfläche und können so abgetrieben werden. Erst wenn sie sich vollgesogen haben, sinken sie ab. Man kann dem Aufsteigen der Aussaat auch dadurch begegnen, dass die Töpfe zunächst einige Tage im Wasser stehen und erst nach dem Vollsaugen der Samen untergetaucht werden.

Teilung

Viele Sumpfpflanzen, die sich als Randbepflanzung oder an flachen Stellen in Teichen verwenden lassen, können durch Teilung vermehrt werden. Beispiele dafür sind *Acorus calamus*, und *Butomus umbellatus*. Bei ihnen verzweigt sich die Pflanze am Grunde so stark, dass sich ein dichter, horstartiger Wuchs ergibt. Solche Horste können mit einem Messer oder bei sehr starken, größeren Pflanzen mit einem Spaten in kleinere, mehrtriebige Teilstücke zerlegt werden. Die Teilung von Sumpf- und Wasserpflanzen sollte nur während der Wachstumsperiode durchgeführt werden. Am besten sind die Monate Mai und Juni, wenn die Pflanzen im Trieb stehen. Zu dieser Zeit ist der Wasser- bzw. der Sumpfboden auch genügend erwärmt, so dass die Teilstücke schnell einwurzeln.

Rhizomteilung

Alle Arten mit kriechender Sprossachse lassen sich dadurch vermehren, dass man die Rhizome in einzelne, 5–10 cm lange Teilstücke schneidet. Diese werden in Töpfe oder in den freien Grund gepflanzt. Der Wasserstand sollte nicht höher als 10–12 cm sein, damit eine möglichst schnelle Erwärmung des Wassers sowie des Bodens die Teilstücke zum baldigen Austrieb anregt. Normalerweise kann sich in jeder der dicht aufeinanderfolgenden Blattachseln eine Knospe entwickeln. Diese Fähigkeit bleibt auch erhalten, wenn die Blätter längst abgestorben sind. Unter natürlichen Bedingungen treten solche Reserveknospen in Aktion, wenn der Sprossvegetationskegel durch äußere Einflüsse zugrunde gegangen ist. Den gleichen Effekt ruft man durch Zerschneiden des Rhizoms hervor.

Aussaat von Sumpf- und Wasserpflanzen am Beispiel von *Caltha palustris*:

Samen von Caltha palustris

Für kleine Samenmengen sind solche Verkaufsverpackungen von Kirsch-Tomaten gut als Aussaatgefäße geeignet. Sie werden etwa zur Hälfte mit Erde gefüllt.

Der Samen wird breitwürfig ausgesät und dann nur angedrückt, aber nicht zusätzlich abgesiebt.

Anschließend wird der Deckel aufgelegt.

Die Aussaatschale wird dann in ein Gefäß mit Wasser gestellt.

Jungpflanzen, 15 Wochen nach der Aussaat

Bei der Teilung von Acorus muss man ein stabiles Messer zu Hilfe nehmen.

Ausläufer

Ein Großteil der Sumpf- und Wasserpflanzen lässt sich auch durch Ausläufer vermehren. Zu ihnen gehören z. B. *Hippuris* und *Hottonia palustris*. Zur Ausläuferbildung neigen aber nicht nur am Bodengrund wachsende Pflanzen, sondern auch verschiedene Schwimmpflanzen. Zu ihnen gehören z. B. *Hydrocharis morsus-ranae* und *Potamogeton*-Arten.

Stecklinge

Wasser- und Sumpfpflanzen, die vorwiegend aus gestreckten Internodien aufgebaute Sprossachsen aufweisen, lassen sich in der Regel auch durch Stecklinge vermehren. Das Abtrennen der Stecklinge kann mit der Schere oder dem Messer erfolgen, meist genügen aber die Finger, da die Sprossachsen in der Regel weich sind. Je nach Sprosslänge können Kopf- und auch Teilstecklinge geschnitten werden. Durch Stecklinge werden u. a. *Elodea* und auch *Hippuris* vermehrt.

Acorus; Kalmus

Die beiden Kalmusarten *A. calamus* und *A. gramineus* vermehrt man durch Teilung. Bester Vermehrungszeitpunkt sind die Frühjahrsmonate bei beginnendem Wachstum. Eine Samenbildung erfolgt in unseren Breiten meist nicht, da die Früchte nicht ausreifen.

Alisma; Froschlöffel

Die verschiedenen Froschlöffelarten, allen voran *A. plantago* 'Aquatica', lassen sich leicht durch Aussaat vermehren. Meist säen sie sich durch Selbstaussaat reichlich aus. Aussaat am besten gleich nach der Samenernte im Herbst oder auch erst im Frühjahr. Die Saatgefäße sind zur Hälfte in Wasser zu stellen. Dies gilt auch für pikierte und getopfte Pflanzen. Die Vermehrung durch Teilung im Frühjahr gelingt ebenfalls leicht.

Aponogeton distachyos; Kap-Wasserähre

Die Vermehrung von *Aponogeton* erfolgt durch Aussaat. Eine Teilung ist nur bedingt möglich. Aussaat am besten gleich nach der Samenreife. Das Aussaatgefäß ist bei 10–15 °C so aufzustellen, dass die Saatoberfläche etwa 1 cm hoch mit Wasser bedeckt ist. Bei eigener Samenernte ist es wichtig, das Reifen der Samen genau zu beobachten, denn nach dem Ausfallen aus der Frucht schwimmen sie nur kurzzeitig an der Wasseroberfläche.

Butomus umbellatus; Schwanenblume, Blumenbinse

Diese schöne und ausdauernde Wasserstaude vermehrt man durch Aussaat oder Rhizomteilung. Aussaat gleich nach der Samenreife bei 20 °C. Die Aussaatgefäße sind untergetaucht aufzustellen. Die Aufzucht der Jungpflanzen ist sehr langwierig. Teilung am besten während der Wachstumszeit vom Frühjahr bis Ende Juli. Dabei das Rhizom in kurze Stücke mit je einer Triebknospe schneiden und die Blätter stark einkürzen.

Butomus umbellatus

Calla palustris; Schlangenwurz, Sumpfkalla

Die Sumpfkalla vermehrt man durch Teilung. Geteilt wird im zeitigen Frühjahr, wenn die Rhizome blatt- und weitgehend wurzellos sind. Sie werden dabei in Stücke mit zwei Nodien geschnitten und einzeln oder bei größeren Töpfen zu mehreren schräg in die Erde gesteckt. Die Vermehrungstöpfe sind in flach mit Wasser gefüllte Kisten unter Glas aufzustellen. Als Substrat verwendet man Torf mit einem leichten Zusatz von Sand.

Aussaat: Diese erfolgt sofort nach der Ernte der reifen Samen im Herbst. Die Aussaatgefäße werden im Freiland untergetaucht aufgestellt, wo man sie den natürlichen Klimabedingungen überlässt. Keimung in der Regel im folgenden Frühjahr. Die Samen dürfen zwischen Ernte und Aussaat auf keinen Fall austrocknen.

Callitriche; Wasserstern

Die Unterwasserpflanze *C. hermaphroditica* sowie *C. palustris* mit ihren schwimmenden sternförmigen Blattrosetten sind auch bei uns winterhart. Beide Arten werden am besten durch Teilung im Frühjahr vermehrt. Eine andere Möglichkeit ist, auf Sämlinge zurückzugreifen, die durch Selbstaussaat entstanden sind.

Caltha palustris

Caltha palustris; Sumpf-Dotterblume

Von dieser schönen Uferrandstaude gibt es eine Vielzahl von Typen bzw. Sorten auf dem Markt, die echt nur durch Teilung vermehrt werden können. Diese erfolgt im zeitigen Frühjahr. Für größere Stückzahlen teilt man in Triebstücke mit einer Knospe. Ausgesät wird am besten gleich nach der Samenreife. Die Saatkisten stellt man in einen mit Wasser gefüllten Untersatz. Meist erfolgt die Keimung der Samen innerhalb von vier Wochen. Sie können aber auch bis zu einem Jahr überliegen. Sobald sich die Sämlinge im Wachstum behindern, wird in 8-cm-Töpfe pikiert, die man in Schalen mit einem Wasserstand von 5–10 cm aufstellt.

Ceratophyllum demersum; Raues Hornblatt

Das Hornblatt wird durch Teilung der Sprosse, Abtrennen von Seitentrieben oder durch Aufsammeln der Winterknospen (Hibernakeln) vermehrt, aus denen sich im Frühjahr neue Pflanzen bilden.

Cyperus longus; Kastanienbraunes Zypergras

Diese papyrusartig wirkende Uferstaude wird in der Regel durch Teilung vermehrt. Probleme bereitet der sehr feste Wurzelstock. Gegebenfalls muss man eine Axt zur Hilfe nehmen. Geteilt werden kann nach Abschluss des Wachstums im Herbst oder zu Beginn des Wachstums im Frühjahr. Vermehrung durch Aussaat am besten im Frühjahr. Die Aussaatgefäße sind gut feucht zu halten. Später werden drei bis fünf Sämlinge tuffweise gleich in Einzeltöpfe pikiert.

Eichhornia; Wasserhyazinthe

Vermehrung durch Abtrennen der Ausläuferpflanzen, die in großer Zahl entstehen. Überwinterung unter Glas in Schalen mit sandigem Substrat bei 15 °C.

Elodea canadensis; Kanadische Wasserpest

Die aus Nordamerika stammende Wasserpest ist ein guter Sauerstoffspender für den Teich, wuchert aber häufig so stark, dass sie andere Wasserpflanzen in Bedrängnis bringt. Vermehrung durch Kopfstecklinge oder Bruchstücke (Teilstecklinge). Jedes kleine Stängelstück bewurzelt sich leicht und bildet bald eine neue Pflanze.

Eichhornia crassipes

Hippuris vulgaris

Hydrocharis morsus-ranae

Hippuris vulgaris; Tannenwedel

Der Tannenwedel wird während der Wachstumszeit durch Teilung, Abtrennen der Seitentriebe (Ausläufer) oder durch Stecklinge vermehrt.

Hottonia palustris; Europäische Wasserfeder

Die Europäische Wasserfeder, eine der schönsten heimischen Wasserpflanzen, wird durch Aussaat, Stecklinge und Ausläufer vermehrt. Aussaat gleich nach der Ernte der Samen, Aussaatgefäße submers aufstellen. Wasserstand 1 cm über Oberkante des Gefäßes. Meist läuft der Samen erst im Frühjahr des folgenden Jahres auf.

Hydrocharis morsus-ranae; Europäischer Froschbiss

Diese Ausläufer und Wurzeln treibende Schwimmpflanze wird in der Regel durch Ausläufer oder Winterknospen (Hibernakeln) vermehrt. Diese entstehen im Herbst an den Ausläuferspitzen und sinken beim Zerfall der Pflanzen auf den Grund. Sie werden eingesammelt und bis zum Frühjahr in Wasser frostfrei aufbewahrt. Aussaat ist möglich. Für die eigene Samenernte benötigt man aber, da die Pflanze zweihäusig ist, beide Geschlechter.

Iris pseudacorus; Sumpf-Schwertlilie

Zur Vermehrung siehe Seite 174–176.

Lysichiton americanus; Gelbe Scheinkalla

Diese auffallende Sumpfstaude mit großen, *Calla*-ähnlichen Blütenscheiden vermehrt man durch Aussaat oder Teilung. Am besten lässt man die Samen an Ort und Stelle ausfallen und pikiert oder topft im folgenden Jahr. Sonst Aussaat direkt nach der Samenreife unter Glas in Gefäße, die in Schalen mit Wasser zu stellen sind. Für einzelne Exemplare empfiehlt sich die Vermehrung durch Teilung direkt nach der Blüte, wenn der eigentliche neue Austrieb erfolgt.

Menyanthes trifoliata; Bitterklee, Fieberklee

Diese schöne Sumpfpflanze vermehrt man am besten durch Teilung im Mai bis Juni oder im Sommer. Aussaat sofort nach der Samenreife. Aussaatgefäße in Wasser stellen. Die Keimung erfolgt in der Regel sehr unregelmäßig, das Saatgut kann bis zum nächsten Jahr überliegen.

Myriophyllum; Tausendblatt

Diese Gattung meist submers lebender Wasserpflanzen lässt sich leicht durch Teilung vermehren. *M. verticillatum* bildet in den Blattachseln Winterknospen aus, die im Spätherbst, wenn die Pflanze abstirbt, zu Boden sinken, und die man zur Vermehrung nutzen kann.

Nuphar; Mummel, Teichrose

Die Teichrose vermehrt man durch Aussaat und Teilung der Rhizome. Aussaat gleich nach der Samenreife. Die Aussaatgefäße unter Glas submers aufstellen. Wasserstand etwa 1 cm über dem Gefäß. Teilung der Rhizome im Sommer. Man kann dabei in relativ kleine Stücke teilen.

Nymphaea; Seerose

Mit ihren formschönen und farbenprächtigen Blüten sind Seerosen der Mittelpunkt eines jeden Teiches. Bei den im Handel angebotenen Seerosen handelt es sich in der Regel um Hybriden (Sorten), die echt nur vegetativ vermehrt werden können. Für die Arten selbst kommt auch die Aussaat in Frage. Soweit Hybriden Samen ansetzen, kann auch hier eine Aussaat durchaus interessant sein.

Die im Handel angebotenen Seerosen sind alle hybriden Ursprungs und können echt nur vegetativ vermehrt werden.

Aussaat: Nachdem die Früchte aufgeplatzt sind, schwimmen die reifen Samen etwa ein bis zwei Tage auf der Wasseroberfläche, von der man sie mit einem feinen Sieb oder Tuch abfischen kann. Danach wird gleich in Kisten ausgesät. Auf keinem Fall darf der Samen trocken aufbewahrt werden, da er sonst schnell seine Keimfähigkeit verlieren würde. Die Oberfläche der Saatkiste wird nach der Aussaat mit etwas gröberem Sand in Saatkornstärke abgesiebt. Dann werden die Gefäße in eine hohe Schale gestellt, die mit Wasser so aufgefüllt wird, dass der Samen eben bedeckt ist. Die Keimung erfolgt je nach Art nach etwa drei bis vier Wochen, kann aber auch länger dauern. Teilweise liegt der Samen auch bis zu einem Jahr über.

Teilung: In der Mehrzahl werden Seerosen durch das Abtrennen von Seitentrieben oder das Abschneiden von Triebspitzen im Frühjahr vermehrt. Größere Stückzahlen erhält man, wenn man das sauber gewaschene Rhizom in Teilstücke mit ein bis zwei ehemaligen Blattansätzen schneidet. Eine andere Möglichkeit ist, die Adventivtriebe (Augen) im Frühjahr mit Beginn des Wachstums von den Rhizomen auszuschneiden und in feuchter Erde bei Temperaturen von 20–25 °C bis zur Wurzelbildung weiterzukultivieren.

Nymphoides peltata; Gewöhnliche Seekanne

Die Seekanne kann durch Aussaat, Abtrennen von Jungpflanzen, die an den Ausläufern gebildet werden, sowie durch Blattstecklinge vermehrt werden. Aussaat unmittelbar nach der Reife im Haus. Die Keimung erfolgt dann im nächsten Frühjahr. Zur Vermehrung durch Blattsteck-

Nymphoides peltata

Pontederia cordata (Horst im hinteren Teichbereich)

linge werden vollausgebildete Blätter verwendet. Drücken Sie die ganze Blattspreite fest an. Nach einiger Zeit entstehen am Blattstiel neue Pflänzchen.

Orontium aquaticum; Goldkeule

Die Goldkeule bildet reichlich Samen aus, die erst auf dem Wasser schwimmen, dann absinken und im nächsten Frühjahr keimen. Man kann die Samen aber auch abfischen und in Kisten säen. Die Samen sollten dabei immer von Wasser bedeckt sein. Darüber hinaus lässt sich die Goldkeule auch einfach durch Teilung im Frühjahr vermehren.

Phragmites australis; Schilfrohr

Für den normalen Gartenteich ist dieses stark wuchernde Riesengras eher ungeeignet. Es lässt sich leicht durch Teilung der Rhizome in der Ruhezeit vermehren. Man kann aber auch bis Mai warten und dann Jungtriebe mit drei bis fünf Blättern als Vermehrungsmaterial zum sofortigen Pflanzen verwenden.

Pontederia cordata; Herzförmiges Hechtkraut

Mit seinen blauen Blüten ist das Hechtkraut eine wichtige und schöne Teichpflanze. Vermehrung in der Regel durch Teilung der Rhizome oder Abtrennen von Seitentrieben im Sommer, seltener durch Aussaat.
Aussaat: Aussaat gleich nach der Samenreife unter Glas. Die Aussaatkisten sind bis zum oberen Rand in Wasser zu stellen. Die Keimung erfolgt dann im Frühjahr. Später wird dann gleich in den Endtopf getopft und bis zum Auspflanzen unter Glas weiterkultiviert.
Rhizomteilung: Am besten in der Zeit des Austriebs bis Ende Juli.

Potamogeton; Laichkraut

Vermehrung am einfachsten durch Stecklinge von aufrechten Sprossen, die basal wieder neue Sprossen (Ausläufer) bilden, durch Rhizomteilung oder Winterknospen (Hibernakeln). Auch das Aufnehmen von Sämlingen, die sich durch Selbstaussaat entwickeln, ist möglich.

Sagittaria; Pfeilkraut

Die äußerst dekorativen Pfeilkräuter sind typische Pflanzen des Flachwasserbereichs. Nach der Samenreife sterben die Pflanzen ab, sorgen aber durch Überwinterungsknollen, die an mehr oder weniger langen Ausläufern sitzen, für den Erhalt der Art. Bei Anzucht in Töpfen sind die Knollen auf den Topfboden zu legen und mit Substrat aufzufüllen, da die Wurzeln oberhalb der Knolle gebildet werden. Aussaat unmittelbar nach der Samenreife. Die Aussaatgefäße sind von unten gut feucht zu halten. Beachten Sie bei der Weiterkultur, dass pikierte oder getopfte Pflanzen bis zum Wurzelhals im Wasser stehen sollten.

Schoenoplectus; Teichsimse, Seebinse

S. lacustris und *S. tabernaemontani* sind typische Uferpflanzen, von denen zumeist Sorten mit gelblich und weißlich grünen Blättern angeboten werden. Besonders beliebt ist *S. tabernaemontani* 'Zebrinus'. Diese Sorten können echt nur vegetativ durch Teilung vermehrt werden. Man teilt vom Spätwinter bis in den Sommer hinein. Aussaat direkt nach der Samenreife in Gefäße unter Glas, die in Wasserschalen stehen. Später büschelweise pikieren, um möglichst schnell kräftige Pflanzen zu erhalten.

Sparganium; Igelkolben

Die Igelkolbenarten sind durch ihre kugeligen Fruchtköpfe interessant. Vermehrung durch Aussaat oder Teilung. Aussaat gleich nach der Reife im Herbst, Aussaatgefäße von unten ständig feucht halten. Teilung im Herbst oder zeitigem Frühjahr.

Stratiotes aloides; Wasseraloe, Krebsschere

Die Wasseraloe ist eine im Sommer frei schwimmende Rosettenpflanze, die sich nach Möglichkeit mit ihren Wurzelspitzen auch auf dem Grund verankert. Vermehrung durch Abtrennen der Ableger im Sommer und Aussaat bald nach der Fruchtreife. Eigene Samenernte ist nur möglich, wenn weibliche und männliche Pflanzen vorhanden sind. Im zeitigen Frühjahr kann auch über Wurzelschnittlinge vermehrt werden.

Thelypteris palustris; Gewöhnlicher Sumpffarn

Diesen hübschen, zarten Farn, der in sonnigen, sehr feuchten Wiesen sowie im flachen Wasser wächst, vermehrt man durch Teilung oder Sporenaussaat. Sporenreife Juli bis September.

Typha latifolia

Typha; Rohrkolben

Die Arten der Gattung *Typha* sind typische Uferpflanzen, die durch Aussaat und Teilung vermehrt werden. Bei der Aussaat wird der Samen vom platzenden Kolben direkt auf das nasse Saatbett verteilt, angedrückt und angegossen. Die Saatkisten sind dann in Wasser zu stellen. Pikiert wird später tuffweise mit mehreren Pflanzen, am besten gleich in Töpfe. Hinsichtlich der Samenreife ist zu beachten, dass die Kolben von *T. minima* schon im Sommer reifen, die der anderen Arten erst im Herbst bis Winter. Teilung im Herbst oder besser noch im zeitigen Frühjahr bei beginnendem Austrieb. Die Teilpflanzen werden getopft und bis zum Rand in Wasser gestellt.

Utricularia vulgaris; Wasserschlauch

Der Wasserschlauch ist eine vollkommen wurzellose Pflanze, die durch Teilung der Sprosse während der Vegetationszeit vermehrt wird. Sie können auch die Winterknospen (Hibernakeln) absammeln, bevor diese absinken.

Veronica beccabunga; Bachbungen-Ehrenpreis

Die Bachbungen-Ehrenpreis lässt sich leicht durch Teilung bzw. Abtrennen einzelner Triebe mit Wurzeln vermehren.

Sommerblumen

In ihrer formenreichen und farbenprächtigen Vielfalt nehmen Sommerblumen einen wichtigen Platz in der Palette der unzähligen Zierpflanzen ein. Sie bereichern den Garten im Sommer mit ihrer überbordenden Blütenpracht und verleihen ihm Leben. Sie entwickeln sich in vergleichsweise kurzer Zeit zur vollen Schönheit. In erster Linie sind Sommerblumen Pflanzen für Beete und Rabatten, viele können aber auch als Schnittblumen oder zur Balkon- und Schalenbepflanzung verwendet werden. Allen Sommerblumen ist gemeinsam, dass sie jährlich neu vermehrt werden müssen, was in der Regel aus Samen geschieht.

Was sind Sommerblumen?

Bei der Bezeichnung Sommerblumen handelt es sich um keine wissenschaftlich fundierte botanische Klassifikation, sondern um einen gärtnerischen Sammelbegriff. Die Mehrzahl der zuzuordnenden Arten wachsen einjährig. Es werden jedoch auch Arten dazugezählt, die zweijährig oder ausdauernd sind, jedoch bei uns nur einjährig angebaut werden. Ein Beispiel hierfür ist das an sich mehrjährige *Antirrhinum majus*, das sich aber schon im ersten Jahr wie eine einjährige Art entwickelt und reich blüht und fruchtet. Da es nicht winterhart ist, ist die jährliche Neuanzucht aus Samen rationeller als eine frostfreie Überwinterung. Auch die niedrigen, samenvermehrbaren Mignon-Dahlien, an sich ausdauernde Knollenpflanzen, werden wie Sommerblumen ausgesät und verwendet. Den Sommerblumen zugeordnet werden schließlich auch noch die einjährigen bzw. einjährig angebauten Ziergräser.
Hinsichtlich der Anzucht lassen sich Sommerblumen, die direkt

ins Freiland an Ort und Stelle ausgesät werden, von solchen unterscheiden, die unter Glas vorgezogen werden sollten. Letztere sind im Jugendstadium besonders wärmebedürftig oder haben eine lange Vegetationszeit, so dass sie sonst erst spät im Jahr blühen würden. Andere besitzen feinen Samen, die an Ort und Stelle nur zu einem geringen Teil auflaufen und brauchbare Pflanzen ergeben.

Direktsaat

Die Direktsaat an Ort und Stelle ist die einfachste Art der Anzucht. Sie ist bei einer Reihe von Sommerblumen unerlässlich, da sich diese nicht oder nur schlecht verpflanzen lassen. Bei weiteren Arten ist sie nicht unbedingt nötig, aber praktisch, da gepflanzte Bestände weder üppiger, schöner, noch länger blühen. Die Direktsaat der Sommerannuellen erfolgt in der Regel von März bis Ende Mai, die der Winterannuellen im Herbst.

Bodenvorbereitung

Flächen mit starkem Unkrautbesatz kommen für Direktsaaten nicht in Frage. Das Saatbeet sollte bereits im Herbst umgegraben werden. Dabei arbeitet man am besten guten Kompost oder Rindenhumus ein. Im Frühjahr wird das Land dann gut aufgelockert, eingeebnet und gegebenenfalls noch einmal mit Sand, Kompost oder Rindenhumus verbessert.

Aussaat

Ausgesät wird breitwürfig oder in Reihen. Auf kleineren Flächen empfiehlt sich die Breitsaat, während es auf größeren Rabatten sinnvoll ist, in Reihen auszusäen. Dann kann die nachfolgende Bodenbearbeitung und Unkrautbekämpfung leichter erfolgen.
Die Aussaatdichte bzw. die Reihenabstände richten sich nach dem Wuchsverhalten der jeweiligen Art. In der Regel sind Reihenabstände von 20–30 cm üblich. Mit einem Rechenstiel oder dem Reihenzieher zieht man etwa 1–2 cm tiefe Rillen, in die die Samen ausgebracht werden.
Nach dem Säen werden die Reihen zugezogen und die Erde mit einem Andrückbrett angedrückt oder mit einer Schaufel leicht angeklopft, damit die Samen engen Kontakt zum Erdreich bekommen. Direktsaaten müssen notfalls durch Beregnung stets feucht gehalten werden.

Vereinzeln

Sind die jungen Sämlinge so groß, dass man sie gut greifen kann, ist der Zeitpunkt für das Ausdünnen bzw. Vereinzeln gekommen. Dabei sind alle zu eng stehenden Pflänzchen zu entfernen, so dass nur noch ein Teil der Gesamtmenge übrigbleibt. Stehen bleiben sollten stets die kräftigen Exemplare. Die verbliebenen Pflanzen müssen so weitläufig stehen, dass sie sich gegenseitig nicht beeinträchtigen, sondern zu stattlichen Exemplaren heranwachsen können. Sie können die zu dicht stehenden Pflanzen herausziehen, sie abhacken oder mit einem Messer wegschneiden. Zieht man die Pflanzen heraus, muss man anschließend kräftig gießen, damit die Erde wieder fest an die Wurzeln der verbleibenden Exemplare gespült wird.
Dünnt man nicht oder nur ungenügend aus, bedrängen sich die zu eng stehenden Pflanzen, neh-

Damit die Samen der Sommerblumen beste Keimbedingungen finden, müssen Sie den Boden gut auflockern und die Saatfläche sauber abziehen.

Erdklumpen entfernt man vom Saatbeet am besten, indem man den Rechen mehr oder weniger senkrecht führt.

Eine weitgehend ebene Aussaatfläche bekommt man, wenn man die Fläche zum Schluss mit dem Rücken des Rechens abzieht.

Damit die Samen guten Kontakt zum Boden bekommen, sind die Samen wie hier mit einem Brettchen gut ins Erdreich zu drücken.

Links: Jungpflanzen aus Anzuchtbeeten sollten mit möglichst viel Wurzelwerk aus dem Aussaatbeet genommen werden, damit ein zügiges Anwachsen garantiert ist, hier Tagetes-Sämlinge.

Rechts: Optimal entwickelte Jungpflanzen aus Multizellenplatten von Dianthus caryophyllus, 60 Tage nach der Aussaat

men sich gegenseitig Nahrung, Wasser, Licht und Luft weg. Sie vergeilen und kümmern schließlich, blühen bald, aber viel zu kurz.

Aussaat und Vorkultur unter Glas

Die Verfahren der Aussaat und Vorkultur unter Glas sind auf Seite 240–241 beschrieben. Welche Methode man dabei verwendet, ist von den gegebenen Möglichkeiten, von der eigenen Anschauung und letztendlich von der Pflanzenart abhängig. Verschiedene Arten werden direkt aus dem Saatbeet ausgepflanzt, andere zunächst pikiert, wieder andere nach dem Pikieren oder direkt aus dem Saatbeet in Töpfe gepflanzt, um dann ausgepflanzt zu werden. Die Wahl der Topfgröße sowie die Anzahl Jungpflanzen pro Topf hängt ebenfalls von der betreffenden Art ab. Deshalb wird bei der Beschreibung der einzelnen Arten auf die bewährtesten Methoden hingewiesen.

Auspflanzen

Der beste Pflanzzeitpunkt ist vom jeweiligen Klima, dem Standort und besonders von den Eigenschaften der betreffenden Arten abhängig. Frostempfindliche Sommerblumen werden stets erst ab Mitte Mai, also nach den Eisheiligen ausgepflanzt. Die günstigsten Pflanztage sind solche mit bedecktem Himmel. Unter solchen Bedingungen wachsen die Pflanzen ohne zu welken und mit nur geringen Verlusten an. Jungpflanzen aus Anzuchtbeeten müssen vorsichtig herausgehoben werden, um die feinen Wurzeln zu schonen. Achten Sie beim Pflanzen darauf, dass die Wurzeln senkrecht in die Erde kommen. Nach dem Pflanzen oder auch schon zwischendurch sind die frischgepflanzten Sommerblumen kräftig anzugießen. Jungpflanzen aus Ton- oder Kunststoffgefäßen werden vorsichtig ausgetopft, solche aus Torftöpfen zusammen mit der organischen Ballenhülle gepflanzt. Für alle Jungpflanzen gilt, dass ihre Ballen zum Zeitpunkt des Auspflanzens gut durchfeuchtet sein sollten.

Die Pflanzenabstände richten sich nach den Eigenschaften der Arten und Sorten. Auch unterschiedliche Verwendungszwecke können die Standweiten beeinflussen. So pflanzt man „Hecken“ und natürliche Abgrenzungen aus Sommerblumen enger als auf Beeten und in Gruppen.

Rechte Seite:
Vorkultur von Sommerblumen am Beispiel von *Alcea rosea:*

1) *Samen*
2) *Aussaattisch mit den notwendigen Materialien*
3) *Füllen der Kiste mit kleinem Hügel*
4) *Ränder der Kiste andrücken*
5) *Überflüssige Erde mit einem Holz abstreifen*
6) *Einzelkornaussaat*
7) *Breitsaat aus der Tüte*
8) *Andrücken des Saatgutes, um Erdkontakt zu erzielen*
9) *Absieben in Samenkornstärke*
10) *Abgesiebte Kiste*
11) *Gut angießen*
12) *Pikieren in Einzeltöpfe*
13) *Die Sämlinge werden vorsichtig mit Hilfe des Pikierholzes ausgehoben.*
14) *Fertig pikierte Kiste mit Einzeltöpfen*
15) *Nun muss noch gut angegossen werden.*
16) *Gut entwickelte Jungpflanze acht Wochen nach der Aussaat*

1
2
3
4
5
6
7
8
9
10
11
12
13
14
15
16

Sommerblumen von A bis Z

Dieser spezielle Teil beschreibt die Vermehrung von über 86 Gattungen bzw. Arten. Hier finden Sie Angaben zum günstigsten Vermehrungszeitpunkt, und ob eine Direktsaat oder eine Aussaat unter Glas mit Vorkultur empfehlenswert ist.
Die meisten der aufgeführten Sommerblumen gehören zum Standardsortiment der verschiedenen Samenanbieter. In der Regel handelt es sich dabei um Saatgut von züchterisch bearbeiteten reinerbigen Pflanzen, von denen es teilweise eine Reihe von Sorten mit unterschiedlichen Wuchseigenschaften, Blütenfarben und Blattformen gibt. Diese Sorten sind mit Ausnahme der F_1-Hybriden in der Regel reinerbig. Man kann von ihnen deshalb für die kommenden Jahre auch eigenen Samen ernten. Hinsichtlich der Samenernte, -reinigung und -aufbereitung gelten die auf Seite 13–20 gemachten Aussagen.

Hinweis: Zwischen Balkonpflanzen, Sommerblumen und Kübelpflanzen gibt es bezüglich der Arten gewisse Überschneidungen. Sollte eine bestimmte Sommerblume hier nicht aufgeführt sein, so ist sie sicherlich über das Register bei den Balkonblumen oder den Kübelpflanzen zu finden.

Adonis aestivalis; Sommer-Adonisröschen

Aussaat von März bis April unter Glas bei 18 °C. Keimzeit 20 bis 30 Tage. Pflanzabstand 10 × 10 cm–15 × 15 cm. Direktsaat möglich.

Antirrhinum majus

Alcea rosea; Chinesische Stockrose

Aussaat von Februar bis März bei 18 °C unter Glas. Keimzeit zwischen 12 und 20 Tagen. Pflanzabstand 75 × 100 cm. Jungpflanzenanzucht mit Direktsaat in 8- bis 9-cm-Töpfe möglich.

Ammobium alatum; Papierknöpfchen, Sandimmortelle

Aussaat unter Glas im März/April bei 16–18 °C. Keimzeit 14 bis 20 Tage. Nach dem Auflaufen pikieren und Ende Mai im Abstand von 20–25 cm auspflanzen. Direktsaat im Mai möglich.

Antirrhinum majus; Garten-Löwenmaul

Aussaat von Februar bis April unter Glas bei 15–20 °C. Keimzeit 10 bis 14 Tage. Nach dem Aufgehen Sämlinge einzeln in Pflanzeinheiten pikieren. Schon ab Mitte April kann im Abstand von 20–30 cm ausgepflanzt werden.

Bassia scoparia subsp. *scoparia*; Sommerzypresse, Besen-Radmelde

Aussaat von März bis April unter Glas bei 18 °C. Am besten gleich drei bis fünf Samen je 8- bis 10-cm-Topf aussäen. Keimzeit 8 bis 14 Tage. Nach dem Auflaufen nur die kräftigste Pflanze stehen lassen und ab Mitte Mai im Abstand von 50–80 cm auspflanzen.

Bellis perennis; Gänseblümchen, Maßliebchen

Aussaat im Juni/Juli unter Glas bei 18 °C oder auch auf Anzuchtbeete im Freiland. Keimzeit 7 bis 14 Tage. Später im Abstand von 15–20 cm auspflanzen.

Brassica oleracea var. *acephala*; Zier-Kohl

Aussaat im April bei 16 °C unter Glas oder auch von April bis Juni auf Anzuchtbeete im Freiland. Keimzeit sechs bis acht Tage. Auspflanzen im Abstand von 40 cm.

Briza maxima; Größtes Zittergras

Aussaat ab Ende März unter Glas bei 20 °C. Keimzeit zehn bis zwölf Tage. Nach dem Auflaufen mehrere Sämlinge in Einzeltöpfe oder Multitopfplatten pikieren und später im Abstand von 20–25 cm auspflanzen. Sie können auch mehrere Samen pro Topf oder im Mai breitwürfig direkt an Ort und Stelle aussäen. Hier später auf 5–7 cm vereinzeln.

Calendula officinalis; Garten-Ringelblume

Direktsaat von März bis Mai. Keimzeit 10 bis 15 Tage. Später auf 25 cm vereinzeln. Durch eine Staffelung der Aussaatzeiten kann man von Frühsommer bis zum Herbst blühende Bestände erhalten.

Callistephus chinensis; Gartenaster, Sommeraster

Aussaat unter Glas von März bis Mai, im Mai auch auf Anzuchtbeete im Freiland. Keimzeit 7 bis 14 Tage. Bei Aussaat unter Glas ist einmal zu pikieren, um kräftige Pflanzen zu erhalten. Günstige Keimtemperatur 15 °C, Pflanzabstand 25–40 cm. Direktsaat ist Anfang Mai möglich.

Campanula medium; Marien-Glockenblume

Aussaat bei 15 °C unter Glas oder auch auf Anzuchtbeete im Mai bis Juni. Keimzeit 14 bis 20

Brassica oleracea var. acephala gibt es in verschiedenen Farbschattierungen.

Tage. Aussaaten unter Glas werden pikiert, während die Sämlinge auf den Anzuchtbeeten vor dem Auspflanzen auf 10 cm zu vereinzeln sind. Auspflanzen im Abstand von 40 cm.

Centaurea cyanus; Kornblume

Aussaat im März bis April oder auch schon im Herbst, am besten an Ort und Stelle. Keimzeit zwischen 14 und 20 Tagen. Später die Sämlinge auf 15–20 cm vereinzeln.

Clarkia; Atlasblume, Godetie

Arten: *Clarkia amoena*; Atlasblume, Godetie, *C. pulchella*; Großblütige G., *C. unguiculata*; Mandelröschen.
Direktsaat von März bis Mai. Keimzeit acht bis zwölf Tage. Nach dem Aufgang auf 25–40 cm vereinzeln. Vorkultur unter Glas

Callistephus chinensis 'Astoria'

Cleome spinosa

möglich. Günstige Keimtemperatur 16 °C.

Cleome; Spinnenpflanze

Arten: *Cleome hassleriana*; Spinnenpflanze, *C. spinosa*; Dornige S. Aussaat von März bis April unter Glas bei 18 °C. Keimzeit zwischen 14 und 20 Tagen. Sämlinge einzeln in 8- bis 9-cm-Töpfe oder entsprechende Pflanzeinheiten pikieren. Ende Mai im Abstand von 40–50 cm auspflanzen.

Cobaea scandens; Glockenrebe

Aussaat von März bis April unter Glas bei 18 °C. Keimzeit 16 bis 20 Tage. Entweder drei bis fünf Samen je 11-cm-Topf aussäen oder drei Pflanzen je Topf pikieren. Auspflanzen nach Mitte Mai im Abstand von 60–100 cm.

Consolida; Einjähriger Rittersporn

Arten: *Consolida ajacis*; Garten-Rittersporn, *C. regalis*; Acker-R. Aussaat von März bis April unter Glas bei 10–15 °C oder auch Ende April oder im September direkt an Ort und Stelle. Keimzeit 18 bis 25 Tage. Pflanzabstand zwischen 20 und 30 cm.

Convolvulus tricolor; Dreifarbige Winde

Aussaat von April bis Mai unter Glas bei 18 °C, am besten gleich drei bis fünf Samen je 11-cm-Topf. Keimzeit 10 bis 14 Tage. Direktsaat im Mai möglich. Auspflanzen bzw. vereinzeln im Abstand von 20–25 cm.

Coreopsis tinctoria; Färber-Mädchenauge

Aussaat im März bis April unter Glas bei 12–15 °C. Keimzeit 10 bis 16 Tage. Anfang Mai im Abstand von 15–25 cm auspflanzen. Eine Direktsaat ab Mitte April ist möglich.

Cosmos bipinnatus; Fiederblättriges Schmuckkörbchen

Aussaat von März bis Mai unter Glas bei 18 °C, am besten gleich zwei bis drei Samen je 8-cm-Topf. Keimzeit 10 bis 18 Tage. Auspflanzen im Mai im Abstand von 35–40 cm. Ab Mai ist eine Direktsaat im Freien möglich.

Cucurbita pepo; Zier-Kürbis

Aussaat Mitte bis Ende April unter Glas mit je zwei bis drei Samenkörner je 10- bis 12-cm-Topf. Keimzeit 10 bis 14 Tage. Im Mai auch Direktsaat an Ort und Stelle mit drei bis vier Samen je Saatstelle möglich. Pflanzabstand 50–70 cm.

Cynara cardunculus; Kardy, Wilde Artischocke

Aussaat von März bis April bei 15–18 °C unter Glas. Am besten gleich drei Samen je 10-cm-Topf. Keimzeit 14 bis 20 Tage. Im Mai im Abstand von 50–70 cm auspflanzen.

Dahlia × hortensis; Mignon-Dahlie

Aussaat von Februar bis April unter Glas bei 18 °C. Keimzeit 7 bis 14 Tage. Nach dem Auflaufen in 9- bis 12-cm-Töpfe pikieren. Direktsaat in Töpfe mit zwei bis drei Samen pro Topf möglich.

Dianthus barbatus; Bart-Nelke

Aussaat von April bis Juli bei 16 °C unter Glas oder auf Anzuchtbeete im Freiland. Keimzeit 8 bis 14 Tage. Auspflanzen ab Mitte Juli, spätestens bis Mitte August, im Abstand von 20–30 cm.

Dianthus caryophyllus; Garten-Nelke

Aussaat unter Glas im Februar/März bei 18 °C. Keimzeit 8 bis 14 Tage. Nach dem Auflaufen am besten in 7- bis 8-cm-Töpfe pikieren und später im Abstand von 20–30 cm auspflanzen.

Dianthus chinensis; Chinenser-Nelke, Kaiser-Nelke

Aussaat von Februar bis April unter Glas bei 18–20 °C. Am besten gleich mit zwei bis drei Samen je 9-cm-Topf. Keimzeit 8 bis 14 Tage. Im Mai im Abstand von 20–25 cm auspflanzen.

Diascia barberae; Doppelhörnchen

Aussaat von März bis April unter Glas bei 15 °C. Keimzeit 14 bis 18 Tage. Nach dem Auflaufen zwei bis drei Sämlinge in 8-cm-Töpfe pikieren und dann Ende Mai im Abstand von 20–25 cm auspflanzen.

Dahlia × hortensis

Diascia barberae

Dimorphotheca; Kapkörbchen

Arten: *Dimorphotheca pluvialis*; Regenzeigendes Kapkörbchen, *D. sinuata*; Buschiges K.
Aussaat von März bis April unter Glas bei 15 °C. Am besten gleich vier bis fünf Samen je 8-cm-Topf. Keimzeit acht bis zwölf Tage. Im Mai im Abstand von 15–25 cm auspflanzen. Unter günstigen Bedingungen kann auch ab Anfang April direkt an Ort und Stelle breitwürfig ausgesät werden. Später ist auf 15–25 cm zu vereinzeln.

Dorotheanthus bellidiformis; Garten-Mittagsblume

Aussaat im März bis April bei 18 °C unter Glas. Am besten gleich vier bis fünf Samen je 8-cm-Topf. Keimzeit 14 bis 20 Tage. Ende Mai in Abständen von 20–25 cm auspflanzen.

Eccremocarpus scaber; Schönranke

Aussaat im Februar bis März bei 18 °C unter Glas. Gleich drei bis fünf Samen je 9-cm-Topf sind zu empfehlen. Keimzeit 12 bis 16 Tage. Auspflanzen nach Mitte Mai im Abstand von 50–70 cm.

Erysimum cheiri; Goldlack

Aussaat von Mai bis Juli bei 10–18 °C unter Glas oder auch auf Anzuchtbeete im Freiland. Günstige Keimtemperatur 10–18 °C. Keimzeit zwischen 10 und 14 Tagen. Pflanzabstand 30–40 cm.

Eschscholzia californica; Kalifornischer Kappenmohn

Aussaat von März bis Mai oder auch schon im September am besten direkt an Ort und Stelle. Lässt sich infolge der Pfahlwurzeln nur schlecht verpflanzen. Samenbedarf für 100 Pflanzen 0,5 g. Keimzeit 7 bis 14 Tage. Nach dem Aufgehen auf 20–30 cm vereinzeln.

Euphorbia marginata; Schnee auf dem Berge

Aussaat von März bis Mai unter Glas bei 18 °C. Keimzeit sieben bis zwölf Tage. Ab Ende April im Abstand von 40–60 cm auspflanzen. Direktsaat im Mai möglich.

Reife Schoten von Eschscholzia californica

Felicia bergeriana; Eisvogel-Kapaster

Aussaat im März/April unter Glas bei 16 °C. Keimzeit 14 bis 18 Tage. Im Mai im Abstand von 15–20 cm auspflanzen.

Gaillardia; Kokardenblume

Arten: *Gaillardia × grandiflora*; Großblumige Kokardenblume, *G. pulchella*; Kurzlebige K.
Aussaat im März bis April bei 16 °C unter Glas. Keimzeit 14 bis 18 Tage. Wärmebedürftig, daher erst ab Mitte Mai im Abstand von 30 cm auspflanzen. Direktsaat ab Mitte Mai möglich.

Gazania-Sorten; Gazanie

Aussaat von Februar bis April unter Glas bei 20 °C. Keimzeit 14 bis 20 Tage. Ende Mai im Abstand von 30 cm auspflanzen.

Glebionis inkl. *Coleostephus* und *Ismelia*; Wucherblume

Arten: *Glebionis coronaria* var. *coronaria*; Kronen-Wucherblume, *G. segetum*; Saat-W., inkl. *Coleostephus multicaulis*; Zwergwucherblume, *Ismelia carinata*; Bunte W.
Aussaat unter Glas von März bis Mai bei 15 °C oder auch breitwürfig an Ort und Stelle von April bis Mai. Keimzeit 7 bis 14 Tage. Pflanzabstände zwischen 25 und 40 cm.

Gomphrena globosa; Kugel-Amarant

Aussaat von März bis Mai bei 18 °C unter Glas. Keimzeit 12 bis 14 Tage. Sämlinge einzeln in 7- bis 8-cm-Töpfe pikieren. Ab Mitte Mai im Abstand von 15–20 cm auspflanzen.

Bei Vorkultur sollte man Helianthus annuus in Einzeltöpfe aussäen.

Gypsophila elegans; Sommer-Schleierkraut

Direktsaat von März bis Mai. Keimzeit 14 bis 20 Tage. Nach dem Aufgang sind die Sämlinge auf 20–25 cm zu vereinzeln. Günstige Keimtemperatur 15 °C.

Helianthus annuus; Gewöhnliche Sonnenblume

Direktsaat im April bis Mai. Je nach Sorteneigenschaft im Abstand von 40–70 cm zwei bis vier Samen je Saatstelle auslegen. Keimzeit 10 bis 14 Tage. Günstige Keimtemperatur 16 °C. Eine andere Möglichkeit ist die Aussaat in 9- bis 10-cm-Töpfe mit zwei Samen. Dann Ende Mai auspflanzen.

Helichrysum bracteatum (gültiger Name: *Xerochrysum bracteatum*); Garten-Strohblume

Von März bis April jeweils zwei bis drei Samen je 8-cm-Topf unter Glas bei 18 °C aussäen. Keimzeit 14 bis 18 Tage. Ab Mitte Mai im Abstand von 25–30 cm auspflanzen.

Hordeum jubatum; Mähnen-Gerste

Aussaat ab Ende März unter Glas bei 20 °C. Keimzeit zehn bis zwölf Tage. Nach dem Auflaufen mehrere Sämlinge in Einzeltöpfe oder Multitopfplatten pikieren und später im Abstand von 20–25 cm auspflanzen. Sie können auch mehrere Samen pro Topf oder im Mai breitwürfig direkt an Ort und Stelle aussäen. Dann nach dem Aufgehen auf 10–15 cm vereinzeln.

Iberis; Schleifenblume

Arten: *Iberis amara*; Bittere Schleifenblume, *I. umbellata*; Doldige S.
Aussaat von März bis April bei 18 °C unter Glas. Keimzeit 10 bis 14 Tage. Ab Anfang Mai im Abstand von 20–25 cm auspflanzen. Man kann auch direkt an Ort und Stelle aussäen und später vereinzeln. Im September sät man für die Maiblüte des kommenden Jahres.

Ipomoea lobata; Sternwinde

Von März bis April am besten gleich drei bis fünf Samen je 10-cm-Topf bei 20 °C unter Glas aussäen. Keimzeit 12 bis 14 Tage. Auspflanzen Ende Mai im Abstand von 60–80 cm.

Ipomoea-Arten; Prunkwinde

Arten: *Ipomoea hederacea*; Prunkwinde, *I. nil*; Blaue P., *I. purpurea*; Purpur-P., *I. tricolor*; Himmelblaue P.
Aussaat von März bis April bei 18 °C unter Glas. Keimzeit 14 bis 16 Tage. Nach dem Auflaufen jeweils drei Sämlinge in 9- bis 10-cm-Töpfe pikieren. Man kann aber auch drei bis fünf Samen direkt in Töpfe aussäen. Auspflanzen Ende Mai im Abstand von 40–50 cm. *I. nil* lässt sich auch Ende April/Anfang Mai direkt an Ort und Stelle aussäen.

Lagenaria siceraria; Flaschenkürbis, Kalebasse

Aussaat im März unter Glas bei 22–24 °C direkt in 9-cm-Töpfe mit zwei Samen. Keimzeit acht bis zwölf Tage. Nach dem Auflaufen nur die kräftigste Pflanze stehen lassen. Auspflanzen nicht vor Anfang Juni im Abstand von 60–100 cm.

Ipomoea lobata

Lagenaria-Frucht

Lathyrus odoratus

Lagurus ovatus; Hasenschwanzgras

Aussaat ab Ende März unter Glas bei 20 °C. Keimzeit zehn bis zwölf Tage. Nach dem Auflaufen mehrere Sämlinge in Einzeltöpfe oder Multitopfplatten pikieren und später im Abstand von 20–25 cm auspflanzen. Eine breitwürfige Direktsaat ist im Mai auch möglich.

Lathyrus odoratus; Duft-Wicke

Direktsaat von April bis Mai in Reihen. Samenabstand in der Reihe 8–15 cm bei mindestens gleichem Reihenabstand. Keimzeit 14 Tage.

Lavatera trimestris; Becher-Malve

Direktsaat von April bis Juni. Keimzeit 7 bis 14 Tage. Nach dem Auflaufen auf 50–60 cm vereinzeln.

Limonium bonduellei, L. sinuatum; Meerlavendel, Strandflieder

Aussaat von März bis April bei 18 °C unter Glas. Keimzeit 10 bis 24 Tage. Mitte Mai im Abstand von 25–30 cm auspflanzen.

Linaria bipartita; Zweiteiliges Leimkraut

Direktsaat von April bis Mai, da sich Leimkraut nur schlecht verpflanzen lässt. Nach dem Aufgehen auf 15 cm vereinzeln.

Linum grandiflorum; Großblütiger Lein

Direktsaat von April bis Mai. Nach dem Aufgehen auf 15 cm Abstand vereinzeln.

Lobularia maritima; Duftsteinrich, Silberkraut

Aussaat von April bis Mai bei 16 °C unter Glas. Zu empfehlen sind gleich vier bis fünf Samen pro 5- bis 6-cm-Topf oder Aussaat in Saatkisten und tuffweises Pikieren. Keimzeit acht bis zwölf Tage. Pflanzabstand 10–15 cm. Direktsaat im Mai möglich.

Schon 30 Tage nach der Aussaat sind diese Jungpflanzen von Matthiola incana fertig zum Auspflanzen.

Jungpflanzen von Mirabilis jalapa, fünf Wochen nach der Aussaat

Nemesia-Samen wird nur dünn mit Erde bedeckt.

Lunaria annua; Einjähriges Silberblatt

Aussaat von März bis Juli bei 18 °C unter Glas. Keimzeit 10 bis 14 Tage. Auspflanzen im Abstand von 30–40 cm. Im Juni/Juli ist eine Direktsaat zu empfehlen.

Matthiola incana; Garten-Levkoje

Aussaat im März bis April unter Glas bei 15–18 °C. Keimzeit 8 bis 14 Tage. Nach dem Aufgehen pikiert man in 8-cm-Töpfe. Ausgepflanzt wird im April/Mai im Abstand von 15–40 cm.

Maurandya barclaiana; Windendes Löwenmaul

Aussaat unter Glas im März bis April bei einer Temperatur von 20 °C. Keimzeit 14 bis 20 Tage. Nach dem Auflaufen pikieren und schließlich zu dritt in 8- bis 9-cm-Töpfe setzen. Ausgepflanzt wird Mitte Mai im Abstand von 30–50 cm.

Mimulus; Gauklerblume

Arten: *Mimulus guttatus*; Gewöhnliche Gauklerblume, *M.* × *hybridus*; Affenblume
Aussaat von März bis April bei 15 °C unter Glas. Den sehr feinen Samen nicht abdecken, sondern nur andrücken. Keimzeit acht bis zwölf Tage. Nach dem Aufgehen pikieren und später in 8-cm-Töpfe pflanzen. Auspflanzen ab Mitte Mai im Abstand von 20–25 cm.

Mirabilis jalapa; Wunderblume

Aussaat von März bis April bei 12–14 °C unter Glas. Keimzeit 10 bis 14 Tage. Nach dem Auflaufen pikieren, später in 9-cm-Töpfe setzen und ab Mitte Mai im Abstand von 40–60 cm auspflanzen.

Moluccella laevis; Muschelblume

Aussaat von März bis April bei 15 °C unter Glas. Keimzeit 14 bis 28 Tage. Auspflanzen ab Ende Mai im Abstand von 30–40 cm. Eine Direktsaat ist Anfang Mai möglich.

Myosotis sylvatica; Wald-Vergissmeinnicht

Aussaat im Juli unter Glas oder auch auf Anzuchtbeete im Freiland. Samenbedarf für 100 Pflanzen 0,2 g. Keimzeit 14 bis 20 Tage. Auspflanzen im Abstand von 15–20 cm.

Nemesia; Nemesie

Aussaat im April bis Mai bei 12–15 °C unter Glas. Zu empfehlen sind gleich zwei bis drei Samen je 8-cm-Topf. Keimzeit 14 bis 20 Tage. Auspflanzen im Mai im Abstand von 15–20 cm.

Nicotiana alata; Flügel-Tabak

Aussaat von Februar bis April bei 20 °C unter Glas. Das feine Saatgut nicht abdecken, sondern nur andrücken. Keimzeit 14 bis 20 Tage. Nach einem Pikieren topft man in 8- bis 10-cm-Töpfe. Auspflanzen nicht vor Ende Mai (wärmebedürftig) im Abstand von 40–60 cm.

Nigella damascena; Braut in Haaren, Jungfer im Grünen

Direktsaat ab Mitte März mit Folgesaaten bis Ende Juni möglich. Keimzeit 8 bis 14 Tage. Nach dem Aufgehen auf 20–30 cm vereinzeln.

Papaver nudicaule; Island-Mohn

Aussaat im Juli für Blüte im Mai bis Juni des folgenden Jahres. Januaraussaat blüht noch im selben Jahr. Aussaat unter Glas, einmal pikieren (Keimzeit 14 bis 18 Tage) und vor dem Auspflanzen zwei bis drei Sämlinge in 8- bis 10-cm-Töpfe setzen.

Pflanzen ohne Topfballen sind nicht ohne größere Verluste umzupflanzen. Pflanzabstand 15–20 cm. Eine Direktsaat ist von Juli bis September möglich.

Pennisetum setaceum; Afrikanisches Lampenputzergras

Aussaat ab Ende März unter Glas bei 20 °C. Keimzeit zehn bis zwölf Tage. Nach dem Auflaufen mehrere Sämlinge in Einzeltöpfe oder Multitopfplatten pikieren und später im Abstand von 20–25 cm auspflanzen. Auch eine breitwürfige Direktsaat im Mai ist möglich.

Penstemon-Hybriden; Bartfaden

Aussaat von März bis April unter Glas bei 18 °C, einmal pikieren und später in 8-cm-Töpfe setzen. Keimzeit 20 bis 30 Tage. Im Mai im Abstand von 20–30 cm auspflanzen.

Phacelia congesta; Bienenfreund, Büschelfreund

Direktsaat ab März mit Folgesaaten bis Anfang Juli zu empfehlen. Keimzeit 10 bis 20 Tage. Nach dem Auflaufen auf 15 cm vereinzeln.

Phlox drummondii; Einjähriger Phlox

Aussaat im März bis April unter Glas bei 16–18 °C. Keimzeit 14 bis 20 Tage. Pflanzabstand 40–50 cm.

Portulaca grandiflora; Portulakröschen

Aussaat von März bis April unter Glas bei 18 °C. Zu empfehlen sind gleich drei bis fünf Samen je 8-cm-Topf oder Aussaat in Saatkisten und pikieren von drei Sämlingen je 11-cm-Topf. Den sehr feinen Samen nur andrücken, nicht mit Erde bedecken. Keimzeit 7 bis 14 Tage. Auspflanzen ab Mitte Mai im Abstand von 15–20 cm.

Ricinus communis; Rizinus, Wunderbaum

Aussaat von März bis Mai unter Glas bei Temperaturen von 20 °C. Dabei je einen Samen in einen 9- bis 10-cm-Topf aussäen. Keimzeit 16 bis 20 Tage. Auspflanzen ab Ende Mai im Abstand von 100–200 cm. Als Endstandort ist auch gut ein großer Topf geeignet.

Rhodanthe chlorocephala subsp. *rosea*; Rosa Papierblümchen

Aussaat im März bis April unter Glas bei 18 °C. Keimzeit 16 bis 20 Tage. Die Sämlinge können dann direkt aus der Saatkiste ab Mitte April im Abstand von 20–25 cm ausgepflanzt werden. Direktsaat Ende April/Anfang Mai möglich.

Papaver nudicaule

Pennisetum setaceum 'Rubrum'

Salvia farinacea

Rudbeckia hirta; Rauer Sonnenhut

Aussaat von März bis April bei 18 °C unter Glas. Keimzeit 16 bis 20 Tage. Sämlinge in 8-cm-Töpfe pikieren. Auspflanzen ab Mitte Mai im Abstand von 25–30 cm.

Salvia-Arten; Einjähriger Salbei

Arten: *Salvia coccinea*; Blut-Salbei, *S. farinacea* (siehe Seite 238); Mehliger S., *S. splendens*; Pracht-S., *S. viridis*; Schopf-S. Aussaat im März/April unter Glas bei 20 °C. Temperaturschwankungen sind zu vermeiden. *S. splendens* auch schon im Februar. Keimzeit zwischen 8 und 20 Tagen. In der Regel wird man einmal pikieren und dann in 8- bis 10-cm-Töpfe pflanzen. Auspflanzen ab Mitte Mai im Abstand von 25–40 cm.

Sanvitalia procumbens; Husarenknopf

Aussaat von März bis April bei 16–18 °C unter Glas. Zu empfehlen sind gleich drei bis vier Samen je 8-cm-Topf. Keimzeit 8 bis 14 Tage. Auspflanzen im Mai im Abstand von 20–25 cm.

Scabiosa atropurpurea; Samt-Skabiose

Aussaat von März bis April bei 20 °C unter Glas. Keimzeit 10 bis 14 Tage. Auspflanzen ab Mitte Mai im Abstand von 25–30 cm. Direktsaat ist im Mai möglich.

Schizanthus × wisetonensis; Spaltblume, Schlitzblume

Aussaat von März bis April bei 10–15 °C unter Glas. Keimzeit 16 bis 20 Tage. Die Sämlinge pikiert man in 8- bis 10-cm-Töpfe. Ausgepflanzt wird ab Mitte Mai im Abstand von 20–30 cm. Direktsaat ist ab Ende April möglich.

Silybum marianum; Gewöhnliche Mariendistel

Direktsaat im März oder schon im September. Nach dem Auflaufen auf 100–120 cm vereinzeln.

Tagetes; Studentenblume

Arten: *Tagetes erecta*; Hohe Studentenblume, *T. patula*; Studentenblume, *T. tenuifolia*; Mexikanische S.
Aussaat ab Februar bis Ende April bei 16–18 °C unter Glas. Keimzeit 10 bis 14 Tage. Einmal pikieren und später in 8- bis 10-cm-Töpfe pflanzen. Auspflanzen ab Mitte Mai im Abstand von 50 cm bei *T.* erecta und 20–25 cm bei den anderen Arten. Grundsätzlich ist auch eine Direktsaat möglich.

Tanacetum parthenium; Mutterkraut

Die Aussaat erfolgt unter Glas von März bis Mai bei einer Temperatur von 18 °C. Keimzeit zwischen 20 und 30 Tagen. Pflanzabstand 25–30 cm.

Tanacetum ptarmiciflorum; Silber-Wucherblume

Aussaat von Februar bis April bei 18 °C unter Glas. Keimzeit zwischen 14 und 20 Tagen. Pflanzabstand 25–30 cm.

Vorkultur von Tagetes im Frühbeetkasten

Tithonia rotundifolia; Mexikanische Sonnenblume

Aussaat von März bis April bei 20 °C unter Glas. Keimzeit 7 bis 14 Tage. Nach dem Auflaufen pikieren und später in 8- bis 10-cm-Töpfe pflanzen. Auspflanzen im Mai im Abstand von 50–70 cm.

Tropaeolum majus; Große Kapuzinerkresse

Am besten horstweise Direktsaat Ende April/Anfang Mai mit zwei bis drei Samen alle 30–50 cm. Nicht früher, da sehr frostempfindlich. Keimzeit 14 bis 20 Tage.

Tropaeolum peregrinum; *Kanaren-Kapuzinerkresse*

Aussaat im März/April unter Glas bei 18–20 °C. Zu empfehlen sind gleich zwei bis drei Samen je 10-cm-Topf. Keimzeit 18 bis 20 Tage. Auspflanzen Ende April/Anfang Mai im Abstand von 60–100 cm.

Viola × wittrockiana; Garten-Stiefmütterchen *Viola cornuta*; Horn-Veilchen

Aussaat im Juni bis Juli unter Glas (am besten im Frühbeet) oder auch auf Anzuchtbeete im Freiland. Zur Keimung sind Temperaturen von 15 °C am günstigsten, höhere Temperaturen verzögern die Keimung. Da Stiefmütterchen zu den lichtgehemmten Keimern gehören, sind die Aussaaten bis zur Keimung abzudecken, z. B. mit einer schwarzen Folie. Keimdauer 15 bis 20 Tage. Auspflanzen im August/September im Abstand von 20–25 cm.

Zinnia elegans

Xeranthemum annuum; Einjährige Papierblume

Direktsaat im April oder September. Nach dem Aufgehen auf 25–30 cm vereinzeln.

Zea mays; Zier-Mais

Aussaat im April bis Mai unter Glas bei 15–18 °C. Zu empfehlen sind gleich zwei Samen je 9-cm-Topf. Keimzeit 7 bis 14 Tage. Pflanzabstand 50–70 cm. Direktsaat ab Anfang Mai möglich.

Zinnia elegans; Zinnie, *Z. haageana*; Zinnie

Aussaat von März bis April bei 20 °C unter Glas. Keimzeit 10 bis 14 Tage. Nach dem Aufgehen in 7- bis 8-cm-Töpfe pikieren. Auspflanzen nicht vor Ende Mai im Abstand von 20–40 cm.

Zimmerpflanzen sowie Balkon- und Kübelpflanzen

Zimmerpflanzen sowie Balkon- und Kübelpflanzen, die im Nachfolgenden der Einfachheit halber zusammenfassend als Zimmerpflanzen bezeichnet werden, lassen sich wie Gehölze oder Stauden sowohl vegetativ als auch generativ vermehren.

Aussaat

Die Samen der Zimmerpflanzen sind im Allgemeinen nicht sehr lange lebensfähig. Ohne besondere Schutzmaßnahmen überdauern die meisten Arten nicht einmal wenige Monate, einige sind sogar nur wenige Tage keimfähig. Die günstigste Aussaatzeit sind die Frühjahrsmonate, wenn die Tage länger werden. Allerdings kann man bei vielen tropischen Arten mit der Aussaat nicht bis zum Frühjahr warten, da sie schnell ihre Keimfähigkeit verlieren können. In solchen Fällen müssen Sie sofort nach Erhalt des Saatgutes aussäen, auch wenn die natürlichen Lichtverhältnisse nicht besonders günstig sind.

In der Regel können die meisten Arten ohne jede Vorbehandlung ausgesät werden. Bei Samen mit harter, wasserundurchlässiger Samenschale, insbesondere Arten aus der Familie der Leguminosae, ist es jedoch sinnvoll, die Samenschale aufzurauen oder anzufeilen, wie dies auf Seite 65 beschrieben wurde.

Haben Sie fertig ausgesät, wird auch hier mit dem Andrückbrettchen die Aussaatfläche leicht angedrückt. Dies ist wichtig, damit das einzelne Samenkorn einen innigen Kontakt mit der Aussaaterde bekommt und zügig quellen und keimen kann. Anschließend wird mit Aussaaterde abgedeckt. Man nimmt hierzu ein feines Erdsieb oder ein Mehlsieb, wie es in der Küche verwendet wird. Die Abdeckhöhe richtet

sich nach der Größe der Samen, wobei Sie bei Zimmerpflanzen generell vom Ein- bis Zweifachen der Samengröße ausgehen können. Feine Sämereien, z. B. von *Begonia*, *Petunia*, *Kalanchoe*, *Calceolaria*, *Streptocarpus* werden nicht abgedeckt, hier genügt das Andrücken.
Die Aussaaten werden anschließend hell, aber vor direkter Sonne geschützt aufgestellt. Decken Sie wertvolle Sämereien mit einer Glasscheibe ab oder stellen Sie diese in ein Vermehrungsbeet. Bei direkter Sonneneinstrahlung deckt man die Gefäße oder Einrichtungen mit Zeitungspapier ab.
In der lichtarmen Zeit und bei ungünstigen Standorten kann man Aussaaten auch künstlich belichten. Hierfür ist eine Leuchtstoffröhre besser geeignet als eine Glühbirne, deren hoher Anteil an Infrarotstrahlung die Keimung eher hemmt. Die Beleuchtung darf nicht zu nah über der Aussaat angebracht werden, da es sonst zu einer zu starken Erwärmung kommen kann. Die einzelnen Arten stellen unterschiedliche Anforderungen an die Keimtemperatur. Die günstigste Keimtemperatur liegt bei den meisten zwischen 20 und 25 °C. Genauere Angaben finden Sie bei den Hinweisen zu den einzelnen Arten. Starke Abweichungen nach oben oder nach unten führen im günstigsten Fall nur zu einer Keimverzögerung. Optimal ist daher die Verwendung von Vermehrungseinrichtungen, die elektrisch heizbar sind und bei denen man die Temperatur über einen Thermostaten steuern kann (siehe Seite 57). Haben Sie diese Möglichkeit nicht, müssen Sie einen Platz im Zimmer oder Kleingewächshaus suchen, der die optimale Temperatur aufweist.
Bis zur Keimung darf die Saatfläche niemals austrocknen. Kontrollieren Sie die Aussaatgefäße daher täglich und wässern Sie bei Bedarf.
Sobald die Keimung beginnt, darf die Scheibe oder Abdeckhaube nicht mehr dicht aufliegen. Zwar ist zur Keimung feuchtwarme, also sogenannte gespannte Luft erforderlich, jedoch bietet diese auch den Schadpilzen gute Entwicklungsmöglichkeiten. Daher sollte die feuchtwarme Atmosphäre nicht länger als nötig aufrechterhalten werden. Bevor Sie die Abdeckhaube oder die Glasplatte ganz entfernen, müssen die Sämlinge durch Unterlegen eines Hölzchens oder Ähnlichem an die Umgebungsluft gewöhnt werden. Allerdings darf man mit dem Entfernen der Abdeckung nicht zu lange warten, denn sonst werden die Sämlinge schwach, überlang und anfällig für Krankheiten.

Auch bei Zimmerpflanzen ist die Breitsaat die Regel.

In diesem Stadium sollten die Sämlinge immer noch nicht direkt der Sonne ausgesetzt werden. Bei direkter Sonnenbestrahlung gibt man indirekt Schatten, indem man z. B. auf Rahmen gespanntes Papier oder Ähnliches aufstellt. Sobald die Bestrahlung aufhört, nimmt man diese Schattierung wieder fort. Das Hauptziel muss sein, die Pflanzen gesund und dennoch im Trieb zu halten. Dazu verhilft frische Luft, nicht zu verwechseln mit Zugluft, genügend Licht und sorgsames Wässern.

Pikieren

Je nach Art dauert es unterschiedlich lange, bis die Samen auflaufen bzw. keimen. Einige laufen schon zwei Tagen nach der Aussaat auf, andere brauchen mehrere Wochen. In einigen wenigen Fällen kann man erleben, dass sogar nach einem Jahr noch Samen auflaufen, während die ersten bereits nach wenigen Wochen Leben zeigten. Kippen Sie die Aussaatgefäße daher nicht zu früh aus.
Sobald die Keimlinge ausreichend groß sind, wird pikiert. Allgemeine Angaben zum Pikieren finden Sie auf Seite 37–38. Besondere Aufmerksamkeit und Vorsicht

Damit die Wurzeln der einzelnen Keimlinge nicht miteinander verfilzen, ist es sinnvoll, frühzeitig zu pikieren, am besten wie hier im Keimblattstadium. So haben die Sämlinge beste Bedingungen, zügig weiterzuwachsen.

müssen Sie bei den Zimmerpflanzen jedoch den besonders kleinen Sämlingen von *Begonia* oder *Streptocarpus* widmen.
Sie können die pikierten Pflanzen in der Wohnung an ein Ost-, West- oder Südfenster stellen. Damit sie nicht einseitig zum Licht hin wachsen, sollten Sie die Pikiergefäße wöchentlich um 180 ° drehen. Die Temperatur sollte 20 °C und mehr betragen. Temperaturen unter 18 °C sind zu vermeiden, da das Wachstum sonst stark beeinträchtigt wird und bei einigen Pflanzenarten ganz aufhört.

Vegetative Vermehrung

Bei Zimmerpflanzen hat die vegetative Vermehrung einen besonders großen Stellenwert, da häufig nicht genügend Saatgut oder ausreichend keimfähiges Saatgut zu bekommen ist und sich viele Blüten- und Grünpflanzen sortenecht auch nur vegetativ vermehren lassen. Nachfolgend werden die wichtigsten vegetativen Vermehrungsmethoden erläutert.

Teilung

Viele der bekannten Arten lassen sich ohne große Schwierigkeiten durch Teilung vermehren, z. B. *Aspidistra elatior* und *Cyperus alternifolius*. Etwas schwieriger wird es u. a. bei Marantaceae (Marantengewächse), *Saintpaulia ionantha* und *Streptocarpus*. Teilen Sie bevorzugt im Frühjahr zu Beginn der Hauptwachstumszeit. Um diese Zeit wurzeln die Teilstücke am besten in ihren neuen Gefäßen ein, und auch sonst sind die Bedingungen zu dieser Zeit optimal. Kann man einige Arten, etwa *Asparagus densiflorus*, einfach durch Zerschneiden des Wurzelstocks teilen, so muss man bei der Mehrzahl der Pflanzen etwas behutsamer vorgehen. Topfen Sie die zu teilende Pflanze aus und schütteln Sie die alte Erde ab bzw. lockern Sie den Wurzelballen mit einem Hölzchen auf. Dann wird die Pflanze vorsichtig mit etwas Fingerspitzengefühl auseinandergerissen. Dabei kommt man häufig nicht ohne ein Messer oder eine Schere aus. Jedes Teilstück muss mindestens eine Knospe und noch genügend Wurzelwerk besitzen. Kranke, beschädigte, abgestorbene und überlange Wurzeln werden entfernt oder eingekürzt. Die einzelnen Teilstücke werden je nach Größe in entsprechende Gefäße eingetopft. Wässern Sie vorerst nur wenig, bis sich neuer Wuchs zeigt. Stellen Sie die geteilten Pflanzen außerdem einige Tage vor direkter Sonne geschützt auf.

Kindel und Ableger

Kindel und Ableger sind an der Pflanze entspringende, bewurzelte Seitensprosse. Dabei wird die Bezeichnung Kindel in der Regel nur bei Ablegern von Bromeliaceae (Ananasgewächse) verwendet.
Trennen Sie die Ableger oder Kindel mit einem scharfen Messer von der Mutterpflanze ab und achten Sie dabei auf die Wurzeln. Je mehr intakte Wurzeln der Ableger hat, umso besser wächst er an. Sukkulente Ableger lässt man einige Stunden an der

Vermehrung durch Teilung am Beispiel von *Sansevieria trifasciata* 'Laurentii':

1

2

3

4

1) Ausgetopfte Mutterpflanze
2) Nicht immer lassen sich die einzelnen Teilstücke so einfach mit der Hand abtrennen.
3) Die abgetrennten Teilstücke sind meist wie hier unterschiedlich groß.
4) Sansevieria braucht nach dem Topfen und Angießen keine besondere Behandlung. Bei anderen Arten kann ein Verdunstungsschutz erforderlich sein.

Vermehrung durch Ausläufer am Beispiel von *Chlorophytum comosum*:

Mutterpflanze mit Ausläufern

Abgeschnittener Ausläufertrieb mit Jungpflänzchen

Die Ausbeute eines Ausläufers: Er trägt in der Regel Jungpflanzen unterschiedlicher Größe.

Die Jungpflanzen sollten nach dem Eintopfen und Angießen für zwei, drei Tage einen Verdunstungsschutz bekommen.

Luft liegen, bis die Wundfläche abgetrocknet ist (siehe auch Seite 283).
Ableger benötigen, falls sie nicht von Sukkulenten stammen, eine etwas sorgfältigere Pflege als die durch Teilung vermehrten Pflanzen, da das Verhältnis von Wurzelmasse zu Blattmasse in der Regel geringer ist. Wählen Sie zum Eintopfen keine zu großen Töpfe aus. Ableger mit wenigen Wurzeln benötigen in den ersten Tagen nach dem Eintopfen einen Verdunstungsschutz, z. B. durch Abdecken mit Folie.

Ausläufer

Ausläufer oder Stolonen sind ober- oder unterirdisch wachsende Sprossachsen mit sehr langen Internodien, aus deren Knospen sich Jungpflanzen mit sprossbürtigen Wurzeln entwickeln. Bekannte Beispiele sind u. a. *Chlorophytum comosum*, *Saxifraga stolonifera* oder *Nephrolepis exaltata*.
Weisen die jungen Pflänzchen genügend Wurzeln auf, kann man sie von der Mutterpflanze abtrennen und eintopfen. Die Weiterkultur erfolgt wie die bei Ablegern.

Bei Bryophyllum daigremontianum bilden sich die Brutpflanzen schon an der Mutterpflanze.

Brutpflanzen

Dass eine vegetative Vermehrung nichts Unnatürliches ist, machen die als lebendgebärend bezeichneten Arten deutlich, die auf Blättern, Blattstielen und an Blütenständen kleine Brutpflänzchen mit Wurzeln ausbilden. Bei einer bestimmten Größe fallen die Brutpflänzchen ab und wachsen, wenn sie auf ein geeignetes Substrat fallen, zu neuen Pflanzen heran.
Das bekannteste Beispiel für diese Art der Vermehrung sind Arten der Gattung *Bryophyllum*. In der Regel bilden sich die Brutpflänzchen schon an der wachsenden Pflanze aus, es gibt aber auch Arten, so *B. laxiflorum*, bei denen die Brutpflänzchen erst nach dem Abtrennen und Auflegen der Blätter auf ein geeignetes Substrat heranwachsen.

Abmoosen

Das Abmoosen ist besonders bei großblättrigen Pflanzen vorteilhaft, da sie aufgrund der großen Blattfläche viel Wasser verdunsten und bei einer normalen Stecklingsvermehrung große Schwierigkeiten haben, Wurzeln zu bilden. Die genaue Technik des Abmoosens können Sie bei den Gehölzen auf Seite 73–74 nachlesen. Die Wurzelbildung

Die Stecklingsvermehrung ist bei Zimmerpflanzen von großer Bedeutung. So wird Euphorbia pulcherrima in der Praxis ausschließlich durch Stecklinge vermehrt.

setzt bei Zimmerpflanzen in der Regel nach zwei bis vier Wochen ein und ist nach etwa sechs bis acht Wochen abgeschlossen. Bei schwer vermehrbaren Arten kann es jedoch auch mehrere Monate dauern.
Achten Sie beim Abnehmen der bewurzelten Pflanze darauf, dass der Moosballen nicht auseinanderfällt und keine Wurzeln abreißen. Das Gleiche gilt für das Eintopfen. Während der ersten Tage nach dem Eintopfen benötigen die Pflanzen einen Verdunstungsschutz und sollten öfter mit Wasser übersprüht werden. Größere Pflanzen werden an einem Stab festgebunden, bis sie fest eingewurzelt sind.

Stecklinge

Bei den bisher beschriebenen vegetativen Vermehrungsmethoden erfolgt die Wurzelbildung stets an der Mutterpflanze. Bei der Stecklingsvermehrung, sei es durch Kopf-, Trieb-, Stamm-, Augen- oder Blattstecklinge, bilden sich die Wurzeln erst nach dem Abtrennen von der Mutterpflanze. In der Regel sind für die Stecklingsvermehrung, mit Ausnahme der Sukkulenten, die gesondert behandelt werden, besondere Vermehrungseinrichtungen (siehe Seite 45) notwendig.
Die Stecklingsvermehrung an sich wird auf Seite 42–45 ausführlich beschrieben. Daher soll hier nur auf Besonderheiten eingegangen werden, die bei Zimmerpflanzen zu beachten sind.

Stammstecklinge

Durch Stammstecklinge können *Dieffenbachia*, *Monstera*, *Philodendron*, *Schefflera* und *Dracaena* vermehrt werden. Dabei wird der Spross mit einem scharfen Messer in kurze, 3–10 cm lange Abschnitte zerteilt, von denen jedes Stück mindestens ein Nodium mit einem ruhenden Auge (Knospe) aufweisen muss. Sie können aber auch längere Sprossstücke mit mehreren Nodien in das Vermehrungssubstrat legen und diese erst nach erfolgter Bewurzelung und Durchtrieb in kleinere Stücke teilen.
Im Gegensatz zu Kopf- und Teilstecklingen werden Stammstecklinge in der Regel nicht senkrecht gesteckt, sondern waagerecht in das Vermehrungssubstrat gelegt und zur Hälfte mit Erde bedeckt. Schon bald werden sich am Nodium Wurzeln bilden, und das Auge wird zu einem neuen Spross auswachsen.

Knotenstecklinge

Der Knoten- bzw. Augensteckling ist in der Regel ein beblättertes, etwa 2–3 cm langes, verholztes Sprossstück mit einem gut ausgebildeten Auge. Durch Knotenstecklinge werden großblättrige *Ficus*-Arten, z. B. *F. elastica*, vermehrt.
Stecken Sie die Stecklinge einzeln senkrecht in Töpfe, rollen Sie das Blatt zusammen, um die Verdunstung einzuschränken, und halten Sie es mit Bast oder einem Gummiring zusammen. Durch die so gebildete Blattröhre wird dann ein Holzstäbchen (Bambus- oder ein Schaschlikstäbchen) gesteckt, das dem Ganzen einen gewissen Halt verleiht.
Bei Pflanzen mit gegenständigen Blättern, z. B. *Aphelandra* und *Hydrangea*, kann das Sprossstück noch halbiert werden. Man erhält so je Knoten (Nodium)

Zu den Zimmerpflanzen, die durch Stammstecklinge vermehrt werden können, gehört Dieffenbachia.

Vermehrung durch Knotenstecklinge am Beispiel von *Ficus elastica:*

1) Mutterpflanze
2) Schnitt der Stecklinge unterhalb des Knotens mit einem scharfen Messer oder einer Schere
3) Geschnittener Stecklinge
4) Stecken in Einzeltöpfe
5) Damit der Steckling nicht zu viel Platz in Anspruch nimmt, wird das Blatt an einem Stab hochgebunden.
6) Zur Bewurzelung ist Verdunstungsschutz zu geben.
7) Der Steckling 15 Wochen nach Vermehrungsbeginn

zwei Stecklinge. Solche Stecklinge werden nicht senkrecht, sondern waagerecht gesteckt bzw. ausgelegt.

Blattstecklinge

Blattstecklinge lassen sich aus ganzen Blättern oder Blattteilen (Blattstückstecklinge) gewinnen. Durch ganze Blätter vermehrt man z. B. *Saintpaulia ionantha*. Die besten Ergebnisse erzielt man mit etwa fünf Monate alten Blättern, die einen Durchmesser von etwa 4 cm aufweisen. Kürzen Sie die Blattstiele auf 1–2 cm ein, da die Bewurzelung umso länger dauert, je länger der Blattstiel ist. Bei größeren Mengen steckt man die Blätter schuppenförmig oder dachförmig gegenüberstehend, damit sie selbst bei engem Stand möglichst viel Licht erhalten.
Vom Stecken des Blattes bis zur Bewurzelung und Bildung sichtbarer Austriebe vergehen etwa acht bis zwölf Wochen. Dabei entstehen pro Blatt mehrere kleine Pflänzchen. Damit sich schöne Blattrosetten ausbilden, müssen diese Pflänzchen beim Pikieren voneinander getrennt werden, da sonst ein Gewirr von vielen Rosetten entsteht. Dies wird vom Hobbygärtner häufig nicht genügend beachtet, der sich dann wundert, dass seine Pflanzen zwar viele Blätter ausbilden, aber nicht so recht blühen wollen.
Durch ganze Blätter lassen sich auch andere Arten wie *Begonia*-Lorraine-, *B.*-Elatior-Hybriden und *Camellia* vermehren. Bei *Camellia* ist darauf zu achten, dass

Vermehrung durch ganze Blätter am Beispiel von *Saintpaulia ionantha:*

1) Ernten der Blätter von der Mutterpflanze
2) Geerntete Blätter
3) Fertig geschnittener Blattsteckling
4) Erde andrücken, damit die Stecklinge fest stehen
5) Topf mit Stecklingen
6) Gespannte Luft fördert die Wurzelbildung.
7) Die Blattstecklinge sieben Wochen nach Vermehrungsbeginn
8) Die Blattstecklinge zehn Wochen nach Vermehrungsbeginn: Die Jungpflänzchen können auseinandergenommen werden.
9) Die vereinzelten Jungpflänzchen
10) Die pikierten Jungpflanzen

beim Abreißen am Blattstiel ein Auge verbleibt. Dies lässt sich dadurch erreichen, indem man vor dem Abreißen oberhalb und unterhalb des Blattes am Spross einen Einschnitt vornimmt, wie dies für Nadelgehölzstecklinge auf Seite 75–76 beschrieben wurde.

Blattstückstecklinge

Bei einigen Arten haben selbst Blattadern die Fähigkeit, nach Verletzung und Abtrennung Vegetationspunkte und Wurzeln auszubilden. Dazu zählen z. B. *Begonia rex* und *Streptocarpus*. Bei der Vermehrung von *Begonia rex* gibt es mehrere Varianten: Sie können beispielsweise ausgereifte, jedoch nicht verhärtete Blätter verwenden, aus denen man entlang der Blattadern keilförmige Stücke herausschneidet. Diese werden mit dem schmalen Ende ziemlich dicht nebeneinander in das Vermehrungsgefäß gesteckt.
Oder Sie schneiden das Blatt ohne Rücksicht auf den Verlauf der Blattadern in 2–3 cm große Quadratstücke. Diese werden nebeneinander in das Vermehrungsgefäß gelegt oder gesteckt. Am Rande der Stücke bilden sich nach einigen Wochen Vegetationspunkte und Wurzeln aus.

Die drei Methoden der Blattstecklingsvermehrung bei *Begonia rex*:

1

2

1) Quadrate, Keilstücke, ganzes Blatt eingeschnitten
2) Bewurzelter und ausgetriebener Keilstücksteckling von Begonia rex, sieben Wochen nach dem Stecken

Die dritte Variante ist die Blatteinschnittmethode. Hier legt man ganze Blätter flach auf das Vermehrungssubstrat, beschwert sie mit kleinen Steinchen oder steckt sie mit kleinen Drahtklammern (eingekürzte Haarklammern) fest und durchtrennt dann an einigen Stellen die Adern. An diesen Schnittstellen entwickeln sich schon nach kurzer Zeit junge Pflänzchen.
Bei *Streptocarpus* trennt man bei ausgewachsenen Blättern die Mittelrippe heraus, so dass zwei Hälften entstehen. Diese Hälften steckt man schräg, nachdem man zuvor mit einem Hölzchen eine kleine Rinne gezogen hat, in ihrer ganzen Länge in das Vermehrungssubstrat. Bei Verwendung kleinerer Gefäße, etwa Blumentöpfen, können die Hälften auch in kleinere Teilstücke geschnitten werden. Nach der Bewurzelung und Ausbildung neuer Triebe werden die Blatthälften in kleinere Einheiten zerschnitten, pikiert oder in kleine Töpfe gepflanzt.
Man kann das Blatt auch in Querstücke trennen, die, um sie besser stecken zu können, am unteren Ende keilförmig zugeschnitten werden (siehe Abbildung Seite 273). Das Stecken und die Weiterbehandlung dieser Querstücke erfolgt wie bei *Saintpaulia* beschrieben.
Bei *Sansevieria* teilt man ausgereifte Blätter in 5–6 cm lange Teilstücke, die senkrecht in das Vermehrungssubstrat gesteckt werden (siehe Seite 291). Auch hier kommt es darauf an, dass die Teilstücke immer mit dem ursprünglich basalen Teil in das Substrat kommen. Bei *Sansevieria* ist zu beachten, dass sich durch Blatt- und Teilstecklinge nur die grünblättrigen Arten vermehren lassen. Die beliebten gelbstreifigen Sorten, z. B. *S. trifasciata* 'Laurentii', können nicht auf diese Weise vermehrt werden, da nur grüne Triebe ausgebildet werden. Eine sortenechte Vermehrung ist bei diesen buntblättrigen Formen nur durch Teilung möglich.

Stecklingsvermehrung im Wasser

Wer sich nicht mit Vermehrungssubstraten und Vermehrungseinrichtungen abgeben will, kann versuchen, seine Stecklinge im Wasser zu bewurzeln. Viele von Natur aus wüchsige Arten wie *Tradescantia*, *Impatiens*, *Plectranthus*, aber auch *Epipremnum aureum* und *Dieffenbachia* bilden

Viele Zimmerpflanzen, wie hier Dieffenbachia, lassen sich auch erfolgreich im Wasserglas bewurzeln.

im Wasser willig Wurzeln aus. Auch etwas schwieriger wurzelnde Arten wie *Oleander*, *Sparrmannia africana* und selbst Blattstecklinge von *Saintpaulia* bewurzeln in Wasser. Die Gefäße, die man verwendet, sollten nicht aus Metall sein. Von Vorteil ist es, wenn man dem Wasser etwas Blumendünger zugibt, etwa 0,5 g bzw. 0,5 ml je l Wasser.
Einen kleinen Nachteil hat diese Methode jedoch. Die bewurzelten Stecklinge erleiden nach dem Umpflanzen in Erde zunächst einen Schock. Um diesen möglichst klein zu halten, sollten Sie möglichst früh in Erde topfen und nicht erst dann, wenn die Wurzeln schon das halbe Glas angefüllt haben.
Cyperus alternifolius subsp. *flabelliformis* wird in der Regel immer in Wasser herangezogen. Man verwendet dazu eingekürzte Blattschöpfe mit einem 2–4 cm langen Stielstück, die mit dem Stiel nach unten oder oben ins Wasser gestellt werden. Nach zwei Wochen setzt die Wurzel- und nach weiteren zwei Wochen die Triebbildung ein.

Aeschynanthus radicans

Zimmerpflanzen von A bis Z

Nachfolgend wird die Vermehrung von Zimmerpflanzen mit Ausnahme der Zimmerfarne, Kakteen und anderen Sukkulenten, Palmen, Orchideen und Bromelien beschrieben. Diese werden im Anschluss daran in eigenen Kapiteln behandelt, da bei ihnen einige Besonderheiten zu beachten sind.
Soweit keine Angaben zum Zeitpunkt gemacht werden, können Sie ganzjährig vermehren, doch sollten Sie dies bevorzugt im Frühjahr zu Beginn der Hauptwachstumszeit tun. Bei der Vermehrung durch Stecklinge ist die Anwendung von Wuchsstoffen zu empfehlen.

Acalypha amentacea subsp. *wilkesiana*, *A. hispida*; Roter Katzenschwanz; Buntlaubiges Kupferblatt

Vermehrung sowohl durch Kopf- als auch Teilstecklinge ganzjährig, bevorzugt im Frühjahr oder Sommer. Vermehrungstemperatur 22 °C, Weiterkultur nicht unter 18 °C. Eine Vermehrung durch Aussaat ist nicht üblich.

Achimenes-Sorten; Schiefteller

Auf dem Markt sind ausschließlich Sorten mit weißen, rosafarbenen bis blauen Blüten, die echt nur vegetativ vermehrt werden können. Am einfachsten ist die Vermehrung durch Teilung der Rhizome in der Ruhezeit. Leicht ist auch die Vermehrung durch Kopf- oder Blattstecklinge von März bis Juni. Setzten Sie später fünf bis acht Jungpflanzen in den 12-cm-Endtopf. Vermehrung durch Aussaat ist möglich, aber nicht üblich. Vermehrungstemperatur mindestens 20 °C, Weiterkultur nicht unter 18 °C.

Blattsteckling von Achimenes

Aeschynanthus; Sinnblume

A. lobbianus, *A. pulcher*, *A. radicans* und *A.* × *splendidus* werden durch Kopf- oder Teilstecklinge im Frühjahr bis Sommer vermehrt. Später sind fünf bis acht Jungpflanzen in den Endtopf zu setzen oder stecken Sie gleich fünf Stecklinge zusammen in einen Topf. Vermehrungstemperatur 22–25 °C, Weiterkultur nicht unter 16 °C.

Aglaonema; Kolbenfaden

Vermehrung durch Kopf- und Stammstecklinge, Teilung und Aussaat. Bewurzelung und Keimung nur bei hohen Bodentemperaturen von 25–30 °C. Bei der Aussaat ist zu beachten, dass nur frisches Saatgut ausreichend keimfähig ist. Weiterkultur nicht unter 20 °C.

Allamanda cathartica; Goldtrompete

Die Goldtrompete vermehrt man durch ausgereifte, leicht verholzte Teilstecklinge mit mindestens einem Nodium von Frühjahr bis Herbst. Setzen Sie später zwei bis drei bewurzelte Stecklinge zusammen in den Endtopf. Vermehrungstemperatur 22–25 °C, Weiterkultur nicht unter 18 °C.

Acalypha hispida

Amaryllis bella-donna; Belladonnenlilie

Vermehrung durch Abtrennen der Brutzwiebeln beim Umtopfen. Bis zur Blühreife dauert es drei bis vier Jahre.

Anigozanthos; Kängurublume

Man vermehrt die Kängurublume durch Aussaat oder Rhizomteilung. Aussaat am besten im zeitigen Frühjahr bei 20 °C. Decken Sie die Saatkiste bis zur Keimung mit Zeitungspapier ab und halten Sie sie in dieser Zeit gut feucht. Rhizomteilung nach der Blüte.

Allamanda cathartica

Anthurium scherzerianum lässt sich durch Teilung vermehren.

Ardisia crenata

Anthurium; Flamingoblume

Im Handel sind in der Regel nur Sorten bzw. Auslesen, die sich echt lediglich vegetativ vermehren lassen. Der Gärtner vermehrt heute in der Regel durch Gewebekultur. Für Hobbygärtner empfiehlt sich ein vorsichtiges Teilen älterer Pflanzen im Frühjahr mit Beginn des Wachstums. Als Topfsubstrat eignet sich eine lockere, luftige Erde, der man Styromull oder Kokosfasern beimischt. Sie können auch aussäen, allerdings ist die Variationsbreite groß. Auch in unseren Breiten kommt es zur Samenbildung, doch verlieren die Samen nach der Reife schnell ihre Keimfähigkeit. Säen Sie daher sofort nach der Ernte oder nach Erhalt des Saatgutes aus. Gegebenenfalls müssen Sie die Samen vor der Aussaat noch aus dem Fruchtfleisch auswaschen. Vermehrungstemperatur 25 °C, Weiterkultur nicht unter 18 °C.

Aphelandra squarrosa; Glanzkölbchen

Im Angebot ist meist die Sorte 'Danica', die echt nur vegetativ vermehrt werden kann. Man zieht Kopf-, Teil- oder Knotenstecklinge im Frühjahr und Sommer bei Temperaturen von 22–25 °C. Weiterkultur nicht unter 18 °C.

Araucaria heterophylla; Zimmertanne

Vermehrt wird durch Aussaat. Dabei ist man auf importierten Samen angewiesen. Da das Saatgut seine Keimfähigkeit schnell verliert, müssen Sie sofort nach Erhalt der Samen aussäen. Eine Vermehrung durch Stecklinge ist möglich, wobei nur die Triebspitzen die typische Wuchsform beibehalten. Zur Wurzelbildung sind hohe Bodentemperaturen von 25–30 °C notwendig. Zu groß gewordene Pflanzen werden besser durch Abmoosen vermehrt. Weiterkultur bei 16 °C, im Winter möglichst unter 10 °C.

Ardisia crenata; Ardisie, Gewürzbeere

Man vermehrt am besten durch Aussaat von zugekauften oder selbstgeernteten Samen. Meist bildet sich die Keimwurzel des Samens noch in der Frucht aus. Daher sind die Samen auch reif zu ernten. Befreien Sie die Samen durch Auswaschen sorgfältig vom Fruchtfleisch. Eine andere Möglichkeit ist die Vermehrung durch Kopfstecklinge. Vermehrungstemperatur 22 °C, Weiterkultur nicht unter 18 °C.

Asparagus; Zier-Spargel

Als Zierpflanzen sind *A. densiflorus*, *A. setaceus* und *A. falcatus* von Bedeutung. Haben Sie eine Mutterpflanze oder wollen nur wenige neue Pflanzen anziehen, dann ist die Teilung am einfachsten. Da der Wurzelballen in der Regel stark verfilzt, benötigt man meist ein starkes Messer, ein kleines Beil oder sogar ein breites Stemmeisen. Größere Mengen vermehrt man durch Aussaat. Samen, die vor dem Aussäen am besten durch Auswaschen vom Fruchtfleisch befreit werden müssen, bilden sich auch bei uns gut. Aussaat bei 24 °C, bis zur Keimung mit Zeitungspapier abdecken. Setzen Sie später zwei bis drei Sämlinge in den Endtopf. Weiterkultur bei 18 °C.

Aspidistra elatior; Schusterpalme

Vermehrt wird die Schusterpalme durch Teilung, am besten im Frühjahr. Die einzelnen Teilstücke sollten mindestens zwei

Aspidistra elatior, deren Blüten sich kurz über dem Boden entfalten, wird in der Regel durch Teilung vermehrt.

Früchte von Aucuba japonica

bis drei Blätter haben. Auch Aussaat ist möglich.

Aucuba japonica; Japanische Aukube

Die buntblättrigen Formen können echt nur durch Stecklinge vermehrt werden. Man schneidet im Frühjahr oder Sommer leicht verholzte Kopfstecklinge, die bei 20 °C nach vier bis acht Wochen wurzeln. Die Art selbst kann auch ausgesät werden. Um gut verzweigte Pflanzen zu erhalten, werden die Jungpflanzen mehrmals gestutzt.

Sämlinge von Beaucarnea gracilis

Beaucarnea; Klumpstamm

Diese Gattung vermehrt man durch Aussaat importierter Samen. Ältere Pflanzen bilden Seiten- bzw. Bodentriebe aus, die man abschneiden und zur Vermehrung nutzen kann. Vermehrungstemperatur 22–24 °C, Weiterkultur bei 18 °C.

Begonia-Elatior-Hybriden; Elatior-Begonie

Die Sorten lassen sich in der Mehrzahl echt nur vegetativ vermehren. Sie können dazu das ganze Jahr hindurch Blatt- und Kopfstecklinge schneiden. Für Blattstecklinge eignen sich jene Blättchen der Blütenregion, die nahezu ausgewachsen sind. Als Kopfstecklinge verwendet man Triebe mit mindestens zwei Nodien. Vermehrungstemperatur 20–25 °C, Weiterkultur nicht unter 18 °C. Im Handel finden sich auch Samen einer Sortengruppe namens 'Charisma'-Serie, die den Elatior-Begonien zuzuordnen ist. Aussaat am besten im Frühjahr bei Temperaturen um 25 °C. Für die Saatoberfläche die Erde fein sieben und die feinen Samen nicht abdecken. Bewässern Sie das Aussaatgefäß am besten von unten und sorgen Sie zur Kei-

Begonia boliviensis 'Bonfire' kann sowohl durch Aussaat als auch durch Stecklinge vermehrt werden.

Vermehrung von *Begonia rex* durch die Blatteinschnittmethode:

1) Mutterpflanze
2) Kiste mit Erde abfüllen und glatt abziehen
3) Damit der Kontakt der Adern zum Substrat gewährleistet ist, werden die Ränder mit kleinen Kieselsteinen beschwert.
4) Eine Bewurzelung ist nur bei gespannter Luft möglich. Über dem Gefäß sollte ein möglichst großer Luftraum sein.
5) Das Blatt sieben Wochen nach Vermehrungsbeginn: bewurzelt und mit jungen Pflänzchen
6) Frischgetopfte Jungpflanzen

mung für hohe Luftfeuchtigkeit. Nach der Keimung kann die Temperatur auf 18 °C abgesenkt werden.

Begonia; Blatt-, Strauch- und Hängebegonie

Die Arten mit strauchförmigem Wuchs, so z. B. *B. albopicta*, *B. bowerae*, *B. crispula*, *B. heracleifolia*, *B. masoniana* und *B. rex*, lassen sich leicht durch Triebstecklinge, insbesondere Kopfstecklinge vermehren. *B. masoniana* und andere rhizombildende Arten können leicht geteilt werden. Darüber hinaus sind Begonien auch leicht durch Blattstecklinge zu vermehren (siehe weiter unten bei *B. rex*). Eine Vermehrung durch Aussaat der sehr feinen Samen ist durchaus möglich, aber von untergeordneter Bedeutung. Vermehrungstemperatur 25–30 °C, Weiterkultur bei 20 °C.

Begonia-Lorraine-Hybriden; Lorraine-Begonie

Vegetative Vermehrung wie bei den Elatior-Begonien beschrieben. Blattstecklinge bewurzeln am besten bei 25 °C. Von einigen Hybridsorten wird auch Saatgut angeboten. Aussaat im März bei 20 °C, Weiterkultur nicht unter 15 °C.

Begonia rex; Königs-Begonie

Vermehrung durch Blattstecklinge (siehe Seite 246–247) bei 24 °C. Bei älteren Pflanzen können die Stämme in Teilstücke mit zwei bis drei Nodien geschnitten werden, auch Teilung ist möglich. Da die Samen im Samenhandel regelmäßig angeboten werden, können Sie im Frühjahr bei 20–25 °C auch aussäen. Zur Durchführung siehe Knollenbegonien, Seite 303. Die Keimzeit beträgt zwei bis drei Wochen. Weiterkultur nicht unter 18 °C.

Brunfelsia pauciflora; Brunfelsie

Vermehrung durch Kopf- oder Teilstecklinge, Letztere mit einem bis drei Nodien. Pflanzen Sie zwei bis drei Jungpflanzen in den Endtopf und stutzen Sie diese einmal. Vermehrungstemperatur 20–25 °C, Weiterkultur nicht unter 18 °C.

Caladium; Kaladie, Elefantenohr

Die Vermehrung erfolgt ausschließlich vegetativ durch Knollenteilung am Ende der Ruhezeit im Frühjahr. Der Neuaustrieb sollte bereits sichtbar sein, damit man sicher weiß, dass jedes Teilstück mindestens ein Auge besitzt. Es werden aber auch Seitenknöllchen gebildet, die sich leicht abtrennen lassen. Vermeh-

Ganz links: Caladium bicolor vermehrt man durch Knollenteilung.

Links: In Teilstücke mit einem Auge geteilte Knolle von Caladium bicolor

rungstemperatur bis zur Ausbildung der ersten Blätter 25–30 °C, Weiterkultur nicht unter 20 °C.

Calathea; Korbmaranthe

Die Vermehrung erfolgt durch Teilung oder Stecken von Blattschöpfen, die sich am Ende der Stiele bilden. Diese werden wie Stecklinge behandelt. Bei der Teilung muss jedes Teilstück mindestens zwei Blätter besitzen. Vermehrungstemperatur 22–25 °C, Weiterkultur bei 20 °C.

Calceolaria-Hybriden; Pantoffelblume

Gemeint sind hier die Pantoffelblumen, die im Frühjahr als blühende Topfpflanzen für das Zimmer angeboten werden. In Samenkatalogen werden sie unter dem nach den Nomenklaturregeln falschen Namen C. × *herbeohybrida* geführt. Vermehrung durch Aussaat in der Regel von Juni bis September bei 18 °C; Samen nicht übersieben, nur andrücken. Pikiert wird, sobald sich die Sämlinge gegenseitig berühren, in der Regel nach drei bis vier Wochen. Nach weiteren sechs bis sieben Wochen kann dann getopft werden.

Capsicum annuum; Spanischer Pfeffer, Zier-Paprika

Die Vermehrung erfolgt in der Regel durch Aussaat. Aussaat ganzjährig möglich, bevorzugt im Frühjahr. Die optimale Keimtemperatur beträgt 20 °C. Die Keimung erfolgt innerhalb von 14 Tagen. Man kann später einzelne oder auch zwei bis drei Pflanzen zusammen in den 10- oder 11-cm-Endtopf setzen. Eine Vermehrung durch Kopfstecklinge ist ebenfalls leicht möglich. Weiterkultur nicht unter 15 °C.

Catharanthus roseus; Rosafarbenes Zimmerimmergrün

Vermehrung in der Regel durch Aussaat im Frühjahr. Jungpflanzen zu dritt oder fünft in den Endtopf pflanzen, ein Stutzen ist sinnvoll. Vermehrungstemperatur 20 °C, Weiterkultur nicht unter 15 °C. Darüber hinaus bereitet auch die Stecklingsvermehrung keine Probleme.

Cephalotus follicularis; Drüsenköpfchen

Am einfachsten vermehrt man durch Teilung der Horste oder auch durch Wurzelschnittlinge im April bis Mai. Eine Vermehrung durch Blattstecklinge ist möglich. Trennen Sie dazu im Mai ausgewachsene Laubblätter mit den Blattstielen über dem Rhizom ab. Nach sechs bis acht

Cephalotus follicularis

Wochen bilden sich Wurzeln und Adventivsprosse treiben durch. Als Vermehrungssubstrat eignet sich ein Gemisch aus zerhacktem Torfmoos (Sphagnum) und Sand. Vermehrungstemperatur 15 °C.

Chlorophytum comosum; Grünlilie

Vermehrung am schnellsten durch Jungpflänzchen, die sich zahlreich an den bis zu 1 m langen Ausläufern bilden. Eine Teilung oder Aussaat ist möglich, aber kaum üblich und notwendig. *C. bichetii*, die keine Ausläufer ausbildet, vermehrt man durch Teilung.

Cissus; Klimme, Zimmerrebe

Die verschiedenen Arten der Gattung *Cissus*, von Bedeutung sind insbesondere *C. antarctica* und *C. rhombifolia*, vermehrt man durch Kopfstecklinge oder durch Teilstecklinge mit zwei Nodien. Man steckt zwei bis drei Stecklinge in den 7-cm-Vermehrungstopf. Vermehrungstemperatur 20–22 °C, Weiterkultur nicht unter 16 °C.

Clerodendrum thomsoniae

Clerodendrum thomsoniae; Kletternder Losstrauch

Vermehrung durch Kopf- oder Teilstecklinge, Letztere mit einem Nodium (Blattpaar). Die Stecklinge müssen gut ausgereift, also an der Basis leicht verholzt sein. Um buschige Pflanzen zu erhalten, steckt man gleich drei Stecklinge in den 7-cm-Vermehrungstopf. Kopfstecklinge müssen einmal gestutzt werden. Vermehrungstemperatur 24 °C, Weiterkultur nicht unter 18 °C. Die Bewurzelung erfolgt nach vier bis sechs Wochen.

Clerodendrum ugandense; Uganda-Losstrauch

Vermehrt wird durch Kopf- oder Teilstecklinge mit zwei bis drei Blattpaaren am besten von Februar bis Mai. Vermehrungstemperatur 20 °C. Hohe Bodentemperaturen sind der Bewurzelung förderlich. Weiterkultur bei 15–18 °C.

Clivia miniata; Zimmer-Clivie

Vermehrung durch Abtrennen der Seitensprosse nach der Blüte. Diese Seitensprosse sollten mindestens vier Blätter und einige Wurzeln aufweisen. Sie erreichen meist nach zwei Jahren ihre Blühfähigkeit. Größere Mengen werden durch Aussaat vermehrt, die allerdings langwierig ist. Auch bei uns setzen die Pflanzen Samen an, aber auch nur dann, wenn man zwei Pflanzen besitzt, die zur gleichen Zeit blühen, da Clivien Fremdbefruchter sind. Die Samen sind sofort nach der Reife auszusäen, da die Keimfähigkeit nur sehr kurz anhält. Vermehrungstemperatur 20–22 °C, Weiterkultur nicht unter 18 °C.

Codiaeum variegatum; Kroton, Wunderstrauch

Die zahlreichen Kulturformen können echt nur vegetativ vermehrt werden. Man verwendet Kopf- oder Teilstecklinge, die ganzjährig, bevorzugt aber im Frühjahr geschnitten werden. Die Stecklinge sollten gut ausgereift, aber noch nicht verholzt sein. Zur Bewurzelung sind hohe Bodentemperaturen von 25–30 °C erforderlich. Die Bewurzelung ist nach vier bis sechs Wochen abgeschlossen. Weiterkultur nicht unter 20 °C. Eine Vermehrung durch Samen, die auch bei uns angesetzt werden, ist möglich.

Coffea arabica; Kaffeestrauch

Die Vermehrung erfolgt üblicherweise durch Aussaat. Allerdings ist die Beschaffung von keimfähigem Saatgut nicht immer ganz einfach. Die Samen müssen frisch sein, da sie nur wenige Wochen keimfähig sind. Legen Sie sie am besten einzeln in kleine Vermehrungstöpfe aus. Eine Vermehrung durch Kopfstecklinge ist von Juni bis Juli möglich. Stecklinge von Seitenzweigen ergeben allerdings nur horizontal wachsende Pflanzen, die keinen Mitteltrieb hervorbringen. Vermehrungstemperatur 30 °C, Weiterkultur nicht unter 20 °C.

Columnea; Kolumnee, Rachenrebe

Man vermehrt durch Kopf- oder Teilstecklinge mit zwei bis vier Nodien, die in 7- bis 8-cm-Vermehrungstöpfe gesteckt werden. Verteilen Sie dazu sechs bis zehn

Teilsteckling von Codiaeum variegatum

Bewurzelter Teilsteckling von Codiaeum variegatum, sieben Wochen nach dem Stecken. Die ruhenden Knospen in den Blattachseln sind ausgetrieben.

Oben: Samen von Coffea arabica

Mitte: Keimlinge von Coffea arabica, 38 Tage nach der Aussaat. Die Keimblätter sind noch in den Samenhüllen verborgen.

Rechts: Sämlinge von Coffea arabica, 14 Wochen nach der Aussaat

Stecklinge gleichmäßig am Topfrand oder pflanzen Sie später sechs bis zehn Jungpflanzen in den Endtopf. Jungpflanzen von Kopfstecklingen werden einmal gestutzt. Vermehrungstemperatur 22–25 °C, Weiterkultur nicht unter 18 °C.

Cordyline fruticosa ; Keulenlilie

Die Vermehrung erfolgt in der Regel durch Kopfstecklinge, weniger durch Stammstecklinge oder durch Teilung der Rhizome. Kopfstecklinge sollten mindestens sechs Blätter aufweisen. Gesteckt wird in 8-cm-Vermehrungstöpfe. Stammstecklinge werden mit drei bis sechs Blattnarben geschnitten und waagerecht in eine Torf-Sand-Mischung gesteckt. Decken Sie das Gefäß mit Folie ab und stellen Sie es bei 25–30 °C auf. Weiterkultur nicht unter 18 °C.

Cordyline indivisa; Keulenlilie, *C. stricta*; Kolbenbaum

Die Vermehrung erfolgt durch Stammstecklinge oder Aussaat. Samen werden im einschlägigen Samenhandel regelmäßig ange-

Columnea microphylla

Sämling von Cordyline fruticosa , 130 Tage nach der Aussaat

boten. Ausgesät wird am besten im Frühjahr bei Temperaturen von 20 °C. Bis man zu ansehnlichen, dekorativen, größeren Pflanzen kommt, vergehen allerdings mehrere Jahre. Einfach ist die Vermehrung durch Stammstecklinge, die man in beliebig lange Teilstücke schneiden kann. Sie können die Stämme aber auch in ihrer ganzen Länge ins Vermehrungsbeet legen und in doppelter Stammstärke abdecken. Nach erfolgtem Durchtrieb und Bewurzelung wird der Stamm dann in Stücke geschnitten und jede Jungpflanze mit einem Stammstück eingetopft. Oder schneiden Sie die Durchtriebe ab und behandeln sie wie Kopfstecklinge. Zur Weiterkultur genügen 10 °C.

Crossandra infundibuliformis

Die Vermehrung erfolgt durch Aussaat oder Stecklinge. Aussaat am besten im Frühjahr. Das Saatgut keimt bei 20–22 °C innerhalb von 14 Tagen. Später setzt man drei Sämlinge in den 12-cm-Endtopf. Zur vegetativen Vermehrung verwendet man Kopfstecklinge, von denen drei bis fünf Stück in einen 7-cm-Vermehrungstopf gesteckt oder später in den Endtopf zusammengepflanzt werden. Weiterkultur nicht unter 18 °C.

Cyclamen persicum; Zimmer-Alpenveilchen

Eine Vermehrung ist nur durch Aussaat möglich, wobei Sie selber Saatgut ernten können. Aussaat von August bis in das Frühjahr hinein. Optimale Keimtemperatur 20 °C. Temperaturschwankungen nach oben und unten führen zu einem schlechten Keimergebnis. Halten Sie die Aussaatgefäße bis zur Keimung dunkel. Weiterkultur bei 18–

Auch in Kultur setzen Cyclamen Samen an. Man erntet die Kapselfrüchte, wenn sie sich wie hier zu öffnen beginnen.

20 °C, später genügen 15 °C. In der Jugendphase müssen die Knöllchen stets leicht mit Erde bedeckt sein. Sind sie der Luft ausgesetzt, verhärten sie und die Blatt- und Blütenbildung fällt nur mäßig aus.

Cyperus; Zypergras

C. alternifolius subsp. *flabelliformis*, *C. fertilis* und *C. papyrus* haben als Zimmerpflanzen eine gewisse Bedeutung. Vermehrung durch Teilung, Aussaat und Stecklinge. Bei *C. alternifolius* subsp. *flabelliformis* ist die Vermehrung durch Blattschöpfe am geläufigsten.
Diese Art wird immer in Wasser herangezogen (siehe Seite 247–248). Zu diesem Zweck schneidet man von ausgereiften Trieben die Blattschöpfe mit kurzem Stielansatz von 2–4 cm Länge ab und kürzt sie ein. Die so gewonnenen Stecklinge können Sie auch in ein Torf-Sand-Gemisch stecken, das gut feucht gehalten werden muss. Einzelne Blattschöpfe lassen sich auch einfach in ein Gefäß mit Wasser legen. Schon nach wenigen Wo-

Sämling von Cyclamen persicum

Vermehrung von Cyperus alternifolius durch Blattschöpfe

chen bilden sich kleine Pflänzchen aus, die man, wenn sie groß genug sind, abnimmt und zu dritt in einem Topf zusammenpflanzt. Während sich bei *C. alternifolius* subsp. *flabelliformis* die Pflänzchen erst nach dem Abtrennen von der Mutterpflanze bilden, entstehen sie bei *C. fertilis* schon an der Mutterpflanze. *C. papyrus* vermehrt man durch Teilung oder Aussaat. Streuen Sie den feinen Samen nur auf das Aussaatsubstrat. Bei hoher Luft-

Cyperus papyrus bildet kräftige Wurzelballen aus. Bei älteren Pflanzen muss man zur Teilung den Spaten zu Hilfe nehmen.

feuchtigkeit in einem abgedeckten Vermehrungsbeet beginnt die Keimung schon nach wenigen Tagen. Später pikiert man mehrere Sämlinge tuffweise gleich in Töpfe. Vermehrungstemperatur 20 °C, Weiterkultur nicht unter 15 °C.

Cyrtanthus elatus; Scarborough-Feuerlilie

Die Scarborough-Feuerlilie, vielfach auch noch unter der Bezeichnung *Vallota speciosa* im Handel, lässt sich wie *Hippeastrum* aus Samen heranziehen, doch dauert es mindestens drei Jahre, bis die Sämlinge ins blühfähige Alter kommen. Einfacher ist die Vermehrung durch Brutzwiebeln, die sich bei manchen Exemplaren reichlich bilden, bei anderen nur selten.

Dalechampia spathulata; Dalechampie

Vermehrung durch Aussaat oder durch Kopf- und Teilstecklinge. Samen wird auch in Kultur angesetzt. Vermehrungstemperatur 25–30 °C, Weiterkultur nicht unter 18 °C.

Darlingtonia californica; Kobraschlauchpflanze

Vermehrung durch Teilung und Aussaat. Aussaat im zeitigen Frühjahr bei 5–10 °C. Der feine Samen wird nicht abgedeckt. Keimung bei Temperaturen von 15–20 °C nur bei hoher Luftfeuchtigkeit im Vermehrungsbeet. Bis zur Erzielung erwachsener Pflanzen vergehen bis zu fünf Jahre.

Dasylirion; Rauschopf

Die Arten lassen sich nur durch Aussaat vermehren. Dabei ist man auf importiertes Saatgut angewiesen, das sofort nach Erhalt ausgesät werden muss. Vermehrungstemperatur 25 °C, Weiterkultur nicht unter 18 °C.

Dieffenbachia; Dieffenbachie

Alle im Handel erhältlichen Formen können echt nur vegetativ vermehrt werden. Dabei erhält man am schnellsten durch Kopfstecklinge fertige Pflanzen, die sich auch im Wasser bewurzeln. Länger dauert die Vermehrung durch etwa 5 cm lange Stammstecklinge mit mindestens einem Auge, die horizontal auszulegen sind. Man kann sie allerdings auch senkrecht stecken, wobei darauf zu achten ist, dass das Auge nach oben zeigt. Vermehrungstemperatur 25 °C, Weiterkultur nicht unter 15 °C. In den Gartenbaubetrieben erfolgt die Vermehrung heute in der Regel durch Gewebekultur.

Dionaea muscipula; Venusfliegenfalle

Die Vermehrung der Venusfliegenfalle kann durch Aussaat, Teilung und Blattstecklinge erfolgen. Die Aussaat ist nur bei frischem Saatgut erfolgversprechend, weshalb man gleich nach der Ernte bzw. Erhalt der Samen aussäen sollte. Man sät am besten auf reinen Weißtorf. Die Keimung erfolgt bei 15–20 °C nach etwa vier Wochen. Geteilt wird am Ende der Blühperiode im Frühjahr. Blattstecklinge schneidet man im Mai bis Juni und steckt sie schräg am besten in feingehacktes Torfmoos.

Dalechampia spathulata

Dracaena; Drachenbaum

Mit Ausnahme von *D. draco,* die ausgesät wird, werden alle anderen Arten vegetativ durch Kopf- oder Stammstecklinge vermehrt. Denn bei diesen werden aus-

Dionaea muscipula

Vermehrung von *Dracaena reflexa var. angustifolia* durch Stammstecklinge:

1) *Von der Mutterpflanze abgeschnittener Trieb*
2) *Der Stamm wird, nachdem die Blätter entfernt wurden, in 10–20 cm oder auch längere Abschnitte geschnitten.*
3) *Fertig gesteckte Stammstecklinge und ein Kopfsteckling mit hochgebundenem Blattschopf*

schließlich Kulturformen angeboten. Als Stammstecklinge dienen Stammstücke mit zwei bis drei Augen. Vermehrungstemperatur 25–30 °C, Weiterkultur nicht unter 18 °C. Im Handel werden gelegentlich unbewurzelte Stämme unterschiedlicher Länge angeboten, die man als Ti-plants bezeichnet und wie Stammstecklinge behandelt.
Bei der Aussaatvermehrung von *D. draco* ist man auf importiertes Saatgut angewiesen, das auch ohne Probleme keimt, soweit es frisch geerntet wurde. Bei älterem Saatgut erfolgt die Keimung sehr unregelmäßig und kann sich über mehrere Monate hinziehen.

Drosera capensis

Drosera; Sonnentau

Die Vermehrung erfolgt durch Aussaat oder auch Blattstecklinge. Durch Wurzelschnittlinge lassen sich u. a. *D. capensis* und *D. binata* vermehren. Aussaat im Frühjahr in Weißtorf. Die Samen dürfen nicht abgedeckt werden. Die Blattstecklinge werden dicht an der Basis abgeschnitten. Als Vermehrungssubstrat dient feingehacktes Torfmoos (Sphagnum). Die Blattstecklinge werden mit der Tentakelseite nach oben flach auf das Substrat gelegt. Beachten Sie dabei, dass ein inniger Kontakt mit dem Substrat wichtig ist. Ein Verdunstungsschutz ist unerlässlich.

Duchesnea indica; Indische Erdbeere, Scheinerdbeere

Vermehrung leicht durch Abtrennen der jungen Pflänzchen, die zahlreich an den Ausläufern gebildet werden, oder durch Aussaat im Frühjahr. Vermehrungstemperatur 20 °C, später genügen 10 °C.

Epipremnum; Efeutute

E. aureum und *E. pinnatum* werden ganzjährig durch Kopf- oder Teilstecklinge vermehrt, Letztere mit ein bis zwei Nodien. Das Stecken erfolgt zu drei bis fünf Stück in den 8-cm-Vermehrungstopf. Bei Kopfstecklingen ist ein Stutzen der Jungpflanzen erforderlich, um buschige Pflanzen zu erhalten. Nach der Bewurzelung in der Jungpflanzenphase sollte die Erde nur mäßig feucht gehalten werden. Zu viel Feuchtigkeit in diesem Stadium führt zum Absterben der Wurzeln und zu erhöhter Krankheitsanfälligkeit. Vermehrungstemperatur

20–22 °C, Weiterkultur nicht unter 18 °C. Stecklinge von *E. aureum* können auch in Wasser angezogen werden.

Episcia; Episcie, Schattenröhre

Zur Vermehrung verwendet man die jungen Pflänzchen, die sich an den fadenförmigen Ausläufern bilden, sowie Stecklinge, die leicht wurzeln. Für die Verwendung als Ampelpflanze sind später drei bis fünf Jungpflanzen in den Endtopf zu setzen. Vermehrungstemperatur 20–25 °C, Weiterkultur nicht unter 20 °C.

Euphorbia milii; Christusdorn

Vermehrung durch Kopfstecklinge. Man verwendet dazu 5–7 cm lange Triebspitzen, die bei 20–22 °C willig wurzeln. Entfernen Sie den nach dem Schnitt austretenden Milchsaft vor dem Stecken, indem Sie die Stecklinge in 25–30 °C warmes Wasser tauchen. Sonst verläuft die Wurzelbildung nur zögerlich. Da der Milchsaft giftig ist, sollten Sie möglichst Gummihandschuhe tragen.

Euphorbia pulcherrima; Poinsettie, Weihnachtsstern

Der Weihnachtsstern ist eine Kurztagspflanze und wird durch Kopfstecklinge vermehrt. Der Anstoß zur Blütenbildung erfolgt, wenn die Tageslänge unter zwölf Stunden fällt. Dies ist bei uns etwa am 1. Oktober der Fall. Zu diesem Zeitpunkt wird das vegetative Wachstum eingestellt und die Phase der Blütenbildung setzt ein. Der Übergang zur Blütenbildung bestimmt daher die Größe der Pflanze zum Zeitpunkt der Blüte. Deshalb kommt für Kleinpflanzen als letzter Vermehrungstermin der August bis September in Frage.

Duchesnea indica

Vermehrung von *Epipremnum* durch Teilstecklinge:

1) Pro Topf werden vier bis sechs Stecklinge gesteckt.
2) Bis die Stecklinge gut bewurzelt sind, zu erkennen an dem Austrieb der bisher ruhenden Knospen, dauert es je nach Jahreszeit etwa sechs bis zehn Wochen.

Vermehrung von *Euphorbia pulcherrima* durch Kopfstecklinge:

1) Die Stecklinge werden etwas länger von der Mutterpflanze geschnitten.
2) Die unteren Blätter werden entfernt und der Steckling kurz unter dem Nodium geschnitten.
3) Um den milchigen Saft zum Gerinnen zu bringen, wird der Steckling an der Schnittstelle in 30–40 °C warmes Wasser getaucht.
4) Gesteckt wird hier in kleine Einzeltöpfe in ein Torf-Sand-Gemisch.
5) Mit Daumen und Zeigefinger beider Hände wird der Steckling in der Mitte des Topfes fixiert.
6) Die gesteckten Stecklinge sind umgehend anzugießen.
7) Mit einem Foliekasten wird für gespannte Luft gesorgt.
8) Zum Umtopfen stößt man den Stecklingstopf auf der Tischkante auf. Auf diese Weise löst sich der Wurzelballen problemlos von den Topfwänden.
9) bis 11) Eintopfen des bewurzelten Stecklings

Um größere Pflanzen zu erhalten, muss man entsprechend zeitiger vermehren. Der Steckling sollte eine Länge von 8–10 cm aufweisen. Der Austritt des Milchsaftes wird in lauwarmem Wasser zum Stillstand gebracht. Um mehrtriebige Pflanzen zu erhalten, muss man stutzen, je nach gewünschter Triebzahl auf vier bis sieben Blätter. Der letzte Stutztermin, um zu Weihnachten fertige Pflanzen zu erhalten, ist der 10. September. Vermehrungstemperatur 22–25 °C, Weiterkultur nicht unter 18 °C.

Jungpflanzen von Fatsia japonica, zwölf Wochen nach der Aussaat

Exacum affine; Blaues Lieschen

Vermehrung durch Aussaat oder Stecklinge, bevorzugt im Frühjahr. Der sehr feine Samen wird nicht abgedeckt. Die Sämlinge werden tuffweise pikiert oder man pflanzt später bis zu fünf Jungpflanzen in den Endtopf. Mehrmaliges Stutzen fördert die Verzweigung. Soweit Pflanzen vorhanden sind, lässt sich die Art auch leicht durch Kopfstecklinge vermehren. Vermehrungstemperatur 18–20 °C, Weiterkultur nicht unter 16 °C.

x *Fatshedera lizei*; Efeuaralie

Die Vermehrung erfolgt durch Kopf- oder Teilstecklinge, Letztere mit mindestens zwei Nodien (Blättern). Der Gärtner pflanzt später drei Jungpflanzen in den Endtopf. Um buschige Pflanzen zu erhalten, ist mehrmaliges Stutzen erforderlich. Vermehrungstemperatur 20–24 °C, Weiterkultur nicht unter 15 °C.

Fatsia japonica; Zimmeraralie

In den Gartenbaubetrieben wird in der Regel durch importiertes Saatgut vermehrt, das sofort nach Erhalt ausgesät werden muss. Für den Hobbygärtner ist die Vermehrung durch Kopfstecklinge interessant. Die Blätter sollten dabei nicht eingekürzt, sondern mit Gummiringen zusammengehalten werden. Die Sorte 'Variegata' lässt sich nur durch Stecklinge vermehren. Vermehrungstemperatur 20 °C, Weiterkultur zunächst nicht unter 15 °C.

Ficus; Gummibaum

Eine Vermehrung durch Aussaat ist im Allgemeinen nicht möglich, da frisches, keimfähiges Saatgut nur selten angeboten wird. In der Regel wird durch Kopfstecklinge vermehrt, einige Arten durch Teilstecklinge (z. B. *F. benjamina*) oder durch Augenstecklinge (z. B. *F. elastica*, siehe auch Seite 245). Die Bewurzelung macht in der Regel keine Probleme. Bei den kleinblättrigen Arten setzt man nach der Bewurzelung mehrere Jungpflanzen in den Endtopf, bei *F. benjamina* bis zu drei, bei *F.*

Kopfsteckling von Ficus benjamina

In Einzeltöpfe gesteckte Kopfstecklinge von Ficus benjamina, sieben Wochen nach Vermehrungsbeginn

pumila zwischen sechs und zehn Stück. Vermehrungstemperatur 28–30 °C. Weiterkultur je nach Art nicht unter 15–18 °C, *F. pumila* auch niedriger. Im Gartenbau steht die Mikrovermehrung im Vordergrund.

Gossypium hirsutum

Fittonia verschaffeltii; Fittonie, Silbernetzblatt

Die Vermehrung erfolgt durch Kopf- und Teilstecklinge. Setzen Sie später zwei bis drei Jungpflanzen in den Endtopf. Einzelpflanzen werden mehrmals gestutzt. Vermehrungstemperatur 20–24 °C, Weiterkultur nicht unter 18 °C.

Gardenia augusta; Kap-Gardenie

In Kultur finden sich ausschließlich gefülltblühende Kulturformen, die durch Stecklinge vermehrt werden müssen. Günstige Vermehrungstermine sind der Spätsommer und das zeitige Frühjahr. In Frage kommen Kopfstecklinge und noch nicht stark verholzte Augenstecklinge (Knotenstecklinge). Setzen Sie später drei Jungpflanzen in den Endtopf oder stutzen Sie einzeln eingetopfte Pflanzen mehrmals. Vermehrungstemperatur 22–25 °C, Weiterkultur nicht unter 18 °C.

Pikierte Sämlinge von Gardenia augusta

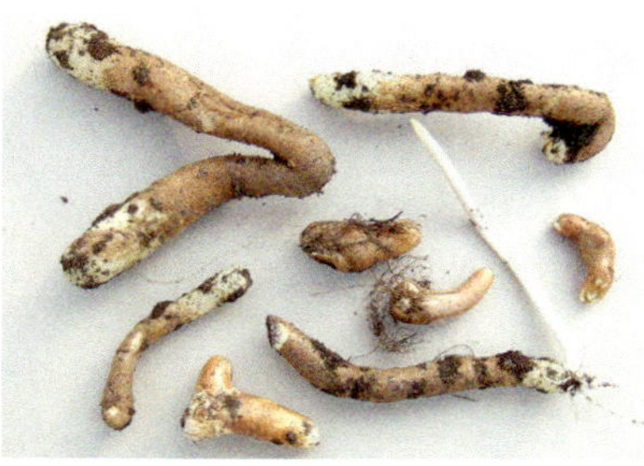

„Knollen“ von Gloriosa superba

Gloriosa superba; Ruhmeskrone

Vermehrung durch Samen, doch dauert es mindestens zwei Jahre bis zur Blühreife. Einfacher ist eine Vermehrung durch Abtrennen (Teilung) der Nebenknollen im Frühjahr. Man legt je nach Knollengröße zwei bis drei in den Endtopf. Vermehrungstemperatur 20–24 °C, Weiterkultur nicht unter 18 °C.

Gloxinia sylvatica; Gloxinie

Die Vermehrung ist leicht über etwa 5 cm lange Kopfstecklinge möglich, die willig wurzeln. Später setzt man drei Jungpflanzen in den Endtopf. Eine Aussaat ist auch möglich, doch werden Samen nur gelegentlich angeboten. Vermehrungstemperatur 20–22 °C, Weiterkultur bei 20 °C.

Goethea strictiflora; Goethea

Vermehrung durch ausgereifte, leicht verholzte Kopf- oder Teilstecklinge im Frühjahr, die mehrmals gestutzt werden sollten. Vermehrungstemperatur 25–30 °C, Weiterkultur bei 20 °C.

Vermehrung von *Hedera helix* durch „Langstecklinge" direkt in den Endtopf:

1) Dabei werden längere Triebe mit fünf bis zehn Nodien dem Substrat im Endtopf kreisförmig aufgelegt und mit Drahtklammern festgesteckt. Durch die horizontale Lage wachsen die Augen gemäß den Wuchsgesetzen an den Nodien zu neuen, gleichberechtigten Trieben heran.
2) Der fertig gesteckte Topf von oben
3) Der Stecklingstopf 50 Tage nach dem Stecken. Die ruhenden Knospen sind ausgetrieben.

Gossypium hirsutum; Amerikanische Baumwolle

Die Vermehrung der einjährigen Baumwolle erfolgt durch Aussaat im Frühjahr. Die Samen, die auch in Kultur reichlich angesetzt werden, keimen willig. Es empfiehlt sich, später zwei bis drei Jungpflanzen in den Endtopf zu setzen. Vermehrungstemperatur 22 °C, Weiterkultur nicht unter 18 °C.

Gynura; Samtpflanze

Die Vermehrung erfolgt durch Kopfstecklinge, die ganzjährig geschnitten werden können. Man steckt gleich zwei bis drei Stecklinge in den 7-cm-Vermehrungstopf oder setzt später zwei bis drei Jungpflanzen in den Endtopf. Vermehrungstemperatur 20–22 °C, Weiterkultur nicht unter 18 °C.

Hedera; Efeu

Die Vermehrung erfolgt durch Kopf- und Teilstecklinge, die man praktisch das ganze Jahr hindurch schneiden kann. Bei den Teilstecklingen reichen Triebstücke mit ein bis zwei Nodien. Stecken Sie fünf bis zehn Stecklinge in den 8-cm-Vermehrungstopf. Eine andere Möglichkeit ist, längere Triebe mit fünf bis zehn Nodien kreisförmig auf das Substrat des Endtopfs zu legen und mit Drahtklammern festzustecken. Durch die horizontale Lage wachsen die Augen an den Nodien zu neuen Trieben heran. Kopfstecklinge werden einmal gestutzt. Vermehrungstemperatur 20 °C, Weiterkultur nicht unter 18 °C.

Heliconia; Heliconie, Falsche Paradiesvogelblume

Die Vermehrung sollte durch Teilung in den Frühjahrsmonaten geschehen. Eine Aussaat ist jedoch auch möglich, da der Samenhandel für Exoten regelmäßig Heliconien-Samen anbietet. Grundsätzlich sollte nur frisches Saatgut verwendet werden. Bei älteren Samen müssen Sie die Samenschale aufrauen. Zur Keimung und Wurzelbildung sind Temperaturen von 25–30 °C optimal, Weiterkultur nicht unter 20 °C.

Hibiscus rosa-sinensis; Chinesischer Roseneibisch

Der Chinesische Roseneibisch lässt sich durch Kopf- oder Teilstecklinge vermehren, die an der Basis gut ausgereift sein sollten. Als Teilstecklinge verwendet man Triebteile mit zwei bis drei Nodien. Der Gärtner steckt in der Regel gleich bis zu drei Stecklinge zusammen in kleine Vermehrungstöpfe oder Multitopfplatten. Soweit einzelne Stecklinge weiterkultiviert werden sollen, müssen die Jungpflanzen ein- bis zweimal gestutzt werden, um gut aufgebaute Pflanzen zu erhalten. Vermehrungstemperatur 22–24 °C, Weiterkultur nicht unter 18 °C. Die beste Steckzeit sind die Frühjahrs- und Sommermonate, wenn die Stecklinge in drei Wochen auch ohne Bewurzelungshilfe bewurzeln.

Hippeastrum; Amaryllis der Gärtner, Ritterstern

Im Handel ausschließlich Kulturformen. Vermehrung durch Aussaat, Brutzwiebeln und Zwiebelschalenstecklinge. Die Vermehrung durch Aussaat bringt allerdings keine reinen Nachkommen. Eine eigene Samenernte ist nur möglich, wenn man mehrere Pflanzen besitzt, die dann auch noch zur selben Zeit blühen müssen, da der Ritterstern ein Fremdbefruchter ist. Aussaat sofort nach der Samenreife bzw. dem Erhalt der Samen. Bis zur Blühreife vergehen allerdings drei bis vier Jahre. Einfacher ist die Vermehrung durch Brutzwiebeln, die nach der Blüte abgenommen werden. Achten Sie beim Abnehmen darauf, dass der Boden der Brutzwiebel nicht beschädigt wird. Durch Schnitte durch den Boden der Mutterzwiebel kann die Zahl der Brutzwiebeln erhöht werden. Größere Mengen werden durch Zwiebelschalenstecklinge vermehrt, am besten im Januar. Hierzu werden die Wurzeln und ein Teil des Wurzelkranzes von der Zwiebel entfernt. Dann schneidet man die Zwiebel in zwei Hälften, und zwar senkrecht parallel zu den Blättern. Diese Hälften durchschneidet man ebenso mehrmals senkrecht. Die so gewonnenen Stücke werden anschließend nochmals in zwei bis drei gleich große Stücke geschnitten, die dann gesteckt werden. Nach einigen Wochen haben sich die ersten Wurzeln gebildet und nach zwei bis drei Monaten kleine Zwiebeln. Kurz darauf erscheinen die Blätter und man kann die jungen Pflanzen wie Sämlinge pikieren. Bis zur Blühreife dauert es wie bei der Aussaat drei bis vier Jahre. Vermehrungstemperatur 22–25 °C, Weiterkultur nicht unter 18 °C.

Hoya; Porzellanblume, Wachsblume

H. carnosa und *H. lanceolata* subsp. *bella* werden vegetativ durch Teilstecklinge mit einem oder zwei Blattknoten vermehrt. Setzen Sie im Endtopf zwei bis drei Jungpflanzen zusammen. Vermehrungstemperatur 20–25 °C, Weiterkultur nicht unter 18 °C.

Hydrangea macrophylla; Garten-Hortensie

Vermehrung durch Kopfstecklinge oder Augenstecklinge von Februar bis April. Dabei werden die Stecklinge nicht wie üblich unter dem Nodium, sondern mit einem 1–2 cm langen Stängelstück geschnitten, da Hortensien am gesamten Stängel Wurzeln bilden. Die Bewurzelung erfolgt auch in Wasser. Februar- und Märzstecklinge müssen, nachdem sie eingetopft sind und den Topf durchgewurzelt haben, im April bzw. bis Ende Juni gestutzt werden. Vermehrungstemperatur 16–18 °C, Weiterkultur bei 20 °C, zur Blütenbildung 15 °C.

Hypoestes phyllostachya; Hüllenklaue

Vermehrung durch Aussaat und Kopfstecklinge ganzjährig. Sämlinge werden in Tuffs pikiert, bewurzelte Stecklinge setzt man zu mehreren in den Endtopf. Für buschige Pflanzen müssen die Jungpflanzen mehrmals gestutzt werden. Vermehrungstemperatur 22 °C, Weiterkultur nicht unter 18 °C.

Ipomoea batatas; Batate, Süßkartoffel

Vermehrung vegetativ durch Stecklinge oder durch die in der Wachstumszeit neugebildeten Knollen. Als Stecklinge verwendet man 20–30 cm lange Teile der Ranken, die zur Bewurzelung auch flach auf die Erde gelegt werden können. Vermehrungstemperatur 20–25 °C.

Ixora; Ixora

I. coccinea und *I. chinensis* sind auch bei uns gelegentlich als Topfpflanzen im Angebot. Die Vermehrung erfolgt ganzjährig durch ausgereifte, leicht ver-

Ipomoea batatas 'Blacky'

Justicia carnea

holzte Kopf- oder Teilstecklinge, bevorzugt von Oktober bis April. Zur Wurzelbildung sind hohe Bodentemperaturen von 25–30 °C erforderlich. Stutzen Sie die Jungpflanzen ein- bis zweimal. Weiterkultur nicht unter 18 °C.

Jasminum officinale; Echter Jasmin, Weißer Jasmin

Den sommergrünen Echten Jasmin vermehrt man durch gut ausgereifte Kopf- oder Teilstecklinge von März bis Mai bei 20 °C. Um buschige Pflanzen zu erhalten, sollten Sie mehrmals stutzen. Weiterkultur nicht unter 15 °C. Auf die gleiche Weise wird auch die immergrüne Art *J. polyanthum* vermehrt.

Justicia brandegeana; Garnelen-Justizie, Spornbüchschen, Zimmerhopfen

Im Handel nur Sorten bzw. Auslesen, die echt lediglich vegetativ vermehrt werden können. Die Vermehrung erfolgt durch Kopf- oder Teilstecklinge, bevorzugt von Januar bis März. Man steckt gleich drei bis fünf Stück in den Vermehrungstopf oder pflanzt später drei bis fünf Jungpflanzen in den Endtopf. Wichtig ist ein ein- bis zweimaliges Stutzen, um buschige Pflanzen zu erhalten. Vermehrungstemperatur 20–22 °C, Weiterkultur nicht unter 15 °C.

Justicia carnea; Brasilianische Justizie, *J. rizzinii*

Die Vermehrung erfolgt ausschließlich durch Kopf- oder auch Teilstecklinge. Um mehrtriebige Pflanzen zu erhalten, müssen Sie die Jungpflanzen mindestens einmal stutzen. Vermehrungstemperatur 20 °C, später genügen bei *J. carnea* 18 °C, bei *J. rizzinii* 12 °C.

Kohleria amabilis; Gleichsaum, Kohlerie

Kohlerien haben wie andere Gesneriaceae (Gesneriengewächse) vergleichsweise hohe Temperaturansprüche. Im Handel finden sich meist nur Sorten bzw. Hybriden, die echt lediglich vegetativ vermehrt werden können. Dies geschieht durch Teilung der Wurzelstücke bzw. Rhizome im Frühjahr. Während der Wachstumszeit im Sommer ist auch eine Vermehrung durch Kopfstecklinge möglich, die leicht wurzeln. Vermehrungstemperatur 20–22 °C, Weiterkultur nicht unter 18 °C.

Malpighia coccigera; Barbadoskirsche

Vermehrung leicht durch Kopf- und Teilstecklinge, bevorzugt im Sommer. Stutzen Sie die Jungpflanzen mehrmals, um eine bessere Verzweigung zu erreichen. Vermehrungstemperatur 22–25 °C, Weiterkultur nicht unter 18 °C.

Mandevilla sanderi; Brasiljasmin

Im Handel sind ausschließlich Kulturformen. Die Vermehrung erfolgt durch Teilstecklinge mit mindestens einem Nodium (Augensteckling), aber auch durch gut ausgereifte Kopfstecklinge bevorzugt in den Frühjahrs- und Sommermonaten. Der Austritt des Milchsaftes wird in lauwarmem Wasser zum Stillstand gebracht. Setzen Sie später zwei bis vier Jungpflanzen zusammen in den Endtopf. Pflanzt man einzeln, muss mindestens einmal gestutzt werden. Vermehrungstemperatur 22–25 °C, Weiterkultur nicht unter 18 °C.

Mandevilla wird am besten in Breitsaat ausgesät, da die Keimfähigkeit meist nicht höher als 70 % ist.

Aussaattopf mit Mandevilla sanderi, 15 Tage nach der Aussaat

Manettia luteorubra

Manettia luteorubra; Manettie

Vermehrung durch Stecklinge am besten in den Sommermonaten. Man verwendet nicht zu weiche Triebstecklinge von 3–4 cm Länge. Bewurzelung bei 20–25 °C Bodenwärme in 8 bis 14 Tagen. Später pflanzt man drei Jungpflanzen in den 11- bis 12-cm-Topf. Weiterkultur bei 16 °C, zu hohe Temperaturen hemmen die Blütenbildung. Um reichverzweigte Pflanzen zu erhalten, muss mehrmals gestutzt werden.

Maranta; Marante, Pfeilwurz

Vermehrung wie *Calathea*, siehe Seite 253.

Medinilla magnifica; Medinille

Eine Vermehrung durch Samen ist möglich, doch wird dieser selten angeboten. Daher verwendet man normalerweise Kopfstecklinge. Sie werden im Januar/Februar geschnitten, wenn sich zwischen den Blattpaaren die neuen Triebe hindurchzuschieben beginnen. Zur Bewurzelung sind hohe Bodentemperaturen von 25–30 °C erforderlich, Weiterkultur nicht unter 20 °C.

Mimosa pudica; Sinnpflanze

Die Vermehrung erfolgt durch Samen, die sich auch in Kultur reichlich bilden. Wenn Sie die Samenschale vor der Aussaat aufrauen, können Sie mit einem fast 100%igen Keimergebnis rechnen. Pflanzen Sie bis zu drei Sämlinge in den Endtopf, da *M. pudica* eintriebig wächst und sich auch nach dem Stutzen kaum verzweigt. Vermehrungstemperatur 20–25 °C, Weiterkultur nicht unter 18 °C.

Monstera deliciosa; Fensterblatt

In den Gartenbaubetrieben wird meist durch Aussaat mit importierten Samen vermehrt. Beim Einkauf ist darauf zu achten, dass die Samen frisch sind, da sie nach der Samenreife rasch ihre Keimfähigkeit verlieren. Sie können auch Stecklinge schneiden, die ohne Probleme bei 22–25 °C Bodenwärme wurzeln. Schneiden Sie den Trieb dabei so ab, dass der Steckling mehrere Luftwurzeln aufweist. Eine Vermehrung ist auch durch Stammstecklinge möglich. Vermehrungstemperatur 22–25 °C, Weiterkultur nicht unter 18 °C.

Murraya paniculata; Orangenraute

Die Vermehrung erfolgt durch Aussaat gleich nach der Samenreife (das Fruchtfleisch ist sorgfältig zu entfernen) oder Kopfstecklinge, bevorzugt im Frühjahr. Vermehrungstemperatur 25–30 °C, Weiterkultur nicht unter 18 °C.

Myrtus communis; Braut-Myrte

Vermehrung im Allgemeinen durch ausgereifte, an der Basis leicht verholzte Kopfstecklinge, die ab Mai den ganzen Sommer hindurch geschnitten werden können. Um buschige Pflanzen zu erhalten, sollten Sie mehrmals stutzen. Eine Aussaat gelingt leicht, ist jedoch nicht üblich, obwohl auch in Kultur reichlich Samen gebildet werden. Säen Sie sofort nach der Samenreife aus

Steckling von Myrtus communis, 30 Tage nach Vermehrungsbeginn

und waschen Sie die Samen vorher aus. Da sich Sämlinge wesentlich besser als Stecklinge aufbauen, ist ein Stutzen im Allgemeinen nicht erforderlich. Vermehrungstemperatur 20–25 °C, Weiterkultur nicht unter 15 °C.

Nepenthes; Kannenstrauch

Die Vermehrung erfolgt überwiegend durch Stecklinge. Man verwendet Kopfstecklinge mit zwei Nodien, die bevorzugt im Frühjahr geschnitten werden. Sie können aber auch Teilstecklinge mit einem Blattknoten schneiden. Die Blattgründe werden eingerollt und mit Gummiringen an einem Holzstab befestigt. Als Stecklingssubstrat hat sich das traditionelle Torf-Sand-Gemisch bewährt. Eine Aussaat ist auch möglich. Samen werden auch in unseren Breiten angesetzt. Da trocken gelagerte Samen schnell ihre Keimfähigkeit verlieren, sollten Sie gleich nach der Samenreife bzw. dem Erhalt der Samen aussäen. Bei 25 °C und hoher Luftfeuchtigkeit keimen die Samen nach drei bis sechs Wochen.

Ochna serrulata

Pachystachys lutea

Nertera granadensis; Korallenmoos

Vermehrung durch Aussaat (tuffweise pikieren) oder Teilung im Februar bis März. Vermehrungstemperatur 18 °C, Weiterkultur nicht unter 15 °C.

Nolina longifolia; Mexikanischer Grasbaum

Vermehrung wie *Beaucarnea*.

Ochna kirkii; Nagelbeere, *O. serrulata*; Micky-Maus-Pflanze

Vermehrung durch Aussaat oder leicht verholzte Kopf- oder Teilstecklinge. Saatgut ist nur selten im Handel, doch werden auch in Kultur Samen angesetzt. Vermehrungstemperatur 25–30 °C, Weiterkultur nicht unter 15 °C.

Oplismenus hirtellus; Ampel-Stachelspelze

Die Vermehrung erfolgt ganzjährig durch Stecklinge, von denen man fünf bis zehn Stück in den Endtopf steckt. Vermehrungstemperatur 20 °C, Weiterkultur nicht unter 18 °C.

Pachystachys lutea; Gelbe Dickähre, Gelber Zimmerhopfen

Die Vermehrung erfolgt bevorzugt durch Kopfstecklinge, Teilstecklinge bringen einen ungleichen Austrieb. Schneiden Sie die Stecklinge mit drei Nodien (Blattansätzen) und stecken Sie drei Stück in einen 7-cm-Vermehrungstopf. Alternativ können Sie auch später drei Jungpflanzen im Endtopf zusammenpflanzen. Ein ein- bis zweimaliges Stutzen ist erforderlich. Vermehrungstemperatur 22–24 °C, Weiterkultur nicht unter 18 °C.

Pandanus; Schraubenbaum

Die Vermehrung erfolgt durch Aussaat und Kindel. Bis auf *P. utilis* lassen sich alle Arten durch Kindel vermehren. Man trennt sowohl bewurzelte als auch unbewurzelte Grundtriebe ab, die bei Temperaturen von 20–25 °C Wurzeln bilden. Bei der Aussaat ist man auf importiertes Saatgut angewiesen, das frisch sein muss. Längere Zeit trocken gelagertes Saatgut keimt nicht mehr. Keimtemperatur 25 °C, Weiterkultur nicht unter 18 °C.

Parthenocissus henryana; Chinesische Jungfernrebe

Vermehrung wie *Cissus*, siehe Seite 253.

Passiflora; Eierfrucht, Grenadille, Passionsblume

Im Handel sind meist Kulturformen bzw. Auslesen erhältlich, die sortenecht nur vegetativ vermehrt werden können. Man verwendet dazu Rankenstücke (Teilstecklinge) mit zwei bis drei Nodien, die man bevorzugt von kräftigen Seitentrieben schneidet. Bei Bodentemperaturen von 25–30 °C bewurzeln die meisten Arten schon nach zwei bis drei Wochen. Beste Vermehrungszeit ist von Frühjahr bis Sommer. Weiterkultur nicht unter 18 °C. Die Arten können auch durch Aussaat vermehrt werden. Allerdings wird nur von wenigen Arten regelmäßig Saatgut angeboten, u. a. von *P. caerulea*. Säen Sie direkt nach Samenreife bzw. dem Erhalt der Samen aus. Die Keimung verläuft häufig auch bei frischem Saatgut sehr unregelmäßig.

Peperomia lässt sich leicht durch Stecklinge vermehren.

Pavonia multiflora; Pavonie

Vermehrung durch Kopf- oder Teilstecklinge mit zwei Nodien. Es empfiehlt sich, drei Jungpflanzen im Endtopf zusammenzupflanzen, da Pavonien eintriebig wachsen und sich auch nach dem Stutzen kaum verzweigen. Vermehrungstemperatur 22–25 °C, Weiterkultur nicht unter 18 °C.

Pelargonium grandiflorum; Edel-Pelargonie

Edel-Pelargonien lassen sich echt nur vegetativ vermehren. Man verwendet dazu Kopfstecklinge mit drei bis fünf Blattansätzen. Bei 20 °C wurzeln die Stecklinge je nach Jahreszeit innerhalb von 10 bis 30 Tagen. Zum Stecken haben sich Jiffy 7 besonders bewährt.

Pellionia; Melonenbegonie, Pellionie

Vermehrt werden die Pellionien durch Kopf- oder Teilstecklinge. Man steckt gleich fünf bis zehn Stecklinge in den Endtopf. Vermehrungstemperatur 22–25 °C, Weiterkultur nicht unter 18 °C.

Peperomia; Peperomia, Zwergpfeffer

Peperomien lassen sich aussäen oder teilen. Allerdings sind beide Methoden wenig üblich. Normalerweise verwendet man ganzjährig Kopf-, Teil- oder Blattstecklinge, Letztere mit kurzem Stielansatz. Bei Ampelpflanzen, z. B. *P. rotundifolia*, setzt man drei bis fünf Jungpflanzen in den Endtopf. Vermehrungstemperatur 25 °C, Weiterkultur nicht unter 18 °C.

Pericallis × hybrida; Gärtner-Cinerarie

Die Vermehrung der vielfach noch als *Senecio cruentus* bezeichneten Art erfolgt durch Aussaat. Der Handel bietet einige sogenannter Formelmischungen mit einem reichen Farbenspiel an. Üblich ist die Aussaat von Juli bis September. Bei 22–24 °C erfolgt die Keimung in etwa acht Tagen. Nach der Keimung ist die Temperatur auf 18 °C abzusenken. Später wird bei 10–12 °C weiterkultiviert. Bei höheren Temperaturen unterbleibt die Blütenbildung.

Philodendron; Philodendron

Die Vermehrung erfolgt über Kopf-, Teil- und Stammstecklinge oder auch durch Aussaat. Kopfstecklinge mit Luftwurzeln werden direkt in den Endtopf gesteckt. Als Stammstecklinge verwendet man Stammstücke mit einer Länge von 5–10 cm und ein bis zwei Augen. Bei allen dünntriebigen Arten, z. B. *P. hederaceum*, schneidet man Teilstecklinge mit zwei Nodien und steckt immer drei bis zehn Stück in den Vermehrungstopf, der auch der Endtopf sein kann. Einige nicht kletternde Arten liefern nicht genügend Stecklingsmaterial, z. B. *P. bipinnatifidum*. Bei ihnen ist man auf eine Aussaat angewiesen, wenn man nicht abmoosen will. Saatgut ist im Handel erhältlich und muss unmittelbar nach dem Eintreffen ausgesät werden, da es seine Keimfähigkeit nur etwa vier Wochen behält. Vermehrungstemperatur 25–30 °C, Weiterkultur nicht unter 20 °C.

Pilea; Kanonenblume, Kanonierblume

Die Vermehrung kann durch Aussaat, die keine große Rolle spielt, oder Stecklinge erfolgen. Bei der Stecklingsvermehrung, die ganzjährig möglich ist und leicht gelingt, verwendet man Kopfstecklinge mit zwei bis drei Nodien, die man zu zwei bis fünf Stück in den 7-cm-Vermehrungstopf steckt. Vermehrungstemperatur 22–25 °C, Weiterkultur nicht unter 18 °C.

Philodendron erubescens

Pinguicula; Fettkraut

Die Vermehrung der winterharten Arten erfolgt bevorzugt durch Aussaat im Frühjahr. Bei älteren Pflanzen bilden sich zum Winter hin in den Achseln der oberen Laubblätter kleine, gestielte Brutzwiebelchen, die abgenommen und wie Samen ausgesät werden können. Bei den nicht winterharten Arten erfolgt die Vermehrung durch Aussaat oder Abtrennen der Winterknospen. Die Nachzucht aller Arten kann auch durch Blattstecklinge in feuchtem Sand erfolgen. Als Aussaatsubstrat verwendet man feingeriebenes Torfmoos oder groben Weißtorf.

Piper ornatum; Pfeffer

Üblich ist die Vermehrung durch Teilstecklinge mit ein bis zwei Blattansätzen. Davon steckt man gleich drei bis sechs Stück in den 8-cm-Vermehrungstopf. *P. nigrum*, den Lieferanten des echten Pfeffers, vermehrt man durch Aussaat. Allerdings wird keimfähiger, frischer Samen nur gelegentlich im Samenhandel angeboten. Aussaat bei 25–30 °C, Keimbeginn nach zwei bis drei Wochen.

Plectranthus scutellarioides; Buntnessel

Buntnesseln, oft noch als *Coleus blumei* im Handel, lassen sich leicht durch Stecklinge vermehren, die auch im Wasser leicht Wurzeln bilden. Um buschige Pflanzen zu erhalten, sollten Sie mindestens einmal stutzen oder gleich mehrere bewurzelte Stecklinge zusammen in den Endtopf setzen. Der Gärtner vermehrt heute überwiegend durch Aussaat. Im Handel werden eine Reihe von Sorten mit reichem Farbspiel und unterschiedlichen Blattformen angeboten. Sieben Sie die feinen Samen nur dünn ab und halten Sie sie gut feucht. Bei 20–22 °C erfolgt die Keimung innerhalb von 14 bis 20 Tagen. Weiterkultur nicht unter 15 °C.

Stecklingstopf mit Polyscias filicifolia, 52 Tage nach Vermehrungsbeginn

Polyscias; Fiederaralie

Vermehrung ganzjährig durch Kopf-, Trieb- oder Stammstecklinge bei 25–30 °C. Stutzen Sie diese für einen buschigen Wuchs mehrfach. Weiterkultur nicht unter 18 °C.

Primula malacoides; Braut-Primel, Flieder-Primel

Die Vermehrung erfolgt durch Aussaat. Üblicherweise wird im Sommer ausgesät. Das Saatgut keimt bei 18–20 °C innerhalb von zwei Wochen. Vier bis fünf Wochen nach der Aussaat wird pikiert. Zur Weiterkultur bzw. Blütenbildung sind später Temperaturen um 10 °C optimal.

Primula obconica; Becher-Primel

Die Becher-Primel lässt sich das ganze Jahr hindurch aussäen. Die Keimung erfolgt am schnellsten bei 18–20 °C. Unter 12 °C und über 20 °C geht die Keimfähigkeit drastisch zurück. Um schnell ansehnliche Pflanzen zu erhalten, setzt man später mehrere Pflanzen in den 12-cm-Endtopf. Im Sommer wächst diese Primel bei 20 °C, im Winter bei 12–15 °C am besten.

Rehmannia angulata; Chinafingerhut, Rehmannie

Vermehrung durch Aussaat im Frühjahr oder Stecklinge im Frühsommer. Vermehrungstemperatur 22 °C, Weiterkultur nicht unter 18 °C.

Rhodochiton atrosanguineus; Purpurglockenwein

Aussaat in der Regel im zeitigen Frühjahr oder auch schon im Herbst bei 15–20 °C. Die Keimung erfolgt nach zwei bis vier Wochen sehr ungleichmäßig. Später setzt man drei bis fünf Pflanzen in den Endtopf. Den ganzen Sommer über kann auch leicht durch Stecklinge vermehrt werden.

Optimal bewurzelter Steckling von Rhododendron simsii, 55 Tage nach dem Stecken

Rhododendron simsii; Indica-Azalee

Die Vermehrung erfolgt in der Regel durch Stecklinge. Die früher weitverbreitete Veredlung wird in den Gartenbaubetrieben meist nur noch bei der Kultur von Stämmchen durchgeführt. Sie können Stecklinge während des ganzes Jahres schneiden, bevorzugt aber im April/Mai. Verwenden Sie Kopfstecklinge, die mindestens sechs Blätter besitzen sollten. Gesteckt wird am besten in reinen Weißtorf. Bei Temperaturen von 20–22 °C beginnt die Wurzelbildung im geschlossenen Vermehrungsbeet nach etwa zehn Tagen. Im Laufe der Kultur muss mehrmals gestutzt werden, um buschige Pflanzen zu erhalten. Man kann allerdings auch mehrere bewurzelte Stecklinge zusammenpflanzen. Von der Vermehrung bis zur ersten Blüte vergehen etwa eineinhalb Jahre. Veredelt wird durch seitliches Einspitzen oder Kopulation (siehe Seite 82–84) auf im Topf eingewurzelte Unterlagen. Die Veredlungen werden nicht verbunden, sondern bis zum Verwachsen mit kleinen Kunststoffklammern zusammengehalten.

Rhoicissus capensis; Kapwein, Königswein

Vermehrung wie *Cissus*, siehe Seite 253.

Rosa chinensis; China-Rose, Kussröschen, Miniröschen

Die Vermehrung erfolgt durch ausgereifte, an der Basis leicht verholzte Kopf- oder Teilstecklinge von Frühjahr bis Herbst. Bei 20–22 °C bewurzeln sich die Stecklinge in gespannter Luft nach etwa drei Wochen. Um schnell buschige Pflanzen zu erzielen, setzt man gleich drei bis fünf Stecklinge in die Vermehrungseinheiten oder pflanzt später eine entsprechende Stückzahl bewurzelter Stecklinge zusammen. Weiterkultur bei 15–18 °C.

Rubus reflexus; China-Brombeere

Zur Vermehrung schneidet man im Sommer ausgereifte, an der Schnittbasis leicht verholzte Kopf- oder Teilstecklinge, Letztere mit mindestens zwei Nodien. Zur Bewurzelung sind hohe Bodentemperaturen von 25–30 °C erforderlich.

Ruellia; Ruellie

R. portellae und andere Arten der Gattung lassen sich am einfachsten durch Stecklinge in den Sommermonaten vermehren. Später setzt man dann drei Jungpflanzen in den Endtopf zusammen. Um die Verzweigung anzuregen, sollte mindestens einmal gestutzt werden. Vermehrungstemperatur 25 °C, Weiterkultur nicht unter 18 °C.

Sageretia thea; Sageretie, Falscher Tee

Vermehrung durch Kopf- und Teilstecklinge. Erst ein mehrmaliges Stutzen der Jungpflanzen führt zu gut verzweigten Pflanzen. Vermehrungstemperatur 20–25 °C, Weiterkultur nicht unter 18 °C.

Saintpaulia ionantha; Usambaraveilchen

Die Vermehrung erfolgt üblicherweise durch Blattstecklinge (siehe Seite 245–246). Stecklingsvermehrung im Wasser ist möglich, außerdem auch Teilung größerer Pflanzen. Sie können aber auch aussäen. Saatgut wird im Samenhandel angeboten. Vermehrungstemperatur 25 °C, Weiterkultur nicht unter 20 °C.

Sarracenia; Krugpflanze, Sarrazenie, Schlauchpflanze

Die Vermehrung erfolgt durch Teilung ganzer Pflanzen oder des Rhizoms im zeitigen Frühjahr. Aussaat im Frühjahr. Nur frisches Saatgut ist ausreichend keimfähig. Als Vermehrungssubstrat dient eine Mischung aus zerhacktem Torfmoos (Sphagnum), Weißtorf und etwas Sand. Vermehrungstemperatur 10 °C.

Saxifraga stolonifera; Judenbart

Der Judenbart besitzt hängende, fadenförmige Stolonen, an denen sich Tochterpflanzen entwickeln, die man zur Vermehrung nutzt. Vermehrungstemperatur 10 °C, bei der Sorte 'Tricolor' nicht unter 15 °C.

Scadoxus multiflorus subsp. *katherinae*; Reichblühende Frühe Blutblume

Die Vermehrung der oft im Handel noch als *Haemanthus katherinae* bezeichneten Blutblume erfolgt durch Aussaat oder Brutzwiebeln. Ausgesät wird sofort nach der Reife, allerdings benötigen Sämlinge mehrere Jahre, ehe sie blühen. Junge, noch nicht blühfähige Pflanzen dürfen in den ersten Kulturjahren keine Ruhephase einlegen. 'König Albert', eine

Scaevola aemula

Scutellaria costaricana

Hybride aus *S. multiflorus* subsp. *katherinae* und *S. puniceus,* kann nur durch Brutzwiebeln vermehrt werden. Vermehrungstemperatur 22 °C, Weiterkultur nicht unter 16 °C.

Scaevola saligna; Spaltglocke

Die Vermehrung erfolgt durch Kopfstecklinge im Herbst oder von überwinterten Mutterpflanzen von Januar bis März. Achten Sie dabei darauf, dass die Stecklinge keine Knospen angesetzt haben, da solche Stecklinge nur schwer wurzeln. Vermehrungstemperatur 20 °C, zur Weiterkultur reichen 15–18 °C. Für größere Ampeln setzt man drei bis fünf Pflanzen in den Endtopf. Es empfiehlt sich, zwei- bis dreimal zu stutzen.

Schefflera actinophylla; Queensland-Strahlenaralie

Vermehrung kleinerer Mengen durch noch nicht verholzte Kopf- und Teilstecklinge. Auch Stammstecklinge sind möglich. Der Gärtner vermehrt heute in der Regel durch Aussaat importierten Saatguts, das frisch sein muss, um ausreichend zu keimen. Vermehrungstemperatur 22–25 °C, Weiterkultur bei 20 °C.

Schefflera arboricola; Kleine Strahlenaralie

Vermehrung bei kleineren Mengen durch ausgereifte, nicht verholzte Kopf- oder Teilstecklinge. Der Gärtner vermehrt in der Regel generativ durch importierten Samen. Da das Saatgut schnell seine Keimfähigkeit verliert, richten sich die Aussaattermine nach der Samenreife am heimatlichen Standort. In der Regel werden gleich zwei bis drei Samenkörner in den Vermehrungstopf gelegt. Oder setzen Sie später zwei bis drei Jungpflanzen in den Endtopf. Keimtemperatur 22–25 °C, Weiterkultur nicht unter 18 °C.

Schefflera elegantissima; Neukaledonische Strahlenaralie

Die Vermehrung erfolgt durch Aussaat (nur frisches Saatgut ist ausreichend keimfähig) oder durch Kopf- und Teilstecklinge. Zur Wurzelbildung sind Temperaturen von 25–30 °C erforderlich, Weiterkultur nicht unter 18 °C.

Scindapsus pictus; Gefleckte Efeutute

Vermehrung wie *Epipremnum*.

Scutellaria costaricana; Helmkraut

Zur Vermehrung verwendet man von Frühjahr bis Sommer Kopf- und Teilstecklinge. Die Teilstecklinge werden mit mindestens zwei Nodien geschnitten. Setzen Sie zwei bis vier Jungpflanzen in den Endtopf und stutzen Sie nach dem Anwachsen einmal. Vermehrungstemperatur 22–25 °C, Weiterkultur nicht unter 18 °C.

Serissa foetida; Juni-Schnee, Baum der Tausend Sterne

Die Vermehrung erfolgt ganzjährig durch Kopf- oder Teilstecklinge. Die Jungpflanzen sind mehrmals zu stutzen, um eine bessere Verzweigung zu erreichen. Vermehrungstemperatur 20 °C, Weiterkultur nicht unter 15 °C.

Bei Soleirolia soleirolii legt man die von der Mutterpflanze abgeschnittenen Triebe dem Substrat nur auf.

Solanum pseudocapsicum

Sinningia speciosa; Gartengloxinie, Falsche Gloxinie

Im Gartenbau werden Gartengloxinie ausschließlich aus Samen gezogen. Der Samenhandel bietet verschiedene Sorten an. Aussaatzeit ist üblicherweise von Oktober bis Februar. Dabei dürfen die staubfeinen Samen nicht übersiebt werden. Bei 25–30 °C erfolgt die Keimung innerhalb von zwei Wochen. Weiterkultur nicht unter 22 °C. Außerdem ist es möglich, die Gartengloxinie durch Teilung der Knollen, Kopfstecklinge und Blattstecklinge zu vermehren.

Siphocampylus manettiiflorus

Die Vermehrung ist ganzjährig durch etwa 6 cm lange Kopfstecklinge möglich, bevorzugt von Januar bis März. Vermehrungstemperatur 18–20 °C. Man setzt später drei bis fünf Jungpflanzen in den 12-cm-Topf. Zur Weiterkultur reichen 16 °C.

Solanum pseudocapsicum; Korallenstrauch, Jerusalemkirsche

Die Vermehrung erfolgt in der Regel durch Aussaat. Dabei kann man auch auf selbstgeerntete Samen zurückgreifen. Säen Sie am besten im Frühjahr aus. Später setzt man zwei bis drei Jungpflanzen in den Endtopf. Darüber hinaus ist auch eine Vermehrung durch Stecklinge möglich, die willig wurzeln. Vermehrungstemperatur 22–25 °C, Weiterkultur nicht unter 18 °C.

Soleirolia soleirolii; Bubiköpfchen

Die Vermehrung des Bubiköpfchens erfolgt vegetativ. Dazu schneidet man von älteren Pflanzen büschelweise die dünnen Triebe ab, die man dem Substrat in 7- bis 11-cm-Endtöpfen auflegt und mit Drahtklammern festheftet. Die Triebe wurzeln ohne Probleme in das Substrat. Vermehrungstemperatur 20–22 °C, Weiterkultur bei 18 °C.

Sparrmannia africana; Zimmerlinde

Die Vermehrung erfolgt durch Kopfstecklinge, die man von Seitentrieben der Blütentriebe schneidet. Die Stecklinge dürfen weder zu hart noch zu weich sein, bewurzeln aber auch im Wasser. Im Jungpflanzenstadium sind die Pflanzen mehrmals zu stutzen. Vermehrungstemperatur 20–22 °C, Weiterkultur nicht unter 15 °C.

Spathiphyllum; Blattfahne, Scheidenblatt

Bei den im Handel angebotenen Pflanzen handelt es sich meist um Hybriden, die echt nur vegetativ vermehrt werden können. In den Gartenbaubetrieben erfolgt die Vermehrung über Gewebekultur. Für kleinere Mengen bzw. Einzelexemplare bietet sich die Teilung der Pflanzen an, die am besten in den Frühjahrsmonaten durchgeführt wird. Vermehrungstemperatur 25 °C, Weiterkultur nicht unter 20 °C. Wer auf Sortenechtheit keinen Wert legt, kann auch aussäen. Allerdings ist nur frisches Saatgut ausreichend keimfähig.

Stenocarpus sinuatus; Feuerradbaum

Die Vermehrung erfolgt durch Aussaat von importiertem Saatgut, bei dem die Samenschale aufgeraut werden sollte. Stecklingsvermehrung im Sommer ist möglich. Vermehrungstemperatur 25–30 °C, Weiterkultur nicht unter 18 °C, später genügen 12 °C.

Stephanotis floribunda; Madagaskar-Kranzschlinge

Vermehrung durch Teilstecklinge mit einem Nodium (Augenstecklinge). Nach der Bewurzelung setzt man zwei bis drei Jungpflanzen in den Endtopf. Vermehrungstemperatur 25–30 °C, Weiterkultur nicht unter 18 °C.

Vermehrung von *Streptocarpus* durch Blattstecklinge:

Mittelrippe herausgetrennt

Blatt in Teilstücke geschnitten

Austrieb am Teilblatt, etwa vier Wochen nach dem Stecken

Bewurzeltes und ausgetriebenes Teilstück, sechs Wochen nach Vermehrungsbeginn

Frucht von Stephanotis floribunda

Streptocarpus-Sorten; Drehfrucht

Die Mehrzahl der Sorten lässt sich echt nur vegetativ vermehren. Vermehrt wird dabei durch Blattstecklinge, größere Pflanzen auch durch Teilung. Von einigen Sorten wird auch Saatgut angeboten, wobei auch eigene Samenernte möglich ist. Aussaat im Frühjahr, den staubfeinen Samen nicht übersieben. Keimtemperatur 22–25 °C, Weiterkultur nicht unter 18 °C.

Streptocarpus saxorum

S. saxorum wird durch 2–3 cm lange Kopfstecklinge ganzjährig bei 20–22 °C vermehrt. In den Endtopf setzt man zwei bis drei Jungpflanzen zusammen.

Syngonium; Fußblatt, Purpurtüte

Die Vermehrung erfolgt durch Kopf- und Stammstecklinge. Vermehrungstemperatur 25–30 °C, Weiterkultur nicht unter 20 °C.

Tetrastigma voinierianum; Kastanienwein

Der Kastanienwein wird vegetativ durch Augenstecklinge (Nodium mit einem Blatt) vermehrt. Beim Stecken ist darauf zu achten, dass das Auge über der Erde steht, umso besser und schneller sind Wurzelbildung und Austrieb. Vermehrungstemperatur

Trachelospermum jasminoides

22–25 °C, Weiterkultur nicht unter 18 °C.

Theobroma cacao; Kakaobaum

Die Vermehrung des Kakaobaumes erfolgt durch Aussaat, die keine Probleme bereitet, wenn wirklich frisches Saatgut zur Verfügung steht. Leider wird wirklich frisches Saatgut nur selten im Handel angeboten. Trocken gelagerter Samen verliert sehr schnell seine Keimfähigkeit. Bei 22–25 °C erfolgt die Keimung nach etwa zwei Wochen. Weiterkultur nicht unter 20 °C. Eine Vermehrung durch Stecklinge ist möglich.

Thunbergia grandiflora; Bengalische Thunbergie

Man nimmt 5–10 cm lange Teilstecklinge, die sich bei 20–25 °C innerhalb von vier Wochen bewurzeln. Je nach gewünschter Pflanzengröße setzt man später drei bis fünf Pflanzen in den Endtopf.

Tolmiea menziesii; Henne mit Küken, Lebendblatt

Vermehrung durch Brutpflänzchen, die sich auf den Blättern ausbilden und, zusammen mit etwas Blattspreite abgetrennt, in kleine Vermehrungstöpfe eingepflanzt werden.

Torenia fournieri; Torenie

Vermehrung durch Aussaat im Frühjahr, dabei die Samen nicht übersieben. Um buschige Pflanzen zu erhalten, setzt man bis zu fünf Jungpflanzen in den Endtopf. Vermehrungstemperatur 20 °C, Weiterkultur nicht unter 15 °C.

Trachelospermum jasminoides; Chinesischer Sternjasmin

Vermehrung wie *Stephanotis*, siehe Seite 273.

Tradescantia; Dreimasterblume, Tradeskantie

Die Vermehrung erfolgt ganzjährig durch Kopf- oder auch Triebstecklinge. Man verwendet 5–8 cm lange Triebspitzen, von denen man bis zu zehn Stück gleich in den Endtopf steckt. Vermehrungstemperatur 20 °C, Weiterkultur bei 18 °C. Tradeskantien bewurzeln auch in Wasser gut.

Tradescantia spathacea; Pupurblättrige Dreimasterblume

Vermehrung durch Aussaat oder Kopfstecklinge. Die Sorte 'Vittata' kann nur vegetativ vermehrt werden. Kopfstecklinge sind einzeln in entsprechend große Töpfe zu stecken. Vermehrungstemperatur 22 °C, Weiterkultur nicht unter 18 °C.

Veltheimia capensis; Veltheimie

Vermehrung durch Abtrennen der Brutzwiebeln während der Ruhezeit im Mai/Juni. Durch Anschneiden des Zwiebelbodens wird die Bildung von Brutzwiebeln gefördert.

Zantedeschia aethiopica; Kalla

Vermehrung durch Aussaat, Teilung oder Abtrennen der Tochterpflanzen. Für die Aussaat ist nur frisches Saatgut geeignet. Die Teilung erfolgt nach Ende der Ruhezeit im Juli. Tochterpflanzen nimmt man am besten zu Beginn der Ruhezeit ab. Vermehrungstemperatur 18–22 °C, Weiterkultur nicht unter 15 °C.

Zimmerfarne von A bis Z

Farne lassen sich durch Teilung, Stecklinge, Ausläufer, Brutpflänzchen und Sporenaussaat vermehren. Während man bei den vegetativen Vermehrungsmethoden relativ schnell eine ansehnliche Pflanze bekommt, erfordert die Sporenaussaat schon ein wenig Geduld. So vergehen z. B. bei *Adiantum* sechs Monate, bei *Platycerium bifurcatum* bis zu einem Jahr, bis die ersten Farnblätter (Wedel) erscheinen. Nachstehend sind die verschiedenen Vermehrungsmethoden näher beschrieben. Die Weiterkultur der Jungpflanzen unterscheidet sich nicht von der der anderen Zimmerpflanzen, weshalb Sie bei Bedarf dort nachlesen können.

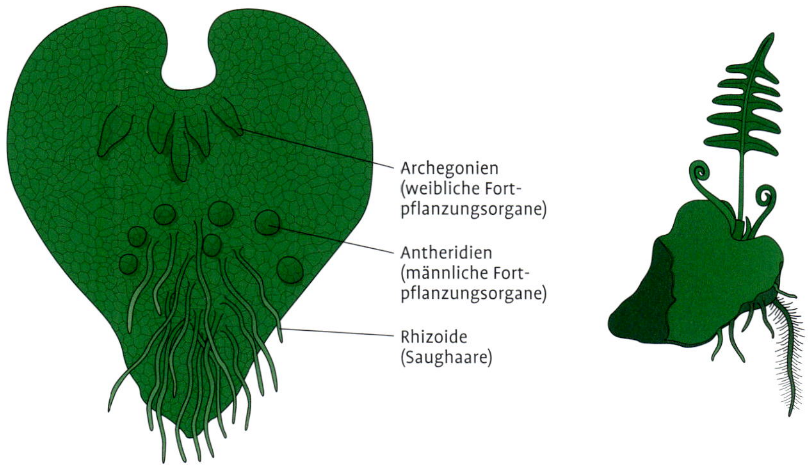

Links Vorkeim (Prothallium), rechts Vorkeim mit ersten Blättern und Wurzeln

Generative Vermehrung

Im Gegensatz zu den Blütenpflanzen, die sich generativ durch Samen vermehren, besitzen Farne Sporen. Die Farnsporen sind mikroskopisch kleine Fortpflanzungsorgane, die ein Vorstadium der Keimpflanzen bilden. Die Befruchtung findet erst nach der Aussaat statt. Der Entwicklungsgang eines Farnes von der Spore bis zur fertigen Pflanze ist so interessant, dass zunächst etwas näher darauf eingegangen werden soll. Dies wird Ihnen auch helfen, bei der Vermehrung alles richtig zu machen und die gegebenen Hinweise besser zu verstehen.

Der Generationswechsel der Farne

Aus den Sporen, die auf vegetativem Wege am Farnwedel entstehen, entwickeln sich auf feuchten Boden Vorkeime (Prothallien), die wie kleine Blättchen aussehen. Auf diesen wer-

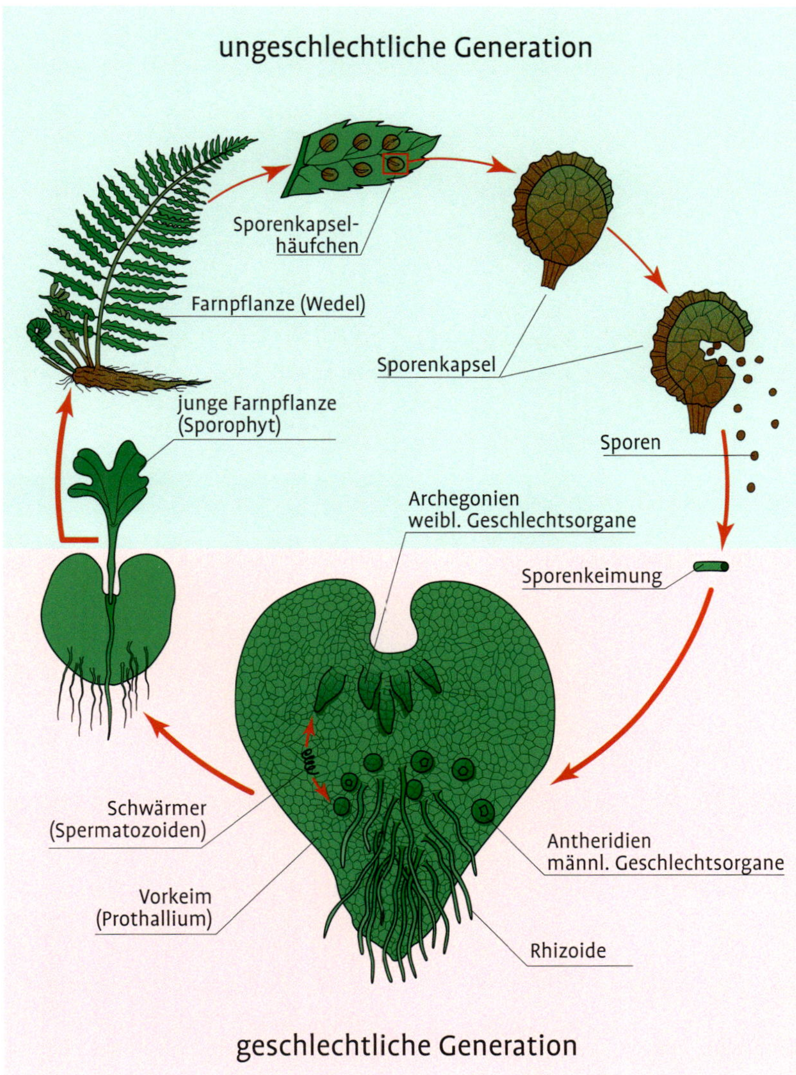

Der Generationswechsel bei Farnen

den die männlichen und weibliche Geschlechtorgane mit ihren Geschlechtszellen gebildet. Unter feuchten Bedingungen gelangen die männlichen zu den weiblichen Geschlechtszellen und befruchten diese. Erst aus dieser befruchteten Eizelle geht dann der ungeschlechtliche Sporophyt hervor, die Farnpflanze, wie wir sie kennen. Ein Farn tritt also immer in zwei streng voneinander getrennten Formen oder Generationen auf: als vegetative, sporentragende Farnpflanze und als generativer Vorkeim. Beide Formen wechseln regelmäßig miteinander ab und können nur aus der jeweils anderen hervorgehen. Dieser Vorgang wird als Generationswechsel bezeichnet.

Sporenernte
Die Sporen befinden sich in Sporenbehältern, die auf den Blattunterseiten in teils gut erkennbaren Sporenlagern beieinanderliegen. Sobald die Sporenbehälter reif sind, springen sie auf und schleudern die Sporen heraus. Deshalb müssen die Sporen kurz vor der Vollreife geerntet werden. Dies ist besonders dann wichtig, wenn noch andere Farnarten in der Nähe stehen, da es sonst zu einer Vermischung der Sporen kommen kann.
Zur Sporenernte werden ganze Wedel abgeschnitten und in Pergamenttüten verpackt. Der Zeitpunkt hierfür ist gekommen, wenn sich die Sporenbehälter braun verfärben. Bei Temperaturen um 25 °C fallen die Sporen dann aus den Sporenbehältern heraus. Um die Sporenbehälter von den Sporen zu trennen, schüttet man sie auf ein Blatt Papier, hält das Papier ein wenig schräg und klopft leicht gegen die Unterseite. Die feinen Sporen bleiben schließlich auf dem Papier zurück.

Sporenaussaat
Die Aussaat muss unter größter Sauberkeit erfolgen. Sie sollten daher nur neue oder desinfizierte Gefäße verwenden. Als Aussaatsubstrat eignet sich am besten ein Torf-Sand-Gemisch oder auch reiner Torf. Arbeiten Sie sehr sorgfältig. Denn bei mangelnder Hygiene werden Sie sehr schnell

Vermehrung durch Sporenaussaat am Beispiel von *Pteris cretica*:

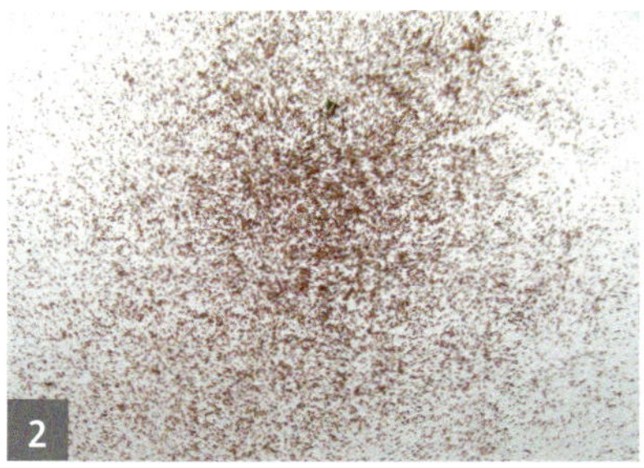

1) Bei Pteris sitzen die Sporenbehälter aufgereiht an den Rändern der Fiedern. In einen warmen Raum gebracht, krümmen sich die Fiedern aufgrund des Trocknungsprozesses und die Sporenbehälter öffnen sich.
2) Die Sporen sind staubfein.
3) Um eine glatte Oberfläche zu bekommen, wird die Substratoberfläche noch angedrückt.
4) Das Aussäen muss sehr vorsichtig geschehen.
5) Vorsichtig die Erde ansprühen.
6) Alternativ das Aussaatgefäß in Wasser stellen, damit es sich von unten vollsaugen kann. Zur Keimung die Aussaatgefäße mit einer Glasplatte abdecken.
7) Die Sporen der verschiedenen Farnarten keimen unterschiedlich schnell. Bei Pteris dauert es etwa drei Wochen, bis ein erster grüner Rasen der Vorkeime sichtbar wird.

Wenn sich Moose wie hier im Aussaatgefäß breitmachen, ist es höchste Zeit, die Prothallien zu pikieren.

Pikierte Farnprothallien

erfahren müssen, dass Pilze, Moose und Algen schneller sind und das Keimen der Farnsporen verhindern.
Wichtig ist vor allem auch, dass nur eine Art an einem Ort ausgesät wird, um eine Vermischung durch in der Luft schwebende Sporen zu vermeiden. Bei Aussaat mehrerer Farnarten werden die benötigten Gefäße hergerichtet, beiseitegestellt, abgedeckt und einzeln zur Aussaat hergeholt. Fertige Aussaaten werden ebenso behandelt.
Das Aussaatsubstrat wird locker bis zur Oberkante der Gefäße eingefüllt, glatt abgestrichen und mit dem Andrückbrettchen so angedrückt, dass sich die Oberfläche des Substrates etwa 1–2 cm unter der Oberkante des Gefäßes befindet. Für die oberste Schicht ist nur fein gesiebtes Substrat zu verwenden.
Die gereinigten Sporen gibt man auf ein gefaltetes Stück Papier, z. B. eine Postkarte. Von dort sind die Sporen durch vorsichtiges Klopfen gegen die Unterseite möglichst gleichmäßig auf der Substratoberfläche zu verteilen. Keinesfalls darf das benutzte Stück Papier für die nächste Farnart verwendet werden, da es sonst zu einer unerwünschten Vermischung kommt.
Die Sporen werden weder angedrückt noch mit Substrat abgedeckt. Bewässern Sie am besten durch Anstauen, indem Sie das Aussaatgefäß in eine Schale mit abgekochtem Wasser stellen.
Da Wasser bzw. eine hohe Luftfeuchtigkeit Voraussetzung für die Befruchtung sind, werden die Gefäße mit einer Glasplatte, Kunststoffhaube oder Folie abgedeckt. Ideal ist die Verwendung kleinerer Vermehrungsbeete. In der Regel müssen Sie bis zur Keimung nicht zusätzlich wässern. Ein gelegentliches Übersprühen ist aber von Vorteil. Stellen Sie die Gefäße an einen hellen, vor direkter Sonne geschützten Ort bei Temperaturen nicht unter 18 °C auf. Nach ungefähr einer Woche beginnt die Keimung der Sporen.
Rund sechs bis acht Wochen später ist das Aussaatgefäß von einem grünen Rasen bedeckt, der deutlich macht, dass die Vorkeime zu wachsen beginnen. Bei einigen Arten kann es allerdings einige Monate, sogar bis zu einem Jahr dauern, bis sich die Prothallien ausgebildet haben.
Im Vorkeimstadium müssen die Prothallien durch häufiges Übersprühen unbedingt feucht gehalten werden, da die männlichen Geschlechtszellen die Eizellen an den gegenüberliegenden Enden der Vorkeime nur dann erreichen können, wenn diese mit einer dünnen Wasserschicht überzogen sind.

Pikieren

Pikieren sollte man nicht erst, wenn die ersten typischen Farnblättchen erkennbar sind, sondern schon dann, wenn sich die Vorkeime gegenseitig im Wachstum behindern. Der Vorkeimrasen wird dabei in etwa 1–2 cm große Stücke geteilt und unter leichtem Andrücken auf dem Substrat ausgelegt. Haben sich die Farnpflanzen entwickelt und eine Höhe von 3–4 cm erreicht, werden die Tuffs geteilt und im Abstand von 5 × 5 cm pikiert. Ob noch ein zweites oder drittes Pikieren erforderlich ist, hängt von der Wuchsstärke der einzelnen Arten ab.

Vegetative Vermehrung

Die meisten Farne lassen sich auf vegetativem Wege einfacher als durch Sporenaussaat vermehren. Je nach Art werden hierzu unterschiedliche Teile des Farns benutzt. Bei manchen genügt ein Wedelabschnitt, andere werfen sogenannte Brutknospen ab, aus denen neue Pflanzen entstehen. Man vermehrt die meisten Farne

Rhizomteilung am Beispiel von *Blechnum occidentale*:

Mutterpflanze

In der Regel benötigt man zur Teilung ein scharfes Messer, um die Teilstücke voneinander zu trennen.

Die einzelnen Teilstücke

Damit die Teilstücke sicher anwachsen, ist für einige Tage Verdunstungsschutz zu geben.

jedoch entweder durch Kronenteilung, das sind die verdickten, senkrechten Wurzelstöcke, die sich über dem Boden befinden, durch Teilung der Rhizome, also der verdickten, waagerechten Wurzelstücke, die dicht unter oder auf der Oberfläche des Bodens verlaufen, oder durch Ausläufer.

Kronenteilung

Die Teilung von Farnen mit senkrechten Wurzelstöcken ist schwierig. Dennoch ist eine Teilung möglich, falls mindestens zwei Kronen vorhanden sind oder die ursprüngliche Krone Nebentriebe entwickelt hat. Wird eine einzelne Krone geteilt, läuft man Gefahr, sowohl den einen als auch den anderen Abschnitt zu verlieren. Drücken Sie den Wurzelballen vorsichtig mit den Händen auseinander, nachdem Sie die Erde zuvor etwas herausgeschüttelt haben. Bereitet dies Schwierigkeiten, nimmt man ein Messer zur Hilfe und schneidet den Ballen durch. Achten Sie in jedem Fall darauf, dass die Sprossspitzen beider Teile nicht verletzt werden, da von ihnen das gesamte neue Wachstum ausgeht. Die einzelnen Teilstücke werden in Töpfe gepflanzt und vor Verdunstung geschützt in ein Vermehrungsbeet oder unter Folie mit genügend Raum für einen ausreichenden Gasaustausch aufgestellt, bis sie fest eingewurzelt sind.

Rhizomteilung

Farne mit kriechenden Rhizomen lassen sich am einfachsten vermehren, indem man sie über die Ränder ihrer Töpfe hinaus in andere, unmittelbar danebenstehende Töpfe hineinwachsen lässt. Eine Abdeckung mit Torfmoos (Sphagnum) erleichtert die Wurzelbildung. Ist das Rhizom im neuen Topf festgewurzelt, trennt man den jungen Wurzelstock mit einem scharfen Messer von der Mutterpflanze ab.
Sie können die Rhizome aber auch von der Mutterpflanze abnehmen, in einzelne Teilstücke zertrennen und in Töpfe setzen oder aufpflanzen. Jedes Teilstück sollte dabei einige Wedel aufweisen. Sind zahlreiche Wedel vorhanden, werden einige entfernen, damit die abgetrennten Teilstücke nicht bei der Wasser- und Nährstoffversorgung der Wedel überfordert werden. Befestigen Sie die abgetrennten Teilstücke mit einer Drahtklammer auf dem Substrat und stellen Sie die Gefäße bis zur Bewurzelung vor Feuchtigkeitsverlusten geschützt auf.

Ausläufer

Bei den ausläuferbildenden Farnen wie *Nephrolepis* trennt man die jungen Pflänzchen ab, pikiert sie oder setzt sie in kleine Töpfe. Man kann die Ausläufer jedoch auch in andere, unmittelbar danebenstehende Töpfe hineinwachsen lassen und erst nach dem Einwurzeln abtrennen.

Brutpflanzen

Einige Farne bringen auf vollentwickelten Wedeln Brutpflanzen hervor, die man abnimmt und zunächst pikiert. Zum Teil sind es nur Brutknospen, die sich erst nach Loslösung von der Mutterpflanze zu einer selbständigen Pflanze entwickeln.
Platycerium bifurcatum bildet im Alter viele Tochterpflanzen aus, die man mit einem scharfen Messer abtrennen kann. Fahren Sie dazu mit dem Messer unter dem Deckblatt sowie an dessen Seiten

entlang und lösen dabei die Tochterpflanze vorsichtig mitsamt dem dazugehörigen Teil der Mutterpflanze ab. Dieses Wurzelstück der Mutterpflanze erleichtert den jungen Farnen das An- und Weiterwachsen.

Adiantum; Frauenhaarfarn

Vermehrung durch Sporenaussaat bevorzugt im Frühjahr oder durch vorsichtiges Teilen des Wurzelstocks. Vermehrungstemperatur 22–24 °C, Weiterkultur nicht unter 15 °C.

Asplenium; Streifenfarn

Die Vermehrung erfolgt durch Sporenaussaat, am besten im Frühjahr bei 22–24 °C. *A. bulbiferum* und *A. dimorphum* bilden an den Wedeln Brutpflänzchen, die abgenommen und auf Erde ausgelegt werden. Weiterkultur nicht unter 18 °C.

Blechnum; Rippenfarn

Die für Zimmerkultur geeigneten Arten wie *B. brasiliense*, *B. gibbum* und *B. occidentale* vermehrt man durch Sporenaussaat, *B. occidentale* auch gut durch Rhizomteilung. Vermehrungstemperatur 22 °C, später genügen 20 °C.

Davallia; Hasenpfotenfarn

Vermehrung am besten durch Rhizomteilung. In der Regel wird das Rhizom in Stücke geschnitten und auf feuchtem Substrat ausgelegt. Man kann das Rhizom aber auch über den Topf hinaus in einen danebenstehenden Topf wachsen lassen und erst nach der Bewurzelung abtrennen. Eine Sporenaussaat ist auch möglich. Vermehrungstemperatur 25 °C, Weiterkultur nicht unter 18 °C.

Nephrolepis; Schwertfarn

Die Vermehrung erfolgt nur bei *N. cordifolia* durch Sporenaussaat, ansonsten durch Ausläufer, im Gartenbau auch durch Gewebekultur. Die zahlreichen Sorten von *N. exaltata* lassen sich echt nur vegetativ vermehren, da häufig keine Sporen gebildet werden oder diese steril sind. Sie können die Bildung von Ausläufer anregen, indem Sie den Farn in ein größeres, mit feuchtem Torf gefülltes Gefäß stellen. Je höher die Luftfeuchtigkeit, umso mehr Ausläufer werden gebildet. Nachdem die Ausläufer Wurzeln entwickelt haben und stark genug sind, dass sie abgenommen werden können, topft man sie in kleine Töpfe. Vermehrungstemperatur 22–25 °C, Weiterkultur nicht unter 18 °C.

Zu den Farnen, die an den Wedeln Brutpflanzen bilden, gehört z. B. Asplenium dimorphum.

Pellaea; Klippenfarn

Klippenfarne werden durch Sporenaussaat oder durch Teilung der Pflanzen vermehrt.

Phlebodium aureum; Hasenfußfarn

Die Vermehrung erfolgt durch eine langwierige Sporenaussaat, Kronenteilung oder Rhizomteilung. Selbst Rhizomstücke von nur 5 cm treiben willig aus. Vermehrungstemperatur 25 °C, Weiterkultur nicht unter 15 °C.

Platycerium bifurcatum; Gewöhnlicher Geweihfarn

Die Vermehrung durch Sporen ist sehr langwierig. Sie können jedoch auch Jungpflanzen abnehmen, die sich an älteren Pflanzen bilden. Diese sollten dann schon ein bis zwei fertile Blätter sowie ausreichend Wurzeln gebildet haben. Vermehrungstemperatur 20–22 °C, Weiterkultur nicht unter 18 °C. In den Gartenbaubetrieben wird auch durch Gewebekultur vermehrt.

Polystichum falcatum; Mondsichelfarn

Vermehrung durch Sporenaussaat oder Teilung im Frühjahr. Vermehrungstemperatur 20 °C, Weiterkultur nicht unter 18 °C.

Pteris; Saumfarn

Alle Arten und Sorten fallen echt und können daher durch Sporenaussaat vermehrt werden. Wird nur eine kleine Anzahl von Pflanzen benötigt, vermehrt man durch Rhizomteilung im Frühjahr. Vermehrungstemperatur 25 °C, Weiterkultur nicht unter 18 °C.

Selaginella; Moosfarn, Mooskraut

Vermehrung ganzjährig durch Sporenaussaat, Rhizomteilung und Stecklinge. Zum Stecken verwendet man Zweigteile, die man dem Substrat auflegt, mit Drahtklammern festheftet oder teilweise mit Substrat bedeckt. Triebspitzen steckt man aufrecht zu acht bis zehn Stück gleich in den Endtopf. Bis zur Bewurzelung ist eine hohe Luftfeuchtigkeit nötig. Vermehrungstemperatur 20–22 °C, Weiterkultur nicht unter 18 °C.

Kakteen und Sukkulenten von A bis Z

Kakteen und andere Sukkulenten lassen sich je nach Gattung und Art durch Samen, Stecklinge, Pfropfen und Teilung (Ableger) vermehren.

Aussaat

Im Allgemeinen ist die Keimfähigkeit aller Sukkulentensamen gut, die Dauer der Keimfähigkeit bei den einzelnen Arten aber unterschiedlich. Leider gibt es darüber wenige zuverlässige Angaben, so dass auch hier der Grundsatz gilt, möglichst frisches, d. h. aus der Ernte des Vorjahres stammendes Saatgut zu verwenden. Die Aussaat selbst unterscheidet sich nur in wenigen Punkten von der der anderen Zimmerpflanzen (siehe Seite 240–241).
Welche Substrate für die Aussaat geeignet ist, können Sie auf Seite 48–50 nachlesen. Da in der Regel nur kleine Portionen ausgesät werden, empfiehlt es sich, kleinere Blumentöpfe (Kunststoffvierecktöpfe) als Saatgefäße zu verwenden, um Verwechs-

Selaginella involvens

lungen durch beim Wässern verschwemmte Samen sicher auszuschließen.
An die Sauberkeit sind besonders hohe Anforderungen zu stellen. Aussaatgefäße und Substrate müssen unbedingt keimfrei sein, denn die oft mikroskopisch kleinen Keimlinge werden nicht nur schnell von verschiedenen Pilzen befallen, sondern ebenso häufig von Algen und Moosen überwuchert. Auch ist es sinnvoll, die Samen zu beizen (siehe Seite 36).
Die Technik der Aussaat ist die Gleiche wie bei den Zimmerpflanzen beschrieben. Der Samen wird nur in Ausnahmefällen (bei sehr großen Samen) zusätzlich mit Substrat abgedeckt, in der Regel aber nur leicht angedrückt. Nach der Aussaat werden die Gefäße nicht von oben angegossen, sondern in flache, mit Wasser gefüllte Schalen gestellt.
Auch Samen von Kakteen und anderen Sukkulenten benötigen bis zur Keimung eine verhältnismäßig hohe Luftfeuchtigkeit und dürfen während des Keimens nicht austrocknen. Daher empfiehlt es sich auch hier, entsprechende Vermehrungseinrichtungen (siehe Seite 57) zu verwenden. Zumindest sollten die Gefäßen mit einer Glasplatte abgedeckt werden. Als geeignete Keimtemperaturen haben sich für die Mehrzahl der Arten Temperaturen um 25 °C erwiesen. Eine nächtliche Abkühlung auf 18 °C fördert die Keimung und ist zur Erzielung gesunder Sämlinge günstig. Die Aussaatgefäße sollten vom Tage der Aussaat bis zum Keimen den hellstmöglichen Platz bekommen. Allerdings müssen die Aussaaten bis zur Keimung und noch einige Wochen darüber hinaus vor direkter Sonnenbestrahlung geschützt werden. Der Hobbygärtner, der auf natürliches Licht angewiesen ist, sollte mit der Aussaat bis März warten. Wer eine Zusatzbelichtung zur Verfügung hat, kann schon im Januar mit der Aussaat beginnen.
Wenn bei Kakteen die ersten Dornen erscheinen bzw. bei den anderen Sukkulenten die Keimblätter voll ausgebildet sind, wird der Deckel der Vermehrungseinrichtung bzw. die Glasplatte zunächst nur etwas angehoben und dann beim weiterem Erstarken der Sämlinge schließlich ganz entfernt.

Eigene Samenernte

Der überwiegende Teil der Sukkulenten ist selbststeril, viele sind zweihäusig. Damit sie Samen ansetzen, ist die Bestäubung der Blüte mit den Pollen einer anderen Pflanze der gleichen Art notwendig. Bei recht seltenen Arten kann es daher sinnvoll sein, rechtzeitig mit anderen Sukkulentenfreunden Kontakt aufzunehmen, die ein passendes Gegenstück besitzen. Auf diesem Wege lassen sich die Pollen rasch austauschen.
Bei Kakteen gibt es eine Reihe von Arten, die Samen ansetzen, ohne dass sich die Blüten überhaupt öffnen. Arten mit solchen sogenannten kleistogamen Blüten finden sich u. a. bei *Setiechinopsis* und *Frailea*.
Die Reifezeit der Früchte ist bei den einzelnen Arten sehr unterschiedlich. Zur Erntezeit ist den mit Flughaaren ausgestatteten Samen besondere Aufmerksamkeit zu schenken, da sie leicht wegfliegen können. Bei *Euphorbia*-Früchten springen die verholzenden Kapseln an trocken-heißen Tagen auf und schleudern die Samen weit fort. In allen Fällen ist es vorteilhaft, die reifenden Früchte in luftdurchlässiges Gewebe (z. B. Stück eines Perlonstrumpfes) einzubinden oder wie bei *Euphorbia* mit Watte abzudecken.
Früchte sukkulenter Arten kann man in zwei Gruppen einteilen: Es gibt Früchte, die zur Reifezeit an der Pflanze trocknen und bei denen sich die Samen leicht ernten lassen. Bei anderen Früchten sind die Samen in eine fleischige Fruchthülle eingebettet. Bei diesen müssen die reifen Früchte von der Pflanze abgenommen, zerdrückt und nach einigen Tagen unter fließendem Wasser ausgewaschen werden (siehe auch Seite 16–17).

Bei Opuntia ist der Samen in einer fleischigen Masse eingebettet.

Samenkauf

Wer seine Sammlung mit neuen Arten bereichern will, ist auf den Kauf von Samen angewiesen. Saatgut wird vom einschlägigen Kakteen- und Sukkulentenhandel in großer Auswahl angeboten. Diese geben jährlich Listen und

Kataloge heraus und annoncieren in Zeitschriften. Aber auch Interessengemeinschaften haben unter ihren Mitgliedern einen Samentausch eingerichtet. Besonders geschätzt ist am Heimatstandort der Pflanzen gesammeltes Saatgut. Dies gilt vor allem dann, wenn es an exakt bestimmten Pflanzen fachmännisch gesammelt wurde und unter Angabe des Fundortes verkauft wird. Grundsätzlich sollte man jeweils nur so viel Saatgut kaufen, wie man aussäen kann. Diesem Grundsatz kommt entgegen, dass Sukkulentensaatgut in der Regel in Portionen von 10 bis 25 Samen angeboten wird.

Pikieren

Während einige Arten schon bald nach der Keimung pikiert werden müssen, dauert es bei anderen bis zu einem Jahr. Grundsätzlich sollte dann pikiert werden, wenn das Wachstum der Sämlinge trotz guter Pflege offensichtlich stagniert.
Ein vorzeitiges Pikieren kann notwendig werden, wenn sich Moose und Algen breitmachen und die Sämlinge zu ersticken drohen. Pikieren Sie jedoch nicht im Herbst, da die Sämlinge dann nicht mehr gut anwachsen und geschwächt in den Winter hineingehen. Hier ist es besser, bis zum Frühjahr zu warten.
Pikiert wird relativ eng. Als Anhaltspunkt mag dienen, dass der Abstand zwischen den Sämlingen so groß wie ihr Durchmesser sein sollte. Denn die Erfahrung zeigt, dass die Pflanzen besser wachsen, wenn sie sich fast berühren. Wässern Sie die frischpikierten Sämlinge erst drei bis fünf Tage nach dem Pikieren, damit eventuelle Wurzelverletzungen ausheilen können.
Die Pikiergefäße werden zunächst an geschützter Stelle aufgestellt und erst nach und nach an das volle Sonnenlicht gewöhnt. Der größte Teil der Sukkulenten, insbesondere die Kakteen, verlangen ein mehrmaliges Pikieren, bevor man sie in Einzeltöpfe pflanzt.

Stecklinge

Die Mehrzahl der Sukkulenten lässt sich ohne große Schwierigkeiten vegetativ vermehren. Jede Sukkulente, die sich verzweigt, kann Material für die Stecklingsvermehrung liefern. Sukkulenten, die sich nicht verzweigen, wird man aber nur vegetativ vermehren, um kranke, angefaulte Exemplare am Leben zu erhalten oder um ältere, von unten stark verholzte Pflanzen zu verjüngen.
Für die Vermehrung durch Stecklinge sind das Frühjahr und der Sommer die günstigsten Jahreszeiten. Der Steckling wird in der Regel mit einem scharfen Messer gleich in der endgültigen Länge von der Mutterpflanze getrennt. Stecklinge mit größerem Durchmesser schneidet man unten konisch zu. Dieser Zuschnitt ist sinnvoll, da das Gewebe an der Schnittstelle sonst häufig so stark eintrocknet, dass ein tiefer Hohlraum entsteht und die Bewurzelung schwierig wird.
Euphorbia-Stecklinge und Stecklinge anderer, milchsaftführender Arten taucht man nach dem Schneiden in 40 °C warmes Wasser, um den Milchsaft zum Gerinnen zu bringen. Sonst wird die Wurzelbildung erschwert.
Sowohl die Schnittwunden an der Mutterpflanze als auch am Steckling sind besonders krankheitsanfällige Zonen. Um ein Eindringen von Krankheitserregern zu vermeiden, ist ein Einpudern der Schnittflächen mit Holz-

Vermehrung von Säulenkakteen durch Stecklinge:

Stecklingsschnitt an der Mutterpflanze

Schnittfläche konisch zuschneiden

Gesteckter Steckling

kohlepulver zu empfehlen.
Vor dem Stecken müssen die Schnittstellen der Stecklinge gründlich abtrocknen. Stecklinge von Kakteen kann man so lange trocken lagern, bis Wurzelansätze sichtbar sind. Lagern Sie sie jedoch senkrecht, da sich längere Stecklinge bei waagerechter Lagerung krümmen und sich dies später nicht mehr ausgleichen lässt. Stellen Sie die Stecklinge in Gefäße, die so eng sind, dass die Schnittfläche nicht den Boden berührt. Gut geeignet sind beispielsweise Blumentöpfe, da sie konisch zulaufen.
Sind die Schnittflächen abgetrocknet oder Wurzelansätze sichtbar, werden die Stecklinge gesteckt. Als Gefäße verwendet man möglichst kleine Blumentöpfe. Die geeigneten Substrate werden auf Seite 48–50 beschrieben.
Die Stecklinge sollten dem Substrat mehr oder weniger nur aufgesetzt und nicht tief hineingesteckt werden. Um ein Umfallen längerer Stecklinge zu vermeiden, befestigt man sie an Stäben, die man tief in das Substrat steckt. Eine Verwendung von Bewurzelungsmitteln (Wuchsstoffen) ist in der Regel nicht erforderlich und kann darüber hinaus auch nicht für alle Sukkulenten empfohlen werden.
Nach dem Stecken wird das Substrat zunächst nicht angegossen. Sie sollten damit in der Regel bis zur Wurzelbildung warten. Wird zu viel gegossen, ist die Fäulnisbildung groß. Besondere Vermehrungseinrichtungen sind zur Bewurzelung nicht erforderlich. Eine hohe Bodentemperatur von etwa 20–25 °C ist jedoch vorteilhaft.
Wenn durch gutes Wachstum zu erkennen ist, dass die Wurzelbildung eingesetzt hat und der Stecklingstopf schließlich durchwurzelt ist, werden die Pflanzen in ihren endgültigen Topf in entsprechendes Substrat umgepflanzt.

Durch Blattstecklinge lassen sich viele Sukkulenten vermehren, von links nach rechts: Pachyphytum, Kalanchoe, Gasteria.

Stecklinge von flachtriebigen Kakteen

Bei der Stecklingsvermehrung flachtriebiger Kakteen sind eine andere Schnitttechnik und Behandlung notwendig. Bei *Opuntia* trennt man ganze Blätter an der Nahtstelle ab. Bei *Schlumbergera* und *Rhipsalidopsis gaertneri* schneidet oder bricht man etwa 5–10 cm lange Sprossglieder an der schmalen Stelle ab. Um schnell zu ansehnlichen Exemplaren zu kommen, empfiehlt es sich, gleich mehrere Stecklinge in den Endtopf zu stecken. Bei Phyllokakteen schneidet man nicht an der schmalsten Stelle, sondern etwa 0,5 cm unter zwei gegenüberliegenden Areolen, den dornen- oder borstentragenden Haarkissen. Am unteren Ende wird der Steckling keilförmig zugeschnitten. Da Phyllokakteen relativ lange Triebe ausbilden, können aus einem Trieb mehrere Stecklinge geschnitten werden. Allerdings ist beim Stecken dieser Triebstücke wie bei den Teilstecklingen auf die Polarität zu achten (siehe Seite 45).
Stecklinge flachtriebiger Kakteen lässt man nur einen Tag trocken liegen, bevor gesteckt wird.

Blattstecklinge

Zahlreiche Blattsukkulenten lassen sich auch durch Blattstecklinge vermehren, so z. B. Arten

Vermehrung flachtriebiger Kakteen am Beispiel von *Epiphyllum*:

Bei Epiphyllum können aus einem Trieb mehrere Stecklinge geschnitten werden. Gesteckt wird am besten in Einzeltöpfe in ein Torf-Sand-Gemisch.

der Gattungen *Crassula*, *Echeveria*, *Kalanchoe*, *Sedum*, *Haworthia* und *Gasteria*. Bei *Kalanchoe* schneidet man das Blatt nicht ab, sondern reißt es vom Stiel (Spross) ab, und kürzt den verbleibenden Bart ein wenig ein. Verwenden Sie stets ausgereifte, gesunde Blätter, die vorsichtig an der Basis abgebrochen und in der Regel nicht nachgeschnitten werden. Da Blattstecklinge von Sukkulenten wegen der wasserreichen Gewebe stark fäulnisgefährdet sind, lässt man sie vor dem Stecken gut abtrocknen. Beim Stecken ist darauf zu achten, dass die Blattoberseite nach oben weist.

Hinweis
Bei den einzelnen Arten werden keine Hinweise zum Vermehrungszeitpunkt gegeben, da diese praktisch das ganze Jahr hindurch möglich ist. Samen sollten immer gleich nach dem Erhalt ausgesät werden. Für die Stecklingsvermehrung ist die Wachstumszeit (das Frühjahr) der günstigste Zeitpunkt.

Adenium obesum; Wüstenrose

Um die arttypische verdickte Stammbasis der Wüstenrose zu erhalten, muss durch Aussaat vermehrt werden. Frisches Saatgut, auch bei uns setzen die Pflanzen Samen an, keimt zu 80 %. Eine Vermehrung durch Stecklinge aus „Seitenästen" ist ebenfalls möglich, doch behalten diese ihre ursprüngliche dünne „Stammbasis" bei.

Adenium obesum

Aeonium

Die Arten dieser mehr oder weniger blattsukkulenten Gattung vermehrt man am einfachsten durch Rosettenstecklinge, die sich leicht bewurzeln. Auch Blattstecklinge sind möglich. Das zweijährige *A. tabuliforme* kann nur ausgesät werden. Vermehrungstemperatur 22 °C, Weiterkultur nicht unter 15 °C.

Aloe; Bitterschopf, Aloe

Die artenreiche Gattung *Aloe* (es gibt über 400 Arten) liefert stammlose oder stammbildende Arten. Am bekanntesten ist *A. vera*, die Echte Aloe. Man vermehrt Aloen durch Abtrennen der Ausläufer (Kindel), Aussaat und durch Kopfstecklinge. Auch Blattstecklinge sind möglich. Eine Vermehrung durch Kopfstecklinge ist jedoch lediglich bei Bodentemperaturen von 25–30 °C erfolgversprechend.

Aloe vera lässt sich leicht durch Kindel vermehren.

Fruchtstand von Astrophytum myriostigma

Sämlinge von Cereus caesius

Astrophytum; Bischofsmütze, Sternkaktus

Astrophyten werden ausschließlich durch Aussaat vermehrt. Sie haben vergleichsweise große Samen, die leicht und schnell keimen. Blühreife erlangen sie nach drei bis vier Jahren. Eine Stecklingsvermehrung gelingt auch. Sie kommt in Frage, wenn z.B. durch unsachgemäße Pflege die Wurzeln geschädigt sind.

Cereus

Diese Säulenkakteen vermehrt man, soweit es sich um sprossende Arten handelt, durch Ableger, sonst durch Stecklinge, die leicht wurzeln. Auf diese Weise erhält man schnell ansehnliche Pflanzen. Auch Aussaat ist möglich. Ältere, blühfähige Pflanzen bilden regelmäßig Samen aus.

Ceropegia linearis; Leuchterblume

Die Leuchterblume wird durch Kopfstecklinge vermehrt, von denen man bis zu zehn Stück in den 7-cm-Vermehrungstopf steckt. Man kann auch durch die kleinen Knöllchen vermehren, die in den Blattachseln der zarten Triebe ausgebildet werden. Vermehrungstemperatur 25 °C, Weiterkultur nicht unter 15 °C.

Cleistocactus; Silberkerzenkaktus

Diese schlanken, sich am Grunde verzweigende Säulenkakteen vermehrt man durch Abtrennen der Seitensprosse, Stecklinge oder auch Aussaat.

Cotyledon

Vermehrt wird durch Kopf- oder Blattstecklinge. Die Blätter sind von der Mutterpflanze abzureißen und ohne nachzuschneiden zu stecken. Ein Verdunstungsschutz ist wie bei allen Sukkulenten nicht notwendig. Vermehrungstemperatur 22 °C. Man kann auch aussäen. Samen wird gelegentlich angeboten und bildet sich auch in unseren Breiten an den Pflanzen.

Crassula; Dickblatt

Die Gattung *Crassula* umfasst zahlreiche Arten. Sie alle lassen sich ganzjährig leicht durch Kopf- und Blattstecklinge oder auch durch Aussaat vermehren. Ein Verdunstungsschutz ist bei den Stecklingen nicht erforderlich. Vermehrungstemperatur 20 °C, Weiterkultur nicht unter 15 °C.

Echeveria; Echeverie

Am einfachsten und schnellsten ist die Vermehrung durch Tochterrosetten mit Wurzelansatz (z.B. bei *E. derenbergii* und *E. se-*

Crassula ovata

tosa), durch Sprossstecklinge (z. B. bei *E. leucotricha* und *E. gibbiflora*) oder auch durch Blattstecklinge. Blattstecklinge sind vorsichtig vom Spross abzureißen, flach zu stecken oder dem Vermehrungssubstrat nur aufzulegen. Die Aussaat kommt nur für die reinen Arten in Frage. Zur Keimung werden die Aussaatgefäße am besten in ein Vermehrungsbeet mit hoher Luftfeuchtigkeit gestellt. Vermehrungstemperatur 20 °C, Weiterkultur nicht unter 15 °C.

Bestäubung von Echinopsis mit dem Pinsel

Die meisten sukkulenten Euphorbien, hier Euphorbia pseudocactus, lassen sich durch Stecklinge vermehren. Gesteckt wird in ein Torf-Sand-Gemisch. Größere Stecklinge werden mit Stäben gestützt.

Echinocactus grusonii; Goldkugelkaktus, Schwiegermuttersessel

Den Goldkugelkaktus müssen Sie durch Aussaat vermehren, da die Pflanzen in der Regel nicht sprossen. Soweit abweichend vom natürlichen Verhalten sprossende Mutterpflanzen vorhanden sind, was gelegentlich in den Sammlungen vorkommt, kann auch durch Abtrennen der Ableger vermehrt werden.

Echinocereus; Igelsäulenkakus

Diese Kakteengattung, oft schön und bunt bestachelt sowie mit großen leuchtend gefärbten Blüten, ist bei Kakteenfreunden besonders beliebt. Die kleinen, meist strauchig verzweigten Säulenkakteen vermehrt man durch Aussaat oder Stecklinge, die gruppenbildenden Arten auch durch Abtrennen der Seitensprosse.

Echinopsis; Seeigelkaktus

Seeigelkakteen, seit alters in den Wohnungen weit verbreitet, lassen sich gut durch Aussaat vermehren, doch wachsen die Sämlinge zunächst sehr langsam. Arten, die stark sprossen, sollten bevorzugt durch Abtrennen der Ableger (Kindel) vermehrt werden. Achten Sie jedoch darauf, nicht überreich sprossende, blühfaule Exemplare, sondern reich und willig blühende Pflanzen zu vermehren.

Epiphyllum; Blattkaktus, Schusterkaktus

Von diesen sogenannten Phyllokakteen sind ausschließlich Sorten im Handel, die man echt nur durch Stecklinge vermehren kann. Wer gerne experimentiert, kann auch aussäen. Die Keimfähigkeit frischer Samen ist gut.

Euphorbia; sukkulente Euphorbien

Die sukkulenten Arten lassen sich bis auf wenige Ausnahmen leicht durch Stecklinge vermehren. *E. caput-medusae*, die kugelige *E. obesa* und einige andere Arten mit verdickten Hauptsprossen können allerdings nur durch Samen vermehrt werden. Seitenäste von *E. caput-medusae* bewurzeln zwar, wachsen aber wie Seitenäste weiter. Eine Vermehrung durch Aussaat ist bei allen Arten gut möglich. Vermehrungstemperatur 20–25 °C, Weiterkultur nicht unter 15 °C.

Die Vermehrung von Gasteria durch Kindel ist einfach.

Ferocactus

Vermehrung wie *Echinocactus*, siehe Seite 287.

Frailea

Vermehrung durch Samen, die sprossenden Arten auch durch Abtrennen der Ableger. Das Saatgut verliert seine Keimkraft jedoch besonders schnell.

Gasteria; Gasterie

Die Vermehrung erfolgt leicht durch Abnahme der Kindel, die zahlreich gebildet werden. Größere Stückzahlen vermehrt man durch Blattstecklinge. Dazu verwendet man ganze Blätter, deren Schnittflächen vor dem Stecken kurz abtrocknen müssen. Aussaat ist eher etwas für Hobbygärtner, die gerne experimentieren. Vermehrungstemperatur um 20 °C, Weiterkultur nicht unter 15 °C.

Graptopetalum bellum

Vermehrung durch Aussaat, besser durch Blattstecklinge, die von der Mutterpflanze gerissen und direkt gesteckt werden. Vermehrungstemperatur 20 °C, Weiterkultur bei 18 °C.

Gymnocalycium

Die Gattung enthält einzeln wachsende oder sprossende Arten. Erstere können nur durch Aussaat oder im Falle von Wurzelschädigungen auch durch Stecklinge vermehrt werden. Die sprossenden Arten vermehrt man bevorzugt durch Ableger. Keimen Kakteen im Allgemeinen sehr schnell, vergehen bei *Gymnocalycium* drei bis vier Wochen.

Haworthia; Haworthie

Haworthien sind kleinbleibende Sukkulenten, deren Blätter in Rosetten angeordnet sind. Die meisten Arten bilden reichlich Kindel aus, die abgetrennt und neu bewurzelt werden können. In der Regel lassen sich die Arten auch durch Blattstecklinge vermehren. Eine Aussaat ist auch möglich. Allerdings dauert es drei bis vier Jahre, bis sich ansehnliche Pflanzen entwickelt haben. Vermehrungstemperatur 20 °C, Weiterkultur nicht unter 15 °C.

Jatropha podagrica; Guatemalarharbarber

Vermehrung durch Aussaat. Wenn man bei der Bestäubung mit einem Pinsel nachhilft, werden auch bei uns Samen angesetzt. In der Regel muss das Saatgut aber eingeführt und gleich nach dem Erhalt ausgesät werden, da nur frisches Saatgut ausreichend keimfähig ist. Vermehrungstemperatur 20–22 °C, Weiterkultur nicht unter 18 °C.

Graptopetalum bellum

Kalanchoe blossfeldiana lässt sich gut durch Blattstecklinge vermehren.

Einzelner Blattsteckling von Kalanchoe blossfeldiana, 15 Wochen nach Vermehrungsbeginn

Kalanchoe blossfeldiana; Flammendes Käthchen

Die Vermehrung kann durch Aussaat, Kopf- oder Blattstecklinge erfolgen. Kopfstecklinge sollten zwei bis drei Nodien (Blattpaare) aufweisen. Blattstecklinge werden vom Stiel gerissen und gesteckt, ohne vorher nachzuschneiden. Das Sortiment an Sorten für die Aussaatvermehrung ist nicht sehr groß. Ausgesät werden kann ganzjährig. Bei 20 °C erfolgt die Keimung in 10 bis 20 Tagen. Drücken Sie die feine Samen nur an und sieben sie nicht ab. Da für die Keimung eine hohe Luftfeuchtigkeit notwendig ist, stellt man das Aussaatgefäß am besten in ein geschlossenes Vermehrungsbeet. Weiterkultur nicht unter 18 °C. Andere Arten wie *K. tomentosa* lassen sich genauso vermehren.

Lewisia cotyledon; Bitterwurzel, Lewisie

Die Vermehrung erfolgt durch Aussaat, Tochterrosetten oder Blattstecklinge. Blattstecklinge treiben allerdings nur dann aus, wenn ein Auge vom Trieb der Mutterpflanze am Blatt vorhanden ist. Aussaat sofort nach der Samenreife. In den ersten zwei bis vier Wochen bei 18–20 °C aufstellen, dann vier bis sechs Wochen kühl bei etwa 5 °C, anschließend bei 10 °C.

Lithops; Lebender Stein

Die Lebenden Steine wachsen in Klumpen mit umgekehrt-kegelförmigen, zu Körpern verwachsenen Blattpaaren mit meistens flacher Oberseite. Man kann diese Klumpen während des Wachstums in einzelne Körper teilen, doch müssen Sie dabei sehr vorsichtig vorgehen. Kleinste Verletzungen am Körper haben in der Regel den Verlust der Pflanze zur Folge. Einfacher und besser ist die Vermehrung durch Aussaat. Frisches Saatgut hat eine hohe Keimfähigkeit und lässt sich leicht beschaffen, da *Lithops* selbstfruchtbar sind und regelmäßig Samen ansetzen.

Keimlinge von Lithops aucampiae

Lobivia

Lobivien sind Kakteen mit kleinen, einzeln wachsenden oder sprossenden Körpern. Man vermehrt durch Aussaat, die sprossenden auch durch Ableger.

Mammillaria; Warzenkaktus

Mammillarien bilden runde bis längliche, einzeln wachsende oder sprossende Körper. Man vermehrt durch Aussaat, die sprossenden Vertreter bevorzugt durch Ableger. Darüber hinaus können Mammillarien auch durch Warzenstecklinge vermehrt werden, soweit die Warzen groß genug sind, d. h. ent-

Mammillaria mazatlanensis

sprechende Masse bringen. Man schneidet sie an ihrer Basis ab, lässt die Schnittfläche kurz antrocknen, steckt in ein Torf-Sand-Gemisch und sorgt für eine hohe Luftfeuchtigkeit, indem man die Stecklinge bis zur Bewurzelung in ein geschlossenes Vermehrungsbeet stellt. Bei milchsafthaltigen Arten sollten Sie Stecklinge allerdings nur in der Wachstumszeit schneiden.

Melocatus; Melonenkaktus

Die Vermehrung des Melonenkaktus, der bei Erreichen der Blühreife am Kopf des Körpers aus dichtstehenden Borsten und Haaren ein so genanntes Cephalium entwickelt, aus dem die Blüten kommen, erfolgt durch Aussaat.

Notocactus

Bei den Notokakteen gibt es einzeln wachsende Arten und selten Arten mit sprossenden Körpern. In der Regel wird durch Aussaat vermehrt, die sprossenden Vertreter auch durch Ableger.

Opuntia; Feigenkaktus, Opuntie

Bei den Opuntien steht die Stecklingsvermehrung durch einzelne Glieder im Vordergrund. Darüber hinaus kann ebenfalls ausgesät werden.

Pachyphytum; Dickstamm

Die Arten der Sukkulentengattung *Pachyphytum* lassen sich am einfachsten durch Blatt- oder Kopfstecklinge vermehren. Dabei ist man an keine bestimmte Jahreszeit gebunden. Die Vermehrung durch Samen ist langwierig. Darüber hinaus wird nur selten Saatgut im Handel angeboten. Vermehrungstemperatur 20 °C, Weiterkultur nicht unter 15 °C.

Pachypodium lamerei; Dickfuß, Madagaskarpalme

Vermehrung meist durch Aussaat. Darüber hinaus kann man auch bewurzelte Bodentriebe abtrennen und weiterkultivieren. Bei der Aussaat ist man auf eingeführten Samen angewiesen. Soweit das Saatgut frisch ist und Temperaturen von 20–25 °C herrschen, bereitet die Keimung keine Probleme. Sobald sich die Keimlinge im Saatbeet berühren und sich den Platz streitig machen, ist zu pikieren. Weiterkultur nicht unter 15 °C.

Parodia

Parodien gehören wegen der oft schönen Bedornung und der lebhaft getönten Blüten zu den beliebtesten Kugelkakteen. Sie werden durch Aussaat vermehrt. Zu

Trieb- und Kopfstecklinge von Portulacaria afra

Opuntia-Steckling

Pachypodium lamerei

beachten ist, dass die Samen staubfein sind und die Sämlinge in der ersten Zeit vergleichsweise langsam wachsen. In Notfällen, z. B. bei Wurzelschäden, sind auch Stecklinge möglich.

Portulacaria afra; Speckbaum, Strauchportulak

Die Vermehrung ist ganzjährig leicht durch Stecklinge möglich. Vor dem Stecken lässt man die Schnittfläche abtrocknen.

Pseudobombax ellipticum

Die Vermehrung ist nur durch Aussaat möglich. Saatgut wird in den Samenkatalogen des Sukkulentenhandels angeboten. Vermehrungstemperatur 25 °C, Weiterkultur nicht unter 18 °C.

Rhipsalisdopsis gaertneri; Osterkaktus, *R.* × *graeseri*

Die Vermehrung der *Rhipsalidopsis*-Arten ist durch Aussaat und Stecken von ausgereiften Sprossgliedern möglich. Eine Aussaat ist allerdings nur für die Züchtung von Bedeutung. Bei den im Handel angebotenen Pflanzen handelt es sich meist um Züchtungen, die echt nur vegetativ vermehrt werden können. Stecken Sie am besten gleich zwei bis drei Sprossglieder zusammen in Einzeltöpfe.

Rhipsalis; Binsenkaktus, Korallenkaktus, Rutenkaktus

Rhipsalis vermehrt man durch Aussaat oder Stecklinge. Pflanzen aus Aussaatvermehrung haben in der Regel einen schöneren Wuchs, während die Vermehrung durch Stecklinge problemloser und vor allem schneller ist. Bei den gegliederten Arten lässt sich jedes Glied verwenden. Arten mit längeren Sprossen teilt man in 10 cm lange Stücke.

Rhipsalidopsis × graeseri

Vermehrung von *Sansevieria trifasciata* durch Blattstecklinge:

Blätter mit einem scharfen Messer von der Mutterpflanze abtrennen

In einzelne Teilstücke schneiden

Teilstücke möglichst flach stecken

Ein Steckling etwa 18 Wochen nach dem Stecken

Sansevieria trifasciata; Bogenhanf, Schwiegermutterzunge

Die Art und ihre Sorten lassen sich ganzjährig durch Teilung (siehe Seite 242) oder für größere Mengen durch Blattstecklinge vermehren. Vermehrungstemperatur 20 °C, Weiterkultur bei 18 °C.

Schlumbergera; Gliederkaktus, Weihnachtskaktus

Die Aussaat ist beim Weihnachtskaktus nur im Rahmen der Züchtung von Bedeutung. Bei den angebotenen Pflanzen handelt es sich meist um Sorten, die echt nur vegetativ vermehrt werden können. Dazu benutzt man möglichst

Die sukkulenten Sedum-Arten, hier das als Ampelpflanze beliebte Sedum morganianum, lassen sich sowohl durch Spross- als auch Blattstecklinge gut vermehren.

große, ausgereifte Endglieder. Sie können auch mehrgliedrige Stecklinge verwenden, die sich schneller zu größeren Pflanzen entwickeln. Am besten stecken Sie gleich zwei bis drei Stecklinge zusammen in Einzeltöpfe.

Sedum; Fetthenne, Mauerpfeffer

Sedum lässt sich leicht durch Blatt- und Kopfstecklinge vermehren, ohne dass es dafür besonderer Vermehrungseinrichtungen bedarf. Eine Aussaat ist auch möglich. Sogar in Kultur werden regelmäßig Samen angesetzt. Sorgen Sie während der Quellung und der Keimung für hohe Luftfeuchtigkeit.

Senecio; sukkulente Arten

Die Vermehrung gelingt leicht durch Kopf-, Teil- oder Blattstecklinge. Bei Arten mit „Perlenblättern", z. B. die beliebte Ampelpflanze *S. herreanus*, schneidet man je nach Endtopfgröße acht bis zwölf lange Triebstecklinge, die man dem Substrat auflegt und mit Drahtklammern festheftet.

Stapelia; Aasblume

Die Vermehrung erfolgt durch Stecklinge und Aussaat. Vermehrungstemperatur 20–25 °C, Weiterkultur bei 18 °C.

Yucca; Palmlilie

Vermehrung wie *Dracaena*, siehe Seite 257–258.

Stapelia herrei 120 Tage nach der Aussaat

Palmen von A bis Z

Palmen vermehrt man vor allem durch Aussaat. Buschig wachsende Palmen lassen sich jedoch in geringem Maße durch Teilung oder Abtrennung von Trieben vermehren. Dabei trennt man mit einem scharfen Messer vom Rand des Ballens einen größeren oder kleineren Klumpen mit mehreren Trieben ab und pflanzt ihn in ein entsprechendes Gefäß.
Bei der Aussaat ist es wichtig, kurz nach der Reife gesammelte Samen zu verwenden, da die Samen der meisten Arten nur kurz keimfähig bleiben, besonders dann, wenn sie trocken gelagert wurden. Zur Keimung ist bei den tropischen Arten eine Bodenwärme von 24–30 °C erforderlich, bei Arten aus den Subtropen reichen 20–25 °C. Das Substrat muss ständig gleichmäßig feucht gehalten werden, vor allem während und nach der Keimung. Legen Sie das Saatgut am besten gleich in Töpfe aus und bedecken es in doppelter Samenhöhe mit Erde. Bei buschig wachsenden Arten werden am besten gleich drei bis fünf Samen in einen Topf gelegt, wodurch man schneller zu ansehnlichen Pflanzen kommt. Beim Herausnehmen aus der Samenkiste oder beim Umtopfen darf der Keimling auf keinen Fall vom Samen getrennt werden, da sein Nährgewebe noch länger als Nährdepot dient. Die Keimdauer beträgt je nach Art zwischen zwei Wochen und drei Jahren.

Chamaedorea; Bergpalme

Die Vermehrung erfolgt durch Aussaat. Bei uns kann nur dann Saatgut gewonnen werden, wenn man im Besitz weiblicher und männlicher Pflanzen ist, da Bergpalmen zweihäusig sind. In der Regel wird man Saatgut zukaufen müssen. Frische Samen keimen schnell und weisen eine hohe Keimfähigkeit auf. Man setzt später zwei bis drei Jungpflanzen tuffweise in den Endtopf. Vermehrungstemperatur um 25 °C, Weiterkultur nicht unter 18 °C.

Chamaerops humilis; Europäische Zwergpalme

Zur Gewinnung einzelner Pflanzen kann man bei einer älteren Pflanze Seitentriebe abtrennen. Diese bilden bei hoher Luftfeuchtigkeit schnell neue Wurzeln. Größere Mengen vermehrt man durch Aussaat. Frisches Saatgut keimt in der Regel leicht und mit hohem Keimergebnis. Vermehrungstemperatur 20–25 °C, Weiterkultur nicht unter 15 °C.

Cocos nucifera; Kokospalme

Die Vermehrung der Kokospalme ist nicht ganz einfach, vor allem deshalb, weil nur selten keimreife Nüsse angeboten werden. In der Regel wird man auf die im Fruchthandel erhältlichen Nüsse zurückgreifen müssen. Zur Aussaat entfernt man die noch anhaftenden Bastfasern (Basthülle) und legt die „Nuss“ zur Hälfte in feuchten Torf oder Torfmoos. Zur Keimung sind hohe Temperaturen von mindestens 25 °C erforderlich. Nach etwa vier bis sechs Wochen bricht der Keim

Chamaerops humilis lässt sich auch gut durch das Abtrennen von Seitentrieben vermehren.

Palmenaussaat am Beispiel von *Trachycarpus fortunei*:

1) Die relativ großen Samen legt man am besten einzeln aus.
2) Samen kräftig ins Substrat drücken
3) Nach dem Absieben nochmals andrücken
4) Aussaattopf 15 Wochen nach der Aussaat
5) Getopfte Sämlinge

aus einer der drei Keimporen am Ende der Nuss. Die Samen werden erst dann in Erde bzw. Töpfe eingetopft, wenn die Wurzeln gut zu sehen sind. Dies kann bis zu einem halben Jahr dauern. Weiterkultur nicht unter 18 °C.

Dypsis lutescens; Madagaskar-Goldfruchtpalme

Vermehrung durch Aussaat ganzjährig, bevorzugt in den Frühjahrsmonaten, bei 25 °C. Nur frisches Saatgut ist ausreichend keimfähig. Die Keimung erfolgt etwa nach sechs bis acht Wochen. Später setzt man mehrere Sämlinge tuffweise zusammen.

Elaeis guineensis; Afrikanische Ölpalme

Vermehrung durch frischen Samen bei 20–25 °C. Ein Vorquellen der Samen in 30–35 °C warmem Wasser für 24 Stunden beschleunigt den Keimprozess. Keimung sehr unregelmäßig. Manche Samen keimen erst nach einem Jahr.

Howea; Howeapalme, Kentiapalme

Vermehrung nur durch importiertes Saatgut möglich, das sofort nach Erhalt auszusäen ist. Die Keimung erfolgt sehr ungleichmäßig. Während einige Samen schon nach ein bis zwei Monaten keimen, benötigen andere bis zu sechs Monate. Zur Keimung sind 25–30 °C optimal, für die weitere Entwicklung genügen 18–20 °C. Etwa zwölf Monate nach der Aussaat setzt man zwei bis drei Sämlinge in einen 11-cm-Zwischentopf.

Lytocaryum weddellianum; Zimmer-Kokospalme

Die Vermehrung der häufig noch als *Microcoelum weddellianum* bezeichneten Art erfolgt durch Aussaat von importierten Samen, die nur kurze Zeit keimfähig sind. Säen Sie daher sofort nach dem Erhalt des Saatguts aus. In den Gartenbaubetrieben werden in der Regel später drei Jungpflanzen in den Endtopf zusammengepflanzt. Vermehrungstemperatur 30 °C, Weiterkultur nicht unter 20 °C.

Phoenix; Dattelpalme

Die Vermehrung der Dattelpalme erfolgt durch importierten Samen. Bei *P. dactylifera* kann man auch auf Kerne aus frischen Datteln im ausgesuchten Einzelhandel zurückgreifen. Da die Keimfähigkeit nur kurz anhält, müssen Sie nach dem Eintreffen

Die ersten Wedel der Palmen sind, wie hier bei Phoenix canariensis, noch ungeteilt.

der Samen sofort aussäen. Ein Vorquellen der Samen für 24 Stunden in 35 °C warmem Wasser erleichtert die Keimung. Die Keimung erfolgt sehr unregelmäßig. Deshalb nimmt man immer wieder die größeren Sämlinge aus dem Aussaatgefäß heraus und topft sie in kleine Töpfe ein. Vermehrungstemperatur 22–24 °C, Weiterkultur nicht unter 18 °C.

Rhapis; Rutenpalme, Steckenpalme

Die Vermehrung erfolgt durch importiertes Saatgut, das nur kurze Zeit keimfähig ist, oder durch Ausläufertriebe, die sich an älteren Pflanzen bilden. Diese können beim Umtopfen mit einer Schere vorsichtig abgetrennt werden. Vermehrungstemperatur 25 °C, Weiterkultur nicht unter 18 °C.

Trachycarpus fortunei; Chinesische Hanfpalme

Die Vermehrung ist nur durch Aussaat von importiertem Saatgut möglich, da die Hanfpalme stets eintriebig wächst und keine Seitentriebe ausbildet. Nur frisches Saatgut ist ausreichend keimfähig. Vermehrungstemperatur 25 °C, Weiterkultur nicht unter 15 °C.

Washingtonia; Priesterpalme, Washingtonpalme

Vermehrt wird durch Aussaat. Dabei ist man auf importierten Samen angewiesen. Nur frisches Saatgut ist ausreichend keimfähig. Aber selbst frisches Saatgut keimt oft unregelmäßig. Ein Aufrauen der Samenschale kann den Keimvorgang beschleunigen. Vermehrungstemperatur 25–30 °C, Weiterkultur nicht unter 15 °C.

Orchideen von A bis Z

Für den Hobbygärtner, der nicht an einer Massenanzucht interessiert ist, aber dennoch die eine oder andere seiner Orchideen vermehren möchte, bietet sich die Vermehrung durch Teilung und Ableger an. Andere vegetative Vermehrungsmethoden, etwa die durch Stecklinge, entfallen bei Orchideen. Die Teilung ist bei den Pflanzen einfach, die zum rosetten- oder polsterförmigen Wuchs neigen. Dazu gehören u. a. *Paphiopedilum* und *Phalaenopsis*. Sie lassen sich leicht beim Umtopfen in mehrere Stücke zerlegen. Beachten Sie dabei jedoch, dass eine zu starke Teilung die Pflanzen schwächt und die Blühwilligkeit darunter leidet. Die sympodialen Gattungen, bei denen die Jahrestriebe hintereinander in einer Reihe an einem waagerecht wachsenden Spross (Rhizom) sitzen, können in Teilstücke mit jeweils einem Trieb (Pseudobulbe) geteilt werden. Selbst ältere unbeblätterte Pseudobulben, sogenannte Rückbulben, mit einem schlafenden Auge am Rhizomstück können noch verwendet werden.
Der Mutterpflanze belässt man bei einer Teilung drei bis fünf Pseudobulben einschließlich des Leittriebes. Die Teilstücke werden in nicht zu große Töpfe eingepflanzt. Sie regenerieren sich im Laufe von zwei bis drei Jahren zu blühfähigen Pflanzen, falls Reserveaugen vorhanden sind oder waren.
Bei den blattlosen Rückbulben ist folgendes Verfahren erfolgversprechend: Die Pseudobulbe wird gereinigt, die eingetrockneten Schnittflächen am Rhizom bis zu den lebenden Zellschichten zurückgeschnitten. Setzen Sie die so

Vermehrung durch Teilung am Beispiel von *Oncidium sphacetalum*:

1

2

3

4

1) und 2) Abschneiden einzelner Teilstücke
3) Die Teilstücke werden flach eingetopft.
4) Anschließend werden sie für ein paar Tage in gespannter Luft aufgestellt.

Manche Orchideen, z. B. Phalaenopsis, neigen dazu, an den abgeblühten Blütenständen Ableger auszubilden.

Diese schneidet man ab und heftet sie mit dem Rest des Blütensprosses oder der Basis des Sprosses auf dem Substrat mit Drahtklammern fest.

behandelte Pseudobulbe in ein etwa 2 cm hoch mit Wasser gefülltes Glas und stellen Sie dieses bis zum Austrieb des Sprosses und der Wurzel an einen rund 24 °C warmen, hellen, nicht sonnigen Ort auf. Die Pflege beschränkt sich alle zwei bis drei Wochen auf die Erneuerung des Wassers. Hat der Spross ein oder zwei neue Blätter und Wurzeln ausgebildet, können Sie eintopfen.
Monopodial wachsende Orchideen, die normalerweise nur einen Trieb entwickeln, lassen sich vegetativ nur schwierig vermehren; erst ältere Pflanzen eignen sich dazu. Wenn diese in etwa 20 cm Höhe über der Topfoberfläche genügend Luftwurzeln gebildet haben, kann man das obere, beblätterte Stück durch einen glatten Schnitt abtrennen und neu einpflanzen. Der verbliebene untere Teil treibt nach einigen Monaten neu aus. Diese Methode eignet sich z. B. bei *Vanda* und anderen monopodial wachsenden Arten.
Manche Arten, z. B. Vertreter der Gattungen *Dendrobium* und *Phalaenopsis*, neigen dazu, an den abgeblühten Blütenständen Ableger auszubilden. Diese nennt man bei den Orchideen Keikis. Andere bilden Ableger in den Spitzenregionen älterer Sprosse durch seitliche Sprossaustriebe. Diese Ableger oder Keikis werden nach Ausbildung mehrerer Wurzeln von der Mutterpflanze abgetrennt. Sie werden nicht eingetopft, sondern auf dem Substrat mit dem Rest des Blütensprosses oder der Basis des Sprosses mit Drahtklammern festgeheftet. Die neu heranwachsenden Wurzeln dringen dann selbständig in das Substrat ein.
Das Pflanzsubstrat muss sehr durchlässig und luftig sein. Dem Hobbygärtner ist unbedingt zu empfehlen, fertige Orchideensubstrate zu verwenden, wie sie in Gärtnereien und im einschlägigen Orchideenhandel angeboten werden.
Zahlreiche Orchideengattungen und -arten lassen sich entweder auch oder ausschließlich durch Gewebekultur oder Aussaat vermehren. Beide Methoden bleiben jedoch weitestgehend Spezialgärtnereien oder Laboren vorbehalten, so dass diese Methoden bzw. Arten und Gattungen hier nicht weiter erwähnt werden.

Calanthe; Schönorchis

Für Hobbygärtner empfiehlt sich die Vermehrung durch Teilung. Für den Erwerbsgärtner kommt noch die Vermehrung durch Aussaat und die Gewebekultur in Frage.

Cattleya; Cattleya

Vermehrung für Hobbygärtner am besten durch Teilung älterer Pflanzen, d. h. durch Zerschneiden der Rhizome mit mindestens drei Pseudobulben je Teilstück.

Cymbidium; Kahnorchis

Für den Hobbygärtner kommt in der Regel nur die Vermehrung durch sorgfältiges Abtrennen der blattlosen Pseudobulben oder Teilung in Frage.

Dendrobium; Dendrobie

Vermehrung für Hobbygärtner in der Regel durch Teilung älterer Pflanzen oder Abtrennen blattloser Pseudobulben bei 22 °C.

Epidendrum

Die Vermehrung durch Aussaat und Gewebekultur ist Spezialgärtnereien vorbehalten. Dem Hobbygärtner bleibt die Vermehrung durch bewurzelte Stammstecklinge.

Ludisia; Blutständel

Vermehrung leicht durch Teilung möglich.

Miltonia; Miltonie

Vermehrung einfach durch Teilung. Die Vermehrung durch Aussaat und Gewebekultur ist Spezialgärtnereien vorbehalten.

Odontoglossum

Odontoglossum lassen sich sehr gut durch Teilung vermehren.

× *Odontonia* (*Miltonia* × *Odontoglossum*)

Für den Hobbygärtner empfiehlt sich die Vermehrung durch Teilung, Gewebekultur wird in Spezialgärtnereien durchgeführt.

Oncidium; Oncidie

Vermehrung durch Teilung, in Spezialgärtnereien auch durch Aussaat und Gewebekultur.

Paphiopedilum; Venusschuh

Vermehrung durch Teilung, Aussaat und Gewebekultur. Die Aussaat und Gewebekultur bleibt Spezialbetrieben vorbehalten. Teilung mit mindestens zwei Trieben je Teilstück.

Phalaenopsis; Malayenblume, Schmetterlingsorchidee

Vermehrung durch Aussaat und Gewebekultur. Einfach ist die Vermehrung durch Teilung und Keikis.

Vanda

Ältere Pflanzen können durch Abtrennen des oberen, bewurzelten Sprossteiles vermehrt werden. Teilweise bilden ältere Exemplare auch Seitentriebe, die abgenommen werden können. Vermehrung durch Aussaat schwer, Gewebekultur in Spezialgärtnereien.

Vanilla planifolia; Echte Vanille

Vermehrung in der Regel durch Triebstücke (Stecklinge). Man verwendet etwa 20–40 cm lange Kopftriebe, von denen man die unteren Blätter entfernt und die man dann zur Hälfte in die Erde steckt. Bei einer Temperatur von 25 °C bilden sich nach drei bis fünf Wochen neue Wurzeln.

Verschiedene Cattleya-Hybriden

Bei × Odontonia handelt es sich um eine Kreuzung der Gattungen Miltonia und Odontoglossum.

Paphiopedilum niveum

× *Vuylstekeara* (*Cochlioda* × *Miltonia* × *Odontoglossum*)

Vermehrung für den Hobbygärtner durch Teilung, Gewebekultur in Spezialgärtnereien.

Bromelien von A bis Z

Bromelien kann man sowohl durch Aussaat als auch vegetativ vermehren. Bei der vegetativen Vermehrung benutzt man Seitensprosse, die an meist sehr kurzen Ausläufern sitzen. Diese Seitensprosse bezeichnet man bei Bromelien als Kindel. Die Vermehrung durch Kindel hat bei den Bromelien eine besondere Bedeutung, denn viele Exemplar blühen nur einmal, um dann abzusterben; Blüten- und Samenbildung bedeuten also im Leben der meisten Bromelien den Tod. Wenngleich der einzelne Spross nur ein einziges Mal blüht und dann abstirbt, sorgt er nicht nur durch die Erzeugung von Samen, sondern auch durch die Bildung von Kindeln für die Erhaltung und Verbreitung.

Bromelien haftet etwas besonders Exotisches an.

Aussaat

Die Vermehrung durch Aussaat ist nicht ganz einfach. Zum einen ist der Samen verhältnismäßig klein, zum anderen bleibt die Keimfähigkeit nur kurze Zeit erhalten. Bei normaler Samenlagerung geht die Keimfähigkeit nach drei bis sechs Monaten verloren. Sie lässt sich etwas verlängern, wenn man die Samen in geschlossenen Behältern im Kühlschrank aufbewahrt. Eine weitere Schwierigkeit ist die Beschaffung des Saatgutes. Eigene Samenernte ist in der Regel nur möglich, wenn man mehrere Pflanzen der Art besitzt. Von einer einzelnen blühenden Pflanze lassen sich in der Regel keine Samen gewinnen, da die meisten Arten und Sorten selbststeril sind. Bei gekauftem Saatgut empfiehlt sich stets sofortige Aussaat.

Die Aussaat von Bromelien, deren Samen mit Haarkronen geschmückt sind, z. B. bei Vriesea splendens, ist nicht ganz einfach.

Durchführung der Aussaat
Bromeliensamen sind je nach Gattung unterschiedlich beschaffen, was bei der Aussaat berücksichtigt werden muss. Körnige Samen aus Beerenfrüchten, wie sie *Aechmea, Billbergia, Cryptanthus, Neoregelia, Nidularium* und andere entwickeln, werden mäßig dicht ausgestreut. Als Substrat dient mit Sand vermischter Torf. Decken Sie die Samen nicht

ab, da Bromelien Lichtkeimer sind. Um zumindest in den ersten Tagen der Keimung ein zu starkes Austrocknen zu vermeiden, sollten Sie die Saatgefäße mit Glasscheiben bedecken. Legen Sie kleine Hölzchen unter die Scheiben, damit ein kleiner Zwischenraum entsteht und die verdunstende Feuchtigkeit abziehen kann. Bei Temperaturen von 20–25 °C keimen die Samen der meisten Arten innerhalb einer Woche.

Etwas schwieriger ist die Aussaat der Arten, die Kapselfrüchte mit Samen mit Haarkronen ausbilden. Hierzu gehören Gattungen wie *Guzmania, Vriesea* und *Tillandsia*. Als Aussaatsubstrat kann man ein Torf-Sand-Gemisch oder auch reinen Torf verwenden. Wichtig ist, dass das Substrat keimfrei ist. Die Samen werden am besten mit einer Pinzette gleichmäßig über die Fläche verteilt. Vermeiden Sie, dass die Haarkronen ein zusammenhängendes Ganzes bilden. Bei zu dichter Saat besteht die Gefahr rascher Veralgung, die den Keimerfolg zunichtemachen kann. Auch diese Samen werden nicht zusätzlich mit Substrat bedeckt, die Aussaatgefäße jedoch wieder mit Glasscheiben abgedeckt. Bei Temperaturen von 20–25 °C erfolgt die Keimung innerhalb von drei bis vier Wochen.

Kindel

Die Vermehrung durch Kindel ist an keinen besonderen Zeitraum gebunden und kann grundsätzlich ganzjährig durchgeführt werden. Allerdings ist es sinnvoll, die Frühjahrs- und Sommermonate zu nutzen. Bei den meisten Bromelien kann man auch nach der Blüte die Kindel noch längere Zeit an der Mutterpflanze weiterwachsen lassen und so die günstigste Zeit der Vermehrung abwarten.

Man trennt die Kindel unmittelbar an der Ansatzstelle mit einem scharfen Messer durch einen ziehenden Schnitt ab. Entfernen Sie vorsichtig abgestorbene Blätter oder Blattteile und schonen Sie dabei vorhandene Wurzelansätze. Bei *Cryptanthus* ist die Abtrennung der Kindel ganz leicht. Sie bilden sich fast ausnahmslos in den Achseln der oberen Blätter und können ab einer gewissen Größe mühelos abgenommen werden.

Vermehrung durch Kindel am Beispiel von *Neoregelia carolinae* 'Tricolor':

1) und 2) Man trennt die Kindel unmittelbar an der Ansatzstelle mit einem scharfen Messer durch ziehenden Schnitt ab.

3) Das Topfen darf nicht zu tief geschehen. Bis zur Bewurzelung ist eine solche Stütze angebracht.

Billbergien lassen sich durch Teilung bzw. durch das Abtrennen von Kindeln leicht vermehren.

„Aussaatsubstrate" für Tillandsien: Thuja-Zweige, grobes Vlies, Rindenstücke

Zum Eintopfen verwendet man ein nährstoffarmes Substrat. Gut geeignet ist eine Mischung aus Einheitserde P und Sand im Verhältnis 1:1. Zum Eintopfen sollten eher kleine Töpfe gewählt werden, da die Kindel zunächst einen eigenen Wurzelballen bilden müssen. In einem zu großen Topf würde das Wurzelwachstum eher gehemmt statt gefördert. Zur Anwurzelung stellt man die Töpfe bei 20–25 °C und hoher Luftfeuchtigkeit vor praller Sonne geschützt auf. Halten Sie die Erde nur mäßig feucht, um die Wurzelbildung zu fördern. Füllen Sie jedoch gleich nach dem Einpflanzen Wasser in die Blatttrichter, das Sie ständig erneuern.

Die Samen von Aechmea keimen sehr ungleichmäßig, hier verschieden große Sämlinge acht Wochen nach der Aussaat.

Aechmea; Lanzenrosette

Vermehrung am einfachsten durch Abtrennen bewurzelter Kindel. Ihre Blühreife erreichen die Kindel nach zwei bis vier Jahren. Die Vermehrung durch Aussaat ist langwierig. Die Keimung der vom Fruchtfleisch befreiten Samen erfolgt nach acht bis zehn Tagen. Optimale Keimtemperatur 22–25 °C , Weiterkultur nicht unter 18 °C.

Ananas comosus; Ananas

Die Ananas vermehrt man am besten durch Kindel oder Abtrennen der Blattschöpfe auf den Früchten. Hierzu können auch gekaufte Früchte verwendet werden, wenn die Schöpfe noch grün und frisch sind. Zur Bewurzelung sind hohe Bodentemperaturen von 25–30 °C erforderlich. Weiterkultur bei mindestens 18 °C.

Billbergia; Zimmerhafer

Wie alle Bromelien lassen sich auch die verschiedenen *Billbergia*-Arten leicht durch Kindel vermehren. Die Aussaat ist langwierig. Keimtemperatur 25 °C, Weiterkultur nicht unter 15 °C.

Cryptanthus; Versteckblume, Erdstern

Im Handel sind meist Hybridsorten, die vegetativ vermehrt werden müssen. Dies geschieht durch Kindel, die reichlich ausgebildet werden und sich leicht ablösen lassen. Die Bewurzelung erfolgt am besten bei 22–24 °C, später genügen 18–20 °C.

Guzmania; Guzmanie

Einfach ist die Vermehrung durch Abtrennen der Kindel, die sich spätestens nach der Blüte an der Mutterpflanze bilden. Diese stehen meist sehr dicht an der Mutterrosette. Man trennt sie durch einen dicht an der Mutterrosette nach unten geführten Schnitt mit einem scharfen Messer ab. *Guzmania*-Samen sind nur kurze Zeit keimfähig. Sie werden mit einer Pinzette auf der Saatoberfläche gleichmäßig verteilt und danach gut angedrückt. Gießen Sie danach gut an und sorgen Sie vor allem in der Keimphase für eine hohe Luftfeuchtigkeit. Von der Aussaat bis zur Blühreife vergehen etwa drei Jahre. Vermehrungstemperatur 25 °C, Weiterkultur nicht unter 20 °C.

Neoregelia; Neoregelie

Die Vermehrung erfolgt am einfachsten durch Abtrennen der Kindel. Diese werden abgenommen, sobald sie ausreichend bewurzelt sind. Bis zur Blüte dauert es meist mindestens zwei Jahre. Für größere Mengen wird ausgesät, und zwar sofort nach der Samenreife bzw. dem Erhalt des Saatguts. Vermehrungstemperatur 22–25 °C, Weiterkultur nicht unter 18 °C.

Nidularium; Nestbromelie, Trichterbromelie

Die Vermehrung erfolgt wie bei *Neoregelia* durch Kindel oder Aussaat.

Tillandsia; Greisenbart, Luftnelke, Tillandsie

Am einfachsten lassen sich Tillandsien durch Teilung, d. h. durch Ablösen der Kindel von älteren Pflanzen, vermehren. Aufwendiger und vor allem langwieriger ist die Vermehrung durch Aussaat. Man verwendet hierbei als „Aussaatsubstrat“ entweder Rindenstücke, *Thuja*-Zweige oder auch Stücke von groben Vliesen oder anderen Stoffen. Umwickeln Sie nicht allzu dicke *Thuja*-Zweige mitsamt ihrem Grün mit Nylonfäden und säen Sie darauf die mit Flughaaren ausgestatteten Samen aus. Später wird zu mehreren auf andere Zweige oder Rinde umpikiert. Vermehrungstemperatur 25 °C, Weiterkultur nicht unter 20 °C.

Tillandsia ionantha

Vriesea

Für größere Stückzahlen wird durch Aussaat oder auch Gewebekultur vermehrt. Der Samen ist nur kurze Zeit keimfähig, deshalb muss unmittelbar nach der Reife ausgesät werden. Bei 25–30 °C keimen frische Samen innerhalb von 14 Tagen. Einfach wie bei allen Bromelien ist die Vermehrung durch Kindel. Die Blühreife erreichen durch Kindel vermehrte Pflanzen nach ein bis zwei Jahren, bei Aussaat dauert es etwa drei Jahre.

Balkonpflanzen von A bis Z

Unter der Bezeichnung Balkonblumen wird eine Gruppe bei uns nicht winterharter Pflanzenarten tropischer und subtropischer Herkunft zusammengefasst, die nicht nur dem Schmuck des Gebäudes auf Balkonen und Fenstersimsen dienen. Man kann sie auch in Töpfe, Schalen, Kübel, Kästen oder Vasen setzen, um Terrassen, Wege, Plätze und Innenhöfe im Sommer zu verschönern. Aber auch zur Wechselbepflanzung auf Friedhöfen werden diese „Balkonblumen" verwendet. Die Bezeichnung Balkonpflanzen hat sich für diese Pflanzengruppe eingebürgert, da sie hier ursprünglich oder hauptsächlich verwendet wurden und immer noch werden.
Balkonpflanzen werden, obwohl die meisten Arten mehrjährig sind, am Ende der Saison weggeworfen, um im kommenden Frühjahr durch neue Pflanzen ersetzt zu werden. Eine Überwinterung ist nur dann zu empfehlen und erfolgversprechend, wenn Sie optimale Bedingungen schaffen können.
Balkonpflanzen werden entweder vegetativ, in der Regel durch Stecklinge, oder durch Aussaat vermehrt. Wenn sie Ende April bis Anfang Mai in die Balkonkästen gesetzt werden, haben sie schon eine Vorkultur von mehreren Wochen oder gar Monaten hinter sich. D. h., der Vermehrungszeitraum für Balkonpflanzen ist die Winterzeit. Bei den Arten, die vegetativ vermehrt werden, benötigt man Mutterpflanzen, die überwintert werden müssen.
In der Mehrzahl sind Balkonblumen wahre Blühwunder und bilden unermüdlich den ganzen Sommer lang Blüten. Nicht weniger wichtig für Balkonkastenarrangements sind aber die sogenannten Strukturpflanzen. Unter diesem Begriff werden solche Arten und Sorten zusammengefasst, die sich besonders durch zierende Blätter und/oder attraktiven Pflanzenaufbau auszeichnen, weniger durch einen attraktiven Blütenschmuck. Sie werden mit hübsch blühenden Pflanzen kombiniert, um deren Wirkung zu steigern. Ein altbekanntes Beispiel für eine derartige Pflanze ist *Senecio cineraria*.

Hinweis: Zwischen Balkonpflanzen, Sommerblumen und Kübelpflanzen gibt es bezüglich der Arten gewisse Überschneidungen. Sollte eine bestimmte Balkonblume hier nicht aufgeführt sein, so ist sie sicherlich über das Register bei den Sommerblumen oder den Kübelpflanzen zu finden.

Acalypha chamaedrifolia; Katzenschwanz

Vermehrung am besten durch etwa 5–8 cm lange Kopfstecklinge. Ganzjährig möglich, am besten im Herbst. Vermehrungstemperatur 20–22 °C. Später pflanzt man je nach Endtopfgröße fünf bis zehn Pflanzen zusammen. Weiterkultur nicht unter 10 °C. Um reichverzweigte Pflanzen zu erhalten, ist ein mehrmaliges Stutzen der Jungpflanzen sinnvoll.

Ageratum houstonianum; Leberbalsam

Leberbalsam vermehrt man durch Aussaat oder Kopfstecklinge. Aussaat von Januar bis März, Keimtemperatur 18–21 °C, Weiterkultur bei 16–18 °C, zur Abhärtung 12 °C. Stecklingsvermehrung im März bei 18 °C. Setzen Sie bis zu drei Sämlinge oder bewurzelte Stecklinge in den 6- bis 9-cm-Endtopf.

Amaranthus caudatus; Garten-Fuchsschwanz

Vermehrung durch Aussaat im März bis April bei 15–18 °C. Nach dem Auflaufen sind die Keimlinge sofort kühler zu stellen. Sind die Sämlinge groß genug, wird direkt in 8- bis 10-cm-Töpfe pikiert.

Asteriscus maritimus; Sternauge

Vermehrung in der Regel durch Stecklinge, die Wildart auch durch Samen. Man schneidet entweder im Herbst oder zeitigen Frühjahr 5–8 cm lange Kopfstecklinge. Vermehrungstemperatur 18 °C, Weiterkultur nicht über 15 °C.

Begonia-Knollenbegonien-Hybriden; Knollenbegonien

Knollenbegonien überdauern die ungünstige Jahreszeit mit Hilfe einer jährlich größer werdenden Knolle. Für den Hobbygärtner ist das Antreiben zugekaufter oder überwinterter Knollen vom letzten Jahr eine einfache Vermehrungsmöglichkeit. Werfen Sie die Knollenbegonien also nie im Herbst weg. Die wurzelseitig konvex, sprossseitig konkav geformte, scheibenartige Knolle wird im Februar bis März direkt in den 11- bis 12-cm-Endtopf gelegt und nur wenig mit Erde bedeckt. Das Antreiben der Knollen erfolgt bei Temperaturen zwischen 20–24 °C. Ein Überbrausen mit gewärmtem Wasser in den ersten Wochen nach dem Legen fördert die Spross- und Wurzelbildung. Nach dem Austrieb wird die Temperatur auf 18–20 °C abgesenkt. Sie können die Knolle zur Vermehrung auch zerschneiden. Dabei muss jedes Teilstück eine Knospenanlage enthalten. Lassen Sie die Schnittflächen abtrocknen und stäuben sie dann mit Holzkohlepulver ein.
Aussaat: Der Gärtner vermehrt heute überwiegend durch Aussaat. Sie ist allerdings nicht einfach, da der Samen staubfein ist. Am besten ist es, wenn man die Aussaaterde im Gefäß vor der Aussaat andrückt und auch angießt. Dann sind die Gefäße bei hoher Luftfeuchtigkeit (mit Glasplatte abdecken oder in ein Vermehrungsbeet stellen) und Temperaturen von 20–25 °C aufzustellen. Weiterkultur nach dem Pikieren und Eintopfen bei 18 °C. Zur Abhärtung werden die Temperaturen auf 12 °C abgesenkt, bevor die Pflanzen ins Freie kommen.

Begonia-Semperflorens-Hybriden; Eis-Begonie

Vermehrung durch Aussaat in der Regel von Februar bis April. Decken Sie die feinen Samen nicht ab und bewässern Sie die Aussaatgefäße am besten von unten. Keimtemperatur 20–24 °C, nach dem Pikieren 18 °C. Man pflanzt später in 6- bis 8-cm-Endtöpfe. Vor dem Auspflanzen müssen die Pflanzen unbedingt abgehärtet werden. Stehen Mutterpflanzen zur Verfügung, lassen sich Eisbegonien auch leicht durch Stecklinge vermehren.

Brachyscome iberidifolia; Blaues Gänseblümchen

B. iberidifolia wird im Herbst durch Stecklinge von abgeblühten Pflanzen oder von überwinterten Mutterpflanzen von Januar bis März vermehrt. Man steckt gleich fünf Stück in den Vermehrungstopf und stutzt später mindestens einmal. Als Endtopf dient ein 10-cm-Topf. Vermehrungstemperatur 22 °C, Weiterkultur bei 15 °C.
Aussaat: Diese ist auch möglich, der Samenhandel bietet dazu einige Sorten an. Aussaat am besten von März bis Mai mit Direktsaat von fünf bis sieben Samen in Multitopfplatten. Man kann aber auch breitwürfig aussäen und dann tuffweise pikieren. Keimtemperatur 20 °C, Weiterkultur bei 12–15 °C.

Calceolaria integrifolia; Pantoffelblume

Während früher die Vermehrung durch Stecklinge im Vordergrund stand, wird heute überwiegend durch Aussaat vermehrt.
Aussaat: Säen Sie frühzeitig im Jahr aus, in der Regel von Januar bis März, um bis zur Pflanzzeit im Mai entsprechend große

Campanula isophylla

Pflanzen zu erhalten. Samen nicht abdecken, sondern nur andrücken und gut feucht halten. Keimtemperatur 16 °C, bei Temperaturen darüber kann eine Keimhemmung erfolgen. Weiterkultur zunächst bei 15 °C, später abhärten auf 8–10 °C. Niedrige Temperaturen begünstigen einen gedrungenen Wuchs und rechtzeitigen Blütenansatz. Als Endtöpfe verwendet man einen 10- bis 11-cm-Topf.

Stecklinge: Diese werden vor dem ersten Frost im Herbst geschnitten. Die Bewurzelung erfolgt am besten bei Bodentemperaturen von 14–15 °C. Nach der Bewurzelung werden die Stecklinge in 8-cm-Töpfe eingetopft und kühl überwintert. Von diesen Jungpflanzen kann man im Januar bis Februar nochmals Stecklinge schneiden. Pflanzen aus Stecklingen sollten ein- oder mehrmals gestutzt werden. Die durch Aussaat vermehrten Sorten verzweigen sich normalerweise auch ohne Stutzen gut.

Campanula isophylla; Stern-Glockenblume

Die Stern-Glockenblume vermehrt man durch etwa 5 cm lange Kopfstecklinge im Frühjahr. Setzen Sie später zwei bis drei Jungpflanzen in den Endtopf und stutzen Sie ein- bis zweimal, um eine bessere Verzweigung zu erreichen. Zur Vermehrung sind 15 °C ausreichend.

Celosia argentea var. *argentea*; Silber-Brandschopf, *C. argentea* var. *cristata*; Hahnenkamm

Diese Arten werden im März bis April ausgesät. Keimtemperatur 18–20 °C, Weiterkultur bei 16 °C, vor dem Auspflanzen langsam abhärten. Die Sämlinge können direkt in 9- bis 11-cm-Endtöpfe pikiert werden.

Convolvulus sabatius; Kriechende Winde

Die Vermehrung erfolgt durch gut ausgereifte Kopfstecklinge ohne Blüten und Knospen im Frühjahr oder auch schon im Herbst. Später setzt man sechs bis acht Pflanzen in 18- bis 20-cm große Ampeltöpfe. Vermehrungstemperatur 18–20 °C, später reichen 12–14 °C.

Cuphea ignea; Zigarettenblümchen

Vermehrt wird das Zigarettenblümchen in der Regel durch Aussaat im zeitigen Frühjahr. Bei 18–20 °C erfolgt die Keimung innerhalb von 7 bis 14 Tagen. Pikiert wird tuffweise mit drei Sämlingen. Eine Vermehrung durch krautige Stecklinge ist

Convolvulus sabatius

möglich. *C. hyssopifolia* wird genauso ausgesät. Bei ihm ist ein mehrmaliges Stutzen erforderlich, um gut verzweigte Pflanzen zu erhalten.

Dianthus caryophyllus; Garten-Nelke, Land-Nelke

Hier sind die niedrig oder hängend wachsenden Kulturformen gemeint, die zur Balkon- und Ampelbepflanzung bzw. zur Beetbepflanzung verwendet werden können. Mussten die Sorten früher ausschließlich vegetativ vermehrt werden, gibt es heute eine Reihe von samenvermehrbaren Kulturformen auf dem Markt.
Aussaat: Ab Februar bei 15–18 °C. Keimung innerhalb von ein bis zwei Wochen. Später setzt man drei Sämlinge direkt in den Endtopf, für Ampelpflanzen bis zu acht Pflänzchen.
Stecklinge: Diese schneidet man für die nächstjährige Pflanzung im Spätherbst vor dem Frosteinbruch. Vermehrungstemperatur 12 °C. Nach der Bewurzelung in 9- bis 10-cm-Töpfe topfen. Mehrmals stutzen, um buschige Pflanzen zu erhalten. Weiterkultur bei niedrigen Temperaturen um 10 °C.

Evolvulus glomeratus

Vermehrung sowohl durch Kopf- als auch Teilstecklinge. Später drei bis fünf Jungpflanzen in den Endtopf pflanzen. Vermehrungstemperatur 25 °C, Weiterkultur 18 °C.

Felicia amelloides; Blaue Kapaster

Die Vermehrung erfolgt durch Stecklinge, die vor Winterantritt von den abgeblühten Pflanzen geschnitten werden, oder von kühl überwinterten Mutterpflanzen. Bei Bodentemperaturen um 20 °C erfolgt die Bewurzelung innerhalb von zwei bis drei Wochen. Man setzt später, je nach gewählter Topfgröße, mehrere Jungpflanzen in den Endtopf. Ein- oder mehrmaliges Stutzen ist sinnvoll, um gut verzweigte Pflanzen zu bekommen.

Frischgesteckte Fuchsia-Stecklinge

Fuchsia-Sorten; Fuchsie

Allen Sorten ist gemein, dass sie durch Sprossstecklinge, in der Regel Kopfstecklinge, vermehrt werden. Um große, gut verzweigte Pflanzen zu erhalten, vermehrt man im September bis Oktober, kleinere Pflanzen von Dezember bis April. Schneiden Sie ausgereifte, leicht verholzte Stecklinge mit mindestens vier Nodien (Blattpaaren). Nach der Bewurzelung wird zunächst in 8-cm-Zwischentöpfe gepflanzt, bevor in 11- bis 12-cm-Endtöpfe verpflanzt wird. Um gut verzweigte Pflanzen zu erhalten, wird je nach Jahreszeit und Sorte mehrmals gestutzt. Vermehrungstemperatur 18–22 °C, Weiterkultur bei 12–15 °C, vor dem Auspflanzen langsam abhärten. Anzucht von Hochstämmchen siehe *Argyranthemum frutescens*, Seite 310.

Helichrysum bracteatum 'Golden Beauty'; Garten-Strohblume

Die Vermehrung kann nur vegetativ erfolgen. Dies geschieht durch Kopfstecklinge, möglichst ohne Knospen, am besten in den Monaten Januar bis März, wenn der Knospenansatz noch gering ist. Vermehrungstemperatur 20–22 °C, Weiterkultur bei 18 °C.

Impatiens-Neuguinea-Hybriden; Impatiens

Die Vermehrung dieser Hybriden ist nur durch Stecklinge möglich, wenn die typischen Sorteneigenschaften erhalten bleiben sollen. Sie gelingt auch in Wasser. Vermehrung für Balkonpflanzen von Februar bis Mai von überwinterten Mutterpflanzen. Bewurzelte Stecklinge pflanzt man in 10- bis 12-cm-Endtöpfe. Mehrmaliges Stutzen meist erforderlich, um buschige Pflanzen zu erhalten. Vermehrungstemperatur 18–20 °C, Weiterkultur bei 15 °C.

Impatiens repens

I. repens wird durch Kopf- oder Teilstecklinge vermehrt, von denen man am besten gleich fünf bis sieben Stück in den 11-cm-Topf steckt. Vermehrt werden kann ganzjährig, bevorzugt in den Frühjahrsmonaten. Vermehrungstemperatur 22 °C, Weiterkultur bei 18 °C.

Impatiens walleriana; Fleißiges Lieschen

Das Fleißige Lieschen wird heute in der Regel durch Aussaat vermehrt. Der Samenhandel bietet eine Vielzahl von Sorten an. In der Regel handelt es sich dabei um F_1-Hybriden.
Aussaat: Von Februar bis Mai, Samen nicht übersieben. Bei 20–25 °C erfolgt die Keimung nach 14 bis 20 Tagen. Nach dem Auflaufen wird direkt in den 9- bis 12-cm-Endtopf pikiert. Ein Stutzen erübrigt sich in der Regel, da sich die Pflanzen von selbst sehr gut verzweigen.
Stecklinge: Soweit Pflanzen vorhanden sind, kann auch durch Stecklinge vermehrt werden, die leicht wurzeln. Vermehrungstemperatur 20–22 °C, Weiterkultur bei 16 °C, vor dem Auspflanzen langsam abhärten.

Iresine herbstii; Blutblatt

Die Vermehrung erfolgt durch Kopf- oder Teilstecklinge, die leicht bewurzeln, auch in Wasser. Pflanzen Sie mehrere Jungpflanzen zusammen in den Endtopf, die Sie mehrmals stutzen. Vermehrungstemperatur 20 °C, Weiterkultur nicht unter 16 °C.

Laurentia fluviatilis

Dieses hübsche Glockenblumengewächs wird durch Kopf- und Teilstecklinge oder Teilung vermehrt. Zur Stecklingsvermehrung verwendet man 4–5 cm lange Triebe. Zur Bewurzelung sind 18–20 °C und eine hohe Luftfeuchtigkeit erforderlich. Man steckt entweder drei Stecklinge in den 11- bis 12-cm-Endtopf oder pflanzt nach der Bewurzelung drei Pflanzen zusammen. Weiterkultur bei 16–18 °C.

Leucophyta brownii; Silberblatt

Das Silberblatt vermehrt man durch krautige Triebspitzen im Herbst oder von überwinterten Mutterpflanzen im Laufe des Winters. Man setzt später mehrere Jungpflanzen in den 8- bis 10-cm-Topf-Endtopf. Vermehrungstemperatur 18–20 °C, Weiterkultur bei 8–12 °C.

Lobelia erinus; Blaue Lobelie, Männertreu

Die Vermehrung erfolgt durch Aussaat im Februar bis März. Man sät am besten direkt fünf Samen in einen 6- bis 7-cm-Topf (auch Multitopfplatten oder Torfanzuchttöpfe). Sie können aber auch in Kisten breitwürfig aussäen und später mit mehreren Sämlingen tuffweise pikieren. Die feinen Samen werden nur angedrückt und nicht abgesiebt. Vermehrungstemperatur 18–20 °C, nach dem Pikieren reichen 10–15 °C.

Lobelia erinus; 'Richardii'

Im Gegensatz zu anderen Sorten lässt sich die mehrjährig wachsende Sorte 'Richardii' nur über Stecklinge vermehren. Die Vermehrung ist ganzjährig möglich. Verwenden Sie 3–4 cm lange Teil- oder Kopfstecklinge, von denen am besten gleich jeweils drei zusammen in kleine Vermehrungstöpfe oder entsprechende Pflanzeinheiten gesteckt werden. Vermehrungstemperatur 18–20 °C, Weiterkultur möglichst nicht über 15 °C.

Lotus berthelotii und *L. maculatus*; Hornklee

Die Vermehrung erfolgt durch 3–5 cm lange Rankenstücke (Teilstecklinge), bei denen die krautigen (weichen) Spitzen entfernt werden. Stecken Sie gleich fünf bis acht Stecklinge zusammen in 7-cm-Vermehrungstöpfe oder pflanzen Sie diese später im Endtopf zusammen. Vermehrungstemperatur 20 °C, Weiterkultur nicht unter 15°C.

Melampodium paludosum; Sterntaler

Die Vermehrung erfolgt durch Aussaat im Februar bis März bei 20–22 °C. Saatgut wird regelmäßig im Handel angeboten. Eine Vermehrung durch Stecklinge ist möglich, doch bauen sich Pflanzen aus Stecklingen im Allgemeinen schlechter auf. Daher ist die Aussaat vorzuziehen. Weiterkultur bei 15–18 °C.

Nicotiana × *sanderae*; Zier-Tabak

Die Vermehrung erfolgt durch Aussaat. Im Handel sind eine Reihe von Sorten, in der Regel F_1-Hybriden. Ausgesät wird für eine Pflanzung im Mai von Februar bis März. Der feine Samen ist nur anzudrücken. Nach dem Auflaufen wird einzeln in 8- bis 10-cm-Endtöpfe pikiert. Vermehrungstemperatur 18–22 °C, Weiterkultur bei 12 °C.

Pelargonium peltatum; Efeublättrige Pelargonie

Die Efeublättrige Pelargonie wird fast ausschließlich vegetativ durch Stecklinge vermehrt.
Aussaat: In der Zwischenzeit wird von diesen Pelargonien auch Saatgut angeboten. In der Regel handelt es sich dabei um

Farbmischungen (z. B. 'Summer Showers', eine F_1-Hybride). Ausgesät wird im zeitigen Frühjahr bei 22 °C. Die Keimung erfolgt innerhalb von sieben bis zehn Tagen.
Stecklinge: Üblicherweise werden Kopfstecklinge geschnitten, man kann aber auch Triebstecklinge mit ein bis drei Blattansätzen verwenden. Schneiden Sie die Stecklinge im Herbst von Balkonkastenpflanzen oder von Januar bis April von überwinterten Mutterpflanzen. Die Stecklinge sind, im Gegensatz zu den Zonal-Pelargonien, unmittelbar nach dem Schneiden zu stecken. Um eine gute Verzweigung zu erreichen, ist ein ein- bis zweimaliges Stutzen der Jungpflanzen erforderlich. Bei später Vermehrung (Februar bis März) empfiehlt es sich, zwei bis drei bewurzelte Stecklinge im Endtopf zusammenzupflanzen. Vermehrungstemperatur 20–22 °C, Weiterkultur bei 15 °C, später abhärten auf 12 °C.

Pelargonium zonale; Zonal-Pelargonie

Die Vermehrung erfolgt durch Stecklinge und Aussaat, in den Gartenbaubetrieben auch durch Mikrovermehrung.
Aussaat: Zonal-Pelargonien lassen sich leicht durch Aussaat vermehren. Der Saatguthandel hält dazu eine Vielzahl von Sorten bereit, bei denen es sich ausschließlich um F_1-Hybriden handelt. Für Pflanztermine im Mai ist im Januar/Februar auszusäen. Man kann Breitsaat wählen oder auch direkt in 7-cm-Vermehrungstöpfe säen, da der Samen eine hohe Keimfähigkeit besitzt. Decken Sie die Samen nur schwach mit Erde ab. Zur Keimung sind Temperaturen von 21–24 °C erforderlich, die unbedingt eingehalten werden müssen, wenn eine hohe

Soweit Blüten am Steckling sind, müssen diese entfernt werden.

Pelargonium-zonale-Stecklinge steckt man in der Regel in Multizellenplatten oder wie hier einzeln in kleine Vermehrungstöpfe.

Keimrate erzielt werden soll. Schlechte Keimergebnisse sind stets auf starke Temperaturschwankungen während des Keimprozesses zurückzuführen und nicht etwa auf die Samenqualität. Obwohl einige Sorten auch in Kultur Samen ansetzen, ist eine eigene Samenernte nicht sinnvoll, da die Nachkommen stark aufspalten. Wer es dennoch versuchen möchte, muss die Samenschale vor der Aussaat aufrauen. Bei gekauftem Saatgut braucht man dies nicht zu tun, da die Samen schon vorbehandelt sind.
Stecklinge: Die Vermehrung durch Stecklinge erfolgt entweder vor Wintereintritt von den abgeblühten Pflanzen oder von hell und kühl überwinterten Mutterpflanzen. Die Stecklinge sollten etwa eine Länge von 5–10 cm und drei bis vier Blätter (Nodien) aufweisen. Die an den Nodien befindlichen Niederblätter sind an der Steckbasis vor dem Stecken zu entfernen. Auch ist es von Vorteil, wenn man die Schnittfläche der Stecklinge vor dem Stecken abtrocknen lässt. Zur Stecklingsbewurzelung sind 20–22 °C optimal. Die im Spätsommer vermehrten Pflanzen werden zunächst in 8- bis 9-cm-Töpfe gepflanzt, hell bei 15 °C aufgestellt und dann im Januar in den 11- bis 12-cm-Endtopf umgepflanzt. Ende Januar kann man von diesen Pflanzen nochmals Stecklinge abnehmen. Für die Frühjahrsvermehrung wählt man den 10-cm-Topf als Endtopf. Bei der Spätsommervermehrung ist für eine gute Verzweigung ein ein- bis zweimaliges Stutzen der Triebe sinnvoll. Jungpflanzen aus der Frühjahrsvermehrung verzweigen sich in der Regel von selbst sehr gut.

Petunia-Sorten; Petunien

Die Zahl der als Balkon- und Ampelpflanzen angebotenen Petuniensorten ist unüberschaubar. Dabei unterscheidet man zwischen Sorten, die lediglich durch Aussaat vermehrt werden, und Sortengruppen wie die 'Surfinia-Hybriden', die echt nur vegetativ durch Stecklinge vermehrt werden können. Dazu gehören auch die kleinblütigen Minipetunien, die unter den Namen Calibrachoa-Hybriden (z. B. 'Million Bells') auf dem Markt sind.
Aussaat: Die Aussaat erfolgt im Februar bis März bei 18–25 °C. Übersieben Sie die sehr feinen Samen nicht, sondern drücken Sie sie nur gut an, damit sie gu-

Viele Petunia-Sorten lassen sich echt nur vegetativ vermehren.

ten Kontakt mit dem Aussaatsubstrat bekommen und zügig quellen und keimen. Die Keimung erfolgt innerhalb von zwei bis drei Wochen. Nach dem Auflaufen wird pikiert und später in den 8- oder 9-cm-Endtopf gepflanzt. Weiterkultur zunächst bei 18 °C, später bei 15 °C. **Stecklinge:** Als Stecklinge verwendet man Kopfstecklinge, die man im Herbst oder im Frühjahr von überwinterten Mutterpflanzen schneidet. Dabei können auch Samensorten durch Stecklinge vermehrt werden. Bei 20 °C erfolgt die Bewurzelung nach etwa 18 Tagen. Für einen harmonischen Pflanzenaufbau sollten Sie die Jungpflanzen mindestens einmal stutzen.

Plectranthus; Harfenstrauch, Mottenkönig

Die *Plectranthus*-Arten lassen sich alle leicht durch Kopf- und Triebstecklinge vermehren, selbst in Wasser wurzeln Stecklinge leicht. Setzen Sie später zwei bis drei Jungpflanzen zusammen in den Endtopf. Vermehrungstemperatur 20 °C, Weiterkultur nicht unter 15 °C.

Portulaca umbraticola; Portulak

Im Handel sind in der Regel Auslesen, die echt nur vegetativ durch Stecklinge vermehrt werden können. Für die Balkonbepflanzung wird im Spätherbst vermehrt. Gesteckt wird einzeln (dann muss gestutzt werden) oder zu mehreren direkt in den 10- oder 11-cm-Endtopf. Vermehrungstemperatur 18–22 °C, Weiterkultur bei 16 °C.

Primula; Schlüsselblume, Frühlingstopf- und Freilandprimeln

Bei den zahlreichen Sorten unterscheidet man drei Gruppen: reine *Vulgaris*-Typen mit Einzelblüten auf 5–10 cm langen Stielen in den Blattachseln, reine *Elatior*-Typen mit deutlichem Blütenschaft, der sich über die Blattrosette erhebt, sowie Zwischentypen, die in Abhängigkeit von den Umweltbedingungen mehr oder weniger zur Bildung von Blütenschäften neigen. Zur Überwinterung im Freiland sind nur frostharte Sorten geeignet. Die Vermehrung erfolgt durch Aussaat im März bis April/Mai. Bei 12–15 °C keimen die Samen innerhalb von zwei bis vier Wochen. Ab 22 °C sinkt die Keimrate drastisch ab. Das Aussaatsubstrat muss ausgesprochen nährstoffarm sein. Auf keinen Fall kommt für Primeln eine Pikiererde in Frage. Etwa sechs bis sieben Wochen nach der Aussaat kann pikiert werden. Später wird in 9-cm-Töpfe getopft.

Senecio cineraria; Silber-Greiskraut

Aussaat von März bis Mai. Nach dem Auflaufen direkt in den 8- bis 10-cm-Endtopf pikieren. Vermehrungstemperatur 16–18 °C, Weiterkultur bei 10 °C.

Sphagneticola trilobata, Goldcup, Wedelie

Vermehrung durch Stecklinge von abgeblühten Mutterpflanzen im Herbst. Man steckt gleich drei Stück in den 7-cm-Vermehrungstopf oder pflanzt später drei Jungpflanzen in den 10-cm-Endtopf. Vermehrungstemperatur 20–22 °C, Weiterkultur bei 15 °C.

Verbena; Eisenkraut, Verbene

Üblich ist die Vermehrung durch Aussaat in den Frühjahrsmonaten. Bei 18–20 °C erfolgt die Keimung in 20 bis 30 Tagen. Bei *V. bonariensis* ist eine zweiwöchige Kühlbehandlung bei 5 °C vorzuschalten. Nach der Keimung wird am besten direkt in den 8- oder 9-cm-Endtopf pikiert. Weiterkultur bei 15 °C. Auch eine Vermehrung durch Stecklinge ist möglich. Man verwendet dazu Kopftriebe, die man im Herbst von abgeblühten Pflanzen schneidet. Die Wurzelbildung macht keine Probleme.

Kübelpflanzen von A bis Z

Wenn hier von Kübelpflanzen die Rede ist, sind Arten gemeint, die im Laufe der Zeit vergleichsweise groß werden und zwischen den in unseren Gärten angepflanzten absolut winterharten und den besonders wärmebedürftigen tropischen Arten stehen. Es sind Pflanzen aus wärmeren Klimazonen der Erde, die in unseren Breiten den Winter im Freien nicht unbeschadet überstehen würden, den Sommer hindurch aber im Freien stehen können und sich dort besonders gut entwickeln. Für diese Arten, die aus historischer Sicht betrachtet die „echten" Kübelpflanzen sind, stellt die Kultur im Kübel eine Notwendigkeit dar, die es ihnen erlaubt, den Winter an geschützten Orten wie einem Keller, dem Treppenhaus, einem Schuppen, der Garage, einem Gewächshaus oder dem Wintergarten bei niedrigen Temperaturen zu überdauern.
Die Vermehrungsmethoden sind mit denen der Zimmerpflanzen identisch, diesbezüglich können Sie daher dort auf Seite 240–248 nachschauen.

Abutilon; Sammetmalve, Samtpappel, Schönmalve

Verschiedene Arten der Gattung *Abutilon* haben als Kübelpflanzen Bedeutung. Dies sind *A.* × *hybridum*, *A. pictum*, *A. darwinii* und *A. megapotamicum*. Bis auf *A.* × *hybridum*, von der es auch einige samenvermehrbare Sorten im Handel gibt, werden die Arten in der Regel durch Kopf- oder Teilstecklinge vermehrt, die ganzjährig geschnitten werden können. Entfernen Sie die Blütenknospen vor dem Stecken. Aussaat von Januar bis April. Vermehrungstemperatur um 22 °C, Weiterkultur möglichst nicht unter 15 °C. Um reichverzweigte Pflanzen zu erhalten, ist ein mehrmaliges Stutzen der Jungpflanzen erforderlich.

Acacia; Mimose der Gärtner, Akazie

Der Gärtner vermehrt in der Regel durch Kopfstecklinge, die zu Austriebsbeginn geschnitten werden. Dabei fördern Bodentemperaturen um 25 °C im Vermehrungsbeet die Wurzelbildung. Eine Aussaat gelingt auch einfach. In der Regel werden auch bei uns reichlich Samen angesetzt. Um ein gutes und gleichmäßiges Keimergebnis zu erzielen, sollte die Samenschale aufgeraut werden. Vermehrungstemperatur um 22 °C, Weiterkultur nicht unter 15 °C.

Acca sellowiana; Feijoa

Diese hübsche Kübelpflanze vermehrt man durch Aussaat und Kopfstecklinge. Aussaat sofort nach Erhalt der Samen, bei eigener Samenernte gleich nach der Fruchtreife. Stecklingsvermehrung bevorzugt im Sommer. Man verwendet Stecklinge mit mindestens drei Nodien. Vermehrungstemperatur 22–25 °C, Weiterkultur nicht unter 15 °C.

Acacia retinodes

Agapanthus; Liebesblume, Schmucklilie

Vermehrung am besten durch Teilung im Herbst nach der Blüte. Aussaat im Frühjahr bei 15 °C

Agapanthus praecox

Kindel von Agave americana

möglich, Keimung sehr unregelmäßig, Sämlinge erreichen die Blühreife in der Regel erst nach drei Jahren. Auch in Kultur setzen die meisten Sorten Samen an, die allerdings nicht echt fallen.

Agave americana; Hundertjährige Agave

Soweit es sich um die gelbbunten Formen der Agave handelt, muss vegetativ durch Ausläufer (Kindel) oder Teilung der Rhizome im Frühjahr vermehrt werden. Vor dem Einpflanzen lässt man die Schnittstellen erst ein bis zwei Tage abtrocknen. Aussaat ist möglich (gelegentlich wird Samen angeboten), doch bis sich ansehnliche Pflanzen entwickelt haben, vergehen viele Jahre. Optimale Keimtemperatur 22–25 °C.

Albizia; Albizie, Seidenakazie

Vermehrung wie *Acacia*, siehe Seite 309.

Anisodontea capensis

Die Sorten und Auslesen kann man echt nur durch Stecklinge vermehren. Man schneidet Kopfstecklinge am besten im Herbst oder im Frühjahr. Vermehrungstemperatur 20 °C, Weiterkultur bei 15 °C.

Arbutus unedo; Westlicher Erdbeerbaum

Da meist Auslesen angeboten werden, empfiehlt sich die Vermehrung durch ausgereifte Kopfstecklinge oder leicht verholzte Teilstecklinge im Sommer. Aussaat gleich nach der Samenreife bzw. dem Erhalt der Samen. Nur frisches Saatgut ist ausreichend keimfähig. Vermehrungstemperatur 20–22 °C, Weiterkultur bei 18 °C.

Argyranthemum frutescens; Strauchmargerite

Die im Handel erhältlichen Pflanzen sind ausschließlich Klonsorten, die nur vegetativ vermehrt werden können. Man verwendet Kopfstecklinge, die am besten vor Wintereintritt von den abgeblühten Pflanzen geschnitten werden oder von kühl überwinterten Mutterpflanzen im Januar bis Februar (aber auch zu jeder anderen Jahreszeit). Die bewurzelten Jungpflanzen werden zunächst in 10- bis 12-cm-Endtöpfe getopft. Wichtig ist ein mehrmaliges Stutzen, um buschige Pflanzen zu erzielen. Vermehrungstemperatur 15–18 °C, Weiterkultur bei 8–10 °C, vor dem Auspflanzen langsam abhärten. Um Hochstämmchen zu ziehen, lässt man nur den stärksten Trieb wachsen und schneidet die überflüssigen weg. Binden Sie diesen Trieb an einem Stab an und schneiden ihn später in der gewünschten Höhe ab. Durch wiederholtes Stutzen der austreibenden Seitentriebe erhält man im Laufe der Zeit eine reichverzweigte Krone.

Bauhinia; Bauhinie

Die Vermehrung erfolgt durch Aussaat von importiertem Saatgut. Die harte Samenschale ist aufzurauen. Da sich jüngere Pflanzen nur schlecht verzweigen, sollten die Jungpflanzen mehrmals gestutzt werden. Vermehrungstemperatur 25 °C, Weiterkultur nicht unter 20 °C.

Arbutus unedo

Vermehrung von *Brugmansia* durch Stecklinge:

1) Das untere Blatt am Steckling ist zu entfernen.
2) Die Stecklinge werden am besten in Einzeltöpfe gesteckt.

Bougainvillea; Bougainvillee

Die auf dem Markt befindlichen Sorten lassen sich echt nur vegetativ vermehren. Man verwendet schwach verholzte Kopf- oder Teilstecklinge mit zwei bis drei Nodien (Blattansätze). Zur Bewurzelung sind hohe Bodentemperaturen von 25–30 °C erforderlich, Weiterkultur nicht unter 18 °C.

Brachychiton; Flaschenbaum

Die verschiedenen Arten der Gattung *Brachychiton* vermehrt man am besten durch Aussaat. Dabei ist man auf importierten Samen angewiesen. Für hohe und gleichmäßige Keimergebnisse sollten Sie die Samenschale leicht aufrauen. Eine Vermehrung durch Stecklinge ist möglich, doch unterbleibt bei diesen die typische flaschenförmige Ausbildung des Stammes. Vermehrungstemperatur 22–25 °C, Weiterkultur nicht unter 20 °C.

Knotensteckling von Camellia japonica

Brugmansia; Engelstrompete

Im Handel ausschließlich Sorten, die echt nur vegetativ vermehrt werden können. Dabei gehören alle mehrjährigen Arten zu *Brugmansia*, auch wenn sie zum Teil fälschlicherweise als *Datura* gehandelt werden. Dies geschieht durch Kopf- oder Triebstecklinge, die von Frühjahr bis Herbst geschnitten werden können. Man schneidet sie mit etwa vier Blättern, die gleich in 8-cm-Töpfe gesteckt werden. Die Stecklinge müssen gut ausgereift sein, weiche Triebspitzen faulen restlos weg. Die Bewurzelung erfolgt innerhalb von drei bis fünf Wochen. Vermehrungstemperatur 20 °C, Weiterkultur bei 15–18 °C.

Calliandra; Puderquastenstrauch

Vermehrung wie *Acacia*, siehe Seite 309

Callistemon; Lampenputzerstrauch, Schönfaden, Zylinderputzer

In der Regel handelt es sich bei den im Handel erhältlichen Pflanzen um Sorten, die echt lediglich vegetativ vermehrt werden können.
Aussaat: Samen werden auch in unseren Breiten angesetzt. Der vergleichsweise kleine Samen wird nicht übersiebt, sondern nur angedrückt. Optimale Keimtemperatur 25 °C.
Stecklinge: Üblich ist die Vermehrung durch an der Basis leicht verholzte Kopf- oder Triebstecklinge, die bevorzugt im Sommer geschnitten werden. Besonders gute Bewurzelungsergebnisse erzielt man, wenn man die Triebe an der Ansatzstelle abreißt. Vermehrungstemperatur 20 °C, Weiterkultur für zügiges Wachstum nicht unter 15 °C.

Camellia japonica; Kamelie

Die Vermehrung erfolgt durch ausgereifte, leicht verholzte Kopf-, Trieb- oder Knotenstecklinge, bevorzugt im August. Eine Vermehrung durch Blattstecklinge mit einem Ansatz alten Holzes ist möglich. Der Gärtner vermehrt auch heute noch in der Regel durch Veredlung, und zwar durch seitliches Einspitzen (siehe Seite 83–84). Als Unterlage wird häufig die Sorte ‘Lady Campbell’ verwendet.
Aussaat: Sowohl die Wildarten als auch verschiedene einfach blühende Sorten setzen auch bei uns regelmäßig Samen an (Selbstbestäuber). Säen Sie gleich nach der Samenreife aus, bei Zukauf von Samen gleich nach dem Erhalt der Samen. Nur frisches Saatgut ist ausreichend keimfähig. Die großen Samen sind in doppelter Samenstärke abzudecken und bei 20 °C aufzustellen.

Junge Sämlinge von Casuarina dystila

Casuarina; Kasuarine, Kängurubaum, Keulenbaum

Vermehrt werden Kasuarinen durch Aussaat. Im einschlägigen Samenhandel wird Saatgut regelmäßig angeboten. Die kleinen, flachen Samen sind nur dünn mit Erde abzusieben und bis zur Keimung gut feucht zu halten. Eine Vermehrung durch Stecklinge ist möglich. Ein Problem dabei ist allerdings, dass Stecklinge aus Seitentrieben auch wie Seitentriebe weiterwachsen. Vermehrungstemperatur 22 °C, Weiterkultur nicht unter 18 °C.

Ceratonia siliqua; Johannisbrotbaum

Den Johannisbrotbaum vermehrt man am besten durch Aussaat. Samen kann man aus den Früchten gewinnen, die regelmäßig im Fruchthandel angeboten werden. Die Keimung wird verbessert, wenn man die Samenschale vor der Aussaat aufraut. Bei Temperaturen um 25 °C ist nach zwei bis vier Wochen mit einem guten Keimergebnis zu rechnen.

Cestrum elegans var. *elegans*; Roter Hammerstrauch

Bei den im Handel angebotenen Pflanzen handelt es sich in der Regel um Auslesen, die sortenecht nur vegetativ vermehrt werden können. Man verwendet ausgereifte, an der Basis leicht verholzte Stecklinge, die man praktisch das ganze Jahr hindurch schneiden kann. Jungpflanzen sind mehrmals zu stutzen, um buschige Pflanzen zu erhalten. Vermehrungstemperatur 22 °C, Weiterkultur nicht unter 15 °C.

Choisya ternata; Mexikanische Orangenblume

Man vermehrt *C. ternata* durch Kopfstecklinge im Frühjahr bis Sommer. Vermehrungstemperatur 22–25 °C, Weiterkultur nicht unter 15 °C.

Cinnamomum camphora; Kampferbaum

Die Vermehrung erfolgt durch Aussaat oder Stecklinge. Zur Stecklingsvermehrung benutzt man 10–15 cm lange Triebspitzen, die bei Temperaturen zwischen 25 und 30 °C nach vier bis acht Wochen wurzeln. Vermehrung durch Aussaat nur bei Verwendung wirklich frischen Saatgutes erfolgreich.

Cistus; Zistrose

Die verschiedenen Arten der Zistrose werden in der Regel durch Aussaat vermehrt. Auch bei uns setzten die Pflanzen normalerweise Früchte an.
Aussaat: Am besten gleich nach der Samenreife im Herbst aussäen, da nur frisches Saatgut ausreichend keimfähig ist. Decken Sie die feinen Samen nur dünn mit Erde ab. Vermehrungstemperatur 20 °C, Weiterkultur nicht unter 15 °C.
Stecklinge: Eine günstige Vermehrungszeit ist der Frühsommer. Man schneidet Kopfstecklinge, die an der Basis gut ausgereift sein sollten. Ein- oder mehrmaliges Stutzen fördert die Verzweigung.

Aussaattopf mit Samen von Citrus × paradisi

Interessant ist, dass in einem einzelnen Citrus-Samen oft nicht nur ein Keimling, sondern mehrere enthalten sein können.

Citrus; Zitrone, Orange, Limone, Calamondin, Mandarine

Im Handel finden sich ausschließlich Kulturformen, die sogar meist samenlos sind und echt nur vegetativ durch Stecklinge oder Veredlung vermehrt werden können. In den Anbaugebieten steht dabei die Veredlung im Vordergrund.
Aussaat: Soweit die Früchte Samen enthalten, kann auch durch Aussaat vermehrt werden. Doch dauert es nicht nur mehrere Jahre, bis sie zur Blüte kommen und fruchten, auch spalten die Nachkommen sehr stark auf.

Vermehrung von Citrus limon durch Spaltpfropfen auf Poncirus trifoliata

Okulation von Citrus limon auf Poncirus trifoliata

Solche Sämlinge lassen sich allerdings sehr gut als Veredlungsunterlagen verwenden. Die Aussaat selbst ist ganzjährig möglich. Zu beachten ist, dass in einem einzelnen Samen oft nicht nur ein Keimling, sondern ein halbes Dutzend enthalten sein können.
Stecklinge: Die Stecklingsvermehrung erfolgt in den Sommermonaten. Bei *Citrus* setzt man beim Stecklingsschnitt im Gegensatz zum normalen Schnitt im Bereich des Knotens einen schrägen Längsschnitt durch das ausgereifte Holz. Hohe Luft- und Bodentemperaturen um 25–30 °C fördern die Bewurzelung. Weiterkultur bei etwa 15 °C. Die Jungpflanzen werden mehrmals gestutzt, um eine bessere Verzweigung zu erreichen.
Veredlung: Veredelt wird durch Kopulation, Okulation oder Spaltpfropfen auf *Poncirus trifoliata* oder *C. aurantium* im Frühjahr.

Cleyera japonica; Sakakistrauch

Die Vermehrung erfolgt in der Regel durch Kopfstecklinge im Frühjahr, bei den Kulturformen ist dies die einzige Vermehrungsform. Aussaat ist möglich, doch ist nur frisches Saatgut ausreichend keimfähig. Jungpflanzen sind mehrmals zu stutzen. Vermehrungstemperatur 20 °C, Weiterkultur nicht unter 12 °C.

Clianthus; Prunkblume, Ruhmesblume

Die beiden *Clianthus*-Arten *C. formosus* und *C. puniceus* vermehrt man am besten durch Aussaat. Da die Keimung durch die sehr harte, nur schwer wasserdurchlässige Samenschale stark verzögert würde, wird die Samenschale mit Sandpapier aufgeraut. Bei 20–25 °C erfolgt die Keimung dann in der Regel innerhalb von zwei Wochen. *C. formosus* ist auf eigener Wurzel sehr empfindlich und wird in Gärtnereien deshalb häufig veredelt. Dies geschieht durch Spaltpfropfen auf Sämlinge von *C. puniceus* oder *Caragana arborescens*, sobald die ersten Laubblätter der Sämlinge gut entwickelt sind.

Corokia; Zickzackstrauch

C. cotoneaster, *C. buddleioides* und *C. × virgata* vermehrt man durch ausgereifte, leicht verholzte Stecklinge von Juni bis August. Um buschige Pflanzen zu erreichen, wird mehrmals gestutzt. Vermehrungstemperatur 18–20 °C, später genügen 10 °C.

Correa; Australische Fuchsie

Die Vermehrung erfolgt durch Kopfstecklinge mit zwei bis drei ausgewachsenen Blattpaaren. Wichtig ist, dass die Stecklinge keine Knospen haben. Bester Zeitpunkt sind die Herbstmonate. Vermehrungstemperatur 20–22 °C, Weiterkultur bei 15 °C.

Cycas revoluta; Japanischer Sagopalmfarn

Die Vermehrung erfolgt durch importierte Samen, die sofort nach Erhalt bei 30–35 °C ausgesät werden müssen. Die Keimung erfolgt häufig erst nach mehreren Monaten. Weiterkultur nicht unter 15 °C. Alte Pflanzen bilden auch Stammaustriebe aus, die abgenommen wie Stecklinge zur Wurzelbildung gebracht werden können.

Ensete ventricosum; Zierbanane

Vermehrung durch Aussaat, siehe *Musa*, Seite 316.

Eriobotrya japonica; Japanische Wollmispel

Die Anzucht erfolgt in der Regel durch Samen, der frisch sein muss, da das Saatgut schon wenige Wochen nach der Reife nicht mehr zu gebrauchen ist. Die Keimung erfolgt innerhalb von 14 Tagen. Eine Vermehrung durch Stecklinge ist möglich, doch dauert die Wurzelbildung sehr lange. Die relativ großen Blätter werden eingekürzt, damit besser gesteckt werden kann. Stutzen Sie Jungpflanzen aus der Stecklingsvermehrung mehrmals, um buschige Pflanzen zu erhalten. Vermehrungstemperatur

Die Samen von Erythrina crista-galli keimen sehr unregelmäßig.

20 °C, bei der Vermehrung durch Stecklinge 25–30 °C, Weiterkultur bei 15 °C.

Erythrina crista-galli; Korallenstrauch

Vermehrt wird der Korallenstrauch durch Aussaat und Stecklinge. Das Saatgut muss importiert werden, da es bei uns aufgrund der speziellen Bestäubungsverhältnisse nur selten zur Samenbildung kommt. Vor der Aussaat ist die harte Samenschale aufzurauen. Geschieht dies nicht, keimen nur wenige Samen oder liegen lange über. Die Vermehrung durch Stecklinge erfolgt im Frühjahr nach dem Austrieb. Man verwendet etwa 10 cm lange Triebe, die man mit etwas altem Holz von der Mutterpflanze schneidet. Da die Wurzeln sehr empfindlich sind und nicht beschädigt werden dürfen, wird einzeln in kleine Vermehrungstöpfe gesteckt. Vermehrungstemperatur 25 °C, Weiterkultur bei 15 °C.

Eucalyptus; Blaugummibaum, Eukalyptus

Die Vermehrung erfolgt durch Samen. Stecklinge sind möglich, gelingen aber nur selten. Veredlungen mit dem Ziel, schon junge Bäume zum Blühen zu bringen, sind teilweise mit Erfolg durchgeführt worden. Auch Gewebevermehrung ist möglich. Samen verschiedener Eukalyptusarten werden regelmäßig im Samenhandel angeboten. Die Aussaat sollte sofort nach Erhalt der Samen erfolgen. Bei 20–25 °C keimen die Samen nach zwei bis drei Wochen. Bei der Stecklingsvermehrung ist eine zufriedenstellende Bewurzelung nur bei halbausgereiften Stecklingen zu erwarten. Von acht bis neun Monate alten Trieben werden Kopf- oder Teilstecklinge im Frühjahr geschnitten und bei einer Bodentemperatur von 25 °C zur Bewurzelung gebracht. Weiterkultur nicht unter 18 °C.

Euonymus japonicus; Japanischer Spindelstrauch

In Kultur meist buntblättrige Formen, für die nur die vegetative Vermehrung in Frage kommt. Man vermehrt durch gut ausgereifte, an der Basis leicht verholzte Kopf- oder Teilstecklinge, bevorzugt im Frühjahr. Jungpflanzen werden mehrmals gestutzt, um eine bessere Verzweigung zu erreichen. Vermehrungstemperatur 20 °C, Weiterkultur bei 15 °C.

Ficus carica; Echte Feige

Bei den angebotenen Pflanzen handelt es sich ausschließlich um Kulturformen, die echt nur vegetativ vermehrt werden können. Verwenden Sie beblätterte Kopf- oder Teilstecklinge, die mit zwei bis drei Blattansätzen (Nodien) geschnitten werden. Daneben sind auch Steckhölzer geeignet, die man im Winter in der Zeit der Vegetationsruhe schneidet. Vermehrungstemperatur 20–25 °C. Wer experimentieren will, kann auch aussäen. Manche Sorten enthalten in den Früchten vergleichsweise kleine, keimfähige Samen. Diese werden nur dünn mit Erde abgesiebt.

Fortunella; Kumquat

Vermehrung wie *Citrus*, siehe Seite 312.

Genista canariensis; Kanarischer Ginster

Der Kanarische Ginster, bei dem es sich meist um Auslesen handelt, wird durch etwa 5 cm lange, krautige bis leicht verholzte Stecklinge von Frühjahr bis Sommer vermehrt. Zur Erzielung buschiger Pflanzen ist ein mehrmaliges Stutzen erforderlich. Man kann auch mehrere Jungpflanzen in den Endtopf setzen. Vermehrungstemperatur 20 °C, Weiterkultur nicht unter 12 °C.

Eucalyptus ficifolia

Grevillea robusta; Australische Silbereiche

Die Vermehrung erfolgt üblicherweise durch Aussaat. Saatgut wird im einschlägigen Samenhandel regelmäßig angeboten. Die Keimung bereitet bei frischen Samen keine Probleme. Bei älterem Saatgut ist die harte Samenschale aufzurauen. Eine Vermehrung durch Stecklinge ist möglich, doch dauert es relativ lange bis zur Wurzelbildung. Vermehrungstemperatur 20 °C, Weiterkultur nicht unter 16 °C.

Hebe × andersonii; Strauchveronika

Die als Topf- und Kübelpflanzen gehandelten Hybriden können echt nur vegetativ vermehrt werden. Die Vermehrung erfolgt durch Kopf- oder Teilstecklinge von Frühjahr bis Herbst. Um buschige Pflanzen zu erhalten, ist mehrmals zu stutzen. Vermehrungstemperatur 20 °C, Weiterkultur bei 15 °C.

Heliotropium arborescens; Heliotrop, Strauchige Sonnenwende

Die Kulturformen werden überwiegend durch Stecklingen vermehrt, es gibt aber auch echt fallendes Saatgut im Handel. Die Vermehrung durch krautige Kopfstecklinge erfolgt meist von kühl überwinterten Mutterpflanzen von Januar bis April oder auch schon im Herbst von abgeblühten Pflanzen. Aussaat von Januar bis März. Bei 18 °C erfolgt die Keimung, die meist etwas ungleichmäßig verläuft, innerhalb von 14 bis 20 Tagen. Nach dem Auflaufen wird für Beetpflanzen direkt in den 9- bis 10-cm-Endtopf pikiert. Gerne werden auch Hochstämmchen gezogen (siehe hierzu *Argyranthemum frutescens*).

Homalocladium platycladum; Bandbusch

In der Regel wird durch Stecklinge vermehrt. Bei der Stecklingsvermehrung werden die flachen Triebe jeweils unter einem Nodium (dort wo die Blättchen sitzen) flach durchtrennt. Später sind zwei bis drei Jungpflanzen in den Endtopf zu setzen. Vermehrungstemperatur 20 °C, Weiterkultur nicht unter 15 °C.

Jacaranda mimosifolia; Jacarandabaum, Palisander

Am einfachsten ist die Vermehrung durch Aussaat importierter Samen, die regelmäßig im Saatguthandel angeboten werden. Aussaat sofort nach dem Eintreffen der Samen. Eine Vermehrung durch Kopfstecklinge ist nur bei hohen Bodentemperaturen von 25–30 °C erfolgreich. Der Gärtner setzt in der Regel zwei bis drei Pflanzen in den Endtopf. Einzelpflanzen sind mehrmals zu stutzen. Keimtemperatur 22 °C, Weiterkultur nicht unter 18 °C.

Lagerstroemia; Lagerströmie, Kräuselmyrte

Die Vermehrung erfolgt durch Aussaat der selten angebotenen Samen sowie Kopf- und Teilstecklinge. Man schneidet ausgereifte, leicht verholzte Triebe von Frühjahr bis Herbst. Vermehrungstemperatur 22–25 °C, Weiterkultur nicht unter 18 °C.

Lagerstroemia indica

Metrosideros excelsa

Lantana camara; Wandelröschen

Die Vermehrung geschieht durch Kopfstecklinge im Herbst oder von überwinterten Mutterpflanzen im Januar bis Februar. Die bewurzelten Stecklinge werden gleich in 10- bis 12-cm-Endtöpfe eingetopft. Ein mehrmaliges Stutzen ist erforderlich, um buschige Pflanzen zu erhalten. Vermehrungstemperatur 20 °C, Weiterkultur bei 12–18 °C, vor dem Auspflanzen langsam abhärten. Anzucht von Hochstämmchen siehe *Argyranthemum frutescens*. Zum Experimentieren ist auch eine Aussaat zu empfehlen. Diese erfolgt direkt nach der Samenreife bzw. nach dem Erhalt der Samen.

Laurus nobilis; Lorbeerbaum

Die Vermehrung erfolgt am einfachsten durch Kopfstecklinge im Sommer oder auch zu anderen Jahreszeiten. Um buschige Pflanzen zu erzielen, werden die Jungpflanzen häufig gestutzt. Vermehrungstemperatur 18–22 °C. Weiterkultur bei 15 °C. Anzucht von Hochstämmchen siehe *Argyranthemum frutescens*.

Leptospermum scoparium; Neuseelandmyrte, Leptospermum

Im Handel ausschließlich Kulturformen, die vegetativ vermehrt werden müssen. Man schneidet krautige Stecklinge von März bis Mai oder ausgereifte, an der Basis leicht verholzte Stecklinge im August. Die Art selbst ist leicht durch Aussaat zu vermehren. Samen werden regelmäßig auch bei uns angesetzt. Vermehrungstemperatur für Stecklinge 25–30 °C, zur Keimung 20 °C, Weiterkultur nicht unter 15 °C.

Lycianthes rantonnetii; Blauer Kartoffelstrauch, Enzianbaum

Die Vermehrung der häufig noch als *Solanum rantonnetii* angebotenen Art erfolgt durch 4–6 cm lange Kopfstecklinge bevorzugt von März bis August bei 18–20 °C. Die Bewurzelungsdauer beträgt etwa drei Wochen. Zur Weiterkultur reichen 15–18 °C. Wichtig ist häufiges Stutzen, damit sich gut verzweigte Pflanzen bilden. Bei der Anzucht von Hochstämmchen werden die Seitentriebe ausgebrochen, bis die gewünschte Stammhöhe erreicht ist. Danach muss mehrmals gestutzt werden, damit sich eine Krone bildet.

Metrosideros excelsa; Pohutukawa-Eisenholz

Die Vermehrung erfolgt in der Regel ganzjährig durch Kopf- oder auch Teilstecklinge, bevorzugt von Januar bis Mai. Stecklingsgröße 5–10 cm. Bewurzelung bei 20–22 °C Bodentemperatur nach etwa fünf bis sieben Wochen. Weiterkultur bei 12–20 °C.

Musa; Banane

Soweit es sich um Fruchtsorten handelt, lassen sich die Pflanzen nur durch Abtrennen von Wurzelsprösslingen (Teilung) vermehren, denn die Früchte enthalten keine Samen. Die Arten selbst, z. B. *M. basjoo*, *M. textilis* und *M. uranoscopos*, die gerne als Kübelpflanze verwendet wer-

Musa × paradisiaca vermehrt man durch Abtrennen solcher Wurzelschösslinge.

den, lassen sich auch durch Aussaat vermehren. Dabei ist man in der Regel auf importiertes Saatgut angewiesen. Dieses sollte gleich nach dem Erhalt ausgesät werden, da nur frische Samen ausreichend keimfähig sind. Vermehrungstemperatur 25 °C, Weiterkultur nicht unter 18 °C.

Myrsine africana; Myrsine

Man vermehrt durch Kopfstecklinge, am besten im Frühjahr, die ohne Probleme wurzeln. Damit die Pflanzen sich gut verzweigen, ist öfters zu stutzen. Eine Vermehrung durch Aussaat ist möglich, doch wird Saatgut nur selten angeboten. Vermehrungstemperatur 22 °C, Weiterkultur nicht unter 15 °C.

Nandina domestica; Himmelsbambus, Nandine

Vermehrung durch Kopfstecklinge im Sommer. Vermehrungstemperatur 22 °C, Weiterkultur nicht unter 15 °C.

Nerium oleander; Oleander

Die Vermehrung erfolgt vorwiegend durch Kopf- oder Teilstecklinge, da es sich bei den angebotenen Pflanzen ausschließlich um Kulturformen handelt. Man schneidet die Triebe bevorzugt von Juni bis August auf 10–15 cm Länge und lässt sie in Substrat oder Wasser bewurzeln. Eine Vermehrung durch Aussaat ist möglich, doch werden die Nachkommen sehr unterschiedlich ausfallen. Für Liebhaber, die etwas Neues erziehen möchten, ist eine Aussaat jedoch interessant. Der Samen ist möglichst bald nach der Samenreife auszusäen, da er seine Keimfähigkeit in kurzer Zeit verliert. Vermehrungstemperatur 20 °C, Weiterkultur bei 15 °C.

Olea europaea; Ölbaum, Olive

Der Ölbaum wird in seinen Anbaugebieten meist durch Veredlung (Pfropfen, Okulation) vermehrt. Bei uns ist die Vermehrung durch Kopf- oder Teilstecklinge zu bevorzugen. Am besten eignen sich dazu die Sommermonate. Zur Bewurzelung sind Bodentemperaturen von 25–30 °C optimal. Die Jungpflanzen sind frühzeitig und häufig zu stutzen, um eine gute Verzweigung zu erreichen. Soweit frisches, ausgereiftes Saatgut beschafft werden kann, können Sie auch aussäen. Doch dauert es mehrere Jahre, bis es zur Blüten- und Fruchtbildung kommt. Das Fruchtfleisch

Nerium oleander wird in erster Linie durch Stecklinge vermehrt. Als Substrat sind Grodan-Vermehrungswürfel gut geeignet.

Die Weiterkultur der in Grodan bewurzelten Oleanderstecklinge erfolgt dann ganz normal in Erde.

Olea europaea

ist vor der Aussaat gut zu entfernen, die Samen sind in doppelter Samenkornstärke zu bedecken. Die Keimung erfolgt meist sehr ungleichmäßig.

Persea americana; Avocado

Die Vermehrung erfolgt durch Aussaat der in den Avocadofrüchten steckenden Kerne. Die Kerne (Samen) werden mit der Spitze nach oben in einen mit Erde gefüllten Vermehrungstopf gesteckt oder so über einem Wasserglas befestigt, dass das Wasser bis an die Unterkante heranreicht. Zur Keimung sind hohe Temperaturen von mindestens 25 °C erforderlich; Weiterkultur nicht unter 18 °C.

Phormium tenax; Neuseelandflachs

Üblich ist die Vermehrung durch Teilung im Frühjahr, aber auch eine Aussaat ist möglich. In den Urlaubsländern rund um das Mittelmeer wird immer wieder keimfähiges Saatgut angeboten.

Pistacia lentiscus; Mastixbaum

Die Vermehrung erfolgt durch importierten Samen. Am einfachsten ist es, sich Samen aus dem Urlaub in den Mittelmeerländern mitzubringen. Bei 20–25 °C erfolgt die Keimung nach drei bis fünf Wochen, jedoch meist sehr unregelmäßig. Darüber hinaus kann aber auch durch Stecklinge vermehrt werden. Man verwendet Kopfstecklinge, die bevorzugt im Juni bis Juli geschnitten werden. Die Basis der Stecklinge sollte leicht verholzt sein.

Der Samen von Persea americana ist vergleichsweise groß. Man setzt ihn mit der Spitze nach oben nur etwa zur Hälfte in das Substrat.

Gekeimter Samen von Persea americana, 60 Tage nach der Aussaat

Pittosporum; Klebsame

Am einfachsten ist die Vermehrung durch Stecklinge. Kopf- und Teilstecklinge schneidet man im Sommer von gut ausgereiften Trieben. Die kleinblättrigen Arten wie *P. tenuifolium* werden mehrmals gestutzt, um einen harmonischen Pflanzenaufbau zu erzielen. Vermehrungstemperatur 25 °C, Weiterkultur nicht unter 15 °C. Soweit Saatgut beschafft werden kann, können die reinen Arten auch ausgesät werden.

Plumbago auriculata; Kap-Bleiwurz

Vermehrung erfolgt durch Aussaat (wenig üblich) oder Stecklinge. Am verbreitetsten ist die Vermehrung durch krautige Stecklinge im Frühjahr oder Herbst. Vermehrungstemperatur 20 °C, Weiterkultur nicht unter 15 °C. Um Hochstämmchen zu ziehen, bindet man den stärksten Trieb an einen Stab, entfernt die anderen und schneidet den Trieb später in der gewünschten Höhe ab.

Podocarpus; Steineibe

Die Vermehrung erfolgt in der Regel durch Aussaat importierter Samen oder durch Stecklinge. Die Aussaat ist der Stecklingsvermehrung vorzuziehen, da Stecklinge aus Seitentrieben lange Zeit benötigen, um ihren artgerechten Wuchs zu entwickeln. Aussaat direkt nach dem Eintreffen der Samen, da nur frisches Saatgut ausreichend keimfähig ist. Stecklinge schneidet man am besten im Juni bis Juli. Vermehrungstemperatur 25 °C, Weiterkultur bei 18 °C.

Punica granatum; Granatapfel

Vermehrung durch Aussaat und Stecklinge. Im Gegensatz zur landläufigen Meinung ist die

Aussaat zu bevorzugen, da sich die Pflanzen besser aufbauen und die Aussaatvermehrung im Allgemeinen keine Schwierigkeiten bereitet. Die frühe Inkulturnahme des Granatapfels führte zu einer Auslese unterschiedlichster Typen. Darunter sind auch kleinbleibende Zierformen, die unter dem Sortennamen 'Nana' geführt werden. Diese Pflanzen sind in allen Teilen kleiner. Da Granatäpfel auch in Kultur willig Samen ansetzen, macht die Beschaffung von Saatgut in der Regel keine Schwierigkeiten. Man sollte lediglich vollreife Früchte ernten, zu erkennen am Aufplatzen der Fruchtschale. Eine vegetative Vermehrung erfolgt im Februar bis März durch unbelaubte, etwa 10 cm lange, verholzte Steckhölzer. Während des Sommers kann man auch durch krautige Stecklinge vermehren. Vermehrungstemperatur 20–25 °C, Weiterkultur zunächst nicht unter 18 °C, später kann die Temperatur dann auf 10 °C absinken.

Quercus suber; Kork-Eiche

Die Kork-Eiche wird durch Aussaat vermehrt. Die Samen, die Eicheln, müssen frisch sein. Verlieren sie zu viel Feuchtigkeit, keimen sie nicht mehr. Deshalb sofort nach Erhalt der Samen aussäen. Eine Vermehrung durch Stecklinge ist von Juni bis Juli möglich. Wurzelbildung nur bei hohen Bodentemperaturen von 25–30 °C, Weiterkultur der Jungpflanzen nicht unter 15 °C.

Rosmarinus officinalis; Rosmarin

Vermehrung durch Aussaat im März bis April oder durch ausgereifte Stecklinge im Juli bis August. Um buschige Pflanzen zu erhalten, sollten Sie mehrmals stutzen. Vermehrungstemperatur 18 °C, Weiterkultur nicht unter 10 °C.

Aus einer im Lebensmittelhandel gekauften Frucht herausgelöster Samen von Punica granatum

Sophora tetraptera; Neuseeländischer Schnurbaum

Vermehrt wird durch Aussaat oder Stecklinge. Auch in Kultur werden Samen gebildet. Aussaat am besten gleich nach der Samenreife. Bei trocken gelagertem Saatgut ist die harte Samenschale aufzurauen. Bei 20–25 °C erfolgt die Keimung nach drei bis vier Wochen. Man kann aber auch durch Stecklinge vermehren. Die etwa 10 cm langen Kopfstecklinge werden von Juni bis Juli geschnitten.

Strelitzia reginae; Paradiesvogelblume, Strelitzie

Ältere Pflanzen können durch Teilung im Frühjahr vermehrt werden. Sonst Vermehrung durch importierte Samen, die frisch sein müssen. Bei älterem, trocken gelagertem Saatgut muss die Samenschale aufgeraut werden. Die Aussaatvermehrung ist allerdings sehr langwierig. Bis zur ersten Blütenbildung vergehen mitunter bis zu zehn Jahre. Vermehrungstemperatur 22–25 °C, Weiterkultur nicht unter 18 °C. Später werden auch Temperaturen kurz über dem Gefrierpunkt vertragen.

Syzygium paniculatum; Australische Kirschmyrte

Am einfachsten ist die Vermehrung durch ausgereifte, leicht verholzte Kopfstecklinge im Sommer, die innerhalb von vier Wochen wurzeln. Jüngere Pflanzen sollten Sie mehrmals stutzen, um hübsch verzweigte, buschige Pflanzen zu bekommen. Eine Aussaat macht keine Probleme, sofern Sie Saatgut bekommen. Dieses sollte möglichst frisch sein, da längere Zeit trocken gelagerte Samen nur schwer keimen. Vermehrungstemperatur 22–25 °C.

Tibouchina urvilleana; Glänzende Tibouchine

Die Vermehrung erfolgt durch ausgereifte, leicht verholzte Triebstecklinge mit zwei Blattansätzen (Nodien). Später setzt man zwei bis drei Jungpflanzen in den Endtopf. Um buschige, kompakte Pflanzen zu erhalten, werden die Jungpflanzen am besten mehrmals gestutzt. Eine Bewurzelung findet nur bei hohen Bodentemperaturen von 25–30 °C statt, Weiterkultur nicht unter 18 °C.

Gemüse und Küchenkräuter

Die meisten Gemüsearten und Küchenkräuter werden aus Samen gezogen. Nur ganz wenige Arten wie Meerrettich und Rhabarber, der auch zum Gemüse gezählt wird, werden vegetativ vermehrt. Je nach Art pflanzt man entweder nach einer Vorkultur unter Glas oder sät direkt an Ort und Stelle aus. Ist im Folgenden von Gemüse die Rede, so sind darunter ebenfalls die Küchenkräuter zu verstehen.

Die Direktsaat ist auch für Gemüse die einfachste Art der Anzucht. Dazu braucht man außer den üblichen Gartengeräten nichts weiter als das Land und die Samen. Arbeitsaufwendiges Pikieren und Topfen entfällt hier. Lassen sich auch theoretisch alle Gemüsepflanzen direkt an Ort und Stelle ins Freiland säen, so gibt es doch eine Reihe von Gründen, die für die Jungpflanzenanzucht mit anschließender Pflanzung sprechen. Hier sind die höheren Keimergebnisse sowie die geringeren Probleme bei der Unkrautbekämpfung zu nennen. Weiterhin entfällt bei verschiedenen Gemüsearten das sonst notwendige Vereinzeln und man erzielt gleichmäßigere Bestände mit einem hohen Anteil guter Qualitäten. Weitere Vorteile sind frühere Ernten, z. B. bei Kopf-Salat und Kohlrabi, sowie eine sicherere Terminplanung. Die Kultur von wärmebedürftigen Arten wie Paprika, Auberginen, Tomate und Melonen wäre ohne Vorkultur unter Glas nicht möglich.

Direktsaat

Bei der Flächenauswahl für die Direktsaat sollten Sie auf eine geregelte Fruchtfolge achten. Wird eine Gemüseart mehrere Jahre hintereinander auf derselben Fläche angebaut, gehen die Erträge immer weiter zurück. Diese Erscheinung bezeichnet man als Bodenmüdigkeit. Sie ist darauf zurückzuführen, dass jede Pflanzenart dem Boden in spezifischer Weise Nährstoffe entzieht, durch die Tätigkeit der Wurzeln be-

Bodenvorbereitung:

1

2

3

1) bis 3) Der Boden wird mit entsprechenden Geräten gut gelockert. Der obersten Schicht muss besondere Beachtung geschenkt werden. Sie soll besonders feinkrümelig sein, damit die Samen allseitig umschlossen sind und zügig quellen und keimen können.

stimmte Stoffe in den Boden abgibt und Wurzelreste hinterlässt, die für Pflanzen der gleichen Art wachstumshemmend sind. Außerdem muss durch die Anreicherung von Erregern im Boden mit einem verstärkten Auftreten bestimmter Krankheiten und Schädlinge gerechnet werden. Diese Nachteile lassen sich vermeiden, wenn die angebaute Gemüseart von Jahr zu Jahr wechselt, also eine bestimmte Fruchtfolge eingehalten wird. Darüber hinaus bestehen zwischen einzelnen Gemüsearten gewisse Unverträglichkeiten, die ebenfalls bei der jährlichen Anbauplanung zu beachten sind. Machen Sie sich daher jedes Jahr eine einfache Skizze, aus der die Aufteilung bzw. Nutzung der Fläche hervorgeht. Bearbeiten Sie das Saatbett so, dass eine gut strukturierte, homogene, aber festere untere Bodenschicht mit guter Wasserführung entsteht, damit die Samen gut quellen können. Die obere Schicht sollte hingegen feinkrümelig, locker sowie gut durchlüftet sein, dem Pflanzenwachstum nur geringen Widerstand entgegensetzen und den Wasserverlust des Bodens vermindern. Die Tiefe dieser lockeren Schicht sollte der Saattiefe entsprechen. Sobald das Land im Frühjahr so weit abgetrocknet ist, dass die Erde nicht mehr an den Schuhen und Geräten kleben bleibt und sich der Boden genügend erwärmt hat, können Sie mit den ersten Aussaaten im Freiland beginnen. Die Aussaatfläche wird am besten mit einem Kultivator, Handgrubber oder Krail zerkleinert und eingeebnet. Stellen Sie anschließend das feinkrümelige Saatbeet mit Hilfe einer Harke (Rechen) her. Dabei gilt der Grundsatz: Je feiner der Samen, desto feiner sollte auch die Erdoberfläche sein. Wollen Sie den Boden im Laufe der Som-

mermonate für die Aussaat von Nachkulturen vorbereiten, genügt ein flaches Umgraben. Oder beschränken Sie sich noch besser nur auf Kultivator und Harke.

Vorquellen

Wollen Sie das Auflaufen Ihrer Gemüsesamen beschleunigen, können Sie sie in Wasser vorquellen. Dazu wird das Saatgut am besten in Beuteln wiederholt für einige Stunden in Wasser getaucht. Größere Mengen überbraust man mit Wasser, mischt sie durch und deckt sie anschließend mit einer Folie oder feuchten Säcken ab. Bei einer Tauchdauer von mehr als acht Stunden besteht allerdings die Gefahr einer Schädigung durch Sauerstoffmangel. Ausgesät wird, wenn die Samenschale platzt oder kurz bevor die Keimwurzel austritt.
Das Vorquellen bewirkt besonders bei schwer quellenden Samen wie Zwiebeln, Sellerie, Porree, Pastinak und Möhren einen deutlichen Wachstumsvorsprung. Ein vorübergehendes Austrocknen vorgequollenen Saatgutes nach der Saat wird bis zum Austritt der Keimwurzel gut vertragen. Danach reagieren besonders große, vorgequollene Samen wie Erbsen und Bohnen empfindlich auf Trockenperioden. Wichtig ist, dass die Aussaaterde feucht ist, damit der durch das Vorquellen eingeleitete Keimvorgang nicht unterbrochen wird. Gegebenenfalls müssen die Reihen oder das Beet vorher angefeuchtet werden.

Durch Vorquellen der Samen wird die Keimung beschleunigt.

Die drei Aussaatverfahren, die bei Direktsaaten von Gemüse üblich sind (von oben nach unten): Gleichstandssaat, Dippelsaat, Horstsaat.

Keimtemperatur

Die untere Temperaturgrenze, bei der die Samen gerade noch keimen, liegt bei kälteverträglichen Gemüsearten zwischen 0 und 5 °C, bei wärmebedürftigen Arten zwischen 8 und 12 °C. Der Temperaturbereich für eine in der Praxis akzeptable Keimfähigkeit ist deutlich enger. Er liegt für kälteverträgliche Arten zwischen 5 und 25 °C, für wärmebedürftige Arten zwischen 13 und 25 °C.

Saattiefe

Für die Saattiefe gilt bei Gemüsesamen die Grundregel, dass man sie flach, aber so tief einsäen sollte, dass ein Anschluss an die feuchte Bodenschicht und damit die Quellung gewährleistet ist. Dementsprechend ist auf einem feuchten Boden flacher, auf einem relativ trockenen Boden tiefer zu säen. Bei flacher Saat sinkt das Risiko des Sauerstoffmangels, der Schädigung durch Bodenpilze und einer Schwächung bzw. Erschöpfung beim Durchbrechen der Bodenoberfläche. Dafür steigt das Risiko des Austrocknens und es besteht die Gefahr, dass die Keimwurzeln mangels Gegendruck nicht in den Boden eindringen und dass die Samenschalen nicht abgestreift werden. Eine etwas tiefere Saat ist bei leichten Böden, großkörnigen und robusten Samen zu empfehlen, besonders solchen mit hypogäischer Keimung (siehe Seite 28). Hier bleiben die Keimblätter im Boden und müssen nicht durch den Boden nach oben gepresst werden. Mittlere Saattiefen sind für feinkörnige Samen 1–3 cm, für grobkörnige 2–5 cm.

Reihen- oder Breitsaat

Gemüsesamen kann man breit oder in Reihen aussäen. Obwohl die Reihensaat etwas mehr Arbeit erfordert, ist sie eindeutig vorzuziehen. Denn eine Breitsaat gelingt nie so gleichmäßig, dass jede Pflanze ausreichend Platz bekommt. Außerdem ist das Hacken später kaum möglich, so dass man das Unkraut mühsam mit der Hand entfernen muss. Die Reihensaat ist gegenüber der Breitsaat auch samensparender. Eine Breitsaat wird bei Gemüse in der Regel nur zur Jungpflan-

Breitsaat ist, soweit es sich um Direktsaaten an Ort und Stelle handelt, bei Gemüse nur wenig üblich. In der Anzucht ist die Breitsaat allerdings die allgemein übliche Methode.

zenanzucht auf unkrautfreien Saatbeeten oder für Dichtsaaten auf sehr feuchtem Boden, z. B. bei sehr frühen Spinat- oder Möhrensaaten, angewandt.
Bei der Breitsaat wird das Saatgut von Hand, mit der Tüte oder mit Sähilfen breitwürfig verteilt. Neben der gleichmäßigen Verteilung bereitet meist das Einarbeiten in eine günstige Bodenschicht Schwierigkeiten. Die Samen werden auf kleinen Flächen flach mit einem Substrat, z. B. Kompost, überschichtet, auf größeren Flächen mit einer Harke oder einem Rechen eingearbeitet. Auf trockenem Boden ist ein Andrücken der Erde erforderlich, wenn kein Wasser zur Verfügung steht.
Die Reihensaat erlaubt eine saubere Ablage sowie eine relativ einheitliche Tiefenlage der Samen, darüber hinaus eine Bodenlockerung und Unkrautbekämpfung zwischen den Reihen.
In der Regel werden im Gemüsegarten 1,5 m breite Beete angelegt. Davon entfallen 30 cm auf den Weg, so dass als Nutzfläche 1,2 m übrigbleiben. Bei dieser Beetbreite haben Sie bei keiner Kulturarbeit Schwierigkeiten, die Beetmitte zu erreichen. Breitere Beete erschweren diese Arbeiten, während schmalere eine Landverschwendung bedeuten, da dann das Verhältnis Weg zu Nutzfläche ungünstiger wird.

Die Reihen lassen sich mit einem Harkenstiel, der an einer gespannten Schnur entlang geführt wird, oder mit dem praktischen, arbeitssparenden Reihenzieher markieren.

Drill- und Gleichstandssaat

Je nachdem, wie die Gemüsesamen bei der Reihensaat abgelegt werden, spricht man von Drillsaat oder Gleichstandsaat. Bei der Drillsaat, die vor allem bei feinkörnigen Samen wie Möhren und Zwiebeln angewendet wird, fallen die Samenkörner in ungleichmäßigen Abständen, was besonders bei geringen Saatstärken zu ungleichen Pflanzabständen führt. Um ein zu dichtes Aussäen bei feinkörnigen Samen zu verhindern, mischt man das Saatgut am besten mit der gleichen oder doppelten Menge gleich großer Materialien. Das kann z. B. trockener Sand sein. Dadurch lässt sich die erforderliche Aussaatdichte besser einhalten.
Die Gleichstandsaat mit Einzelkornablage führt in den Reihen zu gleichmäßigeren Pflanzabständen. Bei Saatgut mit hoher Triebkraft, guter Kalibrierung oder Pillierung (siehe Seite 23–24), kann gleich auf den endgültigen Abstand abgelegt werden, so dass ein Vereinzeln entfällt. Sind die Voraussetzungen weniger günstig, wird auf halben Endstand abgelegt. Überzählige Pflanzen müssen Sie hier dann nach dem Aufgehen entfernen. Werden bei der Gleichstandsaat jeweils mehrere Samen pro Saatstelle abgelegt, spricht man von Horstsaat. Diese ist z. B. bei Busch-Bohnen üblich, bei denen man jeweils vier bis fünf Samen zusammen ablegt. Das hat den Vorteil, dass die Keimlinge einen verkrusteten Boden leichter gemeinsam durchbrechen können und man in den Reihen leichter hacken kann.

Andrücken

Damit die Samen einen guten Bodenkontakt erhalten, müssen auch Gemüsesamen besonders auf trockenen Böden nach der Aussaat angedrückt werden. Dabei walzt man aber nicht das gesamte Beet, sondern drückt nur die Saatreihen z. B. mit einem Andrückbrettchen oder dem Rücken der Harke fest an. Ein Andrücken oder Walzen der gesamten Beetfläche würde die Verdunstung fördern und bei Niederschlägen zu einer Bodenverkrustung führen.

Markiersaat

Bei Gemüsearten, die wie Möhren und Zwiebeln längere Zeit zur Keimung benötigen, ist eine Markiersaat zu empfehlen. Dazu eignen sich am besten Radieschen, von denen man vor dem Abdecken der Reihen alle 8–10 cm ein Korn auslegt. Die relativ schnell aufgehenden Radieschen zeigen die Reihen an, so dass Sie bereits vor dem Aufgang der Möhren oder Zwiebeln hacken und damit dem Boden Sau-

Damit die Samen innigen Kontakt zur Erde bekommen, drückt man die Samen mit einem Andrückbrettchen fest an.

Rechts: Alternativ geht es auch mit dem Rücken der Harke.

erstoff zuführen sowie den Wasserhaushalt günstig beeinflussen können.

Links: Die Markiersaat aus Radieschen ist aufgegangen, die Aussaatreihe damit deutlich sichtbar.

Vorkultur unter Glas

In den Fällen, in denen eine Vorkultur unter Glas angebracht ist (siehe Seite 320), können Sie im Kapitel Aussaatvermehrung auf Seite 28–38 nachlesen, welche Aussaatorte dann in Frage kommen, wie die Aussaatgefäße richtig vorbereitet werden, wie richtig ausgesät wird, welche Aussaatverfahren in Frage kommen, wie die Aussaaten zu behandeln sind und wie pikiert wird.

Abhärten

Bei einer Vorkultur unter Glas müssen die Jungpflanzen vor dem Auspflanzen abgehärtet werden. Dadurch sollen die Pflanzen an den Pflanzschock und die härteren Wachstumsbedingungen im Freiland angepasst werden. Denn dort herrschen zumeist niedrigere Temperaturen, eine höhere Verdunstung sowie eine höhere UV-Strahlung. Zum Abhärten senken Sie die Temperatur langsam auf die Freilandwerte ab und lüften verstärkt. Die wirksamste Abhärtung erlauben Frühbeete durch verstärktes Lüften und das Abnehmen der Fenster. Dabei wird das Abhärten am besten durch Trockenbedingungen und eine gute, aber nicht zu reichliche Nährstoffversorgung unterstützt.

Auspflanzen

Jungpflanzen mit kräftigem Wurzelballen und gedrungenem, gesundem Wuchs sind das Ziel der Anzucht. Sie werden einen Tag vor dem Auspflanzen tüchtig angegossen und am besten an

Wenn möglich, sollte an einem bedecken Tag ausgepflanzt werden.

einem bedeckten Tag oder in den kühleren Morgen- oder Abendstunden ausgepflanzt. Die aufgenommenen Jungpflanzen sollen so bald wie möglich gepflanzt werden. Dies gilt besonders für Jungpflanzen ohne Topfballen. Auch bei der Pflanzung bieten gleiche Abstände zwischen den Nachbarpflanzen die besten Voraussetzungen für hohe und qualitativ gute Erträge. Am gebräuchlichsten ist die Pflanzung im Verband (Dreieckspflanzung). Der Boden sollte so locker und feucht sein, dass ohne Schwierigkeiten mit der Hand gepflanzt werden kann. Das Pflanzholz wird vor allem eingesetzt, wenn es sich um Pflanzen aus dem Saatbeet handelt, die keinen größeren Wurzelballen besitzen. Wichtig ist dabei, dass sich die Wurzeln in dem schmalen Pflanzloch nicht nach oben biegen. Dadurch würden besonders bei kurzlebigen Gemüsearten erhebliche Wachstumsstockungen verursacht.
Die Pflanzkelle setzt man bei Jungpflanzen mit größerem Wurzelballen ein. Graben Sie das Pflanzloch so groß, dass Sie den Wurzelballen bequem hineinsetzen können. Drücken Sie die Erde anschließend von allen Seiten so an die Wurzeln an, dass die Pflanzen fest und aufrecht stehen, ihr Wurzelballen aber nicht beschädigt wird.
Arten mit Rosettenwuchs wie Kopf-Salat werden flach, Arten mit längerer Sprossachse und Neigung zur Adventivwurzelbildung wie Kohlarten oder Tomaten tiefer gepflanzt. Das Anwachsen wird durch ein kräftiges Angießen gefördert.

Gemüse und Küchenkräuter von A bis Z

Dieser spezielle Teil beschreibt die Vermehrung der Gemüsearten und Küchenkräuter. Sie erfahren hier u. a., wann vermehrt werden sollte, ob eine Direktsaat oder eine Vermehrung unter Glas vorzuziehen ist, welches die günstigsten Keimtemperaturen sind und wie tief die Samen bei Direktsaaten im Boden zu liegen kommen sollten. Darüber hinaus werden Pflanzabstände und sonstige wissenswerte Besonderheiten genannt. Bei den Kräutern finden Sie Hinweise, ob die jeweilige Art ein- oder mehrjährig gezogen wird und ob ein Anbau in Töpfen möglich ist.

Allium cepa Aggregatum-Grp.; Schalotte

Der Anbau erfolgt in der Regel durch Brutzwiebeln. Seit jüngster Zeit gibt es Samen von F_1-Hybriden auf dem Markt, mit denen auch eine Direktsaat möglich ist. Das Legen der Brutzwiebeln kann Ende Februar bis Ende März oder im Herbst von Ende September bis Anfang Oktober erfolgen. Eine Herbstpflanzung ist aber nur in klimatisch günstigen Gebieten zu empfehlen. Aber selbst in solchen Gebieten ist ein Bedecken der Flächen notwendig, um ein Ausfrieren zu vermeiden. Es sind Reihenabstände zwischen 25 und 30 cm und Pflanzenentfernungen von 10–20 cm in der Reihe üblich. Dieser verhältnismäßig große Abstand ist notwendig, da jede Einzelpflanze auf dem gemeinsamen Zwiebelboden einen horstartigen Besatz mit mehreren Zwiebeln bildet. Pflanztiefe 4–5 cm.

Allium cepa Cepa-Grp.; Küchen-Zwiebel

Beim Anbau von Küchen-Zwiebeln unterscheidet man zwischen dem Säzwiebelanbau zur Gewinnung von Dauer- bzw. Trockenzwiebeln, dem Lauchzwiebelanbau, dem Anbau von Gemüse- bzw. Salatzwiebeln, dem Anbau zur Erzeugung von Steckzwiebeln sowie dem Steckzwiebelanbau zur Gewinnung von Trocken- bzw. Dauerzwiebeln.

Säzwiebelanbau: Für den Sommeranbau Direktsaat Anfang bis Ende März in Reihen. Reihenabstand 20–30 cm. In der Reihe

Reihen mit Saatzwiebeln

Für den Anbau von Trockenzwiebeln ist Drillsaat üblich.

möglichst dünn aussäen. Ziehen Sie die Reihen nur flach, damit die Samen nicht tiefer als 2 cm liegen. Da Zwiebeln bis zur Keimung in der Regel drei Wochen benötigen, ist eine Markiersaat mit Radieschen angebracht. Nach dem Aufgehen auf 3,5–4 cm vereinzeln. Beim Überwinterungsanbau, der nur in wintermilden Klimaten zu empfehlen ist, erfolgt die Aussaat zwischen dem 15. und 25. August.

Lauchzwiebelanbau: Hier erfolgt die Direktsaat von Anfang März bis Mitte Mai etwas dichter als beim Trockenzwiebelanbau.

Anbau von Gemüse- bzw. Salatzwiebeln: Beim Anbau von Gemüsezwiebeln ist eine Vorkultur unter Glas zu empfehlen, um möglichst große Zwiebeln zu erzielen. Dazu sät man im März bei 14–16 °C und pikiert dann in kleine Töpfe oder entsprechende Pflanzeinheiten. Die Pflanzung erfolgt Ende April/Anfang Mai im Abstand von 30 × 30 cm. Beim Auspflanzen ist auf ein flaches Setzen zu achten. Zu tiefes Pflanzen führt leicht zu hochovalen Zwiebeln.

Anbau zur Erzeugung von Steckzwiebeln: Aussaat Ende April bis Anfang Mai. Durchführung wie beim Säzwiebelanbau. Reihenabstände 15 cm. In der Reihe ist dichter auszusäen, damit die Zwiebeln klein bleiben. Saattiefe 3 cm.

Steckzwiebelanbau zur Gewinnung von Trocken- bzw. Dauerzwiebeln: Stecken der Zwiebeln ab Mitte März bis Ende April. Reihenabstand 20 cm, in der Reihe mit einer Zwiebel alle 4–5 cm. Das entspricht etwa 20 bis 25 Steckzwiebeln je laufendem Meter. Die Zwiebeln werden so gesteckt, dass das obere Drittel noch zu sehen ist. Um die Schossgefahr des Pflanzgutes zu mindern, sind die Zwiebeln bis zum Stecken bei Temperaturen um 20 °C zu lagern.

Allium fistulosum; Winter-Zwiebel

Die Vermehrung kann durch Direktsaat oder vegetativ durch Teilung der Pflanzen erfolgen. Sollen Winter-Zwiebeln sehr früh noch vor der Ernte des ersten Schnitt-Lauchs gewonnen werden, sät man von März bis April aus. Als Reihenabstände sind 30 cm zu empfehlen. Die günstige Saattiefe beträgt 3 cm. Die nicht winterharten Sorten können satzweise mit Saatterminen ab Anfang März angebaut werden. Für eine kontinuierliche Ernte sind Saattermine im Abstand von zwei Wochen erforderlich, da die Pflanzen im Sommer relativ schnell überständig werden und dann harte Schäfte bekommen.

Allium porrum var. *porrum*; Porree

Die Vermehrung des Porrees erfolgt in der Regel durch Aussaat, ist aber auch durch Nebenbulben möglich. Im Hausgarten ist das Pflanzen mit Vorkultur üblich, ei-

Porree wird tief gepflanzt, damit die Pflanzen lange, gut gebleichte Stangen entwickeln.

ne Direktsaat ist aber möglich. Sommersorten werden Anfang März, Herbstsorten Ende März/Anfang April und Wintersorten Ende April ausgesät. Jungpflanzenanzucht für Frühanbau mit Pflanzung ab Mitte März (mit Folienschutz) oder Anfang Mai (ohne Folienschutz) in Saatkisten unter Glas. Pikieren einzeln oder mit zwei bis drei Pflanzen in 6- oder 7-cm-Töpfe oder entsprechende Pflanzeinheiten. Sie können auch gleich zwei bis vier Samen direkt pro Topf aussäen. Bei späteren Pflanzterminen kann die Jungpflanzenanzucht auch auf Anzuchtbeeten im Freiland oder im Frühbeetkasten erfolgen. Für die Jungpflanzenanzucht rechnet man etwa acht bis zwölf Wochen. Die Temperaturen sollten während der Anzucht 15 °C nicht unterschreiten, da sonst die Gefahr des Schossens besteht. Letzter Pflanztermin für eine Ernte im selben Jahr Mitte Juni. Gepflanzt wird mit Reihenabständen zwischen 30 und 40 cm, in der Reihe 15 cm. Pflanzen Sie tief, damit sich möglichst lange, gut gebleichte Stangen entwickeln. Dazu kann man etwa 15 cm tiefe Furchen ziehen, in die die Jungpflanzen gesetzt werden. Das früher empfohlene stärkere Einkürzen der Blattspitzen und Wurzeln verzögert das Anwachsen und sollte unterbleiben. Eine Direktsaat erfolgt Ende März bis Anfang April, Reihenabstände ebenfalls 30–40 cm. Nach dem Auflaufen wird in der Reihe auf 10–15 cm vereinzelt.

Allium sativum var. *sativum*; Knoblauch

Beim Knoblauchanbau unterscheidet man zwei genetisch unterschiedliche Hauptformen, den Winterknoblauch und den Frühjahrsknoblauch. Wintersorten mit Pflanzterminen im Oktober bil-

Bei Vorkultur unter Glas und für Topfkulturen pikiert man bei Schnitt-Lauch mehrere Sämlinge zusammen in den Topf. So entwickeln sich schnell kräftige Pflanzen.

den größere Zwiebeln als Sorten, die man zur Frühjahrspflanzung bevorzugt. Die kälteempfindlicheren Frühjahrssorten bringen bei Märzpflanzungen weniger Ertrag, sind jedoch für die Lagerung besser geeignet. Das Pflanzen der Zehen der Wintersorten erfolgt im Spätherbst, die der Frühsorten ab März. Sie werden 5–7 cm tief im Abstand von 25–30 cm × 5–10 cm gesteckt.

Allium schoenoprasum var. *schoenoprasum*; Schnitt-Lauch

Der Anbau von Schnitt-Lauch kann durch Aussaat unter Glas und anschließendem Verpflanzen oder auch vegetativ durch Teilung erfolgen. Je laufendem Meter sind bei Direktsaat ab Mai bis Ende August 200 bis 300 Samen in der Reihe auszubringen. Reihenabstand 30–40 cm. Die optimale Aussaattiefe beträgt 2–2,5 cm. Aussaat unter Glas im Februar/März, breitwürfig in Saatkisten mit anschließendem Pikieren oder gleich in 5- bis 6-cm-Töpfe bzw. entsprechende Pflanzeinheiten. Auspflanzen im Abstand von 25 cm. Teilung älterer Pflanzen im Herbst oder im Frühjahr, wenn sich die ersten grünen Spitzen zeigen. Für Topfkultur geeignet.

Anethum graveolens var. *hortorum*; Garten-Dill

Dill ist eine einjährige Pflanze. Aussaat für die Nutzung der Blätter von Anfang April bis Ende Juli möglich. Frühe Aussaaten bringen mehr Blätter als spätere im Mai bis Juli, da die Pflanzen später zu blühen beginnen. Für den Anbau zur Körnernutzung kommen nur frühe Aussaaten von

Kerbel wird an Ort und Stelle ausgesät. Junge Sämlinge 40 Tage nach der Aussaat.

Knollen-Sellerie darf als Jungpflanze nicht zu kühl stehen, sonst kommt es zur Bildung von Schossern.

Anfang April bis Anfang Mai in Betracht. Reihenabstände 15–25 cm. Die Aussaattiefe sollte 2–3 cm betragen. Folgesaaten im Abstand von vier Wochen sind sinnvoll. Anzucht mit Vorkultur ist möglich. Dill ist für eine Topfkultur geeignet.

Anthriscus cerefolium; Garten-Kerbel

Der Kerbel ist einjährig, die Aussaat erfolgt direkt an Ort und Stelle ab Ende März. Es empfehlen sich Folgesaaten im Abstand von drei Wochen, da ältere Pflanzen schnell an Würzkraft und Zartheit verlieren. Für Topfkultur geeignet.

Apium graveolens; Sellerie

Knollen- (var. *rapaceum*) und Bleich-Sellerie (var. *dulce*) werden vorkultiviert und gepflanzt, während man Schnitt-Sellerie (var. *secalinum*) in der Regel direkt an Ort und Stelle aussät. Die Anzucht von Bleich- und Knollen-Sellerie ist identisch. Jungpflanzenanzucht durch Aussaat unter Glas in Saatschalen bei mindestens 18 °C von Ende Februar bis Anfang April. Bei Temperaturen unter 14 °C kommt es zur Schosserbildung. Die kritische Periode beginnt, wenn die Jungpflanzen zwei Blätter über 2 cm Größe entwickelt haben. Darüber hinaus ziehen Stresssituationen während der Jungpflanzenanzucht (z. B. Lichtmangel, niedrige Temperaturen, Wasserdefizit) meist einen erhöhten Schosseranteil nach sich. Der Samen ist nur dünn mit Erde abzudecken. Keimung nach etwa drei Wochen. Wenn das erste Laubblatt sichtbar ist, wird in 6- bis 7-cm-Töpfe oder entsprechende Pflanzeinheiten pikiert. Anzuchten im April können auch direkt aus der Saatschale gepflanzt werden. Auspflanzen nicht vor dem 15. Mai, da bei ungünstigen Witterungsbedingungen sonst mit vielen Schossern zu rechnen ist. Pflanzenabstand je nach Sorte 40 × 40 cm bis 50 × 50 cm. Die Pflanztiefe beeinflusst die Knollenform. Bei zu tiefem Pflanzen bilden sich länglich geformte Knollen. Zu flaches Pflanzen kann zu verstärktem Ansatz von Nebenwurzeln führen, was die Qualität beeinträchtigt. Schnitt-Sellerie sät man im April direkt an Ort und Stelle. Reihenabstand 15 cm.

Armoracia rusticana; Gewöhnlicher Meerrettich

Die Vermehrung erfolgt vegetativ durch 30–40 cm lange Wurzelstücke, die als Fechser bezeichnet werden. Bei der Meerrettichernte im Herbst werden von der Hauptwurzel (Stange) die 1–2 cm starken Seitenwurzeln abgetrennt und auf 30–40 cm Länge zugeschnitten. Pro Pflanze lassen sich zwei bis drei Fechser gewinnen. Damit Sie die Ober- und Unterseite beim Pflanzen nicht verwechseln, sollten Sie das Kopfende gerade, das untere Ende schräg abschneiden. Die so aufbereiteten Fechser werden über Winter im Keller in feuchten Sand eingeschlagen. Vor dem Pflanzen Mitte März bis Mitte April werden mit Ausnahme der oberen und unteren 3 cm alle Knospen und Wurzeln am Fechser mit einem Tuch abgerieben, damit sich dort keine Austriebe bilden. Nur so entstehen kräftige Stangen. Beim Pflanzen werden die Fechser schräg in die Erde gebracht. Dabei soll das Wurzelende etwa 15 cm, das Kopfende 4–5 cm tief im Boden liegen. Als Reihenabstand sind 80 cm, in der Reihe 30 cm üblich.

Artemisia dracunculus; Estragon

Estragon wird im Hausgarten zumeist mehrjährig angebaut. Dabei wird der Russische Sortentyp direkt an Ort und Stelle ausgesät, während beim Deutschen oder Französischen Sortentyp entweder vorkultivierte, aus Stecklingen gewonnene Jungpflanzen oder geteilte Wurzelstöcken gepflanzt werden. Aussaat mit Vorkultur unter Glas im Februar bis März. Direktsaat im April bis Mai. Pflanzenabstände 40 × 40 cm. Auch für Topfkultur geeignet.

Artemisia vulgaris; Gewöhnlicher Beifuß

Mehrjährig. Vermehrung durch Aussaat. Aussaat im Februar/März unter Glas. Nach dem Auflaufen in Pflanzeinheiten pikieren. Auspflanzen Ende April/Anfang Mai im Abstand von 40 × 30 cm. Vermehrung durch Teilung möglich.

Beta vulgaris subsp. *cicla*; Mangold

Mangold wird in der Regel direkt gesät, kann aber auch gepflanzt werden. Die Aussaat erfolgt von Ende März bis Juli. Reihenabstand bei Blatt-Mangold (var. *cicla*) 20–30 cm, in der Reihe legt man alle 15–20 cm ein Samenknäuel aus, das jeweils drei bis

Verschiedene Mangoldsorten sind mit ihren farbigen Blattstielen und -adern sehr zierend.

fünf Samen enthält. Bei Stiel-Mangold (var. *flavescens*) wählt man einen Reihenabstand von 30–50 cm und legt in der Reihe alle 40 cm ein Samenknäuel aus.

Beta vulgaris subsp. *vulgaris* var. *vulgaris*; Rote Rübe, Rote Bete

Die Vermehrung der Roten Bete erfolgt durch Aussaat. Das Saatgut besteht aus ein bis fünf (meist drei) miteinander verwachsenen, einsamigen Früchten, den sogenannten Knäueln. Aus einem solchen Knäuel wachsen meist zwei bis vier Pflanzen, die vereinzelt werden müssen, will man große Rüben erzielen. In der Regel werden die Knäuel heute von den Saatgutfirmen aufgebrochen und als sogenanntes monogermes (einsamiges) Saatgut angeboten. Die früheste Aussaat (Frühanbau) kann Anfang April mit schossfesten Sorten erfolgen und bis Mitte Juli (Spätanbau) fortgesetzt werden. Für die Erzeugung kleiner Rüben, sogenannter „Babybeets“ oder „Minibete“, erfolgt die Aussaat von Anfang Juni bis Anfang Juli. Niedrige Temperaturen unter 12 °C während der Jugendentwicklung können zum Schossen führen. Man wählt Reihenabstände von 25–30 cm. In der Reihe wird später auf 10–15 cm vereinzelt. Für Babybeets ist ein Abstand von 15 × 4 cm zu empfehlen. Die optimale Saattiefe liegt bei 3 cm. Eine Vorkultur auf Anzuchtbeeten im Freiland ist möglich. Dann wird ausgepflanzt, wenn die Jungpflanzen eine Höhe von 8–10 cm erreicht haben.

Borago officinalis; Einjähriger Borretsch

Üblich ist Direktsaat von April bis Ende Juli. Reihenabstand 30 cm. Man legt 20 bis 35 Korn je laufendem Meter. Bei zu dichtem Stand werden die Samen nach dem Aufgehen auf 15–25 cm vereinzelt. Bringen Sie am besten alle zwei Wochen eine Folgesaat aus, da diese bessere Blattqualitäten liefert als die mehrmalige Ernte über mehrere Monate hinweg.

Brassica napus subsp. *rapifera*; Kohl-Rübe, Steck-Rübe

Direktsaat mit Verziehen auf 30 cm in der Reihe ist möglich, doch ist es besser, die Jungpflanzen vorzuziehen und dann zu pflanzen. Wenn Sie dazu Ende März bis spätestens Anfang Juni auf Anzuchtbeete im Freiland aussäen, können Sie diese Jungpflanzen von Mitte Juli bis Anfang August auspflanzen. Pflanzung nach fünf bis sechs Wochen im Abstand von 40 × 30 cm.

Brassica oleracea var. *botrytis*; Blumen-Kohl

Die Pflanzung mit Vorkultur ist die Regel. Aussaat breitwürfig in Saatkisten, nach der Keimung in 5- bis 6-cm-Töpfe oder entsprechende Pflanzeinheiten pikieren. Während der Anzucht dürfen keine Wachstumsstörungen auftreten. Überständige Pflanzen schließen während der Jugendphase ihre vegetative Entwick-

Diese Blumen-Kohl-Sämlinge sind sieben Tage alt – Zeit zum Pikieren.

Damit sie später standfest sind, müssen die Sämlinge bis zu den Keimblättern pikiert werden.

Diese Blumen-Kohl-Jungpflanzen sind 30 Tage alt.

Kopf-Kohl wird bis zu den Keimblättern in die Erde gepflanzt. Wird zu hoch gepflanzt, leidet die Standfestigkeit. Bei zu tiefer Pflanzung wird die Kopfbildung beeinträchtigt.

Damit diese Kohlrabi-Jungpflanzen nicht überständig werden, sollten sie möglichst bald ausgepflanzt werden.

Kohlrabi pflanzt man im Abstand von 25 × 25 cm.

lung ab und beginnen unmittelbar danach mit der Bildung kleiner, unvollständiger Blumen, sogenannter Vorblüher.
Für den Anbau im Kleingewächshaus für früheste Ernte unter Glas Aussaat im Februar mit Pflanzung Anfang bis Mitte März. Für den Frühanbau im Freiland Jungpflanzenanzucht unter Glas mit Aussaat Ende Februar bis Anfang März und Pflanzung im April. Für den Sommeranbau Aussaat März bis April, Pflanzung Anfang Mai bis Mitte Juni. Für eine Ernte im Frühherbst Aussaat Anfang Mai bis Anfang Juni, Pflanzung Anfang Juni bis Anfang Juli. Für einen Anbau im Spätherbst Aussaat Mitte Juni (auch im Freiland auf Saatbeete), Pflanzung Mitte bis Ende Juli. Die Pflanzabstände hängen von der jeweiligen Sorte ab, üblich sind Abstände von 40 × 40 cm bis 50 × 50 cm. Bei der Sortenwahl sind die Anbauzeiten unbedingt zu beachten.

Brassica oleracea var. *capitata* und var. *sabauda*; Weiß-Kohl, Rot-Kohl, Wirsing

Der Anbau erfolgt in der Regel durch Pflanzung mit Vorkultur, eine Direktsaat ist möglich. Die Aussaatzeiten richten sich nach den Sorten. Man unterscheidet Frühkohl (Aussaat Ende Februar unter Glas, Pflanzung Ende März bis Anfang April), Sommerkohl (Aussaat im März unter Glas, Pflanzung Ende April), Herbstkohl (Aussaat Mitte April auf Anzuchtbeete im Freiland, Pflanzung Mitte Mai bis Anfang Juni) und Dauer- oder Lagerkohl (Aussaat Ende April auf Anzuchtbeete im Freiland, Pflanzung Ende Mai bis Mitte Juni). Pflanzabstände 40 × 40 cm. Bei Jungpflanzenanzucht unter Glas erfolgt die Aussaat breitwürfig in Saatschalen, später pikiert man in 6- bis 7-cm-Töpfe oder entsprechende Pflanzeinheiten.

Brassica oleracea var. *gemmifera*; Rosen-Kohl

Der Anbau erfolgt bei Rosen-Kohl durch Pflanzung mit Vorkultur. Die Aussaattermine für frühe Sätze liegen zwischen Mitte Februar und Anfang März, für die späteren Sätze zwischen Ende März und Mitte April. Die mögliche Pflanzzeit erstreckt sich von Ende April bis Ende Juni. Ab April kann die Jungpflanzenanzucht auch auf Anzuchtbeeten im Freiland erfolgen. Der Pflanzabstand liegt abhängig von der Sorte zwischen 50 × 50 cm bis 60 × 60 cm. Jungpflanzen aus dem Saatbeet mit längerem Hypokotyl (Zwischenstück zwischen Wurzel und Keimblättern) sind entsprechend tief zu pflanzen, damit sie genügend standfest sind.

Brassica oleracea var. *gongylodes*; Kohlrabi

Eine Direktsaat ist möglich, aber wegen des Anbaurisikos nicht verbreitet. Wenn, dann erfolgt diese mit Einzelkornablage alle 8 cm in der Reihe bei Reihenabständen von 30 cm. Die Jungpflanzenanzucht erfolgt durch breitwürfige Aussaat in Saatschalen und anschließendem Pikieren in 5- bis 7-cm-Töpfe bzw. entsprechende Topfeinheiten oder auch auf Saatbeeten im Freiland mit direktem Pflanzen.
Besitzer eines heizbaren Kleingewächshauses können für eine

Ernte Ende April/Anfang Mai bereits im Januar aussäen und dann Ende Februar/Anfang März pflanzen.
Für den Frühanbau im Freiland erfolgt die Jungpflanzenanzucht mit Aussaat Anfang Februar unter Glas und Pflanzung ab Mitte März im Abstand von 25 × 25 cm. Zur Sicherheit sollten die frischen Pflanzungen mit Lochfolie oder Vlies abgedeckt werden, bis keine stärkeren Fröste mehr zu erwarten sind. Gut geeignet für diesen Frühanbau sind auch Frühbeetkästen.
Für den Sommeranbau kann die Jungpflanzenanzucht auf Anzuchtbeeten im Freiland (Aussaat Ende März bis Anfang April) erfolgen, wenn die Witterungsbedingungen dies zulassen. Pflanzung ab Mitte Mai im Abstand von 30 × 30 cm.
Für den Herbstanbau wird Ende Mai bis Mitte Juni auf Anzuchtbeete im Freiland ausgesät. Pflanzung Anfang bis Ende Juli im Abstand von 30 × 30 cm.
Um eine ungestörte Knollenbildung zu gewährleisten, dürfen die Jungpflanzen nicht zu tief in den Boden kommen. Man darf nur so tief pflanzen, dass die oberen Wurzeln gerade mit Erde bedeckt sind, wobei ein festes Einpflanzen das Umfallen verhindert. Bei Jungpflanzen mit Topfballen sollten sich nur etwa zwei Drittel vom Ballen im Boden befinden.

Brassica oleracea var. *italica*; Brokkoli

Pflanzung mit Vorkultur. Werden die Vorkulturen zeitweilig mit Folie oder Vlies abgedeckt und im März ausgepflanzt, kann man die Ernten bis zu zwei Wochen verfrühen. Die Anbaumethoden entsprechen im Wesentlichen denen von Blumen-Kohl. Brokkoli kann von März bis Anfang Juli gesät und bis Anfang August gepflanzt werden. Für eine Ernte Ende Juni Jungpflanzenanzucht unter Glas mit Aussaat Ende Februar bis Anfang März. Pflanzung Ende April ins Freiland. Für eine Ernte im Sommer Jungpflanzenanzucht auf Anzuchtbeeten im Freiland mit Aussaat Anfang April. Pflanzung Ende Mai. Pflanzabstand 40 × 40 cm bis 50 × 50 cm.

Brassica oleracea var. *sabellica*; Grün-Kohl, Braun-Kohl

Grün-Kohl wird entweder direkt breitwürfig ausgesät oder nach einer Jungpflanzenanzucht ausgepflanzt. Im letzten Fall strebt man die Ernte ganzer Grünkohlpflanzen an, bei der Direktsaat die spinatähnliche Ernte. Die Jungpflanzenanzucht erfolgt am besten auf Anzuchtbeeten im Freiland von Mitte Mai bis Ende Juli. Aussaat am besten in Reihen etwa fünf Wochen vor dem Pflanztermin. Pflanzzeitraum von Ende Juni bis Anfang August. Pflanzabstand 50 × 50 cm.

Brassica rapa subsp. *chinensis*; China-Kohl

Direktsaat oder Pflanzung mit Vorkultur. Eine Aussaat bei Pflanzung mit Vorkultur ist je nach Sorte ab Anfang April möglich, bei Direktsaat wegen der Gefahr der Schosserbildung nicht vor Anfang Juli zu empfehlen. Letzter Aussaattermin Ende Juli bis Anfang August. Direktsaat in Reihen horstweise mit drei bis vier Samen. Abstand 40 × 40 cm. Nach dem Auflaufen auf die kräftigste Pflanze vereinzeln. Vorkultur unter Glas in Saatkisten oder auf Anzuchtbeeten im Freiland. Pflanzabstände wie bei der Direktsaat.

Paprikajungpflanzen, 35 Tage nach der Aussaat

Capsicum annuum; Paprika

Gemüse- und Gewürzpaprika werden generativ durch Aussaat vermehrt, Stecklingsvermehrung ist möglich. Üblich ist das Setzen von in Töpfen vorkultivierten Jungpflanzen. Man sät im März in Kisten aus und pikiert später in 9- oder 10-cm-Töpfe. Aussaat breitwürfig in Saatkisten bei 22–24 °C. Etwa 14 Tage nach der Aussaat, wenn die Keimblätter voll entfaltet sind, wird in Töpfe pikiert. Wenn die ersten Blütenknospen sichtbar sind bzw. aufblühen, haben die Pflanzen ihre optimale Pflanzgröße erreicht. Gepflanzt wird ab Mitte Mai. Der Pflanzabstand beträgt je nach Sorte 40 × 40 cm bis 60 × 60 cm. Setzen Sie die Pflanzen etwas tiefer, als sie im Topf gestanden haben. Dadurch erreichen Sie eine bessere Standfestigkeit sowie eine zusätzliche Wurzelbildung aus dem unteren, mit Erde bedeckten Stängelteil.

Carum carvi; Wiesen-Kümmel

Die Vermehrung des zweijährigen Wiesen-Kümmels erfolgt durch Direktsaat ab März. Reihenabstand 50 cm. Entwicklung der Pflänzchen im Saatjahr sehr langsam.

Cichorium endivia var. endiva; Winter-Endivie

Obwohl auch eine Direktsaat möglich ist, ist es besser, Jungpflanzen vorzukultivieren und dann auszupflanzen. Man unterscheidet zwischen einem Frühanbau mit Aussaat Anfang bis Ende März, Pflanzung Anfang bis Ende April, Ernte Anfang bis Ende Juni und einem Herbstanbau mit Aussaat Anfang Juni bis Ende Juli, Pflanzung Mitte Juli bis Mitte August, Ernte Ende September bis Ende November. Nach Ausbildung des zweiten Laubblattpaares kann ausgepflanzt werden. Pflanzabstände 30 × 30 cm bis 40 × 40 cm. Flach pflanzen, die Herzblätter müssen unbedingt über der Erde liegen. Eine Direktsaat in Reihen ist möglich. Reihenabstand ca. 30 cm. Nach der Keimung werden die Sämlinge auf 30 cm vereinzelt.

Cichorium intybus var. foliosum; Radicchio, Fleischkraut, Chicorée

Eine Direktsaat ist möglich, jedoch wegen der Gefahr größerer Ausfälle nicht zu empfehlen. Besser ist eine Aussaat mit Vorkultur unter Glas und anschließendem Auspflanzen. Die Aussaatgefäße sind bei Temperaturen von mindestens 20 °C aufzustellen. Niedriger darf die Temperatur nicht sein, da sonst die Gefahr des Schossens besteht. Auspflanzen Anfang Juli bis Ende Juli im Abstand von 30 × 30 cm. Der letzte Pflanztermin liegt für Radicchio Anfang August.

Cochlearia officinalis; Echtes Löffelkraut

Direktsaat im März und April oder im August und September. Zu dichte Bestände sind nach dem Aufgehen auf 8–10 cm zu vereinzeln. Man kann Löffelkraut auch unter Glas in Kisten aussäen und die Sämlinge nach etwa drei Wochen in Töpfe oder Balkonkästen pikieren.

Coriandrum sativum; Koriander

Der einjährige Koriander wird im April direkt in Reihen mit 25 cm Abstand oder breitwürfig ausgesät, wenn sich der Boden schon ein wenig erwärmt hat. In Gegenden mit kühlem Frühjahr ist es besser, im März unter Glas Jungpflanzen heranzuziehen und Anfang Mai auszupflanzen.

Cucumis melo; Zucker-Melone, Netz-Melone, Honig-Melone

Da Zucker-Melonen einen hohen Wärmebedarf haben, ist eine Kultur unter Folientunnel oder mit zeitweiliger Folien- oder Vliesbedeckung zu empfehlen, um damit das Kleinklima für das Wachstum der Pflanzen günstiger zu gestalten. Direktsaat im Freiland ist möglich, aber nicht zu empfehlen. Üblich ist eine Pflanzung mit Vorkultur unter Glas. Die Keimung erfolgt ab 12 °C, optimal sind 25–30 °C. Aussaat Mitte bis Ende Mai in 10- bis 12-cm-Töpfe. Nach Ausbildung des vierten bis fünften Laubblattes wird im Abstand von 1 × 1 m ausgepflanzt. Zum Zeitpunkt der Pflanzung soll die Bodentemperatur mindestens 14–15 °C betragen.

Cucumis sativus; Gurke

Bei der Gurkenkultur unterscheidet man zwischen dem Anbau von Salatgurken unter Glas und dem von Einlege-, Senf-, Schäl- sowie kurzfrüchtigen Salatgurken im Freiland.

Salatgurken unter Glas: Aussaat für Hobbygärtner Mitte März bis Anfang April in Saatkisten im Abstand von 3 × 3 cm. Zur Keimung sind Temperaturen von 20–25 °C optimal. Wenn sich die Keimblätter nach sieben bis zehn Tagen voll entwickelt haben und das erste Laubblatt 1 cm lang ist, wird in 10- bis 12-cm-Töpfe gepflanzt. Sie können auch gleich

Bei Melonen ist eine Vorkultur in Einzeltöpfe zu empfehlen.

Für Salatgurken kann in Jahren mit schlechter Witterung ein solcher Witterungsschutz von Vorteil sein.

Zucchini sät man einzeln in Töpfe aus. Dabei drückt man den Samen mit der Fingerspitze in den mit Erde gut gefüllten Topf, füllt etwas Substrat nach und drückt mit der flachen Hand bis zum Topfrand an.

Links: Bei Einlegegurken ist die Direktsaat in Gleichstandsaat weit verbreitet. Rechts: Schon sieben Tage nach der Aussaat erfolgte hier die Keimung.

Optimal entwickelte Zucchinijungpflanze, 20 Tage nach der Aussaat – Zeit zum Auspflanzen

drei Samen direkt je 10-cm-Topf aussäen. Lassen Sie hier dann nach dem Aufgehen nur die kräftigste Pflanze stehen.

Einlege-, Senf-, Schäl- und kurzfrüchtige Salatgurken im Freiland: Die Aussaat erfolgt entweder direkt an Ort und Stelle oder man kultiviert die Jungpflanzen unter Glas vor und setzt sie danach ins Freiland. Für Direktsaat Aussaat in der Regel Ende Mai bis Anfang Juni, wenn die Bodentemperaturen mindestens 10 °C betragen. Legen Sie die Samen in der Reihe im Abstand von 5–6 cm aus und vereinzeln später auf sechs bis acht Pflanzen je laufendem Meter. Saattiefe 2–3 cm. Auch Horstsaat mit fünf bis sechs Samen im Abstand von 25–30 cm (in und zwischen den Reihen) mit späterem Vereinzeln auf zwei Pflanzen je Saatstelle ist möglich.

Bei Jungpflanzenanzucht mit anschließender Pflanzung hat es sich bewährt, gleich zwei bis drei Samen je 10-cm-Topf auszulegen, damit beim Pflanzen in jedem Topf zwei Pflanzen vorhanden sind. Der Aussaattermin sollte sich unbedingt nach dem vorgesehenen Pflanztermin richten, da Gurkenjungpflanzen sehr schnell überständig werden. Die Anzucht dauert etwa 12 bis 16 Tage.

Cucurbita maxima; Riesen-Kürbis, Speise-Kürbis

Kürbis lässt sich sowohl direkt säen als auch pflanzen. Da er sehr frostempfindlich ist, kann in der Regel nicht vor dem 15. Mai ausgesät bzw. gepflanzt werden. Optimal sind zur Keimung Temperaturen über 20 °C. Je Saatstelle legt man zwei bis drei Samen aus und vereinzelt nach dem Aufgehen auf eine kräftige Pflanze. Pflanzenabstand 1 × 1 m bis 1,5 × 1,5 m. Die Jungpflanzenanzucht unter Glas erfolgt mit zwei bis drei Samen je 10-cm-Topf.

Cucurbita pepo; Zucchini

In der Regel werden vorgezogene Jungpflanzen gesetzt, doch ist auch eine Direktsaat möglich. Aussaat Anfang bis Mitte Mai mit zwei Samen je 10-cm-Topf am besten bei 20 °C, jedoch nicht unter 15 °C. Saattiefe 2–3 cm. Nach dem Aufgehen lässt man nur die kräftigste Pflanze stehen. Ende Mai/Anfang Juni wird im Abstand von 100 × 100 cm ausgepflanzt. Die Ballen sollen gut durchwurzelt und die Keimblätter voll entwickelt sein. Oder die Jungpflanzen sollten ein bis maximal zwei Laubblätter entwickelt haben. Beim Auspflanzen größerer Jungpflanzen mit drei oder vier Laubblättern verzögert sich das Anwachsen und das Jugendwachstum der Pflanzen wird erheblich gestört. Bei Folgesätzen (letzter Aussaattermin Ende Juni) kann an Ort und Stelle ausgesät werden, wenn der Platz warm und geschützt ist.

Cynara cardunculus; Kardy, Wilde-Artischocke

Kardy ist mehrjährig, wird aber als Gemüse nur einjährig kultiviert. Direktsaat oder mit Vorkultur unter Glas. Aussaat mit Vorkultur Ende Februar/Anfang März am besten mit zwei Samen je 8 cm Topf. Auspflanzen Anfang Mai im Abstand von 100 × 100 cm. Direktsaat mit drei bis vier Samen je Saatstelle Ende April bis Anfang Mai im Abstand von 100 × 100 cm. Nach der Keimung auf eine Pflanze vereinzeln.

Möhren sät man in Dibbelsaat aus. Bei einzelnen Reihen benutzt man den Stiel des Rechens, um die Aussaatfurche zu ziehen.

Cynara cardunculus Scolymus-Grp.; Gemüse-Artischocke

Direktsaat oder Pflanzung mit Vorkultur. Aussaat im Februar unter Glas für eine Ernte im selben Jahr. Am besten gleich drei Samen je Topf aussäen. Nach dem Auflaufen lässt man je Topf nur die kräftigste Pflanze stehen. Optimale Keimtemperatur 20–25 °C. Ab Ende Mai im Abstand von 100 × 100 cm auspflanzen. Direktsaat an Ort und Stelle im April möglich, Ernte dann in der

Bis zu 30 Tage dauert die Keimung der Möhrensamen. Um die Reihen zu markieren, sät man deshalb alle 5 cm einen Radieschensamen aus, der innerhalb weniger Tage keimt.

Regel erst im nächsten Jahr. Wer bereits über Pflanzen verfügt, kann auch durch Stecklinge vermehren. Man verwendet Nebensprosse, die mit einem scharfen Messer am Hauptstamm abgeschnitten werden.

Daucus carota subsp. *sativus*; Möhre, Karotte

Möhren werden direkt an Ort und Stelle ausgesät, und zwar von Anfang bis Mitte März, sobald der Boden frostfrei und oberflächlich abgetrocknet ist. Folgesaaten bis Mitte Juli.
Für den Anbau später Sorten, die Kulturzeiten von 170 bis 200 Tagen erfordern, liegen die günstigsten Aussaattermine zwischen Mitte März und Mitte April. Ausgesät wird in Reihen mit einem Reihenabstand von 20–25 cm. Saattiefe 1–2 cm. Bis zur Keimung dauert es je nach Bodentemperatur 12 bis 25 (30) Tage. Stehen die Sämlinge nach dem Auflaufen zu dicht, ist bei den kleineren Bundmöhren auf 1,5–2,5 cm, bei den etwas größeren Waschmöhren auf 2,5–3,5 cm und bei den größeren Spätmöhren auf 5–7 cm Abstand zu vereinzeln.

Die Blüten bzw. Fruchtstände der Artischocke sind imposant.

Salat keimt oft sehr unregelmäßig.

Am besten wird in Multizellenplatten pikiert.

So bilden die Pflanzen kompakte Wurzelballen.

Salat ist flach zu pflanzen. Werden die Ballen zu tief gesetzt, faulen die Pflanzen häufig am Wurzelhals ab.

Rechts: Auch wachsen sie dann nach dem Auspflanzen zügig weiter. Bis zur Kopfbildung vergehen von der Pflanzung an vier bis fünf Wochen.

Foeniculum vulgare subsp. *vulgare* var. *azoricum*; Knollen-Fenchel, Gemüse-Fenchel

Direktsaat oder Pflanzung mit Vorkultur. Direktsaat Mitte Mai bis Anfang Juli. Frühere Aussaaten sind möglich, jedoch nicht zu empfehlen, da die Gefahr des Schossens besteht. Reihenabstand 30–40 cm. In der Reihe nach der Keimung auf 15–20 cm vereinzeln. Die Jungpflanzenanzucht erfolgt auf Anzuchtbeeten im Freiland oder unter Glas in Saatkisten. In der Keimphase sollte die Lufttemperatur bei 22 °C liegen, nach dem Keimen möglichst nicht über 16 °C, damit die Pflanzen gedrungen und standfest bleiben. Pflanzen Sie aus, wenn die Pflanzen drei bis vier Laubblätter entwickelt haben.

Hyssopus officinalis subsp. *officinalis*; Ysop

Da sich Ysop nur langsam entwickelt, ist eine Vorkultur zu empfehlen, obwohl auch eine Direktsaat im April und Mai möglich ist. Sie können auch den Wurzelstock teilen. Die Aussaat unter Glas ist ab Februar möglich. Auspflanzen ab Mitte Mai im Abstand von 30–60 cm, je nachdem ob eine einjährige oder mehrjährige Kultur angestrebt wird. Topfkultur möglich.

Lactuca sativa var. *capitata*; Kopf-Salat

Für den Anbau von Kopf-Salat (var. *capitata*) wie Butter-, Cosberg-, Batavia- und Eis-Salat bieten sich viele Möglichkeiten an. Ausschlaggebend dafür ist seine kurze Entwicklungszeit, die je nach Anbauzeitraum und Sorte nur etwa fünf bis sieben Wochen von der Pflanzung bis zur Ernte erfordert. Kopf-Salat eignet sich ganz hervorragend für die Erstnutzung der Kleingewächshäuser, Frühbeete und Folientunnel im Frühjahr. Ebenso empfehlenswert ist die Herbstnutzung der genannten Räumlichkeiten für den Erntezeitraum Oktober bis Ende November. Ein bewährtes Mittel zur Ernteverfrühung im Freiland stellt außerdem die kurzzeitige Abdeckung mit Folie oder Vlies dar. Man erzielt dadurch etwa acht bis zwölf Tage frühere Ernten.
Eine Direktsaat ist zwar möglich, doch nicht zu empfehlen. In der Regel erfolgt die Jungpflanzenanzucht unter Glas. Für den Sommer- und Herbstanbau ist

Tomaten keimen sehr rasch, schon nach etwa sieben Tagen, und sollten dann auch gleich pikiert werden.

Oben: Tomaten werden gleich in Einzeltöpfe pikiert. Rechts: Tomaten pflanzt man möglichst tief. Sie haben dann die Möglichkeit, am Sprossansatz zusätzlich Wurzeln zu bilden, wodurch die Standfestigkeit verbessert und das Wachstum gefördert wird.

diese auch auf Anzuchtbeeten im Freiland möglich. Bei der Jungpflanzenanzucht unter Glas wird breitwürfig in Saatkisten ausgesät und nach der Keimung in 5- bis 7-cm-Töpfe oder entsprechende Pflanzeinheiten pikiert. Zur Keimung sind 12–16 °C optimal. Mit vier Laubblättern haben die Jungpflanzen eine optimale Pflanzgröße erreicht. Bei der Jungpflanzenanzucht auf Anzuchtbeeten im Freiland wird breitwürfig ausgesät und direkt von dort ausgepflanzt. Die Pflanzabstände sind abhängig von der Jahreszeit und der Sorte. Sie liegen zwischen 25 × 25 cm und 40 × 40 cm. Salat ist hoch zu pflanzen. Damit soll der Wurzelhals trocken gehalten werden, um einem Auftreten von Salatfäule vorzubeugen. Bei getopften Jungpflanzen gilt als Anhaltspunkt, dass nur etwa zwei Drittel des Topfballens in den Boden kommen. Grundsätzlich schadet es nichts, wenn sich der Salat nach dem Pflanzen umlegt. Gut abgehärtete Jungpflanzen vertragen Fröste bis −5 °C. Optimal zum Wachstum sind Temperaturen über 10 °C.
Für die frühesten Pflanzungen im Freiland muss der Salat schon im Februar ausgesät werden. Der letzte Aussaattermin für Freilandernten von Ende September bis Anfang Oktober liegt zwischen dem 10. und 15. Juli.
Blatt- bzw. Pflück-Salat (var. *crispa*) sät man an Ort und Stelle von März bis Juli aus. Reihenabstand 25 cm, nach dem Auflaufen auf 15–20 cm in der Reihe vereinzeln.

Lepidium sativum; Garten-Kresse

Im Freiland lassen sich von März bis September Folgesätze der einjährig kultivierten Garten-Kresse aussäen. Man sät breitwürfig oder in Reihen mit Abständen von 8–15 cm. Wichtig ist, dass flach gesät wird. Im Winter sät man Kresse in flache Schalen auf Erde oder Fließpapier.

Um der Krautfäule vorzubeugen, ist für Tomaten ein solcher Witterungsschutz zu empfehlen.

Levisticum officinale; Liebstöckel, Maggikraut

Liebstöckel ist mehrjährig. Er kann direkt ausgesät werden. Sie können aber auch vorkultivierte Jungpflanzen setzen oder die Wurzelstöcke teilen. Die Direktsaat sollte im Frühherbst oder im Mai erfolgen. Nach dem Auflaufen ist auf 50 × 50 cm zu vereinzeln oder auseinanderzupflanzen. Vorkultur ab März unter Glas möglich. Für Topfkultur geeignet.

Von Mentha × piperita schneidet man relativ kurze Stecklinge mit zwei oder drei Blattansätzen.

Lycopersicon esculentum var. *esculentum*; Tomaten

Tomaten werden entweder unter Glas im Kleingewächshaus bzw. Folienhaus oder im Freiland angebaut. Für einen Anbau unter Glas erfolgt die Aussaat Ende Februar bis Anfang März, das Auspflanzen Ende April. Für den Freilandanbau wird Mitte März ausgesät und ab Mitte Mai ausgepflanzt, wenn keine Fröste mehr zu erwarten sind und sich eine Mindestbodentemperatur von 14 °C eingestellt hat. Pflanzabstand 50–60 cm.
Die Aussaat selbst erfolgt breitwürfig in Saatschalen. Bei Temperaturen von 22–24 °C keimen die Samen schon nach wenigen Tagen. Etwa zehn Tage nach der Aussaat, wenn sich die Keimblätter spreizen, pikiert man die Keimlinge in 9- bis 11-cm-Töpfe.

Melissa officinalis; Zitronen-Melisse

Für den Hausgarten empfiehlt sich die Pflanzung mit Jungpflanzenanzucht. Aussaat unter Glas im Februar bis März. Auspflanzen im Mai im Abstand von 35 × 35 cm. Direktsaat ist möglich, aber nicht zu empfehlen, da das Saatgut sehr langsam, meist erst nach sechs bis acht Wochen und dann auch sehr ungleichmäßig keimt. Für Topfkultur geeignet.

Mentha × piperita; Pfeffer-Minze

Eine Vermehrung der echten Pfeffer-Minze ist nur durch Ableger (Teilung) oder Stecklinge möglich. Dies geschieht am besten im Frühjahr, wenn der Boden offen ist. Aussaat von Samen anderer Minze-Arten, die auch als Pfeffer-Minze angeboten werden, Ende April bis Anfang Mai unter Glas. Das Saatgut ist sehr feinsamig. Später in 8- bis 9-cm-Töpfe pikieren und im Mai im Abstand von 30 × 30 cm auspflanzen. Topfkultur möglich.

Montia perfoliata; Winter-Portulak

Es ist eine Direktsaat zu empfehlen, obwohl auch Vorkultur von Jungpflanzen mit anschließender Pflanzung möglich ist. Für die Herbst- und Winterernte erfolgt die Aussaat im August und September, für die Frühjahrskultur von Anfang März bis Anfang April. Die Direktsaat kann breitwürfig oder in Reihen erfolgen.

Ocimum basilicum; Basilikum

Basilikum ist eine einjährige Pflanze. Am besten Aussaat im März mit Vorkultur unter Glas. Man legt vier bis sechs Samen in kleine Töpfe. Günstige Keimtemperaturen liegen zwischen 18 und 22 °C. Auspflanzen im Mai im Abstand von 25–30 cm. Direktsaat nicht vor Mitte Mai. Für Topfkultur geeignet.

Basilikum wird in der Regel an Ort und Stelle ausgesät.

Aber auch eine Vorkultur in Multizellenplatten ist möglich.

Sämlinge 70 Tage nach der Aussaat

Dann wird später ausgepflanzt.

Origanum majorana; Majoran

Majoran wird einjährig kultiviert. Entweder Direktsaat oder mit Vorkultur unter Glas. Eine Direktsaat ist ab Mitte Mai möglich. Die feinen Samen dürfen nur dünn abgedeckt werden. Vorkultur mit Aussaat im März/April. Ende Mai im Abstand von 20–30 cm auspflanzen. Es ist üblich, je Pflanzstelle zwei Pflanzen zu setzen. Topfkultur ist möglich.

Origanum vulgare subsp. *vulgare*; Oregano, Gewöhnlicher Dost

Die Vermehrung erfolgt durch Direktsaat oder Vorkultur unter Glas mit anschließendem Auspflanzen. Soweit Pflanzen vorhanden sind, kommen auch eine Teilung oder Stecklinge in Frage. Die Direktsaat erfolgt Ende April. Da die Keimdauer bis zu vier Wochen beträgt, ist es in der Regel besser, ab März unter Glas auszusäen und Jungpflanzen mit Topfballen heranzuziehen. Auspflanzen ab Ende April/Anfang Mai. Pflanzabstand 25 × 25 cm bis 50 × 50 cm.

Pastinaca sativa; Echter Pastinak

Der Anbau erfolgt durch Direktsaat im März, spätestens im April, da zur Entwicklung der Rüben sechs bis sieben Monate benötigt werden. Für die Überwinterung kann auch Ende Mai bis Mitte Juni gesät werden. Aussaat in Reihen mit Reihenabständen von 30–50 cm. Saattiefen von 2–3 cm sind optimal. Nach der Keimung auf 10–15 cm in der Reihe vereinzeln.

Petroselinum crispum; Petersilie

Bei der mehrjährigen Petersilie wird zwischen Blatt-Petersilie (var. *crispum*) und Petersilienwurzel (var. *tuberosum*) unterschieden. Blatt-Petersilie kann

Blatt-Petersilie wird in Dibbelsaat in der Regel an Ort und Stelle ausgesät.

Petersilie keimt nach rund zwei bis drei Wochen.

Etwa fünf Wochen nach der Aussaat können die ersten Blätter der Petersilie geerntet werden.

Bei Topfkultur setzt man fünf Petersiliensämlinge in den 12-cm-Topf.

man direkt aussäen oder auch vorkultivierte Setzlinge pflanzen, Topfkultur ist möglich. Direktsaat ab März bis Ende Juli. Reihenabstand 25–40 cm. Die Keimung erfolgt nach drei bis vier Wochen, danach auf 8 cm in der Reihe vereinzeln. Jungpflanzenanzucht ab Februar unter Glas mit drei bis vier Samen je 5- bis 6-cm-Topf oder entsprechender Pflanzeinheit.
Bei Petersilienwurzel ist eine Direktsaat üblich. Aussaat in der Regel im März/April, Reihenabstand 30 cm. Mai- und Juniaussaaten bringen kleinere Wurzeln. Wichtig ist eine tiefe Bodenlockerung. Bei zu dichtem Stand wird nach dem Auflaufen auf 3–5 cm vereinzelt.

Phaseolus coccineus; Feuer-Bohne

Feuer-Bohnen lassen sich ebenso wie Stangen-Bohnen an Holzstangen, Schnüren oder Zäunen kultivieren. Sie können aber auch als zierende Mauer-, Dach- und

Je nach Jahreszeit kann bei Topfkultur nach fünf bis sieben Wochen die erste Blatt-Petersilie geerntet werden.

sonstige Flächenbegrünung dienen. Die Aussaat erfolgt Ende April/Anfang Mai direkt an Ort und Stelle, am besten durch Horstsaat im Abstand von 50 cm mit jeweils sechs bis acht Samen.

Busch-Bohnen werden in Reihen ausgesät.

Entweder in Gleichstandssaat...

...oder horstweise

Phaseolus vulgaris; Bohne

Busch-Bohnen (var. *vulgaris*) werden direkt an Ort und Stelle ausgesät. Sie benötigen zur Keimung eine Bodentemperatur von mindestens 8–10 °C, daher sollte man unter normalen Verhältnissen erst nach dem 10. Mai mit der Aussaat beginnen. Letzte Aussaaten sind standortabhängig zwischen dem 5. und 15. Juli möglich. Busch-Bohnen werden reihen- oder horstweise ausgelegt. Bei Reihensaat (Reihenabstand 30–50 cm) legt man die Samen einzeln im Abstand von 4–6 cm aus, bei Horstsaat im Abstand von 30–35 cm jeweils fünf bis sechs Samen. Als Saattiefe sind 3–5 cm optimal. Stangen-Bohnen (var. *nanus*) sät man Mitte Mai bis Ende Juni direkt aus. Legen Sie dazu um jede Stange fünf bis sieben Samen im Halbkreis zu den Beeträndern hin aus. Saattiefe 3 cm.

Pimpinella anisum; Anis

Einjährig. Vermehrung durch Aussaat, am besten an Ort und Stelle im April. Markiersaat mit Radieschen ist angebracht, da die Keimung erst nach drei bis vier Wochen erfolgt. Reihenabstand 20–30 cm. Vorkultur unter Glas ab Februar und Auspflanzen im April möglich. Für Topfkultur geeignet.

Pisum sativum subsp. *sativum*; Erbse

Die Aussaat erfolgt an Ort und Stelle. Sobald der Boden im Frühjahr frostfrei ist, kann die Aussaat von Pal- (Sativum-Grp.) und Zucker-Erbsen (Macrocarpon-Grp.) beginnen. Unter günstigen Bedingungen ist dies etwa ab Anfang bis Mitte März möglich. Mark-Erbsen (Medullare-Grp.) haben höhere Temperaturansprüche und sollten nicht vor Anfang bis Mitte April gesät werden. Letzter Aussaattermin ist Ende April. Spätere Aussaaten bis Ende Mai sind zwar möglich, bringen jedoch nur wenig Ertrag. Die Aussaat erfolgt in Reihen mit einem Samenabstand von 3–5 cm. Reihenabstände 25–40 cm. Saattiefe 4–5 cm.

Portulaca oleracea subsp. *sativa*; Gemüse-Portulak

Portulak lässt sich von April bis Oktober in mehreren Sätzen anbauen. Am besten ist Direktaussaat. Sie kann breitwürfig oder auch in Reihen mit Abständen von 20–30 cm erfolgen. Die Mindestkeimtemperatur beträgt 16 °C. Für Topfkultur geeignet.

Raphanus sativus var. *niger*; Garten-Rettich

Mit der Direktsaat in Reihen sollten Sie wegen der Gefahr des Schossens erst im April beginnen, wenn die Tagestemperaturen über 12 °C liegen. Reihenabstand je nach Sorte zwischen 20–35 cm. In der Reihe in Abständen von 10–15 cm bzw. 30 cm bei Japanhybriden und Herbstsorten zwei Samen auslegen und nach dem Aufgehen auf eine Pflanze verziehen. Als Saattiefe sind 2–3 cm günstig. Beachten Sie die Anbaueignung der Sorten für bestimmte Jahreszeiten.

Erbsen

Raphanus sativus var. *sativus*; Radieschen

Direktsaat in der Regel ab März, unter günstigen Bedingungen oder bei Anbau unter Folie bereits ab Ende Februar. Folgesaaten im Abstand von zwei bis drei Wochen sind zu empfehlen. Letzter Aussaattermin ist Anfang September. Die Aussaat erfolgt in Reihen, Reihenabstand 10–15 cm, Abstand in der Reihe 3–4 cm. Bei sehr dichter Saat sollten Sie nach dem Auflaufen auf 3–4 cm vereinzeln. Nicht tiefer als 1 cm aussäen, denn größere Saattiefen führen zur Streckung des Hypokotyls und zur unerwünschten länglichen Verformung der Knolle.

Radieschen keimen innerhalb weniger Tage.

Erbsen sät man in Gleichstandssaat 4–5 cm tief aus.

Rheum rhabarbarum; Krauser Rhabarber

Die Vermehrung erfolgt in der Regel vegetativ durch Teilung. Rhabarber lässt sich vom Frühjahr bis zum Herbst pflanzen. Die beste Pflanzzeit ist der Herbst, nachdem die Rhabarberblätter gelb geworden sind. Geteilt wird mit dem Messer oder dem Spaten.
Bei der Teilung ist darauf zu achten, dass den Rhizomstücken mehrere Knospen verbleiben. Pflanzabstand 100 × 100 cm. Nach dem Pflanzen sollten die Knospen 3–4 cm mit Erde bedeckt sein. Aussaat ist zwar möglich, aber nicht gebräuchlich. Aussaat im März in Saatkisten unter Glas. Einmal pikieren und bei ausreichender Pflanzengröße auspflanzen.

Rosmarinus officinalis; Rosmarin

Rosmarin lässt sich durch Aussaat oder vegetativ durch Stecklinge vermehren. Aussaat ab Februar unter Glas bei Temperaturen von 20–25 °C. Keimung sehr unregelmäßig. Ab Mitte Mai im Abstand von 40 × 30 cm auspflanzen. Leichter ist die Vermehrung durch Stecklinge im Frühjahr bis Sommer. Für Topfkultur geeignet. Bis zu fünf Pflanzen je Topf pikieren. Stutzen Sie die Jungpflanzen, um buschige Pflanzen zur erhalten.

Man drückt die Samen mit dem Rechenrücken leicht in die Erde.

Anschließend schiebt man die Reihen zu.

Rumex rugosus; Garten-Sauerampfer

Direktsaat oder auch Setzen vorkultivierter Jungpflanzen bzw. vegetative Vermehrung durch Teilung älterer Pflanzen. Direktsaat von März bis Mai oder Herbstaussaat im August. Reihenabstand 25 cm, auf 10 cm in der Reihe vereinzeln.

Jungpflanzen von Salvia officinalis

Gekeimtes Sommer-Bohnenkraut, 30 Tage nach der Aussaat

Salvia officinalis; Echter Salbei

Direktsaat ist möglich, doch ist wegen möglicher Ausfälle die Vorkultur von Jungpflanzen mit anschließender Pflanzung zu empfehlen. Die Aussaat erfolgt im Februar/März unter Glas breitwürfig in Saatkisten. Auspflanzen Ende Mai bei mehrjährigem Anbau mit 40–60 cm Abstand, bei kürzeren Anbauzeiten auch enger. Für Topfkultur geeignet. Sind Pflanzen vorhanden, ist auch eine Vermehrung durch Stecklinge möglich.

Sanguisorba minor; Pimpernelle, Pimpinelle, Kleiner Wiesenknopf

In der Regel wird der Kleine Wiesenknopf mehrjährig angebaut, im erwerbsmäßigen Anbau meist nur einjährig. Üblich ist eine Direktsaat, da die Pimpernelle eine Pfahlwurzel bildet und sich schlecht verpflanzen lässt. Aussaat Ende April bis Anfang Mai ins Freie, Reihenabstand 20–30 cm, in der Reihe später auf 20–25 cm vereinzeln. Für Topfkultur geeignet.

Satureja hortensis; Sommer-Bohnenkraut

Die Aussaat des einjährigen Bohnenkrauts erfolgt in der Regel direkt an Ort und Stelle von Ende März bis Juni. Reihenabstand 25–30 cm. Eine Topfkultur ist möglich.

Scorzonera hispanica; Garten-Schwarzwurzel

Der günstigste Termin für die Direktsaat liegt abhängig vom Witterungsverlauf zwischen Mitte März bis Mitte April. Die Aussaat von Garten-Schwarzwurzel erfolgt in Reihen mit einem Samen alle 2–3 cm. Reihenabstand 25–30 cm. Saattiefe zwischen 2 und 3 cm. Später vereinzelt man so, dass 15 bis 18 Pflanzen auf dem laufenden Meter stehen.

Solanum melongena; Aubergine, Eierfrucht

Pflanzung mit Vorkultur. Für Anbau unter Glas Aussaat im Februar, Pflanzung Ende April. Aussaat in Saatkisten bei 25 °C. Nach 14 Tagen in 10- bis 12-cm-Töpfe pikieren oder topfen. Wenn die Jungpflanzen etwa zehn Laubblätter entwickelt haben, kann die Eierfrucht ausgepflanzt werden. Zum Wachstum sind 20 °C optimal, nach erfolgtem Fruchtansatz reichen 16 °C. Pflanzabstand 40 × 40 cm bis 50 × 50 cm. Pflanzung ins Freiland nicht vor Ende Mai.

Spinacia oleracea; Spinat

Man unterscheidet Frühjahrsspinat (Aussaat Ende Februar bis Anfang April, Ernte von Mai bis Juni), Sommerspinat (Aussaat April bis Ende Juni, Ernte Juni bis August), Herbstspinat (Aussaat Juli bis September, Ernte von September bis Dezember) und Winterspinat (Aussaat Ende September/Anfang Oktober, Ernte April). Die Aussaat erfolgt in Reihen mit einem Reihenabstand von 15–20 cm. Die optimale Saattiefe liegt bei 3–4 cm. Wichtig ist, dass für den jeweiligen Anbauzeitraum die entsprechend geeigneten Sorten verwendet werden.

Tetragonia tetragonioides; Neuseeländer Spinat

Obwohl eine Direktsaat im Freiland ab Mitte bis Ende April möglich ist, empfiehlt sich die Vorkultur mit anschließendem Auspflanzen, da die Keimdauer mindestens 18 bis 22 Tage, unter ungünstigen Bedingungen bis zu vier Wochen beträgt. Die Aussaat erfolgt Ende März, spätestens Anfang April, am besten mit drei bis fünf Samen in 9-cm-Töpfe bei Temperaturen von 18–24 °C. Lassen Sie das Saatgut des Neuseeländer Spinat etwa 24 Stunden vor der Aussaat vorquellen. Man pflanzt, wenn Nachtfröste nicht mehr zur erwarten sind, d.h. nicht vor Mitte Mai. Empfehlenswert sind Reihenabstände von 80–100 cm. In der Reihe kann der Pflanzenabstand zwischen 40–60 cm variieren.

Thymus vulgaris; Echter Thymian

Die Vermehrung kann durch Aussaat oder Stecklinge erfolgen. Für den Hausgarten ist die Stecklingsvermehrung vorzuziehen, soweit Pflanzen vorhanden oder in der Nachbarschaft zu beschaffen sind. Schneiden Sie die Stecklinge bevorzugt im Frühjahr oder im Sommer oder Herbst. Eine Direktsaat kann wegen der Feinheit des Samens nicht empfohlen werden. Die Aussaat unter Glas erfolgt von März bis Mai. Decken Sie den sehr feinen Samen nur dünn ab. Nach dem Auflaufen wird in

Thymian lässt sich gut durch 5–8 cm lange Stecklinge vermehren.

Töpfe oder entsprechende Pflanzeinheiten pikiert. Das Auspflanzen erfolgt ab Mai im Abstand von 25 × 25 cm. Thymian ist für Topfkultur geeignet.

Valerianella locusta; Gewöhnlicher Feldsalat, Rapunzel

Im Hausgarten erfolgt der Anbau durch Direktsaat, während Feldsalat im erwerbsmäßig betriebenen Gartenbau heute häufig gepflanzt wird. Direktsaat ist im Freiland von Anfang April bis Ende August, für die Überwinterung bis Ende September/Anfang Oktober möglich. Hauptaussaatzeit im Hausgarten ist Ende Juli bis Anfang August. Säen Sie möglichst flach aus, um einen schnellen und gleichmäßigen Aufgang zu erreichen. Die Aussaat erfolgt in Reihen mit einem Reihenabstand von 15 cm oder auch breitwürfig.

Vicia faba var. *faba*; Dicke Bohne, Sau-Bohne, Puff-Bohne

Direktsaat Anfang bis Mitte März. Spätere Aussaaten bis Anfang Juni sind möglich, bringen jedoch geringere Erträge. Aussaat in Reihen mit einem Samen alle 10 cm. Reihenabstand 50–60 cm, Saattiefe 5–10 cm. Eine tiefe Saat hat einen ausgeglicheneren Wuchs und bessere Standfestigkeit zur Folge. Vorkultur mit zwei Samen je 9-cm-Topf mit Aussaat im Februar und Auspflanzen Mitte März möglich.

Zea mays Saccharata-Grp.; Zucker-Mais

Die Aussaat erfolgt in der Regel direkt an Ort und Stelle. In klimatisch günstigen Gebieten kann schon Anfang Mai ausgesät werden. Letzter Aussaattermin Ende Juni. Reihenabstand 60–100 cm, in der Reihe alle 20–40 cm jeweils vier Samen auslegen. Saattiefe 4–6 cm. Nach dem Auflaufen auf zwei Pflanzen je Saatstelle vereinzeln. Vorkultur unter Glas möglich. Aussaat Anfang April mit zwei Samen je 9-cm-Topf und Pflanzung Mitte Mai.

Vorkultivierte Jungpflanzen von Vicia faba

Service

Verwendete und weiterführende Literatur

Bärtels, Andreas: Der Baumschulbetrieb. Verlag Eugen Ulmer, Stuttgart 1995.

Bärtels, Andreas: Gehölzvermehrung. Verlag Eugen Ulmer, Stuttgart 1996.

Börner, Horst: Pflanzenkrankheiten und Pflanzenschutz. Verlag Eugen Ulmer, Stuttgart 1997.

Cártaigh, Donnchadh Mac; Spethmann, Wolfgang (Hrsg.): Krüssmanns Gehölzvermehrung. Blackwell Wissenschafts-Verlag, Berlin, Wien 2000.

Degen, Martin; Schrader, Karl: Grundwissen für Gärtner. Verlag Eugen Ulmer, Stuttgart 2002.

Erhardt, Walter; Götz, Erich; Bödeker, Nils; Seybold, Siegmund: ZANDER Handwörterbuch der Pflanzennamen. Verlag Eugen Ulmer, Stuttgart 2002.

Feßler, Alfred; Köhlein, Fritz: Kulturpraxis der Freiland-Schmuckstauden. Verlag Eugen Ulmer, Stuttgart 1997.

Frank, Reinhilde: Zwiebel- und Knollengewächse. Verlag Eugen Ulmer, Stuttgart 1986.

Friedrich, Gerhard: Handbuch des Obstbaus. Verlag Eugen Ulmer, Stuttgart 1993.

Fritz, Dietrich; Venter, Fritz; Weichmann, Jürgen; Wonneberger, Christoph: Gemüsebau. Verlag Eugen Ulmer, Stuttgart 1989.

Ganslmeier, Hans: Beet- und Balkonpflanzen. Verlag Eugen Ulmer, Stuttgart 1987.

Götz, Erich; Gröner, Gerhard: Kakteen. Kultur, Vermehrung und Pflege, Lexikon der Gattungen und Arten. Verlag Eugen Ulmer Stuttgart 2000.

Grunert, Christian: Balkonblumen. Verlag J. Neumann-Neudamm, Melsungen 1977.

Grunert, Christian: Das Blumenzwiebelbuch. Verlag Eugen Ulmer, Stuttgart 1980.

Heistinger, Andrea: Handbuch Samengärtnerei, Verlag Eugen Ulmer, Stuttgart 2007.

Herbel, Dieter: Sommerblumen. Verlag Eugen Ulmer, Stuttgart 1980.

Hielscher, Anton: Sommerblumen in Wort und Bild. Verlag J. Neumann-Neudamm GmbH & Co. KG, Melsungen 1984.

Horn, Wolfgang: Zierpflanzenbau. Blackwell Wissenschafts-Verlag, Berlin-Wien 1996.

Jelitto, Leo; Schacht, Wilhelm; Simon, Hans: Die Freilandschmuckstauden. Verlag Eugen Ulmer, Stuttgart 2002.

Kawollek, Wolfgang: Kübelpflanzen. Verlag Eugen Ulmer, Stuttgart 1997.

Krug, Helmut; Liebig, Hans-Peter; Stützel, Hartmut: Gemüseproduktion. Verlag Eugen Ulmer, Stuttgart 2003.

Link, Hermann: Lucas' Anleitung zum Obstbau. Verlag Eugen Ulmer, Stuttgart 2002.

Röber, Rolf (Hrsg.): Topfpflanzenkulturen. Verlag Eugen Ulmer, Stuttgart 1994.

Vogel, Georg: Handbuch des speziellen Gemüsebaues. Verlag Eugen Ulmer, Stuttgart 1996.

Wachter, Karl: Der Wassergarten. Verlag Eugen Ulmer, Stuttgart 2005.

Sachregister

abhärten 38, 324
Ableger 40, 135, 142, 242
ablenken 72
abmoosen 41, 73, 243
Abrisse 41, 72
Abrisssteckling 150
absenken 72
Absenker 41, 141
anhäufeln 41, 71, 72
Andrückbrettchen 53
Anplatten, seitliches 83, 84, 133
–, mit Rindenzunge 83
Anzuchtverfahren 29
Apomixis 14
Astsäge 55
Augensteckling 42
Ausläufer 41, 71, 139, 148, 243, 278
Auspflanzen 325
Aussaat 144, 195, 201, 207, 218, 227, 240, 280, 298
Aussaattiefe 68
Aussaatvermehrung 64

Balkonpflanzen 240, 302
Bambus 201
Baumschere 55
Beere 14
Beizen 36
Bimskies 50
Blattsteckling 42, 245, 273, 285
Blattstücksteckling 246
Blüte 11
Blütenblätter 11
Blumenschere 55
Breitsaat 31, 32, 322, 323
Brutknollen 208
Brutpflanze 278
Brutzwiebel 207

Containererde 50

Dämpfen 35
Desinfektion 35
Dippelsaat 322
Direktsaat 30, 32
Drillsaat 323
Dunkelkeimer 28

Edelreis 46, 80
Einheitserde 50
Einspitzen, seitliches 83, 84
Einzelfrüchte 14
Einzelkornsägegerät 32, 52
Einzeltopf 52
Epikotyl 28
Erde 48
Erntezeitpunkt 15
Etiketten 53

F_1-Hybriden 22
Feinsprüher 54
Freilandfarn 203
Fremdbefruchter 12
Fruchtknoten 11
Fruchtstände 14
Frühbeet 30
Frühbeetkasten 30, 60
Frühjahrssteckling 150

Geißfußveredlung 84, 85
Gemüse 320
Generationswechsel 275
Gerüstveredlung 79
Gießkanne 54
Gleichstandssaat 322, 323
Grauschimmel 36
Grodan 49, 50

Handkiste 51
Heterosiseffekt 22
Horstsaat 322
Hülse 14
Hypokotyl 28

Inkrusaat 23

Jiffy 49, 50, 51
Jungfernfrüchtigkeit 13

Kakteen 280
–, flachtriebige 284
–, Säulenkakteen 283
Kaltkeimer 144
Keimfähigkeit 20
Keimhemmung 65
Keimschutzpackung 21
Keimung 27
–, epigäische 28
–, hypogäische 28
Kelchblätter 11
Kindel 242, 299
Kleingewächshaus 30, 57
Klengen 18
Kletterpflanzen 131
Knollenpflanzen 207
Knotensteckling 244, 245
Kopfsteckling 43, 260
Kopulation 82, 138
Kronenteilung 278
Kronenveredlung 79
Kübelpflanzen 241, 309
Küchenkräuter 320

Laubgehölze 86
Laubgehölzstecklinge 74
Lichtkeimer 28

Markiersaat 324
Messer 54
Monogermsaatgut 23
monopodial 296
Multitopfplatte 51
Multizellenplatte 51

Nadelgehölze 123
Nadelgehölzstecklinge 75
Narbe 11
Nodien 43
Nuss 14

Oasis 50
Obst 22, 137
Okulation 55, 80, 81, 117, 137, 139
Orchideen 295

Palmen 293
Perlite 49, 50
Pflanzenschutz 34
Pflanzholz 53
Pfropfen hinter die Rinde 85, 86
Pfropfen in den Spalt 85
Pikieren 37, 147, 241
Pikierstab 53
Plattenokulation 140
Plugs 51
Pollen 26
Priming 24
Prothallium 275
Pseudobulbe 295
Punktsaat 32

Reifegrad 15
Reifemerkmale 14
Reifezeiten 15
Reihensaat 32
Reinheit 20
Rhizom
–, leptomorphes 201, 202
–, pachymorphes 201
Rhizomteilung 219, 278
Ringokulation 140
Risslinge 148

Saatbänder 24
Saatfolien 24
Saatgut
–, abgeriebenes 23
–, geschnittenes 23
–, graduiertes 23
–, granuliertes 23
–, kalibriertes 23
–, pilliertes 23
Saatgutbeize 36
Saatgutlagerung 20
Saatguttrocknung 19
Saatkisten 49
Saatplatten 24
Saatiefe 322
Säulenkakteen 283
Samengewinnung 14
Samenkauf 21
Samenreinigung 16, 17, 18
Sammelfrüchte 14
Sand 50
Sattelpfropfen 120
Schote 14
Schwarzbeinigkeit 36
Selbstbefruchter 12
Setzholz 53
Sieb 53
Sommerannuelle 9
Sommerblumen 226
Sporen 275
Sporenaussaat 276
Sprosssteckling 43
Stammsteckling 42, 244, 258
Staubblätter 11
Stauden 144, 151
Steckholz 42, 76, 77
Steckling 44, 74, 76, 149, 244, 283
Stecklingsschere 55
Steinfrucht 14
Sterilisation 35
Stratifikation 66, 67
Substrat 35, 48, 50
Sukkulenten 280
Sumpfpflanzen 218
sympodial 295

Teilsteckling 43
Teilung 40, 71, 147, 195, 197, 219, 242
Torfkultursubstrat 50
Torfquelltopf 49
Torf-Sand-Gemisch 49, 50
Torftopf 51
Triebsteckling 43

Überliegen 65
Umfallkrankheit 36
Unterlage 46

Verbindematerial 55
Verdunstungsschutz 38
Veredlung 46, 47, 55, 78
Vermehrung
–, generative 26, 275
–, vegetative 39, 71, 147, 201, 242, 277
Vermehrungseinrichtungen 55
Vermehrungskasten 56
Vermehrungskrankheiten 36
Vermiculit 50
Vorkeimen 68
Vorquellen 322

Wasserpflanzen 218
Weißtorf 50
Winterannuelle 9
Wintergarten 30
Wurzelschnittling 78, 141, 148, 149
Wurzelsteckling 43, 151
Wurzelhalsveredlung 79
Wurzelveredlung 79

Ziergräser 195
Zimmergewächshaus 57
Zimmerpflanzen 240, 248
Zwiebelpflanzen 207
Zwiebelschuppen 208

Verzeichnis der deutschen Pflanzennamen

Aasblume 292
Adonisröschen 152
Adonisröschen, Sommer- 230
Agave, Hundertjährige 310
Ahorn 15, 25, 70, 87
Akazie 309
Akebie, Fingerblättrige 131
Akelei 154
Alant 174
Albizie 310
Aloe 285
Alpenglöckchen 190
Alpenrose 113
Alpenveilchen 211
Alpenveilchen, Zimmer 256
Amarant, Kugel- 234
Amaryllis der Gärtner 264
Amberbaum, Amerikanischer 105
Ampel-Stachelspelze 267
Amur-Korkbaum 110
Ananas 300
Anemone 153
Angelikabaum 88
Anis 340
Apfel 81, 83, 137
Apfel, Wild- und Zier- 79, 108
Apfelbeere 88
Aprikose 140
Araukarie 123, 124
Ardisie 250
Arnika, Echte 155
Aronstab 209
Artischocke, Gemüse- 335
Artischocke, Wilde 232, 335
Arznei-Ehrenpreis 194
Aster 147, 155
Astilbe 156
Atlasblume 232
Aubergine 320, 342
Aukube, Japanische 251
Avocado 318
Azalee 113
Azalee, Indica- 270

Bachbunge, Bachbungen-Ehrenpreis 225
Banane 316
Bandbusch 315
Barbadoskirsche 265
Bärenklau 151
Bartfaden 184, 237
Bartblume, Clandon- 91
Bart-Nelke 232
Basilikum 338
Bastard-Platane 111
Bastardzypresse, Leylandzypresse 125
Batate 264
Bauhinie 310
Baum der Tausend Sterne 272
Baummohn, Kalifornischer 187
Baumwolle, Amerikanische 263
Baumwürger, Rundblättriger 132
Becher-Malve 235
Begonie, Blatt-, Strauch-, Hänge- 23, 252
Begonie, Eis- 303
Begonie, Elatior- 251
Begonie, Königs- 252
Begonie, Lorraine- 252
Beifuß, Gewöhnlicher 329
Beinwell 190
Belladonnenlilie 249
Berberitze 88
Bergenie 157
Bergpalme 293
Berg-Wohlverleih 155
Berufskraut 165
Besenginster 96
Besenheide 91
Bienenfreund 237
Binsenkaktus 291
Birke 15, 68, 79, 89
Birne 138
Bischofsmütze 286
Bitterklee 223
Bitterschopf 285
Bitterwurz(el) 179, 289
Blasenbaum 104
Blasenfarn 204
Blasenkirsche 184
Blattfahne 273
Blattkaktus 287
Blauglockenbaum, Chinesischer 110
Blaugras 200
Blaugummibaum 314
Blaukissen 157
Blaulilie 214
Blauregen 135
Blaustern 217
Bleiwurz, Kap- 318
Blumenbinse 220
Blutblatt 306
Blutblume 271
Blutständel 296
Bogenhanf 291
Bohne 340
Bohnenkraut, Sommer- 342
Borretsch, Einjähriger 330
Bougainvillee 311
Brandschopf, Silber- 304
Brasiljasmin 265
Braunelle 186
Braun-Kohl 332
Braut in Haaren 236
Brautmyrte 266
Brennender Busch 163
Brokkoli 332
Brombeere 141, 142
Brombeere, China- 270
Bromelien 298
Bronzeblatt 187
Brunfelsie 252
Bubiköpfchen 272
Buche, Rot- 99
Buchsbaum, Europäischer 90
Büffelgras 196
Buntnessel 269
Büschelfreund 237

Calamondin 312
Chicorée 333
Chinafingerhut 270
China-Kohl 332
Chinarose 270
Chinaschilf 199
Chinenser-Nelke 232
Christrose 171
Christusdorn 259
Chrysantheme 160
Cinarie, Gärtner- 268
Clivie, Zimmer- 254

Dachwurz 190
Dahlie 211
Dahlie, Mignon- 232, 233
Dalechampie 257
Dattelpalme 294
Dendrobie 296, 298
Deutzie 96
Dickähre, Gelbe 267
Dickblatt 286
Dicke Bohne 343
Dickfuß 290
Dickmännchen 182
Dickstamm 290
Dieffenbachie 42, 244, 245, 248, 257
Dill, Garten- 328
Diptam 163
Donarsbart 176
Doppelhörnchen 232
Dost, Gewöhnlicher 339
Douglasie 129
Drachenbaum 244, 257
Drehfrucht 273
Dreifarbige Winde 232
Dreimasterblume 274
Dreimasterblume, Purpurblättrige 274
Drüsenköpfchen 253
Duftsteinrich 235

Eberesche 118
Echeverie 284, 286
Edeldistel 165
Edel-Kastanie 91
Edelweiß 178
Efeu 133, 263
Efeuaralie 261
Efeutute 258, 259

Efeutute, Gefleckte 272
Ehrenpreis 194
Eibe 129
Eiche 113
Eiche, Kork- 319
Eichenfarn 205
Eierfrucht 342, 268
Eisenholz, Pohutukawa- 316
Eisenholzbaum 109
Eisenhut 152
Eisenkraut 308
Elefantenrohr 252
Endivie, Winter- 333
Engelstrompete 311
Engelsüß 206
Enzian 167
Enzianbaum 316
Episcie 259
Erbse 340, 341
Erdbeerbaum, Westlicher 310
Erdbeere, Indische 258
Erdstein 300
Erle 15, 25, 88
Esche 100
Essigbaum 114
Estragon 329
Eukalyptus 314
Euphorbien 14, 282

Fackellilie 177
Federborstengras, Japanisches 200
Federbuschstrauch 99
Federgras 200
Federmohn, Weißer 180, 181
Feige, Echte 314
Feigenkaktus 290
Feinstrahl 165
Felberich 180
Feldsalat, Gewöhnlicher 343
Feljoa 310
Felsenbirne 88
Felsenteller 186
Fenchel, Gemüse- 336
Fenchel, Knollen- 336
Fensterplatz 266
Fetthenne 189, 292
Fettkraut 269
Feuer-Bohne 339
Feuerdorn 113
Feuerlilie, Scarborough- 257
Feuerradbaum 273
Fichte 127
Fieberklee 223
Fiederaralie 269
Fingerhut 163
Fingerhut, Roter 9
Fingerkraut 112, 185
Fittonie 262
Flamingoblume 250
Flammenblume 184
Flammendes Käthchen 288, 289
Flaschenbaum 311
Flaschenkürbis 235
Fleischkraut 333
Fleißiges Lieschen 306
Flieder 120
Flockenblume 159
Flügelknöterich, Schling- 133
Forsythie 99
Fransenhauswurz 176
Frauenfarn, Wald- 204
Frauenhaarfarn 203, 279
Frauenmantel 152
Freilandgloxinie, Stängellose 213
Froschbiss, Europäischer 222
Froschlöffel 220
Fuchsie 305
Fuchsie, Australische 313
Fuchsschwanz, Garten- 303
Fuchsschwanzgras 195
Funkie 173
Fußblatt 273

Gämswurz 164
Gänseblümchen 230
Gänseblümchen, Blaues 303
Gänsekresse 154
Gartenaster 231
Gartengloxinie 272
Gasterie 284, 285, 288
Gauklerblume 236
Gazanie 234
Gedenkemein 182
Geißblatt 106
Geißklee 96
Gelbstern 212
Gelenkblume 184
Germer, Weißer 192
Geweihfarn, Gewöhnlicher 279
Gewürzbeere 250
Gewürzstrauch, Echter 91
Gilbweiderich 180
Ginkgo 125
Ginster 100
Ginster, Kanarischer 314
Gipskraut 169
Gladiole 208, 213
Glanzkölbchen 250
Glanzmispel 110
Glatt-Hafer, Knolliger 195
Gleditschie, Amerikanische 100, 101
Gleichsaum 265
Gliederkaktus 291
Glockenblume 158
Glockenblume, Marien- 231
Glockenrebe 232
Gloxinie 262
Gloxinie, Falsche 272
Glyzine 135
Godetie 231
Goethea 262
Goldcup 308
Golderdbeere 194
Goldfruchtpalme, Madagaskar- 293
Goldglöckchen 99
Goldkeule 224
Goldkolben 179
Goldkugelkaktus 287
Goldlack 233
Goldregen 104
Goldrute 190
Goldtrompete 248, 249
Götterbaum 43, 87
Götterblume 164
Granatapfel 318, 319
Grasbaum, Mexikanischer 267
Graslilie, Astlose 153, 154
Grasnelke 154
Greisenbart 301
Greiskraut, Silber- 308
Grenadille 268
Großblütiger Lein 235
Grübchenfarn 206
Grünlilie 253
Guatemalarhabarber 288
Gummibaum 42, 244, 261
Günsel, Kriechender 152
Gurke 333
Guzmanie 299, 300

Hahnenkamm 304
Hainbuche, Gewöhnliche 15, 91
Hakenlilie 210
Hammerstrauch, Roter 312
Hanfpalme, Chinesische 295
Harfenstrauch 308
Hartriegel 93
Haselnuss 94, 140
Hasenfußfarn 279
Hasenpfotenfarn 279
Hasenschwanzgras 235
Hauszwetschge 139
Haworthie 285, 288
Hechtkraut, Herzförmiges 224
Heide, Heidekraut 91, 98
Heidelbeere 143
Heidelbeere, Kultur- 142
Heiligenkraut 188
Heliconie 263
Heliotrop 315
Helmkraut 272
Hemlocktanne, Kanadische 130
Henne mit Küken 274
Himbeere 142
Himmelsbambus 317
Himmelsleiter 185
Holunder 117
Honiggras 198
Hopfen, Gewöhnlicher 174
Hornblatt, Raues 221
Hornklee 306
Hortensie 102
Hortensie, Garten- 264
Hortensie, Kletter- 134
Howeapalme 294
Hüllenklaue 264
Hundskamille, Färber- 153
Hundszahn 212
Husarenknopf 238
Hyazinthe 213

Igelkolben 225
Igelsäulenkaktus 287
Immergrün 122
Impatiens 248
Indianernessel 181
Inkalilie 209
Iris 13, 147, 174
Iris, Bart- 175
Iris, Kleine Netzblatt- 213
Island-Mohn 236, 237
Ixlilie 214
Ixora 264

Jacarandabaum 315
Jägerblume 158
Jakobsleiter 185
Japangras 198
Jasmin, Weißer 265
Jasmin, Echter 265
Jerusalemkirsche 272
Johannisbeere, Rote und Weiße 141

Johannisbeere, Schwarze 141
Johannisbeere, Zier- 115
Johannisbrotbaum 312
Johanniskraut 103
Judasbaum, Gewöhnlicher 92
Judenbart 271
Jungfer im Grünen 236
Jungfernrebe 134
Jungfernrebe, Chinesische 268
Junkerlilie 155
Justizie, Brasilianische 265
Justizie, Garnelen- 265

Kaffeestrauch 254, 255
Kahnorchis 296
Kaiserkrone 212
Kakaobaum 274
Kaladie 252
Kalebasse 235
Kalla 272
Kalmus 220
Kamelie 311
Kampferbaum 312
Kängurubaum 312
Kängurublume 249
Kannenstrauch 259
Kanonierblume 269
Kapaster, Blaue 305
Kapaster, Eisvogel- 234
Kapkörbchen 233
Kaplilie 210
Kappenmohn, Kalifornischer 233
Kapuzinerkresse, Große 239
Kapuzinerkresse, Kanaren- 239
Kapwein 270
Kardy 232, 335
Karotte 335
Kartoffelstrauch, Blauer 316
Kastanienwein 273
Kasuarine 312
Katsurabaum 92
Katzenminze 181
Katzenschwanz 303
Katzenschwanz, Roter 248, 249
Kaukasusvergissmeinnicht, Großblättriges 158
Kegelblume 217
Kentiapalme 294
Kerbel, Garten- 329
Kerrie 104
Kettenfarn 206
Keulenbaum 312
Keulenlilie 255
Keulenmohn 181
Kiefer 128
Kirsche, Sauer- 138
Kirsche, Süß- 138,139
Kirschlorbeer 112
Kirschmyrte, Australische 319
Kiwi 131
Klebsame 318
Klimme 253
Klippenfarn 279
Klumpstamm 251
Knoblauch 328
Knollenbegonien 303
Knotenblume 214
Kobraschlauchpflanze 257
Kohl 325
Kohl, Blumen- 330
Kohl, Grün- 332
Kohl, Kopf- 331
Kohl, Rosen- 331
Kohl, Rot- 331
Kohl, Weiß- 331
Kohl, Zier- 231
Kohlerie 265
Kohlrabi 320, 331
Kohl-Rübe 330
Kokardenblume 23, 234
Kokardenblume 167, 234
Kokospalme 293
Kolbenbaum 255
Kolbenfaden 248
Kolkwitzie 104, 105
Kolumnee 254
Königsfarn 205
Königskerze 192
Königswein 270
Kopfgras 200
Kopfsalat 25, 320, 325, 336
Korallenkaktus 291
Korallenmoos 267
Korallenstrauch 272, 314
Korbmaranthe 253
Koriander 333
Kornblume 231
Kornblumenaster 190
Kranzschlinge, Madagaskar- 273
Kräuselmyrte 315
Krebsschere 225
Kresse, Garten- 337
Krokus 210
Krokus, Gold- 217
Kroton 254
Krugpflanze 271
Küchenschelle, Kuhschelle 186
Kugelblume 169
Kugeldistel 165
Kümmel, Wiesen- 333
Kumquat 314
Kunigundenkraut 166
Kupferblatt, Buntlaubiges 248
Kürbis 15
Kürbis, Riesen- 334
Kürbis, Speise- 334
Kürbis, Zier- 232
Kussröschen 270

Lagerströmie 315
Laichkraut 224
Lampenputzergras, Afrikanisches 237
Lampenputzerstrauch 311
Lampionblume 184
Lanzenrosette 298, 300
Lärche 15, 126
Lauch 208
Lavendel 177
Lavendelheide, Japanische 110
Lebendblatt 274
Lebender Stein 289
Lebensbaum 130
Leberbalsam 303
Leberblümchen 172, 173
Leimkraut 190
Leimkraut, Zweiteiliges 235
Lerchensporn 210
Leuchterblume 286
Levkoje, Garten- 236
Lewisie 149, 150, 289
Leylandzypresse, Bastardzypresse 125
Lichtnelke 190
Liebesblume 310
Liebstöckel 337
Lieschen, Blaues 261
Ligularie 179
Liguster 105
Lilie 207, 214
Limone 312
Linde 120
Lobelie 32, 180
Lobelie, Blaue 306
Löffelkraut, Echtes 333
Lorbeerbaum 316
Lorbeerkirsche, Portugiesische 112
Lorbeerrose 104
Losbaum 93
Losstrauch, Kletternder 254
Losstrauch, Uganda- 254
Löwenmaul, Garten- 192
Löwenmaul, Windendes 236
Luftnelke 301
Lupine, Vielblättrige 180

Madagaskarpalme 290
Mädchenauge 161
Mädchenauge, Färber- 232
Mädchenhaarbaum 125
Mädesüß 166
Maggikraut 337
Magnolie 15, 72, 106
Mähnen-Gerste 234
Mahonie 107
Maiglöckchen, Gewöhnliches 161
Mais, Zier- 239
Mais, Zucker- 343
Majoran 339
Maketebambus 201
Malayenblume 296, 297
Mammutbaum 129, 130
Mandarine 312
Mandel 140
Mangold 329, 330
Männertreu 306
Mannettie 266
Mannsschild 153
Mannstreu 165
Marante 266
Margerite 178, 191
Mariendistel, Gewöhnliche 238
Märzenbecher 214
Maßliebchen 230
Mastixbaum 318
Mauerpfeffer 189, 292
Medinille 266
Meerlavendel 179, 235
Meerrettich 320
Meerrettich, Gewöhnlicher 329
Melone 15, 320
Melone, Honig- 333
Melone, Netz- 333
Melone, Zucker- 333
Melonenbegonie 268
Melonenkaktus 290
Micky-Maus-Pflanze 267
Milchstern 217
Miltonie 297
Mimose der Gärtner 309
Miniröschen 270
Minze, Pfeffer- 338

Mispel, Echte 108
Mittagsblume, Garten- 233
Mohn 183
Mohn, Island- 236, 237
Möhren 25, 322, 323, 324, 335
Mondsichelfarn 279
Montbretie 210
Moosfarn 206, 280
Mooskraut 206, 280
Mormonentulpe 209
Moskitogras 196
Mottenkönig 308
Mummel 223
Muschelblume 236
Mutterkraut 191, 238
Myrsine 317

Nachtkerze 181
Nadelgehölze 123
Nagelbeere 267
Nandine 317
Narzisse 216, 217
Nelke 162
Nelke, Garten- 232, 305
Nelke, Kaiser- 232
Nelke, Land- 305
Nelkenwurz 168
Nemesie 23, 32, 236
Neoregelie 298, 301
Nestbromelie 301
Neuseeländer Spinat 343
Neuseelandflachs 318
Neuseelandmyrte 316
Nieswurz 171

Ölbaum 317
Oleander 317
Olive 317, 318
Ölpalme, Afrikanische 294
Ölweide 97
Oncidie 297
Opuntie 282, 284, 290
Orange 312
Orangenblume, Mexikanische 312
Orangenraute 266
Oregano 339
Osterglocke 216
Osterkaktus 291

Palisander 315
Palmlilie 194, 292
Pampasgras 197
Pantoffelblume 253
Päonie 182, 183
Papierblümchen, Rosa 237
Papierblume, Einjährige 239
Papierknöpfchen 230
Pappel 111
Paprika 15, 17, 320, 332
Paprika, Zier- 253
Paradiesvogelblume 319
Paradiesvogelblume, Falsche 263
Parrotie 109
Passionsblume 268
Pastinak, Echte 339
Pavonie 268
Pechnelke 190
Pelargonie, Edel- 268
Pelargonie, Efeublättrige 307
Pelargonie, Zonal- 307
Pellionie 268
Pepperomia 268
Perlfarn 205
Perlgras 199
Perlkörbchen 153
Perückenstrauch, Europäischer 94, 95
Petersilie 339
Petunie 12, 23, 241, 307, 308
Pfaffenhütchen 98
Pfahlrohr 196
Pfeffer 269
Pfeffer, Spanischer 253
Pfeffer-Minze 338
Pfeifengras 199
Pfeifenstrauch 110
Pfeifenwinde, Amerikanische 132
Pfeilkraut 224
Pfeilwurz 266
Pfingstrose 182
Pfingstrose, Strauch- 109
Pfirsich 140
Pflaume 139
Philodendron 42, 244, 269
Phlox 32, 43, 184
Phlox, Einjähriger 237
Pimpernelle 342
Pimpernuss, Kolchische 119
Pimpinelle 342
Plattehrengras 197
Poinsettie 259, 260
Porree 320, 327
Portulak 308
Portulak, Gemüse- 340
Portulakröschen 237
Porzellanblume 264
Prachtscharte 179
Prachtspiere 156
Prärielilie 209
Priesterpalme 295
Primel 185
Primel, Becher- 270
Primel, Braut- 269
Primel, Flieder- 269
Primel, Freiland- 308
Primel, Frühlingstopf- 308
Prunkblume 313
Prunkwinde 235
Puderquasten-Strauch 311
Puff-Bohne 434
Purpurglöckchen 173
Purpurglockenwein 270
Purpurtüte 273
Puschkinie 217

Quitte 138

Rachenrebe 254
Radicchio 333
Radieschen 341
Radmelde, Besen- 230
Rainweide 105
Ranunkelstrauch 104
Rapunzel 343
Rauschopf 257
Rebhuhnbeere 100
Rehmannie 270
Reiherschnabel 165
Reitgras 196
Rettich, Garten- 340
Rhabarber 320
Rhabarber, Krauser 341
Rhododendron 72, 113
Riesenlilie 209
Ringelblume, Garten- 231
Rippenfarn 204, 279
Rispenfarn 205
Rittersporn 161
Rittersporn, Einjähriger 232
Ritterstern 264
Rizinus 237
Robinie 115, 116
Rohr-Glanzgras 200
Rohrkolben 225
Rollfarn, Krauser 204
Rose 15, 116
Roseneibisch, Chinesischer 263
Roseneibisch, Echter 102
Rosmarin 319, 341
Rosskastanie 15, 19, 68, 82,
Rosskastanie, Gewöhnliche 10
Rotdorn 15, 95
Rote Bete 330
Rote Rübe 330
Ruellie 270
Ruhmesblume 313
Ruhmeskrone 262
Rüster 121
Ruten-Hirse 200
Rutenkaktus 291
Rutenpalme 295

Sageretie 270
Sagopalmfarn, Japanischer 313
Sakakistrauch 313
Salat 18, 28, 336
Salbei 188
Salbei, Echter 342
Salbei, Einjähriger 238
Salomonssiegel 185
Sammetmalve 309
Samtpappel 309
Samtpflanze 263
Sanddorn 102
Sandglöckchen, Ausdauerndes 176
Sandimmortelle 230
Sarrazenie 271
Sau-Bohne 343
Sauerampfer, Garten- 341
Saumfarn 279
Schachblume 212
Schafgarbe 151
Schalotte 326
Schattenröhre 259
Schaublatt 187
Schaumblüte 191
Scheidenblatt 273
Scheinakazie, Gewöhnliche 115
Scheinaster 192
Scheinbeere 100
Scheinbuche 109
Scheinerdbeere 258, 259
Scheinhasel 94
Scheinkalla, Gelbe 222
Scheinmohn 181
Scheinrebe 131
Scheinsonnenhut, Roter 164
Scheinzypresse 124
Schiefteller 248
Schildblume 160
Schildfarn 206
Schilfrohr 224
Schillergras 198
Schirmbambus, Fontänen- 201
Schirmbambus, Muriels 201

Schlangenkopf 160
Schlangenwurz 220
Schlauchpflanze 271
Schleierkraut 169
Schleierkraut, Sommer- 234
Schleifenblume 234
Schleifenblume, Immergrüne 174
Schlitzblume 238
Schlüsselblume 308
Schmetterlingsorchidee 296, 297
Schmiele 198
Schmuckkörbchen, Fiederblättriges 232
Schmucklilie 310
Schnee auf dem Berge 233
Schneeball 121
Schneebeere 119
Schneeflockenstrauch, Virginischer 93
Schneeglöckchen 212
Schneeglöckchenbaum 101
Schneestolz 209
Schnittlauch 18, 328
Schnurbaum, Japanischer 119
Schnurbaum, Neuseeländischer 319
Schönfaden 311
Schönfrucht 90
Schönmalve 309
Schönorchis 296
Schönranke 233
Schraubenbaum 268
Schüsselfarn, Heuduftender 204
Schusterkaktus 287
Schusterpalme 250, 251
Schwanenblume 220
Schwarzrohrbambus 202
Schwarzwurzel, Garten- 342
Schwertfarn 279
Schwertlilie 174
Schwertlilie, Sumpf- 222
Schwiegermuttersessel 287
Schwiegermutterzunge 291
Schwingel 195, 198
Seebinse 225
Seeigelkaktus 287
Seekanne, Gewöhnliche 223
Seerose 223
Segge 195, 196
Seidelbast 96
Seidenakazie 310
Seidenpflanze 155
Seifenkraut 188
Sellerie 329
Sellerie, Knollen- 329
Sicheltanne, Japanische 124
Silberblatt 306
Silberblatt, Einjähriges 236
Silberdistel, Stängellose 159
Silbereiche, Australische 315
Silberimmortelle 153
Silberkerze 160
Silberkerzenkaktus 286
Silberkraut 235
Silbernetzblatt 262
Silberwurz 165
Sinnblume 248
Sinnpflanze 266
Skabiose 189
Skabiose, Samt- 238
Skimmie 117, 118
Sommeraster 231
Sommerflieder 90
Sommerhyazinthe 213
Sommerjasmin 110
Sommerzypresse 230
Sonnenauge 171
Sonnenblume 171
Sonnenblume, Gewöhnliche 9, 234
Sonnenblume, Mexikanische 239
Sonnenbraut 170
Sonnenhut 187
Sonnenhut, Rauer 238
Sonnenröschen 170
Sonnentau 258
Sonnenwende, Strauchige 315
Spaltblume 238
Spaltglocke 271
Spargel, Zier- 250
Speckbaum 291
Sperrkraut 185
Spierstrauch 118
Spinat 323, 342
Spindelstrauch 98
Spindelstrauch, Japanischer 314
Spindelstrauch, Kletternder 133
Spinnenpflanze 232
Spornbüchschen 265
Stachelbeere 141
Stachelnüsschen 151
Stauden 144
Stechpalme 103
Steckenpalme 295
Steck-Rübe 330
Steinbrech 189
Steineibe 318
Steinkraut, Gewöhnliches Berg- 152
Steppenkerze 212
Sternauge 303
Sternbergie, Gelbe 217
Stern-Glockenblume 304
Sternjasmin, Chinesischer 274
Sternkaktus 286
Sterntaler 306
Sternwinde 234
Stiefmütterchen, Garten- 239
Stockrose, Chinesische 230
Storchschnabel 168
Strahlenaralie, Kleine 271
Strahlenaralie, Neukaledonische 271
Strahlenaralie, Queensland- 271
Strahlengriffel 131
Strandflieder 179, 235
Strandroggen, Gewöhnlicher 198
Strauchmargerite 310
Strauchportulak 291
Strauchveronika 315
Straußenfarn, Europäischer 205
Streifenfarn 203, 279
Strelitzie 319
Strohblume, Garten- 234, 305
Studentenblume 238, 239
Sumpf-Dotterblume 221
Sumpffarn, Gewöhnlicher 225
Sumpfkalla 220
Sumpfzypresse, Zweizeilige 129
Süßkartoffel 264

Tabak, Flügel- 236
Tabak, Zier- 306
Taglilie 172
Tamariske, Kaspische 120
Tanne 15, 16, 25, 75, 80, 123
Tannenwedel 222
Taschentuchbaum 96, 97
Taubenbaum 96, 97
Tausendblatt 223
Tee, Falscher 270
Teichbinse 225
Teichrose 223
Teufelskralle 185
Thunbergie, Bengalische 274
Thymian 191
Thymian, Echter 343
Tibouchine, Glänzende 319
Tillandsie 299, 301
Tomate 15, 16, 25, 320, 325, 337, 338
Torenie 274
Tradeskantie 274
Tragant 156
Tränendes Herz 163
Traubenhyazinthe 216
Trichterbromelie 301
Troddelblume 190
Trollblume 192
Trompetenbaum, Gewöhnlicher 92
Trompetenwinde, Amerikanische 132
Tulpe 217
Tüpfelfarn, Gewöhnlicher 206

Ulme 15, 121
Ulme, Japanische 47
Urweltmammutbaum 127
Usambaraveilchen 270

Vanille, Echte 297
Veilchen 194
Veltheimie 274
Venusfliegenfalle 257
Venusschuh 297
Verbene 308
Vergissmeinnicht, Wald- 236
Versteckblume 300

Wacholder 126
Wachsblume 264
Wachsglocke 177
Waldrebe 133, 160
Waldsteinie 148, 194
Walnuss, Echte 104
Wandelröschen 316
Warzenkaktus 289
Washingtonpalme 295
Wasserähre, Kap- 220
Wasseraloe 225
Wasserdost 166

Wasserfeder, Europäische 222
Wasserhyazinthe 221
Wasserpest, Kanadische 221
Wasserschlauch 225
Wasserstern 220
Wedelie 308
Weide 15, 24, 68, 79, 117
Weihnachtskaktus 291
Weihnachtsstern 259
Weinrebe 143
Weißwurz 185
Wicke, Duft- 235
Wiesenknopf, Kleiner 342
Wimperfarn 206
Winde, Kriechende 304
Windröschen 153
Winteraster 160
Winterblüte, Chinesische 93
Winterjasmin 134
Winterling, Kleiner 211
Winter-Portulak 338
Wirsing 331
Wisterie 135
Wolfshut 152
Wolfsmilch 166
Wollmispel, Japanische 313
Wucherblume 234
Wucherblume, Silber- 238
Wunderbaum 237
Wunderblume 236
Wunderstrauch 254
Wurmfarn 205
Wüstenrose 285

Ysander 182
Ysop 336

Zaubernuss 101
Zeder 124
Zeitlose 209
Zelkove 47
Zickzackstrauch 313
Zierbanane 313
Zierquitte 92, 93
Zigarettenblümchen 304
Zimmeraralie 261
Zimmerfarne 275
Zimmerhafer 300
Zimmerhopfen 265
Zimmerhopfen, Gelber 267
Zimmerimmergrün, Rosafarbenes 253
Zimmerlinde 273
Zimmerrebe 253
Zimmertanne 250
Zinnie 239
Zistrose 312
Zitrone 312
Zitronen-Melisse 338
Zittergras, Größtes 231
Zittergras, Mittleres 196
Zucchini 334
Zwergbambus, Breitblättriger 202
Zwerglebensbaum 127
Zwergmispel 95
Zwergpalme, Europäische 293
Zwergpfeffer 268
Zwiebel 18, 25, 320, 323, 324
Zwiebel, Küchen- 13, 326
Zwiebel, Winter- 327
Zylinderputzer 311
Zypergras 256
Zypergras, Kastanienbraunes 221

Verzeichnis der botanischen Pflanzennamen

Abies 15, 16, 25, 75, 80, 123
Abies alba 123
Abies cephalonica 123
Abies koreana 16, 123
Abutilon 309
Abutilon × hybridum 309
Abutilon darwinii 309
Abutilon megapotamicum 309
Abutilon pictum 309
Acacia 309
Acacia retinodes 309
Acaena 151
Acaena microphylla 151
Acalypha amentacea subsp. *wilkesiana* 248
Acalypha chamaedrifolia 303
Acalypha hispida 248, 249
Acanthus *15,* 151
Acca sellowiana 310
Acer 15, 25, 70, 87
Acer campestre 87
Acer japonicum 87
Acer negundo 67, 87
Acer palmatum 47, 79
Acer platanoides 87
Acer pseudoplatanus 87
Acer saccharum 19, 87
Achillea 151
Achimenes 248
Aconitum 152
Aconitum carmichaelii 152
Acorus 220
Acorus calamus 220
Acorus gramineus 220
Actinidia 131
Actinidia arguta 131
Actinidia deliciosa 131
Actinidia kolomikta 131
Adenium obesum 285
Adiantum 203, 279
Adonis 152
Adonis aestivalis 230
Adonis vernalis 152
Aechmea 298, 300
Aeonium 285
Aeonium tabuliforme 285
Aeschynanthus 248
Aesculus 15, 19, 68, 82,
Aesculus × carnea 87
Aesculus flava 87
Aesculus hippocastanum 10, 87
Aesculus parviflora 87
Agapanthus 310
Agapanthus praecox 309
Agave americana 310
Ageratum houstonianum 303
Aglaonema 248
Ailanthus altissima 43, 87
Ajuga 152
Ajuga genevensis 152
Ajuga reptans 152
Akebia quinata 131
Albizia 310
Alcea rosea 228, 230
Alchemilla 152
Alisma 220
Alisma plantago 'Aquatica' 220
Allamanda cathartica 248, 249
Allium 208
Allium cepa Aggregatum-Grp. 326
Allium cepa Cepa-Grp. 13, 326
Allium fistulosum 327
Allium porrum var. *porrum* 320, 327
Allium sativum var. *sativum* 328
Allium schoenoprasum var. *schoenoprasum* 18, 328
Allium moly 208
Allium triquetrum 208
Alnus 15, 25, 88
Alnus cordata 88
Alnus glutinosa 88
Alnus incana 88
Alnus viridis 88
Aloe 285
Aloe vera 285
Alopecurus 195
Alstroemeria 209
Alstroemeria aurea 209
Alstroemeria ligtu 209
Alyssum montanum 152
Amaranthus caudatus 303
Amaryllis bella-donna 249
Amelanchier 88
Amelanchier alnifolia 88
Amelanchier lamarckii 88
Amelanchier spicata 88
Ammobium alatum 230
Ampelopsis 131
Ampelopsis aconitifolia 131
Ampelopsis glandulosa var. *brevipedunculata* 131
Ananas comosus 300
Anaphalis 153
Androsace 149, 153
Anemone 153
Anemone blanda 153
Anemone hupehensis *43,* 153
Anethum graveolens var. *hortorum* 328
Anigozanthos 249
Anthemis tinctoria 153
Anthericum liliago 153, 154
Anthriscus cerefolium 329
Anthurium 13, 250
Anthurium scherzerianum 250
Antirrhinum majus 230
Aphelandra 43, 244
Aphelandra squarrosa 250
Apium graveolens 329
Aponogeton distachyos 220
Aquilegia 154
Arabis 154
Aralia elata 88
Araucaria araucana 123, 124
Araucaria heterophylla 250
Arbutus unedo 310
Ardisia crenata 250
Arenaria 150
Argyranthemum frutescens 310
Aristolochia clematis 132
Aristolaochia macrophylla 132

Armeria 154
Armeria maritima 154
Armoracia rusticana 329
Arnica montana 155
Aronia melanocarpa 88
Arrhenatherum elatius var. *bulbosum* 195
Artemisia dracunculus 329
Artemisia vulgaris 329
Arum 209
Arundo donax 196
Asclepias 155
Asparagus 250
Asparagus densiflorus 242, 250
Asparagu falcatus 250
Asparagus setaceus 250
Asphodeline lutea 155
Aspidistra elatior 242, 250, 251
Asplenium 203, 279
Asplenium bulbiferum 279
Asplenium ceterach 203
Asplenium dimorphum 279
Asplenium rhizophyllum 204
Asplenium scolopendrium 204
Asplenium trichomanes 203
Aster 147, 155
Aster amellus 156
Aster dumosus 155
Aster novae 'Angliae' 156
Aster novi 'Belgii' 156
Asteriscus maritimus 303
Astilbe 156
Astilbe × arendsii 156
Astragalus 156
Astragalus angustifolius 156
Astragalus danicus 156
Astragalus glycyphyllos 157
Astrophytum 286
Astrophytum myriostigma 285
Athyrium filix 'Femina' 204
Aubrieta 157
Aubrieta deltoidea 157
Aucuba japonica 251

Bassia scoparia subsp. *scoparia* 230
Bauhinia 310
Beaucarnea 251
Begonia 23, 241, 242, 252
Begonia albopicta 252
Begonia boliviensis 251
Begonia bowerae 252
Begonia crispula 252
Begonia heracleifolia 252
Begonia peltata 12
Begonia masoniana 252
Begonia rex 42, 246, 247, 252
Begonia-Elatior-Hybride 245, 251
Begonia-Lorraine-Hybriden 245, 252
Begonia-Semperflorens-Hybriden 303
Bellis perennis 230
Berberis 88
Berberis buxifolia 88
Berberis julianae 89
Berberis thunbergii 89
Bergenia 157
Beta 23
Beta vulgaris subsp. *cicla* 329, 330
Beta vulgaris subsp. *vulgaris* var. *vulgaris* 330
Betula 15, 68, 79, 89
Betula pendula 89
Betula pubescens 89
Billbergia 298, 300
Blechnum 204, 279
Blechnum brasiliense 279
Blechnum gibbum 279
Blechnum occidentale 278
Blechnum penna-marina 204
Blechnum spicant 204
Borago officinalis 330
Bougainvillea 311
Bouteloua gracilis 196
Brachychiton 311
Brachyscome iberidifolia 303
Brassica napus subsp. *rapifera* 330
Brassica oleracea var. *acephala* 231
Brassica oleracea var. *botrytis* 330
Brassica oleracea var. *capitata* 331
Brassica oleracea var. *gemmifera* 331
Brassica oleracea var. *gongylodes* 320, 331
Brassica oleracea var. *italica* 332
Brassica oleracea var. *sabauda* 331
Brassica oleracea var. *sabellica* 332
Brassica oleracea var. *sabellica* 332
Brassica rapa subsp. *chinensis* 332
Briza maxima 231
Briza media 196
Brugmansia 39, 311
Brunfelsia pauciflora 252
Brunnera macrophylla 158
Bryophyllum 39, 243
Buchloe dactyloides 196
Buddleja 90
Buddleja alternifolia 90
Buddleja davidii 90
Butomus umbellatus 220
Buxus 90
Buxus sempervirens 90

Caladium 252, 253
Calamagrostis 196
Calanthe 296
Calathea 253
Calceolaria 23, 241, 253
Calceolaria integrifolia 303
Calendula officinalis 231
Calla palustris 220
Calliandra 311
Callianthemum 158
Callicarpa bodinieri 90
Callistemon 311
Callistephus chinensis 231
Callitriche 220
Calluna vulgaris 91
Calochortus 209
Caltha palustris 219, 221
Calycanthus floridus 91
Camassia 209
Camellia 245
Camellia japonica 311
Camellia sinensis 19
Campanula 13, 158
Campanula barbata 159
Campanula carpatica 158, 159
Campanula garganica 159
Campanula isophylla 304
Campanula latifolia 159
Campanula medium 231
Campanula patula 19
Campanula persicifolia 159
Campanula portenschlagiana 159
Campanula poscharskyana 159
Campanula pyramidalis 159
Campanula rapunculoides 159
Campanula rotundifolia 159
Campanula trachelium 147, 159
Campsis radicans 132
Capsicum annuum 15, 17, 253, 320, 332
Cardiocrinum 209
Carex 195, 196
Carex brunnea 107
Carlina acaulis 159
Carpinus betulus 15, 91
Carum carvi 333
Caryopteris × clandonesis 91
Castanea sativa 91
Casuarina 312
Catalpa 92
Catharanthus roseus 253
Cattleya 296
Cedrus 25, 124
Cedrus atlantica 124
Cedrus deodara 124
Cedrus libani 124
Celastrus orbiculatus 132
Celosia argentea var. *argentea* 304
Celosia argentea var. *cristata* 304
Centaurea 159
Centaurea cyanus 231
Centaurea montana 149
Centaurea dealbata 159
Centaurea macrocephala 159
Centaurea montana 159
Centaurea ruthenica 159
Cephalotus follicularis 253
Ceratonia siliqua 312
Ceratophyllum demersum 221
Cercidiphyllum japonicum 92
Cercis siliquastrum 92
Cereus 286
Ceropegia linearis 286
Cestrum elegans var. *elegans* 312
Chaenomeles 92, 93
Chaenomeles × superba 92
Chaenomeles japonica 92, 93
Chaenomeles speciosa 92, 93
Chamaecyparis 75, 76, 124
Chamaecyparis lawsoniana 76, 124, 125

Chamaecyparis nootkatensis 124
Chamaecyparis obtusa 'Nana Gracilis' 125
Chamaedorea 293
Chamaerops humilis 293
Chasmanthium 195
Chasmanthium latifolium 197
Chelone 160
Chelone obliqua 160
Chimonanthus praecox 93
Chionanthus virginicus 93
Chionodoxa 209
Chlorophytum comosum 41, 243, 253
Choisya ternata 312
Chrysanthemum 160
Chrysanthemum × *grandiflorum* 160
Cichorium endivia var. *endiva* 333
Cichorium intybus var. *foliosum* 333
Cichorium intybus var. *foliosum* 333
Cimicifuga 160
Cinnamomum camphora 312
Cissus 253
Cistus 312
Citrus 39, 312
Citrus × *paradisi* 22, 312
Citrus limon 13, 313
Citrus maxima 22
Clarkia 12, 231
Cleistocactus 286
Clematis 133, 160
Clematis integrifolia 160
Clematis montana 133
Clematis recta 160
Clematis vitalba 133
Cleome 232
Clerodendrum bungei 93
Clerodendrum thomsoniae 254
Clerodendrum trichotomum var. *fargesii* 93
Clerodendrum ugandense 254
Cleyera japonica 313
Clianthus 313
Clivia miniata 254
Cobaea scandens 232
Cochlearia officinalis 333
Cocos nucifera 293
Codiaeum variegatum 254
Coffea arabica 254, 255
Colchicum 209
Colchicum autumnale 210
Coleostephus 234
Coleostephus multicaulis 234
Columnea 254
Columnea microphylla 255
Consolida 232
Convallaria majalis 161
Convolvulus sabatius 304
Convolvulus tricolor 232
Cordyline fruticosa 255
Cordyline indivisa 255
Cordyline stricta 255
Coreopsis 161
Coreopsis lanceolata 161
Coreopsis tinctoria 232
Coreopsis grandiflora 161
Coriandrum sativum 333
Cornus 65, 93
Cornus alba 71, 94
Cornus canadensis 93
Cornus florida 94
Cornus kousa 94
Cornus kousa var. *chinensis* 93
Cornus mas 65, 78, 94
Cornus sanguinea 94
Cornus sericea 94
Corokia 313
Corokia buddleioides 313
Corokia × *virgata* 313
Corokia cotoneaster 313
Correa 313
Cortaderia selloana 197
Corydalis 210
Corydalis solida 210
Corydalis cava 210
Corylopsis 94
Corylopsis spicata 94
Corylus avellana 19, 40, 94, 140
Corylus colurna 94
Corylus maxima 94
Cosmos bipinnatus 232
Cotinus coggygria 94, 95
Cotoneaster 15, 65, 95
Cotoneaster bullatus 95
Cotoneaster horizontalis 95
Cotoneaster nanshan 95
Cotyledon 286
Crassula 285, 286
Crassula ovata 286
Crataegus 15, 95
Crataegus laevigata 95
Crataegus monogyna 95
Crinum × *powellii* 210
Crocosmia 208, 210
Crocosmia × *crocosmiiflora* 210
Crocus 208, 210
Crocus chrysanthus 210
Crossandra infundibuliformis 256
Cryptanthus 298, 300
Cryptogramma crispa 204
Cryptomeria japonica 124
Cucumis melo 333
Cucumis sativus 333
Cucurbita maxima 334
Cucurbita pepo 232, 334
Cuphea hyssopifolia 305
Cuphea ignea 304
× *Cuprocyparis leylandii* 125
Cycas revoluta 313
Cyclamen 13, 15, 211
Cyclamen coum 211
Cyclamen hederifolium 211
Cyclamen persicum 256
Cyclamen purpurascens 211
Cydonia oblonga 93, 138
Cymbidium 296
Cynara cardunculus 232, 335
Cyperus 256
Cyperus alternifolius 242, 256
Cyperus alternifolius subsp. *flabelliformis* 248, 256
Cyperus fertilis 256
Cyperus longus 221
Cyperus papyrus 256, 257
Cyrtanthus elatus 257
Cystopteris 204
Cytisus 15, 96

Dahlia × *hortensis* 211, 232, 233
Dalechampia spathulata 257
Daphne 15, 96
Daphne × *burkwoodii* 96
Daphne cneorum 96
Daphne mezereum 96
Darlingtonia californica 257
Dasylirion 257
Daucus carota subsp. *sativus* 25, 322, 323, 324, 335
Davidia involucrata 96, 97
Davallia 279
Delphinium 149, 161
Delphinium grandiflorum 162
Dendrobium 296, 298
Dennstaedtia punctilobula 204
Deschampsia 198
Deutzia 96
Deutzia gracilis 96
Deutzia × *hybrida* 96
Deutzia × *kalmiiflora* 96
Deutzia × *magnifica* 96
Deutzia × *rosea* 96
Deutzia scabra 96
Dianthus 162
Dianthus arenarius 162
Dianthus barbatus 232
Dianthus carthusianorum 162
Dianthus caryophyllus 228, 232, 305
Dianthus chinensis 232
Dianthus deltoides 162, 163
Dianthus gratianopolitanus 162
Dianthus seguieri 162
Dianthus superbus 162
Diascia barberae 232
Dicentra cucullaria 163
Dicentra eximia 163
Dicentra spectabilis 163
Dictamnus albus 163
Dieffenbachia 42, 244, 245, 248, 257
Digitalis 10, 163
Digitalis grandiflora 163
Digitalis lutea 163
Digitalis purpurea 9, 163, 164
Dimorphotheca 233
Dionaea muscipula 257
Dodecatheon 164
Doronicum 164
Dorotheanthus bellidiformis 233
Dracaena 244, 257
Dracaena draco 257
Dracaena reflexa var. *angustifolia* 258
Drosera 258
Drosera capensis 258
Dryas 165
Dryopteris 204, 205
Duchesnea indica 258, 259
Dypsis lutescens 294

Eccremocarpus scaber 233
Echeveria 284, 286, 287
Echinacea purpurea 164
Echinocactus grusonii 287
Echinocereus 287
Echinops 43, 165

Echinopsis 287
Eichhornia 221
Eichhornia crassipes 221
Elaeagnus 97
Elaeagnus angustifolia 98
Elaeagnus commutata 97, 98
Elaeagnus × ebbingei 98
Elaeagnus multiflora 97, 98
Elaeagnus pungens 98
Elaeagnus umbellata 97
Elaeis guineensis 294
Elodea 220
Elodea canadensis 221
Ensete ventricosum 313
Epidendrum 296
Epiphyllum 284, 287
Epipremnum 258, 259
Epipremnum aureum 258
Epipremnum pinnatum 258
Episcia 259
Eranthis hyemalis 211
Eremurus 212
Erica 98
Erica carnea 98
Erica × darleyensis 98
Erica vagans 98
Erigeron 165
Erigeron karvinskianus 165
Erigeron speciosus 165
Eriobotrya japonica 313
Erodium 165
Eryngium 165
Erysimum 9
Erysimum cheiri 233
Erythrina crista-galli 314
Erythronium 212
Erythronium tuolumnense 212
Eschscholzia 12
Eschscholzia californica 233
Eucalyptus 314
Eucalyptus ficifolia 314
Euonymus 98
Euonymus europaeus 98, 99
Euonymus fortunei 133
Euonymus japonicus 314
Euonymus latifolius 17, 98
Eupatorium 166
Euphorbia 14, 166, 282
Euphorbia amygdaloides 166
Euphorbia caput-medusae 287
Euphorbia cyparissias 166
Euphorbia marginata 233
Euphorbia milii 259
Euphorbia obesa 287
Euphorbia epithymoides 166
Euphorbia pulcherrima 244, 259, 260
Euphorbia seguieriana 166
Evolvulus glomeratus 305
Exacum affine 261

Fagus 15, 25, 66
Fagus sylvatica 68, 99
Fallopia baldschuanica 133
Fargesia murieliae 201
Fargesia nitida 201
× *Fatshedera lizei* 261
Fatsia japonica 261
Felicia amelloides 305
Felicia bergeriana 234
Ferocactus 288
Festuca 195, 198
Ficus 42, 244, 261
Ficus benjamina 41, 261
Ficus carica 314
Ficus elastica 244, 245, 261
Ficus pumila 261, 262
Filipendula 166
Fittonia verschaffeltii 262
Foeniculum vulgare subsp. *vulgare* var. *azoricum* 336
Forsythia 99
Forsythia × intermedia 46, 74
Fortunella 314
Fothergilla 99
Fothergilla major 100
Fragaria 39
Frailea 282, 288
Fraxinus 66, 93, 100
Fritillaria 207, 212
Fritillaria imperialis 212
Fuchsia 305

Gagea 212
Gagea lutea 213
Gaillardia 23, 167, 234
Gaillardia aristata 167
Gaillardia × grandiflora 234
Gaillardia pulchella 234
Galanthus 212
Galanthus nivalis 213
Galtonia candicans 213
Gasteria 284, 285, 288
Gaultheria 100
Gaultheria procumbens 100
Gazania 23, 234
Genista 25, 100
Genista canariensis 314
Gentiana 150, 167
Gentiana acaulis 167
Gentiana asclepiadea 167
Gentiana clusii 167
Gentiana lutea 167
Gentiana septemfida var. *septemfida* 167
Gentiana sino-ornata 167
Gentiana tibetica 167
Gentiana verna 168
Geranium 168
Geranium cinereum 168
Geranium dalmaticum 168
Geranium macrorrhizum 168
Geranium × magnificum 168
Geranium pratense 68
Geum 168
Geum rivale 168, 169
Ginkgo biloba 125
Gladiolus 208, 213
Gladiolus communis 213
Gladiolus illyricus 213
Gladiolus murielae 213
Gladiolus palustris 213
Glebionis 234
Glebionis coronaria var. *coronaria* 234
Glebionis segetum 234
Gleditsia triacanthos 100, 101
Globularia 169
Gloriosa superba 262
Gloxinia sylvatica 262
Goethea strictiflora 262
Gomphrena 23
Gomphrena globosa 234
Gossypium hirsutum 263
Graptopetalum bellum 288
Grevillea robusta 315
Guzmania 299, 300
Gymnocalycium 288
Gymnocarpium dryopteris 205
Gynura 263
Gypsophila 169
Gypsophila elegans 234
Gypsophila paniculata 169
Gypsophila repens 169

Hakonechloa macra 198
Halesia 101
Hamamelis 101
Hamamelis japonica 102
Hamamelis mollis 15, 101
Hamamelis virginiana 102
Haworthia 285, 288
Hebe × andersonii 315
Hedera 133, 263
Hedera colchica 133
Hedera helix 133, 263
Hedera hibernica 133
Helenium 170
Helianthemum 170
Helianthemum appenninum 170
Helianthemum nummularium 170, 171
Helianthus 171
Helianthus × multiflorus 171
Helianthus annuus 9, 234
Helianthus atrorubens 171
Helianthus decapetalus 171
Helichrysum bracteatum 234, 305
Heliconia 263
Heliopsis helianthoides 171
Heliotropium arborescens 315
Helleborus 171
Helleborus foetidus 171
Helleborus niger 171
Hemerocallis 172
Hemerocallis-Hybride 172
Hepatica nobilis 146, 172, 173
Heuchera 173
Hibiscus rosa-sinensis 263
Hibiscus syriacus 102
Hippeastrum 264
Hippophae 71
Hippophae rhamnoides 102
Hippuris 220
Hippuris vulgaris 222
Holcus 198
Homalocladium platycladum 315
Hordeum jubatum 234
Hosta 173
Hottonia palustris 220, 222
Howea 294
Hoya 264
Hoya lanceolata subsp. *bella* 264
Hoya carnosa 264

Humulus lupulus 174
Hyacinthus orientalis 213
Hydrangea 102, 244
Hydrangea anomala subsp. *petiolaris* 134
Hydrangea arborescens 103
Hydrangea macrophylla 43, 103, 264
Hydrangea paniculata 103
Hydrangea quercifolia 103
Hydrocharis morsus-ranae 220, 222
Hypericum 103
Hypoestes phyllostachya 264
Hyssopus officinalis subsp. *officinalis* 336

Iberis 234
Iberis amara 234
Iberis sempervirens 174
Iberis umbellata 234
Ilex 15, 103
Ilex verticillata 104
Impatiens 248
Impatiens repens 306
Impatiens walleriana 306
Impatiens-Neuguinea-Hybriden 305
Incarvillea delavayi 213
Indocalamus tessellatus 202
Inula 174
Ipomoea batatas 264
Ipomoea batatas 'Blacky' 264
Ipomoea nil 235
Ipomoea purpurea 235
Ipomoea tricolor 235
Ipomoea lobata 234
Iresine herbstii 306
Iris 13, 147, 174
Iris danfordiae 176, 213
Iris ensata 174
Iris graeberiana 176
Iris graminea 174
Iris persica 176
Iris planifolia 176
Iris pseudacorus 174, 176, 222
Iris reticulata 176, 213
Iris sibirica 174
Iris-Barbarta-Hybriden 174
Ismelia 234
Ismelia carinata 234
Ixiolirion tataricum 214
Ixora 264

Jacaranda mimosifolia 315
Jasione laevis 176
Jasminum nudiflorum 134
Jasminum officinale 265
Jatropha podagrica 288
Jovibarba 176
Juglans regia 15, 104, 140
Juniperus 65, 75, 126
Juniperus chinensis 126
Juniperus communis 15, 126
Juniperus horizontalis 126
Juniperus virginiana 126
Justicia brandegeana 265
Justicia carnea 265
Justicia rizzinii 265

Kalanchoe 241, 284, 285
Kalanchoe blossfeldiana 288, 289
Kalmia 104
Kerria 71
Kerria japonica 104
Kirengeshoma palmata 177
Kniphofia 177
Koeleria 198
Koelreuteria paniculata 104
Kohleria amabilis 265
Kolkwitzia amabilis 104, 105

Laburnum 104
Laburnum anagyroides 96, 104, 105
Laburnum × watereri 104
Lactuca sativa var. *capitata* 25, 320, 325, 336
Lagenaria 235
Lagenaria siceraria 235
Lagerstroemia 315
Lagurus ovatus 235
Lantana camara 316
Larix 15, 126
Larix decidua 127
Larix kaempferi 127
Lathyrus odoratus 235
Laurentia fluviatilis 306
Laurus nobilis 316
Lavandula 177
Lavandula angustifolia 177, 178
Lavandula stoechas 177
Lavatera trimestris 235
Leontopodium 178
Leontopodium nivale subsp. *alpinum* 178
Lepidium sativum 337
Leptospermum scoparium 316
Leucanthemum 178
Leucanthemum × superbum 178
Leucojum 214
Leucophyta brownii 306
Levisticum officinale 337
Lewisia 149, 150, 179, 289
Leymus arenarius 195, 198
Liatris 179
Liatris spicata 179
Ligularia 179
Ligustrum 105
Ligustrum ovalifolium 105
Ligustrum vulgare 105
Lilium 207, 214
Lilium auratum 214
Lilium bulbiferum 214, 216
Lilium candidum 214
Lilium davidii 214
Lilium davidii var. *willmottiae* 215
Lilium formosanum 214
Lilium henryi 216
Lilium lancifolium 214, 216
Lilium longiflorum 216
Lilium martagon 214, 215
Lilium speciosum 216
Lilium sulphureum 216
Limonium 23, 179, 235
Limonium bonduellei 235
Limonium latifolium 179
Limonium sinuatum 235
Limonium vulgare 179
Linaria bipartita 235
Linum grandiflorum 235
Liquidambar styraciflua 105
Lithops 289
Lobelia 32, 180
Lobelia × speciosa 180
Lobelia cardinalis 180
Lobelia erinus 306
Lobivia 289
Lobularia 32
Lobularia maritima 235
Lonicera 106, 134
Lonicera caerulea 106
Lonicera caprifolium 134
Lonicera korolkowii 106
Lonicera nitida 106
Lonicera tatarica 106
Lonicera xylosteum 106
Lotus berthelotii 306
Lotus maculatus 306
Ludisia 296
Lunaria annua 236
Lupinus 149
Lupinus arcticus 25
Lupinus polyphyllus 180
Luzula 195
Luzula multiflora 198
Lycianthes rantonnetii 316
Lycopersicon esculentum var. *esculentum* 15, 16, 25, 320, 325, 337, 338
Lysichiton americanus 222
Lysimachia 180
Lysimachia nummularia 180
Lysimachia punctata 180
Lytocaryum weddellianum 294

Macleaya cordata 180, 181
Magnolia 15, 72, 106
Magnolia kobus 107
Magnolia × soulangeana 107
Mahonia 107
Mahonia aquifolium 107
Malpighia coccigera 265
Malus 79, 108
Malus domestica 81, 83, 137
Mammillaria 289
Mandevilla sanderi 265
Manettia luteorubra 266
Maranta 266
Matteuccia struthiopteris 205
Matthiola incana 236
Maurandya barclaiana 236
Meconopsis 181
Medinilla magnifica 266
Melampodium paludosum 306
Melica 199
Melissa officinalis 338
Melocactus 290
Mentha × piperita 338
Menyanthes trifoliata 223
Mespilus germanica 108
Metasequoia 76
Metasequoia glyptostroboides 127
Metrosideros excelsa 316
Microbiota decussata 127
Miltonia 297
Mimosa pudica 266
Mimulus 236
Mimulus guttatus 236
Mimulus × hybridus 236

Mirabilis jalapa 236
Miscanthus 199
Miscanthus sinensis 199
Molinia 199
Molinia arundinacea 199
Molinia caerulea 199
Moluccella laevis 236
Monarda 181
Monstera 42, 244
Monstera deliciosa 266
Montia perfoliata 338
Murraya paniculata 266
Musa 39, 316
Musa basjoo 316
Musa × paradisiaca 317
Musa textilis 316
Musa uranoscopos 316
Muscari 216
Muscari armeniacum 216
Muscari azureum 216
Muscari botryoides 216
Myosotis sylvatica 236
Myriophyllum 223
Myrsine africana 317
Myrtus communis 44, 266

Nandina domestica 317
Narcissus 216, 217
Nelumbo nucifera 25
Nemesia 23, 32, 236
Neoregelia 298, 301
Neoregelia carolinae 299
Nepenthes 259
Nepeta 181
Nepeta × faassenii 181
Nepeta grandiflora 181
Nepeta racemosa 181
Nephrolepis 279
Nephrolepis exaltata 243, 279
Nephrolepis cordifolia 279
Nerium oleander 317
Nertera granadensis 267
Nicotiana 23
Nicotiana alata 236
Nicotiana × sanderae 306
Nidularium 298, 301
Nigella damascena 236
Nolina longifolia 267
Nothofagus antarctica 109
Notocactus 290
Nuphar 223
Nymphaea 223
Nymphoides peltata 223, 224

Ochna kirkii 267
Ochna serrulata 267
Ocimum basilicum 338
Odontoglossum 297
× Odontonia 297
Oenothera 181
Oenothera fruticosa 181
Oenothera macrocarpa 181
Olea europaea 317, 318
Oleander 248
Omphalodes 148, 182
Onoclea sensibilis 205
Oncidium 297
Oplismenus hirtellus 267
Opuntia 282, 284, 290
Origanum majorana 339
Origanum vulgare subsp. *vulgare* 339
Ornithogalum 217
Ornithogalum narbonense 217
Ornithogalum pyramidale 217
Ornithogalum umbellatum 217
Orontium aquaticum 224
Osmunda 205
Osmunda cinnamomea 205
Osmunda claytoniana 205
Osmunda regalis 205
Oxalis 24

Pachyphytum 284, 290
Pachypodium lamerei 290
Pachysandra 182
Pachysandra procumbens 182
Pachysandra terminalis 182
Pachystachys lutea 267
Paeonia 182, 183
Paeonia × suffruticosa 78, 109
Paeonia lactiflora 109, 182
Paeonia officinalis 182
Pandanus 268
Pandanus utilis 268
Panicum 195
Panicum virgatum 200
Papaver 12, 183
Papaver nudicaule 183, 236, 237
Papaver orientale 183
Papaver rhoeas 19
Paphiopedilum 297
Parodia 290
Parrotia persica 109
Parthenocissus 134
Parthenocissus henryana 268
Parthenocissus inserta 135
Parthenocissus quinquefolia 134
Parthenocissus tricuspidata 134
Passiflora 268
Passiflora caerulea 268
Pastinaca sativa 339
Paulownia tomentosa 110
Pavonia multiflora 268
Pelargonium grandiflorum 268
Pelargonium peltatum 307
Pelargonium zonale 44, 307
Pellaea 279
Pellionia 268
Pennisetum alopecuroides 200
Pennisetum setaceum 237
Penstemon 184, 237
Penstemon barbatus 184
Penstemon hartwegii 184
Penstemon-Hybriden 237
Peperomia 268
Peperomia rotundifolia 268
Pericallis × hybrida 268
Persea americana 22, 318
Petroselinum crispum 339
Petunia 12, 23, 241, 307, 308
Phacelia congesta 237
Phalaenopsis 296, 297
Phalaris arundinacea 195, 200
Phaseolus coccineus 339
Phaseolus vulgaris 340
Phellodendron amurense 110
Philadelphus 110
Philadelphus coronarius 110
Philodendron 42, 244, 269
Philodendron bipinnatifidum 269
Philodendron erubescens 269
Philodendron hederaceum 269
Phlebodium aureum 279
Phlox 32, 43, 184
Phlox drummondii 237
Phlox paniculata 184
Phlox subulata 184
Phoenix 294
Phoenix canariensis 294
Phoenix dactylifera 294
Phormium tenax 318
Photinia 110
Photinia × fraseri 110, 111
Phragmites australis 224
Phygelius capensis 44
Phyllostachys flexuosa 201, 292
Phyllostachys nigra 202
Physalis alkekengi 184
Physostegia virginiana 184
Phyteuma 185
Picea 15, 16, 25, 70, 75, 80, 127
Picea abies 47, 127
Picea glauca 127
Picea jezoensis 128
Picea omorika 127
Picea pungens 47, 127, 128
Pieris japonica 110
Pilea 269
Pimpinella anisum 340
Pinguicula 269
Pinus 15, 16, 70, 80, 128
Pinus cembra 128
Pinus mugo 69, 128
Pinus nigra 128
Pinus parviflora 128
Pinus pumila 128
Pinus strobus 128
Pinus sylvestris 128
Piper ornatum 269
Piper nigrum 269
Pistacia lentiscus 318
Pisum sativum subsp. *sativum* 340, 341
Pittosporum 318
Pittosporum tenuifolium 318
Plantago 13
Platanus × hispanica 111
Platycerium bifurcatum 278, 279
Plectranthus *247*, 308
Plectranthus scutellarioides 269
Pleioblastus argenteostriatus fo. *pumilus* 202
Pleioblastus auricomus 202
Plumbago auriculata 318
Podocarpus 318
Polemonium 185
Polygonatum 185
Polygonatum multiflorum 185
Polygonatum odoratum 185
Polygonatum verticillatum 185
Polypodium vulgare 206

Polyscias 269
Polyscias filicifolia 269
Polystichum 206
Polystichum aculeatum 206
Polystichum andersonii 206
Polystichum braunii 206
Polystichum falcatum 279
Polystichum setiferum 206
Poncirus trifoliata 313
Pontederia cordata 224
Populus 15, 24, 68, 111
Populus × canescens 112
Populus nigra subsp. *nigra* 111
Populus tremula 112
Portulaca grandiflora 237
Portulaca oleracea subsp. *sativa* 340
Portulaca umbraticola 308
Portulacaria afra 291
Potamogeton 220, 224
Potentilla 112, 185
Potentilla nepalensis 185
Primula 13, 185, 308
Primula denticulata 186
Primula elatior 186
Primula farinosa 185
Primula malacoides 269
Primula obconica 270
Primula rosea 186
Prunella 186
Prunus 15, 79, 112
Prunus armeniaca 140
Prunus avium 112, 138, 139
Prunus cerasifera 112
Prunus cerasus 138
Prunus × cistena 112
Prunus domestica 139
Prunus dulcis 140
Prunus laurocerasus 112
Prunus lusitanica 112
Prunus padus 112
Prunus persica 140
Prunus serrulata 112
Prunus serrula 112
Prunus spinosa 112
Prunus subhirtella 112
Prunus tenella 112
Prunus triloba 112
Prunus × yedoensis 112
Pseudobombax ellipticum 291
Pseudosasa japonica 201
Pseudotsuga 15
Pseudotsuga menziesii 129
Pteris 279
Pteris cretica 276
Pulsatilla 186
Pulsatilla vulgaris 186, 187
Punica granatum 18, 22, 318, 319
Puschkinia scilloides 217
Pyracantha 113
Pyrus 15
Pyrus communis 138

Quercus 15, 65, 68, 70, 113
Quercus suber 319
Quercus petraea 113
Quercus robur 113

Ramonda 150, 186
Raphanus sativus var. *niger* 340
Raphanus sativus var. *sativus* 341
Rehmannia angulata 270
Rhapis 295
Rheum rhabarbarum 341
Rhipsalis 291
Rhipsalidopsis × graeseri 291
Rhodanthe chlorocephala subsp. *rosea* 237
Rhodochiton atrosanguineus 270
Rhododendron 72, 113
Rhododendron calendulaceum 114
Rhododendron calostrotum subsp. *keleticum* 114
Rhododendron degronianum subsp. *yakushimanum* 114
Rhododendron forrestii subsp. *forrestii* 114
Rhododendron impeditum 114
Rhododendron indicum 43, 45
Rhododendron maximum 114
Rhododendron ponticum 114
Rhododendron simsii 270
Rhododendron williamsianum 114
Rhoicissus capensis 270
Rhus 43, 71, 78, 114
Rhus typhina 115
Ribes 115
Ribes aureum 115
Ribes nigrum 141
Ribes rubrum 141
Ribes sanguineum 42, 77
Ribes uva-crispa 141
Ricinus communis 237
Robinia 25
Robinia pseudoacacia 115, 116
Rodgersia 187
Romneya coulteri 187
Rosa 15, 116
Rosa canina 116
Rosa chinensis 270
Rosa laxa 116, 117
Rosa multiflora 116
Rosa nitida 116
Rosa × pteragonis 117
Rosa rugosa 116
Rosa virginiana 116
Rosmarinus officinalis 319, 341
Rubus fruticosus 141, 142
Rubus idaeus 142
Rubus reflexus 270
Rudbeckia 40, 147, 187
Rudbeckia fulgida 187
Rudbeckia hirta 238
Rudbeckia nitida 188
Ruellia 270
Ruellia portellae 270
Rumex rugosus 341

Sageretia thea 270
Sagittaria 224
Saintpaulia 247, 248
Saintpaulia ionantha 242, 246, 270
Salix 15, 24, 68, 79, 117
Salix caprea 117
Salix daphnoides 117
Salvia 188
Salvia coccinea 238
Salvia farinacea 238
Salvia nemorosa 188
Salvia officinalis 188, 342
Salvia splendens 237, 238
Salvia viridis 237
Sambucus 15, 117
Sambucus nigra 117, 118
Sambucus racemosa 117
Sanguisorba minor 342
Sansevieria 42, 247
Sansevieria trifasciata 291
Santolina 188
Sanvitalia procumbens 238
Saponaria 188
Sarracenia 271
Sasa 201
Sasa palmata 202
Satureja hortensis 342
Saxifraga 149, 150, 189
Saxifraga × arendsii 189
Saxifraga stolonifera 41, 243, 271
Saxifraga burseriana 189
Scabiosa 189
Scabiosa atropurpurea 238
Scabiosa caucasica 189
Scadoxus multiflorus subsp. *katherinae* 271
Scaevola aemula 271
Scaevola saligna 271
Schefflera 244
Schefflera actinophylla 271
Schefflera arboricola 271
Schefflera elegantissima 271
Schizanthus × wisetonensis 238
Schlumbergera 284, 291
Schoenoplectus 225
Schoenoplectus lacustris 225
Schoenoplectus tabernaemontani 225
Scilla 217
Scilla bifolia 217
Scilla litardierei 217
Scilla siberica 217
Scindapsus pictus 272
Scorzonera hispanica 342
Scutellaria 189
Scutellaria alpina 189
Scutellaria altissima 189
Scutellaria baicalensis 189
Scutellaria costaricana 272
Scutellaria incana 189
Sedum 150, 189, 285, 292
Sedum morganianum 292
Sedum sexangulare 189
Sedum telephium 189
Selaginella 206, 280
Selaginella douglasii 206
Selaginella helvetica 206
Selaginella involvens 280
Sempervivum 190
Senecio 292
Senecio cineraria 308
Senecio herreanus 292
Sequoiadendron giganteum 129, 130
Serissa foetida 272
Sesleria 200
Setiechinopsis 282
Silene 190
Silene uniflora 190
Silybum marianum 238

Sinningia speciosa 272
Siphocampylus manettiiflorus 272
Skimmia japonica 117, 118
Solanum melongena 320, 342
Solanum pseudocapsicum 272
Soldanella 190
Soleirolia soleirolii 272
Solidago 190
Sorbus 118
Sorbus aria 119
Sorbus aucuparia 88, 95, 119
Sorbus domestica 119
Sparganium 225
Sparmannia africana 248, 273
Spathiphyllum 273
Sphagneticola trilobata 308
Spinacia oleracea 323, 342
Spiraea 71, 118
Spiraea japonica 119
Spiraea × vanhouttei 119
Stapelia 292
Staphylea colchica 119
Staphylea pinnata 119
Stenocarpus sinuatus 273
Stephanotis floribunda 273
Sternbergia lutea 217
Stipa 200
Stokesia laevis 190
Stratiotes aloides 225
Strelitzia reginae 319
Streptocarpus 42, 241, 242, 246, 273
Streptocarpus saxorum 273
Styphnolobium japonicum 119
Symphoricarpos 119
Symphoricarpos albus 119
Symphytum 190
Symphytum azureum 191
Symphytum grandiflorum 190
Syngonium 273
Syringa 15, 120
Syringa × chinensis 120
Syringa komarowii subsp. *reflexa* 120
Syringa vulgaris 67, 120
Syzygium paniculatum 319

Tagetes 23, 238, 239
Tagetes erecta 238
Tagetes patula 238
Tagetes tenuifolia 238
Tamarix ramosissima 120
Tanacetum 191, 238
Tanacetum coccineum 191
Tanacetum parthenium 191, 238
Tanacetum ptarmiciflorum 238
Taxodium 19
Taxodium distichum 129
Taxus 129
Taxus × media 130
Taxus baccata 130
Tetragonia tetragonioides 343
Tetrastigma voinierianum 273
Thelypteris palustris 225
Theobroma cacao 274
Thuja 75, 76, 130
Thuja plicata 130
Thuja occidentalis 130
Thunbergia grandiflora 274
Thymus 191
Thymus × citriodorus 191
Thymus doerfleri 191
Thymus praecox 191
Thymus serpyllum 191
Thymus vulgaris 191, 343
Tiarella 148, 191
Tibouchina urvilleana 319
Tilia 15, 65, 120
Tilia cordata 121
Tilia platyphyllos 67
Tilia platyphyllos 121
Tilia tomentosa 121
Tillandsia 299, 301
Tillandsia ionantha 301
Tithonia rotundifolia 239
Tolmiea menziesii 274
Torenia fournieri 274
Trachelospermum jasminoides 274
Trachycarpus fortunei 295
Tradescantia 248, 274
Tradescantia × andersoniana 192
Tradescantia spathacea 274
Trollius 192
Tropaeolum majus 239
Tropaeolum peregrinum 239
Tsuga 15
Tsuga canadensis 130
Tsuga canadensis 'Nana' 130
Tulipa 217
Tulipa clusiana 217
Tulipa kaufmanniana 207
Typha 225
Typha latifolia 225
Typha minima 225

Ulmus 15, 121
Ulmus 'Exoniensis' 121
Ulmus glabra 121
Ulmus minor 121
Ulmus parvifolia 121
Ulmus 'Wredei' 121
Utricularia vulgaris 225

Vaccinium corymbosum 142
Valerianella locusta 343
Vanda 297
Vanilla planifolia 297
Veltheimia capensis 274
Veratrum album 192
Verbascum 192
Verbascum nigrum 192
Verbascum olympicum 192
Verbascum phoeniceum 192
Verbena 308
Verbena bonariensis 308
Veronica 192, 194
Veronica austriaca 194
Veronica beccabunga 225
Veronicastrum virginicum 194
Viburnum 121
Viburnum × burkwoodii 122
Viburnum × carlcephalum 122
Viburnum davidii 122
Viburnum lantana 121
Viburnum opulus 122
Viburnum plicatum 122
Viburnum plicatum fo. *tomentosum* 41
Viburnum rhytidophyllum 122
Vicia faba 343
Vicia faba var. *faba* 343
Vinca 71, 122
Viola 9, 13, 14, 194
Viola cornuta 194, 239
Viola odorata 194
Viola × wittrockiana 239
Vitis 43
Vitis vinifera 143
Vriesea 299, 301
Vriesea × poelmanii 10
× *Vuylstekeara* 297

Waldsteinia 148, 194
Waldsteinia ternata 194
Washingtonia 295
Wisteria 135
Wisteria sinensis 135
Woodsia 206
Woodwardia 206

Xanthocyparis nootkatensis 124
Xeranthemum annuum 239
Xerochrysum bracteatum 234

Yucca 194, 292
Yucca filamentosa 194
Yucca flaccida 194
Yucca glauca 194

Zantedeschia 13
Zantedeschia aethiopica 274
Zea mays 239
Zea mays Saccharata-Grp. 343
Zelkova 47
Zinnia elegans 238, 239
Zinnia haageana 239

Bildquellen

Titelbild: geshas/Shutterstock.com
Bärtels, Andreas: Seite 40 r., 41 u.l., 47, 97 u.r., 98 o.r., 135 o.
Baumeister, Werner: Seite 81 alle.
Beltz, Heinrich: Seite 140 o.r., 313 u.
GBA/Bolton: Seite 168 o.
GBA/Engelhard: Seite 237 u.l.
GBA/GPL: Seite 2, 170 o.r., 183 o.l., 213 o.r.
GBA/Noun: Seite 208 u., 233 u.
GBA/Wothe: Seite 121 u.r.
Haage, Hans-Friedrich : Seite 282, 283 alle, 290 u.l.
Haberer, Martin: Seite 98 o.l., 128 o.l., 140 o.l., 194 u., 206 o.r., 211 u., 212, 217 o.l., 256 o.r., 256 u., 310 o., 342 o.
Hauser, Heinz/botanikfoto: Seite 5 r., 30
Hauser, Steffen/botanikfoto: Seite 4/5, 64, 86, 107 o., 123, 145, 179, 226
Himmelhuber, Peter: Seite 8 o., 125 u.l., 125 u.r., 183 o.r.
Julius Images/Wolfgang Redeleit: Seite 57, 59, 60, 343 u.
Love the wind/Shutterstock.com: Vorsatz vorn und hinten
Mann, Dirk/Flowermedia: Seite 4 l., 27 o.
mauritius images: Seite 61, 87 o., 177, 209, 215 r., 249 o., 280/281, 315
Mueller, Cora/Shutterstock.com: Seite 62/63
Reinhard-Tierfoto/Hans Reinhard: Seite 21 o.r., 24 r., 88 u., 99 u.l., 117 u., 181 o.r., 182 u., 193, 207 u.l., 220, 222 alle, 230, 297 o., 304 o., 318 o., 321
Reinhard-Tierfoto/Nils Reinhard: Seite 136, 172 o., 210 o.r., 221 u.
Shebeko/Shutterstock.com: Seite 240
Skorpionik00/Shutterstock.com: Seite 163 u.
skyfish/Shutterstock.com: Seite 272 o.
Strauß, Friedrich: Seite 6/7, 24 l., 41 u.r., 51 r., 158 o.r., 207 o., 207 u.r., 213 u.M., 219 u., 231 u., 235 o.r., 244 u., 250 l., 292 o., 300 o.l., 307 o.
Wachsmuth, Karin: Seite 83 alle, 111 u., 117 o.r., 137 alle, 139 o., 156 o.l., 156 o.M., 156 o.r.,192 o., 197 u.l., 197 u.r., 208 M., 257 o.l., 317 o.

Alle anderen Bilder stammen von den Autoren.

Die Illustrationen wurden alle von Helmuth Flubacher nach Angaben der Autoren angefertigt.

Dank

Der Verlag dankt den Mitarbeiterinnen und Mitarbeitern der Versuchsstation für Gartenbau sowie dem Botanischen Garten/Institut für Botanik der Universität Hohenheim, die ihn bei der Anfertigung von Fotografien zu Arbeitsabläufen und Schritt-für-Schritt-Details freundlicherweise unterstützt haben.

Impressum

Die in diesem Buch enthaltenen Empfehlungen und Angaben sind von den Autoren mit größter Sorgfalt zusammengestellt und geprüft worden. Eine Garantie für die Richtigkeit der Angaben kann aber nicht gegeben werden. Autoren und Verlag übernehmen keine Haftung für Schäden und Unfälle. Bitte setzen Sie bei der Anwendung der in diesem Buch enthaltenen Empfehlungen Ihr persönliches Urteilsvermögen ein.
Der Verlag Eugen Ulmer ist nicht verantwortlich für die Inhalte der im Buch genannten Websites.

Bibliografische Information der Deutschen Nationalbibliothek
Die Deutsche Nationalbibliothek verzeichnet diese Publikation in der Deutschen Nationalbibliografie; detaillierte bibliografische Daten sind im Internet über http://dnb.d-nb.de abrufbar.

Wollgrasweg 41, 70599 Stuttgart (Hohenheim)
E-Mail: info@ulmer.de
Internet: www.ulmer.de
Lektorat: Dr. Sigrun Künkele, Helen Haas
Herstellung: Isabell Scherrieble
Umschlaggestaltung: red.sign, Anette Vogt, Stuttgart
Satz: r&p digitale medien, Echterdingen
Druck und Bindung: Firmengruppe APPL, aprinta druck, Wemding
Printed in Germany

ISBN 978-3-8186-1283-2